火力发电工人实用技术问答丛书

汽轮机设备检修技术问答

（第二版）

《火力发电工人实用技术问答丛书》编委会　编著

中国电力出版社
CHINA ELECTRIC POWER PRESS

内 容 提 要

本书为《火力发电工人实用技术问答丛书》的一个分册。全书以问答形式，简明扼要地介绍了火力发电厂汽轮机设备检修方面的有关知识，全书内容由初、中、高级工三部分组成，主要内容包括检修基本知识、汽轮机热力系统、汽轮机本体、汽轮机控制系统与保护、汽轮机附属水泵及辅助设备和阀门管道。本书从浅到深，从易到难，详细讲解汽轮机及其附属设备的工作原理、设备结构、检修工艺及工序、常见故障排除等方面，并包含超（超）临界汽轮发电机组的新材料、新技术、新工艺、新设备的最新应用，内容阶梯式递进，互不重复或不简单重复。

本书从火力发电厂汽轮机设备检修的实际出发，不仅相关设备及理论覆盖面广，而且贴近汽轮机设备检修实际情况，并重点突出检修过程中的故障分析、原理讲解等知识。本书可供火力发电厂从事汽轮机设备管理和设备检修工作的技术人员、检修人员学习和参考，以及为员工培训、考试、现场抽考等提供题目，也可供相关专业的大、中专学校师生参考和阅读。

图书在版编目（CIP）数据

汽轮机设备检修技术问答/《火力发电工人实用技术问答丛书》编委会编著 .—2 版 .—北京：中国电力出版社，2023.11

（火力发电工人实用技术问答丛书）

ISBN 978-7-5198-8013-2

Ⅰ.①汽… Ⅱ.①火… Ⅲ.①火电厂-蒸汽透平-设备检修-问题解答 Ⅳ.①TM621.4-44

中国国家版本馆 CIP 数据核字（2023）第 141607 号

出版发行：中国电力出版社

地　　址：北京市东城区北京站西街 19 号（邮政编码 100005）

网　　址：http：//www.cepp.sgcc.com.cn

责任编辑：孙　芳

责任校对：黄　蓓　李　楠　郝军燕

装帧设计：赵姗姗

责任印制：吴　迪

印　　刷：三河市航远印刷有限公司

版　　次：2006 年 1 月第一版　2023 年 11 月第二版

印　　次：2023 年 11 月北京第一次印刷

开　　本：787 毫米×1092 毫米　16 开本

印　　张：34

字　　数：844 千字

印　　数：0001—1000 册

定　　价：135.00 元

《火力发电工人实用技术问答丛书》

编　委　会

前 言

为了提高电力生产运行、检修人员和技术管理人员的技术素质和管理水平，适应现场岗位培训的需求，特别是为适应火力发电技术快速发展、超临界和超超临界机组大规模应用的现状，使火力发电员工技术水平与生产形势相匹配，编写了此套丛书。

丛书结合近年来火力发电发展的新技术及地方电厂现状，根据《中华人民共和国职业技能鉴定规范（电力行业）》及《职业技能鉴定指导书》，本着紧密联系生产实际的原则编写而成。丛书采用问答形式，内容以操作技能为主，基本训练为重点，着重强调了基本操作技能的通用性和规范化。

汽轮机是火电厂电力生产的主要设备之一，对汽轮机及附属设备管理及检修人员素质要求极高，本书突出660MW级超（超）汽轮机的技术特点，以实用、提高技能为核心，同时对检修基本知识、金属监督、焊接工艺等方面知识进行强化，加入新设备的结构原理、新材料的焊接工艺、新工艺的使用方法，力求包含汽轮机本体及重要附属设备和阀门，以满足不同层次检修人员的需求。全书内容知识点全面、图文并茂、逐级递进、通俗易懂，是一本汽轮机设备管理及检修技术培训教材，也可供火电厂管理人员和高等院校相关专业师生参考。

本书内容分为初、中、高级工三部分，共计二十三章。全书由张建军、邢晋、寇守一编写，张建军为主编，其中汽轮机本体基本知识及检修和基本知识由古交西山发电有限公司张建军编写；水泵的基本知识及典型水泵、汽轮机主要辅机的结构及检修、管道阀门和金属监督为古交西山发电有限公司邢晋编写；汽轮机调节保安、润滑油和密封油系统主要设备结构和检修工艺为古交西山发电有限公司寇守一编写。古交西山发电有限公司副总工程师王国清统稿。在此书出版之际，谨向为本书提供咨询及所引用的技术资料的作者们致以衷心的感谢。

本书在编写过程中，由于时间仓促和编著者的水平与经验有限，书中难免有缺点和不足之处，恳请读者批评指正。

编者

2003 年 7 月

前言(第一版)

为了提高电力生产运行、检修人员和技术管理人员的技术素质和管理水平，适应现场岗位培训的需求，特别是为了能够使企业在电力系统实行“厂网分开，竞价上网”的市场竞争中立于不败之地，编写了此套丛书。

丛书结合近年来电力工业发展的新技术及地方电厂现状，根据《中华人民共和国职业技能鉴定规范（电力行业）》及《职业技能鉴定指导书》，本着紧密联系生产实际的原则编写而成。丛书采用问答形式，内容以操作技能为主，基本训练为重点，着重强调了基本操作技能的通用性和规范化。

本书为丛书之一《汽轮机设备检修技术问答》。全书内容分初、中、高级工三部分，共二十三章。其中，汽轮机本体基本知识及检修工艺知识由太原第一热电厂苏晋生编写；调节系统原理及检修要点部分由太原第一热电厂刘卫东编写；水泵的基础知识及典型水泵、液力耦合器的结构与检修知识部分由太原第一热电厂张晓东编写；汽轮机主要辅机的结构及检修知识、运行工况分析部分由太原第一热电厂闫哲编写，山西省电力科学研究院于天群、游文明参与编写；其余的电力生产基本知识和管道、阀门的相关知识与检修工艺部分由太原第一热电厂高澍芃编写。

全书由太原第一热电厂高澍芃主编、由山西省电力公司高级工程师谢东建主审。

在编写此书的过程中，得到了太原第一热电厂领导的关怀及其他有关单位的关心、支持，同时也得到了全国电力系统各有关单位和人员的关注、支持和帮助，他们为本书进行了审定，提供了咨询、技术资料以及许多宝贵的建议，在此一并表示衷心的感谢。

由于编写者实践经验和理论水平有限，本书中定会存在不少缺点和错误，在此恳请各位读者和专家批评指正。

编者

2004 年 3 月

目　录

第二篇 中 级 工

第三篇　高　级　工

第一篇

初　级　工

第一章

基 本 知 识

第一节 电力生产及安全常识

1 一次能源、二次能源分别包含哪些？

答：一次能源包含煤炭、石油、天然气等化石能源。

二次能源包含电力、蒸汽等。

2 火力发电厂基本热力循环包括哪些？

答：火力发电厂实际蒸汽动力循环均以朗肯循环为基础，在此基础上加入再热循环和回热循环。

3 什么是工质？工质应具备的特性是什么？

答：工质是能实现热能和机械能相互转换的媒介质，如燃气、蒸汽。

工质应具有良好的膨胀性和流动性。

4 工质的状态参数有哪些？

答：表示工质状态特性的物理量叫工质的状态参数，如工质在某状态下的温度、压力、比体积、焓、熵、内动能及内位能等。

5 什么是内动能？什么是内位能？

答：气体内部分子运行所能形成的能称为内动能。

气体内部分子之间的相互吸引力所形成的能称为内位能。

内动能和内位能之和称为内能。

6 什么是热能？什么是机械能？

答：物体内部分子不规则的运动称为热运动，热运动所具有的能量称为热能。热能与物体的温度有关，温度越高，热能越大。

动能与势能的总和称为机械能，势能分为重力势能和弹性势能。动能的大小由质量与速度决定；重力势能的大小由质量和高度决定；弹性势能的大小由劲度系数与形变量决定。机械能是表示物体运动状态与高度的物理量，动能和势能之间是可以相互转化的。

7 什么是真空？什么是真空度？

答：当容器中的压力低于大气压力时的状态称为真空。

真空度是真空值与当地大气压力的比值的百分数。

若工质在完全真空时，真空度为100%；若工质的绝对压力与当地大气压力相等时，则真空度为零。

8 水蒸汽的形成要经过哪几个过程？

答：水蒸汽的形成要经过未饱和水、饱和水、湿饱和蒸汽、干饱和蒸汽及过热蒸汽五个过程。

9 什么是湿饱和蒸汽？什么是干饱和蒸汽？什么是过热蒸汽？

答：容器中水在定压下被加热，当水和蒸汽平衡共存时，称为湿饱和蒸汽。

容器中水在定压下被加热，当最后一点水全部变成蒸汽而温度仍为饱和温度时，称为干饱和蒸汽。

干饱和蒸汽继续在定压下加热，温度继续升高并超过饱和温度，就是过热蒸汽。过热蒸汽的过热度越高，含热量就越大，做功的能力就越大。

10 简述水蒸汽凝结的特点。

答：一定压力下的水蒸汽必须降低到一定的温度才能开始凝结成液体，这个温度就是该压力所对应的饱和温度。如果压力降低，则饱和温度也随之降低；压力升高，对应的饱和温度也升高。另外，在凝结温度下，从蒸汽中不断放出热量，使蒸汽不断地凝结成水并保持温度不变。

11 何谓临界点？水蒸汽的临界状态参数是多少？

答：随着压力的增高，饱和水线与干饱和蒸汽线逐渐接近。当压力增加到某一值时，两线相交，相交点为临界点。

临界点的状态参数为临界参数。水蒸汽的临界压力为22.192MPa，临界温度为374.15℃，临界比容为0.003 147m^3/kg。

12 为什么饱和压力随饱和温度升高而升高？

答：温度越高，分子的平均动能越大，能从水中飞出的分子越多，使得汽侧分子密度增加；同时，温度的升高使分子运动速度也随之增大，蒸汽分子对器壁的撞击增强，结果使压力增大。所以，饱和压力随饱和温度的升高而升高。

13 什么是焓？什么是熵？什么是熵的增量？

答：工质的内能与压力位能之和称为焓。

熵是热力系统中的热力状态参数之一，在可逆微变化过程中，熵的变化等于系统从热源吸收的热量与热源热力学温度之比，可用于度量热量转变为功的程度。

在没有摩擦的平衡过程中，单位质量的工质吸收的热量与工质吸热时的绝对温度的比值称为熵的增量。

14 简述熵对热力过程和热力循环的意义。

管：熵的变化（增大或减小）可以反映热力过程是吸热还是放热，这在很大程度上简化了许多问题的分析研究。在理想过程中，气体得到热量则熵增加，气体放出热量则熵减少，没有热交换则熵不变。另外，我们还可以根据熵的变化来判断气体与外界热量交换的方向。

熵还可以表示热变功的程度。具有相同热量的气体，温度高则熵小，熵小则热变功的程度就高；温度低则熵大，熵大则热变功的程度就低。

15 何谓平衡状态？

答：在没有外界影响的条件下，气体的状态不随时间的变化而变化称为平衡状态。

工质只有在平衡状态下才能用确定的状态参数去描述。只有当工质内部及工质与外界之间达到热的平衡及力的平衡时，才会出现平衡状态。

16 什么是理想气体？什么是实际气体？在火力发电厂中，哪些气体可当作理想气体？哪些气体可当作实际气体？

答：气体分子之间不存在吸引力，分子本身不占有体积的气体称为理想气体。

气体分子之间存在吸引力，分子本身也占有体积的气体称为实际气体。

在火电厂中，空气、燃气和烟气可当作理想气体；水蒸汽则是实际气体。

17 简述火力发电厂的生产过程及主要系统。

答：火力发电厂的生产过程就是通过高温燃烧，把燃料的化学能转变为热能，再将水加热成为高温高压的蒸汽；利用蒸汽推动汽轮机转动，将热能转变为机械能；汽轮机带动发电机转子转动，把机械能转变成电能。

火力发电厂的生产过程中主要包括有汽水系统、燃烧系统、热控系统和电气系统。此外，还有供水系统，化学水处理系统，输煤系统，脱硫、脱硝和除尘系统等辅助系统和设施。

18 能量在汽轮机内是如何转换的？

答：以冲动式汽轮机为例，在蒸汽流过固定的喷嘴后，压力和温度降低、体积膨胀、流速增加，将蒸汽的热能转变成了动能。高速的蒸汽冲击装在叶轮上的动叶，叶片受力则带动汽轮机转子转动，蒸汽从叶片流出后流速降低。这样，蒸汽通过汽轮机做功把热能转变为机械能。

当蒸汽推动汽轮机旋转时，汽轮机转子连接着发电机转子，因而带动着发电机转子做同步的旋转。由电磁感应原理可知，导体和磁场做相对运动、导体切割磁力线时，在导体上就会产生感应电动势。经过励磁的发电机转子产生磁场，定子内部的绕组即为导体。当转子在定子内旋转时，定子绕组切割转子磁场发出的磁力线，就会在定子绕组上产生感应电动势。把定子绕组的三个初始端引出，分别称为A、B、C相，并接通用电设备，此时绕组中就会有电流流过。这样，发电机就把汽轮机输入的机械能转变成了发电机输出的电能，实现了将机械能变为电能的任务。

19 简述火力发电厂的汽水流程。

答：火力发电厂的汽水系统主要由锅炉、汽轮机、凝汽器、除氧器、给水泵、凝结水泵及加热器等组成。水通过在锅炉中被加热成为蒸汽，经过过热器的继续加热、升温而变为过热蒸汽。过热蒸汽通过主蒸汽管道进入汽轮机，在汽轮机中不断膨胀。高速流动的蒸汽冲动汽轮机动叶，使汽轮机转子转动，汽轮机转子再带动发电机转子同步旋转而产生电能。蒸汽在汽轮机内做完功后排入凝汽器，并被循环冷却水冷却，进而凝结成水。该凝结水由凝结水泵升压送至低压加热器和除氧器，经过低压加热器和除氧器的加热、脱氧，再流经给水泵升压送到高压加热器，通过高压加热器的加热之后又进入锅炉，开始下一个循环。

20 何谓多级汽轮机的重热现象？

答：在多级汽轮机中，前一级的做功损失，可变为热能重新被蒸汽吸收，使后一级的进汽焓值提高。级的理想焓降增加，使各级单个的理想焓降之和大于全机在总压降范围内的总的理想焓降值，这种现象称为多级汽轮机的重热现象。

21 何谓汽轮机的反动度？

答：一般情况下，动叶既受到蒸汽的冲动作用力 F_i，也受到蒸汽的反动作用力 F_r。推动动叶转动的力，是它们的合力 F 在轮周方向的分力 F_u；为了衡量蒸汽在动叶栅中的膨胀程度，区分级中冲动力、反动力做功的大小，引入无量纲量——反动度，用 Ω 表示。级的反动度等于动叶的理想比焓降与级的滞止理想比焓降的比值，即

$$\Omega=\frac{\Delta h_b}{\Delta h_t^*} \text{ 或 } \Omega=\frac{\Delta h_b}{\Delta h_n^*+\Delta h_b} \tag{1-1}$$

式中　Δh_b——动叶的理想比焓降；

Δh_t^*——级的滞止理想比焓降；

Δh_n^*——静叶片的等熵焓降。

22 超（超）临界的热力学概念是什么？

答：火电厂的工质是水，常规条件下对水进行加热，当水的温度达到给定压力下的饱和温度时，将产生相变，水开始从液态变成气态，出现一个饱和水和饱和蒸汽两相共存的区域，这时尽管加热仍在进行，但汽水两相的温度不再上升，直至液态水全部蒸发完毕，干饱和蒸汽才继续升温，成为过热蒸汽。但当温度超过临界温度时，水的液相就不存在，与临界温度相对应的饱和压力称为临界压力，临界点的压力和温度是水的液相和汽相能够平衡共存的最高值，为固有物性常数。

水的临界参数为 $t_c=374.15$℃，$p_c=22.129$MPa。在临界点以及超过临界状态时，就看不见蒸发现象，水在保持单相的情况下从液态直接变成气态。一般将压力大于临界点 p_c 的范围称为超临界区，压力小于 p_c 的范围称为亚临界区。从物理意义上讲，根据机组采用蒸汽参数划分，只有超临界和亚临界之分，超超临界是我国人为的一种区分，也称为优化的或高效的超临界参数。目前，超超临界与超临界的划分界限尚无国际统一的标准，一般认为蒸汽压力大于 35MPa，蒸汽温度高于 580℃时的状态称为超（超）临界状态。

23 超（超）临界火电机组研制的技术难点和关键技术有哪些?

答：超（超）临界火电机组研制的技术难点和关键技术集中在锅炉、汽轮机、汽轮发电机部件强度的研究以及机组高参数、大型化后各大主机、辅机的结构设计，高温材料和铸锻件的技术开发等方面。汽轮机参数提高、容量增大后，为获得高效率、高可靠性的汽轮机，着重要进行的开发研究是汽轮机结构配置、关键部件的结构设计、高温部件冷却、叶片抗固体颗粒的侵蚀与叶片喷涂技术、汽轮发电机组转子动力学特性等。

第二节　修理钳工及常用工器具的使用

1 简述錾子的种类及作用。

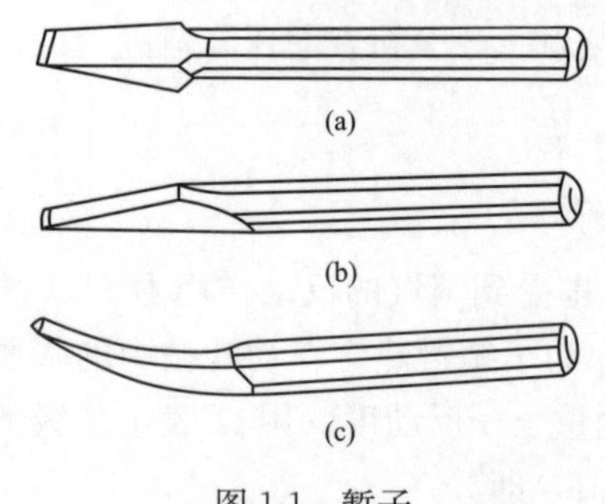

图 1-1　錾子
(a) 阔錾；(b) 狭錾；(c) 油槽錾

答：钳工常用的錾子有阔錾（也称扁铲）、狭錾（也称尖錾）和油槽錾三种，其样式如图 1-1 所示。其中，阔錾的切削部分扁平，切削刃略成圆弧形，常用来切割材料，或是用来剔除毛坯等表面的毛刺、凸起；狭錾的切削刃较短，适宜于錾切槽道或沿曲线分割材料；油槽錾的切削刃一般为弧形，主要用来錾削有相对运动表面上的润滑油槽。

2 如何保证錾切质量?

答：保证錾切质量的方法有：

(1) 为了保证加工的质量而将錾切工件用台虎钳夹卡时，对于较软的材料或经过加工的、准确度较高的零部件表面，应换用铜制钳口，并注意夹紧力和锤击力的大小，以防损坏零部件的表面。

(2) 錾切时，应尽量由工件侧面的转角处起始，因为在此处切削刃与工件的接触长度小、阻力小且易于切入工件，能够比较准确地控制切除量。若錾削后得到的是最终要求的表面，则切削层应适当地薄一些，以保证錾切表面的平整、光滑。

(3) 此外，錾切时还应随时注意观测尺寸界限，防止切掉的材料过多而使得工件报废。当錾切工作进行到距离工件尽头约 10mm 时，应掉头从相反的方向錾去余下的金属，尤其是在錾切青铜、铸铁等脆性较大的材料时，更应如此；否则，在工件尽头处会造成金属崩裂。

3 錾切时应注意的事项有哪些?

答：在进行錾切工作时，主要应注意以下事项：

(1) 为了防止锤头飞出伤人，发现锤子木柄松动或损坏时，必须立即装牢靠或更换；而且操作者握锤的手不能戴手套，手锤木柄上不能黏有油污。

(2) 对錾子尾部的明显毛刺或即将崩裂的小块，应及时磨掉，以免其碎裂后脱落、飞起伤人。

(3) 为了防止切屑飞出伤人，錾切时不得正对着人进行，并应采取适当的遮挡、防护措施；操作者也应佩戴好防护眼镜。

(4) 为了防止錾子沿錾切表面脱落，应注意保持錾子刃部的锋利，并注意保持合理的錾切角度。

4 錾削操作注意事项有哪些？

答：在进行錾削工作时，主要注意以下事项：

(1) 工件一般应夹持在台虎钳的中间位置，伸出高度离钳口 10～15mm，工件下面要加木衬垫。

(2) 手柄与锤头若有松动时，应及时将楔铁楔紧；若发现手柄有损坏，应及时更换；手柄上不得沾有油脂，防止使用时手柄滑出而发生事故。

(3) 錾子头部出现明显的裙边毛刺时，应该及时磨去。

(4) 手锤的锤头应向前纵向放置在台虎钳的右边，柄尾不可露出钳桌边缘；錾子的錾刃应向前纵向放置在台虎钳的左边且不可露出钳桌边缘。

(5) 锤击时，眼睛要始终看着錾子的刃尖部位，要随时观察錾削状况，而不要看着錾头部位。

(6) 錾削时不得正对着人进行，并应采取适当的遮挡、防护措施；操作者也应佩戴好防护眼镜。

(7) 为了防止錾子沿錾切表面脱落，应注意保持錾子刃部的锋利，并注意保持合理的錾切角度。

(8) 进行臂挥操作时，应先挥 2～4 次的过渡锤，即由腕挥（1～2 锤）过渡到肘挥（1～2 锤），再由肘挥过渡到臂挥，同时力量也是由轻逐步过渡到重。

5 锯割时应如何选用锯条？

答：在锯割较软的材料或被锯割的工件较厚时，锯条每一行程所切下的锯屑较多，要求锯条要有较大的容屑空间，因而应选用较粗齿的锯条。在锯割较硬的材料时，由于锯齿不易切入，切屑量也小，因此要选用细齿的锯条。此外，选用细齿锯条还能增加其同时工作的齿数，因而可以提高锯切的速度。在锯切板料时，也应选用细齿锯条。这样能增加锯条同时工作的齿数，减少每个锯齿的负荷，从而达到防止锯齿断裂的目的。

6 锯割时应注意的事项有哪些？

答：在进行锯割工作时，主要应注意以下事项：

(1) 对工件的夹紧方法要选择得当，夹卡要牢固，防止因工件松动而造成锯条折损。

(2) 安装锯条时，不应装得过紧或过松。过松，会出现锯偏现象，还会由于锯条弯曲而导致折断；过紧，则锯弓出现很小的偏斜，并可能引起锯条折损。

(3) 出现锯偏情况时，应另选起锯部位，重新开锯；不能在原锯口强行纠正，否则极易将锯条折断。

(4) 锯条在锯割过程中途折断，或因锯条磨损而需要更换新锯条时，由于新锯条一般较原锯条稍厚而放不进原来的锯缝中，所以最好能重新选择起锯部位重新开锯，或者也可将原锯缝轻轻锯宽；若是勉强将新锯条压入原来的锯缝，则极易于造成锯条折断。

（5）出现崩齿现象时，应立即把与断齿相邻的两三个锯齿在砂轮上磨成圆弧形，并将夹在锯缝中的断齿取出，再继续完成锯割工作。

（6）锯割钢件时，应在锯条和锯缝中涂抹少量的机油或润滑油来进行冷却、润滑，以减少锯条的磨损。

（7）在锯割过程中施加的力量应适当，不能过大，以免锯条折断时弹出伤人；而且在工件被锯下的部分即将要切断时，必须用手扶住将要脱落的部分，以免其掉下砸伤人，影响操作安全。

7 锯割时的操作注意事项有哪些？

答：在进行锯割工作时，操作的主要注意事项有：

（1）在台虎钳上装夹工件时，工件的锯削位置多在台虎钳的左侧，这样比较方便和顺手。工件的锯缝位置应离钳口侧面 20mm 左右，如果锯缝位置离钳口过近，握持手柄的手在锯割时容易碰到台虎钳而受伤；如果锯缝位置离钳口过远，则在锯割时容易产生振动而导致断齿；锯割加工线应与钳口侧面保持平行。

（2）握持锯弓时，注意手指不要伸到弓架内侧，特别是左手不要抓握弓架，防止手被碰伤。

（3）锯割时用力要适当，摆动幅度不要过大，要控制好速度（节奏），不可突然加速或用力过猛，以防锯条折断伤手以及手碰到台虎钳受伤。

（4）当工件将要锯断时，应减小锯割压力，避免因工件突然断开时，握持手柄的手在向前用力而碰到台虎钳受伤。

（5）当工件将要断开时，应该用左手握住工件将要断开的部分，同时应减小锯割压力和降低锯割速度，避免工件掉下伤脚。

8 简述锉刀的种类及作用。

答：锉刀分为普通锉、特种锉和整形锉（也称什锦锉）三类。

（1）普通锉按其断面的形状又分为平锉、方锉、三角锉、半圆锉及圆锉五种，如图 1-2（a）所示。其中，平锉用来锉削平面、外圆面和凸弧面；方锉用来锉削方孔、长方形和窄平面；三角锉用来锉削内角、三角孔和平面；半圆锉用来锉削凹弧面和平面；圆锉用来锉削圆孔、半径较小的凹弧面和椭圆面。

（2）特种锉适用于锉削零部件的特殊表面，有直形和弯形两种，如图 1-2（b）所示。

（3）整形锉适宜用来修整工件的细小部位，是由许多各种断面的锉刀组成的，如图 1-2（c）所示。

9 锉刀的选用原则是什么？

答：锉刀的选用是否合理，对加工质量、加工效率以及锉刀的使用寿命都有很大的影响。锉刀的选用要根据工件的形状、材质和工件表面的加工余量来进行。

（1）按工件的材质来选择。锉削较软的金属材料时，选择单纹锉刀或粗锉刀；锉削钢铁等较硬的金属材料时，选择双纹锉刀。

（2）按工件加工部位的形状来选择。

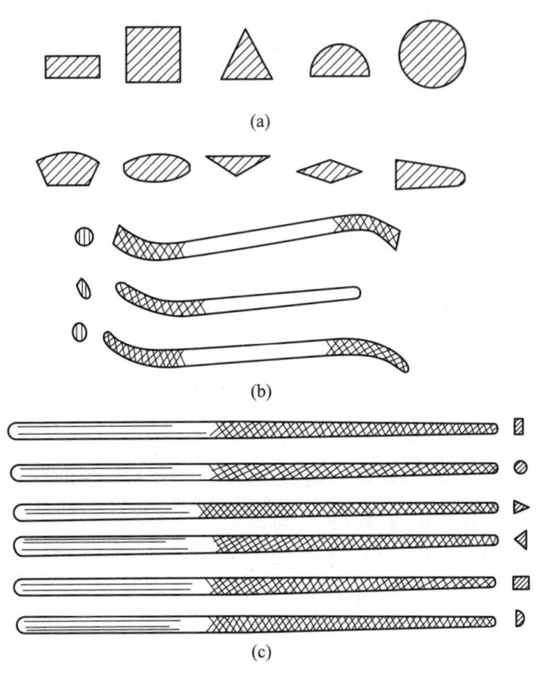

图 1-2　锉刀的断面形状

（a）普通锉；（b）特种锉；（c）整形锉

（3）按工件加工表面的加工余量、精度及表面粗糙度来选择。一般情况下，粗齿锉刀、中齿锉刀主要用于粗加工；细齿锉刀主要用于半精加工；双细齿锉刀主要用于精加工；油光锉刀主要用于表面光整加工。表 1-1 给出了不同种类锉刀应用于工件不同表面的加工余量、尺寸精度及表面粗糙度的范围。

表 1-1　锉刀的选用

锉刀种类	加工余量	尺寸精度（mm）	表面粗糙度 Ra（μm）
粗齿锉刀	0.5～2.0	0.3～0.5	6.3～25
中齿锉刀	0.2～0.5	0.1～0.3	6.3～12.5
细齿锉刀	0.05～0.2	0.05～0.2	3.2～6.3
双细齿锉刀	0.05～0.1	0.01～0.1	1.6～3.2
油光锉刀	0.02～0.05	0.01～0.05	0.8～1.6

10 使用锉刀的注意事项有哪些？

答：在使用锉刀的过程中，主要应注意以下几点：

（1）不能用锉刀去锉削毛坯的硬皮、氧化皮及淬硬的表面，以免锉齿被磨钝、磨光，丧失锉削能力。

（2）锉刀不能重叠放置，以免碰伤和损坏锉齿。使用过程中应先集中使用锉刀的一个面，用钝后再使用另一面。

（3）锉削时不能蘸水或沾油，也不能用手去摸锉削的表面，否则会引起工件锈蚀或锉削时打滑。

(4) 在使用过程中和使用完毕后，必须用铜丝刷顺着锉齿纹路及时清除嵌入齿槽内的铁屑，以免生锈或降低锉削的效率。

(5) 锉刀舌不能被用作斜铁，或是被用来撬动其他物体，以免折断锉刀。

(6) 使用小锉刀时，不能用力过猛、过大，以防锉刀被折断。

(7) 锉削过程中，不能使用无手柄或手柄已损坏的锉刀，以免伤及操作者的手；应使用小毛刷清除锉削表面，而不应用嘴去吹锉屑，以免锉屑飞起落入眼中。

11 导致锉削不当的原因有哪些？

答：在进行锉削的过程中，若工件被夹伤或产生变形，一般是由于在虎钳钳口与工件之间未加保护垫而将工件表面夹出凹痕，或是夹紧力过大而使得空心工件或刚性差的工件被夹扁；对于薄而且扁的工件，若夹持方法不当，则会在锉削过程中产生变形。

如果工件被锉出的表面有中凸现象，其主要原因是由于锉削时两手用力不够协调，锉刀产生摆动，使工件的前端和靠近操作者的一端被锉低。

若是锉削出的表面光洁度不符合要求，其主要原因是锉刀的粗细选择不恰当，或是锉削过程中没有及时清理嵌入锉齿中的锉屑而致。

至于发生不应加工的表面被锉损，其原因则可能是对不加工的表面没有采取妥善的保护措施，或是没有利用锉刀的光边所致。

12 钻孔时的注意事项有哪些？

答：在钻孔的过程中，应对以下几点加以注意：

(1) 钻孔前应检查钻床各部分是否正常，并应在润滑部位注油，然后将转速和进刀手柄放在最低档位，开空车试运行 3～5min，待运转正常后才能开始工作。

(2) 将需用的工具和量具等放在不影响操作且取用方便的位置，不得堆放在钻床工作台上，以免损坏量具或影响安全操作。

(3) 钻头磨好之后应先进行试转，检验钻出的孔是否符合要求；装夹钻头前还应先将钻柄、主轴锥孔及套夹工具内外表面擦拭干净；钻头装好后，不能在硬的工件表面用力镦压，以免撞坏钻尖。

(4) 工件应夹持正确，压紧螺栓的分布要合理，夹紧力应均匀；压紧螺栓要尽量靠近工件，以获得较大的压紧力；垫铁要略高于工件上的压紧面，以保证着力点在工件的边缘以内；若工件被压紧的表面已经加工过，则应垫上铜皮加以保护。

(5) 按照画线钻孔时，应首先检查孔的位置是否正确，然后用钻尖对准孔的中心，开动钻床锪一孔窝，用目测法检查孔的位置是否偏斜；当钻头外缘点钻入工件 0.5mm 左右时，可用量具再次对孔的位置进行检查。

(6) 使用钻模、夹具钻孔时，应预先将钻模、夹具与工件的接触表面擦拭干净，以确保定位面接触良好、紧固牢靠。

(7) 钻制通孔时，应把工件下边垫空，防止钻伤工作台表面；变换转速时，应先停车再进行，以免损坏钻床齿轮或其他零部件。

(8) 在孔即将被钻通或断续钻削时，应采用手动进给方式来控制钻头接触工件表面的速度。这时应握紧、握稳进刀手柄，掌握进给量要小，以防止钻头被卡住或发生崩齿现象而损坏钻头。

(9) 钻孔过程中严禁带手套操作；切屑必须使用刷子清除，不得直接用手清理，也不得用嘴去吹；在未停车之前不得用手去拧紧钻夹头，以免发生人身伤害事故。

13 手工铰孔时应注意的事项有哪些？

答：在手工进行铰孔时，应注意的事项有以下几点：

(1) 使用新铰刀时，应先对铰刀进行研磨。

(2) 为了节省铰削时的力量，应在保证铰孔质量的前提下，尽量减少加工余量，并应相应提高预制孔的准确度和光洁度。

(3) 在铰孔的过程中，应选择使用合理、恰当的冷却润滑液。

(4) 铰制过程中工件要夹正，以便于操作者在铰孔时保持铰刀的垂直位置；对于薄壁零部件，夹持力不能过大，以免造成零部件变形。

(5) 铰孔时两手用力要平衡，旋转铰杠的速度要均匀，铰刀不能左右偏摆，以保持铰削过程平稳，避免孔口或孔径被扩大；同时应尽量保证铰刀轴线与孔的轴线重合，在铰制浅孔时更应加以注意。

(6) 在铰孔过程中铰刀被卡住时，不能猛力扳动铰杠，而应轻轻地用手沿正、反方向交替地转动铰杠，待铰刀松动后再取出进行检查；若检查发现铰刀磨损或有轻微崩刃时，应经过修磨后才能再继续使用。

(7) 铰制过程中注意变换铰刀每次停歇的位置，防止因刀齿总是在同一处停歇而在孔壁上留下挤压痕迹。

(8) 铰制水平位置孔时，为了防止铰刀在铰杠重力作用下偏斜，应用手轻轻托住铰杠，并尽量使铰刀与孔的轴线重合；若工件结构限制铰刀做整周的旋转，需使用扳手扳转铰刀时，应用一手轻轻按住铰刀尾端协助进刀，并保持铰刀轴线的正确位置。

(9) 孔铰通后，不要把铰刀的工作部分全部铰出孔外；否则易于将孔的下端划伤，同时也不易退出铰刀。

(10) 铰孔完毕退出铰刀时不能反转，以免切屑挤塞在铰刀的后刀面与孔壁之间，划伤已加工好的孔壁表面；铰刀用完后，应擦拭干净并涂油防锈，且妥当存放，以防止碰伤刃口。

(11) 铰刀退出时不能反转，而应正转退出。

(12) 铰刀使用完毕，要清擦干净，涂上机械油，最好装在塑料袋内，以免混放时碰伤刃口。

(13) 为使手工铰孔获得较细的表面粗糙度，可将铰刀切削部分的刃口用油石研磨成0.1mm左右的小圆角。工作时，先用粗铰刀将孔粗铰一下，留余量0.04～0.08mm，然后用刃口修圆的铰刀进行精铰，获得较小的表面粗糙度值。

(14) 在塑性较大的金属上铰孔时，在铰刀切削部分的刃口前面，用细油石研磨出0.5mm宽的棱带，并形成$-3°\sim-2°$的前角，保留刃带宽度为原有刃带宽度的2/3，从而获得较小的表面粗糙度值，如图1-3所示。

14 铰孔时出现的问题及原因有哪些？

答：铰孔过程中，经常出现的问题及其原因如下：

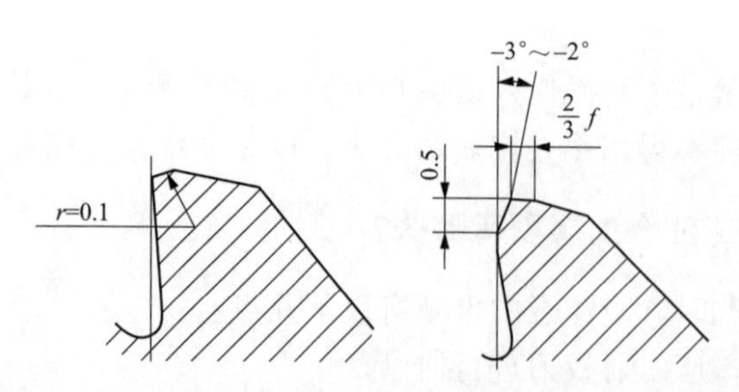

图 1-3　手用铰刀切削刃口的研磨切削刃口前面的刃磨

（1）孔的光洁度低。由于铰刀工作部分的刃磨质量差，其切削部分和校准部分的过渡处及刀齿末端有尖角，刃口有缺陷，铰刀刀齿的偏摆度较大等原因，都会影响铰出孔的光洁度；而且在铰制塑性材料时，由于铰刀的前角过小、没有及时清理切屑、冷却润滑液选择不当或加注不充分等原因，也会降低孔的光洁度。

（2）孔径扩大。由于铰刀的直径不符合孔的准确度要求，刀齿的径向振摆过大，切削部分与校准部分之间的过渡刃修磨得不一致而使得铰刀工作时的径向力不平衡，手工铰孔时两手用力不够均衡，铰孔时没有及时检验而铰得过深等原因，都会造成孔径扩大。

（3）孔径缩小。由于磨损，使铰刀的直径减小、切削刃变钝，对一部分余量产生挤压作用，在铰刀退出后被挤压的材料弹性恢复，就会造成孔径缩小。

（4）孔的轴线不直。产生这种现象的主要原因有底孔轴线不直，特别是直径小、深度大的孔尤为突出；铰刀校准部分倒锥过大，而使其校正和导向作用差；手工铰孔时两手用力不均匀，铰刀切削锥角过大，而使其导向性不好、易于产生偏斜等。

（5）孔呈多棱形。由于底孔不圆、铰削余量不均、机床准确度差、铰削过程中不平稳或有振动等情形，都可能使铰出的孔呈多棱形。

（6）孔口扩大。由于铰刀切削角过大而不易入孔，使得铰刀产生晃动、切削刃径向振摆过大、入孔偏斜；或两手用力不平衡，而使铰刀晃动等原因，都会使孔口扩大。

（7）铰刀易磨损或崩刃。由于铰刀刃磨时，切削刃发生退火、烧损现象，使其硬度和耐磨性降低，或是铰孔时没有及时清理切屑，冷却润滑液不能顺利流入切削区发挥作用，都将造成刀具磨损加快或将铰刀刃口挤崩。

此外，由于工件的材料硬度高、塑性大、铰刀的前后角过大而使刀齿的强度降低、铰削余量或切削量过大等原因，也都会使铰刀的磨损加快，甚至造成崩刃。

15　攻丝时的注意事项有哪些？

答：用手工方法攻制螺纹时，首先应根据工件材料选择合理的底孔直径。在开始攻入时，两手用力要均衡，并要注意检查丝锥与工件表面的垂直度，不能等攻歪后再强行校正；攻第二锥时，应先用手将二锥旋入螺孔，再使用铰杠攻入。在韧性材料上攻丝时要加切削液，攻丝过程中还应经常倒转丝锥以便切屑断裂后排出；同时还应经常检查丝锥的磨损情况，及时用油石或砂轮修磨丝锥的前刀面。只有做好以上的工作，才能保证攻出的螺纹不会发生乱牙现象。

在攻丝的过程中，若选择的底孔直径过小，就会使丝锥的切削量太大，易于使丝锥折断；若遇螺纹孔中有砂眼或夹渣、选择铰杠不合理及使用活扳手攻丝等情形，会因产生的扭矩过大或用力不均衡而造成丝锥折断。

此外，还应注意随时观察或用角尺检查丝锥与工件表面的垂直情况，避免因丝锥歪斜、单边受力过大而导致丝锥折断。在攻制盲孔时，应预先检查预制孔的深度，在丝锥上做出深度标记，并注意及时清理切屑，防止丝锥折断现象的发生。

16 套丝时的注意事项有哪些?

答：在套丝过程中，应注意的事项有：

（1）要随时检查和校正板牙，不能等偏斜很多后再强行纠正。

（2）两手用力要均匀，并应选择适当的冷却润滑液，用以提高螺纹的光洁度。

（3）应经常反转板牙，以便于使切屑破碎后及时排出，避免切屑堵塞而咬坏螺纹。

（4）检查套丝的圆杆直径不能过大，以免由于其切削量过大而将螺纹挤毛；而圆杆的倒角也应均匀端正，以免刚开始套丝时就已产生歪斜，使螺纹槽对边深浅不一。

17 简述刮削及其过程。

答：刮削是使用各种不同形状的刮刀，在工件表面上刮去一层很薄的微量金属，以提高其表面的光洁度和形状准确度。通常是将工件与平板、平尺或经过精加工的配合件相研配，将工件表面的高点用刮刀去掉，经过多次的循环研配，逐次刮去高点，最终使配合表面的接触点增加，形成工件的正确形状或接触面之间的精密配合。

刮削的过程一般分为粗刮、细刮、精刮和刮花纹等。粗刮通常是用来消除机械加工遗留的走刀痕迹，去掉工件表面较明显的凹凸、扭曲点。细刮是在粗刮的基础上，有选择地挑刮研配后出现的大而亮的高点，使显示点由大到小，以达到在单位面积内的显示点要求。精刮与细刮的方法相同，只是其刀纹更短、更细，以达到更高的准确度要求。刮花纹则有两种情况：其一是在细刮的基础上，将裸露的导轨或平面刮花，以使其美观；其二是在经过精刨、精磨的导轨或有相对运动的表面上刮一层花纹，以改善润滑条件，并提高产品的外观质量。常见的花纹有方格花纹、月牙花纹、链条花纹和燕子花纹等。

18 刮削时的注意事项有哪些?

答：在刮削过程中，应注意的事项有：

（1）进行刮削之前，需先将工件的锐角、锐边去掉，以免发生碰伤；对不允许倒角的工件，刮削时要特别注意操作要领。

（2）对于大型工件，在搬动、起吊或翻转时，要注意安全，放置应稳妥。

（3）刮削过程中修磨刮刀时用力要适当，不使用无柄刮刀，用后要放置平稳，防止掉下。三角刮刀要有刀套，妥善保管。

（4）操作者站在脚踏板上刮削时，要把脚踏板放置平稳，以免用力刮削时滑倒。

（5）每次刮削推研时要注意清洁工件表面，不要让杂质留在研合面上，以免造成刮面或标准平板的划伤。

（6）不论粗、细、精刮，对小工件的显示研点，应当是标准平板固定，工件在平板上推研，推研时要求压力均匀，避免显示失真。

（7）刮削工件边缘时，用力要小避免刮刀突然冲出工件，使操作者失去平衡摔倒造成事故。

19 简述钎焊的方法及注意事项。

答：利用易熔的金属钎焊料（熔化温度在325℃以下），把金属件连接起来的方法称为钎焊。在钎焊的过程中，被连接件本身并不熔化。根据软钎焊的不同要求，应采取不同的操作方法和选择与其对应的专用工具，如烙铁焊的烙铁、浸锡的化锡锅、感应焊的感应设备、火焰焊的喷灯或氧气-乙炔火把等。此外，还需具备一些相关的辅助工具，如锉刀、焊钳、烙铁支架、焊剂及焊剂容器等。

在钎焊过程中，钎焊焊剂的作用主要是为了清除焊缝表面、内层的氧化物。因为覆盖在金属表层的氧化物隔离了焊料和金属的接触，易于造成焊接层松软、强度不足，甚至影响焊接无法完成。在钎焊过程中，焊剂是通过化学反应来清除金属表层的氧化物的。软钎焊常用的焊剂有用于镀锡铁板、铜和铜合金焊接的氯化锌溶液，用于锌和镀锌零件焊接的盐酸，用于各种金属焊接的焊油，以及用于铅和各种电子元件焊接的松香等。

钎焊是把钎焊料加热熔化成为液态之后，使其浸入焊缝，待焊料冷却凝固后和被焊接的母材紧密结合，从而实现了金属件的连接。若是焊缝过大，则钎焊料不易填满焊缝，影响焊接效果。通常钎焊缝应选择在0.05～0.20mm之间。此外，为了保证焊缝间隙不至于过小，钎焊时还应使用焊钳或其他夹具，将零件夹住定位之后再施焊。

20 研磨时的注意事项有哪些？

答：在研磨的过程中，应注意的事项有以下几点：

（1）研磨表面出现划伤。主要是由于平板或研磨面嵌入粗砂粒所致。需将研磨面清洗干净后，用天然油石在嵌有粗砂粒处做平面“8”字形研磨，以去掉粗砂粒。

（2）研磨面发黄、光洁度差。主要是由于研磨料或研磨程度不足所致。需将平板重新压入研磨砂继续研磨。

（3）研磨面出现塌边。主要是由于平板凹凸不平所致。需将平板用三块互研法校正后，再继续进行研磨工作。

（4）研磨表面光洁度不均匀。主要是由于研磨剂涂抹不匀、研磨料中混入粗砂粒、研磨时压力不均衡等原因所致。需将研磨面清洗干净后重新更换研磨剂，并注意将研磨膏涂匀，各处用力均匀地继续进行研磨。

（5）研磨孔时出现喇叭口。主要是由于研磨棒过长或其两端探出孔外的部分太长所致。需重新选用长度合适的研磨棒，并注意两头探出的长度应适当。

（6）研磨孔时出现腰鼓形。主要是由于研磨棒太短或其探出孔外的长度不足所致。需适当地加长研磨棒，并注意在研磨时将研磨棒在孔外适当地探出。

（7）研磨的平面变形。主要是由于研磨时压力过大或压力不均衡所致。需使用恰当的压力，并使压力均匀分布地重新进行研磨工作。

（8）研磨孔时出现锥度。主要是由于研磨过程中对研磨棒或工件的调头次数太少所致。需注意在研磨时把研磨棒随时调头，且每次调头的时间间隔也要保持相等。

（9）研磨孔时出现椭圆度。主要是由于研磨棒太松、孔与研磨棒的间隙过大所致。需重新选取研磨棒，并注意新的研磨棒与孔的间隙要恰当。

21 为什么锤把中间要做得较细些？

答：锤把中间细的一段称为柄腰和柄身，中间细能起弹性作用，能消除锤击时手震和抡锤时减少阻力，以便使锤击力集中，使人手容易感觉到锤头的重力点，这样击锤时就稳、准、狠。

22 什么是锉削？

答：用锉刀从工件上锉去一层金属，使工件达到所需的形状尺寸和表面粗糙度，这种对金属进行加工的工艺称为锉削。

23 简述什锦锉的组别及件数。

答：什锦锉的组别有4个组别：有5件1组；有8件1组；有10件1组；有12件1组。

24 简述扁锉的用途。

答：所有扁锉主要用途是锉削平面和外圆。粗锉主要用于锉削软金属，中锉用于较硬金属的粗锉削工作，而细锉用于微量锉削和改善表面粗糙度。

25 什么是锪孔？

答：在已有孔的一端用较大的钻头锪出一个倒角或锪出一个窝（平面窝或锥窝），叫锪孔。

26 研磨的目的是什么？

答：研磨的目的是使两个紧密结合的工件，结合表面具有精密尺寸、准确的几何形状和很细的表面粗糙度，因此零件的耐磨性、抗蚀性和疲劳强度都相应得到提高，从而延长了零件的使用寿命。

27 什么是轴承合金？

答：轴承合金用的是巴氏合金，是一种铅、锡、锑、铜的合金。根据用途不同，各种牌号的合金分别有少量的其他元素，如碲、砷、镍、镁等。

28 轴承合金怎样进行质量检验？

答：最简单的检查方法是耳听、眼看。对合金和底瓦是否结合牢固的质量检查，是将底瓦悬挂或放在金属台面上，用小金属棒敲击，听其声响。声响清脆者说明良好。

29 什么是刮削？

答：刮削是指用刮刀在工件上刮去一层薄的金属，以提高工件加工精度的操作。

30 刮刀的型式有哪些？

答：由于工件的形状不同，因此要求刮刀有不同型式，分别有平面刮刀和曲面刮刀两类；根据实际情况平面刮刀需要各种型式的刀口：平口、圆角平口、圆弧口、凹口、齐口、凸口、燕尾口、豁口。

31 什么是铰削？

答：用铰刀从钻出和镗出的孔内再切削一薄层金属以便提高孔的精度和细化表面粗糙度，称为铰削。

32 手铰孔时应注意什么？

答：两手用力均匀，不使铰刀左右晃动，保证铰孔精度，偏斜会折断铰刀。

33 在装配及调试零部件工作时的重点是什么？

答：要保证产品的装配质量，应按照规定的装配技术要求去装配。不同的产品其装配技术要求虽不尽相同，但在装配过程中有以下几点是必须遵守的：

（1）做好零件的清理和清洗工作。在装配过程中，必须保证没有杂质留在零件或部件中，零件在装配前的清理和清洗工作对提高产品质量，延长其使用寿命有着重要的意义。

（2）做好润滑工作。相配零件的表面在配合或连接前，一般都需要涂油润滑，不可在配合或连接后再加润滑油。

（3）相配零件的配合尺寸要准确。装配时对某些较重要的配合尺寸进行复检或抽检是很必要的，尤其是当需要知道实际的配合是间隙或过盈时。过盈配合的连接一般都不宜在装配后再拆卸下来重新装配。所以，过盈配合的装配更要十分重视实际过盈量的准确性。

（4）做到边装配边检查。当所装配的产品比较复杂时，每装完一部分应检查一下是否符合要求，不能等到大部分或全部装配完以后再检查，若发现问题往往不易查出问题产生的原因。螺纹连接件进行紧固的过程中，应注意对其他有关零部件的影响，随着螺纹连接件的逐渐拧紧，防止发生卡住、碰撞、零部件变形或损坏等情况。

（5）试车前的检查和启动过程的监视。试车前应做一次全面的检查，当机器启动后，应立即全面检查一些主要工作参数和各个运动件的运动是否正常，只有当启动阶段各个运行指标均正常稳定时，才有条件进行下一阶段的试验机器内容，而一次启动成功的关键在于装配全过程的严密和认真地工作。

第三节　常用金属材料及热处理工艺

1 简述布氏硬度与洛氏硬度特点。

答：布氏硬度是用来表示塑料、橡胶、金属等多种材料硬度的一种标准，是瑞典人布林南尔首先提出的，表示符号为HB，单位为kg/mm^2。其测定方法是：以一定的负荷（一般为3000kg）把规定直径（10、5、2.5mm）的淬硬钢球压入试验材料的表面，然后以试样表面球形压痕的表面积去除以所加载荷，得出的商值即为试样的布氏硬度值。

洛氏硬度主要是用来表示金属等材料硬度的一种标准，是由美国冶金学家洛克威尔首先提出的，表示符号为HR。其测试方法是：将标准形状的专用端子（淬硬的钢球或顶角为120°的圆锥形金刚石棱锥）在两个连续附加的一定载荷的作用下压入受检试样的表面，然后以试样材料表面上的压痕（可以直接从深度表的刻度上读取数值）来计算出硬度值。洛氏硬度在测试时分为A、B、C三个等级，其中采用60kg负荷和金刚石压入器所测取的硬度值表示为 HRA，采用 100kg 负载和直径为 1.5mm 淬硬钢球测量取得的硬度值表示为 HRB，采用 150kg 负载和金刚石压入器测量取得的硬度值表示为 HRC。

在材料硬度的测试方法中，布氏硬度的测定值比较准确、可靠，但此方法除了测试塑料、橡胶外，一般只适用于 HB =8～450 范围内的金属材料，对较硬的钢材或较薄的钢板不太适合；而洛氏硬度更适用于测定极软或极硬的金属材料，对组织不均匀的材质则不太准确。

2 简述维氏硬度与肖氏硬度特点。

答：维氏硬度主要是用来表示金属等材料硬度的一种标准，是由英国科学家维克斯首先提出的，表示符号为 HV，单位为 kg/mm^2。其测试方法为：将一定压力施加到四棱锥形的钻尖上，使之压入所测试材料的表面而产生凹痕，根据凹痕面积上的压力，即可计算出硬度值。

肖氏硬度是用于度量橡胶、塑料和金属等多种材料硬度的一种标准，是由英国人肖尔首先提出来的，表示符号为 HS。其测试方法为：应用弹性回跳法，将一定规格的撞销（为一具有尖端的小锥，锥尖上一般镶有金刚钻）从规定的高度下落至测试材料的表面上而发生回跳，根据测试回跳的高度，即可得出硬度值。

3 12Cr1MoV 钢管焊接后的热处理温度有何要求？

答：在对 12Cr1MoV 钢管进行焊接后，一般采用高温回火的方法对其进行热处理。在热处理过程中，高温回火的温度掌握在 710～740℃的范围。另外，当钢管壁厚 $\delta<12.5mm$ 时，需恒温保持 1h；当 $12.5mm\leqslant\delta\leqslant25mm$ 时，需恒温保持 2h；当 $25mm<\delta<50mm$ 时，需恒温保持 2.5h。

4 简述金属材料的性能指标。

答：金属材料的性能一般可分为使用性能和工艺性能两大类。

（1）使用性能是指材料在工作条件下所必须具备的性能，它包括物理性能、化学性能和力学性能。

物理性能是指金属材料在各种物理条件作用下所表现出的性能。包括：密度、熔点、导热性、导电性、热膨胀性和磁性等。

化学性能是指金属在室温或高温条件下抵抗外界介质化学侵蚀的能力。包括：耐蚀性和抗氧化性。

力学性能是金属材料最主要的使用性能，所谓金属力学性能是指金属在力学作用下所显示与弹性和非弹性反应相关或涉及应力-应变关系的性能。包括：强度、塑性、硬度、韧性及疲劳强度等。

（2）工艺性能是指金属材料在冷、热加工过程中表现出来的性能。金属材料的工艺性能直接影响零部件加工后的工艺质量，是选材和制定零部件加工工艺路线时必须考虑的因素之一。包括：铸造性能、压力加工性能、焊接性能、切削加工性能和热处理性能等。

5 简述碳素钢的分类及用途。

答：碳素钢是含碳量为 0.02%～2.11%的铁碳合金。

按含碳量的不同，碳素钢可分为低碳钢（含碳量小于0.25%）、中碳钢（含碳量在0.25%～0.6%的范围内）和高碳钢（含碳量大于0.6%）三个种类。

碳素钢按用途不同可分为碳素结构钢和碳素工具钢两大类，其中的碳素结构钢又可分为普通碳素结构钢和优质碳素结构钢两种。普通碳素结构钢是指仅保证钢的化学成分或机械性能两个指标其中之一的碳素结构钢，而优质碳素结构钢则是指同时保证钢的化学成分和机械性能的、质量优良的碳素结构钢。对于一些供应时既要求保证钢的机械性能，同时又要求保证钢的个别化学成分符合要求的碳素结构钢种，将其命名为“特类钢”，并划归为普通碳素结构钢的一个特类。

碳素结构钢主要是用于制造机械零件和工程结构件的，含碳量多在0.7%以下，多属于低碳、中碳钢；而碳素工具钢则用于制造各种加工工具和量具，含碳量一般在0.7%以上，属于高碳钢。

6 简述合金钢的分类及用途。

答：合金钢的种类繁多，常见的分类方法是按其成分、用途及质量来划分，主要有：

(1) 按照钢中合金元素的含量分类。

1) 低合金钢。合金元素的总含量小于5%。

2) 中合金钢。合金元素的总含量为5%～10%。

3) 高合金钢。合金元素的总含量大于10%。

(2) 按照钢的不同用途分类。

1) 合金结构钢。它又分为两种：一种是建筑及工程结构用钢，即普通的低合金钢；另一种为机械制造用钢，又有渗碳钢、调质钢或弹簧钢、滚动轴承钢等类别之分。

2) 合金工具钢。它又有三种，即刃具钢（包括低合金刃具钢和高速钢）、模具钢（包括冷作模具钢和热作模具钢）及量具钢。

3) 特殊性能钢。主要有不锈耐酸钢、耐热钢以及耐磨钢等。

(3) 按照钢的质量分类。

主要有普通合金钢（仅供给建筑和工程结构使用）、优质合金钢及高级优质合金钢三类。

7 简述热处理的目的及方法。

答：钢材的热处理就是将钢材或合金在固态的范围内，通过加热、保温和冷却等过程的有机结合，使钢材或合金的内部组织（有时也仅只是表面组织）改变，从而得到所需要的金属性能的一种工艺方法。

常用的热处理方法有退火、正火、淬火、回火、调质、时效处理及化学热处理等。

(1) 退火。将钢件加热到临界温度以上（一般为710～750℃，少数合金钢可以达到800～900℃），保温一段时间后缓慢地冷却的过程即为钢材的退火处理。退火的目的主要是为了细化晶粒、均匀组织、改善机械性能、降低硬度、便于切削加工、消除内应力，以降低脆性。退火一般用于对铸造件、锻造件的处理。

(2) 正火。将钢件加热到临界温度以上（A_{c3}或A_{cm}以上为40～50℃，一般为850～950℃），保温一段时间，使其达到完全奥氏体化和均匀化，然后在空气中冷却，这一工艺过程称为对钢件的正火处理。通过正火处理，可以将中、低碳钢结构件和渗碳机件的钢材组织细化、内部的化学成分均匀化，以消除钢材的内应力，并可提高其强度和韧性，改善钢件的切削加工性能。

（3）淬火。将钢件加热到临界温度以上，保温一段时间，然后在水、盐水或油中快速冷却，这一工艺过程称为淬火处理。淬火的目的主要是为了提高钢件的硬度和强度，以提高其耐磨性；但是淬火之后会引起内应力而使钢材变脆。因此，钢件在淬火后应进行回火处理。

（4）回火。将淬硬的钢件加热到临界点以下的温度，保温一段时间，然后在空气或油中冷却，这一工艺过程称为回火处理。根据对钢件要求强度或加工方便的不同目的，可以分别对其采取低温、中温或高温回火。钢材在淬火后应立即进行回火处理，目的是减少或达到消除钢材淬火后残存于钢材内部的热应力。通过回火处理，可以稳定组织，提高钢材的塑性、冲击韧性，适当地降低钢件的硬度。

（5）调质。将加工件在淬火后随即进行高温回火的工艺过程称为调质处理。目的主要是为了使加工件获得韧性与强度良好配合的综合机械性能。调质处理一般是在钢件机械加工完成之后进行的，但有时也对锻坯或粗加工的毛坯进行调质，然后再进行机械加工。

（6）时效处理。时效处理分为自然时效处理和人工时效处理两种。自然时效处理是指将钢件在环境温度中进行长时间保存，以改变其性质或消除内应力。人工时效处理则是指将钢件进行加温（一般淬火钢件为120～150℃，铸铁为500～600℃），并保温较长时间（2～20h），然后再缓慢冷却至室温。金属材料在经过时效处理后，其强度、硬度升高，而塑性、韧性降低，可以消除精密零部件在使用中产生变形的现象。

（7）化学热处理。钢的化学热处理就是将钢制工件放在含有一种或几种化学元素、化合物的介质中，加热到适当的温度后保温一定的时间，使已经活化的化学元素逐渐被工件表面吸收并向内部扩散，从而改变其化学成分和组织结构，达到增高钢件的硬度、耐磨性和抗蚀性等性能的目的。在生产中，常见的化学热处理工艺有渗碳处理、渗氮处理（氮化）和氰化处理等。

8 15NiCuMoNb5(WB36) 焊接预热和焊后热处理的工艺要求是什么?

答：15NiCuMoNb5(WB36) 管材及板材壁厚大于等于20mm，预热温度为150～200℃；焊后热处理温度为580～620℃，恒温时间根据焊件壁厚，选择合适时间。

9 10Cr9Mo1VNbN(T/P91) 焊接预热和焊后热处理的工艺要求是什么?

答：10Cr9Mo1VNbN(T/P91) 管材及板材的预热温度为200～250℃；焊后热处理温度为750～770℃，恒温时间根据焊件厚度，选择合适时间，焊件越厚，时间越长。例如焊件壁厚小于等于12.5mm，恒温时间1h。

10 10Cr9MoW2VNbBN(T/P92) 焊接预热和焊后热处理的工艺要求是什么?

答：10Cr9MoW2VNbBN(T/P92) 管材及板材的预热温度为200～250℃；焊后热处理温度为750～770℃，恒温时间根据焊件厚度，选择合适时间，焊件越厚，恒温时间越长。例如焊件壁厚小于等于12.5mm，恒温时间1.5h。

11 焊接热处理用保温材料应满足哪些要求?

答：焊接热处理用保温材料应满足的要求为：

（1）保温材料的热阻值应不小于0.35℃ m²/W 。

（2）柔性陶瓷电阻加热或远红外加热用保温材料的熔融温度应高于1150℃。

（3）感应加热用保温材料对电磁场无屏蔽作用。

（4）火焰加热用保温材料应干燥。

12 焊接热处理工艺包括有哪些?

答：焊接热处理工艺包括有：现场焊接热处理工艺文件的确定、预热及后热。

13 焊接后热工艺有哪些要求?

答：焊接后热工艺的要求有：

（1）有冷裂纹倾向的焊件，当焊接工作停止后，若不能及时进行焊后热处理，应进行后热。后热工艺是：加热温度为300～400℃，保温时间为2～4h。

（2）对马氏体型热强钢焊接接头的后热，应在焊后焊件处于80～120℃、保温1～2h后进行。

（3）后热时的加热宽度不应小于预热时的加热宽度。

14 焊后热处理恒温温度的选择原则是什么?

答：焊后热处理恒温温度的选择原则是：

（1）不能超过焊接材料熔敷金属及两侧母材中最低的下转变温度（A_{c1}），一般应低于该A_{c1}以下30℃。

（2）对调质结构钢焊接接头，应低于调质处理时的回火温度。

（3）对异种钢焊接接头，按照DL/T 752的相关规定执行。

15 工程竣工后焊接热处理应整理的技术资料包括哪些?

答：工程竣工后焊接热处理应整理、保存的技术资料有：

（1）焊接热处理自动记录曲线。

（2）焊接热处理工作统计表。

（3）焊后热处理质量评价表。

（4）相应的试验、检测报告。

16 钢的热处理工艺包括哪些?

答：钢的热处理工艺包括：退火、正火、淬火和回火。

17 表面化学处理包括哪些?

答：表面化学处理是将钢件置于一定介质中加热和保温，使介质中的活性原子渗入工件表层，以改变表层的化学成分和组织，从而使工件表层具有某些特殊的力学或物理、化学性能的一种热处理工艺。常见的化学热处理有渗碳、渗氮、碳氮共渗、渗金属等。

18 焊前热处理的目的是什么?

答：焊前热处理的目的是：降低焊后冷却速度，从而减小淬硬倾向及焊接应力；预热可以减小焊接热影响区的温度梯度，使其在比较宽的范围内获得较均匀的分布，有助于减小因温度差造成的焊接应力。

19 什么是变形？变形过程分哪几个阶段？

答：金属材料在外力作用下引起的大小和形状的变化称为变形。

变形过程可分为三个阶段：

（1）弹性变形阶段。在应力不大的情况下，变形量随应力值正比增加；当应力去除后，变形完全消失。

（2）塑性变形阶段。应力超过材料的屈服极限时，在应力去除后变形不能完全消失，而有残留的变形存在，这部分残留变形为塑性变形。

（3）断裂。当应力超过屈服极限后继续增大时，金属在大量的塑性变形之后发生断裂。

20 什么是蠕变？什么是应力松弛？

答：金属材料长期在高温环境和一定应力作用下工作，逐渐产生塑性变形的过程称为蠕变。

金属材料在高温和某一初始应力作用下，若维持总变形不变，随时间的延长，其应力逐渐降低，这种现象称为应力松弛。

21 发电厂高温高压管道焊接后进行热处理时，应选用何种工艺？

答：一般采用高温回火工艺。焊接接头经热处理后，可使焊接接头的残余应力减小，改善组织，淬硬区软化，降低含氢量，以防止焊接接头产生裂纹，提高力学性能。

22 什么是调质处理？它的目的是什么？电厂中哪些结构零件需进行调质处理？

答：把淬火后的钢件再进行高温回火的热处理方法称为调质处理。

调质处理的目的是：

（1）细化组织。

（2）获得良好的综合力学性能。

调质处理主要用于各种重要的结构零件，特别是在交变载荷下工作的转动部件，如轴类、齿轮、叶轮、螺栓、螺母及阀门门杆等。

23 为什么奥氏体耐热钢具有比其他耐热钢更高的抗氧化性和热强性？

答：奥氏体耐热钢是添加钼、钨、钒、钛、铌、硼等元素的高合金多组元钢种，由于奥氏体晶格致密度比铁素体大，原子间结合力大，合金元素扩散慢，因此有更高的热强性。另外，这类钢含有大量铬、镍，又是奥氏体单相组织，具有很好的抗氧化性和耐腐蚀性。

24 T/P92、E911、P122(HCM12A) 钢之间有什么关系？

答：T/P91 钢是美国在 20 世纪 80 年代开发的一种综合性能优异的 9%Cr 钢，在 P91 钢的基础上通过以 W 取代部分 Mo 获得了 T/P92 和 E911(T/P911) 2 种新型钢种，在 12%Cr 钢中通过相同的合金化思想开发了 P122(HCM12A)，只是为了避免出现 δ-铁素体加入了 1%Cu。这 3 种钢的高温强度比 P91 有不同程度的提高，是目前阶段的超超临界机组（蒸汽温度小于620℃）联箱和高温蒸汽管道的主要材料。

25 9%～12%Cr马氏体钢有什么特点？

答：下一代9%～12%Cr马氏体钢是在T/P92、E911、P122(HCM12A)这3种钢的基础上进一步增加W含量并添加Cr、Ti，即NF12和SAVE12等，预计可以用将温度提高到650℃。可以极大提高汽轮机的转子、叶片、汽缸和阀体对这类材料的性能要求，包括低周疲劳性能、蠕变强度、低的应力腐蚀敏感性、铸造性能等。

26 普通的12%Cr钢有什么特点？

答：普通的12%Cr钢作为565℃以下汽轮机转子锻件具有足够的持久强度和抗热疲劳性能以及韧性等。

27 高温合金钢有什么特点？

答：高温合金钢早已用于航空领域，在目前的蒸汽发电机组中仅限于叶片和紧固件材料。如果蒸汽参数提高到700℃以上，就远远超出了铁素体钢的能力，而奥氏体钢的热疲劳问题也使得它们用于厚壁部件不太可能，机组的许多部件就只能采用高温合金钢。尽管蠕变强度的要求对Ni基合金来说不过分，但其他要求如焊接性能、成形性能和抗腐蚀性能则不容易达到，包括定向凝固和单晶合金在内的Ni基合金正在进行评估，以应用在汽轮机中。

28 新型耐热钢有什么应用？

答：长期以来，新型耐热钢中的主力钢种包括锅炉材料P11、P22以及12Cr1MoV等和汽轮机材料12CrMoV等。随后住友金属开发了T/P23，通过在T22基础成分中以W取代部分Mo并添加Nb、V提高蠕变强度，降低了C质量含量以提高焊接性能，同时加入微量B提高淬透性，以获得完全的贝氏体组织。同时，欧洲开发了T/P24，其合金化特点是通过V、Ti、B的多元微合金化提高蠕变性能。T23在550℃的许用应力接近T91，600℃的蠕变强度比T22高93%，T24的高温强度还略高一些。这两种钢具有优异的焊接性能，无须焊后热处理即可将接头硬度控制在350～360HV10以下，因此适合作为超超临界机组的水冷壁材料，也可取代10CrMoV、12CrMoV等材料作为亚临界机组的高温管道和联箱，可显著降低壁厚。9%～12%Cr马氏体钢是电厂中重要的一类材料，用于锅炉和汽轮机的许多部件，包括锅炉管、联箱、管道、转子、汽缸等。对锅炉用9%～12%Cr钢的主要要求包括蠕变强度和运行温度下的组织稳定性、高温热钢的化学成分度、良好的焊接性能、低的Ⅳ型裂纹敏感性、抗蒸汽氧化能力和疲劳性能等。

29 超（超）临界机组主蒸汽管道，高、中压主汽阀及调节阀，导管使用的钢材材质是什么？

答：超（超）临界机组主蒸汽管道材质通常为P92钢；高、中压主汽阀及调节阀材质为KT5031A（9Cr-1Mo锻钢）；导管材质为P91钢。这三种材质均为9%～12%钢。

30 提高焊缝韧性的措施有哪些？

答：提高焊缝韧性的措施有：采取有效的充氩措施；采取严格的预热措施：采用远红外

加热，预热温度为150～200℃。严格控制线能量，是因为小的能量可有效地减少碳化物的析出量和铁素体含量，防止马氏体晶粒长大，提高焊缝的击韧性；合理地布置垂直焊道和水平焊道，线状焊道的冲击功之比棒状焊道的高。

31 蠕变由哪三个阶段组成？

答：蠕变第一阶段的温度较低，其形变机制主要是在显微镜下易观察到的粗滑移。随着温度升高，滑移带将逐步加宽，滑移带之间充满着精细滑移，此类滑移带在显微镜下不易观察到。蠕变伸长量绝大部分来自精细滑移。在高温下，由于形变不均匀和滑移比较集中，有利于多边化的进行，从而形成亚结构。蠕变第一阶段末期就已形成不完整的亚结构，蠕变第二阶段则形成了完整和稳定的亚结构，并保持到蠕变第三阶段。

32 为什么需要对焊条进行烘干？

答：焊条出厂时，都经过高温烘烤和具有一定的防潮包装。如由于运输、保管不善造成包装破裂，使焊条损坏或药皮受潮失效，致使焊条工艺性能变坏，在熔焊时会增大飞溅，使融化金属产生缺陷，影响焊接质量。因此，为保证电弧稳定燃烧，减少飞溅，使熔化金属内产生焊接缺陷的可能降到最低限度，各类焊条使用前均应进行烘干。

33 焊条的烘干技术参数是如何规定的？

答：焊条应按焊条厂家证件规定参数烘干，如无规定时，可参照下列数据进行：

（1）酸性焊条的烘熔温度一般为150～250℃，保温1h。

（2）碱性焊条的烘熔温度一般为300～350℃，保温1～2h；对含氢量有特殊要求的碱性焊条，烘熔温度应提高到400～450℃。

34 T/P91、T/P92钢各有什么特点？

答：T/P91钢（9Cr-1Mo）为马氏体耐热钢。材料中Cr含量高、Al含量少，大大提高了钢的抗氧化能力和热稳定性；高的合金元素Cr、Mo、M含量也增加了固溶强化能力；少量N的加入，使钢的第二相增加，不仅有碳化物，还有氮化物，增加了沉淀强化的能力；强碳化物元素Nb的加入，在钢中形成复合碳化物Nb（C、N）；P、S含量低，使钢的晶界净化，提高了晶界强度。

T/P92钢是在T/P91钢的基础上，通过添加W，降低Mo含量以调整铁素体与奥氏体形成元素的平衡，辅之以B的微合金化和C含量的降低。T/P92钢显微组织为回火马氏体，组织稳定性高，加工性能好。

35 P92钢焊接时都有哪些可选用的焊接材料？

答：选择一种焊接工艺性能良好、焊缝金属性能优异的焊接材料是保证焊接接头性能的关键。为了配合P92的焊接，目前国外已经有数家焊材生产商开发了P92钢的焊接材料，其中包括：日本日铁-住金生产的TIG焊焊丝Nittetsu YT616、电弧焊焊条Nittetsu N-616、埋弧焊焊丝/焊剂 Y616/NB616；法国液化空气公司、奥林康公司生产的AL CHROMOCORD 92、SAFDRY CVD92焊条，埋弧焊丝/焊剂Safcore 292/Lexal F500、TIG焊丝Safocre TIG 92；德国伯乐-蒂森公司生产的Thermanit MTS 616/Marathon 543；

英国曼彻特公司生产的钨极氩弧焊及埋弧焊焊丝 9CrWV、埋弧焊焊剂 LA491 FLux、电焊条 Chromet 92、药芯焊丝 Supercore F92 等。

36 简述合金结构钢 10Cr9Mo1VNbN(P91) 的焊接工艺。

答：A335-P91 钢具有良好的抗拉强度、高的高温蠕变和持久强度（同样条件下的壁厚比 P22 减少一半），较低的热膨胀系数和良好的导热性，高的韧性和良好的加工性，广泛应用于电厂再热器和主蒸汽管道。P91 钢属空冷马氏体耐热钢，合金元素为 10.53%，焊接时有强烈的脆硬敏感性、一定的冷裂纹及再热裂纹倾向；焊接材料黏度较大，流动性差，打底焊时熔化金属背面成型较难；管道焊接时，管内一定要充氩保护；焊接时采用小规范，多层多道焊。

焊接材料选用进口的规格为 ϕ2.4 的 9CrMoV-N 焊丝和 ϕ3.2 Chromet 9MV-N 焊条。具体方法为：

（1）检查及对口。

1）坡口型式应符合图纸要求，钝边应保证在 1～1.5mm 之间。

2）坡口内外侧 20mm 范围内应清理干净，发出明亮的金属光泽，并保持干燥。

3）对口间隙一般为 2～3mm，局部位置的间隙允许达到 4mm。

4）管口内壁应对齐，其内壁错口量应不大于 1mm。

5）管口端面应与管子中心线垂直，其偏斜度应不大于 2mm。

6）用 3 块楔形 P91 铁块在焊缝三等分点处点焊对口，所用焊条为 Chromet 9MV-N。

（2）预热。

1）采用远红外电加热的方式对焊口进行预热，打底预热温度为 180～220℃。

2）对施焊过程进行跟踪预热，以保证层间温度在 250～300℃之间。

（3）施焊。

1）用耐高温的铝铂胶带纸密封住整个坡口，打开充氩流量计，开始流量 40～50L/min，施焊过程中流量保持在 10～20L/min。内壁充氩要持续到电焊填充第一层（特殊情况至少持续到氩弧焊第二层），以避免焊缝根部氧化和过烧。

2）局部揭开铝铂胶带密封纸，采用氩弧焊封底，封底厚度 3～3.5mm，此时焊接回路处于正接状态，封底电流为 120～130A，电压 10～12V，氩气流量为 10～15L/min，焊接速度控制在 55～60mm/min。当一人打底时，另一人在对面便于观察处，揭开铝铂胶带纸，监督打底质量。当在坡口处充氩时，应等到第二层氩弧焊焊完后拔出气针封底。

3）当焊口的大部分封底完后，才可以拆除楔形铁块。封底时要注意接头和钝边位置要熔化良好，防止出现未熔合或未焊透。打底过程中如发现有裂纹、气孔或其他缺陷时，应用机械方法彻底铲除后再继续施焊，不得重复熔化消除缺陷。打底工作应一气呵成，不得半途停止。

4）除去楔形铁块后，用角向将焊瘤磨去，确保无缺陷隐藏在坡口中。

5）第二层氩弧焊焊接工艺参数同封底焊，厚度 3～3.5mm。

6）电焊填充第一层。当氩弧焊焊完后层间温度高于 250℃时，可直接开始 SMAW。低于 250℃时，应升温到 250℃以上再施焊。施焊过程应确保层间温度在 250～300℃之间，超过 300℃时应停止施焊。

7）采用 $\phi 3.2$ 的焊条进行多层多道焊，所用电流为100～125A，电压20～23V。每道焊缝的厚度应不大于4mm，宽度应不大于12mm，焊接速度控制在70～160mm/min。施焊时注意两人不得同时在一处收头，以免局部温度过高影响施焊质量。

8）焊接中应将每层焊道接头错开10～15mm，同时注意尽量焊得平滑，便于清渣和避免出现“死角”。

9）施焊过程中应认真观察熔化状态，注意熔池和收尾接头质量，收弧时弧坑一定要填满，收弧点引到坡口边缘。

10）每层每道焊缝焊接完毕后，应用砂轮机或钢丝刷将焊渣、飞溅等杂物清理干净（尤其要注意中间接头和坡口边缘），经自检合格后，方可焊接次层。

11）所有封底焊口应当天连续施焊完毕。

37 简述 P92 钢的焊接工艺。

答：A213T92/A335P92钢（欧洲EN标准为X10CrWMoVNb9-2，以下简称T/P92）是在T/P91钢的基础上适当降低钼元素的含量（0.5%Mo），同时加入一定量的钨（1.8%W），用钒和铌元素合金化并控制硼和氮元素含量的铁素体钢。经上述合金化改良后，钢的高温蠕变性能得到进一步提高，蠕变断裂强度比T/P91钢大约高40%。

T/P92钢的 A_{c1} 温度为800～835℃，A_{c3} 温度为900～920℃，M_S 温度～400℃，M_f 温度～100℃。经过1040～1080℃正火与750～780℃回火处理后，为回火马氏体组织。在马氏体基体上的析出物为M23C6和MX（V和Nb的碳氮化物），起沉淀强化作用。同时，Mo和W元素有固溶强化作用。T/P92推荐的使用温度为580～625℃。

焊接方法与焊接材料的选择，见表1-2。

表1-2　焊接材料选择对应表

焊接方法	Metrode 产品名称	Bohler-Thyssen 产品名称
手工电弧焊条	chromet 92	Thermanit MTS616
钨极氩弧焊丝	9CrWV	Thermanit MTS616
熔化极气体保护焊丝	—	Thermanit MTS616
埋弧焊丝及焊剂	9CrWV（焊丝）	Thermanit MTS616（焊丝）
	LA491（焊剂）	Marathon543（焊剂）
药芯焊丝	Supercore F92	—

T/P92钢的焊接工艺性能与T/P91钢的基本相同。小直径薄壁管采用全氩弧焊方法，大直径厚壁管采用氩弧打底、焊条电弧焊填充及盖面的组合方法，实行多层多道焊接，施焊中注意焊道间的交错和结合，避免出现“死角”，且焊缝表面层应有“退火焊道”。

氩弧焊焊接规范参数：预热温度：100～200℃；层间温度：150～250℃；电弧电压：11～15V；焊接电流100～120A；焊接速度：30～60mm/min；焊层厚度：≤3mm。

焊条电弧焊焊接规范参数：预热温度：200～250℃；层间温度：≤250℃。焊条不同直径对应的参数选择，见表1-3。

表 1-3　　焊条不同直径对应的规范参数

焊条直径（mm）	电弧电压（V）	焊接电流（A）	焊接速度（mm/min）
2.5	22～24	80～110	130～160
3.2	24～26	110～130	140～200
4.0	24～28	130～160	140～220

注　1. 焊接参数垂直固定焊时偏上限选取，水平固定焊及小管径偏下限选取。
2. 线能量：≤20kJ/cm；焊层厚度：≤焊条直径；单层焊道宽度：≤4 倍焊条直径。

第四节　识图、绘图

1 简述剖视图及其种类。

答：剖视图就是假想把机件切去一部分，然后根据其形状绘出其余部分的视图。剖视图能清楚地表明机件内部的形状、结构，且能够减少图面上的虚线，便于尺寸的标注。常见的剖视图有全剖视图、半剖视图、局部剖视图、斜剖视图、阶梯剖视图、旋转剖视图及复合剖视图等七种形式。

（1）全剖视图是指用一个剖切平面将机件全部剖开所得到的图形。它一般用于内部形状复杂的不对称机件或外形简单的对称机件。

（2）半剖视图是指当机件具有对称平面时，在垂直于对称平面的投影面上投影所得到的图形。它以对称中心线为界，将一半图形画为剖视，另一半画为视图。半剖视图主要用于内部形状和外部形状均对称的机件。当机件的形状接近于对称而并非完全对称，且不对称部分已另有视图清楚地表达出时，也可绘制成半剖视图。

（3）局部剖视图是指用剖切平面局部地剖开机件所得到的图形。局部剖视图用波浪线与其他部分分界，该波浪线不应和图样上的其他图线重合。局部剖视图常用于内、外部形状在视图上的投影不相重合的不对称机件，以及实心零件上的孔、槽等。

（4）斜剖视图是指用不平行于任何基本投影面的剖切平面剖开机件，再投影到与剖切平面平行的投影面上所得到的图形。斜剖视图应根据剖切方向并按投影关系来配置，必要时也可加以标注，将其旋转或平移。

（5）阶梯剖视图是指用多个相互平行的剖切平面剖开机件所得到的图形。对于阶梯剖视图，在剖切平面的起、止、转折处，均要用带字母的剖切符号表示出剖切位置，并用箭头指明投影的方向。在剖视图的上方，要用相应字母标出剖视图的名称。

（6）旋转剖视图是指用两个相交的剖切平面剖开机件，并将被剖切的结构及其有关部分旋转到与选定的投影面平行的位置后再进行投影所得到的图形。它常用于表示盘类零件上的孔、槽的分布。在旋转剖视图中，应标明剖切位置，即在起、止、转折处用相同的字母标出，并指明投影的方向。

（7）复合剖视图是指由上述几种方法结合或由几个剖切平面剖开机件所得到的图形。在复合剖视图中，必须将剖切位置、投影方向和剖切名称等全部标注出来。

2 怎样观察和分析剖视图？

答：在观察和分析剖视图时，应注意掌握以下几点：

（1）剖切平面一般是通过机件的对称平面或轴线，并平行或垂直于某一投影面。

（2）剖视图是用假想的剖切面剖切机件的，取一个视图剖切后，其他视图仍要按照完整机件来绘制的。

（3）在剖视图中，应标注剖切位置、投影方向和剖视图的名称。

（4）剖切表面应根据机件的材料，按照表1-4所示的剖面符号绘制出剖面和剖面线。例如，金属材料剖面符号的剖面线用细实线绘制，并与水平线成45°角，且同一个零件在剖面线方向上的间隔应保持一致。

表1-4　各种材料的剖面符号

材　料	剖面符号	材　料	剖面符号
金属材料（已有规定剖面符号者除外）		胶合板（不分层数）	
线圈绕组元件		基础周围的泥土	
塑料、橡胶、油毡等非金属材料（已有规定剖面符号者除外）		混凝土	
型砂、填砂、粉末、冶金、砂轮、陶瓷、刀片及硬质合金刀片等		钢筋混凝土	
玻璃、透明材料		格网（筛网、过滤网等）	
木材　纵剖面		液体	
木材　横剖面			

（5）剖面图只需要画出被切断表面的图形即可；而剖视图则除了画出被切断表面的图形之外，还要画出剖切平面后面其余部分的投影形状。

3　简述表面粗糙度的代号、含义、评定参数及在图样中的标注原则。

答：图样中经常见到的表面粗糙度的代号及其含义，见表1-5。

表1-5　表面粗糙度的代号及其含义

代号示例（旧标准）	代号示例（GB/T 131—2006）	含义/解释
3.2	*Ra* 3.2	表示不允许去除材料，单向上限值，*Ra* 的上限值为3.2μm
3.2	*Ra* 3.2	表示去除材料，单向上限值，*Ra* 的上限值为3.2μm

续表

代号示例 （旧标准）	代号示例 （GB/T 131—2006）	含义/解释
16max	Ra max1.6	表示去除材料，单向上限值，*Ra* 的最大值为 1.6μm
3.2 1.6	U 3.2 L 1.6	表示去除材料，双向极限值，上限值 *Ra* 为 3.2μm，下限值 *Ra* 为1.6μm
Rz 3.2	Rz 3.2	表示去除材料，单向上限值，*Rz* 的上限值为 3.2μm

表面粗糙度（*R* 轮廓）的评定参数常用的有：轮廓算术平均偏差 *Ra*，轮廓最大高度 *Rz*。*Ra* 为优先选用的评定参数。轮廓算术平均偏差 *Ra* 是指在取样长度内，被测轮廓偏距绝对值的算术平均值。

表面粗糙度在图样中的标注原则如下：

（1）表面粗糙度对每一表面一般只标注一次，并尽可能在相应的尺寸及其公差的同一视图上。除非另有说明，所标注的表面粗糙度是对完工零件表面的要求。

（2）表面粗糙度的注写和读取方向与尺寸的注写和读取的方向一致。

（3）表面粗糙度可标注在轮廓线及其延长线上，其符号应从材料外指向并接触表面。必要时，表面粗糙度也可注在尺寸线及其延长线上、指引线和形位公差的框格上。

4 简述公差类型的表示符号及几何公差的确定原则。

答：公差类型的几何特征符号，见表 1-6。

表 1-6　　几何特征的表示符号

公差类型	几何特征	符号	公差类型	几何特征	符号
形状公差	直线度	—	位置公差	位置度	⌖
	平面度	▱		同心度 （用于中心度）	◎
	圆度	○		同轴度 （用于轴线）	◎
	圆柱度	⌭		对称度	⌯
	线轮廓度	⌒		线轮廓度	⌒
	面轮廓度	⌓		面轮廓度	⌓
方向公差	平行度	//	跳动	圆跳动	↗
	垂直度	⊥		全跳动	⌰
	倾斜度	∠			—
	线轮廓度	⌒			
	面轮廓度	⌓			

几何公差的选用原则：

（1）根据零件的几何特征选择公差项目。例如：控制圆柱面的形状误差应该选择圆度或圆柱度。

（2）根据零件的功能要求选择几何公差。选择公差项目主要考虑以下几个方面：

1）保证零件的工作精度。

2）保证连接强度和密封性。

3）减少磨损，延长零件的使用寿命。

（3）根据几何公差的控制功能选择几何公差项目。各种几何公差的控制功能不同，有单一控制项目还有综合控制项目，选择时应充分考虑它们之间的关系，充分发挥综合控制项目的功能，尽量减少图样上的几何公差标注。

（4）根据检测的方便性选择。检测方法是否方便，直接影响零件的生产效率和成本，因此在满足功能的前提下，应尽量选择检测方便的几何公差项目。

（5）参照有关标准的规定确定要素的公差值时，原则上应遵循下列各项：

1）在同一要素上给出的形状公差值应小于位置公差值。如要求零件上平行的两个平面，其平面度公差值应小于平行度公差值。

2）圆柱形零件的形状公差（轴线直线度除外）一般情况下应小于其尺寸公差。

3）选用几何公差等级时，应考虑结构特点和加工的难易程度，在满足零件功能要求下，对于下列情况应适当降低 1～2 级精度：①细长比较大的轴或孔。②距离较大的轴或孔。③宽度较大（一般大于二分之一长度）的零件表面。④线对线和线对面相对于面对面的平行度。⑤线对线和线对面相对于面对面的垂直度。

4）选用几何公差等级时，应注意它与尺寸公差等级、表面粗糙度等之间的协调关系。

5）在通常情况下，零件被测要素的形状误差比位置误差小得多。因此，给定平行度或垂直度公差的两个平面，其平面度的公差等级，应不低于平行度或垂直度的公差等级；同一圆柱面的圆度公差等级应不低于其径向圆跳动公差等级。

5　螺纹 M10-6H-L、M16×1.5LH-5g6g-S 和 Tr32×6LH-7e 分别代表什么？

答：M10-6H-L 为粗牙螺纹、公差带 6H 和长旋合长度。M16×1.5LH-5g6g-S 为细牙螺纹、螺距 1.5 、左旋公差带 5g6g 和短旋合长度。Tr32×6LH-7e 为梯形螺纹、螺距 6、左旋、公差带 7e。

第五节　测量测绘工具的使用

1　简述游标卡尺的用途、结构及使用方法。

答：游标卡尺是最常用的量具之一，它可以测量零件的外径、内径、长度、宽度、厚度及孔距等，有的游标卡尺还可以直接进行深度的测量。

游标卡尺主要由主尺、滑动副尺和可动卡爪等组成，如图 1-4 所示。主尺的前端为固定卡爪，尺身有刻度，刻线间隔为 1mm，主尺的长度决定了卡尺的测量范围。滑动副尺的前端是可动卡爪，尺框上游标的刻线决定着卡尺的读数准确度。一般常见的游标卡尺的读数准确度可分为 0.1、0.05、0.02mm 三种。

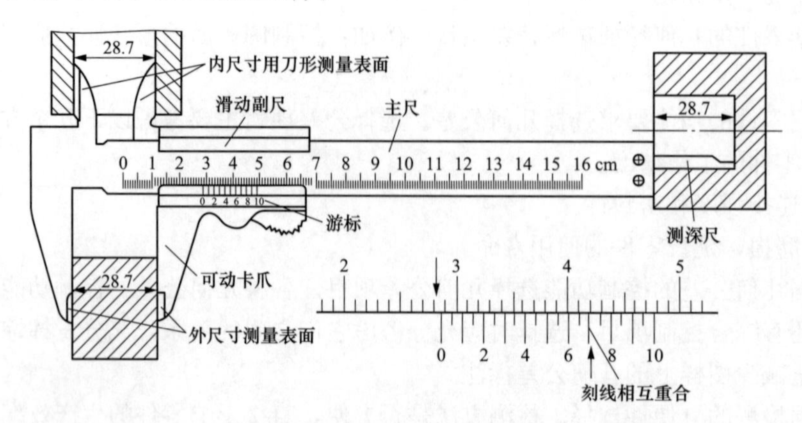

图 1-4 游标卡尺示意图

游标卡尺的测量数值是由主尺和游标的刻度配合读出的。以读数准确度为 0.1mm 的游标卡尺为例，其游标在 9mm 的长度范围内均匀地刻有 10 格，每格刻度间隔为 0.9mm，与主尺的刻线间隔相差 0.1mm，如图 1-5 所示。当游标卡尺的两个卡脚合拢时，主尺与游标的零线对正，游标上的第 10 条刻线与主尺的第 9 条刻线对正，而此时其他刻线则均不对正，该位置即为卡尺的零位。在测量时，将工件的被测部位卡在卡尺的两个卡爪之间，卡爪的张开距离即为测量的长度，由游标卡尺零线所对应的主尺刻度读出测量数值。当游标的零线与主尺某一刻线对正时，该刻线的读数就是被测尺寸；当游标的零线与主尺的任意一个刻线均不对正时，则游标零线左侧的第一条主尺刻线即表示被测尺寸的整数部分，与主尺刻线对正（或最接近）的游标刻线的数值乘以 0.1 后的乘积就是被测尺寸的小数部分，整数与小数两部分之和即为被测的尺寸。

读数准确度为 0.05mm 的游标卡尺，其游标刻度是将 19mm（或 39mm）的长度等分为 20 格，每格的间隔为 0.95mm（或 1.95mm），与主尺的刻度值相差 0.05mm，如图 1-6 所示。读数准确度为 0.02mm 的游标卡尺，其游标刻度是将 49mm 的长度等分为 50 格，每格的间隔为 0.98mm，与主尺的刻度值相差 0.02mm，如图 1-7 所示。这两种游标卡尺的测量数值读出方法与准确度为 0.1mm 的游标卡尺是类同的。

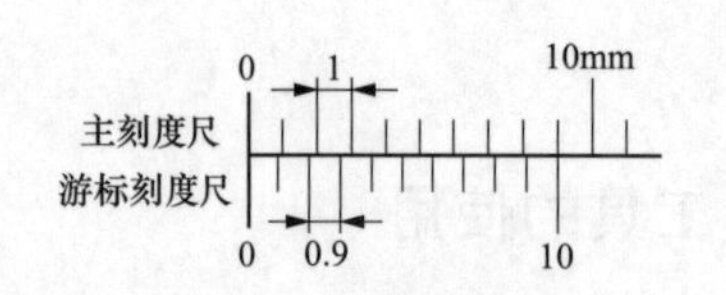

图 1-5 游标卡尺（准确度为 0.1mm）刻线原理

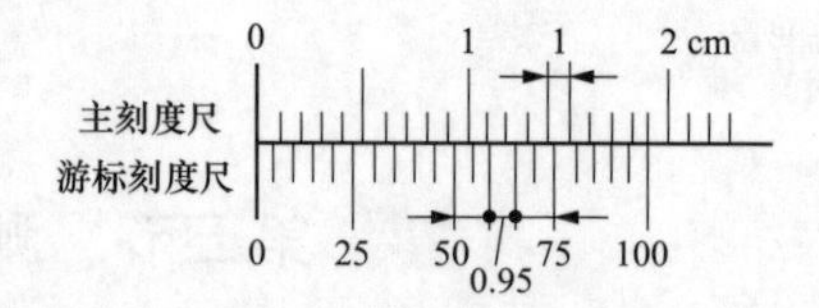

图 1-6 游标卡尺（准确度为 0.05mm）刻线原理

2 简述外径千分尺的用途、结构及使用方法。

答：外径千分尺可以用来测量零件的外径、长度、宽度及凸台厚度等。它主要由尺架、测微螺杆、固定套筒及活动套筒等组成，其结构如图 1-8 所示。

千分尺的固定套筒刻有一条轴向中线，中线的两侧分别刻有 1mm 和 0.5mm 的刻线。

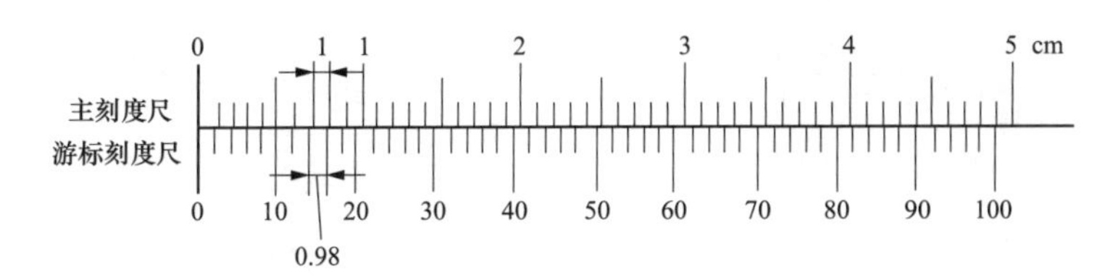

图 1-7　游标卡尺（准确度为 0.02mm）刻线原理

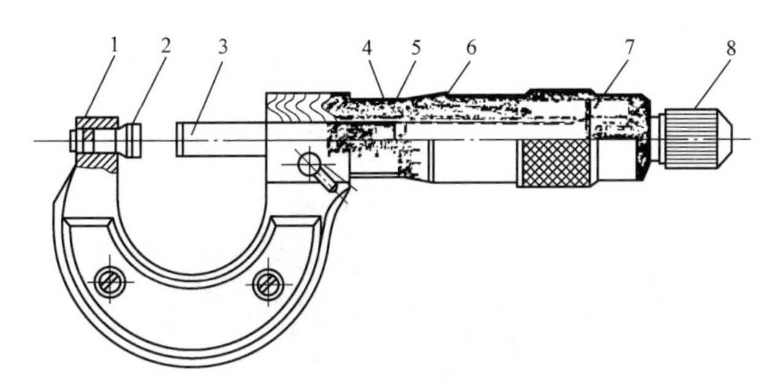

图 1-8　外径千分尺的结构

1—尺架；2—砧座；3—测微螺杆；4—螺纹轴套；5—固定套筒；6—活动套筒；7—接头；8—限力装置

由于固定套筒、与测微螺杆相配合的内螺纹均与尺架固定，而活动套筒则与测微螺杆固定，所以活动套筒与固定套筒相对位置的变化反映了测微螺杆的轴向移动距离。测微螺杆的断面为移动测量面，因而其位置变化即为测量面之间的距离变化，并可以从活动套筒对应的固定套筒刻线得出具体的尺寸数值。为了使测量的结果更加精确，在活动套筒上也有刻度，是沿圆周均匀地分为 50 格，如图 1-9 所示。由于测微螺杆的螺距固定为 0.5mm，活动套筒每转动一格就表示测微螺杆的移动为 0.5/50=0.01mm，因此千分尺的读数准确度为 0.01mm。

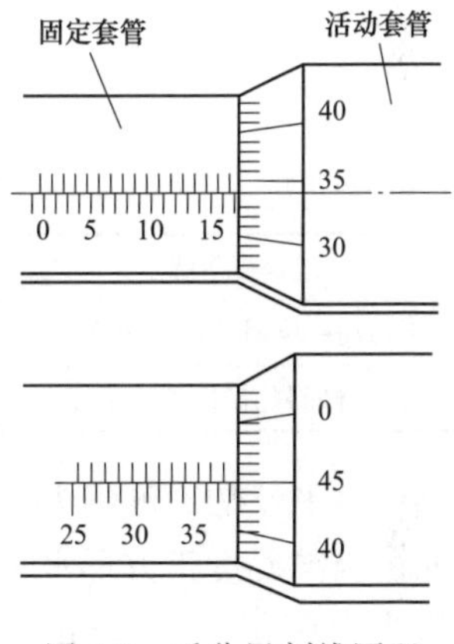

图 1-9　千分尺刻线原理

以 0～25mm 的千分尺为例，在测量前将千分尺的测量面并拢时，活动套筒的边缘应与固定套筒的起始刻度对正，零线应对正固定套筒的轴向中线。测量时，将工件的被测部位卡在两测量面之间，先根据活动套筒边缘在固定套筒刻度的位置读出 0.5mm 整倍数的数值，再根据轴向中线所对着的（或最接近的）活动套筒刻线读出小数部分，最后将整数、小数两部分相加即为被测的尺寸。

3 如何使用水平仪？

答：常见的水平仪分为普通水平仪和光学合像水平仪两类，如图 1-10 所示。水平仪的准确度等级是以气泡向高点移动一格的倾斜角度，或以气泡移动一格时其表面在 1m 内的倾斜高度差来表示的，见表 1-7。

水平仪的刻线原理，如图 1-11 所示。对于准确度等级为 0.02mm/1000mm 的水平仪，当气泡移动 1 格时，水平仪的底面倾斜角度 $\theta=4''$($\tan\theta=0.02\text{mm}/1000\text{mm}$)，即 1m 内的高度差为 0.02mm；如果气泡移动了 2 格，则表示 $\theta=8''$，1m 内的高度差为 0.04mm。Ⅰ级

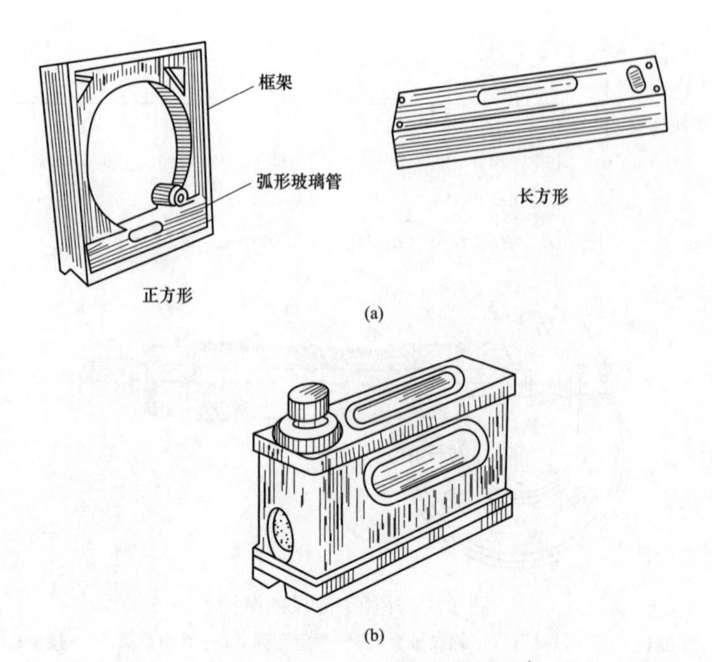

图 1-10　水平仪的种类
(a) 普通水平仪；(b) 光学合像水平仪

表 1-7　水平仪准确度等级

准确度等级	Ⅰ	Ⅱ	Ⅲ	Ⅳ
气泡移动一格时的倾斜角度（″）	4～10	12～20	12～20	12～20
1m 内倾斜的高度差（mm）	0.02～0.05	0.06～0.10	0.12～0.20	0.25～0.30

准确度水平仪的刻度值为 0.02mm/1000mm，而常用的正方形水平仪的底面长度为 200mm，因而Ⅰ级准确度正方形水平仪的气泡每移动 1 格，其测量面两端（200mm 长）高度差的变化量为 0.02mm/1000mm×200mm＝0.004mm。

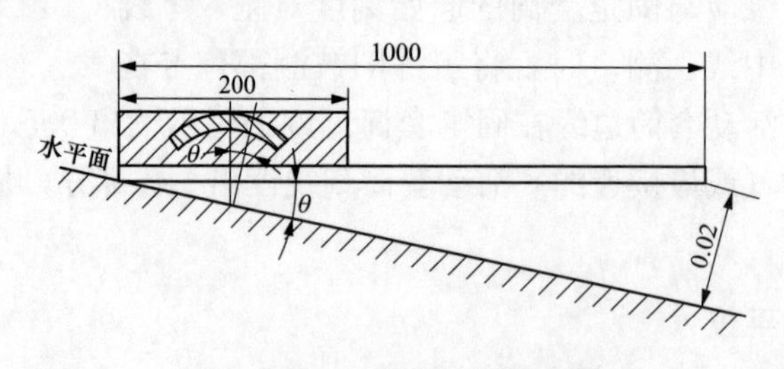

图 1-11　水平仪的刻线原理

4 简述百分表的用途、读数原理和使用方法。

答：百分表的用途：它是利用机械传动机构，把测头的直线移动转变为指针的旋转运动而进行精密测量和读数的一种量仪。主要用于找正工件的安装位置，检验表面形状和相互位置精度，以及对零件的尺寸进行相对测量等。

百分表的读数原理：常见的百分表，如图 1-12 所示。当测头 4 与工件表面接触并与工件发生相对移动时，测杆 5 会随着工件表面的变化而在套筒 6 内上下移动，通过百分表内部的齿轮齿条传动，将测杆 5 的直线移动变成了长指针 1 和短指针 2 的转动。测杆 5 上下移动 1mm，则长指针转动一整圈，短指针转动一格。即短指针刻度的一格表示工件表面高度变化了 1mm；而长指针的刻度盘 3 上的刻线把圆周分为 100 等份，即每格表示工件表面高度变化了 0.01mm。

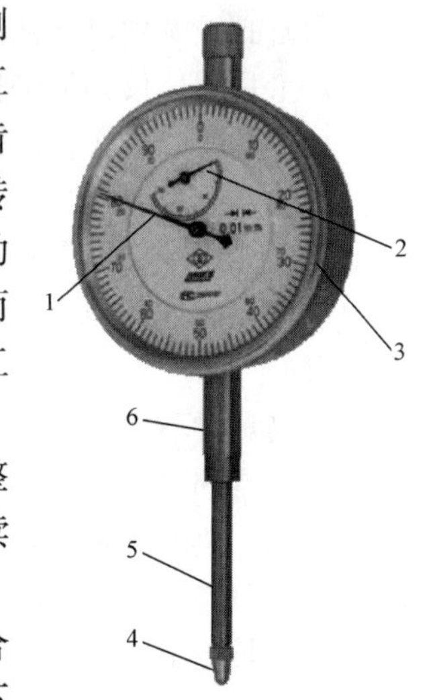

图 1-12　常见百分表示意图

1—长指针；2—短指针；3—刻度盘；4—测头；5—测杆；6—套筒

因此，百分表的读数方法是先读短指针转过的刻度数，即整毫米数；再读长指针转过的刻度数，即毫米小数；最后将两个读数相加，即得工件表面高度的变化值。

百分表的使用方法：应按照零件的形状和精度要求，选用合适的百分表的精度等级和测量范围。使用百分表时，应注意以下几点：

（1）使用之前，应检查测量杆活动的灵活性。轻轻拨动测量杆，放松后，指针能恢复到原来的刻度位置。

（2）使用百分表时，必须把它牢固地固定在支持架上，支持架要安放平稳。

（3）用百分表测量时，测量杆必须垂直于被测量表面，否则会使测量杆触动不灵活或使测量结果不准确。

（4）用百分表测量时，测量头要轻轻接触被测表面，测量头不能突然撞在零件上；避免百分表和测量头受到震动和撞击；测量杆的行程不能超过它的测量范围；不能测量表面粗糙或表面明显凸凹不平的工件。

（5）用百分表校正或测量工件时，应当使测量杆有一定的初始测力。

5 如何使用角度尺？

答：角度尺的读数原理和游标卡尺是一样的。角尺和直尺全装上时，可测量 0～50°外角度；仅装上直尺时，可测量 50°～140°的角度；仅装上角尺时，可测量 140°～230°的角度；把角尺和直尺全拆下时，可测量 230°～320°的角度（即可测量 40°～130°的内角度）。

6 如何使用力矩扳手？

答：力矩扳手的使用方法为：

（1）首先在力矩扳手上设定所需力矩值。

（2）预设扭矩值时，将扳手手柄上的锁定环下拉，同时转动手柄，调节标尺刻度线至所需扭矩值，并锁紧锁定环。

（3）施加外力时必须按标明的箭头方向，当拧紧到发出信号“咔嗒”的一声，停止加力。

（4）如长期不使用，调节标尺刻线退至力矩最小值。

7 简述量具和量仪的使用及保养注意事项。

答：量具和量仪必须正确地使用、维护和保养，才可使它们的精度有保障、寿命长。为此，使用时必须做到以下几点：

（1）量具和量仪必须经检定合格，处于良好的工作状态，并在有效期内使用。

（2）测量前，应将测量面及零件被测面擦拭干净，测量后亦应将量具擦拭干净并涂油，再进行保管。

（3）不能用硬物损伤测量面，禁止使用精密量具测量毛坯或未加工的粗糙表面。

（4）禁止把量具当工具使用。如用金属直尺当旋具，用卡尺当划规，用千分尺当锤子等都是错误的。

（5）测量时不能用力过大，也不能测量温度过高的工件。

（6）量具和量仪必须放置得当，在安装量具和量仪时，应注意使它们之间不要相互影响，如电源、热源、磁场等不致使量具和量仪示值发生差错和不稳。

（7）注意操作安全，防止主观因素损坏量具和量仪。

（8）量具应定期检修。若发现量具误差增大、损伤等，应送计量部门检修，不允许自行修理。

第六节　焊 接 与 起 重

1　简述焊接的作用及焊接方法的种类。

答：焊接的作用是把两个分离的物体借助于质点的扩散而形成原子或分子之间的结合，从而得到永久的连接。

金属的焊接方法可以分为熔化焊接、压力焊接和钎焊焊接三大类。常见的则是熔化焊接方法中的手工电弧焊、气焊（包括气割）和氩弧焊三种形式。

（1）手工电弧焊是利用电弧放电时产生的热量来熔化焊条和焊件，从而获得牢固接头的焊接过程。与气焊比较，它具有焊接速度快、加热范围小、焊接件变形小等优点，因而此方法应用十分广泛，既适宜焊接金属结构，又可以焊接承压部件。

（2）气焊是利用可燃气体与氧气混合燃烧所产生的热量熔化焊件和焊丝，从而实现金属焊件熔化连接的一种方法。与电弧焊相比，它具有加热温度低、加热速度慢、热影响区域大、焊缝得不到保护等缺点，因而其应用范围受到了一定的限制，一般只用于小直径薄壁管和薄钢板的焊接、熔点较低的有色金属的焊接、金属材料的切割及轴瓦钨金的焊补等场合。

（3）氩弧焊是以氩气作为保护气体的一种直接电弧熔焊方法。由于它的焊接质量高、焊缝致密、机械性能和抗腐蚀性能较好、表面无焊渣、成型美观等特点，所以不仅用于高强度合金钢、高合金钢、铝、镁、铜及其合金、稀有金属等材料的焊接，还广泛用于补焊、定位焊、反面成型的打底焊缝及异种金属的焊接。

2　简述氩弧焊的原理、种类及优点。

答：氩弧焊是利用从喷嘴流出的氩气在电弧及焊接熔池周围形成连续、封闭的气流，从而保护钨极（或焊丝）和焊接熔池不被氧化的。由于氩气是惰性气体，它与熔化金属不发生化学反应，也不溶于金属，因而焊接质量较高。

根据采用电极的不同，氩弧焊可分为熔化电极（金属极）法和不熔化电极（钨极）法两

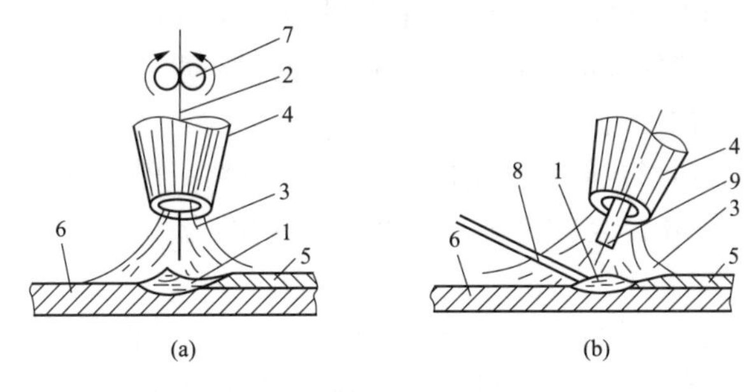

图 1-13　氩弧焊

(a) 熔化电极（金属极）法；(b) 不熔化电极（钨极）法

1—熔池；2—焊丝；3—氩气流；4—喷嘴；5—焊缝；6—焊件；7—送丝轮；8—填充焊丝；9—钨极

种，如图 1-13 所示。熔化电极法是采用连续给送的焊丝（金属丝）作为电极，在氩气流的保护下，依靠焊丝和焊件之间产生的电弧来熔化基本金属和焊丝的一种焊接方法；而不熔化电极法是采用高熔点的钨棒作为电极，在氩气流的保护下，依靠不熔化的钨棒与焊件之间产生的电弧来熔化基本金属及焊丝的一种焊接方法。

氩弧焊的优点在于能够利用氩气的惰性，充分而有效地保护金属熔池不被氧化；电弧热量集中，使得热影响区和焊接变形小；由于是明弧焊，故便于观察和操作，且易于实现自动操作。

3 简述焊接接头的形式与选择。

答：常见的焊接接头可分为对接接头、丁字接头、角接接头和搭接接头四个种类。在实际应用中，焊接接头主要是根据焊接结构的形状、焊件厚度、焊缝质量和强度要求以及结构的使用条件和施工条件等因素来决定的。

(1) 对接接头。这是焊接结构中采用较多的一种接头。根据焊件厚度和坡口准备的不同，对接接头一般可分为不开坡口、V 形坡口、X 形坡口、U 形坡口及双 U 形坡口等几种形式，如图 1-14 所示。

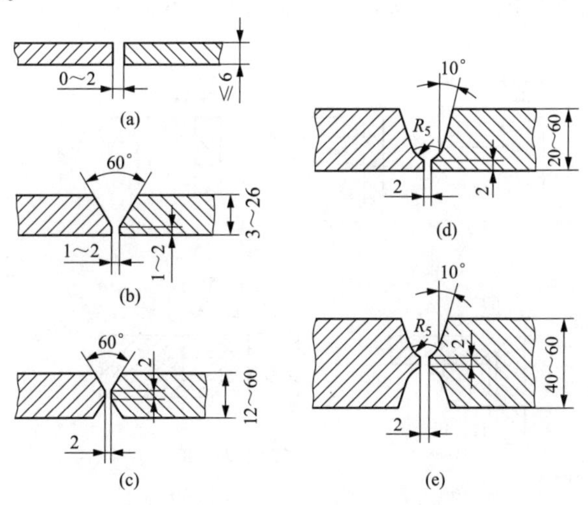

图 1-14　对接接头

(a) 不开坡口；(b) V 形坡口；(c) X 形坡口；(d) U 形坡口；(e) 双 U 形坡口

当焊件厚度在 6mm 以下时，一般采用不开坡口即可进行对接；对大于 6mm 的焊件，则必须开坡口，以保证焊缝根部能被焊透。有时在焊件厚度大于 3mm 且比较重要的结构件中，就已明确提出要求应加工坡口了。

在选择对接接头的坡口形式时，主要应考虑是否能够保证焊缝根部焊透，坡口形式是否易于加工，能否节省焊条并提高效率，以及焊后焊件的应力和变形要尽可能地小一些等因素。

(2) 丁字接头。这也是实际应用中较多采用的一种接头。根据焊件厚度和坡口准备的不同，它可分为不开坡口、单边 V 形坡口、K 形坡口及单边双 U 形坡口等形式，如图 1-15 所示。

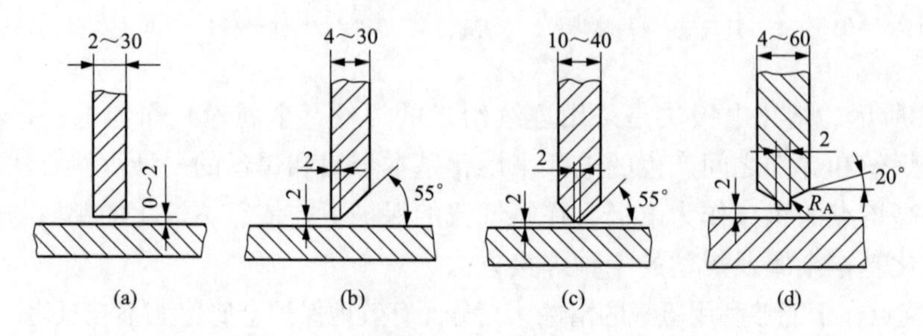

图 1-15　丁字接头

(a) 不开坡口；(b) 单边 V 形坡口；(c) K 形坡口；(d) 单边双 U 形坡口丁字接头

焊缝一般是作为联系焊缝使用的，即当结构工作时，在接头上的焊缝是不受力的，仅仅起着联系焊件的作用。在这种情况下，接头的扳边不用加工坡口。但当丁字接头的焊缝承受动载荷时，则应根据焊件厚度和结构强度要求分别采用不同的坡口形式，以便使焊接接头能焊透，提高其承受动载荷的能力。

(3) 角接接头。一般用于不重要的焊接结构上。根据焊件厚度和坡口准备的不同，它可分为卷边、不开坡口、单边 V 形坡口、V 形坡口及 K 形坡口等形式，如图 1-16 所示。在实际工作当中，对于开有坡口的角接接头，一般应用得并不太多。

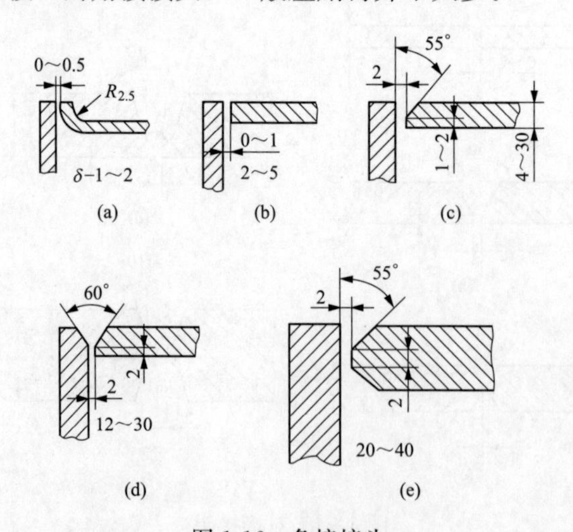

图 1-16　角接接头

(a) 卷边；(b) 不开坡口；(c) 单边 V 形坡口；(d) V 形坡口；(e) K 形坡口

（4）搭接接头。根据结构形式和焊缝强度要求的不同，搭接接头可分为不开坡口、圆孔塞焊（圆孔内角焊）和长孔内角焊三种形式，如图 1-17 所示。

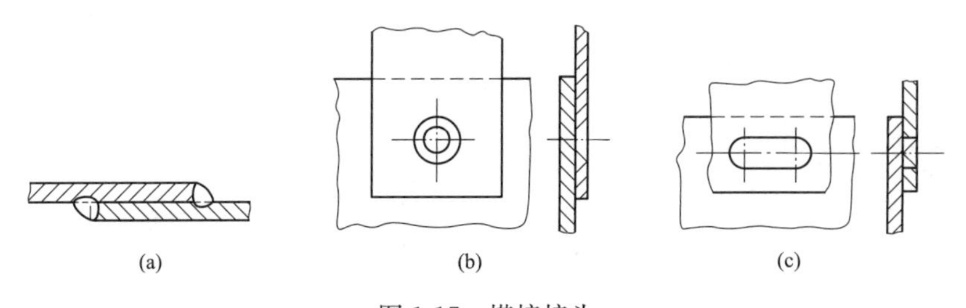

图 1-17　搭接接头

（a）不开坡口；（b）圆孔塞焊；（c）长孔内角焊

不开坡口的搭接接头一般用于厚度在 12mm 以下的板材，且两块板材的重叠部分不小于 3～5 倍的板厚并采用面角焊。这种接头的组装较方便，对装配的要求也不高。但是这种形式的接头承载能力差、材料浪费大，多被用在不太重要的结构上。

圆孔塞焊或长孔塞焊的搭接接头，主要用在板厚大于 2mm 的结构上。当搭接板的重叠面积较大、被焊的结构狭小或封闭及焊后要求变形很小时，就应考虑采用这种形式的接头。

4 简述焊接坡口的加工方法。

答：焊接坡口的加工方法主要有冲剪、氧气切割、切削、铲削及电弧气刨等几种方式。

（1）冲剪方法主要适用于不开坡口的金属板材，可使用冲床或剪切机按照需要的尺寸进行加工。这个方法的生产效率高，加工也很方便，但是不能冲剪很厚的板材或剪切要求外形曲线繁杂的板材。

（2）氧气切割是应用最为广泛的钢板下料和加工焊接坡口的方法，被大量地应用在低碳钢、中碳钢与低合金钢的切割加工中，但不适于切割高碳钢、不锈钢、铸铁和有色金属。它能切割出各种坡口角度的直线、曲线外形的板材，具有方便、灵活、生产效率高及适宜于特厚板材加工等优点。

（3）切削方法是用刨边机或其他切削机具对焊接板的边缘进行切削加工。此方法加工后的板边或坡口比较平直，尺寸较精确，主要用于装配精确度要求高、批量大的焊接坡口加工过程。

（4）铲削方法是利用风动工具以手工方式进行切削加工的。它仅用在长度较短的坡口加工，焊缝或铸件中缺陷的铲除，以及封底焊缝在施焊前的焊根清理等处。

（5）电弧气刨是利用碳极与工件之间的电弧来局部熔化金属，然后用压缩空气吹掉熔渣来进行坡口加工和清除焊件缺陷部分的。这种方法具有效率高、劳动强度低、使用方便和可以全位置加工等优点，但其操作时的烟尘较大。

5 简述焊接中的常见缺陷及其产生原因。

答：在金属的焊接操作中，按其在焊缝中的位置可分为外部缺陷和内部缺陷两大类。其中，外部缺陷是指在焊缝外表面且用肉眼或低倍放大镜即可看到的缺陷，如焊缝尺寸不符合规定、咬边、溢流、焊瘤、弧坑未填满、表面气孔及表面裂缝和烧穿等；而内部缺陷是指存在于焊缝的内部且需经无损探伤检查或破坏性试验才能发现的缺陷，如未焊透、夹渣、气孔和裂纹等。常见的焊接缺陷有：

(1) 焊缝尺寸不符合规定。通常是熔化金属过多或过少，造成了焊缝的高度、宽度产生不均匀。产生的原因是施焊过程中焊接失误或技术不佳。

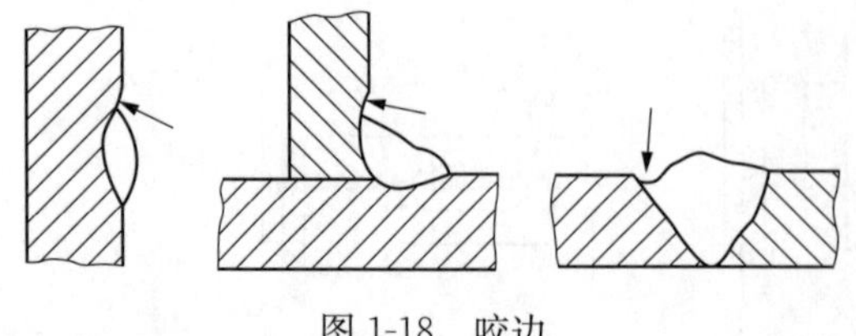

图 1-18　咬边

(2) 咬边。焊缝两侧的金属与母材交界处形成的凹槽即为咬边，如图 1-18 所示。它是由于焊缝边缘的母材被电弧熔化后没有得到熔化金属的补充而留下的缺口。产生的原因是焊条的牌号不符要求，操作不当，电弧太长，以及焊接电流过大或焊嘴过大。

(3) 焊瘤及凹坑。指在焊缝表面形成的、过分突起或陷下的凹凸不平现象，或是焊缝边缘上有与母材未融合的堆积物的缺陷，如图 1-19 所示。产生的原因是熔化金属过多或过少，焊接电流过大，电弧太长，以及焊条运动速度不当。

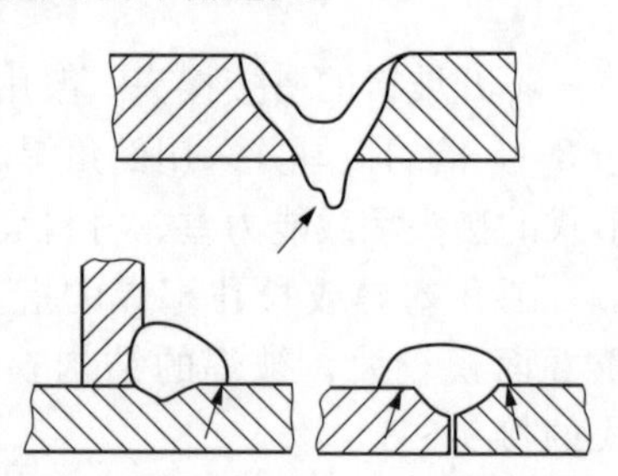

图 1-19　焊瘤及凹坑

(4) 烧穿。指在焊缝上形成穿透性孔洞，造成熔化金属向下流漏的现象，如图 1-20 所示。产生的原因有焊接电流过大，焊接速度太慢，以及接头组装时的间隙过大或钝边过小等。

(5) 气孔。指在焊接过程中，焊缝内的气体在金属凝固前未能来得及逸出，而遗留在焊缝内部或贯通至表面的孔穴的现象，如图 1-21 所示。产生的原因有焊条受潮或变质，焊口不清洁，熔化金属的冷却速度太快而使得气体来不及从焊缝中逸出，以及熔渣层太稠密影响气体析出等。

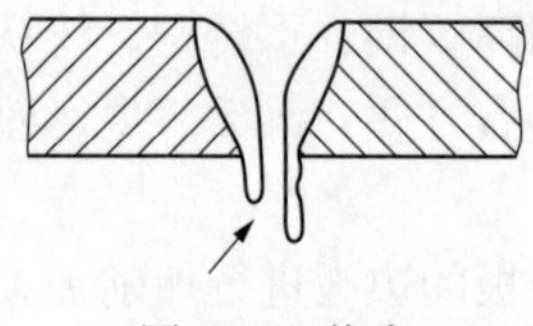

图 1-20　烧穿

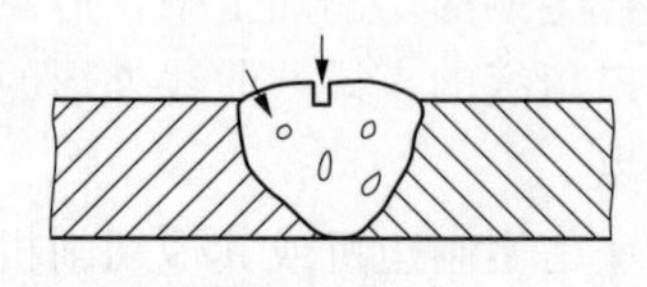

图 1-21　气孔

(6) 夹渣。指在焊缝金属内部夹有熔渣或非金属夹杂物的现象，如图 1-22 所示。产生的原因是焊前或焊中的清理不及时，焊缝坡口加工不当，焊接电流太小，熔化金属冷却速度太快，焊条药皮的质量不好，以及运条不当而妨碍了熔渣的浮起等。

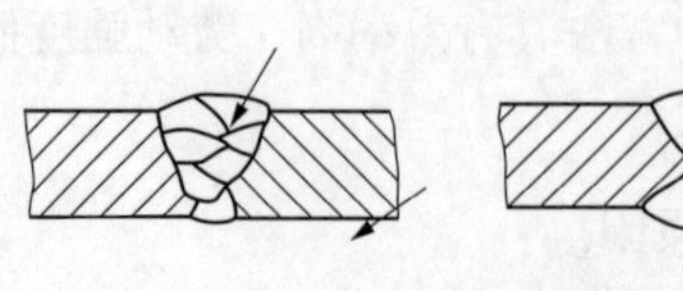

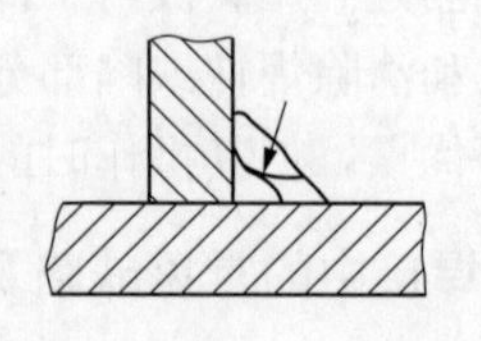

图 1-22　夹渣

(7) 未焊透。指焊缝金属与母材之间及焊缝金属与焊缝金属之间的局部未熔合的现象，有根部未焊透、边缘未焊透和焊层间未焊透三种情形，如图1-23所示。产生的原因主要有焊前或焊中未清理干净，焊接电流过小，电弧过长，以及运条或焊接速度过快等。

（8）裂纹。指在焊缝及热影响区，母材金属的表面或内部产生了局部裂开缝隙的现象。产生的原因有焊前未清理干净，母材金属焊接性能不佳，焊接过程中冷却太快而在焊缝或热影响区内形成了淬硬组织，焊接时对口间隙太小或对口时受到了强制外力，以及焊件施焊后的自由伸缩受到限制等。

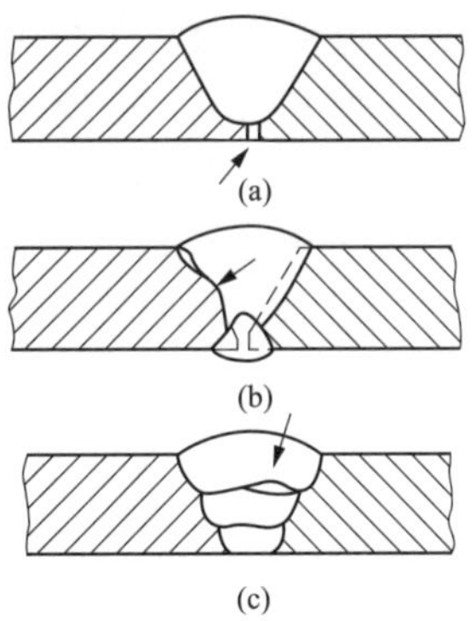

(a)

(b)

(c)

图 1-23 未焊透

（a）根部未焊透；（b）边缘未焊透；（c）焊层间未焊透

6 简述10CrMo910钢的焊接工艺。

答：10CrMo910钢是德国生产的一种使用非常成熟的耐热钢，具有良好的焊接性能，可采用手工电弧焊、氧气-乙炔气焊、自动埋弧焊及气体保护焊等方法中的任何一种。在焊接操作时，还应注意以下几点：

（1）焊条材料的选择。使用手工电弧焊时，应选择热-407焊条，也可以用热-317焊条代替；气焊时，应选用H08CrMoV焊丝，用中性火焰焊接；气体保护焊时，应选用TIG-R40焊丝。

（2）预热。在施焊之前，对钢材的预热温度为250～300℃。

（3）焊后热处理。对于气焊接头，应采用940～960℃正火、再加740～760℃回火处理30min的工艺方法；对于电焊接头，应采用740～760℃恒温40～60min回火处理的方法。

7 简述合金结构钢10Cr9Mo1VNbN(P91)的焊接工艺。

答：T91/P91钢的组织为马氏体，原始状态一般为正火加回火，属于高合金钢，焊接性较差，易出现冷裂纹、焊接接头脆化、HAZ区软化等问题，必须严格按照工艺规程，方可获得满意的焊接接头。同时应该严格控制焊接和热处理温度，采用较小的参数焊接；还需热处理保温时间的适当延长，以利于焊接接头常温中冲击韧度的提高。

T91/P91钢在不预热条件下焊接裂纹可达100%，所以不得在管道上焊接任何临时支撑物，不得强行对口，以减少附加应力。将小口径管道对口间隙控制在1.5～2.5mm之间，防止出现未焊透的缺陷；大口径管道对口间隙控制在3～4mm之间，避免产生未熔焊接头。T91/P91钢材质特殊，一般有两种对口方法。一种是在破口内侧使用定位块（Q235材质）点固焊口，点固前用火焰预热。该方法预热温度不容易控制，且管壁温差较大，易产生内应力。从工序上讲，对好焊口后才能绑扎远红外加热片，无法采用电阻加热，所以不宜采用。另一种对口方法是采用自制的一种制作简单，成本低廉的专用夹具，对应某一种规格的管径，对口合适后，通过螺栓紧固将管壁固定。这种方法能保证点固焊同正式焊的工艺相同，利用夹具固定焊口时，焊前预热温度需比所定参数提高50℃。

制备破口时需将破口及其内外两侧15～20mm范围内打磨露出金属光泽，且钝边厚度不得超过2mm，以防铁水流动性差造成根部未熔合。为防止T91/P91钢焊缝根部氧化，焊前在管内以破口轴向中心为基础进行充氩保护，每侧各250～300mm处贴上两层可溶纸（可用报纸代替），用糨糊黏住，做成密封气室。利用细铜管把头敲扁插入焊缝内（有探伤孔的管道可从探伤孔充氩），大管流量为20～30L/min，小管流量为10～15L/min。当感觉氩气从焊缝间隙轻微返出时（也可用打火机是否熄灭来判断），用石棉条将焊口间隙堵住，此时需将氩气流量减少1/3，流量过大会产生内凹的缺陷。

采用两层TIG打底，通过减少热输入可有效降低根部焊缝氧化程度，保证打底质量。操作上应特别注意收弧质量，收弧时先将焊接电流衰减下来，填满弧坑后移向破口边沿收弧，以防产生弧坑裂纹。氩弧焊打底时预热温度取160～180℃，温度过高不利于焊工操作，易产生夹丝、未焊透缺陷，还会加重根部氧化；电弧焊填充时，道间温度控制在280～320℃之间。从工艺上讲，为防止产生热裂纹和减少区的粗晶脆化，需选择小参数，以减少高温停留时间，但采用小参数，焊缝冷却速度快，容易产生淬硬组织而导致冷裂纹，T91/P91钢的M_s点转变温度在380℃左右，预热温度选择在280～320℃，即M_s点温度附近，既能保证高温停留时间短，又能使马氏体转变时冷速缓慢，并形成自回火马氏体，解决了既要采用小参数，又不能让焊缝冷速太快的矛盾。从手工操作上讲，这种钢的焊条在300℃左右的预热温度下，有最佳的操作性能，熔滴过渡及铁水流动性和飞溅都明显改变，因此焊接时将焊丝去除表面的油、垢及锈等污物，露出金属光泽，焊条经过350℃烘焙1.5～2h，置于80～100℃保温筒内，随用随取。

8　1000MW超超临界机组T/P92钢焊接工艺评定的具体实施方案是什么？

答：某厂P92主蒸汽管道所涉及的管道壁厚规格为53～72mm，按照DL/T 868—2004的规定，本次工艺评定建议选用评定试件厚度为40mm的P92钢管，建议外径为355mm，即按照$D_0=355mm\times40mm$的规格确定工艺实施方案。

母材$\delta=40mm$的试件适用焊件厚度的范围为下限值30mm，上限值不限；焊缝金属厚度范围为下限值30mm，上限为40mm以上所有厚度。适用于焊接管子外径的范围为：下限值$0.5D_0$，上限不规定。

依据DL/T 869—2004，高温高压管道及其旁路焊接施工的根部焊接采用钨极氩弧焊焊接方法，其他焊道选用焊条电弧焊焊接方法。

按照DL/T 868—2004的规定，对管状45°固定焊（6G）进行焊接工艺评定可适用于管状焊件的所有焊接位置，因此为有利于现场焊接施工，评定焊接位置选择6G。对于配管采用埋弧焊方法的情况，评定焊接位置选择为5G(水平固定)＋1G(水平转动)。

参考《V&MT92/P92手册》提供的相关技术数据，依据DL/T 819—2002的规定采用焊前150～250℃预热、层间温度为200～300℃。实施中控制预热升温速度不大于150℃/h，预热温度为200℃。为保证每道焊道都有合适的冷却速度，层间温度控制在200～300℃之间，控制焊接线能量不超过25kJ/cm。

采用多层多道焊可有效减少热输入量，还可以使熔池体积较小，调节焊缝结晶的方向，削弱低熔点杂质密集的不良影响，从而提高焊缝的韧性。为了防止焊接时烧穿现象，GTAW打底时焊接2层焊道，选用直径为2.4～2.5mm的焊丝，焊接电流为70～130A。P92钢属于高合金钢，为避免合金元素烧损和氧化，焊接时必须充氩进行背面保护。本方案采取内部充氩气保护根部焊缝，氩气流量为8～12L/min。2层氩弧焊焊接完成后可以取消根部背保护气体。

根据DL/T 869—2004的规定，焊接过程中所有焊道的厚度不得超过焊条直径：

3.2mm。焊接时允许小幅度摆动，但是单道焊缝宽度不得超过焊条直径的 4 倍：12.8mm。对于埋弧焊原则上按照单道焊厚度不超过 5mm，宽度不超过 20mm 的规范要求进行安排，在保证线能量小于 25kJ/cm 的前提下，结合实际试焊作出进一步的规定。

焊后热处理对焊缝韧性影响很大。参考 DL/T 869—2004 的规定和 P91 钢的焊接经验，本方案选定回火时间为 4h；根据板厚和拘束状态计算的焊接接头的冲击值，回火参数取 $P \approx 20.5$，最低回火温度 $T=725$℃；为了保证焊缝金属的韧度，回火温度应选用较高的温度（755±5)℃，但不能超过熔覆金属和母材的 A_{c1}；为了获得完全的马氏体，焊件焊后须冷却到马氏体终止转变温度以下并在 100℃左右保温。考虑到埋弧焊方法是一个连续焊接的过程，焊缝层间温度控制存在一定难度，故在选择焊接热处理规范可考虑采用 1040℃正火+(750～780℃)回火的备用方案。

为了保证温度得到有效的控制，焊接预热和现场的焊接热处理均采用陶瓷电加热器。实施评定过程中采用上下部外壁各一个热电偶，下部内壁一个热电偶测量温度，再辅助采用远红外测温仪随时监测温度。全部焊接和焊接热处理过程，焊接部位有温度自动记录曲线。为了保证焊接接头壁厚方向上温度的均匀提升和降低，升温速度和冷却速度均为不大于 150℃/h，冷却至 300℃以下不控制。

本次试验的目的是对 P92 钢焊接材料熔覆金属的化学成分、金相组织、力学性能、转变温度和焊接材料试焊工艺性能试验分析结果，最终在选取相对理想的焊接材料，选取焊接材料的依据是 DL/T 869—2004。焊接材料的力学性能试验满足 ASME/AWS SAF5.5-901X-G《焊条、焊丝及填充金属》有关标准要求。焊接工艺评定试验均由具有资质的检验检测机构承担，试验结束后，在有效时间内，所有认可的记录要保存。

9 简述 WB36 钢的焊接工艺。

答：WB36 钢是一种 Ni-Cu-Mo 型低合金钢，被广泛应用于常规和核电站的高压和热水设备上，在 DIN 标准中称为 15NiCuMoNb5，该钢具有较高的强度和良好的焊接性能，工作温度在 280～360℃，其与碳素结构钢相比较，可以减少壁厚 15%～35%。WB36 相对于 SA106C，16Mo3 等钢，加入了 Nb 使晶粒得到细化，获得了强化效果，加入了 Cu 使其又获得沉淀强化。

破口尺寸：破口采用双 V 型 $\alpha=30°\sim40°$，$\beta=8°\sim12°$，$R=5$mm，$P=1\sim2$mm。

对口尺寸：对口间隙为 3～4mm，错口值不大于 1mm，偏斜度不大于 2mm。

水平固定焊接规范参数，见表 1-8。

表 1-8　水平固定焊接规范参数表

焊层数	焊接方法	焊接材料		电流范围		电压范围 (V)	单道厚度 (mm)	焊接速度 (mm/min)
		牌号	规格	极性	电流（A）			
1	W_S	OE-MO	ϕ2.4	正	90～100	10～12	3～3.5	60～80
2～3	D_S	Tenacito65	ϕ3.2	反	110～130	20～23	4～5	70～160
其他	D_S	Tenacito65	ϕ4.0	反	140～160	20～23	5～6	120～180
退火道	D_S	Tenacito65	ϕ3.2	反	110～130	20～23	4～5	70～160

垂直固定焊接规范参数，见表 1-9。

表 1-9　　垂直固定焊接规范参数表

焊层数	焊接方法	焊接材料		电流范围		电压范围（V）	单道厚度（mm）	焊接速度（mm/min）
		牌号	规格	极性	电流（A）			
1	W_S	OE-MO	ϕ2.4	正	90～100	10～12	3～3.5	60～80
2～5	D_S	Tenacito65	ϕ3.2	反	110～120	20～23	4～5	70～160
其他	D_S	Tenacito65	ϕ4.0	反	130～160	20～23	5～6	120～180

其焊接工艺为：

（1）焊接点固方法采用定位块不等分三点。

（2）管段在自由状态施焊，点固点可在打底后一次去除，磨平焊疤。

（3）施焊时，管件应力较大，伸缩受到一定限制，定位块可在第二层随焊随去。

（4）氩弧焊打底，焊缝厚度应大于 3mm；填充层焊缝厚度不大于焊条直径加 2mm；单道焊缝宽度不大于焊条直径的 5 倍；焊口一旦焊接，必须连续焊完，不能间隔时间过长，尤其打底焊缝预热后马上盖面。

10 起吊物体时捆绑操作的要点是什么？

答：起吊物体时捆绑操作的要点是：

（1）根据物件的形状和重心位置来确定适当的捆绑点。

（2）使吊索与水平面具有一定的角度，一般以 45°为宜。

（3）捆绑有棱角的物体时，必须在物体的棱角和钢丝绳之间加衬垫。

（4）检查钢丝绳不得有拧扣、弯折等现象。

（5）捆绑的绳结应考虑物件就位后是否易于解开、拆卸是否方便。

（6）一般不得使用单根吊索捆绑，两根吊索不能并列地进行捆绑。

11 起吊重物时绑挂的安全操作技术是什么？

答：起吊重物时绑挂的安全操作技术是：

（1）必须正确计算或估算物体的质量及其重心的确切位置，使物体的重心置于捆绑绳吊点范围之内。

（2）绑扎用钢丝绳吊索，卸扣的选用要留有一定的安全裕量。绑扎前必须进行严格检查，确保完好。

（3）捆绑绳与被吊物体间必须靠紧，不得有间隙，以防止起吊时重物对绳索及起重机的冲击。

（4）捆绑必须牢靠，在捆绑绳与金属体间应垫木块等防滑材料，以防吊运过程中吊物移动和滑脱。

（5）用于绑扎的钢丝绳吊索不得用插接、打结或绳卡固定连接的方法缩短或加长。绑扎时锐角处应加防护衬垫，以防钢丝绳损坏造成事故。

（6）绑扎后的钢丝绳吊索提升重物时，各分支受力应均匀，各支间夹角一般不应超过 90°，最大时不得超过 120°。

（7）采用穿套结索法，应选用足够长的吊索，以确保挡套处角度不超过 120°，且在挡套处不得向下施加损坏吊索的压紧力。

(8) 吊索绕过吊重的曲率半径应不小于该绳径的 2 倍。

(9) 绑扎吊运大型或薄壁物件时，应采取加固措施。

(10) 注意风载荷对物体引起的受力变化。

(11) 捆绑完毕后应试吊，在确认物体捆绑牢靠，平衡稳定后方可进行吊运。

(12) 卸载时应在确认吊物放置稳妥后落钩卸载。

12 简述钢丝绳报废的标准。

答：钢丝绳报废的标准为：

(1) 一个节距内断丝数在表 1-10 规定的数及以上时。

表 1-10　　钢丝绳一个节距内断丝数报废表

钢丝绳采用的安全系数	钢丝绳种类					
	6×16+1 钢丝绳一个节距内断丝数		6×37+1 钢丝绳一个节距内断丝数		6×61+1 钢丝绳一个节距内断丝数	
	钢丝绳搓捻方法		钢丝绳搓捻方法		钢丝绳搓捻方法	
	逆绕	顺绕	逆绕	顺绕	逆绕	顺绕
$K<6$	12	6	22	11	36	18
$K=6\sim7$	14	7	26	13	38	19
$K>7$	16	8	30	15	40	20

(2) 钢丝绳中有断股应报废。

(3) 钢丝绳的钢丝磨损或腐蚀达到及超过原来的 40%，钢丝绳受过严重火灾或局部大火烧过时应报废。

(4) 钢丝绳受冲击载荷后，这段钢丝绳较原来长度伸长 0.5%，应将这段钢丝绳割除。

13 使用液压千斤顶的安全措施有哪些?

答：使用液压千斤顶的安全措施有：

(1) 千斤顶的顶重头必须能防止重物的滑动。

(2) 千斤顶必须放在被顶起荷重的下方，且必须安放在结实的或垫以硬板的基础上，以免顶动时发生歪斜。

(3) 不得随意把千斤顶的摇把加长来进行顶起工作。

(4) 禁止工作人员站在正对千斤顶安全栓的前方。

(5) 当千斤顶升到一定高度时，必须在被顶起的重物下用结实的垫块来进行调整；当千斤顶下落时，重物下的垫块应随着千斤顶高度的回落而逐步撤除。

14 钢丝绳的维护及使用注意事项有哪些?

答：钢丝绳的维护及使用注意事项有：

(1) 使用时不能使钢丝绳折曲及夹、压、砸而发生扁平松股现象。

(2) 钢丝绳在使用时，至少每隔一个半月要涂油一次。在长期保存不用时，要每半年涂油一次。

(3) 钢丝绳穿绕滑车使用时，滑轮边缘不应有破裂现象，滑轮绳槽宽度应大于钢丝绳直径 1～3mm。

（4）要避免与钢铁构件及建筑物的棱角发生摩擦。

（5）吊装使用过程中，谨防钢丝绳与带电体和导线接触。

15 在起重工作中，与钢丝绳配合使用的拴连工具有哪些？

答：在起重工作中，与钢丝绳配合使用的拴连工具有：索卡、卸卡、吊环、横吊梁及地锚。

16 使用索卡时应注意哪些要点？

答：使用索卡时应注意的要点有：

（1）索卡的 U 形环应卡在绳头一边，由于 U 形环与钢丝绳的接触面积小，易使钢丝绳产生弯曲和损伤。如卡在主绳的一边，则不利于主绳的抗拉强度。

（2）使用索卡时，一定要把 U 形环螺栓拧紧，直到钢丝绳直径被压扁 1/3～1/4 时为止。

（3）索卡使用前应进行质量检查，对丝扣有损坏者，不得使用。

17 使用卸卡时应注意哪些要点？

答：使用卸卡时应注意的要点有：

（1）使用前应检查卸卡有无损伤和裂纹，螺丝不应过紧、过松及滑牙，销子不应弯曲，并要拧到底。

（2）使用时必须放直，不得横向吃力，否则使卸卡的承载能力大大降低。

（3）使用完毕，不允许高空拆下的卸卡往下摔，以防落地碰撞而变形或内部产生隐伤和裂纹。

18 常用的起重工具有哪些？

答：常用的起重工具有：千斤顶、链条葫芦、滑车和滑车组、卷扬机等。

19 常用的起重机械有哪些？

答：常用的起重机械有：门式起重机、塔式起重机、桥式起重机、龙门式起重机和移动式起重机等。

20 链条葫芦的使用与保养注意事项有哪些？

答：链条葫芦的使用与保养注意事项有：

（1）在使用前应检查吊钩、主键是否有变形、裂纹等异常现象，传动部分是否灵活。

（2）在链条葫芦受力之后，应检查制动机构是否能自锁。

（3）在起吊重物时，手拉链不允许两人同时拉，因为在设计链条葫芦时，是以一个人的拉力为准进行计算的，超过允许拉力，就相当于链条葫芦超载。

（4）重物吊起后，如暂时不需放下，则此时应将手拉链拴在固定物上或主链上，以防制动机构失灵，发生滑链事故。

（5）转动部位应定期加润滑油，但需防止油渗进摩擦片内而失去自锁作用。

第二章

汽轮机主要热力系统

第一节　给水回热系统

1 给水回热系统的作用是什么？

答：从汽轮机中抽出一部分蒸汽，送到加热器中对锅炉给水进行加热的热力系统称为给水回热系统。采用给水回热系统的目的在于减少工质在热力循环中的冷源损失，提高机组的循环热效率。因为从汽轮机抽出的这部分做过功的蒸汽，被送入加热器内用来加热给水而不再排入凝汽器中，这样它们的焓就会得到充分利用而不会被冷却水带走。此外，采用给水回热的加热方式，提高了给水温度，可以减少锅炉受热面因与给水温差太大而产生的热应力，减少锅炉换热的不可逆损失，从而提高了锅炉设备的运行可靠性和整个机组的经济性。

2 简述给水回热循环的经济性原理。

答：采用给水回热循环可以提高汽轮机组热力循环经济性的原理如下：

从蒸汽热量的利用方面来看，采用汽轮机抽汽在加热器中加热给水，减少了凝汽器中工质的热损失，使蒸汽的热量得到了充分利用。这部分蒸汽的循环热效率可以认为是100%，因而可以提高整个循环的热效率。也就是说，给水回热加热的实质可以看为热电联合生产的方式，不过此时热用户是电厂而已。从给水加热的过程来看，利用汽轮机抽汽对给水加热时的换热温差比利用锅炉烟气加热时小得多，因而减少了给水加热过程的不可逆性，亦即减少了冷源损失，提高了循环的热效率。

3 回热加热器如何分类？

答：回热加热器是指从汽轮机的某些中间级抽出部分蒸汽来加热凝结水或锅炉给水的设备。在回热系统中，一般将除氧器之后经过给水泵加压并对锅炉给水进行加热的回热加热器称为高压加热器，这些加热器承受的是很高的给水压力；而在除氧器之前仅承受凝结水泵较低压力的回热加热器称为低压加热器。

按照传热方式的不同，回热加热器可分为混合式和表面式两种。混合式加热器是通过汽、水直接混合来传递能量的。它可以将水直接升温到加热蒸汽压力下的饱和温度，具有无端差、热经济性高、没有金属受热面、结构简单、造价低及便于汇集各种温度的汽水并能够除去水中含有的气体等优点；但由于其出口必须配置升压水泵，不仅增加了设备投资，而且使系统复杂化了，且当汽轮机变工况运行时，还会造成升压水泵的入口产生汽蚀，因此电厂一般只是将其用作除氧器来使用。表面式加热器则是通过金属受热面来实现热量传递的。其金属受热面存在热阻，给水不可能被加热到相应抽汽压力下的饱和温度，不可避免地存在着端差，而且与混合式加热器相比，存在热经济性低、金属耗量大、造价高的缺点；但是与混合式加热器相比，由表面式加热器组成的回热系统具有系统简单、运行可靠的优点，因而得到了广泛应用。

根据水侧的布置方式和流动方向的不同，表面式加热器又可分为立式和卧式两种。卧式加热器内的给水是沿着水平方向流动的；立式加热器内的给水则是沿着垂直方向流动的。立式加热器具有便于检修、设备占地面积小及可使厂房内的布置紧凑等优点；而卧式加热器有传热效果好、结构上便于布置蒸汽冷却段和疏水冷却段的优点，因而在大容量、高参数的机组上得到了普遍的采纳。

4 中间再热的目的是什么？

答：采用蒸汽中间再热的初始目的是在提高蒸汽初压时减小汽轮机排汽终湿度 $1-x_c$，以使排汽湿度不超过允许的限度，保证汽轮机安全运行，如选择再热参数合适时，可以提高机组的热经济性。

5 为什么卧式加热器比立式加热器换热效率高？

答：由传热学的凝结换热可知，当蒸汽在管子外表面凝结而形成水膜时，水膜越厚，传热过程中热阻越大，传热系数越小，传热效果越差，而卧式加热器管子外表面的水膜比立式管子薄，因此卧式加热器换热效果较好。

6 常见卧式加热器由哪几段组成？

答：常见卧式加热器由过热蒸汽冷却段、蒸汽凝结段和疏水冷却段组成。

7 为保证热力除氧效果，必须满足哪些条件？

答：为了保证热力除氧效果，必须满足的条件为：

（1）水必须加热到除氧器工作压力下的饱和温度，使水面上的水蒸汽的压力接近水面上的全压力。

（2）被除氧的水与加热蒸汽有足够的接触面积，蒸汽与水逆向流动，保证良好的传热效果和较大的不平衡压差。

（3）必须把水中逸出的气体及时排走，以保证液面上氧气及其他气体的分压力减至零或最小。

8 除氧器按工作压力可分哪几类？

答：除氧器按工作压力可分为：真空式除氧器、大气式除氧器和高压除氧器。

第二节　工业、循环冷却水系统

1 冷却水供水系统的种类有哪些？

答：在火力发电厂生产过程中，需要大量的冷却用水，如冷却汽轮机排汽的冷却水、发电机冷却用水、汽轮发电机组润滑油的冷却水以及附属机械的轴承冷却水等。按照水源条件和冷却原理的不同，火力发电厂的冷却水供水系统可分为直流式供水系统和循环式供水系统两种。

（1）直流式供水系统是以江河、湖泊或海洋为水源，供水直接由水源引入，经过凝汽器等设备吸热后再返回水源系统，又称为开式供水系统。

（2）循环式供水系统的冷却水是经凝汽器等设备吸热后，进入冷却设备（如喷水池、冷却塔）进行冷却，冷却后的水再由循环水泵升压送回凝汽器，如此反复循环地使用，又称为闭式供水系统。

2 直流式供水系统的类型有哪些?

答：直流式供水系统是以开放的水系作为水源的，根据循环水泵的安装位置可分为以下三种类型：

（1）岸边水泵房直流式供水系统。把循环水泵安装在水源岸边的水泵房内，经过循环水泵升压后的冷却水沿着铺设在地下的供水管道送到机房供设备使用。

（2）中继泵直流式供水系统。考虑到冷却水管程较长或水源地势较低，故设置了两个水泵房，其中一个在岸边，另一个在靠近发电厂的附近，两个泵房之间可用明沟或管道相连。

（3）循环水泵置于机房内的直流式供水系统。用明沟把冷却水源的来水直接引入机房内的吸水井中，再由机房内的循环水泵抽出。

3 循环式供水系统的类型有哪些?

答：根据冷却设备的不同，循环式供水系统可分为冷却水池、喷水池和冷却塔三种类型。

（1）冷却水池供水系统。直接利用湖泊、水库或在河道上筑坝构成冷却水池，循环水被排入冷却水池并依靠与周围空气的对流换热而自然冷却。

（2）喷水池供水系统。它由喷嘴、喷水池和管道组成，如图 2-1 所示。冷却之后的循环水由循环水泵增压送入凝汽器，吸热后经由压力配送总管进入安置在喷水池上的配水分管，再从喷嘴喷出。喷出的水流呈伞形的发散细雨状，与空气对流换热冷却后落回池中，流经水沟进入循环水泵的吸水井，由循环水泵重新送至凝汽器等设备开始又一个循环。

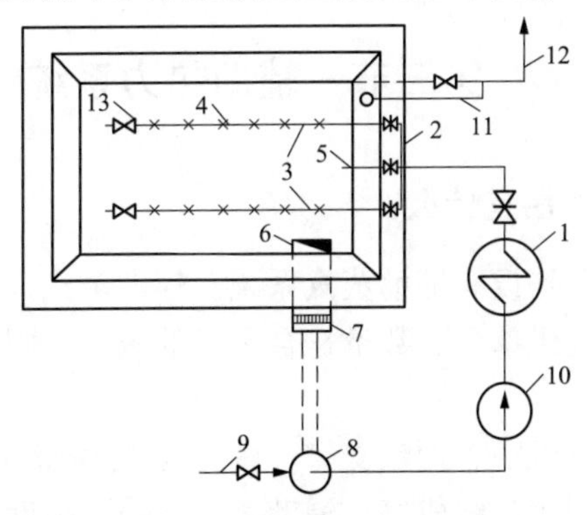

图 2-1　喷水池循环供水系统

1—凝汽器；2—压力配水总管；3—压力配水管；4—喷嘴；5—水温调节管；6—回水井；7—拦污栅；8—吸水井；9—补充水管；10—循环水泵；11—溢水管；12—放水管；13—排污门

(3) 冷却塔供水系统。在大容量火力发电厂中，为了减少工质的损耗和提高效率，一般均采用冷却塔循环式供水系统。按照冷却塔的通风方式，其又可分为自然通风冷却塔和强制通风冷却塔两种。

自然通风冷却塔循环供水系统，如图2-2所示。它是将循环水通过升压后送到距离地面8～10m高度的冷却塔内的配水槽中，水流由塔心向四周流动，再经过配水管、溅落碟等淋水装置的作用，分散成细小水滴、水膜并自由下落。冷却塔一般均设计为双曲线形。在冷却塔内部的空气是被抽吸向上流动的，这样就与下落的水滴、水膜进行换热，冷却了循环水。强制通风冷却塔的工作原理与自然通风式的相同，只是其冷却塔的通风是依靠电动机驱动的风机使空气强迫流动来冷却循环水的。

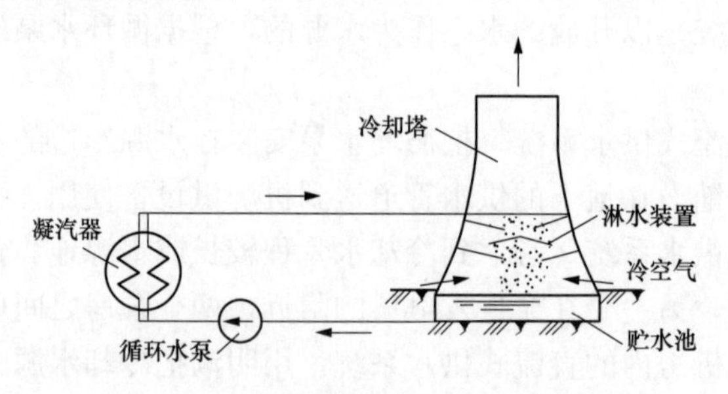

图2-2 自然通风冷却塔循环供水系统

4 循环冷却水结垢趋势判断的方法有哪些？

答：循环冷却水结垢趋势判断的方法有：

(1) 极限碳酸盐硬度法。

(2) 碳酸钙饱和指数IB法（Langelier指数法）。

(3) 碳酸钙稳定指数IW法（Ryznar指数法）。

(4) 推动力指数法IT。

(5) 碳酸钙侵蚀指数IQ法。

(6) 临界pH值法。

第三节 辅助热力系统

1 辅助蒸汽系统的作用是什么？

答：单元制机组的发电厂均设有辅助蒸汽系统。辅助蒸汽系统的作用是保证机组在各种运行工况下，为各用汽系统提供参数、数量符合要求的蒸汽，同时向有关设备提供生产及加热用汽。

辅助蒸汽系统主要由供汽汽源、用汽支管，辅助蒸汽联箱（高压和低压）、减压减温装置、疏水装置及其连接管道和阀门组成等。辅助蒸汽联箱是辅助蒸汽系统的核心。辅助蒸汽的参数是根据各个电厂对辅助蒸汽用汽要求而确定。某厂600MW超临界机组设置的辅助蒸汽联箱，其设计压力为0.8～1.3MPa，设计温度为300～350℃。

2 辅助蒸汽系统供汽汽源的选择原则是什么？

答：辅助蒸汽系统汽源的确定，要充分考虑到机组启动、低负荷、正常运行及厂区的用汽情况，其正常汽源应在满足需要的前提下，尽可能地利用低压抽汽或废热，以提高电厂的热经济性。当机组启动或回热抽汽参数不能满足要求时，应有适当的备用汽源。因此，辅助蒸汽系统一般设有三路汽源，分别是其他机组供汽或启动锅炉、本机再热蒸汽冷段和四段抽汽。

（1）对于新建电厂的第一台机组，要设置启动锅炉，用锅炉新蒸汽来满足机组的启停和厂区用汽。对于扩建电厂，可利用老厂锅炉的过热蒸汽作为启动和低负荷汽源。

（2）再热蒸汽冷段供汽。汽源可接至高压旁路之后，这样在机组启动、低负荷及机组甩负荷工况下，只有旁路系统投入，且其蒸汽参数能满足用汽要求时，就能供应辅助蒸汽。当旁路系统切除，再热冷段蒸汽能满足要求时，由高压缸排汽供辅助蒸汽。该供汽管道上装有止回阀，防止辅助蒸汽倒流入汽轮机。

（3）汽轮机抽汽供汽。当负荷大于（70%～85%）MCR时，利用汽轮机与辅助蒸汽联箱压力相一致的抽汽供辅助蒸汽，并且在抽汽供汽管与辅助蒸汽联箱之间不设减压阀，在辅助蒸汽联箱所要求的一定压力范围内，滑压运行，从而减少压力损失，提高机组运行的热经济性，接入辅助蒸汽联箱的抽汽管道上也装有止回阀。

3 辅助蒸汽的用途有哪些？

答：辅助蒸汽的用途有：

（1）向除氧器供汽。

1）机组启动时，为除氧器提供加热用汽。

2）低负荷或停机过程中，四段抽汽降至无法维持除氧器的最低压力时，抽汽汽源自动切换至辅助蒸汽，以维持除氧器定压运行。

3）甩负荷时，辅助蒸汽自动投入，以维持除氧器内具有一定的压力。

4）在停机情况下，向除氧器供应一定量的辅助蒸汽，使除氧器内储存的凝结水表面覆盖一层蒸汽，防止凝结水直接与大气相通，造成凝结水溶氧量增加。

5）机组负荷突升时，为除氧器水箱内的再沸腾管提供加热用汽，保证除氧效果。

（2）汽轮机轴封用汽。

对于采用辅助蒸汽供汽的轴封蒸汽系统，在各种工况下，辅助蒸汽系统都要提供合乎要求的轴封用汽。对于在正常运行时采用自密封平衡供汽的轴封蒸汽系统，当机组启停及低负荷工况下，由辅助蒸汽向主汽轮机和小汽轮机供轴封用汽。某厂600MW机组在供给轴封蒸汽管道上设有电加热器，用于机组热态启动，因汽缸壁温度过高而辅助蒸汽温度不能满足需要时，投入电加热器提供辅助蒸汽的温度，以满足启动要求。

（3）小汽轮机的调试、启动用汽。

机组启动之前，若给水泵小汽轮机需要调试用汽，可由辅助蒸汽供给，供汽管接在小汽轮机低压主汽阀前。

（4）锅炉暖风器用汽。

燃用高硫煤的电厂，如锅炉尾部受热面的金属温度低于露点，会引起腐蚀、堵灰。解决的办法之一是采用暖风器，即利用回热抽汽来加热空气，以提高进入空气预热器的进口空气温度。利用回热抽汽加热空气，扩大了回热效果，提高了汽轮机的内效率，但却使锅炉排烟热损失增大，降低锅炉的效率。因此，采用暖风器后，全厂的热经济性提高或降低，取决于合理选用暖风器的系统和参数。正常运行时，电厂的暖风用汽和锅炉暖风器用汽由汽轮机抽汽供给；当机组低负荷运行、汽轮机抽汽压力不能满足用汽要求时，由辅助蒸汽系统供汽。

（5）其他用汽。

辅助蒸汽还提供卸油、油库加热、燃油加热及燃油雾化用汽，机组停运后的露天管道和设备的保暖用汽以及空调和采暖用汽、全厂生活用汽等。

第三章

汽 轮 机 本 体

第一节　概　　述

1 简述汽轮机冲动作用的原理。

答：由力学原理可知，当一运动物体碰到另一个静止的或运动速度比其低的物体时，就会受到阻碍而改变其速度，同时给阻碍它的物体一个作用力，这个作用力称为冲动力。在冲动式汽轮机中，蒸汽在喷嘴中产生膨胀，压力降低，速度增加，蒸汽的热能转变为蒸汽的动能。高速汽流流经叶片时，汽流方向改变，产生了对叶片的冲动力，推动叶轮旋转做功，将蒸汽的动能转变成汽轮机轴旋转的机械能。这种利用冲动力做功的原理，称为冲动作用原理。

2 什么是冲动式汽轮机？

答：冲动式汽轮机是指蒸汽主要在喷嘴中进行膨胀，在动叶片中不再膨胀或膨胀很小，而主要是改变流动方向。现代冲动式汽轮机各级均具有一定的反动度，即蒸汽在动叶片中也发生很小一部分膨胀，从而使汽流得到一定的加速作用。

3 什么是反动式汽轮机？

答：反动式汽轮机是指蒸汽在喷嘴和动叶中的膨胀程度基本相同。此时动叶片不仅受到由于汽流冲击而引起的作用力，而且受到因蒸汽在叶片中膨胀加速而引起的反作用力。由于动叶片进出口蒸汽存在较大压差，所以与冲动式汽轮机相比，反动式汽轮机轴向推力较大。因此，一般都装平衡盘以平衡轴向推力。

4 何谓汽轮机的级？

答：汽轮机的级是最基本的做功单元。汽轮机的级由喷嘴叶栅和与它配合的动叶栅组成，喷嘴叶栅是由一系列安装在隔板体上的喷嘴叶片构成，动叶栅是由一系列安装在叶轮外缘上的动叶片构成。当蒸汽通过汽轮机级时，首先在喷嘴叶栅中将热能转变成为动能，然后在动叶栅中将其动能转变为机械能，使得叶轮和轴转动，从而完成汽轮机利用蒸汽热能做功的任务。

5 简述高压参数以上汽轮机汽缸的结构特点。

答：高压参数以上汽轮机汽缸的结构特点为：

(1) 大容量、超高压的汽轮机倾向于采用汽缸平滑过渡、高中压合缸和双层缸的结构。

(2) 大轴部件采用刚性、无中心孔的整锻转子。

(3) 在高温高压部分设有法兰、夹层加热装置供机组启动时使用，用以降低法兰、螺栓、汽缸壁之间的温差。

(4) 使用外径较小的钟罩形螺母，采用特制的窄法兰和内凸出的结构及猫爪水平倒挂（或上猫爪支撑）的形式。

(5) 水平法兰的连接螺栓都开有加热中心孔，以便采用加热紧固的方法。

6 何谓汽轮机排汽管压力损失？如何减小这种损失？

答：从汽轮机最末级叶片排出的乏汽由排汽管引至凝汽器，乏汽在排汽管中流动时，因摩擦和涡流等造成压力降低。这种压降用来克服排汽管阻力，没有用来做功，从而造成损失。这种由压力降低而减少的能量称为排汽管的压力损失。

排汽管压力损失的大小，与排汽管中蒸汽流速及排汽部分的线形和结构有关。为了减小排汽管压力损失，通常利用排汽本身的动能来补偿排汽管中的压力损失。为此，将排汽管设计成具有较好的扩压效果、压力损失又很小的扩压器形通道。

7 何谓背压式汽轮机？其运行特点是什么？

答：背压式汽轮机是指不采用凝汽器，排汽压力大于大气压力，排汽用于工业或民用采暖的汽轮机。

背压式汽轮机在运行中无法同时满足电、热两种负荷的需要，因为它是按照热负荷的大小来进行工作的，发电出力是随着热负荷大小而变化的。

8 什么是凝汽式汽轮机？

答：进入汽轮机做功后的蒸汽，除少量漏汽外，全部或大部分排入凝汽器而凝结水又返回锅炉的汽轮机，称为凝汽式汽轮机。蒸汽全部排入凝汽器的又称为纯凝汽器式汽轮机；采用回热加热系统，除部分抽汽外，大部分蒸汽排入凝汽器的汽轮机，称为凝汽式汽轮机。凝汽式汽轮机的排汽热量被冷却水带走，排汽损失较大，经济性不高。

9 何谓汽轮机的内效率？

答：只考虑扣除汽轮机的各种内部损失（包括进汽节流损失、级内损失和排汽管压力损失）后汽轮机的效率，称为汽轮机的内效率。

10 汽轮机本体检修包括哪几个阶段？

答：大型汽轮机检修一般可以分为以下几个阶段：

(1) 准备、计划阶段。在此阶段，应完成机组运行的分析报告，提出机组存在的缺陷和问题，并完成设备调查报告等。

(2) 开工解体阶段。此阶段要求拆卸设备时应检查各部件，熟悉设备结构。各部件的测量、记录要正确、完整等。

(3) 修理、回装阶段。此阶段要求把好质量关，严格按照规程要求完成各项技术记录等。

（4）验收、试运行阶段。此阶段主要包括分部验收、总验收、冷态验收及热态验收等。

（5）总结、提高阶段。此阶段要求完成技术总结、书面报告等。

11 何谓转子的临界转速？

答：汽轮机组在启动或停机过程中，当转速达到某一数值时，机组将产生剧烈的振动；但转速越过这一数值后，振动即迅速减弱，直至恢复正常。这个机组固有的产生剧烈振动的某一转速值即为转子的临界转速。

12 何谓轴系？

答：同一台汽轮机的几个转子经联轴器连接起来，则成为轴系。组成轴系的各转子的临界转速不同，但都是轴系的临界转速。

13 多级汽轮机的优缺点是什么？

答：多级汽轮机的优点为：

（1）级数多，每一级的焓降较小，相应喷嘴出口气流速度较低。这样，即使在动叶圆周速度不大的情况下，也能保持各级在最佳速度比下工作，从而使整个汽轮机效率保持较高。

（2）由于级焓降较小，喷嘴出口速度低，在保持最佳速度比的前提下可使级的直径减小，这样可相应提高动、静叶的高度，减小叶高损失。对部分进汽的级来说，级的直径减小可提高进汽度，减小部分进汽损失，提高级的效率。

（3）当通流部分流道设计合适且级与级布置紧凑时，上一级的余速可全部或部分为下一级利用，提高整个汽轮机的效率。

（4）各级单个的理想焓降之和大于全机在总压降范围内的总的理想焓降值，使汽轮机的效率高于各级平均效率。

（5）采用较高参数的新蒸汽，设计回热或中间再热式汽轮机，从而提高了循环热效率和汽轮机内效率。

（6）单机功率很大，降低了单位功率的金属消耗和成本，也降低了运行费用。

多级汽轮机也存在一些缺点，如结构复杂、制造工艺要求高，需要使用较多的优质合金材料等。但由于多级汽轮机具有上述优点，因此得以广泛应用。

14 提高汽轮机单机功率的主要措施有哪些？

答：提高汽轮机单机功率的主要措施有：

（1）提高新蒸汽参数。提高新蒸汽参数是提高汽轮机单机功率最有效的措施之一，由此可以提高汽轮机整机总理想比焓降，提高循环热效率。目前新蒸汽参数已普遍采用超临界参数。降低终参数，也是提高整机理想比焓降的措施。采用超临界、超（超）临界蒸汽参数，需要在综合技术经济分析的基础上实施。

（2）采用高强度、低质量密度的合金材料。汽轮机动叶，尤其是末几级动叶，采用高强度、低质量密度的合金材料后，可以增加叶片高度和通流面积，从而提高汽轮机单机功率。例如采用钛合金材料等。

（3）采用多排汽口。将汽轮机设计为多排汽缸形式，以保证能通过更大的流量，这也是目前普遍采用的增大汽轮机单机功率的最有效措施之一。例如某600MW机组低压缸采用4

排汽口结构。

(4) 采用低转速。在给定初、终参数情况下，汽轮机功率与通流面积成正比。而当叶片材料所能承受的离心力一定时，通流面积与转速的平方成反比。所以降低转速能大幅度提高通流面积，而显著增大汽轮机单机功率。但是，如果各级的平均直径不变，考虑到最佳速比，降低转速会使各级的比焓降减小，势必造成汽轮机级数增加，因此在火电厂中通常不采用降低汽轮机转速的措施来提高单机功率。只有在核电站汽轮机中，因为新蒸汽为饱和蒸汽，蒸汽的体积流量很大，为了解决末级叶片排汽的困难，才采用半速汽轮机。

(5) 提高机组的相对内效率。采用全三维弯扭叶片和新型轴封装置，提高机组的相对内效率，使得各级级内损失降低，从而提高汽轮机单机功率和机组的热经济性。

(6) 采用给水回热循环。采用逐级回热抽汽加热给水，会产生两个方向的作用，一是提高汽轮机组的循环热效率，二是减少了通过末级的蒸汽流量，在排入凝汽器流量相同的前提下，可以增加汽轮机的进汽量，促使汽轮机组功率增加。

(7) 采用中间再热循环。通过中间再热循环，可以增加汽轮机总的理想比焓降。另外，可以减少低压级的蒸汽湿度，降低低压级的湿汽损失，从而提高单机功率。

15 湿蒸汽中微小水滴对汽轮机有何影响？

答：湿蒸汽中微小水滴不但消耗蒸汽的动能形成湿汽损失，还会因其速度比蒸汽速度低而冲蚀损坏，威胁叶片的安全。

16 什么是汽轮机的机械损失？

答：汽轮机主轴转动时，克服轴承的摩擦阻力，以及带动主油泵、调速器等，都将消耗一部分有用功而造成损失，统称为机械损失。

第二节　静止部件的检修

1 简述滑销系统的作用及分类。

答：滑销系统的作用是保证汽缸受热时可以自由膨胀，并保持汽缸与转子中心的一致。滑销系统可分为：立销、横销、纵销、猫爪横销、角销、推拉螺栓及斜销等。

2 滑销损坏的主要原因是什么？

答：滑销损坏的主要原因如下：

(1) 机组启停及负荷变动，使汽缸反复热胀冷缩，销槽与销子反复地相对错动，从而产生磨损或毛刺。

(2) 汽缸各部膨胀不均匀，使某些滑销产生了过大的挤压力，造成滑销损坏。

(3) 滑销安装不正确，间隙过小。

(4) 滑销使用的材料不正确，强度不够，特别是表面强度不足，在相对挤压滑动时，易出现毛刺，发生卡涩。

(5) 检修工艺不当，使铁屑、砂粒落入滑销的间隙中。当汽缸膨胀滑销间隙消失时，这些杂物就被挤压入销子金属表面，使滑销滑动时拉起毛刺，发生卡涩现象。

3 双层汽缸结构有何作用？

答：在双层汽缸的夹层中间通入一定参数的蒸汽，可使内缸、外缸所承受的压差和温差减小，因此缸壁厚度可以比单层缸薄，法兰厚度也小。这种结构因其温差应力较小，故易于控制，有利于机组提高启、停速度和变工况运行。

4 汽缸在工作时承受的作用力主要有哪些？

答：汽缸在工作时承受的作用力主要有：

（1）高压缸承受蒸汽压力，低压缸因在不同的真空状态下工作而承受的大气压。

（2）汽缸、转子、隔板及隔板套等部件的质量产生的静载荷。

（3）转子振动产生的交变动载荷。

（4）蒸汽流动产生的轴向推力和反推力。

（5）汽缸、法兰及螺栓等部件因温差而产生的热应力。

（6）主蒸汽、抽汽管路对汽缸产生的作用力。

5 上、下缸猫爪支撑结构各有何优缺点？

答：上缸猫爪支撑结构的优点是承力面与汽缸的水平中分面在一个平面内，能较好地保持汽缸与转子的中心一致；缺点是安装与检修比较复杂。

下缸猫爪支撑结构的优点是安装与检修方便；缺点是它的承力面与汽缸的水平中分面不在一个平面内，当汽缸受热、猫爪温度升高膨胀时，将使汽缸的中心线升高，而支撑在轴承上的转子中心线未变，造成下汽缸与转子部件之间的径向间隙变小，甚至使动、静部分发生摩擦。

6 在拆卸时，对汽缸的M52以上的螺栓有什么要求？

答：对于汽缸M52以上的大螺栓，螺母及特殊厚度的垫圈应按号配合。在拆卸前应做好清晰的编号，回装时对号入座，可防止丝扣卡涩、咬扣及罩形螺母内孔顶部与螺栓相顶等故障。

7 螺栓锈死在汽缸法兰内无法拆出时，如何处理？

答：用割把在离法兰约100mm的部位割断螺栓杆，在任一直径线上钻两透孔，孔分别靠近螺杆螺纹的根部，再用割把通过两孔，将螺杆割为两半，然后用手捶和扁铲，将两部分向中间敲打，使螺纹脱开便可分别取出。

8 热松汽缸结合面螺栓时，应先从哪部分开始？

答：应先从下汽缸自重垂弧间隙最大的汽缸中部结合面处开始，逐渐地对称向前后进行热松，以便逐渐消除汽缸变形对螺栓的作用力。

9 汽缸水平结合面螺栓的冷紧应遵守什么规定？

答：汽缸水平结合面螺栓的冷紧应遵守的规定为：

（1）冷紧的顺序一般应从汽缸中部开始，按照左右对称分几遍进行紧固。对所有的螺栓每一遍的紧固程度应相同，冷紧后汽缸水平结合面应严密结合，前、后轴封处上、下汽缸不得错口，冷紧的力矩一般为1000～1500N·m(小值用于直径较小的螺栓)。

(2) 冷紧时一般不允许用大锤等进行撞击，可用扳手加套管延长力臂或用电动、气动、液压工具紧固。

10 汽缸水平结合面螺栓的热紧应遵守什么规定?

答：汽缸水平结合面螺栓的热紧应遵守的规定为：

(1) 螺栓热紧值应符合制造厂要求。当用螺栓伸长值进行测定时，应在螺栓冷紧后记下螺母和螺杆的相对尺寸，以便加热后再测；如用螺母转动弧长测定时，则应在汽缸上标出螺母热紧前后的旋转位置。

(2) 加热工作应使用专用工具，使螺栓均匀受热，尽量不使螺纹部位直接受到烘烤。

(3) 热紧螺栓应按照规定的顺序进行，加热后一次紧到规定值。如达不到规定值，则不应强力猛紧，应待螺栓完全冷却重新加热后再紧固。

11 高压内缸蒸汽进汽管检修后组装应符合什么规定?

答：高压内缸蒸汽进汽管检修后组装应符合如下规定：

(1) 进汽管内部及夹层内必须清理干净，不得有任何杂物；法兰应平整光洁，无径向沟槽。

(2) 密封环应具有良好的弹性，密封环和槽配合的两侧间隙一般为0.08～0.11mm，全周间隙均匀一致；密封环开口两端接口尺寸应能正确配合，开口间隙一般为1.50mm。

(3) 将密封环装入槽内应使用专用工具，其开口扩大值不应超过规定；进汽管插入内缸蒸汽室时，应防止密封环碰坏。

12 在什么情况下才具备揭汽缸大盖的条件?

答：当汽缸冷却到规定温度以下，拆除保温，然后将汽缸结合面、导汽管、前后轴封管、法兰加热供汽管等各部分的法兰连接螺栓及定位销子全部拆除，并拆除热工测量元件，确信大盖与下汽缸及其他管线无任何连接时，才允许起吊汽缸大盖。对于具有内、外缸的机组，内缸应无任何连接。

13 简述揭汽缸大盖的过程和注意事项。

答：确信大盖与下汽缸及其他导管无任何连接。在汽缸四角装好导杆，涂上汽轮机油。拧入大盖四角顶丝（现在部分机组不设置顶丝，只在四角设置汽缸专用平台，用千斤顶缸），将大盖均匀地顶起100mm左右。再指挥吊车将大盖吊起少许，进行找正及找平工作。当大盖四角升起高度均匀，导杆不蹩劲，螺栓与螺孔无接触现象时，就可以缓慢的一点一点地起吊大盖。吊起100～150mm时，应再次全面检查，特别注意汽缸内部，严防汽缸内部连接部件，如隔板等脱落下来，确认无误后，才可继续缓慢起吊。

在整个起吊过程中，应注意汽缸内部有无摩擦声，螺栓与螺孔有无碰擦，导杆是否蹩劲，大盖四角起升是否均匀。发现大盖任一部分没有跟随吊车大钩上升或其他不正常情况，应及时停止起吊，重新进行调整找平，不可强行起吊。大盖吊离导杆时，四角应有人扶稳。大盖吊出后，应放在专用支架上，法兰下部垫枕木，并退回顶丝，同时应将下缸上的抽汽孔、疏水孔、导汽管堵好，排汽室则盖上专用盖板。在起吊大盖的过程中，还应用千分表监视是否有上抬现象。

14 揭缸过程中如果转子有上抬现象如何处理？

答：在轴颈上装上千分表，稍微吊起大盖。监视转子被带起的高度不要大于 0.5mm，然后用大锤垫铜棒振打大盖高温区域，借敲振使转子与汽封套、隔板套的卡涩逐渐脱开。当卡涩处逐渐脱开时，可从千分表上观察，依次再微吊大盖并加以敲振，直至卡涩完全脱开。注意微吊大盖量，一定要控制转子不宜抬得过高，防止转子在敲振中突然下落砸坏轴瓦。

如果此方法无效果或转子下降不明显，还可以用下述方法处理：首先解开上瓦，用工字钢架与下缸两侧猫爪上，工字钢下部与轴颈间在转子前后装上百分表监视转子。

15 汽缸的检修工艺与质量标准是什么？

答：汽缸的检修工艺与质量标准是：

（1）检查汽缸结合面的冲刷情况，并记录受冲刷部位及面积。

（2）清理汽缸结合面，应按以下规定进行：

1）中、低压结合面涂料的清理，应用刮刀沿缸结合面周边方向进行，不允许对着汽缸内侧刮，更不许刮削起结合面的金属或刮出纹路。

2）将高、中压缸结合面表面氧化皮全部清理干净，以能打磨出金属光泽为宜。

3）用表面平整的油石蘸汽轮机油均匀打磨结合面，打磨后的结合面应光滑且无任何高点。

（3）清理汽缸内部各止口，用手提砂轮机将其表面氧化皮全部清理干净，注意用力要均匀，并注意出汽侧止口表面只需用砂布打磨干净即可。

（4）金相检查汽缸内外壁、抽汽孔、疏水孔有无裂纹。对于深度小于汽缸壁厚的 1/3、长度小于 300mm 的裂纹，可使用磨头将裂纹打磨干净，并使打磨形成的凹槽曲面过渡圆滑。

（5）空缸扣大盖，以隔一条紧一条的方式冷紧半数螺栓，用塞尺在缸内检查结合面间隙。若 0.05mm 塞尺塞不进，或塞入深度不超过密封面宽度的 1/3，认为合格；否则，应进行详细检查并处理。

（6）空缸状态下，测量汽缸横向水平及纵向水平。测量应找到汽缸结合面上的相应标志，以保证每次测量的位置相同，便于比较。测量时应将合像水平仪在 0°和 180°的相对方向各测量一次，取两值的代数平均值，并与历次检修记录相比较，以判断汽缸负荷分配是否发生变化及基础是否发生下沉。

16 大机组的低压缸有哪些特点？

答：大机组的低压缸有如下特点：

（1）低压缸的排汽容积流量较大，要求排汽缸尺寸庞大，故一般采用钢板焊接结构代替铸造结构。

（2）再热机组的低压缸进汽温度一般都超过 230℃，与排汽温度差达 200℃，因此也采用双层结构。通流部分在内缸中承受温度变化，低压内缸用高强度铸铁铸造，而兼作排汽缸的整个低压缸仍为焊接结构。庞大的排汽缸只承受排汽温度，温差变化小。

（3）为防止长时间空负荷运行，排汽温度过高而引起的排汽缸变形，在排汽缸内还装有喷水降温装置。

（4）为减少排汽损失，排汽缸设计成径向扩压结构。

17 什么叫排汽缸径向扩压结构？

答：所谓径向扩压结构，实质上指整个低压外缸（汽轮机的排汽部分）两侧排汽部分用钢板连通。离开汽轮机的末级排汽由导流板引导径向、轴向扩压，以充分利用排汽余速，然后排入凝汽器。采用径向扩压主要是充分利用排汽余速，降低排汽阻力，提高机组效率。

18 低压外缸的一般支撑方式是怎样的？

答：低压汽缸（双层缸时的外缸），在运行中温度较低，金属膨胀不明显，因此低压缸的支撑不采用高、中压汽缸的中分面上，而是把低压缸直接支撑在台板上。内缸两侧搁在外缸内侧的支撑面上，用螺栓固定在低压外缸上。内、外缸以键定位。外缸与轴承座仅在下汽缸设立垂直导向键。

19 造成汽缸螺栓螺纹咬死的原因有哪些？

答：螺栓在高温下长期工作，表面产生高温氧化膜。松、紧螺母时，因工艺不当而将氧化膜拉破，使螺纹表面产生毛刺；或者螺纹加工质量不好、光洁度差、有伤痕、间隙不符合标准及螺栓材料不均匀等，均容易造成螺纹咬死。

20 转子支持轴承和推力轴承的作用分别是什么？

答：转子支持轴承的作用是在其轴瓦与轴颈的楔形空隙中建立油膜，支撑转子的质量，使转子转动摩擦阻力减小，并由支持轴承确定转子的径向位置。

转子推力轴承的作用是在推力瓦块与转子推力盘之间建立楔形油膜，承受转子的轴向推力，并确定转子的轴向位置。

21 轴瓦下部高压油顶轴装置的作用是什么？

答：在轴瓦下部有顶轴油腔。启动盘车之前，利用顶轴油泵向顶轴油腔供入高压油，将轴顶起0.02～0.04mm，以降低转子启动的摩擦力矩，为使用高速盘车、减小转子临时热弯曲创造条件，同时也减轻轴瓦的磨损。

22 轴承桥规的作用是什么？

答：桥规用于测量轴颈的下沉值，用以监视轴瓦轴承合金的磨损及轴瓦垫铁和垫片厚度变化的情况。测量时，桥规两脚必须放在下轴承座结合面原打标记的位置上，用塞尺测量轴颈与桥规凸缘之间的间隙值，叠用塞尺不应超过3片。

23 推力瓦非工作面瓦块的作用是什么？

答：在汽轮机转子推力盘的非推力侧装有非工作瓦块，是为了承担急剧变工况时发生的反向推力，限制转子的轴向位移，防止发生动、静部分摩擦。

24 简述推力轴承安装前的检查。

答：推力轴承安装前的检查为：

(1) 推力瓦块应逐个编号，测量其厚度差不应大于 0.02mm。超过此数时不宜立即修刮，应待正式总装时将推力盘压向瓦块，视磨痕情况再修刮。

(2) 埋入推力瓦的温度测点位置正确，接线牢固。

(3) 推力轴承定位的承力面光滑。

(4) 装入推力轴承定位环时，以能用 0.5kg 手锤打入为适度。

25 推力瓦块为什么要编号？

答：为了消除因推力盘微小不平而引起的瓦块与推力盘接触不良现象，经常需进行瓦块在组合状态下的研刮。对瓦块编号，可以防止瓦块安装位置发生错乱，并便于监视运行时各瓦块的温度。

26 推力瓦间隙和接触程度的检测有何要求？

答：推力瓦间隙和接触程度的检测要求为：

(1) 推力间隙应按照图纸要求调整，一般为 0.25～0.50mm(较大的数值适用于较大的机组)。

(2) 进口型机组可用移动推力瓦外套的方法测量推力间隙。

(3) 推力瓦块上每平方厘米有接触点的面积应占瓦块除去油楔所余面积的 75%以上，否则进行修刮。

(4) 检查推力瓦块的接触时，应装好上、下推力瓦，盘动转子并检查其磨痕。

27 轴瓦的球面支撑方式有何优点？

答：球面支撑结构是将瓦枕内侧面和轴瓦壳体外侧面做成球面互相配合，因而使轴瓦能随着轴的挠度而变化，自动调整瓦和轴的中心一致，使轴瓦与轴颈保持良好的接触，并能在长度方向上均匀分配负荷。

28 如何测量圆筒形和椭圆形轴瓦两侧的间隙？

答：在室温状态下，用塞尺在轴瓦水平结合面的四个角上测量，塞尺插入的深度约为轴颈直径的 1/12～1/10。此时，塞尺厚度即为轴瓦两侧的间隙。

29 检查、安装带垫铁的轴瓦或瓦套时应符合什么要求？

答：检查、安装带垫铁的轴瓦或瓦套时应符合如下要求：

(1) 两侧垫铁的中心线与垂线的夹角接近于 90°时，无论转子是否压在下瓦上，三处垫铁与其洼窝均应接触良好，0.05mm 塞尺应塞不入。

(2) 两侧垫铁的中心线与垂线的夹角小于 90°时，转子压在下瓦上，三处垫铁与其洼窝均应接触良好。如两侧垫铁出现间隙，则应在下瓦不放转子的状态下，使两侧垫铁无间隙，下侧垫铁与其洼窝的接触应较两侧为轻或有 0.03～0.05mm 间隙。

(3) 轴瓦垫铁下的调整垫片应采用整张的钢质垫片，每个垫铁的垫片数不宜超过三层。

垫片应平整，无毛刺和卷边等。

（4）涂红检查下瓦垫铁接触情况时，应将转子稍压在下瓦上，垫铁与其洼窝接触面积在每平方厘米上有接触点的面积应占垫铁面积的70%以上，并分布均匀。

30 可倾瓦的检修和安装一般应符合什么要求?

答：可倾瓦的检修和安装一般应符合的要求为：

（1）用千分尺检查各瓦块厚度应均匀，偏差一般应不大于0.03mm。

（2）轴瓦间隙一般为轴颈直径的（1.2～2.0）/1000，间隙可通过加减垫片来调整。

31 轴瓦紧力一般是如何要求的?

答：圆柱形轴瓦紧力值为0.05～0.15mm（较大的数值适用较大的轴瓦），球形轴瓦为±0.03mm（即有紧力或间隙）。对轴承盖在运行中受热而温升较高的情形，紧力应适当加大，但其冷态紧力值一般不超过0.25mm。对于进口机组大直径轴瓦，冷态时要求间隙为0.20～0.30mm；对于四块可倾瓦，要求紧力为0.03～0.10mm。

32 支持轴承的检修质量标准是什么?

答：支持轴承的检修质量标准是：

（1）轴瓦的钨金应无沟道、裂纹和脱胎现象，轴颈与轴瓦的钨金在轴瓦全长应接触良好，接触角为60°。

（2）球面瓦的球面接触应均匀，接触面积应大于70%，球面与洼窝应无滑无毛刺。

（3）各瓦枕的调整垫铁应接触良好。

（4）垫铁的调整垫片应用钢片，数量不得超过三片。

（5）各轴瓦的螺栓、销子应齐全、无弯曲。

（6）带顶轴油的轴瓦的顶油油囊深度应在0.4～0.5mm，油囊的长度与宽度应符合规定要求。油囊四周与轴颈应接触严密，顶轴油管应完好，不得有漏油现象。

（7）轴瓦进、排油孔不得有任何杂物，节流孔板应符合要求。

（8）发电机轴瓦下部的绝缘板应完整，绝缘合格，用1000V的兆欧表测试应大于1MΩ。

33 推力瓦块背面摆动线的作用是什么?

答：瓦块背面由肋条或棱角形成的摆动线，将瓦块分成工作面积不同的两部分，运行中瓦块可以沿舞动线微量摆动，瓦块与推力盘形成倾角，其间形成楔形油膜，又称油楔，油楔产生的压力平衡转子的轴向推力。

34 推力瓦块检修工艺的要求是什么?

答：推力瓦块检修的重点是瓦块钨金表面，应检查如下情况：

（1）各瓦块上工作印痕大小是否大致相同。

（2）钨金表面有无磨损及电腐蚀痕迹。

（3）钨金有无夹渣、气孔、裂纹、剥落及脱胎现象。

（4）用外径千分尺检查各瓦块的厚度并做记录，和上次大修记录比较，各瓦块的厚度差不应超过 0.02mm，而且各瓦块的钨金的工作痕迹必须保持均匀。

35 发电机轴承的检修质量标准是什么？

答：发电机轴承的检修质量标准是：

（1）大型发电机的轴瓦一般使用椭圆轴瓦。在穿转子前，将轴承套绝缘层、轴承套、下半个轴瓦装在发电机下端盖。

（2）对轴瓦排油孔、来油孔和顶轴油孔进行清理，确保清洁且无杂物堵塞。

（3）内、外轴承套之间的绝缘电阻，用 1000V 兆欧表测量应不小于 1MΩ。

（4）发电机端盖的轴承座与轴承套应接触紧密，要求接触面积不小于整个面积 70%并均匀分布，水平位置和底部用 0.03mm 塞尺塞不进。

（5）轴承盖与轴承体水平结合面在不紧螺母情况下用 0.03mm 的塞尺塞不进。绝缘垫块应平整、光洁，它与轴承盖、下端盖的间隙之和不大于 0.05mm。

（6）轴瓦上、下半之间的结合面要严密，在不紧螺栓的情况下用 0.03mm 的塞尺塞不进，装上定位销和螺栓后，内表面应无错口现象。

（7）轴瓦上的调整垫铁应与轴承套、轴承盖的内球面有良好的接触，用 0.03mm 的塞尺塞不进。调整垫铁接触面积不小于 70%，且接触均匀。

（8）轴承盖对轴瓦顶部调整垫铁应有 0～0.03mm 间隙。

36 检修中对汽轮机轴承座应怎样进行检查？

答：检修时对汽轮机轴承座的检查为：

（1）轴承座的油室及油路应彻底清洗、吹干，确保其清洁、畅通且无任何杂物。内表面所涂油漆应无起皮和不牢现象。

（2）轴承座与轴承盖的水平结合面紧好螺栓，用 0.05mm 塞尺应塞不进。

（3）各油孔通畅，油管法兰密封面均应平整、光洁。

37 轴承箱及油挡的检修质量标准是什么？

答：轴承箱及油挡的检修质量标准是：

（1）轴承箱水平接合面不得凸凹不平，上、下接合面要严密，不得有裂纹、变形等缺陷；在扣上盖前应把轴承箱内的油污染物清理掉，然后用和好的白面黏干净。

（2）轴承箱箱体不得渗油，轴承箱上的螺栓、销子应完整、齐全。

（3）油挡的铜齿不得裂纹、弯曲、齿松、卷边，磨损的铜齿应用专用刮刀修尖。

（4）油挡的回油孔应畅通无阻，固定油挡的螺栓完整、齐全。

（5）对于装好的油挡，用塞尺复测其左右、上下间隙。若间隙超过标准，应修刮铜齿至标准；若损坏严重、无法修复，则应更换油挡铜齿或更换新油挡。

38 隔板套的作用是什么？采用隔板套有什么优点？

答：隔板套的作用是用来安装、固定隔板。

采用隔板套可使级间距离不受或少受汽缸抽汽口的影响，从而使汽轮机轴向尺寸相对减小。此外，还可以简化汽缸形状，又便于拆装，并允许隔板受热后能在径向自由膨胀，还为汽缸的通用化创造方便条件。

39 隔板卡死在隔板套内时应如何处理？

答：用吊车吊住隔板，并将隔板套带起少许，然后在隔板套左、右两侧的水平结合面上垫上铜棒，用大锤同时向下敲打；也可以沿轴向用铜棒敲振隔板，将氧化膜振破，逐渐取出隔板。如果用此方法难以取出隔板，则在隔板套对应位置上钻孔、攻螺纹，用螺栓将隔板顶出。

40 隔板的支撑和定位方式一般有哪几种？各适用于何种隔板？

答：隔板的支撑和定位方式有：

（1）销钉支撑定位：适用于低压铸造隔板。

（2）悬挂销和键支撑定位：广泛适用于高压隔板。

（3）异型悬挂销中分面支撑定位：适用于超高参数机组隔板，因为其能保持隔板与汽缸的中心一致。

41 如何检查隔板结合面的严密性？

答：在完成隔板清扫和修理工作并重新将隔板装入隔板套后，将上隔板套扣到下隔板套上，此项工作在汽缸外也可进行。然后用塞尺检查隔板套内各级隔板结合面的严密性，0.1mm 塞尺塞不进为合格。

42 隔板常见的缺陷是什么？如何处理？

答：隔板常见的缺陷是隔板导叶片损坏，出现表面凹坑或凸包、出汽边卷曲、缺口及裂纹等。

对于表面凹坑或凸包、出汽边卷曲这样的缺陷，可仿照汽道断面形状制作垫块，塞入汽道内，垫铁棒或直接用手锤敲打修整平直；对于缺口、裂纹，可以补焊处理。

43 隔板外观检查的重点是什么？

答：重点检查进、出汽侧有无与叶轮摩擦的痕迹；铸铁隔板导叶铸入处有无裂纹和脱落现象；导叶有无伤痕、卷边、松动及裂纹等；检查隔板腐蚀及蒸汽通道结垢情况；挂耳及上、下定位销有无损伤和松动，以及挂耳螺栓有无断裂等现象。

44 简述汽缸隔板与隔板套的检修质量标准。

答：汽缸隔板与隔板套的检修质量标准为：

（1）隔板与隔板套应无锈迹、盐垢，宏观检查应无裂纹缺陷。

（2）隔板应无弯曲、变形，最大弯曲度不得超过与动片最小间隙的 1/3。

（3）彻底检查并清理水垢，检查与转子叶轮有无摩擦现象。

（4）叶片宏观检查应无裂纹，边缘平整，无卷边或弯曲、松动及焊口开焊现象。

（5）喷嘴应无裂纹损伤、损坏现象。

（6）四半喷嘴组应留有膨胀间隙。

（7）喷嘴组的密封件应有 0.01～0.03mm 的紧力。

（8）喷嘴组的销孔与定位销应为 0.00～0.02mm 的紧力。

（9）在不紧螺栓的情况下，中压部分的隔板或隔板套中分面间隙用 0.05mm 塞尺塞不进。

(10) 对于高压部分的隔板中分面间隙，在紧螺栓的情况下，0.05mm 塞尺塞不进。

(11) 上、下隔板和隔板套的定位销孔配合，用手感觉，不应过紧或松旷。

(12) 高、中压隔板密封键槽间隙应为 0.05～0.08mm；隔板或隔板套挂耳下的垫片不得超过三片，且各垫片之间应接触良好。

(13) 分流环位置不能装反，应打标记。

45 隔板结合面严密性差的主要原因有哪些?

答：隔板结合面严密性差的主要原因有：

(1) 隔板外缘与相应的凹槽配合过紧，上隔板落不到下隔板上。

(2) 结合面或密封键有毛刺、伤痕或变形。

(3) 上隔板挂耳与销饼之间无间隙，使上隔板不能落下。

46 旋转隔板本身在运行中发生卡涩的主要原因是什么?

答：在运行中旋转隔板本身发生卡涩的主要原因是：

(1) 蒸汽夹带杂物，卡在回转轮与隔板或半环形护板之间的缝隙中。

(2) 对减压式旋转隔板，可能因减压室与喷嘴之间存在较大的压差，使回转轮上的轴向推力增大。

47 旋转隔板的作用是什么?

答：旋转隔板的作用是：通过调整回转轮与隔板之间对应孔上遮挡面积，来控制进入抽汽口后部各级的蒸汽量，以达到调节抽汽压力和抽汽流量的目的。

48 汽封的主要作用是什么?

答：设置汽封的主要目的是防止和减少漏汽，提高机组的经济性；隔板汽封除减少漏汽外，还具有少量平衡和降低转子轴向推力的作用。

49 汽封可分为哪几种类型?

答：汽封可分为三大类：通流部分汽封、隔板汽封和轴端汽封。

50 汽封弹簧片的作用是什么?

答：汽封块与汽封套之间的空隙较大，装上弹簧片后，直弹簧片被压成弧形，所以将汽封弧块弹性地压向汽轮机转子轴心，保持汽轮机动、静部分的标准间隙。一旦汽封块与转子发生摩擦时，使汽封块能进行弹性向外退让，减小摩擦的压力，防止发生大轴热弯曲。

51 汽封块安装时应注意什么?

答：汽封块要对号组装。对于不是对称的高低齿汽封块，应注意汽封齿与转子上凸台凹槽的对应关系，不能装反。

52 怎样检查汽封环自动调整间隙的性能?

答：弹簧片不能过硬，一般用手能将汽封块压入，松手后又能迅速自动恢复原位，并注意检查汽封块退让间隙应足够大，但不能小于原设计规定值。

53 汽封的检修质量标准是什么？

答：汽封的检修质量标准是：

（1）汽封梳齿应无毛刺、倒伏卷曲、裂纹及锈蚀现象。

（2）弹簧片应有很好的弹性且无裂纹。装入汽封块后，应弹性良好、灵活，无卡涩现象。

（3）汽封的平衡疏水孔应畅通、无堵塞。

（4）汽封环不得高出水平结合面，汽封环接头处应对齐、无缝。

（5）汽封套水平接合面应接触良好，用 0.05mm 塞尺塞不进，无漏汽痕迹。

（6）汽封套在汽缸内应无松动现象，其凸肩与汽缸的凹槽配合的轴向间隙为 0.10～0.18mm。

（7）高、中、低压各汽封间隙符合规定要求。

（8）间隙按同道汽封中最小值记录。

54 汽轮机垫铁的装设应符合什么要求？

答：汽轮机垫铁的装设应符合如下要求：

（1）允许采用环氧树脂砂浆将垫铁黏合在基础上。

（2）每叠垫铁一般不超过 3 块，特殊情况下允许 5 块，其中只允许有一对斜垫铁（按 2 块计算）。

（3）两块斜垫铁错开的面积不应超过该垫铁面积的 25%。

（4）台板与垫铁及各层垫铁之间应接触密实，0.05mm 塞尺一般应塞不进，局部塞入部分不得大于边长的 1/4，其塞入深度不得超过两侧边长的 1/4。

55 汽轮机垫铁的布置原则是什么？

答：汽轮机垫铁的布置原则是：

（1）负荷集中的地方。

（2）台板地脚螺栓的两侧。

（3）台板的四角处。

（4）台板加强筋部位应适当增设垫铁。

（5）垫铁的静负荷不应超过 4MPa。

（6）相邻两叠垫铁之间的距离一般为 300～700mm。

56 主保温层所采用的保温材料应满足哪些要求？

答：主保温层所采用的保温材料应满足的要求为：

（1）导热系数低，绝热性能好。

（2）耐热温度高，最低耐热温度不低于使用温度，且在高温情况下性能稳定。

（3）密度小，一般不宜超过 500kg/m^3。

（4）具有一定的机械强度，能承受一定程度的外力作用，满足施工要求，保温材料制品的耐压强度不应低于 300kPa。

（5）有机物、可燃物和水分的含量应极少，吸水性能低，气孔率高，气孔分布均匀，对金属无腐蚀作用，易于制造成型。

57　简述汽缸的保温工艺。

答：汽缸的保温工艺为：

（1）保温前，确定汽缸各疏水管、表管及热电偶等均已装好。

（2）清除汽缸壁上的尘垢、锈污、油漆、破布及残留浸油的旧保温等，保持汽缸表面干燥，保证保温层与缸壁能贴合良好。

（3）保温的内弧应符合缸体的形状，以提高施工效率，减少接缝，提高保温的整体结构绝热性。

（4）根据保温的尺寸，布置适当间距和数量的保温钩（一般用直径 6mm 的钢筋制成）。对于汽缸材料为铬钼钢、碳钢或铸钢的，可以直接点焊保温钩；铬钼钒钢不允许直接点焊，应钻攻螺纹，深度不大于 10mm，然后拧入保温钩。

第三节　转动部件的检修

1　现代汽轮机转子的型式主要有哪几类？各有什么优缺点？

答：现代汽轮机采用的转子型式有：套装转子、整锻转子和焊接转子三种。

（1）套装转子的叶轮与轴分开，优点是加工方便，材料利用合理，叶轮与主轴锻件因尺寸小而质量容易保证等；缺点是不适用于高压转子的前几级。另外，因套装叶轮在高温下，叶轮与轴间的热套紧力有消失而造成松动的问题，不如整锻转子安全。

（2）整锻转子没有叶轮与主轴之间的松动问题，且结构紧凑，轴向尺寸小，强度和刚度比套装转子高，适用于在高温高压条件下工作；其主要缺点是因锻件尺寸大，需要大型的锻压设备，锻压技术要求高，锻件质量不易得到保证，以及成品率低、材料消耗大等。

（3）焊接转子是将几个鼓形轮与两个端轴焊接而成，与尺寸相同、带中心孔的整锻转子相比，具有强度更高、刚性好、相对质量小、能承受叶片较大离心力的优点，而且焊接转子加工方便，便于检验和满足制作低压转子大直径的要求；其主要缺点是对材料的焊接性能和综合机械性能要求较高，且制作过程中还必须要有良好的焊接工艺。

2　整锻转子中心孔的作用是什么？

答：整锻转子通常打有 $\phi 100$ 的中心孔，其目的主要是为了便于检查锻件质量，同时也可以将锻件中心材质差的部分去掉，防止缺陷扩展，以保证转子的强度。

3　怎样测量转子的晃动度？

答：将汽轮机转子放置在汽缸轴承上，首先将测量部位打磨光滑，一般将测量部位定在转子中部；将千分表架固定在汽缸水平结合面上，表的测量杆支撑到被测表面上并与被测面垂直，将转子被测圆分为八等份，逆旋转方向编号；顺时针盘动转子从 1 号开始测量，依次记录各点的数值，最后回到位置 1 的测数必须与起始时的测数相符，所测出的数值、方向应有规律，否则应查明原因并重新测量。每个直径两端所测的数值之差称为这个直径上的晃度，所测各个晃度中的最大值即为转子的晃动度。

4 怎样测量转子的扬度？

答：将水平仪直接放在轴颈上测量，测量一次后将水平仪调转180°再测量一次，取两次测量结果的代数平均值。测量时转子应在规定位置，并注意使水平仪在横向保持水平。

5 怎样测量、计算汽轮机转子上部件的瓢偏度？

答：将被测端面在圆周上平分八等份，在直径线两端对称装两只千分表，表座架在汽缸上，表杆垂直顶向被测端面。盘动转子，记录千分表读数并列表。每次两只千分表读数应先求代数和，再将同一直径上测量出的代数值的最大值与最小值之间求差值，最后取差值的一半即为瓢偏度。

6 汽轮机转子叶轮常见的缺陷有哪些？

答：键槽和轮缘产生裂纹及叶轮变形。在叶轮键槽根部过渡圆弧靠近槽底部位，因应力集中严重，常发生应力腐蚀裂纹。轮缘裂纹一般发生在叶根槽处沿圆周方向应力集中区域和振动时受交变应力较大的轮缘部位，叶轮变形一般发生于因动静摩擦而造成温度过热的部位。

7 叶片的检查项目有哪些？

答：叶片的检查项目有：

（1）重点检查下列部位有无裂纹：铆钉头根部、拉筋孔周围、叶片工作部分向根部过渡处、叶片进（出）口边缘受到腐蚀或侵蚀损伤的地方、表面硬化区、焊有硬质合金的对缝处、叶根的断面过渡处及铆孔处。

（2）检查复环铆钉孔处有无裂纹，铆的严密程度如何，复环是否松动，铆头有无剥落，有无加工硬化后的裂纹。

（3）检查拉筋脱焊、断开、冲蚀、腐蚀的情况。

（4）检查叶片表面受到冲蚀腐蚀或损伤的情况，做好样板，测量其尺寸或损伤程度。

（5）叶片冲洗前，检查叶片上的积垢情况等，进行化学分析。

8 叶片损伤的原因有哪些？

答：叶片损伤主要有机械损伤、水冲击损伤、腐蚀及锈蚀损伤、水蚀损伤、振动断裂等。在检修过程中，由于动静间隙不合格，喷嘴隔板安装不当，起吊、搬运工作中将叶片碰伤，以及汽缸内或蒸汽管中留有杂物，也会造成叶片的损坏。此外，由于调速和保安系统检修质量不合格，也可能使机组超速而造成叶片损坏。

9 装在动叶片上的围带和拉筋起什么作用？

答：动叶顶部围带和动叶中部串拉筋，都是为了使叶片之间连接成组，增强叶片的刚性，调整叶片的自振频率，改善振动情况。另外，围带还有防止漏汽的作用。

10 汽轮机高压段为什么采用等截面叶片？

答：一般在汽轮机高压段，蒸汽容积流量较小，叶片短，叶高比 d/h（d 为叶片平均直径，h 为叶片高度）较大，沿整个叶高的圆周速度及汽流参数差别相对较小。此时依靠改变不同叶高处的断面型线，不能显著地提高叶片工作效率，所以多将叶身断面型线沿叶高做成相同的，即做成等截面叶片，这样做虽使效率略受影响，但加工方便，制造成本低，而强度也可得到保证，有利于实现部分叶片通用化。

11 为什么汽轮机有的级段要采用扭曲叶片？

答：大型机组为增大功率，往往叶片做得很长，随着叶片高度的增加，当叶高比具有较小值（一般为小于10）时，不同叶高处圆周速度与汽流参数的差异已不容忽视，此时叶身断面型线必须沿叶高相应变化，使叶片扭曲变形，以适应汽流参数沿叶高的变化规律，减少流动损失；同时，从强度方面考虑，为改善离心力所引起的拉应力沿叶高的分布，叶身断面面积也应由根部到顶部逐渐减小。

12 叶轮上的平衡孔有何作用？

答：由于隔板汽封泄漏，使得叶轮前、后两侧压力不同，前侧压力高于后侧压力。叶轮上平衡孔的作用就是平衡叶轮两侧压差，减小转子的轴向推力。

13 为什么叶轮上的平衡孔为单数？

答：每个叶轮上开设单数平衡孔，可避免在同一径向截面上设两个平衡孔，从而使叶轮截面强度不致过分削弱，通常开孔5个或7个。

14 套装转子的末级叶轮为何使用径向键？

答：因为末级叶轮传递的扭矩大，且内孔离心应力也很大，若用轴向键，则键槽应力集中严重，所以改用径向键传递扭矩。

15 怎样使用桥规来测量转子轴颈的下沉？

答：桥规两脚应按照轴瓦水平结合面上原定的标记位置放置平稳、密实，并注意桥规的前后方向不得放反。使用塞尺不超过三片，且各片的厚度不要相差太多。将塞尺紧压在轴颈上，轻轻向间隙中移动，调整塞尺的厚度，直至使塞尺正好轻轻碰上桥规凸缘而又能通过间隙时为好，塞尺的总厚度即为桥规的测量值。将此次桥规值与以往测量值进行比较，若桥规值增大，则表明轴瓦磨损使转子轴颈下沉。

16 如何检查推力盘的不平度？

答：将平尺靠在推力盘的端面上，用塞尺检查平尺与盘面间的间隙，用0.02mm塞尺塞不进为合格。

17 何谓转子轴颈的椭圆度？

答：用外径千分尺在同一横断面内测得的最大直径与最小直径的差值，即为该断面处轴颈的椭圆度。

18 套装刚性联轴器的检修工艺要求有哪些？

答：套装刚性联轴器的检修工艺要求有：

（1）端面偏差不大于0.02～0.03mm，圆周偏差不大于0.04mm。

（2）拆卸螺栓时要有记号，组装时要对号入座。

（3）螺栓、螺母和螺孔无毛刺、损伤，盘止口接触良好，光洁无毛刺、凸出等。

（4）更换螺栓时，应重新铰孔配制，且质量要与原螺栓相同。

（5）组装时，螺栓能用手插入孔内一半，然后用2kg手锤轻轻打入，发现太紧时应打出，消除缺陷后再装。另外，防退销要上紧，保险垫片一定要封好。

（6）装上对轮罩后，要仔细检查是否有与对轮相摩擦的地方。

19 何谓刚性转子和挠性转子？简述刚性转子的平衡原理。

答：若汽轮发电机组的工作转速低于第一临界转速时，则在启动与工作时，均不会遇到临界转速，这种转子称为刚性转子。

若汽轮发电机组的工作转速高于第一临界转速，则其转子称为挠性转子。

刚性转子平衡原理：刚性转子可以认为轴承振动和转子振动是一致的，刚性转子的平衡要求是希望能达到轴承振动等于零。因此，刚性转子的平衡问题，就归结为选择一定的加重平面和平衡质量，使产生的离心力与不平衡质量产生的离心力所组成的力系的合力及合力矩都等于零。

20 汽轮机转子的主要检查项目及质量标准是什么？

答：汽轮机转子的主要检查项目及质量标准是：

（1）轴颈应光洁（达1.6以上），无裂纹、损伤、锈蚀、磨点及沟槽，椭圆度、锥度、晃动度均不大于0.02mm。

（2）轴弯曲度不大于0.03mm；推力盘瓢偏度、对轮端面瓢偏度均不大于0.02mm。

（3）推力间隙（设计值）为0.40～0.45mm。

（4）叶片应清扫干净并露出金属面，无裂纹及损伤。

（5）拉筋应完整，无开焊及裂纹。

（6）铆钉与复环应完整，无裂纹、无松动、无垢。

（7）叶轮轮毂及平衡孔周围应无裂纹损伤及机械损伤。

（8）平衡槽内的配重块应牢固不松动。

（9）对轮的调整垫片螺栓应牢固不松动。

（10）中心孔闷头应严密，弥缝螺栓不松动。

（11）每次大修，应检查末级、次末级叶片的水蚀情况，并与前次大修进行比较。

（12）整个转子上应干净，缝隙内应无杂物。

21 为什么要进行转子晃动度和弯曲度的测量？如何测量？

答：汽轮机在高速下运行，对转子的晃动度和弯曲度等要有严格的要求。凡遇下列情况之一时，必须进行晃动度和弯曲度的测量：

（1）一侧轴封被严重磨损。

（2）轴颈在运行中振动大及轴承钨金脱落。

（3）轴端部件有摩擦和振动。

（4）轴段或叶轮轮毂有单侧严重摩擦。

（5）汽轮机振动大及大修时。

转子晃动度的测量在汽轮机轴承内进行。首先把测点打磨光滑，将千分表架固定在轴承或汽缸水平结合面上。为了测量最大晃动度的位置，需将圆周分为八等份，用笔按照逆旋转方向编号。表的测量杆对准位置 1 并与表面垂直，适当压缩一部分使大针指向“50”。按旋转方向盘动转子，顺次对准各点进行测量，并记录各测点的数值。最大晃动度值是直径两端相对数值的最大差值，最大晃动度的 1/2 即为最大弯曲值。

22 汽轮机找中心的目的是什么?

答：汽轮机找中心的目的有：

（1）汽轮机的转动部件（转子）与静止部件（隔板、轴封等）在运行时，其中心偏差不超过规定的数值，以保证转动与静止部件在轴向不发生触碰。

（2）使汽轮发电机组各转子的中心线能连接成为一根连续的曲线，以保证各转子通过联轴器连接为一根连续的轴系，从而在转动时对轴承不致产生周期性的交叉作用力，避免发生振动。

23 联轴器找中心的基本方法是什么?

答：联轴器找中心的主要方法有两种：

（1）使用千分表测量。一个测圆周值的千分表和两个测量端面的千分表。

（2）使用专用卡子测量。通常使用两个专用卡子固定在一侧联轴器上，千分表的测量杆分别与另一侧的联轴器的外圆周面及端面接触，卡子必须将千分表固定牢固。

24 联轴器找中心需要什么工具?

答：为了测量和调整方便，可以根据联轴器的不同型式，配制如图 3-1 所示的专用工具架（也可以根据现场的情况，制备找中心专用工具），利用塞尺或千分尺直接测量圆周间隙 a 和端面间隙 b，数据记录可采用如图 3-2 所示的方法。

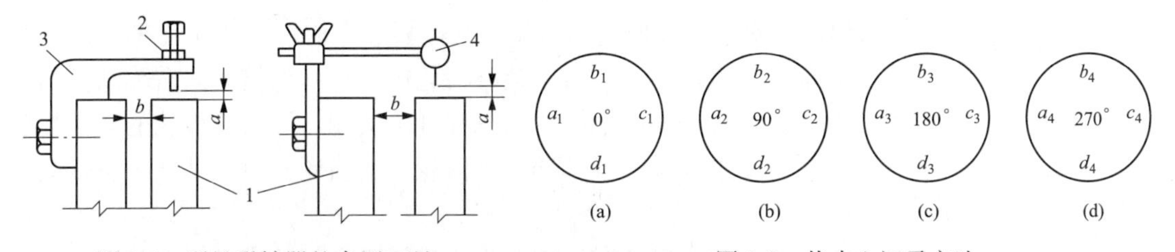

图 3-1　测量联轴器的专用工具

1—联轴器；2—可调螺栓；3—桥尺；4—千分表

图 3-2　找中心记录方法

25 联轴器找中心应注意什么?

答：联轴器找中心应注意的事项为：

（1）找中心专用工具应牢固，以免因松弛而影响测量准确度。

（2）找中心专用工具固定在联轴器上应不影响盘车与测量。

（3）用千分表测量时，千分表应留有足够的余量，以免因表杆顶死而出现错误数据。

（4）用塞尺测量时，塞尺片不多于三片，表面平滑无皱痕，插进松紧均匀，以免出现过大的误差。

（5）测量的位置在盘车后应一致，避免出现误差。盘车时，注意不要盘过头或没有盘够，以免影响测量准确度。

（6）用千分表或塞尺测量时，都需进行复核一次。若两次测量误差小于0.02mm，则可以结束，否则再进行第三次或更多次测量、复测。若有两次测量结果小于误差要求，即可结束。

26 汽轮机转子联轴器找中心允许偏差应符合什么规定？

答：汽轮机转子联轴器找中心允许偏差应符合制造厂的规定；如无厂家规定，则可以参考表3-1所列数值。

表3-1 联轴器找中心允许偏差范围表

联轴器形式	允许偏差	
	圆周	端面
挠性	0.08	0.06
半挠性	0.06	0.05
刚性	0.04	0.02

27 汽轮机盘车装置的主要作用是什么？一般分为哪几类？

答：汽轮机盘车装置的主要作用是使转子冷却均匀，避免转子因上、下冷却不均而造成汽轮机转子弯曲事故。

目前国内各电厂使用的盘车从结构上看，绝大部分为螺旋杆盘车或摆动齿轮盘车；从盘车转速上，又可分为高速盘车（40、61.5、65r/min）和低速盘车（4.10、4.25r/min）。

28 螺旋杆盘车的工作原理是什么？

答：如图3-3所示为螺旋杆盘车工作原理示意图。当需要盘车时，先拔出手柄上的保险销，然后将手柄沿箭头方向推至垂直位置，使滑动啮合齿轮由于摇杆的推动向右移动而与齿轮啮合后，手柄下部的凸轮推动行程开关的触头，使行程开关关闭，同时使齿轮的润滑控制油门打通。这时只要合上电源，则电动机经联轴器、小齿轮、大齿轮及滑动啮合齿轮带动盘车齿轮，使转子旋转。

当汽轮机进汽冲转且转速大于盘车转速时，啮合齿轮反被盘车齿轮带动，并且转速高于螺旋杆的转速，啮合齿轮便与螺旋杆发生相对运动，使啮合齿轮向左移动，退出啮合位置。手柄则由于摇杆的反推力和油门的弹簧及油压的作用而复位，保险销弹入销孔内，行程开关断开，润滑油停供，盘车设备自动停运。

29 简述螺旋杆盘车的检修步骤及工艺质量要求。

答：螺旋杆盘车的检修步骤及工艺质量要求为：

（1）解体。

1）电动机拆线，拆开连接油管。

2）拆盘车与瓦盖结合面螺栓，吊出盘车。

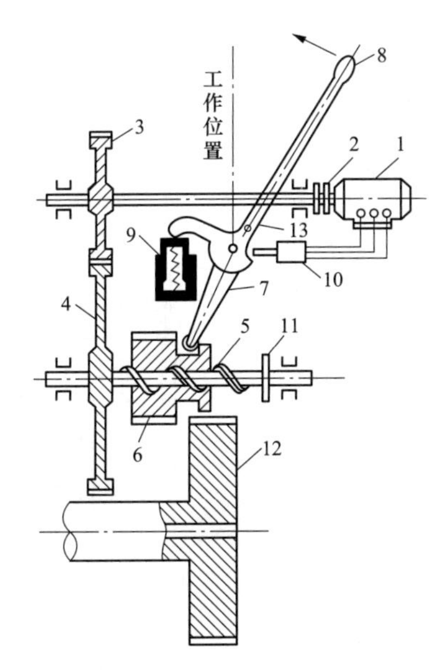

图 3-3 螺旋杆盘车工作原理示意

1—电动机；2—联轴器；3—小齿轮；4—大齿轮；5—螺旋杆；6—啮合齿轮；7—摇杆；8—手柄；9—润滑油门；10—行程开关；11—凸缘；12—盘车齿轮；13—保险销

3）拆联轴器螺栓或皮带，吊开盘车电动机。

4）拆开盘车结合面螺栓和拉杆销子，吊开盘车上盖。

5）吊出传动变速齿轮，并分解。

（2）清理检查项目及检修工艺质量要求。

1）用手盘动滚珠轴承，应无卡涩或松旷现象。滚珠轴承的外壳应能均匀地压住滚珠轴承的外圆，不得有任何使滚珠轴承产生歪扭的趋向。

2）各传动齿轮面应光洁、无毛刺、无严重磨损及碰伤等缺陷，各齿轮轴应无裂纹。用涂色法检查各传动齿轮的接触情况，接触面积一般应大于 70%，印痕在齿牙中部，无歪斜现象。用压铅丝法检查齿侧间隙 d 和 e 应为 0.30～0.40mm，如图 3-4 所示。

3）滑动啮合齿轮与盘车齿轮全长啮合时，应保证手柄凸轮作用下行程开关接触良好。手柄在复置位置时，保险销应能顺利地插入壳体上的销孔。

4）滑动啮合齿轮在齿轮轴螺旋线上应滑动灵活，无卡涩现象，与盘车齿轮脱开时应有 15mm 的轴向间隙。

5）摇杆应不卡涩。摇杆轴套筒与壳体轴向间隙 a 为 0.30～0.40mm。

6）摇杆辊子上的滚珠轴承应活络不卡涩，与滑动啮合齿轮凸肩之间的间隙 g 为 2～3mm，与摇杆之间的间隙 b 应为 0.10～0.20mm。

7）润滑油门滑阀应灵活不卡涩，弹簧弹性良好，油管清洁、畅通，各喷油管位置正确。

（3）回装。在回装盘车各部件的过程中，应重点检查以下内容：

1）各传动齿轮间隙、各轴承间隙、紧力等是否符合要求。

2）各传动轴、操纵杆的销子应完整无缺、装设牢固，以防运行中销子脱落造成事故。

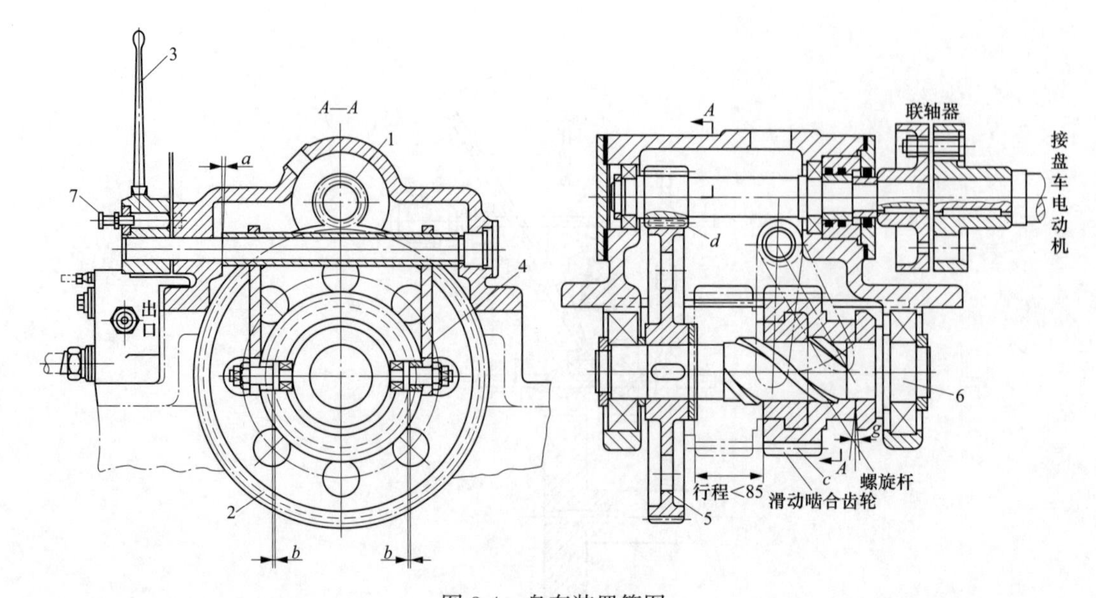

图 3-4 盘车装置简图

1—传动轴；2—传动齿轮；3—手柄；4—摇杆；5—啮合齿轮；6—螺旋杆；7—保险销

3）各水平和垂直结合面在不抹涂料的情况下，紧好结合面螺栓后，用 0.05mm 塞尺检查，应塞不进去。

4）油管应紧牢固，防止因油管漏油而造成轴承缺油的事故。

5）组装好后的盘车应手动灵活，冲转后能自动脱开。盘车工作平稳，无振动、无异响。

30 摆动齿轮盘车的工作原理是什么？

答：摆动齿轮盘车工作原理示意，如图 3-5 所示。当需要投入盘车时，拔出保险销，顺时针转动手轮，与手轮同轴的曲柄随之转动，克服缓冲器的弹簧推力，通过拉杆压迫摆动外壳，使摆动外壳带动摆动齿轮向左摆动，直至被顶杆顶住，此时摆动齿轮与盘车齿轮啮合，盘车装置投入运行。与此同时，手轮转动的位置正好使行程开关的触头落入手轮的凹坑中，使电动机接通电源，电动机带动转子旋转。

汽轮机转子冲转后，当盘车齿轮的转速高于摆动齿轮的转速后，摆动齿轮变主动轮为被动轮，盘车齿轮推动摆动齿轮和摆动外壳向右摆动，使盘车齿轮和摆动齿轮脱开，盘车自动退出工作状态。与此同时，连杆在压弹簧的作用下，使手轮逆时针转动，脱开了行程开关触头，电动机切断电源而停止转动。保险销在弹簧力作用下自动落入手轮销孔，锁住手轮。

31 简述摆动齿轮盘车的检修步骤及工艺质量要求。

答：如图 3-6 所示为摆动齿轮盘车装置图，其检修步骤及工艺质量要求为：

（1）解体。

1）联系电气拆除电动机接线，并拆除连接油管。

2）拆除盘车与瓦盖结合面螺栓，吊开盘车。

3）拆除联轴器螺栓，吊走盘车电动机。

4）将齿轮箱横向放置。

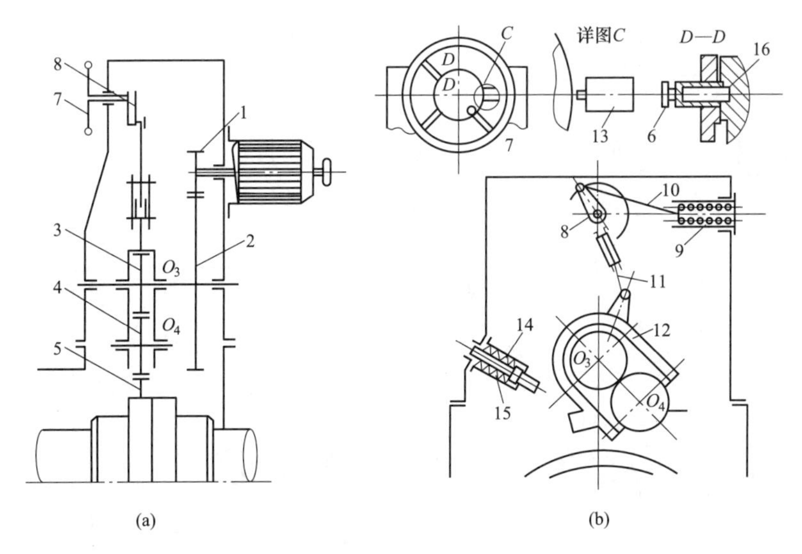

图 3-5 摆动齿轮盘车工作原理示意

1—小齿轮；2—大齿轮；3—中间轴齿轮；4—摆动齿轮；5—盘车齿轮；6、7—手轮；8—曲柄；9—压弹簧；10—连杆；11—拉杆；12—摆动外壳；13—行程开关；14—顶杆；15—盘形弹簧；16—保险销

5）拆下监视孔端盖和推杆弹簧端盖，打出手轮曲柄销轴，取下手轮。

6）拆开轴承盖螺栓，吊下传动轴与拉杆，分解摆动齿轮和轴。

7）拆开盘形弹簧端盖螺栓，松开顶杆螺母，分解顶杆与盘形弹簧。

（2）清理检查项目及工艺质量要求。

1）检查各啮合齿轮齿面接触情况，用涂色法检查应达70%以上的接触面积。牙痕在牙齿的中部，无歪斜现象。用压铅丝法检查齿侧间隙应为0.30～0.40mm。

2）检查推杆压缩弹簧、拉杆缓冲弹簧及盘形弹簧有无断裂、锈蚀等缺陷。

3）检查曲柄销轴、传动轴、摆动轴及各销钉有无磨损、弯曲等缺陷。

4）测量传动轴、摆动轴各轴承间隙、紧力，检查有无裂纹、磨损，必要时可进行修刮或更换。

5）检查油管是否畅通，油管口是否对准摆壳进油口，中轴两端轴瓦是否进油等。

6）检查盘形弹簧顶杆有无弯曲，与摆壳撞击应无肿胀现象。

7）检查盘车与瓦盖结合面密封是否严密，用0.05mm塞尺应塞不进，否则应进行修刮。

（3）回装。

1）调整盘形弹簧的调整垫片，使顶杆预紧力为0.20～0.50mm，紧好盘形弹簧的端盖螺栓。

2）回装摆动齿轮，紧好销板螺栓。

3）回装曲柄轴及曲柄，打好销钉；回装传动轴，紧好轴瓦螺栓。

4）回装润滑油管、盘车手轮，打好曲柄销轴。

5）回装推杆压缩弹簧及端盖，紧好端盖螺栓。

6）将组装好的盘车回装，并紧好结合面螺栓。

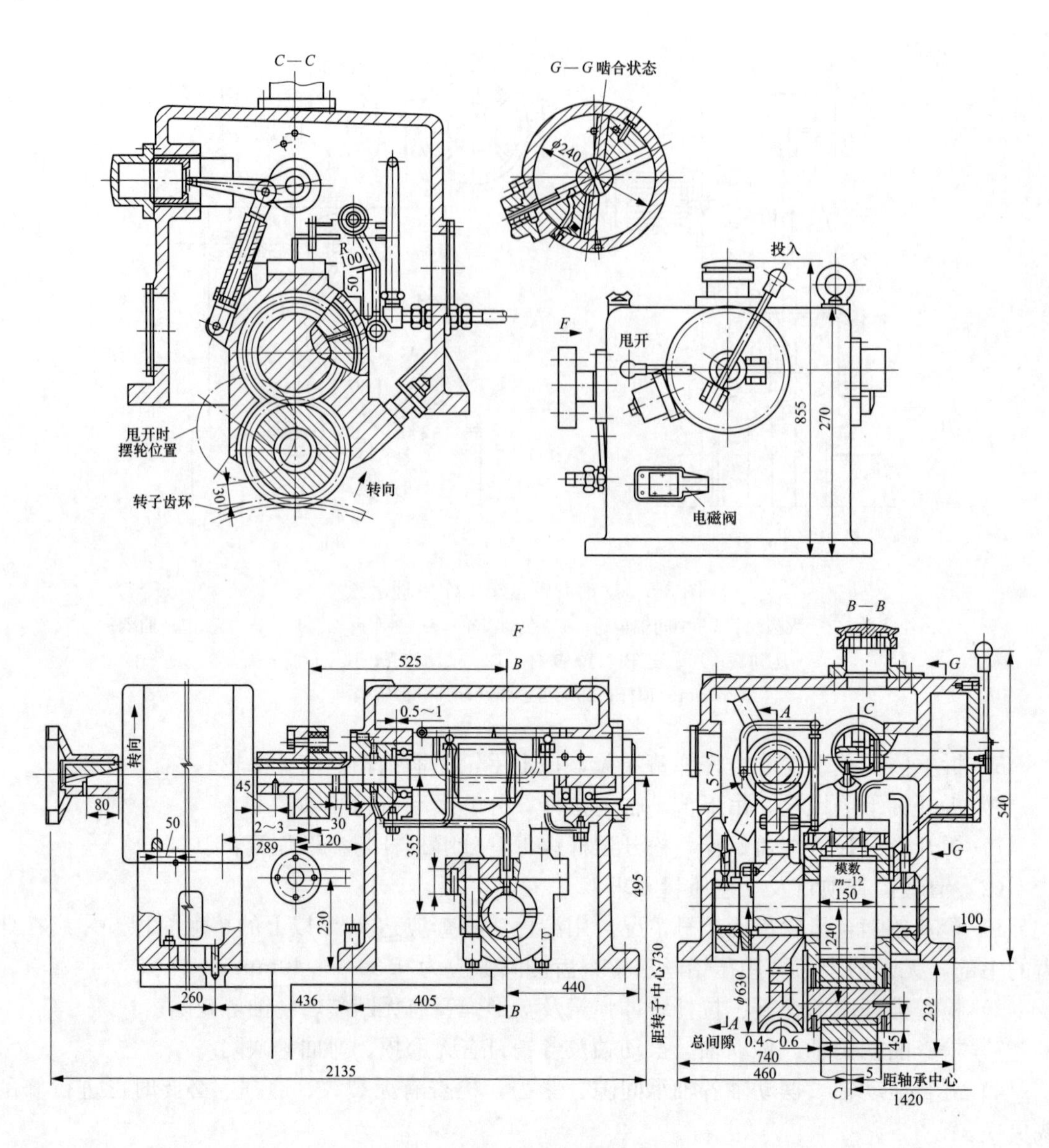

图 3-6　摆动齿轮盘车装置图

7）回装电动机，并找中心。

第四章

DEH 调 速 系 统

第一节　DEH 控制系统的基本原理

1 汽轮机为什么要设置调速系统？

答：汽轮发电机组的工作，是由蒸汽作用在汽轮机转子上的作用力矩 $M_{汽}$ 和发电机转子受到负载的反作用力矩 $M_{发}$ 之间的平衡关系所决定的。当作用力与反作用力相等即 $M_{汽}=M_{发}$ 时，汽轮发电机组就处于等速转动的稳定工况，但外界用户的用电量是在不断变化的，即 $M_{发}$ 是在不断变化的，所以汽轮机的进汽量也必须相应的改变，以保证 $M_{汽}=M_{发}$，否则汽轮机的转速将随外界负荷发生大幅度的变化。当外界负荷增加时，转速下降；外界负荷减少时，转速增加。所以，发出电能的电压与频率，忽高忽低，这是绝对不允许的。另一方面汽轮机转速的变化可能会导致转动部件的破坏，危及机组安全。因此，汽轮机必须设有调速系统，调节汽轮机的进汽量，以适应外界负荷的变化，并将汽轮机转速控制在要求范围内。

2 DEH 调节系统主要由哪几部分组成？各部分的作用是什么？

答：DEH 数字电液调节控制系统主要由以下几个部分组成：

(1) 电子控制器系统。电子控制器将转速或负荷的给定值与汽轮机各反馈信号进行基本运算，发出控制各汽门伺服执行机构的输出信号。

(2) 操作盘、屏幕和打印机。操作盘布置在控制室内，是机组控制中心。盘上有指示灯、信号灯、按钮及在线指示汽轮机各变量（如转速给定、功率给定、汽门位置、汽门阀位限制及升负荷率等）的数字显示器。运行人员可通过各按钮来改变电子控制器的输入给定值，以改变机组转速和负荷。通过屏幕，运行人员可以观察故障报警、汽轮机信息及诸参数（如压力、温度等）。

(3) 蒸汽阀伺服执行机构。各个蒸汽阀的位置是由各自的执行机构来控制的，一个汽门配置一个油动机，其开启由抗燃油压力驱动，而关闭则靠弹簧力。液压油缸与一个控制组块连接，每个控制块上均装有隔离阀、泄油阀、止回阀及电液伺服阀。一般再热主蒸汽门和再热调节汽门不仅要求全开或全关，具有旁路系统时，再热调节汽门还需进行比例调节。

高压抗燃油经节流孔流入油动机活塞下部腔室，该腔室内的油压由一个副阀控制泄油阀调节。当汽轮机控制系统复位后，副阀控制的泄油阀关闭，使该腔室重新建立油压，开启再热主蒸汽门和再热调节汽门。试验用电磁阀可以打开泄油阀，使油经节流管道泄放，从而慢慢关下汽门。

主蒸汽门和调节汽门的执行机构可以控制相应的汽门开启和汽轮机进汽量。执行机构有一个电液伺服阀和一个线性电压位移变送器。高压油经过滤网供给电液伺服阀，该伺服阀接受伺服放大器来的阀位信号，从而控制执行机构；同时位移变送器输出一个表示阀位的模拟信号，反馈到伺服放大器，组成一个闭环回路。

（4）EH 供油系统。EH 供油系统由油箱、油泵、控制组件、冷油器、滤网、蓄能器、泄压阀、溢油阀、自循环滤油系统、自循环冷却系统、抗燃油再生装置及油管路系统组成。

（5）危急遮断系统。

1）隔膜阀。隔膜阀提供了高压抗燃油系统自动停机危急遮断部分和润滑油系统的机械超速和手动遮断部分之间的接口。从机械超速和手动遮断总管来的润滑油供到隔膜阀的上部，使其克服弹簧力将阀关闭，这样就闭锁了自动停机危急遮断总管中的高压抗燃油。只要机械超速和手动遮断总管中的油压有任何消失，隔膜阀就开启，泄去高压抗燃油停机。

2）危急遮断控制组件。危急遮断控制组件中有几个电磁阀，其中有自动停机遮断电磁阀和超速保护控制电磁阀。正常运行时，自动停机遮断电磁阀处于关闭状态。当机组出现异常时，电磁阀开启，泄掉主蒸汽门油动机下部油压，使油动机关闭，实现停机。超速保护控制电磁阀由超速保护控制器控制，正常运行时，电磁阀处于关闭状态。当超速保护控制器动作时，超速保护控制电磁阀开启，使高、中压调节汽门关闭。当转速降到额定转速时，电磁阀关闭，高、中压调节汽门重新打开。

3 简述机组设置危急遮断系统的必要性及被监视的参数。

答：为了防止因运行中部分设备工作失常而导致汽轮机发生重大损伤事故，在机组上装有危急遮断系统，异常情况下可使汽轮机紧急停机，以保护汽轮机安全。危急遮断系统监视汽轮机的某些运行参数，当这些参数超过其运行限制值时，该系统就关闭全部汽轮机蒸汽进汽阀门。

被监视的参数有：汽轮机超速、推力轴承温度高、轴承油压过低、冷凝器真空过低及抗燃油油压过低等。另外，危急遮断系统还提供了一个可接所有外部遮断信号的遥控遮断接口。

4 简述 PCV-03/06/10 关断阀的主要功能和工作原理。

答：关断阀是油动机上一个重要的液压元件，其主要功能是当控制油（安全油）达到一定值时，主油 P_1 与 P_2 路打开，液压可进入下一个液压元件。

工作原理：当控制油（安全油）进入控制口 K，经通道进入柱塞下端，在油压的作用下，推动柱塞向上移动，再推动阀芯向上移动，直到停止，P_1 与 P_2 接通，油液可进入下一个液压元件工作，如图 4-1 所示。通过调整调节螺钉，可调整 P_1 与 P_2 油液通道。当调整螺钉完全松掉。控制油（安全油）需 6.5MPa 就能开启 P_1 与 P_2 油液通道；当调整螺钉完全调紧时，控制油（安全油）需 10MPa 才能开启 P_1。

5 简述高压主汽阀油动机的工作原理。

答：遮断电磁阀失电，安全油压使卸载阀关闭，油动机准备工作就绪。油动机在压力油

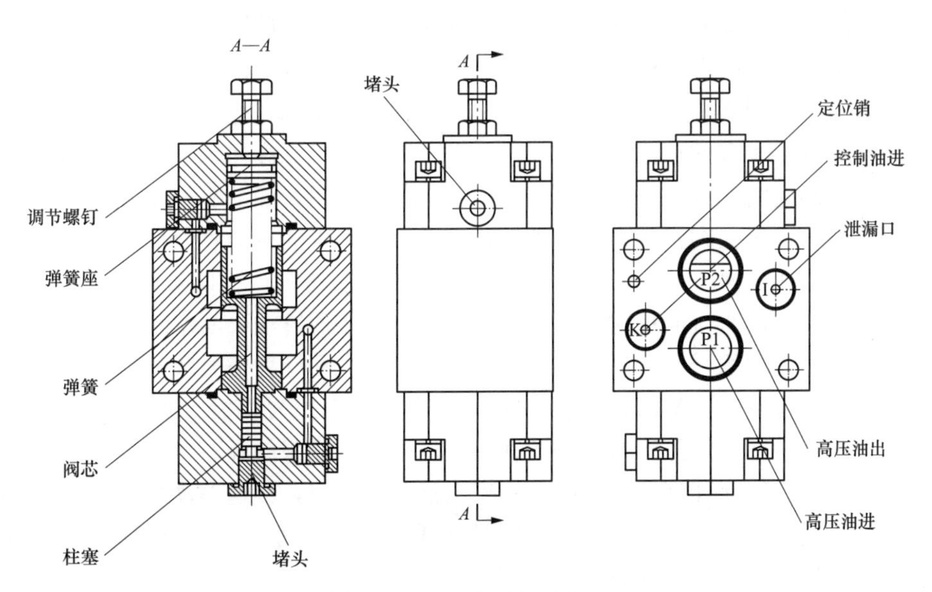

图 4-1 PCV 关断阀示意图

作用下使阀门打开。当安全油失压时，卸载阀在油动机工作腔油压作用下打开，油动机工作腔与非工作腔及回油相通，阀门操纵座在弹簧力的作用下迅速关闭主汽阀。当阀门进行活动试验时，试验电磁阀带电，将油动机工作腔的油压经节流孔与回油相通，阀门活动试验速度由节流孔来控制，当单个阀门需作快关试验时，只需使遮断电磁阀带电，油动机和阀门在操纵座弹簧紧力作用下迅速关闭。卸载阀的功能与调节阀油动机相同。

6 简述高压调节阀油动机的工作原理。

答：当遮断电磁阀失电时，遮断电磁阀排油口关闭，卸载阀上腔作用了高压安全油压，卸载阀关闭；同时关断阀在保安油的作用下开启，压力油经关断阀流到伺服阀前。油动机工作准备就绪。

当需要开大阀门时，伺服阀将压力油引入油动机活塞工作腔室，则油压力克服弹簧力和蒸汽力作用使阀门开大，LVDT 将其行程信号反馈至 DEH。当需要关小阀门时，伺服阀将活塞工作腔室接通排油，在弹簧力及蒸汽力的作用下，阀门关小，LVDT 将其行程信号反馈至 DEH。当阀开大或关小到需要的位置时，DEH 将其指令和 LVDT 反馈信号综合计算后使伺服阀回到电气位，遮断其进油口或排油口，使阀门停留在指定位置上。伺服阀具有机械零位偏置，当伺服阀失去控制电源时，能保证油动机关闭。

当安全油压泄掉时，卸载阀打开，将油动机活塞工作腔接通油动机活塞非工作腔及排油管，在弹簧力及蒸汽力的作用下快速关闭油动机，同时伺服阀将与活塞工作腔相连的排油口也打开接通排油，作为油动机快关的辅助手段。

油动机备有关断阀供甩负荷或遮断状况时，快速切断油动机进油，避免系统油压因油动机快关的瞬态耗油而下降。

7 简述低压主汽阀油动机的组成和工作原理。

答：低压调节阀油动机由电液伺服阀连续控制，采用双侧进油油动机由油缸、位移传感器（LVDT）和一个控制块相连而成。在其控制块上，装有伺服阀，通过伺服阀控制油缸活塞上下腔的进排油，从而完成对低压调节阀的控制。高压油进入油动机之前先经过一个 10μm 的精细滤网，再经过控制块进入伺服阀，以保证进入伺服阀的油液足够干净。

伺服阀接受 MEH 来的信号控制油缸活塞上下腔的油量。高压油通过安全油口进入卸荷阀上腔，在两个卸荷阀上腔建立起高压安全油，卸荷阀关闭，油动机工作准备就绪。当需要开启低压调节阀时，伺服阀将压力油引入油缸活塞上腔，则油压力克服低压调节阀阻力作用使低压调节阀蒸汽通流面积增大，LVDT 将低压调节阀油动机行程信号反馈至 MEH。当需要减小低压调节阀蒸汽通流面积时，伺服阀将活塞上腔接通排油，活塞下腔接通压力油，使低压调节阀蒸汽通流面积减小，同时 LVDT 适时将油动机行程信号反馈至 MEH。当低压调节阀到达需要的位置时，MEH 将其指令和 LVDT 反馈信号综合计算后使伺服阀输出信号为零，处于保持状态，低压调节阀停留在指定位置上。伺服阀具有机械零位偏置，当伺服阀失去控制电源时，能保证油动机关闭。当安全油压泄掉时，接通油动机活塞上腔室的卸荷阀打开，将油动机活塞上腔室接通排油，同时接通油动机活塞下腔室的卸荷阀也快速打开，将油动机活塞下腔室接通压力油，快速关闭油动机，同时伺服阀将与活塞下腔室相连的排油口也打开接通排油，作为油动机快关的辅助手段。

8 简述低压调节阀油动机的组成和工作原理。

答：低压主汽阀油动机为开关型控制方式，控制阀门的开启和关闭。油动机由油缸、限位开关盒和一个控制块相连而成。在控制块上，装有试验电磁阀、卸荷阀、单向阀及测压接头等，行程开关用于指示阀门的全开、全关及试验位置。

当系统挂闸后，高压油通过安全油口进入卸荷阀上腔，在卸荷阀上腔建立起安全油压，卸荷阀关闭油缸工作腔室与有压回油通路。油动机工作准备就绪。

将试验电磁阀失电，高压油经过节流孔进入油缸工作腔室，这样油动机克服弹簧力和蒸汽力作用，以一定速率打开低压主汽阀门。当遮断情况发生时，高压遮断模块电磁阀失电，高压安全油压泄掉时，卸荷阀打开油缸工作腔室与有压回油通路，将油动机工作腔室油接通油动机非工作腔室及有压排油管，同时使试验电磁阀带电，切断压力油进油，这样在弹簧力及蒸汽力的作用下快速关闭油动机及阀门。

当阀门进行活动试验时，试验电磁阀带电，将油动机工作腔室的油压经节流孔与有压回油相通，阀门活动试验速度由节流孔来控制，阀门活动行程到位时，试验位行程开关对外发讯，使试验电磁阀失电，油动机又回到全开位置。

9 电调油系统设置自循环滤油系统的原因是什么？

答：在机组正常运行时，系统的滤油效率较低。因此，经过一段时间的运行后，EH 油质会变差，而要达到油质的要求则必须停机重新油循环。为了不影响机组的正常运行，保证油系统清洁度，使系统长期可靠运行，故在供油装置中增设独立自循环滤油系统。油泵从油箱内吸入 EH 油，经过两个过滤精度为 1μm 的过滤器再流回油箱。

10 EH 液压系统中油管路系统的主要部件有哪些？

答：EH 油管路系统中的主要部件是高压蓄能器和低压蓄能器。高压皮囊式蓄能器分别装置在汽轮机左、右两侧的主蒸汽阀-调节汽阀组件旁边，还有一个安装在低压调门油动机附近。通常每个支架上装有两个蓄能器，通过两只高压截止阀与高压母管相连；另外，两只高压回油阀与无压力回油管相连。通过操作这些阀门，可隔绝任何一个蓄能器以测量氮气压力或进行检修。低压皮囊式蓄能器装在压力回油管道上，它们在负荷快速卸去时吸收回油。

11 简述 EH 液压系统中 AST 电磁阀的作用及工作原理。

答：AST 电磁阀接受 ETS 的励磁电信号与危急遮断信号。在正常运行时，它们是通电励磁关闭，从而封闭了自动停机危急遮断母管上的高压主安全油泄油通道，使所有汽阀执行机构活塞下腔的油压能够建立起来。当电磁阀失电打开时，总管泄油，导致所有汽阀关闭而使汽轮机停机。AST 电磁阀是组成串并联布置的，这样就有多重的保护性。每个通道中至少需一只电磁阀打开，才可导致停机。

12 简述 EH 液压系统中 OPC 电磁阀的作用及工作原理。

答：OPC 电磁阀专用于超速保护控制，它们受 DEH 控制器的 OPC 部分控制。正常运行时，这两个电磁阀是常闭的，封闭了 OPC 总管油液的泄放通道，使调节汽阀和再热调节汽阀的执行机构活塞下腔能够建立起油压。当转速达到 110％～112％额定转速时，OPC 动作信号输出，这两个电磁阀就被励磁（通电）打开，使 OPC 母管油液泄放。这样，相应执行机构上的卸荷阀就快速开启，使调节汽阀、再热调节汽阀和抽汽蝶阀迅速关闭。

13 请画出最简单的间接调速系统示意图并说明其工作原理。

答：具有中间放大机构的调速系统称为间接调速系统，如图 4-2 所示。它的调节过程为：当外界负荷增加时，汽轮机转速降低，调速器飞锤的离心力减少，在弹簧力的作用下，滑环下移杠杆 AB 以 B 为支点，带动错油门下移，打开错油门的上、下油室的油口，从而压力油进入活塞下部油室，活塞上部油室的油经错油门上油口排走，在活塞上下油压差作用下，油动机活塞上移，调速汽门开大，进汽量增加，汽轮机的功率增加。在油动机活塞上移的同时，杠杆 AB 以 A2 为支点带动错油门 2 上移，使其回到中间位置，关闭错油门的上、下油口。油动机停止移动，汽轮机的功率与外界负荷相平衡，调速系统处于新的稳定状态。当外界负荷减少时，动作过程与上述相反。

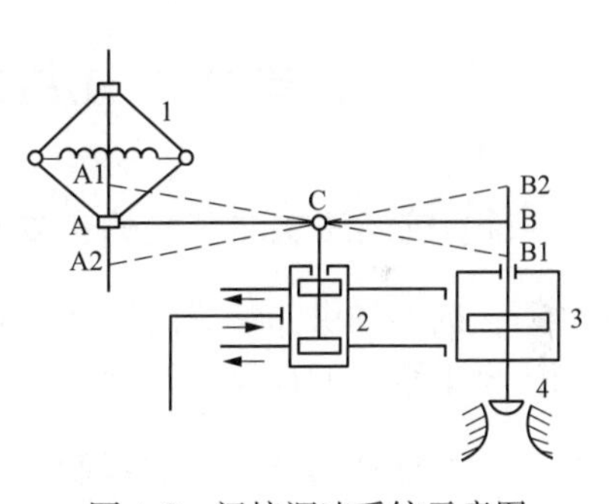

图 4-2 间接调速系统示意图

14 调速器的作用是什么？按其工作原理可分为哪几类？

答：调速器是转速的敏感元件，其作用是用来感受汽轮机转速的变化，将其变换成位移或油压变化信号送至传动放大机构，经放大后操纵调速汽门。

按其工作原理可分为机械式调速器、液压式调速器和电子式调速器三大类。

15 试简述高速弹性调速器的结构和工作原理并说明其优点。

答：高速弹性调速器主要由托架、弹簧板、重锤、拉伸弹簧、调速块、弹簧座及紧固螺钉等零部件组成。调速器旋转时产生的离心力由拉伸弹簧和弹簧板的紧力来平衡。当汽轮机转速升高时，弹簧板因重锤离心力的增加而向两侧伸张，引起调速块向下移动；当汽轮机转速降低时，调速块则向上移动。由此可见，调速块的位移是调速器的输出信号，它带动随动错油门并通过调节系统控制汽轮机的转速。

高速弹性调速器工作转速高，可直接装在汽轮机轴上，不需要减速装置，没有摩擦元件，因而迟缓率低，灵敏度高，而且从较低的转速起就有位移输出，故又称为全速调速器。

16 常见的液压调速器有哪几种形式？其工作原理是什么？

答：常见的液压调速器有叶片式离心泵、径向钻孔泵和旋转阻尼三种形式。

它们的工作原理是相同的，即都是按离心泵进出口压力差与转速平方成正比的原理工作的。

17 试述旋转阻尼式液压调速器的构造和工作原理。

答：旋转阻尼器主体与汽轮机主轴相连，由汽轮机主轴直接拖动，其上固定数根阻尼管，主油泵的压力油经针形阀节流后，进入油室，部分油经阻尼管及泄油孔流入前轴承箱内，汽轮机主轴旋转时，阻尼管中的油柱产生离心力，油室建立一次油压，当汽轮机转速变化时，阻尼管中油柱的离心力也随之发生变化，即油室中的一次油压随之变化，油室中油压与转速平方成正比。一次油压的变化即为旋转阻尼输出的油压变化信号，为了保证一次油压与转速成正比，必须恒有一些油从阻尼管由外向内倒流。

第二节　DEH控制系统主要部件及检修质量标准

1 抗燃油供油装置的主要组成有哪些？

答：抗燃油供油装置由抗燃油箱、抗燃油泵、蓄能器、滤油器、冷油器、排烟风机、溢流阀、再生泵、循环泵、管阀等组成。

2 DJSV-001A型伺服阀由哪几部分组成？

答：如图4-3所示为DJSV-001A型伺服阀结构图。它主要由力矩马达、射流管组件、滑阀放大级及反馈组件组成。力矩马达采用永磁结构，弹簧管支承着衔铁射流管组件，并使马达与液压部分隔离，所以力矩马达是干式的。前置级为射流放大器，它由射流管和接收器组成。

3 DJSV-001A型伺服阀工作原理是什么？

答：当马达线圈输入控制电流，在衔铁上生成的控制磁通与永磁磁通相互作用，于是衔铁上产生一个力矩，促使衔铁、弹簧管、喷嘴组件偏转一个正比于力矩的小角度，经过喷嘴高速射流的偏转，使得接受器一腔压力升高，另一腔压力降低，连接这两腔的阀芯两端形成压差，阀芯运动直到反馈组件产生的力矩与马达力矩相平衡，使喷嘴又回到两接受器的中间位置为止。这样阀芯的位移与控制电流的大小成正比，阀的输出流量比例于控制电流。

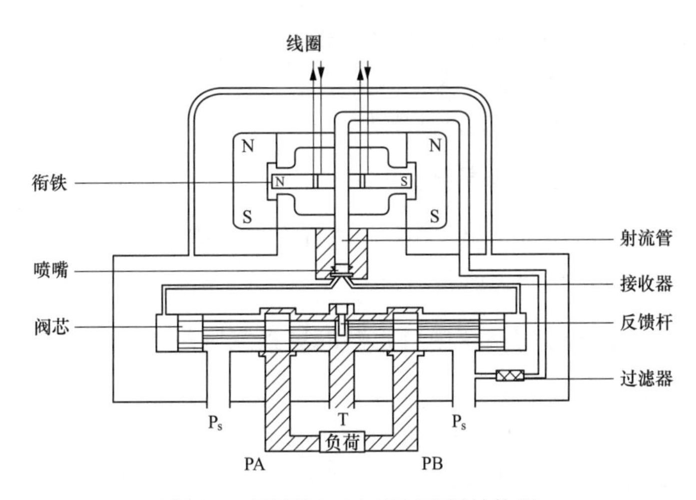

图 4-3 DJSV-001A 型伺服阀结构图

4 DJSV-001A 型伺服阀主要性能参数有哪些?

答：DJSV-001A 型伺服阀主要性能参数有额定供油压力：7MPa；额定流量：63L/min；使用压力：14MPa；滞环：≤3%（max<4%）；分辨率：≤0.25%；线性度：≤7.5%；对称度：≤10%；各项零漂：≤2%以及内漏：≤2.3L/min。

5 油动机的主要组成部件有哪些?

答：油动机的主要组成部件有：活塞、错油门、反馈装置、壳体等。

6 简述油动机的检修步骤及工艺要求。

答：油动机的检修步骤及工艺要求如下：

（1）对油缸进行解体、清洗、修磨、镀涂，更换密封圈、活塞环等，并对活塞杆、油缸桶进行表面检测，如有损伤、拉毛或变形，应予以更换。

（2）清洗集成块，更换密封件及高压滤芯等。

（3）清洗截止阀、止回阀及快速卸荷阀，更换密封件，检测是否有内、外泄漏现象。

（4）检测伺服阀流量、压力特性及内泄漏、零偏等。若有任何一项不合格，应检修或更换。

（5）检测电磁阀换向、迟滞（响应）及内、外泄漏，更换密封件。

（6）按照原工艺要求回装。

（7）油动机上试验台，按调试规程要求进行调试。

7 检修后的油动机主要调试的项目及要求有哪些?

答：油动机主要调试的项目及要求有：

（1）磨合试验。油缸满行程磨合 100 次，活塞杆上允许有油膜，但不能成滴。

（2）耐压试验。试验压力为工作压力的 1.4～1.5 倍，持续 3～5min，不得有外漏和零件损坏。

（3）内泄漏试验。在工作压力、油温条件下，内部泄漏不超过 400mL/min(油缸直径小于125mm）或500mL/min(油缸直径小于200mm)。

（4）行程测量。符合设计安装要求。

（5）启动压力测定。小于1%的供油压力。

8 遮断电磁阀的主要作用是什么？

答：遮断电磁阀主要有两个作用：一是建立安全油，使卸荷阀关闭，为油动机工作做准备；二是可以在线进行油动机快关试验。

9 高压抗燃油液压控制系统中过滤器的更换原则是什么？

答：过滤器的更换原则主要有：

（1）油泵出口高压过滤器的更换原则为该泵累计工作4个月，或每年必须更换2次。

（2）供油装置回油过滤器的更换原则是当油温为45℃时，泵正常工况电信号报警需更换；或每年更换2次。

（3）滤油器回路中的滤芯累计工作3～4个月就应该更换。

（4）再生装置纤维素滤芯应在再生装置油温为45℃且筒内油压超过0.30MPa时更换。在再生装置投运48h后，若抗燃油的酸值（大于0.1）不下降，则应更换硅藻土滤芯；如连续使用2～3月后，硅藻土滤芯亦必须更换。

10 简述蓄能器的检修工序及注意事项。

答：蓄能器的检修工序及注意事项为：

（1）关闭进出口阀门，通过充气阀释放器内气体，然后开回油阀门，将油放回油箱。将蓄能器连接管法兰拆开后吊到检修场地，拆下蓄能器下部三通管，可进入蓄能器检修检查清理，用面团黏净。蓄能器内壁应清洗，无油泥。将三通管清理干净后，用面团黏净。

（2）拆除液动截止阀上盖连接油管及法兰螺栓，揭开法兰盖，取出活塞进行清理检查。活塞表面应无毛刺、拉伤，动作灵活无卡涩，在阀门座内靠自重能自由下落，密封面严密，否则要进行研磨。

（3）检查充气阀上的小孔应畅通。

（4）检查液位计上下采样管畅通。

（5）进行蓄能器回装，回装完毕充气时应充入干燥的氮气，以避免抗燃油遇水而发生水解变质。

11 如何清理抗燃油箱及对其系统进行冲洗？有何注意事项？

答：大修或更换抗燃油时，要对油箱进行检查，必要时应打开上盖进行清洗。具体步骤为：

（1）用软管把油桶与油箱放油口连接起来，打开放油阀，把油放入油桶内，放尽油箱内的储油。注意操作放油阀，以免油溢出油桶。

（2）取下人孔盖板，检查油箱内部的清洁度，清洗油箱内的磁钢及滤网。

（3）有必要对整个油箱清洗时，则需拆下不锈钢集成块后再打开油箱上盖，用无水乙醇对油箱进行清洗，拆下的零部件应做好标记。对于EH系统所有的清洗工作，禁止使用汽油或含氯清洗剂。

（4）供油装置清洗后复装。

（5）用冲洗板换下执行机构上的伺服阀、电磁阀和电磁阀组件上的AST、OPC电磁阀。

（6）拆下两只再热主蒸汽门执行机构的进油节流孔和电磁阀组件中的两只节流孔电磁阀组件上的节流接头，打开执行机构各进油截止阀。

（7）启动两台油泵，使系统进入冲洗状态。

（8）检查各管道管接头、油动机及整个系统是否泄漏，如有泄漏，立即检修。

（9）启动加热器，使油温保持在40～60℃之间。

（10）冲洗72h后，从油箱取样口取油样，对油样进行颗粒度测定，根据测试结果决定冲洗时间及下一次取样时间。取油样要用干净的瓶子，油泵应处于工作状态，打开放油阀，把储油盘放在其下面，待油流30s后，再用瓶子装油，此时供油装置周围不能有灰尘，储好油的瓶子应盖上盖，并用干净的塑料纸包住瓶盖、扎牢。

（11）化验结果达到规定的颗粒度指标后，更换冲洗过的滤芯后至少再冲洗2h即可恢复系统，包括用伺服阀和电磁阀换冲洗板、装节流孔及用节流接头换冲洗接头等。

12 简述EH液压系统中高压蓄能器的充氮步骤。

答：高压蓄能器的充氮步骤如下：

（1）检查充气工具软管上的接头螺纹与氮气瓶上的接头和蓄能器上充气嘴接头上的螺纹是否匹配，若不匹配，需加工过渡接头。

（2）利用充气工具对各高压蓄能器的氮气压力进行测量，若测得氮气压力低于设计值，必须进行充氮。

（3）关闭高压蓄能器的进油阀，开启蓄能器的回油阀。

（4）将蓄能器的充气嘴和氮气瓶用充氮工具连接起来，顺时针拧下充氮工具充气口的针阀，顶开充气嘴的单向阀，然后慢慢打开氮气瓶上的阀门，向蓄能器充氮，同时监视充气工具上压力表的读数。当压力表指示为9.1MPa时，关闭氮气瓶上的阀门。1min后再测一下压力，如压力不够，则再充氮；压力够时，可以打开充氮工具上的充气针阀，拆去充氮工具的软管，并检查蓄能器充气嘴有无漏气，若无泄漏，则装上蓄能器充气嘴上的罩盖。

（5）关严蓄能器上的回油阀，开启蓄能器进油阀。

（6）高压蓄能器在第一次充氮并运行一个星期后，复测氮气压力。

13 简述EH液压系统中的低压蓄能器的充氮步骤。

答：低压蓄能器的充氮步骤如下：

（1）充氮气必须在EH油泵停运、系统无压力的情况下进行，开启蓄能器的进油阀。

（2）利用充氮工具更换低压压力表，对各低压蓄能器氮气压力进行测量。若测得氮气压力低于设计值，必须进行充氮。

（3）充氮方法同高压蓄能器的充氮步骤。

（4）当充氮到规定压力时，关闭氮气瓶上的阀门。

（5）打开充氮工具上的充气针阀，拆去充氮工具上的软管，并检查蓄能器充气嘴有无漏气，若无泄漏，则装上蓄能器充气嘴上的罩盖。

14 EH油系统冲洗前的准备工作有哪些？

答：EH油系统冲洗前的准备工作有：

（1）将各执行机构的电液伺服阀电缆线接头拆下，并拆除电液伺服阀。把拆下的电液伺服阀放入干净的塑料袋中并分别做好标记，以便识别。用冲洗板来代替执行机构上的电液伺服阀。

（2）将执行机构的电磁阀线松开，并拆除电磁阀及过渡块。将它们放入干净的塑料袋中，分别做好标记，以便识别。分别用电磁阀冲洗板来代替拆下的电磁阀及过渡块。

（3）对于再热主蒸汽阀油动机的进油截止阀下侧面的节流孔，油冲洗时应先拆下该节流孔螺塞，然后用一个合适的螺钉旋入，拔出衬套和节流孔，再装上螺塞。节流孔和衬套用洁净的塑料袋封装并做好标记，以便复装。

（4）在危急遮断装置中，拆去电磁阀块上的六只电磁阀。将这些电磁阀分别放入干净的塑料袋中，分别做好标记，以便识别。用冲洗板代替这六只电磁阀。

（5）拆除控制块组件上的两个节流孔管接头及内部两个节流孔，并将它们放入干净的塑料袋中。节流孔管接头用冲洗管接头来代替。

（6）关闭所有蓄能器的进油阀。

15 配汽机构的作用是什么？

答：配汽机构的作用是调节进入汽轮机的蒸汽流量，以达到改变转速或功率的目的。

16 配汽轮机构包括哪些部分？常见的传动机构有哪几种型式？

答：配汽轮机构包括调节阀和带动调节汽阀的传动机构。

常见的传动机构有凸轮传动机构和杠杆传动机构和提板式传动机构三种。

17 配汽轮机构的要求有什么？

答：对配汽轮机构有如下要求：结构简单可靠，动作灵活，不易卡涩。静态特性曲线应符合调节要求。调节汽阀关闭严密，严密性合格。需要的提升力要小。工作稳定，阀门的开度和蒸汽流量不应有自发的摆动。

18 配汽轮机构的特性指的是什么？

答：配汽轮机构的特性是指在平衡状态下，油动机的行程与电功率之间的关系。表示这种关系的曲线称为配汽轮机构静态特性曲线。

19 调节汽阀的结构型式有哪几种？

答：调节汽阀的结构型式有单座阀和带预启阀的阀门两种。单座阀又分为球阀和锥形阀。带预启阀的阀门又分为带普通预启阀的阀门和带蒸汽弹簧预启阀的阀门。

20 带有普通预启阀的汽门是如何开启的？

答：带有普通预启阀的汽门主要由阀杆、阀套、阀碟、阀座等组成。在大阀芯内部装有一小直径的预启阀。在打开阀门时，先通过提升阀杆来开启预启阀，使部分新蒸汽通过预启阀进入阀后，提高阀后压力，减小大阀前后的压力差，当预启阀开足后，大阀开始打开，由于压力差减小，所以使大阀的提升力大为减小。

21 何谓反馈机构？常用的有哪几种型式？

答：调节系统中起反馈作用的装置称为反馈机构。

常用的反馈机构有杠杆反馈机构、油口反馈机构、弹簧反馈机构等。

22 何谓反馈？试说明反馈对调节系统的重要性。

答：在调节过程中，当油动机活塞因错油门滑阀动作而动时，又通过一定的装置反过来影响错油门滑阀的动作，使错油门滑阀回到中间位置，这种油动机对错油门的反作用称为反馈。

反馈是调节系统不可缺少的环节，只有通过反馈作用才能使调节过程快速稳定下来，不致在调节过程中产生振荡，从而使调节系统具有很大的稳定性。

23 传动放大机构的特性指的是什么？

答：传动放大机构的特性是指在平衡状态下时，传动放大机构的输入信号与输出信号之间的关系。表示这种关系的曲线称为静态特性曲线。

第三节　汽轮机润滑油、密封油系统主要部件及检修质量标准

1 汽轮机供油系统的作用是什么？

答：汽轮机供油系统的作用：向汽轮发电机组各轴承提供润滑油；向调节保安系统提供压力油；启动和停机时向盘车装置和顶轴装置供油；对采用氢冷的发电机，向氢侧环式密封瓦和空侧环式密封瓦提供密封油。

2 润滑油系统的主要组成部分有哪些？

答：润滑油系统的主要组成部分有：集装式油箱、射油器、主油泵、油烟分离器、排烟风机、启动油泵、交流润滑油泵、直流润滑油泵、溢油阀、冷油器、滤油机、管阀等。

3 射油器的作用是什么？

答：射油器也称注油器，它除了供给离心式主油泵入口用油外，还供给润滑油系统用油。这样可以避免高压油直接供给润滑油，减少功率的额外消耗，以提高系统的经济性。

4 试说明射油器的结构及工作原理。

答：射油器由油喷嘴、滤网、扩散管等组成。

射油器的工作原理是：当压力油经油喷嘴高速喷出时，在喷嘴出口形成真空，利用自由射流的卷吸作用，把油箱中的油经滤网带入扩散管，经扩散管减速升压后，以一定压力排出。

5 射油器出口油压太高的原因是什么？

答：射油器出口油压太高，主要原因是高压油流速太大，供油量过剩，只要将油喷嘴出

口直径减少即可。

6 密封油系统的作用是什么？密封油系统由哪些主要设备组成？

答：密封油系统的主要作用有两个：一是供给发电机密封瓦用油，防止氢气外漏；二是分离出油中的氢气、空气和水蒸汽，起到净化油的作用。

密封油系统主要由空气侧密封油泵（交流、直流油泵各一台）、氢气侧密封油泵、射油器、氢压控制站、密封油箱、油氢分离器、密封油冷油器、排氢风机及油封筒等设备组成。

7 油系统的阀门有何要求？

答：油系统阀门严禁使用铸铁阀门，各阀门应水平设置或倒置，以防门芯脱落断油，并应采用明杆门，应有开关方向指示和手轮止动装置。

8 简述溢流阀的检修工艺标准。

答：溢流阀的检修工艺和质标准为：

(1) 松下调整螺栓的保护罩，测量记录调整螺栓的高度。

(2) 解体溢流阀，取出弹簧、托盘、滑阀。

(3) 将拆下的零件及外壳用煤油清洗干净，清扫各节流孔，排汽孔应通畅，消除油垢、毛刺，并用面团黏净。

(4) 检查弹簧无变形、无裂纹，滑阀无严重磨损和锈蚀，测量各部间隙合格。

(5) 检修完毕经验收合格后可回装。装配时，将滑阀和套、弹簧等部件涂好透平油，滑阀动作灵活无卡涩。

(6) 调整螺栓的位置与拆前相同。

9 密封油进回油管的铺设和安装有何特殊要求？

答：密封油是用来密封发电机内氢气的，所以在回油中含有一定数量的氢气，这些氢气要在回油管中进行初步的分离，然后顺着回油管回到发电机去，所以密封油回油还起着分离和输送氢气的作用，因此它除有和油系统一样的共性要求外，还有以下特殊要求：

(1) 油管道的安装要有一定的坡度，发电机侧稍高，不许有降低后又升高的现象，以防整个油管被油封死，阻碍氢气的返回。

(2) 回油管的直径要大些，使油管的上部有一定的空间，以使氢气分离充分，顺利返回发电机。

(3) 油管和密封瓦连接处设有绝缘垫，以防发电机接地。

10 油系统截门使用聚四氟乙烯盘根时，在加工和装配工艺中有哪些要求？

答：油系统截门使用聚四氟乙烯盘根时，在加工和装配工艺中的要求为：

(1) 门杆应光洁，无轴向划痕，无凸凹缺陷，弯曲小于 0.05mm，椭圆度小于0.02mm。

(2) 法兰锥面应车平。

(3) 盘根槽内壁应车光。

(4) 盘根圈外径与盘根槽间隙应为0～0.02mm；盘根圈与门杆间隙也应为0～0.02mm。

（5）盘根圈厚度为盘根圈外径减门杆外径之半。

11 冷油器的检修质量标准是什么？

答：冷油器的检修质量标准是：

（1）冷油器油、水侧应洁净，无油污、污泥和水垢等。

（2）铜管表面光滑，无压痕、碰撞和脱锌，无凸凹等严重缺陷；花板水侧无严重锈蚀现象，胀口处无损伤。

（3）水压试验标准0.3MPa，10～15min铜管及胀口无渗漏。

（4）外壳内及法兰盘清理干净，垫片配用合适等。

（5）铜管堵管根数不超过入口通流面积，并考虑换热面积来确定更换新芯子管的数目（一般不超过铜管总数的10%）。

12 油箱的检修工艺和质标准是什么？

答：在检修和清理油箱之前，先将油箱顶部清理干净，以防杂物落入油箱内，然后再进行内部的检修和清理工作。

（1）打开油箱上盖，取出油滤网。

（2）工作人员穿好专用工作服，做好相应安全措施，进入油箱内部，用平铲将油箱底部的油污和沉淀物清理到油箱底部的沟槽内，用白布擦净后再用面团黏净。

（3）油箱内防腐漆应完好，如脱落时可重新涂刷。

（4）油位计浮子阀进行浸油试验，如发现漏油应进行补焊处理，组装后应灵活不犯卡，指示正确。

（5）油滤网用煤油清洗和用压缩空气吹干净，滤网如有较大破坏，应予以更换。

（6）检修完毕，验收合格，检查油箱内无遗留物，将滤网对准滑道，放到底，无卡涩、盖好油箱盖。

13 清理油箱时应注意的事项有哪些？

答：理油箱时应注意的事项有：

（1）工作人员的着装应清洁，扣子要牢固，衣袋里不许带杂物，特别是金属物品。

（2）进入油箱的一切工具要登记、清点，工作结束后要清点无误。

（3）照明行灯要按照进入金属容器内部的要求，一般为24V以下，外部应有人监护。

（4）清洗时应使用煤油，不能用汽油，现场不许吸烟或使用其他照明。

（5）油箱内部通风应良好，监护人员应定时与内部工作人员联系，如有异常，立即将人员拉出。

14 简述油管道的连接工艺要求和注意事项。

答：油管道的焊接工作，在条件允许情况下，要将油管拆下清洗后进行，焊前要将油管内部用水或蒸汽吹洗干净，外部也要擦净，两端要敞口，并做好防火措施。焊接时，坡口、对缝要符合要求，最好是四级以上的熟练焊工操作，焊口要求整齐，无气孔，夹渣，保证不渗漏。焊完后，对焊口彻底清理，用手锤和扁铲清除药皮和焊渣，然后用压缩空气吹扫管道，将焊渣全部清除干净为止。

15 对油系统的阀门有什么要求？其安装和检修有什么特点？

答：油系统的阀门多采用明杆铸钢阀，要与所能承受的额定油压相符，重要部位则应选用承压较高的阀门。

油管道阀门应水平设置或倒置，可防止门芯脱落断油。阀门盘根不应漏油，填料可选用聚四氟乙烯、异型耐油橡胶等。对于球形阀门，要注意门杆与球阀连接处的牢固、稳妥；插板式阀门的阀瓣有单、双之分，对于双瓣插板门，要注意门杆凸头与门瓣凹槽配合要精密；对双扇门瓣的连接固定尤其应注意，要选用高强度不锈钢丝捆绕，以防掉“瓦拉”，且门瓣间的楔子要完好，斜度应符合要求。

16 油管道在什么情况下必须进行清扫？如何清扫？

答：油管道不必每次大修都进行清扫，要视油质情况而定，油质好可不进行清扫，一旦油质劣化或轴承严重磨损，使油中混有大量碎金沫时，即需要更换新透平油，同时油管路必须进行清扫。清扫工作一般将管道拆下来进行，拆前各连接处要做好记号，管内存油应从管最低部位处放出，油管的清洗先用100℃左右的水或较高汽温汽压的蒸汽冲洗净油垢，再用压缩空气吹干；对较粗管子可用布团反复拉，直至白布拉后无锈垢颜色为止。

17 主油箱的制作规范要求及检修质量标准是什么？

答：主油箱的制作规范要求如下：

(1) 容积应能满足主油泵4～8min工作之用。

(2) 容积循环倍率低于8次/h。

(3) 应能使油中的气体分离，并使水和机械杂质沉淀。

(4) 密封后可使内部真空达到50～100mm水柱。

(5) 油滤网前后压差以50～100mm为限。

主油箱的检修质量标准如下：

(1) 油箱内部清洁且无油垢附着，无锈蚀和渗漏。

(2) 过滤网清洁。

(3) 人孔密封良好。

(4) 油箱放水门、事故门严密不漏。

(5) 永磁棒干净无污。

18 密封油系统油-氢差压阀的检修质量标准是什么？

答：密封油系统油-氢差压阀的检修质量标准为：

(1) 活塞及活塞套筒应无磨损。

(2) 最上面的可调配重片与上盖顶部距离应符合规定要求。

(3) 差压阀必须垂直安装。

(4) 活塞运动灵活，径向间隙为0.05～0.10mm。

(5) 阀芯转动灵活，轴向间隙为0.2～0.4mm。

(6) 阀体内、外清洁，无油垢、杂物附着。

(7) 阀体各排油口要畅通无堵塞。

19 密封油系统油压平衡阀的检修质量标准是什么？

答：密封油系统油压平衡阀的检修质量标准是：

（1）活塞与活塞套筒无磨损，运动灵活，间隙为0.05～0.1mm。

（2）平衡阀安装必须水平，阀芯转动灵活。

（3）阀体内、外清理干净，无油垢、杂物附着。

20 油过滤器的检修质量标准及施工要点是什么？

答：油过滤器的检修质量标准如下：

（1）滤网无破损，清洁、完整。

（2）滤网骨架应完好，无断裂、扭曲现象。

（3）油室清洁，无油垢、杂物。

（4）永磁铁完好。

其施工要点如下：

（1）松开油室下堵头，将内部存油放尽。

（2）松开上盖螺母，取下上盖，松开拉紧螺栓。

（3）取出滤网，注意上下方向，不得倒错，并取出永磁铁。

（4）清理油室、滤网，必要时更换滤网。

（5）清除永磁铁上的附着物，并检查是否完好。

（6）回装时，要注意按拆卸时顺序倒装。

（7）检查上盖密封圈完好，上盖要紧平，防止漏油。

21 简述冷油器的构造。

答：冷油器主要由外壳、铜管、管板、隔板及上、下水室等组成。铜管胀在两端管板上，油在铜管外部流动，水从铜管里面流过，为了提高冷却效率，增加油在冷油器内的流程和流动时间，用隔板将冷油器隔成若干个弯曲的通道。为了减少油走短路，隔板与外壳之间保持尽量小的间隙。

22 简述冷油器的工作原理。

答：冷油器属于表面式热交换器，两种不同温度的介质分别在铜管内外流过。通过热传导温度高的流体将热量传递给温度低的流体，从而得到冷却，降低温度到要求范围。冷油器是用来冷却汽轮机润滑油或氢冷发电机密封油等，高温的油流进入冷油器，经各隔板在铜管外面做弯曲流动，铜管里面通入温度较低的冷却水，经热传导，高温油流的热量被冷却水带走，从而达到降低温度的目的。

23 冷油器的换热效率与哪些因素有关？

答：影响传热效率的因素很多，主要有以下几方面：传热导体的材质对传热效率影响很大，一般要用传热性能好的材料，如铜管。流体的流速，流速越大传热效果越好。流体的流向、冷却面积、冷油器的结构和装配工艺、冷油器铜管的脏污程度。

24 简述主油箱的构造。

答：为了分离油中的空气、水分和杂物，必须使油箱的油流速度尽量慢，而且均匀，因此油箱内部分成几个小室，并装有两道或三道滤网，将油过滤，油箱分为净段和污段，轴承和调速系统等的回油都进入污段，而备油泵及射油器的入口则接在净段，污段和净段用滤网隔开，油箱装有油位计，并有最高、最低油位标志。油箱上部装有排烟风机，随时排掉油箱内油烟。油箱底部一般做成V型或斜坡形，并在最底部装排污管，以便排出水分和油污。

25 简述油箱的作用及容积要求。

答：油箱首先是用来储油，同时起分离油中气体、水分、杂质和沉淀物的作用。

油箱的容积对不同的机组各不相同，它取决于汽轮机的功率和结构。透平油具有一定的黏度，油烟杂质等从油中分离与沉淀需一定的时间，因此要求油有足够的停留时间，保证杂质的分离和沉淀，油箱的容积应满足油系统循环倍率的要求，一般要求油的循环倍率在8～10倍范围内。

26 汽轮机透平油的主要用途是什么？

答：透平油作为调速系统和润滑油系统的工质，它的用途主要有三个：以对调速系统来说它传递信号，经放大后作为操作滑阀和油动机的动力。对润滑系统来说，对各轴瓦起润滑和冷却作用。对氢冷式发电机来说，为发电机提供一定压力的密封油。

27 采用水作为调节系统的工质有何优缺点？

答：优点是水是不可燃的液体，且极为便宜，但缺点是水存在对金属有腐蚀作用，水流对错油门还有冲蚀作用，水的润滑性能差，经过间隙的泄漏量大等，给利用水作为调节系统的工质带来很大的困难。

第四节 DEH控制系统常见故障的判断及处理

1 油动机执行机构开不上去应怎样处理？

答：拆下伺服阀上的接线插头，用万用表测量伺服阀两线圈上的电阻应分别符合规定要求，然后将伺服阀测试仪插入伺服阀插座，加上正、负电流观察油动机是否开得上去。如开不上去，且听不到进油管有油流声，则说明伺服阀故障；如果进油管有油流声，说明这个卸荷阀或安全油有故障；如果汽门开得上去，则应考虑DEH柜到执行机构的电缆线断路或DEH柜内部有故障。再热主蒸汽门的执行机构开不上去，原因是其进油节流孔堵塞或卸荷阀卡死，需清洗节流孔或更换卸荷阀。

2 伺服机构关不下去应如何处理？

答：拆下伺服阀接线插头，若执行机构关不下去，则为伺服阀卡死，需更换此阀；如果执行机构能关下去，则为热工VCC板、电缆线或位移传感器故障。全行程检查位移传感器的输出，一旦发现蒸汽阀杆卡死，则关闭执行机构进油截止阀，并打开快速卸载阀。

3 执行机构发生晃动应如何处理?

答：如果在与计算机联调时执行机构发生晃动，首先要拔下伺服阀接线插头，然后将伺服阀测试工具的插头插在伺服阀上，加上±10mA 电流，观察活塞杆上下运行时有没有振动。如有振动，则需更换伺服阀；如果不振动，则要检查位移传感器和热工 VCC 卡的参数。正常运行中，允许执行机构有低频（1Hz 以下）、幅值小于±0.5mm 的晃动。

4 EH 系统油箱油温升高的主要原因有哪些？如何处理？

答：EH 系统油箱油温能反映系统是否正常工作，油温低于 10℃，油泵就不能启动；油温长期高于 60℃，抗燃油的酸值就会升高，油质就要变坏。监视 EH 油温的仪表有油箱温度表、温度开关、冷却水控制开关、油箱热电偶（或热电阻）、冷油器进油口热电偶（或热电阻）及冷油器出油口热电偶（或热电阻）等。正常工作时，要防止油温超过 60℃。

油温升高的原因及处理方法，见表 4-1。

表 4-1　　EH 系统油温升高的原因及处理方法表

序号	油温升高的原因	处理方法
1	安全溢流阀动作，导致溢流	重新调整定值或更换此阀
2	冷却水温度超过 35℃	降低冷却水温度
3	冷却水控制开关失灵	重新调整或更换此开关
4	冷却水进、出水开关没开	打开冷却水进、出水开关
5	冷却水控制电路故障	检修并打开电磁水阀旁路开关

5 EH 油压突升或突降的原因有哪些？如何处理？

答：EH 油压突升或突降的原因及处理方法，见表 4-2。

表 4-2　　EH 油压突升或突降的原因及处理方法表

序号	产生原因	油压高或低	处理方法
1	油管断裂，造成大量油外泄	低	迅速关闭油泵，焊接所断油管
2	在没挂闸的情况下操作 DEH，给油动机以阀位指令	低	把阀位指令设为 0 后再挂上闸
3	供油装置安全溢流阀失灵	低和高	重新整定或更换此阀
4	油泵上的调压装置失灵	高	重新整定或更换油泵
5	油泵泄漏过大或损坏	低	更换油泵
6	高压油至回油的截止阀没关	低	找出该截止阀并关闭

6 DJSV-001A 型伺服阀一般故障原因分析及排除方法有哪些?

答：DJSV-001A 型伺服阀不动作、伺服阀输出过大或不能连续控制、伺服阀反应迟钝、底面漏油。

（1）伺服阀不动作。原因分析：两线圈中有一线圈接反。排除方法：改正接反线圈的极性。

（2）伺服阀不动作。原因分析：进油或回油未接通，或进、回油接反。排除方法：正确接通油道。

（3）伺服阀输出过大或不能连续控制。原因分析：线圈极性接反成正反馈。排除方法：按要求接线圈极性。

（4）伺服阀反应迟钝。原因分析：油液太脏，滤油器堵塞，影响控制级供油。排除方法：消洗系统，清洗、更换滤油器。

（5）底面漏油。原因分析：底面密封圈损坏。排除方法：更换底面密封圈。

7 油系统中有空气或杂质对调速系统有何影响？

答：调速系统内的空气若不能完全排出，则会引起调速系统摆动。油系统中含有机械杂质，会引起调速系统部套的磨损、卡涩，造成小直径油孔堵塞，导致调速系统摆动和调整失灵。

第五章

汽轮机调节保安系统

第一节　汽轮机调节、保安系统的基本原理

1 调速系统的基本任务是什么？

答：调速系统的基本任务是：

（1）若汽轮机独立运行，当工况发生变化时，调节汽轮机的转速，使之保持在规定的范围内。

（2）若汽轮机并网运行，当电网频率变化时，调节汽轮机的负荷，使之保持在规定的范围内。

（3）对于带调节抽汽的汽轮机来说，当工况发生变化时，调整抽汽压力在规定的范围内。

2 调速系统最基本的组成部分是什么？

答：调速系统最基本的组成部分是由感应机构（如调速器、调压器）、传动放大机构（如错油门、油动机）、配汽轮机构（如调速汽门及传动装置）、反馈装置（如反装杠杆、反馈套、反馈滑阀、反馈弹簧）等四部分组成。

3 保安系统的作用是什么？

答：保安系统的作用是对主要运行参数、转速、轴向位移、真空、油压、振动等进行监视，当这些参数值超过一定的范围时，保护系统动作，使汽轮机减少负荷或停止运行，以确保汽轮机的运行安全，防止设备损坏事故的发生。此外，保安系统对某些被监视量还有指示作用，对维护汽轮机的正常运行有着重要意义。

4 何谓调速系统的静态特性及静态特性曲线？（画图说明）

答：在稳定工况下，孤立运行机组的转速随外界负荷变化而变化，即当外界负荷增加，转速降低；外界负荷减小，转速升高。它们之间有一定的关系，这种关系称为调速系统的静态特性。

转速与负荷的关系曲线称为静态特性曲线，如图 5-1 所示。

5 汽轮机的调节方式一般有哪几类？各有何优缺点？

答：汽轮机的调节方式一般有节流调节、喷嘴调节和旁通调节。

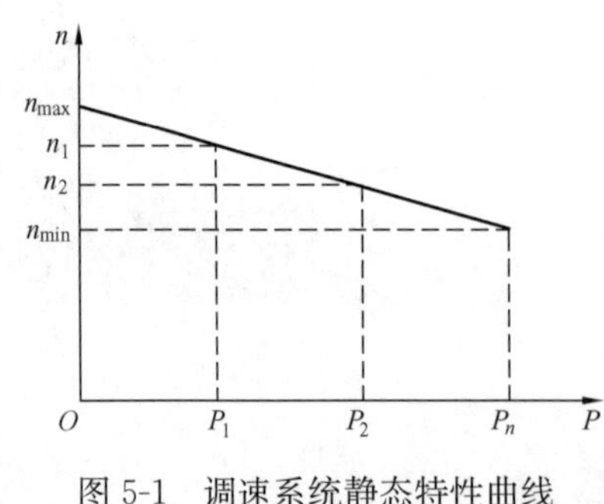

图 5-1　调速系统静态特性曲线

节流调节结构简单，但节流损失大，从而降低了热效率。

喷嘴调节的节流损失小，效率较高。

旁通调节是上述调节方式的一种辅助方法，为了增加出力而超出经济负荷运行，将新蒸汽绕过汽轮机的前几级而旁通到中间去做功。

6 一般的液压调速器有哪几种型式？其工作原理是什么？

答：一般的液压调速器有叶片式离心泵、径向钻孔离心泵和旋转阻尼三种。这几种型式的液压调速器的工作原理是相同的，都是按离心泵进、出口压力差与转速平方成正比的原理工作的。

7 直接调节系统的调节过程是什么？

答：直接调节系统的调节过程为：当外界负荷增加时，汽轮机转速下降，调速器的转速也随之下降，调速器飞锤的离心力减小，在弹簧力的作用下使滑环下降，通过杠杆开大调节汽门，增加汽轮机的进汽量，于是汽轮机的功率增加，当功率增加至与外界负荷相平衡时，调节系统重新稳定，达到新的平衡；当外界负荷降低时，调速器动作过程与上述相反。

8 间接调节系统的调节过程是什么？

答：具有中间放大机构的调节系统称为间接调节系统。简单的一级放大间接调节系统，调速器所带动的不是调节汽门，而是一个断流式滑阀（以下简称错油门）。转速升高时，调速器的滑环向上移动，通过杠杆带动错油门向上移动。错油门的上油口和油泵的压力油管相连通，而下油口与排油口相通。压力油经过错油门的上油腔流入油动机活塞的上油腔，在上油腔中形成高的压力；而油动机活塞的下油腔则通过错油门的下油口和排油口相通，在下油腔中形成低的压力。油动机活塞上、下的压力差推动活塞向下移动，关小调节汽门。转速降低时，调速器滑环向下移动，带动错油门向下，这时油动机活塞下油腔与压力油相通，活塞上、下的压力差推动活塞向上移动，开大调节汽门。

9 调速系统静态特性曲线的合理形状是怎样的？

答：调速系统的静态特性曲线应连续、圆滑、略向下倾斜，不应有突变点，且无水平或接近水平的部分，否则在此段运行时负荷不稳。

为了开机时转速平稳、容易并列及低负荷运行稳定，在曲线的空负荷和低负荷部分应陡些，在曲线的满负荷附近也要陡些，以保证机组在经济负荷区和额定负荷下稳定运行。为了使整个调速系统的速度变动率不致过大，中间部分应稍微平缓些。

10 画最简单的直接调节系统示意图，并说明其调节原理及优缺点。

答：直接调节系统是一种最简单的调速系统，如图 5-2 所示。其调节过程为：当外界负荷增加时，汽轮机转速下降，调速器的转速也随之降低，调速器飞锤的离心力减小，在弹簧力作用下使滑环下降，通过杠杆开大调速汽门，增大汽轮的进汽量，于是汽轮机的功率增加，当功率增加至与外界负荷相平衡时，调速系统重新稳定，达到新的平衡。当外界负荷降低时，动作过程与上述相反。

由于直接调节系统是用调速器直接带动调速汽门的，调速器本身的工作能力有限，因而这种调速系统只能用在功率很小的汽轮机上。它的优点是结构简单。

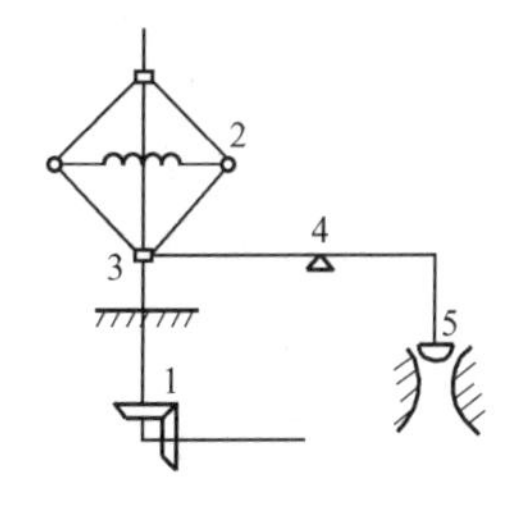

图 5-2 直接调节系统示意图
1—减速齿轮；2—调速器；3—滑环；4—杠杆；5—调节汽门

11 功频电液调节的特点是什么？

答：所谓的功频电液调节，对于系统的控制来说，不仅采用了传统的频率（转速）信号，而且采用了功率作为控制信号；对调节元件来说，测量及运算等元件采用了电子元件，而执行机构仍采用油动机。其特点主要有以下几方面：

（1）中间再热机组在负荷变化时，其中低压缸有较大的功率滞后，如果此时根据实发功率与给定功率信号作为控制依据，就能使高压调节阀比较快地开启或关闭，因而可消除中间容积滞后的影响，较好地进行动态过调。

（2）采用测功信号后当机组全甩负荷时，若同时切除给定功率信号，则汽轮机调节汽门很快关闭，汽轮机实发功率迅速降到零，实际转速与给定转速之差也迅速减到零，因而可减小汽轮机动态升速。

（3）启动方便。转速调节准确度可达到 1～2r/min，并可根据启动要求改变升速率；转速稳定，便于并网及实现自动。

（4）正常运行时负荷稳定，有较好的抗内扰能力，可较精确地按照机组静态特性参与一次调频。

（5）综合能力强，便于集中控制，易于实现机炉联合控制，为电站自动化及计算机控制创造了条件。

12 润滑油系统低油压保护装置的作用是什么？

答：在汽轮机运行中，为了保证轴承的正常工作，必须不间断地供给轴承一定压力和温度的润滑油。润滑油压如果降低，不仅可能造成轴瓦损坏，而且可能引起动、静部件碰撞磨损的恶性事故。所以，润滑油系统必须装有低油压保护装置，以便在油压降低时能够依次发出报警信号、启动辅助油泵、汽轮机跳闸停机及停止盘车装置，保证汽轮机不受损坏。

13 再热式机组的调速系统有哪些特点？

答：再热式机组的调速系统有以下主要特点：

（1）再热式机组除了高压部分有自动主蒸汽门和调速汽门外，中压部分也装有截止阀和调节阀。

（2）为了提高机组负荷的适应能力，调节系统装有动态校正器。

（3）为了防止机组超速和改善调速系统的静态特性，调速系统中均采用加速器。

（4）再热式机组多采用功率-频率电液调节或纯电液调节方式。

14 为什么中间再热式机组要设有旁路系统？

答：为了解决再热机组与锅炉最小负荷不一致，防止甩负荷时汽轮机超速，保护锅炉的过热器、再热器，以及在启动和低负荷时能维持锅炉稳定运行，所以中间再热机组要设有旁路系统。

15 为什么中间再热机组要设置中压自动主蒸汽门和中压调速汽门？

答：为了解决再热器对机组甩负荷的影响，防止汽轮机在甩负荷时超速，所以中间再热机组均在中压缸前加装了中压自动主蒸汽门和中压调速汽门。当汽轮机转速升高至危急保安器动作时，中压自动主蒸汽门、调速汽门及高压自动主蒸汽门、调速汽门同时关闭，使高、中压缸的进汽同时切断，消除中间再热容积的影响。

16 自动主蒸汽门的作用是什么？对其有何要求？

答：自动主蒸汽门的作用是在汽轮机保护装置动作后，迅速切断汽轮机的进汽而停机，以保证设备不受损坏。

自动主蒸汽门应动作迅速，关闭严密，当汽门关闭后，汽轮机转速能迅速下降到1000r/min以下。从保护装置动作到自动主蒸汽门全关的时间应不大于0.5～0.8s，对大功率机组应不大于0.6s。

17 自动主蒸汽门由哪几部分组成？

答：自动主蒸汽门由下部的主蒸汽阀和上部的自动操纵座、油动机组成。操纵油动机主要由油动机油塞，操纵滑阀和活动小滑阀以及弹簧等组成。主蒸汽阀由阀壳、阀座、主蒸汽门阀碟、预启阀等组成。

18 中间再热机组为什么要采用功频电液调节？

答：由于液压调节系统仅有转速冲量，即使装置了动态校正器，仍不能消除汽压波动对机组功率特性的影响。所以，目前大功率机组多采用功率频率电液调节系统，当汽轮机在最小负荷时，部分蒸汽经由旁路系统排入凝汽器，从而确保了锅炉必需的最低流量。

19 调节抽汽式汽轮机的调节系统有何特点？

答：调节抽汽式汽轮机有两种：一种是一次调节抽汽式；另一种是两次调节抽汽式。抽汽供热机组同时满足热、电两种负荷的需要，其调节系统接受两个（或三个）脉冲信号，一个是汽轮机的转速，一个是抽汽压力（二段调整抽汽机组有两个压力脉冲）。调速器为转速敏感元件，接受转速变化信号而起作用；调压器为压力敏感元件，接受压力变化信号而起作用。它们是通过油动机来控制高、中、低压调速汽门（或回转隔板），使转速和压力维持在所需要的范围之内。

20 为什么调速系统只能采用有差调节而不能采用无差调节？

答：速度变动率越大，调节系统稳定性越好。反之，则越差。可以这样设想，若速度变动率为零，则调节系统的静态特性曲线成了一根水平线，功率与转速无确定关系，机组便无法稳定工作。这样如果电网的频率稍微有变化，机组的功率就会发生大幅度改变，使机组无法控制。对凝汽式机组，一般速度变动率减小到2%以下时，就不稳定了。因此，在考虑一定的稳定储备以后，通常速度变动率不宜小于3%，这也说明汽轮机的调速系统只能采用有差调节而不能采用无差调节。

21 何谓一次调频？何谓二次调频？

答：在电网的频率变化被汽轮机调速器感受后机组人员即按其静态特性成比例地参加调频，以较快的速度来迅速承担掉电网变化负荷的一部分，但是这部分负荷变化的幅度是不大的，这就是一次调频。

为了使电网频率恢复到给定值（50Hz），则由自动调频控制装置来调整机组的功率，这就是二次调频。

22 并列机组间负荷是如何分配的？

答：当机组并列在电网中运行时，外界负荷改变将使电网频率发生变化，从而引起电网中各机组均自动地按照其静态特性，承担一定的负荷变化，以减少电网频率的改变，这就是平时所说的一次调频。例如，有两台机组并列于电网中运行，如图 5-3 所示。其中 1 号机组的速度变动率为 δ_1，2 号机组的速度变动率为 δ_2，且 $\delta_1 > \delta_2$。当外界负荷增加 ΔP 时，电网频率降低，汽轮机转速相应降低 Δn，两台机组的负荷都按照本身调节系统的静态特性曲线动作，分别增加功率 ΔP_1 和 ΔP_2，且 $\Delta P_1 + \Delta P_2 = \Delta P$。由图 5-3 可知，$\Delta P_2 > \Delta P_1$。这说明当外界负荷变化时，并列运行机组的速度变动率越大，分配给该机组的负荷变化量越小。反之，则越大。因此带基本负荷的机组，其速度变动率应选大些，使电网频率改变时负荷变化较小，即减小参加一次调频的作用，使之近似保持基本负荷不变，一般 δ 取 4%～6%；而带尖峰负荷的调频机组，其速度变动率应选小些，一般 δ 取 3%～4%。目前由于电网容量日益增大，为使机组能参加一次调频，故速度变动率不宜选得过大。

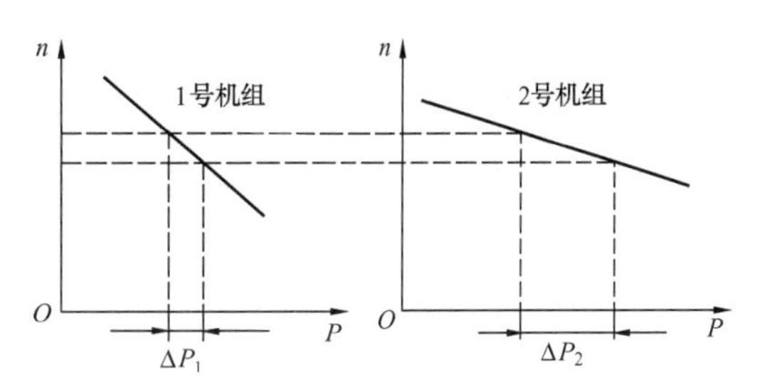

图 5-3　并列运行机组间负荷分配

23 供热式机组的调速系统应满足哪些要求？

答：除满足凝汽式机组调速系统的要求外，尚须满足下列要求：

（1）汽轮机调速系统应是牵连性调节，并满足自调节的要求。

（2）调节系统应允许该机组能和其他机组并列运行。

（3）无论在凝汽工况或抽汽工况运行，当骤然甩掉全部负荷时，汽轮机转速应都能控制在允许的范围内，且各汽阀动作灵活、关闭严密。

（4）在抽汽管道中，抽汽室和截门之间应设有安全门，抽汽管道上应装有抽汽止回阀。

24 再热机组的调速系统应满足哪些要求？

答：除必须满足凝汽式机组调速系统的要求外，尚须满足下列要求：

（1）在再热容积使机组功率滞后的条件下，当外界负荷变化时，要求机组应具有一次调频能力，故必须在中压缸前装设自动主蒸汽门和调速汽门，用以切断再热蒸汽进入中低压缸。

（2）保证汽轮机在启动低负荷时，再热器不被烧坏，故必须有一定的流量进行冷却。

（3）机、炉之间互相配合，应满足各种运行方式（如启动、空载、低负荷及甩负荷等）的要求。

25 为什么要在各轴承的进油口前装设节流孔板？

答：装设节流孔板的目的是使流经各轴承的油量与各轴承由于摩擦所产生的热量成正比，合理地分配油量，以保持各轴承润滑油的温升一致。

26 为什么大功率机组需要设有低真空保护装置？

答：汽轮机排汽真空值的降低，不但使汽轮机的出力减小和经济性下降，而且易造成机组轴向推力增大、排汽温度升高及机组振动增大等威胁机组安全运行的异常事故。所以，大功率机组都设有低真空保护装置，真空下降到某规定值时发出报警信号，连续下降至允许的极限值时保护动作，关闭自动主蒸汽门、调汽门，实现机组停机。

27 低压主汽阀油动机的作用是什么？

答：低压主汽阀油动机是系统的执行机构，接受 MEH 控制完成阀门的开启和关闭，为开关控制型。其作用是：在危急情况下，可接受遮断系统的指令，快速关闭，遮断机组进汽。

28 低压调节阀油动机作用是什么？

答：低压调节阀油动机是系统的执行机构，接受 MEH 的信号完成阀门的控制，为连续控制型。其作用是：在危急情况下，可接受遮断系统的指令，快速关闭，遮断机组进汽。

第二节 汽轮机调节系统的检修

1 液压元件检修的特点是什么？

答：液动元件工作质量的好坏，直接影响调节、保安系统的安全、可靠性。所以其检修特点主要有以下几点：

（1）凡能改变调节系统特性的部件（如弹簧紧度调整螺栓、垫片、连杆等）的尺寸和相对位置，拆装时必须进行测量，做好详细的记录。

（2）解体时，必须测量和记录每个部件的间隙和必要的尺寸，如错油门阀芯间隙、过封度、行程等，以及油动机活塞间隙、行程、调节汽门行程、调节汽门门杆间隙、弯曲度等。

（3）拆下的零件应分别放置在专用的零件箱内，对于精密零件应特别注意保护，并用干净的白布包住，拿取时应防止碰撞、损坏。

（4）滑阀、活塞、活塞杆、活塞环、套筒及弹簧等部件应仔细进行检查，无锈蚀、裂纹、毛刺等缺陷；滑阀凸肩应保持完整，无卷边、毛刺等。

（5）滑阀、活塞上的排气孔、节流孔应清理干净，以免堵塞油路，影响正常工作。

（6）滑阀、套筒、活塞、活塞杆及外壳体的凹窝、油室、孔口等应用汽油仔细地清洗，用白布擦拭，并用面团黏净。

（7）复装滑阀及活塞时，应在滑阀、活塞及活塞杆等滑动部位浇以汽轮机油，各滑动及转动部分应灵活，无卡涩或松旷现象，全行程动作灵活、准确。

2 调速系统各部件通用的检修基本要求是什么？

答：调速系统各部件通用的检修基本要求是：

（1）滑阀、活塞及活塞杆应无锈蚀、卡涩现象，对轻度磨损应查明原因后，用细砂布或细油石磨光表面；若磨损较重，则查明原因后更换备件。

（2）各部弹簧应无锈蚀、裂纹，如有裂纹及断裂情况，应更换备件。

（3）活塞环应灵活无卡涩、无裂纹等缺陷，安装时两个活塞环的接口应错开 180°。

（4）滑阀、活塞及活塞杆等解体后，应放置妥当的地方，并使用清洁、柔软的材料包裹和覆盖，以防碰撞损伤。

（5）测量滑阀、活塞的行程及过封度、油口开度，应准确地符合图纸或检修规程的要求。

（6）滑阀套筒、活塞、活塞杆、活塞缸室及外壳体等的洼窝、油室、孔口等，应用煤油仔细地清洗，用白布擦拭，并用白面团黏净，最后用压缩空气吹干。

（7）复装滑阀及活塞时，应在滑阀、活塞及活塞杆等滑动部分表面浇以清洁的汽轮机油，各配合部件应灵活。

（8）一般不取出紧力过大配合的套筒及缸室；若必须解体时，应制定妥当措施，备好专用工具，不允许直接用锤击打套筒及缸室，拆前应标好套筒和油室相对位置的记号。

（9）测量错油门过封度时，可将错油门芯子装于套筒内，端部加上一块千分表，使错油门芯子端面与套筒端面齐平，然后移动错油门芯子，从进油口中观察错油门芯子油口开度情况；当油口开始开启时，记下千分表读数，再反方向移动错油门；当错油门端面与套筒端面齐平时，记下千分表读数，计算出两次千分表读数的变化值即为错油门的过封度。观察开启情况时，可用手电筒及小灯泡。把手电筒和小灯泡放入错油门内，移动错油门时见到微光即为开启。一般进油口过封度为 0.30～0.35mm，出油口过封度为 0.20～0.30mm。

（10）所有滑阀套筒、活塞、活塞环、活塞杆、缸室外壳及其他部件均应进行仔细的检查，确保无裂纹、无毛刺等缺陷，尤其是错油门的凸肩肋应保持完整、无卷边、无毛刺。

（11）各油路应畅通，尤其是排气孔及节流孔，因其直径比较小，稍有脏物就会发生堵塞，影响正常工作。

（12）各油室、缸室、阀室、阀室上盖法兰，接合面的垫料，按拆卸时原有规格装配，在确保各技术要求准确无误的情况下保证严密性，尤其是有关影响到行程等重要技术参数的垫片更应准确测量，准确记录和保存，在复装时应进行校核。

（13）活塞环应进行自由张开度的测量，其数值应满足 $S=(3\sim4)t$（式中 S 为自由张开间隙，t 为活塞环宽度）。

3 常见的伺服油动机有哪几种形式？

答：常见的伺服油动机的形式有以下三种：

（1）断流式双面进油伺服油动机。

（2）断流式单面进油伺服油动机。

（3）旋转活塞式伺服油动机。

4 传动放大机构的作用是什么？

答：传动放大机构的作用是把调速器或调压器发出的位移和油压等变化信号值进行转换，传递与放大，变成强大的力矩，去控制调速汽门的开度。

5 传动放大机构可分为哪几种？

答：传动放大机构按照作用来分，可以分成信号放大与功率放大两种。根据原理与特性来分又可以分成断流式和贯流两种。

6 断流式传动放大机构的特点是什么？

答：断流式传动放大机构的特点是：

(1) 它的滑阀在稳定工况下，去油动机活塞上下的压力油口处于关闭位置，无经常性耗油。

(2) 断流式传动放大机构，其油动机工作能力很大，出力很大。

(3) 断流式传动放大机构自定位能力很强，具有断流式传动放大机构的调节系统，利用反馈杠杆实现了油动机对滑阀的反馈作用，加强了调节系统的稳定性。

(4) 断流式传动放大机构适用于直接带动调速汽门。

7 简述贯流式传动放大机构的特点。

答：贯流式传动放大机构的特点有：

(1) 贯流式传动放大机构的贯流式滑阀，其泄油口即使在稳定工况下也总有油泄出。

(2) 贯流式传动放大机构的油动机工作能力较小。

(3) 贯流式传动放大机构中，油动机只靠自身弹簧起着反馈作用，油动机与滑阀间无直接联系，所以贯流式放大机构自定位移能力很差，一般用作信号放大，适于用作中间放大器机构。

(4) 贯流式放大机构可以很方便地用液压系统传递综合信号，调节系统便于布置和远距离操作。

(5) 贯流式放大机构还可以做到多个控制信号同时控制，只要其中任一个信号发生变化，就可使油动机按预定要求动作。

8 何谓传动放大机构？

答：由于转速感受机构输出的信号变化幅度和能量都较小，在现代汽轮机中一般都需经一些中间环节将其幅度和能量放大，再去控制执行机构。这些中间环节统称传动放大机构。

9 传动放大机构的组成部分主要有哪些？

答：传动放大机构的组成部分主要由前级节流传动放大装置（如压力变换器、随动滑阀等）和最终提升调速汽门的断流放大装置（如错油门、油动机以及反馈装置等）组成。

10 油动机的作用是什么？按运动方式其可分为哪几种？

答：油动机是传动放大机构的最后一级放大，压力油作用在油动机活塞上，可以获得很大的力来提升调速汽门，控制汽轮机的进汽量。

油动机从运动方式可分为往复式和旋转式两种，其中往复式油动机又可分为双侧进油和单侧进油两种。

11 油动机活塞上都装有活塞环，其作用是什么？

答：油动机活塞上下移动灵活，防止发生卡涩，活塞与油缸之间的配合间隙较大，但活塞的上下腔室间又不能漏油，为此在活塞的环形槽内装设弹性活塞环，弹性力使活塞环的外表面始终与油缸内壁接触，有效地防止了漏油。

12 油动机缓冲装置的作用是什么？

答：为了避免油动机活塞在高速关闭时冲击缸底，装设了缓冲装置，将油动机活塞下腔室的进排油口开在距油缸底部一定距离的高度上（6～7mm），油口下部腔室就形成了缓冲室，当活塞下行到逐渐关闭油口时，排油量逐渐减小，活塞下面腔室油压增高，活塞的运动速度降低，起到液压缓冲作用。此外，在油动机壳体底部还装有止块和弹簧圈，来减轻撞击。

13 单侧进油往复式油动机有什么优缺点？

答：单侧进油往复式油动机关闭调速汽门是依靠弹簧力，这不仅保证在失去油压时仍能关闭调速汽门，而且大大减少了机组甩负荷时用油量。

单侧进油往复式油动机的缺点是相对双侧进油式油动机而言，提升力较小，因在提升阀门时，高压油的作用力有一部分要用来克服弹簧力。

14 双侧进油式油动机有什么优缺点？

答：双侧进油式油动机提升力较大，工作稳定，基本上不受外界作用力的影响，动作迅速，应用很广。

缺点是在油泵发生故障，油管破裂等特殊情况下失去压力时，便不能使调节汽阀关闭，将会造成严重后果。此外，为了使油动机动作获得较大的速度，需要在很短的时间内补充大量的油。因此，主油泵的容量需很大。但正常工作时，油动机并不需要这样大的流量，很多油经过溢流阀回到油箱里去了，造成功率的浪费。为了克服此缺点，可将油动机的排油接入主油泵入口油管路中。

15 何谓油动机的提升力倍数？

答：为了保证调节阀门顺利开启，油动机的最大提升力应比开启调节阀门所需克服的最大蒸汽作用力大，其富余量用提升力倍数来表示。油动机的提升力倍数=(油动机的提升力×杠杆比例系数)/(开启阀门所需的最大力)。一般要求提升倍数为2～4倍，以确保阀门的顺利开启。

16 何谓油动机的时间常数？

答：油动机的时间常数就是反映油动机性能的一个重要技术指标，它是在滑阀油口开启度为最大时，油动机最大进油量条件下走完整个工作行程所需的时间，大功率汽轮机的油动机时间常数通常为 0.1～0.25s。

17 简述油动机的检修工艺和质量标准。

答：油动机的检修工艺和质量标准要求如下：

(1) 解体前做好各零部件的相对记号，对可调整的零部件应做好定位测量，同时记好反馈错油门调整母的位置。

(2) 对各杠杆、拐臂的方向做好记号，轴承上打上字号。

(3) 油动机解体后零件用煤油清洗干净，清洗时用绸布擦，严禁用棉纱，然后用面团黏净。

(4) 检查活塞杆无严重磨损、光滑无毛刺，如有轻微磨损和毛刺，用油石和水砂纸打磨光滑。

(5) 活塞环应无裂纹、腐蚀和磨损，动作灵活，弹性好。

(6) 测量活塞与套、活塞杆与套之间的间隙，应符合要求。

(7) 各滚珠、滚针轴承用煤油清洗干净，抹好黄油、珠子完整，跑道光滑，动作灵活，弹簧弹性良好，无裂纹和永久变形。

(8) 组装时，活塞杆、活塞及外套都喷油，活塞环的开口相差 120°～180°；结合面如有垫应保持原来厚度。

(9) 活塞杆套和反馈油门的密封一般采用油麻填料，注意不要压得太紧，否则会增加迟缓。

18 在调速汽门传动装置的检修中，应进行哪些检查、测试和修复工作？

答：对凸轮操纵机构检修，检修前应测量凸轮间隙及凸轮与轴承之间的相对位置，并做好记录。齿条和齿轮在冷态零位的啮合应做好位置记录。检查滚珠或滚珠轴承框架是否完好，转动是否灵活，珠子是否缺损，注意轴承座对轴承外座圈不应有紧力，因轴承工作在高温区应留有膨胀的余地。轴承应涂二硫化铜等干式润滑油，以保持润滑。检查齿轮架的铜瓦有无磨损，如磨损严重应换新瓦。

19 怎样调整凸轮和滚轮的间隙？间隙大小应如何考虑？

答：对凸轮与滚轮的间隙每次大修后在冷态下调整好，调整的方法如下：用撬棍撬起滚轮的以不压缩弹簧为限，用塞尺测量滚轮与凸轮之间的间隙，如需进行调整，可松紧连接杠杆的反正扣调整螺母，或调速汽门弹簧上部压紧螺杆的调整螺母，直至合适为止。

间隙的大小应考虑汽轮机在热状态下时热膨胀的影响，以保证调速汽门在热态下能关严，但间隙不应留得过大，否则增加油动机的关闭行程，影响汽轮机的动态特性。

20 调速汽门检修中应进行哪些检查和测试工作？

答：调速汽门检修中应进行的检查和测试工作为：

(1) 用直观和放大镜检查蒸汽室的内壁有无裂纹。

(2) 检查阀座与蒸汽室的装配有无松动。

(3) 测量门杆与门杆套之间的间隙，应符合规定。

(4) 检查门杆弯曲度，清理污垢及氧化皮打磨光滑。

(5) 有减压阀的调速汽门应检查减压阀的行程、门杆空行程、密封面的接触情况，以及销钉的磨损程度。

(6) 检查门杆套密封环与槽的磨损情况，装复时，注意对正泄气口。

(7) 检查门盖结合面的密封情况有无氧化皮。

21 简述更换波纹筒的方法和注意事项。

答：如有组合好的成套波纹筒备件时，只需核对下列有关尺寸，如波纹筒和杆的总长度，挡油传动头与弹簧压盘之间的距离、波纹筒的行程等，并经灌煤油和打压试验不漏即可组装。如需换新波纹筒时，在取下旧波纹筒之前，应在连接波纹筒的上下端盖做好相对位置的记号，以防组装时错位，然后用电炉将端盖加热，待焊锡融化后，取下旧波纹筒。新波纹筒的尺寸应与旧的相同，尺寸核对好后可以焊接。先将连接波纹筒的两个端盖的焊槽和波纹筒两端清理干净，在波纹筒两端内外壁及两端盖焊槽内表面涂好焊剂，将一个端盖放在电炉加热，焊锡放入槽内，待焊锡融化后将波纹筒装入槽子内，待焊锡凝固即可；然后再将另一个端盖焊好，装波纹筒时要对正，中心线端盖垂直。焊好后再灌煤油找漏，测量焊好后尺寸，一切合格后可按原位装回。

22 简述错油门的检修工艺要求和质量标准。

答：错油门解体前应做好相对位置的记号，测量好定位尺寸，测量行程，并做好记录。一般清理时，错油门套筒不需要拔出，只有当发生问题时才将套筒取出。

解体时应做好如下工作：

(1) 套筒与外壳的配合多采用过渡配合或动配合，因此在拆装套筒时不要歪斜，应对称敲打，用专用工具拆装。

(2) 拆下的部件用煤油洗净，再用面团黏净。

(3) 仔细检查错油门，应光滑无腐蚀、擦伤和毛刺，如有磨损和毛刺应用油石和水砂纸磨光。

(4) 各油室孔眼用压缩空气吹扫，用白布擦净，用面团黏净。

(5) 测量各部间隙，应符合要求，并做好记录。

(6) 各部套检修完毕后，经验收后方可进行组装。组装时错油门和套筒内部都要喷油，以防擦伤。

(7) 组装时结合面垫片厚度与拆前相同，无垫时涂一层薄涂料，注意涂料不能洒过多，以防流入错油门内。

(8) 紧螺栓时要对称紧，错油门应动作灵活。

23 简述旋转阻尼式调速器的检修工艺和质量标准。

答：一般情况下不拆卸阻尼管，如有损坏或其他原因时，可更换阻尼管。汽轮机转子吊出后及时用白布包好阻尼体和主油泵叶轮，检查各阻尼管是否封牢，不可松动。测量阻尼体各部间隙符合要求，一般情况下油封径向间隙：$A=0.03\sim0.13$mm，油封环轴向间隙 $B=0.012\sim0.025$mm，两侧油挡间隙 $C=0.05\sim0.13$mm，测量阻尼体晃度不大于 $0.03\sim0.05$mm，检查浮动阀密封环处小轴有无磨损，应光滑。

24 油动机活塞上的胀圈有何作用？其检修要求是什么？

答：活塞与油动机外壳之间间隙较大，为了保证油动机活塞动作灵活及防止间隙过大造成漏油，通常在活塞上装有密封环（即胀圈）。

检修时，应检查胀圈弹性是否良好、灵活，无卡涩。应保证胀圈无锈垢、腐蚀、裂纹等，相邻胀圈的开口应相互错开一定的角度。

25 提高在装冷油器换热效率的主要途径有哪些？

答：提高换热效率的办法很多，但对于已投入运行的冷油器很多因素已固定，在此情况下，有以下几种途径：

（1）经常保持冷却水管的清洁无垢、不堵，要对铜管进行定期清洗。

（2）保证检修质量，尽量缩小隔板与外壳的间隙，减少油的短路，保持油侧清洗无油垢。

（3）在可能的情况下，尽量提高油的流速。

（4）尽量排净水侧的空气。

26 简述冷油器的检修工序。

答：冷油器的检修工序如下：

（1）在检修前打开放油门，将冷油器内的油全部放掉，放净后松开出、入口法兰螺栓及壳体与下部水室的连接螺栓，吊下上水室端盖。

（2）起吊前，下部水室的连接螺栓应予留两条，以防冷油器倾倒。冷油器起吊过程中要有专人指挥，相互配合，平稳起吊，放到指定检修场地。

（3）拆掉上水室、掏出盘根，吊起外壳，放到指定的场地，外壳起吊前要做好外壳与下管板相对位置记号。

（4）冷油器芯子水平放置，用高压水枪冲洗铜管内部，或用带刷子的捅杆捅洗。

（5）水侧清洗完后，将芯子放入专门的清洗槽内，配合化学进行油侧的清洗工作。

（6）油侧清洗干净后，用凝结水冲净，再用压缩空气吹干。

（7）验收合格后进行回装。

（8）冷油器进行耐油试验，合格后就位。

27 冷油器换铜管的工艺要求是什么？

答：冷油器换铜管的工艺要求是：

（1）将检查合格后的铜管按冷油器的尺寸下料，铜管要比管板长出4～5mm，铜管两端除去毛刺，将胀管部分打磨光滑，在两端约50mm处进行回火处理。

（2）选用专用半圆三角錾子剔除，剔时注意不要损伤管板，剔光铜管头，抽出旧管后将管板管孔清理干净，用细砂布打磨光洁，用布擦掉粉尘。

（3）管板和铜管都准备好后，可以穿入新铜管。注意检查新铜管两端的外露部分应相等，管板孔径比铜管直径略大于0.5mm，不宜过大或过小。铜管穿好后可用胀管器胀口，胀管时力量、速度不宜过大或过小，胀管长度应为管板厚度的2/3，不可大于管板的厚度，胀完后两端用冲子翻边。

（4）换铜管时要一半一半地换，拆一半换好后再拆一半。

28 为什么不允许将油系统中阀门的门杆垂直安装？

答：油系统担任着向调速系统和润滑系统供油的任务，而供油一不能有任何瞬间的中断，否则会造成损坏设备的严重事故。阀门经常操作，可能会发生掉门芯事故。如果运行中阀门掉门芯，而阀门又是垂直安装的，可能造成油系统断油，烧毁轴瓦，最终导致汽轮机损坏的严重事故。所以，油系统中的阀门一般都水平安装或倒置。

29 主油箱为什么要装放水管？放水管为什么要安装在油箱底部？

答：汽轮机在正常运行中，由于某种原因可能使油中进水，如轴封压力调整不当、轴封间隙过大等。水刚进到油中并不能和油混合为一体，同时由于油和水的密度不同，会慢慢分离开来，水的密度比油大而沉积在油箱底部，所以放水门必须装在油箱底部，在运行中定期放水。

30 油循环的方法是什么？在油循环中应注意什么？

答：油循环的方法是在冷油器出口的油管道上加装临时滤网（油篦子），开启润滑油泵进行油循环，冲洗系统。

在油循环过程中，应注意临时滤网前后压差和油箱滤网前后油位差。如果滤网前后压差太大，就要停止油循环，清理滤网，以防压差过大将铜丝网顶破，碎铜丝进入轴瓦中；如果拆下滤网发现铜丝网已经被顶破且残缺不全，必须揭瓦检查、清理。如发现油箱滤网前后油位差太大，必须清理滤网，然后进行滤油至油质合格。循环倍率是影响油使用期限的一个重要因素。汽轮机的油箱容积越小，则循环倍率越大。每千克油在单位时间内从轴承中吸入的热量越多，油质越容易恶化。循环倍率一般不应超过 8～10。

31 一般密封油系统回油管直径较大但回油不多，这是为什么？

答：密封瓦的回油（特别是氢气侧回油）和氢气接触，油内含氢量较大。当油回到油管时，由于空间较大，使一部分氢气分离出来，这部分氢气可沿油管路的上部空间回到发电机内部去，回油管直径较大的目的就在于此。

32 密封油系统 U 型管的作用是什么？

答：氢冷发电机密封油的回油一般要经油氢分离箱、油封筒回到主油箱的，但油封筒发生事故时也可以通过 U 型管回主油箱，这时 U 型管起密封的作用，以免发电机的氢气被压入油箱。但此时必须注意，氢气压力的高低，不能超过 U 型管的密封能力。

33 油系统大修后为什么要进行油循环？

答：因为在大修中所有调速部件、轴瓦、油管均解体检修，各油室、前箱盖均打开，在检修中难免落入杂物，在组装和扣盖时虽然经清理检查，也难免遗留微小杂物在里面，这对调速系统、轴承的正常运行都是十分有害的，是不允许的。油循环就是要在开机前用油将系统彻底清洗，去掉一切杂物，同时有临时油滤网将油中杂质滤去确保油质良好，系统清洁，提高在装冷油器的换热。

第三节　汽轮机保安系统的检修

1 自动主蒸汽门的作用是什么？其组成部分有哪些？

答：自动主蒸汽门的作用是当机组发生事故时，快速切断汽轮机的新蒸汽供给，强迫停机，以保证设备不受到损坏。它由上部的自动操纵座和下部的主蒸汽阀组成。操纵座主要由油动机活塞、操纵滑阀、活动小滑阀及弹簧组成。主蒸汽阀由阀壳、阀座、主蒸汽门阀碟及预启阀等部件组成。

2 自动主蒸汽门在何种情况下应自动关闭？

答：自动主蒸汽门在下列情况下应自动关闭：

（1）汽轮机的所有保护系统中的任何一项动作。

（2）手动危急保安器动作。

（3）电气油开关跳闸。

3 汽轮机组对自动主蒸汽门的要求是什么？

答：自动主蒸汽门的作用是在汽轮机保护装置动作后，迅速切断汽轮机的进汽而停机。因此，要求自动主蒸汽门应动作迅速、关闭严密，从保护动作到自动主蒸汽门全关时间应不超过0.5～0.8s；对大功率的机组应不超过0.6s；并在调速汽门全开的条件下，自动主蒸汽门全关后，机组转速应能降到规定的转速要求以下。

4 检修自动主蒸汽门时应进行哪些检查、测量及修复工作？

答：检修自动主蒸汽门时应进行的检查、测量及修复工作为：

（1）检查、测量阀门的全行程、减压阀的行程及门杆空行程，都需要符合规定要求。

（2）运用内外径千分尺或卡尺、卡钳测量门杆与门套的配合间隙；对单座阀应测量减压阀导向部分的径向间隙，要符合制造厂要求。

（3）测量门杆的弯曲度，在最大行程内应符合规定要求值。

（4）检查自动主蒸汽门门座是否松动。带减压阀的单座门，应检查主门芯和减压阀两个密封面接触情况，应无麻点和沟痕。

（5）检查自动主蒸汽门的过滤网是否完整，是否被蒸汽吹坏或撕裂等。

（6）检查自动主蒸汽门壳体有无裂纹，并对自动主蒸汽门的螺栓进行探伤检查。

5 简述检修自动主蒸汽门的注意事项。

答：检修自动主蒸汽门应注意事项为：

（1）拆上盖时，一定要先换上两条长螺栓，紧固好后再拆其余螺栓，最后用长螺栓松弛弹簧张力，以防伤人。

（2）上盖结合面的垫片应保持原有厚度，以保持行程不变。

（3）安装弹簧时要放正，并准确地装入弹簧槽内。

（4）回装上盖时，要先用两条对称的长螺栓，均匀地将弹簧压紧，使上盖子口对正入槽。

(5) 装齐螺栓，对称拧紧，最后换下两条长螺栓。

6 简述自动主蒸汽门操纵座的检修工艺。

答：各零件、油室用煤油清洗干净，除去油污和锈垢，油室用压缩空气吹干净，最后用面团黏过。拆下的零件放在专用的油盘内保管好，滑阀不可碰撞，以免损坏凸肩棱角；清洗时用绸布，不可用易掉纤维的棉纱。仔细检查弹簧应无裂纹、磨损和锈蚀；活塞环应光滑无毛刺和磨损，有沟痕可用天然油石打磨光滑。

7 简述自动主蒸汽门操纵座的拆装顺序和检修方法。

答：自动主蒸汽门操纵座的拆装顺序和检修方法为：

(1) 首先拆下与自动主蒸汽门操纵座相连的油管，拆开横梁与门杆连接的花母，拆掉底座螺栓，拔出销钉，将操纵座吊至检修场地。注意在起吊之前要留两条螺栓不要拆下，以防操纵座倾倒。

(2) 解体自动主蒸汽门操纵座。在解体前要做好记号，如上横担的方向，两侧螺母，垫圈、上盖的相对位置，拆开与错油门相连的杠杆。

(3) 拆上盖时先对称拆开两条螺栓，换上两条长螺栓，并将螺母拧紧。将其余螺栓全部拆下，然后对称缓慢松开螺栓的螺母，待弹簧全部松弛后，再取下上盖。

(4) 吊出大小弹簧和活塞。

(5) 解体自动主蒸汽门滑阀、松开上盖螺栓，拔下销钉，取下上盖和大小弹簧，取出滑阀。

(6) 清理检查各零件、油室，测量各部间隙、行程，并做好记录。

(7) 清理检修验收后，按原位装回。

8 手动危急遮断器的作用是什么？

答：手动危急遮断器的作用如下：

(1) 在机组启动前试验自动主蒸汽门、调速汽门。

(2) 试验危急遮断器油门动作是否灵活、迅速；在进行超速试验前必须先进行手动危急遮断器试验，合格后方可进行超速试验。

(3) 当机组运行中某项参数或指标超出规程要求而必须紧急停机时，可以使用手动危急遮断器。

(4) 当机组发生故障或危及设备及人身安全时，可以使用手动危急遮断器。

(5) 在正常停机减负荷到零，发电机解列后，手动危急遮断器停机。

9 简述自动主蒸汽门操纵座的检修质量标准。

答：自动主蒸汽门操纵座的检修质量标准为：

(1) 大活塞应无严重磨损，光滑无毛刺；胀圈无裂纹、磨损和锈蚀，且灵活不卡涩、有弹性；相邻胀圈之间要错位120°～180°。

(2) 小滑阀要表面光滑无毛刺，无磨损和锈蚀，凸肩棱角光整无损伤。

(3) 各部件间隙、行程应符合规定要求，组装后灵活不卡涩。

(4) 各部件轴承清洗干净，涂好黄油，转动灵活。

10 检查自动主蒸汽门裂纹时，应着重检查哪些部位？

答：自动主蒸汽门裂纹多产生在主蒸汽入口管与壳体相连接的内壁、门体同导汽管相连接的内壁及门体底部内、外壁等处。这些部位大多为铸造应力大的转角部位、可能有铸造缺陷的部位、受机械应力大的部位或原制造厂补焊区，应着重对这些部位进行检查。

11 危急遮断器误动作的主要原因有哪些？

答：危急遮断器误动作的主要原因有：

(1) 前轴承箱振动太大。

(2) 安装危急保安器的轴晃动度较大。

(3) 飞锤（飞环）的弹簧压紧螺母自动松开。

(4) 危急遮断器弹簧失去弹性、弹簧损坏或弹簧锈蚀，使弹性降低。

(5) 杠杆搭扣深度不够或啮合角度不对，挂闸后容易脱落。

12 超速保护装置的作用是什么？它一般包括哪几部分？

答：汽轮机是高速转动的设备，转动部件的离心应力与转速的平方成正比，即转速增高时，离心应力也迅速增加。当汽轮机转速超过额定转速的20%时，离心应力接近于额定转速下应力的1.5倍，严重威胁汽轮机的安全运行，因此汽轮机组都设有超速保护装置。

超速保护装置一般包括两个危急保安器、多个危急遮断油门（也称危急保安器错油门）及电超速保护和附加保护等。

13 超速保护装置常见的缺陷有哪些？

答：超速保护装置常见的缺陷有以下几方面：

(1) 危急遮断器动作转速不符合要求。

(2) 危急遮断器不动作。

(3) 危急遮断器动作后，传动装置及危急遮断油门不动作。

(4) 危急遮断器误动作。

(5) 危急遮断器充油试验时不动作。

(6) 危急遮断器动作后不复位或保护装置挂不上闸等。

14 简述离心飞环式危急保安器的检修工艺要求。

答：离心飞环式危急保安器的检修工艺要求有：

(1) 拆下的零部件要用煤油清洗干净后，再用面团黏净。

(2) 如导向杆有磨损只可用天然油石打磨光滑，切不可用纱布或粗油石打磨。

(3) 各部间隙测量准确并做好记录。

15 简述离心飞环式危急保安器的检修注意事项。

答：离心飞环式危急保安器的检修注意事项有：

(1) 1号和2号危急保安器的零部件应做好记号，拆下后应分开放置。

（2）调整螺母应原位装好，用闭锁装置锁牢。

（3）横销回装时，左右要对称。

16 简述离心飞环式危急保安器的检修质量标准。

答：离心飞环式危急保安器的检修质量标准有：

（1）飞环及导向杆表面应光滑无沟痕、不卡涩。

（2）组装时严格按原位原尺寸装回。

（3）飞环泄油孔应畅通，不堵塞。

（4）导向杆与套的配合间隙，应符合图纸间原配合的要求。

（5）危急保安器的错油门就位后检查飞环与打板间隙，应符合图纸设计要求。

（6）飞环的最大行程应符合要求。

17 危急保安器的动作转速如何调整？应注意事项有哪些？

答：危急保安器大修后开机，必须进行超速试验，动作转速应为额定转速的110%～112%，如不符合要求就要进行调整，如动作转速偏高就要松调整螺母；如动作转速偏低，就要紧调整螺母。

调整螺母的角度，要视动作转速与额定转速整定值之差，按照厂家给定的调整螺母角度与转速变化曲线来确定，调整后超速试验应做两次，实际动作转速与定值之差不得超过0.6%。

第六章

汽轮机附属水泵

第一节　流体力学基本理论

1 流体的主要力学性质有哪些?

答：流体的主要力学性质有：惯性和重力特性、黏滞性、压缩性和热胀性、表面张力和毛细管现象。

2 流体的力学模型有哪些?

答：常见的力学模型有连续介质与非连续介质、理想流体与黏性流体、不可压缩流体和可压缩流体。

3 什么是流体静压力?静压强有什么特性?

答：处于静止状态下的流体，不仅对与其相接触的固定边壁有压力，而且在流体内部一部分流体对相邻的另一部分流体也有压力作用，这种作用在受压面整个面积上的压力称为流体静压力。

静压强有两个特性，流体静压强的方向与作用面垂直，并指向作用面；作用与流体中任一点静压强的大小在各个方向上均相等，与作用面的方位无关。

4 简述流体力学研究流体运动的主要方法。

答：描述流体运动的基本方法有拉格朗日法和欧拉法。

拉格朗日法是以流体中单个质点为研究对象，研究单个质点的运动轨迹、速度、压强等随时间的变化情况，而后将所有质点的运动情况综合起来，从而掌握整个流体的运动情况。

欧拉法是以充满流体质点的空间为对象，研究空间每一给定位置上流体质点的速度、压强等随时间的变化情况，整个流体的运动就是每一空间上流体质点运动的总和，欧拉法的着眼点不是流体的质点，而是固定空间的流体运动。

5 简述流体力学中能量损失的主要形式。

答：流体在运动过程中，由于黏滞性的存在及固体壁面对流体流动的阻滞与扰动而形成了流动阻力，阻力作功使一部分机械能转化为热能而散失。其中流体具有黏滞性是流体产生能量损失的根本内因；固体壁面对流体的阻滞作用是能量损失的外因。

根据流体的边界情况，将流动阻力和能量损失分为两种形式，一是沿程阻力损失；二是局部阻力损失。在边壁沿程不变的管段上，阻碍流体流动的阻力沿程基本不变，为克服沿程阻力而产生的能量损失称为沿程能量损失。在边界急剧变化的区域，阻力主要集中在该区域及其附近，为克服局部阻力而产生的能量损失称为局部能量损失。

第二节　离心水泵的基本原理和性能

1 离心泵的定义及工作原理是什么？

答：利用液体随叶轮旋转时产生的离心力来工作的水泵称为离心泵。

如图 6-1 所示，当离心泵的叶轮被电动机带动旋转时，充满于叶片之间的流体随同叶轮一起转动，在离心力的作用下从叶片间的槽道甩出，并由外壳上的出口排出，而流体的外流造成叶轮入口空间形成真空，外界流体在大气压作用下会自动吸进叶轮补充。由于离心泵不停地工作，将流体吸进压出，便形成了流体的连续流动，连续不断地将流体输送出去。

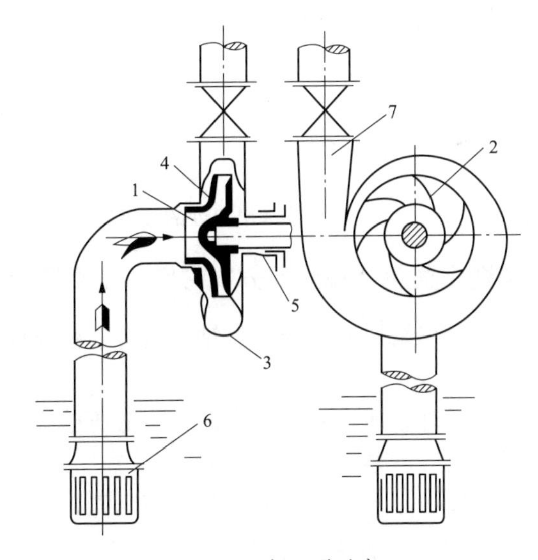

图 6-1　离心泵示意

1—叶轮；2—叶片；3—泵壳；4—泵轴；5—填料箱；6—底阀；7—扩散管

与其他种类的泵相比，离心泵具有构造简单、不易磨损、运行平稳、噪声小、出力均匀、调节方便及效率高等优点，因此得到了广泛应用。

2 水在叶轮中是如何运动的？

答：水在叶轮中进行着复合运动，即一方面它要顺着叶片工作面向外流动，另一方面还要跟着叶轮高速旋转。前一个运动称为相对运动，其速度称为相对速度，用 w 表示；后一个运动称为圆周运动，其速度称为圆周速度，用 u 表示。两种运动的合成，即是水在水泵内的绝对运动，其速度用 v 表示。

叶轮工作时，其半径上任一点液体的运动状态都可以通过上述三个速度的大小和方向表示出来，由这三个速度构成的图形称为速度三角形。研究水泵时，最重要的是了解叶轮入口处和出口处的液体流动情况，因此一般只需画出入口速度三角形和出口速度三角形，如图6-2所示。为了区别，入口速度旁加注角标“1”，出口速度旁加注角标“2”。

叶轮入口处，为了避免液体与叶片发生撞击引起冲击与涡流损失，应使液体较平稳地进入叶轮槽道。为此，就要合理地选用入口安置角 β_1，一般 $\beta_1=10°\sim40°$。

水顺着叶轮槽道最后被甩出去，甩出去的速度 v_2 常分解成两个相互垂直的分速度：一个是径向分速度，用 v_{2m} 表示；另一个是圆周分速度，用 v_{2u} 表示。绝对速度 v_2 由圆周速度 v_{2u} 和相对速度 u_2 合成。在圆周速度不变的情况下，改变叶片出口安装角 β_2，就可以获得不同情况下的出口速度三角形。出口安装角 β_2 对泵性能影响很大。

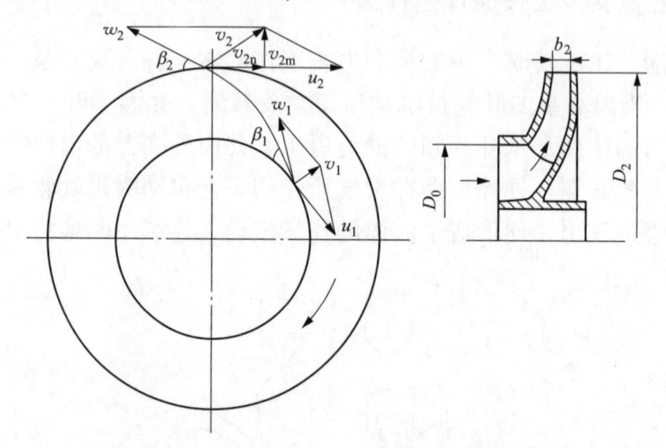

图 6-2　叶轮进口处和出口处的液流速度

3　离心泵的基本构造主要包括哪几部分？它们的作用是什么？

答：离心泵的基本构造主要包括泵壳、转子、轴封装置、密封环、轴承、泵座及轴向推力平衡装置等部分。

(1) 泵壳包括进水流道、导叶、压水室和出水流道。低压单级离心泵的泵壳多采用蜗壳形，高压多级泵多采用分段式泵壳并装有导叶。

泵壳的作用一方面是把叶轮给予流体的动能转化为压力能，另一方面是导流。

(2) 转子由叶轮、轴套、轴及联轴器等组成。

转子的作用是把原动机的机械能转变为流体的动能和压力能。

水泵的叶轮分为开式、半开式和封闭式三种，如图6-3所示。开式叶轮两侧均无盖板，

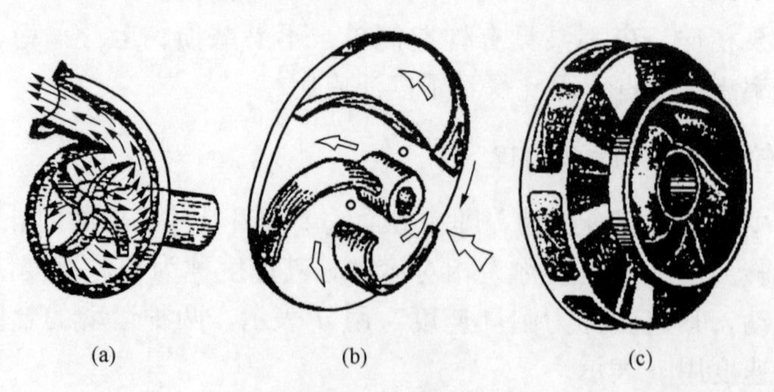

(a)　(b)　(c)

图 6-3　叶轮

(a) 开式；(b) 半开式；(c) 封闭式

半开式叶轮只有一侧盖板，而封闭式叶轮两侧均有盖板。封闭式叶轮泄漏少、效率高，应用最为广泛。当水中杂质较多时，可选用开式和半开式叶轮，这样不易卡住，但泵的效率较低。

(3) 在转子和泵壳之间需留有一定的间隙，所以在泵轴伸出泵壳的部位应加以密封。在水泵吸入端的轴封用来防止空气漏入；出水端的轴封用来防止高压水漏出。轴封装置包括有填料轴套、填料函和水封等。轴套是用来保护轴的，一方面它可防止液体对轴的腐蚀，另一方面是使轴不与填料产生摩擦。填料函亦称盘根筒，如图 6-4 所示。一般设置在轴伸出泵壳的地方，起着把外部与泵壳内部隔断，以减少泄漏量的作用。在中、低压水泵中，广泛采用压盖填料进行填塞的方法；在高压高速泵中，常采用机械密封的方法。

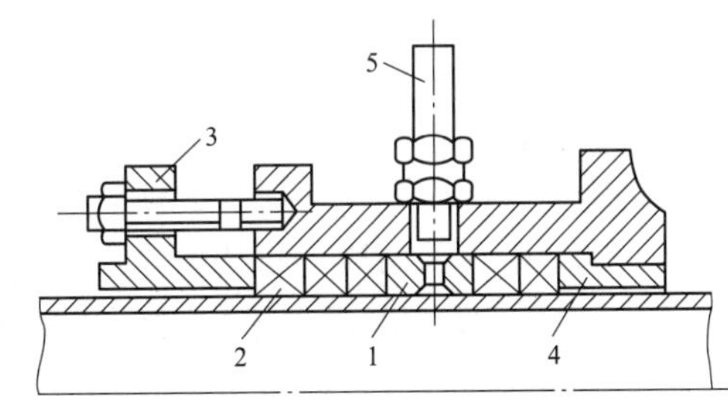

图 6-4　填料函

1—水封环；2—盘根；3—填料压盖；4—挡环；5—水封管

水泵水封的作用是把水封环加在填料函内，工作时水封环四周的小孔和凹槽处形成水环，从而阻止空气漏入泵内。

(4) 水泵密封环一般用青铜或铸铁制成。其作用是防止泵内高压水倒流回低压侧而使泵的效率降低。密封环装在叶轮进、出水侧的外缘与泵壳之间。安装水泵时，密封环的间隙应符合规定，过大会增加泄漏量，过小又易产生摩擦。图 6-5 和图 6-6 分别为密封环的种类和密封环的间隙。

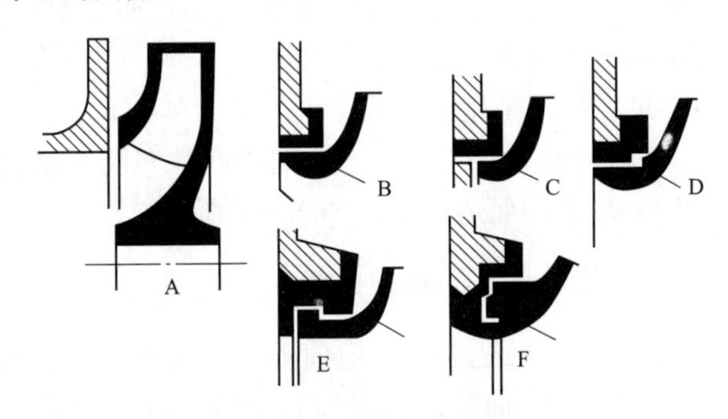

图 6-5　密封环的种类

A、B—平环；C、D—曲折环；E、F—复曲折环

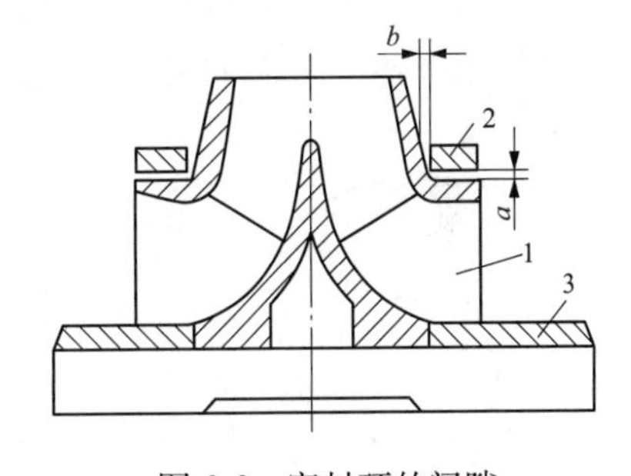

图 6-6　密封环的间隙

1—叶轮；2—密封环；3—轴套

(5) 水泵轴承的作用是用来支撑水泵转子的重力，以保证转子的平稳运转。常见的水泵轴承有滚动轴承和滑动轴承。中、小型水泵多用滚动轴承，转速高、转子重的水泵则用滑动轴承。滚动轴承可用润滑脂或润滑油来润滑；滑动轴承则靠润滑油形成油膜来润滑。

(6) 泵座用来承受水泵及其进、出口管件的全部重力，并保证水泵转动时的中心正确。泵座一般由铸铁制成，且与原动机的底座合为一体。

4 水泵密封环选用不锈钢或锡青铜制造的优缺点是什么？

答：选用不锈钢制造的密封环寿命较长，但对其加工及装配的质量要求很高，否则易于在运转中因配合间隙略小，轴弯曲度稍大而发生咬合的情况。若用锡青铜制造，则加工容易，成本低，也不易咬死，但其抗冲刷性能相对稍差一些。

5 水泵的六个主要性能参数指的是什么？

答：不论什么水泵，在工作时都具有一定的参数，通常在水泵的铭牌中给出，主要有：

（1）流量。即单位时间内水泵供出的液体数量，用字母 Q 来表示。

（2）扬程。即单位质量的液体通过水泵后所获得的能量，用字母 H 来表示。

（3）转速。即泵轴在每分钟内所转过的圈数，用字母 n 来表示。

（4）轴功率。即由原动机传给水泵泵轴上的功率，用字母 P 来表示。

（5）效率。即被输送的液体实际获得的功率与轴功率的比值，用字母 η 来表示。

（6）比转速。在设计制造水泵时，为了将具有各种各样流量、扬程的水泵进行比较，就将某一台泵的实际尺寸几何相似地缩小为标准泵，此标准泵应满足流量为 75L/s，扬程为 1m。此时标准泵的转速就是实际泵的比转速。比转速是从相似理论中引出来的一个综合性参数，它说明流量、扬程及转速之间的相互关系。

6 为什么现场中的离心泵叶片大都采用后弯曲式？

答：因为与其他型式叶片相比，后弯曲式叶片有以下优点：

（1）从压头性质来看，后曲式叶片的动压头在总水头中所占的比例较小，因而动压头在扩散部分变为静压头时伴随的能量损失也较小。

（2）从水泵消耗的功率来看，后曲式叶片的离心泵在流量与扬程变化时，功率变化较小，这样就给电动机提供了良好的工作条件。

（3）从叶轮内部损失来看，径向叶片和前曲式叶片槽道较短，扩散角和弯曲度都较大，因而增加了水力损失；而后弯曲式叶片则相反，此项损失较小。

正是基于上述三方面的考虑，所以离心泵叶片都采用后曲式。

后曲式叶片、径向叶片、前曲式叶片实际上是由出口安装角 β_2 不同而造成的，如图 6-7 所示。

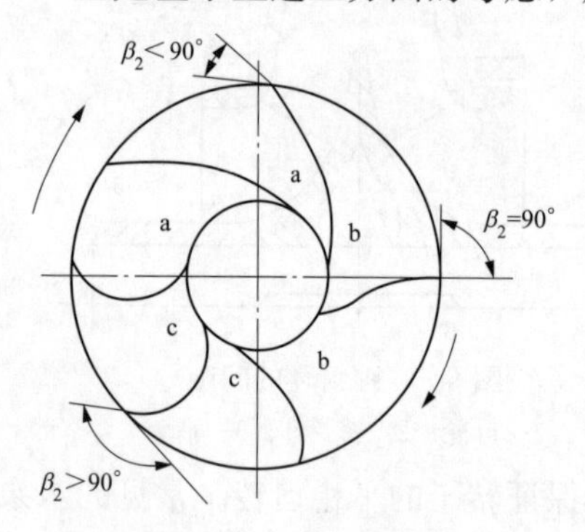

图 6-7　不同型式的叶片

a—后曲叶片；b—径向叶片；c—前曲叶片

7 何谓水泵的特性曲线？

答：在水泵转速为某一定值下，其扬程与流量的关系曲线（即 Q-H 曲线）就是特性曲线（Q-P 关系曲线和 Q-η 关系曲线也属于特性曲线）。

理论扬程与流量的关系是一条直线，在 $\beta_2<90°$ 的情况下，表现为一下降的线段。然而在实际中，水泵是有损失的，这些损失是：

（1）有限叶片的涡流损失。因为在实际中，叶片不可能是无限多的，因此水在叶轮槽道中流动时，靠工作面的液体受叶片推力大，而背工作面的液体受叶片推力小，于是产生涡流（在槽道内）。这时，扬程就比叶片无穷多时的小，如图 6-8 所示的中线段Ⅱ，即在 HT 上加以修正系数 K。

（2）水泵过流部件的摩擦阻力损失。在图 6-8 中以抛物线 1 表示，扣除后得到曲线Ⅲ。

（3）偏离设计点的冲击损失。在图 6-8 中以曲线 2 表示，扣除后得到曲线Ⅳ。

（4）容积损失。考虑容积损失后，特性曲线应向流量偏低的方向平移。平移后得到曲线Ⅴ，即为离心水泵实际的 Q-H 特性曲线。

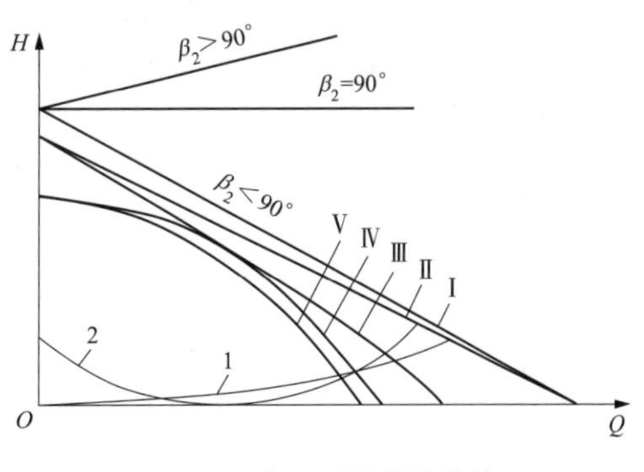

图 6-8　离心泵的特性曲线
1—摩擦损失；2—冲击损失

8 何谓汽蚀现象？如何防止汽蚀现象发生？

答：由于叶轮入口处压力低于工作水温的饱和压力，所以会引起一部分液体蒸发（汽化）。蒸发后，汽泡进入压力较高的区域时受压突然凝结，于是四周的液体就向此处补充，造成水力冲击，这种现象称为汽蚀现象。这个连续的局部冲击载荷，会使材料的表面逐渐疲劳损坏，引起金属表面剥蚀，进而出现大、小蜂窝状蚀洞。除了冲击引起金属部件的损坏外，还有化学腐蚀作用，也就是在上述作用的同时，液体也析出氧气，发生氧化作用。

汽蚀过程的不稳定，引起水泵发生振动和噪声，同时由于汽蚀时汽泡堵塞叶轮槽道，所以此时流量、扬程均降低，效率下降，因此不希望汽蚀现象发生。

为了防止汽蚀，在水泵的结构上可采用以下几种措施：

（1）采用双吸叶轮。

（2）增大叶轮入口面积。

（3）增大叶片进口边宽度。

（4）增大叶轮前、后盖板转弯处曲率半径。

（5）叶片进口边向吸入侧延伸。

（6）叶轮首级采用抗汽蚀材料。

（7）设前置诱导轮。

发电厂常发生汽蚀现象的泵有凝结水泵、加热器疏水泵及循环水泵等。

9 何谓水泵的允许吸上真空度？

答：水泵的允许吸上真空度就是指泵入口处的真空允许数值。为什么要规定这个数值呢？这是因为泵入口的真空过高时（也就是绝对压力过低时），泵入口的液体就会汽化，产生汽蚀。汽蚀对泵危害很大，应力求避免。

泵入口的真空度是由下面三个原因造成的：

（1）泵产生了一个吸上高度 H_g，如图 6-9 所示。

（2）克服吸水管水力损失 h_u。

（3）在泵入口造成适当流速 v_s。

用公式表示就是

$$H_S = H_g + h_\omega + (v_s^2/2g) \tag{6-1}$$

三个因素中，吸上高度 H_g是主要的，真空度 H_S主要由 H_g的大小来决定。吸上高度越大，则真空度越高。当吸上高度增加到泵因汽蚀不能工作时，吸上高度就不能再增加，这个

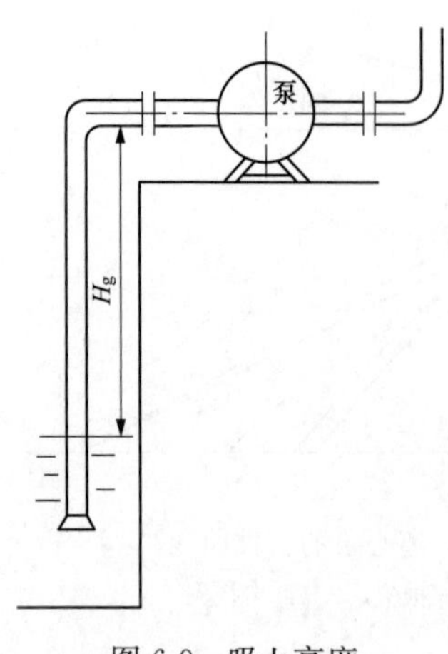

图 6-9　吸上高度

工况的真空度也就是水泵的最大吸上真空度，用 H_{smax} 表示。为了保证运行时不产生汽蚀，应留 0.5m 的安全量，即

$$[H_S]=H_{smax}-0.5 \tag{6-2}$$

$[H_S]$ 称为允许吸上真空度，它标注在水泵样本或说明书上。安装水泵时，应根据公式求出吸上高度 H_g（或称几何安装高度）。一般水泵入口流速 v_s为 1～3m/s，计算时可比此值大些，即选取最大流量时的速度值。速度水头 $v_s{}^2/2g$ 一般小于 1m。入口管路损失在大多数情况下可近似取 1m。这样，吸上高度不超过 8m，一般在 5～6m。

与吸上真空度相应的还有一个参数，即汽蚀余量。汽蚀余量 Δh 是指水泵入口处单位质量的液体所具有超过汽化压力的富余能量。为什么要求泵入口处液体具有这个富余能量呢？这是因为当液体由泵入口向叶轮流动时，方向要变化，流速还要加快，同时在进入叶轮槽道时，液流在叶片头部处发生急速转弯，速度又要加快，这样势必会引起压力的进一步降低。很明显，如果叶片头部处压力降低到该水温下的饱和压力时，液体就要发生汽化，泵产生汽蚀，这时泵入口处的汽蚀余量称为最小汽蚀余量 Δh_{min}，它对汽蚀来说，并没有“富余”的意思。所以，为了使泵不发生汽蚀，就必须使泵入口处的汽蚀余量大于最小汽蚀余量，即加 0.5m 的安全量，即

$$[\Delta h]=\Delta h_{min}+0.5 \tag{6-3}$$

$[\Delta h]$ 称为泵的允许汽蚀余量，它与叶轮入口形状、转速及流量等有关，而与汽化压力、液面压力等无关。汽蚀余量由实验求出。

泵入口处实际汽蚀余量 Δh 与吸上真空度的关系为

$$\Delta h=(p_a-p_v)/\rho+v_s^2/2g-H_S \tag{6-4}$$

式中　p_a——实际海拔高度下的大气压力水头；

p_v——实际水温下的饱和压力水头。

10　何谓水泵的车削定律？

答：水泵叶轮外径车削后，其流量、扬程、功率与外径的关系称为车削定律。计算公式为

$$Q/Q'=D/D' \tag{6-5}$$

$$H/H'=(D/D')^2 \tag{6-6}$$

$$N/N'=(D/D')^3 \tag{6-7}$$

式中　Q、H、N、D——未经车削前水泵的流量、扬程、功率、叶轮外径；

Q'、H'、N'、D'——经车削后水泵的流量、扬程、功率、叶轮外径。

水泵的车削定律与其比例定律公式相类似，不过比例定律是指泵的流量、扬程、功率改变之后与转速的对应关系，而车削定律则是指泵的流量、扬程、功率改变之后与叶轮外径的对应关系。采用改变转速的方法可以得到不同工况时的水泵特性曲线，然而这种方法在实际中受到限制，因大多数水泵是由交流电动机拖动的，这种电动机的转速不是可以随意改变的。因此，为了得到所要求的水泵性能参数，就可以采用车削叶轮外径的方法，使其特性曲

线发生变化。但必须注意，车削叶轮只能用在需要降低流量、扬程、功率的场合。例如现场有一台泵，其规格比实际需要的要大些，这时可以在一定的限度内把叶轮外径车小，以满足实际的需要。

叶轮车削后，效率都要降低。例如比转速 n_s＝60～120r/min 的水泵，叶轮外径每车削10%，效率降低1%；比转速 n_s＝200～300r/min 的水泵，叶轮外径每车削4%，效率也降低1%。为了不使效率降低过多，对叶轮的车削量就要加以限制：

（1）对于 60r/min＜n_s＜120r/min 的叶轮，外径车削量最大允许为20%。

（2）对于 120r/min＜n_s＜200r/min 的叶轮，外径车削量最大允许为15%～10%。

（3）对于 200r/min＜n_s＜350r/min 的叶轮，外径车削量最大仅允许为10%～7%。

11 泵的各种损失有哪些？

答：泵的损失有机械损失、容积损失、水力损失三种。

12 叶轮根据几何形状可分为哪些？

答：叶轮根据几何形状可分为：闭式叶轮、半开式叶轮、开式叶轮。

13 两个流体力学相似，必须满足哪些条件？

答：两个流体力学相似，必须满足的条件为：几何相似、运动相似、动力相似。

14 泵运行工况的特性曲线调节有哪些？

答：泵运行工况的特性曲线调节有：转速调节、切割叶轮外径调节、改变叶片角度调节、改变前置导叶叶片角度调节、改变叶片前缘间隙调节。

15 泵运行工况的改变装置特性调节有哪些？

答：泵运行工况的改变装置特性调节有：闸阀调节、液位调节、旁路分流调节、汽蚀调节。

第三节 水泵的分类与构造

1 水泵通常可分为哪些种类？

答：水泵的分类方法很多。如果按工作时产生的压力大小分，有高压泵、中压泵和低压泵三种；按工作原理分，有容积式泵和叶片式泵。其中，容积式泵又包括往复式泵（如活塞泵、柱塞泵）和回转式泵（如齿轮泵、螺杆泵）两种；叶片式泵又包括离心泵、轴流泵和混流泵。此外，还有一些特殊用途的水泵，如真空泵、射流泵及潜水泵等。

（1）按工作压力分类。

1）低压泵。即工作压力在2MPa以下的水泵。

2）中压泵。即工作压力在2～6MPa之间的水泵。

3）高压泵。即工作压力在6MPa以上的水泵。

（2）按工作原理分类。

1）容积泵。即依靠工作室容积间歇改变而输送液体的水泵。

2）叶片泵。即依靠工作叶轮旋转将能量传递给液体并输送液体的水泵。

2 离心水泵按结构特点可分为哪些种类？

答：离心泵的种类有很多，可依据不同的结构特点来划分，主要有：

（1）按工作叶轮数目分类。

1）单级泵。即在泵轴上只有一个叶轮，见图 6-1。

2）多级泵。即在泵轴上有两个或两个以上叶轮，如图 6-10 所示。这时，泵的总扬程为 n 个叶轮产生的扬程之和。

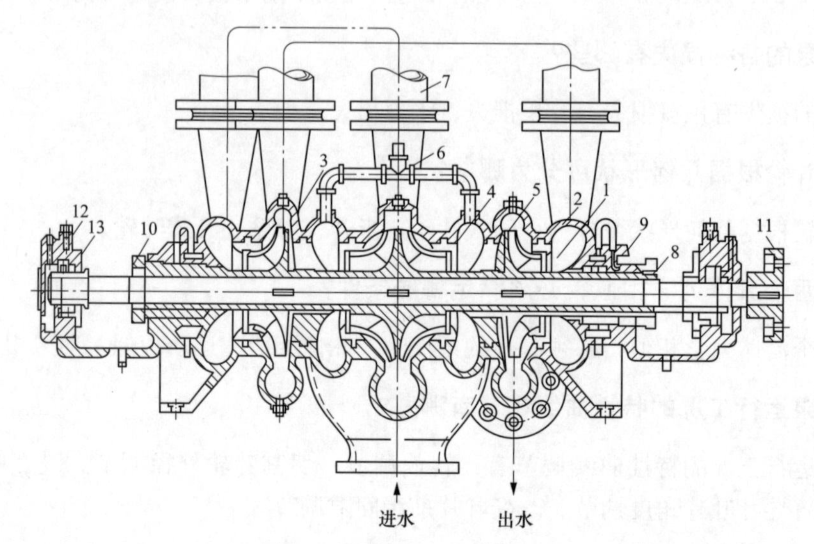

图 6-10 叶轮对称布置的水泵

1—泵体；2—泵盖；3—叶轮；4—密封环；5—级间隔板；6—空气管；7—导管；8—泵轴；9—填料环；10—填料压盖；11—联轴器；12—轴承体盖；13—轴承端盖

（2）按叶轮进水方式分类。

1）单侧进水式泵（又称单吸泵），见图 6-1。即叶轮上只有一个进水口。

2）双侧进水式泵（又称双吸泵），见图 6-10 中的首级叶轮，即叶轮两侧都有一个进水口。双吸泵的流量比单吸泵大一倍，可以近似看作是两个单吸泵叶轮背靠背地放在了一起。

（3）按泵壳结合缝形式分类。

1）水平中开式泵。即在通过轴心线的水平面上开有结合缝，如图 6-11 所示。

2）垂直结合面泵。即结合面与轴心线相垂直，如图 6-12 所示。

（4）按泵轴位置分类。

1）卧式泵。泵轴位于水平位置。

2）立式泵。泵轴位于垂直位置。

（5）按叶轮出来的水引向压出室方式分类。

1）蜗壳泵。水从叶轮出来后，直接进入具有螺旋线形状的泵壳。

2）导叶泵。水从叶轮出来后，进入它外面设置的导叶，之后进入下一级叶轮或流入出口管。

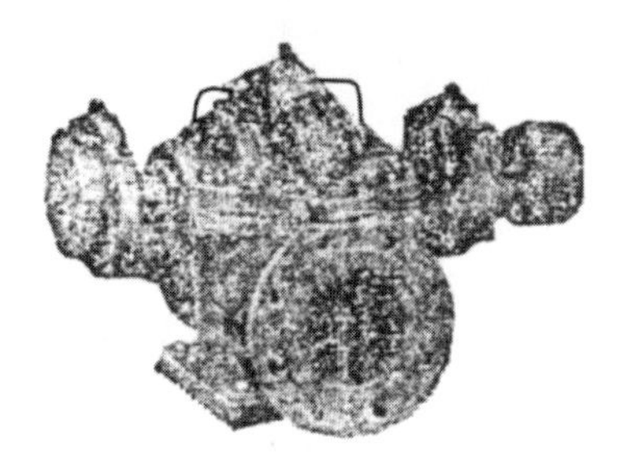

图 6-11 Sh 型水泵（水平中开式）

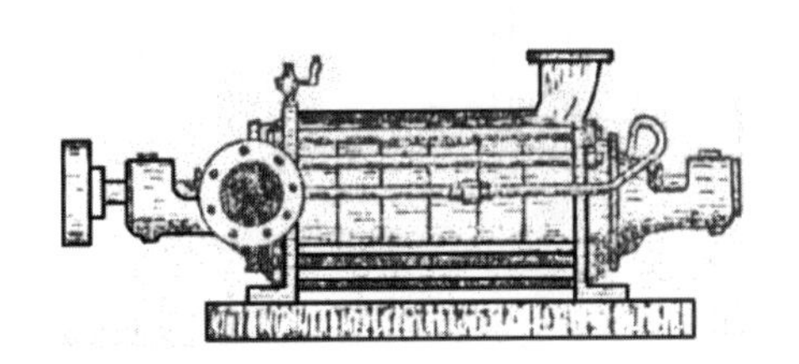

图 6-12 分段式水泵

平时我们说某台泵属于多级泵，是单指叶轮多少来讲的。根据其他结构特征，它又有可能是卧式泵、垂直结合面泵、导叶式泵、高压泵或单面进水式泵等，所以依据不同，叫法就不一样。另外，根据用途也可进行分类，如油泵、水泵、凝结水泵、排灰泵及循环水泵等。

3 水泵型号通常由几部分组成？各部分的意义是什么？

答：水泵型号通常由三部分组成。第一部分为数字，表示缩小为 1/25 的吸水管直径（mm），或是用英寸表示的吸水管直径（in）；第二部分为大写字母，表示水泵的结构类型；第三部分为数字，表示缩小 1/10 并化为整数的比转速。

例如，8BA-18A 表明：

8-吸水管直径为 8in 或 200mm；

BA-单级单吸式离心泵；

18-缩小 1/10 并化为整数的比转速；

A-车削了叶轮的外径。

4 列举几种常见的水泵型号，并说明其各代表哪种类型水泵。

答：BA 型，表示单级单吸悬臂式离心泵。

Sh 型，表示单级双吸、水平中开泵壳式离心泵。

FD 型，表示多级低速离心泵。

DG 型，表示多级分段式电动给水泵。

NL 型，表示立式泥浆泵或立式凝结泵。

5 离心泵的叶轮构造是什么？

答：离心泵的叶轮构造主要是叶片、轮毂和盖板三部分，如图 6-13 所示。

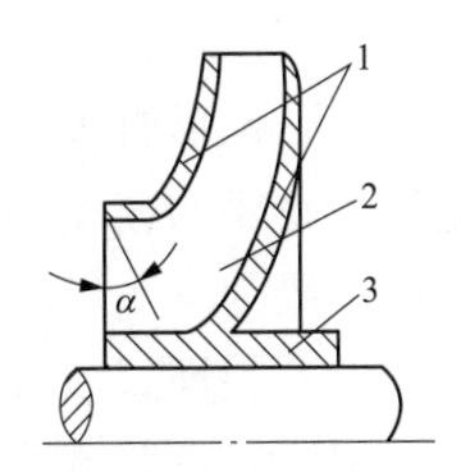

图 6-13 离心泵叶轮
1—前后盖板；
2—叶片；3—轮毂

在抽送浓度大的液体或含有固状物的液体的时候，往往采用取消前盖板或同时取消后盖板的叶轮，如图 6-14 和图 6-15 所示，前者称为半开式叶轮，后者称为开式叶轮。

一般叶轮叶片厚度为 3～6mm，叶片数目为 6～10 个。叶片过少时，会在叶轮槽道内产生涡流；叶片过多时，又会增加液流的摩擦损失。通常是：低比转速叶轮取 6～8 片，中比转速叶轮取 6 片，高比转速叶轮取 5～6 片，有特殊用途的水泵则例外。

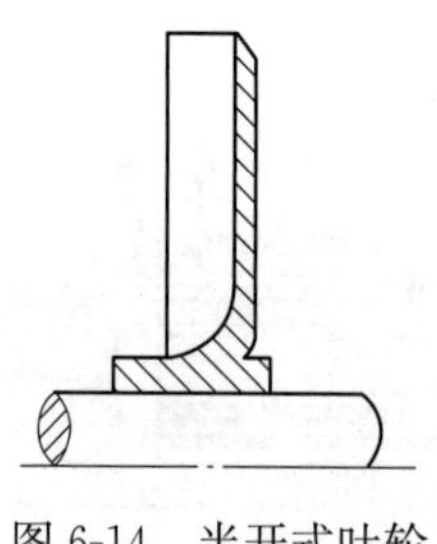
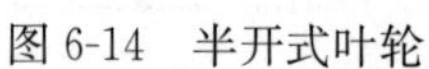

图 6-14　半开式叶轮

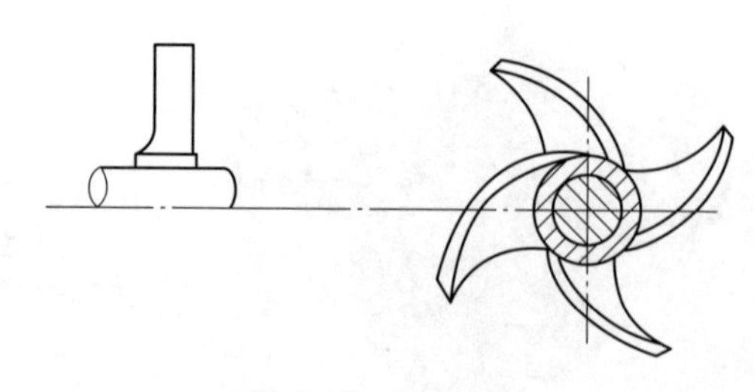

图 6-15　开式叶轮

为减小入口处的水力损失，提高叶轮的抗汽蚀性能，叶片进口边应向吸入侧延伸，延伸后进口边的倾斜角度 α（见图 6-13）取 25°～45°，德国研制的给水泵有小到 15°的。有时为了使进口边不与前、后盖板间形成锐角，以保证流发布均匀，而将入口边采用了曲线形状。

比转速较小的水泵叶轮入口较小、出口较大，为防止入口的堵塞和保证有足够的叶片数，以防止叶轮槽道内产生涡流，则采用长短相同的叶片，如图 6-16 所示。

为减小容积漏泄损失，叶轮入口设有密封环，如图 6-17 所示。其中普通圆柱式密封环漏泄量最大。为了减小其漏泄量，可在圆柱表面上开方向螺旋槽，这与不开时相比，可减小约 50%的漏泄量。

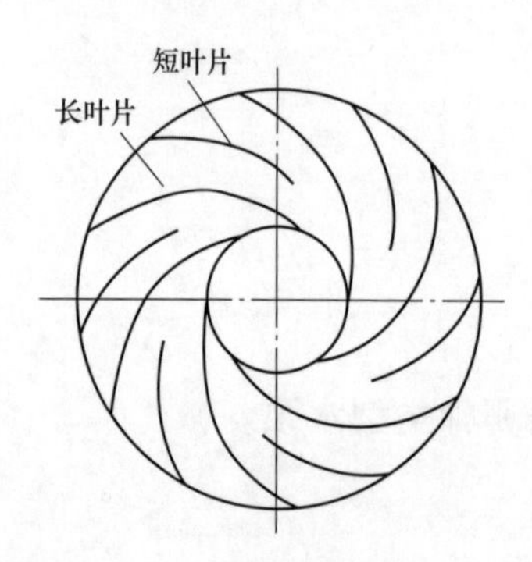

图 6-16　长短叶片相间的叶轮

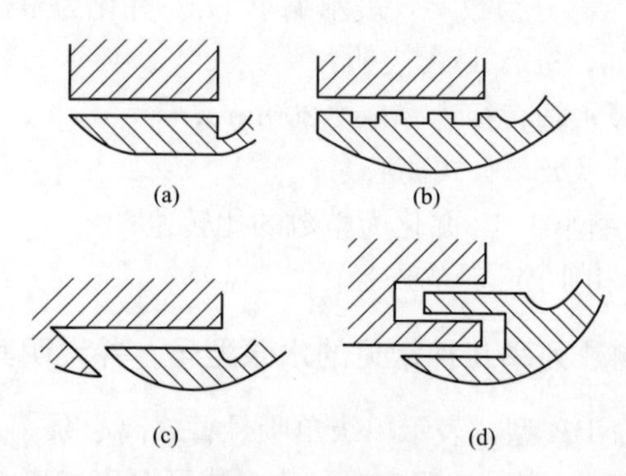

图 6-17　密封环

（a）普通圆柱式；（b）沟槽圆柱式；
（c）角接式；（d）迷宫式

6　水泵吸水室的作用是什么？

答：水泵吸入室的作用是将进水管中的液体以最小的损失均匀地引向叶轮。常见的吸入室有以下三种：

（1）锥形管吸入室，如图 6-18 所示。采用收缩式锥形管，可使液体流速增加，达到叶轮进口必要的速度，使流速分布均匀并能径向进入叶轮。它多用在悬臂结构泵上，吸入室的锥度一般为 7°～8°。

（2）圆环式吸入室。在这种吸入室中，由于泵轴穿过吸入室，在泵轴后面会形成漩涡区，引起叶轮前流速分布不均匀，故使液体进入叶轮时发生撞击和涡流损失。这种吸入室多用在多级泵上，因为多级泵扬程较高，吸入室水力损失所占的比例并不大。

（3）半螺旋形吸入室，如图 6-19 所示。这种吸入室的截面是逐渐减小的，可使进水导管中的水流加速，又使液体在进入叶轮前产生了预旋，降低了水泵的扬程；但它可以消除泵轴后面的漩涡区，从而使液流较均匀地进入叶轮。螺旋形吸入室上部有分离筋，在45°的方向上。半螺旋形吸入室被广泛地应用在双吸式离心泵和多级蜗壳泵上。

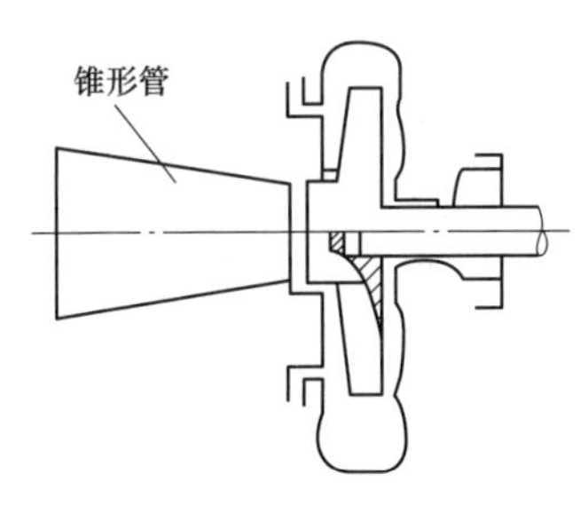

图 6-18 锥形管吸入室

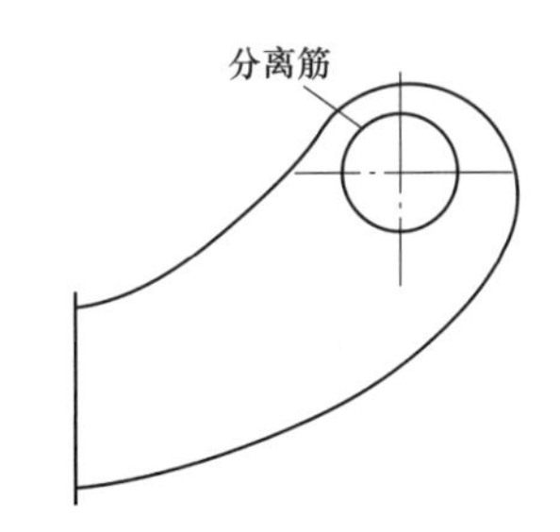

图 6-19 半螺旋形吸入室

7 水泵压出室的作用是什么？

答：水泵压出室的作用是以最小的损失将液体正确地导入下一级叶轮或引向出水管，同时将部分动能转化为压力能。

压出室的种类很多，常见的有：

（1）螺旋形蜗壳。它只起收集液体的作用。液体均匀地从叶轮流出，液体在蜗壳中的运动是等速运动。动能变成压力能是在扩散管中进行的。泵舌与叶轮的间隙要适当，过小易产生振动，并在关死点附近噪声急剧增大。液体从蜗壳室出来后进入扩散管，扩散管的扩散角一般为6°～10°。

（2）径向导叶。它固定在叶轮出口的外面，如图6-20所示。导叶的作用和蜗壳的作用相同，前段只起收集液体的作用，液体在此段是等速运动，只是到了扩散部分才将一部分动能变成压力能。因此，可把这类导叶看作是在叶轮圆周上安放的几个蜗壳。

除径向导叶外，还有流道式导叶，它们的作用都相同，只是构造不同。流道式导叶是整体式的，即液体从导叶入口到吸入导叶出口都在导叶流道中流动。但它制造复杂，一般不常采用。

（3）环式压出室，如图6-21所示。这种压出室用在分段式多级泵出水段上，其各断面面积相等，但各处流速不相同，这就使经叶轮流出的液体不可避免地与压出室内的液体发生冲击，所以其效率较低。

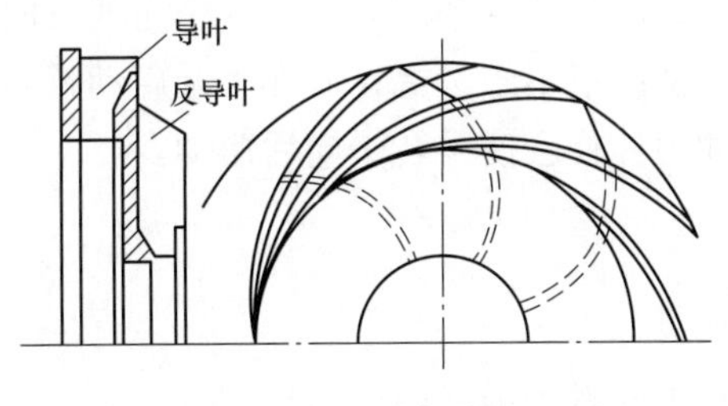

图 6-20 径向导叶

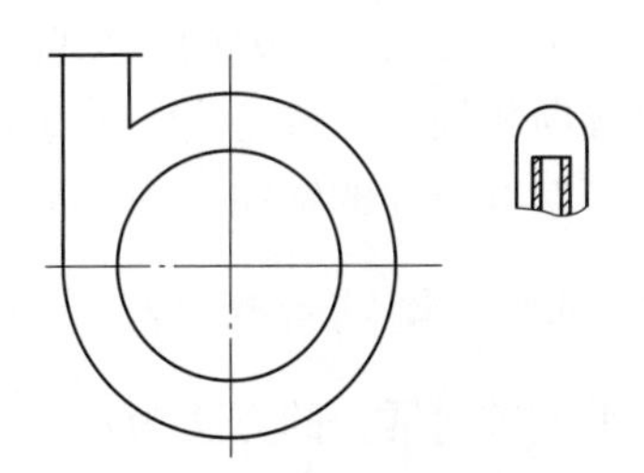
图 6-21 环式压出室

具有蜗壳压出室和导叶压出室的水泵比较如下：

（1）蜗壳泵产生的静压头大，损失小、效率高、结构简单，轴向推力可用对称布置叶轮的方法来平衡；而导叶式泵则差之，需设置专门的平衡装置。

（2）蜗壳泵整个转子可以事先组装好，再放入泵体内；而导叶式泵则拆、装都很麻烦。

（3）蜗壳泵叶轮外径可车削 20%，对特性曲线及效率影响不大；而导叶式泵则不能，否则会造成很大的能量损失。

（4）当流量偏离设计工况时，导叶式水泵的运动状态发生变化，使效率急速下降；而蜗壳泵则不会，其效率在比较宽的范围内并不显著降低。

（5）蜗壳泵与导叶式泵相比的缺点是铸件复杂、轴向长度大，需用较大的加工机械，并且会产生径向力，必须用结构上的措施来平衡。

8 离心泵为什么会产生轴向推力？

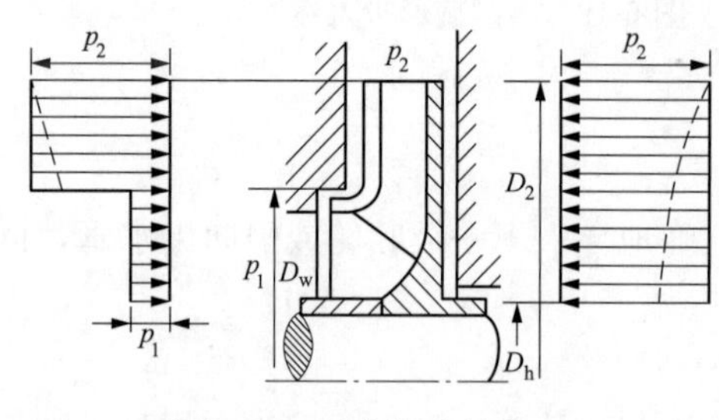

图 6-22　轴向推力的产生

答：因为离心泵工作时，其叶轮盖板两侧承受的压力不对称，所以会产生轴向推力。在水泵没工作之前，叶轮四周液体的压力都一样，因而不会产生轴向推力；但当水泵工作后，情况就不一样了。因为压出室里产生了压力，压力分布，如图 6-22 所示。由于叶轮两侧在相当于入口面积上存在着压力差，也就产生了轴向推力。

轴向推力的大小可用下面的公式近似计算

$$F=(p_2-p_1)\pi(D_w{}^2-D_h{}^2)/4 \tag{6-8}$$

式中　F——作用在一个叶轮上的轴向力，kN；

p_2——叶轮出口处压力，MPa；

p_1——叶轮入口处压力，MPa；

D_w——叶轮密封环直径，m；

D_h——叶轮轮毂直径，m。

实际情况下，由于叶轮在旋转，压力的分布是愈靠近轮毂愈小（见图 6-22 中的虚线）。这样，式（6-8）就应乘上一个修正系数 K，即

$$F=K(p_2-p_1)\pi(D_w{}^2-D_h{}^2)/4 \tag{6-9}$$

对于比转速为 40～200r/min 的水泵，K 取 0.6～0.8。

除了上述由于叶轮两侧压力不等所形成的轴向推力之外，还有因反冲力引起的轴向推力。当液体进入叶轮时，方向由轴向变为径向，给叶轮一个反冲力，这个力的方向与上述的轴向推力方向相反。不过这个力较小，在正常情况下不予考虑；而在水泵启动瞬间，由于没有因压力不对称引起的轴向推力，故这个反冲力往往会使泵转子向后窜动。

9 如何平衡轴向推力？

答：平衡轴向推力的方法为：

（1）对单级泵来说，平衡轴向推力的方法主要有三种。

1）平衡孔，如图 6-23 所示。

2）平衡管，如图 6-24 所示。

3）采用双吸式叶轮。

前两种方法的目的是使叶轮后的压力等于叶轮前的压力，从而使轴向推力平衡。为了把

叶轮后压力降下来，叶轮后盖板还设有密封环，其直径与前盖板密封环直径相等。第三种方法是自身达到平衡。纵然如此，单级泵也不是百分之百平衡，所以还要采用止推轴承。

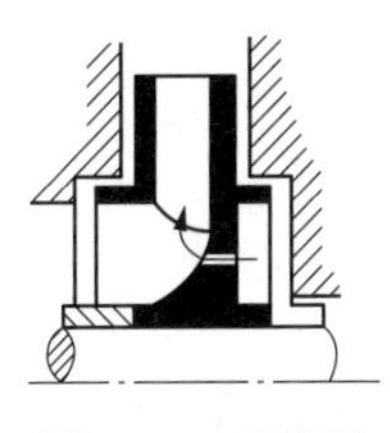
图 6-23 平衡孔

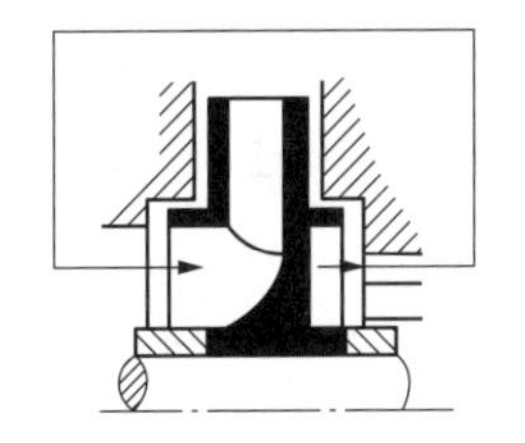
图 6-24 平衡管

(2) 对多级泵来说，平衡方法主要有两种。

1) 叶轮对称布置（见图 6-10）。

2) 采用平衡盘，如图 6-25 所示。

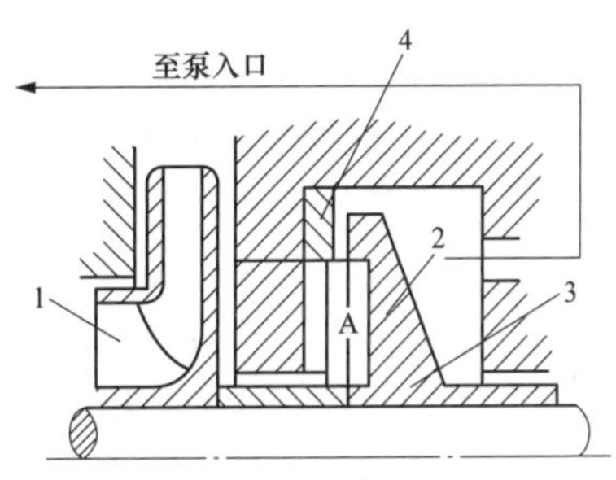

图 6-25 平衡盘装置

1—末级叶轮；2—调整套；3—平衡盘；4—平衡环

第一种方法是把两组叶轮的进水方向相反地装在轴上，其轴向推力相互抵消。对称布置的多级泵大都是蜗壳泵，为了把水从一级引到另一级，泵壳上设有导管。

第二种方法用在分段式多级泵上。平衡盘的作用原理是：从末级叶轮出来的带有压力的水，经过调整套径向间隙流入平衡盘前的水室 A 中，A 室处于高压状态。平衡盘后有平衡管与泵入口相连，其压力近似为入口压力。这样平衡盘两侧压力不相等，因而也就产生了向后的轴向推力（即平衡力），自动地平衡了叶轮的轴向推力。当叶轮的轴向推力大于平衡盘上的平衡力时，水泵转子就会向入口侧移动。由于惯性的作用，这种移动并不会立即停止在平衡位置上，而是要超出限度，引起平衡盘密封面轴向间隙过量减小，使漏泄量减小及 A 室中压力升高，于是平衡盘上的平衡力增加，并超过叶轮的轴向推力，把转子又拉向出口侧。同样这个过程是有惯性的，使平衡盘的轴向间隙过量增大，引起平衡力小于轴向推力，转子又向入口侧移动，重复上述过程。这个过程是自动的，在水泵工作时，转子始终是在某一平衡位置上这么轴向窜动着，不过窜动量极小，从外观上很难看出来。一般平衡盘直径是叶轮密封环直径的 1.05 倍。

10 如何平衡蜗壳泵的径向推力？

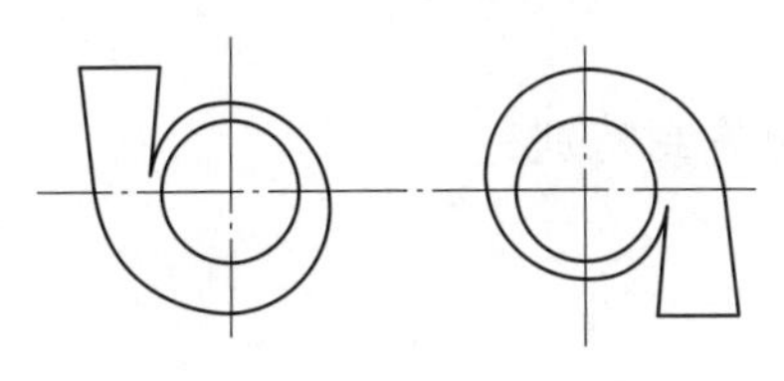
图 6-26 多级泵中相邻两个蜗壳旋转 180°

答：蜗壳泵的径向推力常采用两个方法来平衡：一个是采用双层蜗壳；另一个是把相邻两个蜗壳旋转 180°，如图 6-26 所示。

(1) 双层蜗壳主要是对单级泵来说的，在构造上把两个泵舌相互错开 180°。在双层蜗壳中，每个蜗壳只收集一半的液体，它们在扩散管处汇合。在叶轮的直径方向上，两蜗壳的内压力相等，因而径向力相互抵消。

(2) 相邻两个蜗壳旋转 180°，这样布置之后，径向力抵消，还存在着一个力偶，但已对轴的影响很小。对于奇数蜗壳室的多级泵，第一级须设计成双蜗壳。但双蜗壳铸造困难，故尺寸小的离心泵，为了得到光滑的表面，一般不采用双蜗壳。

对具有导叶的分段式多级泵来说，其导叶数目较多（每个导叶相当于一个蜗壳），径向力能相互抵消，一般不做特殊考虑。

11 泵的主要损失有哪些？

答：泵的主要损失有：

（1）机械损失。原动机传到泵轴上的功率，首先要花费一部分去克服轴承和密封装置的摩擦损失，剩下来的轴功率用来带动叶轮旋转。但是叶轮旋转的机械能并没有全部传给通过叶轮的液体，其中一部分消耗于克服叶轮前、后盖板表面与壳体间液体的摩擦，这部分损失功率称为圆盘摩擦损失。上述轴承损失功率、密封损失功率和圆盘摩擦损失功率之和称为机械损失。

（2）容积损失。输入水力效率用来对通过叶轮的液体作功，因而叶轮出口处液体的压力高于进口压力。出口和进口的压差，使得通过叶轮的一部分液体从泵腔经叶轮密封环间隙向叶轮进口逆流。这样，通过叶轮的流量并没有完全输送到泵的出口，其中泄漏量这部分液体从叶轮中获得的能量消耗于泄漏的流动过程中，即从高压（出口压力）液体变为低压（进口压力）液体，这部分损失为容积损失。

（3）水力损失。通过叶轮的有效液体（除掉泄漏）从叶轮中接收的能量，也没有完全输送出去，因为液体在泵过流部分（从泵进口到出口的通道）的流动中伴有水力摩擦损失（沿程阻力）和冲击、脱流、速度方向及大小变化等引起的水力损失（局部阻力），从而要消耗掉一部分能量。单位重量液体在泵过流部分流动中损失的能量称为泵的水力损失。

12 水泵常用的轴封种类有哪些？

答：水泵常用的轴封种类有：填料密封、机械密封、动力密封和浮动密封。

13 浮动环密封的原理和使用条件是什么？

答：浮动环密封是靠轴（或轴套）与浮动环之间的狭窄间隙产生很大的水力阻力而实现密封的。

当密封介质压力小于2.55～5.1MPa，或轴封处的PV值大于9.18MPa·m/s时，或介质润滑性不好时，可采用浮动环密封。

14 迷宫密封的特点是什么？

答：迷宫密封的特点是：

（1）对一般密封不能胜任的高温、高压、高速和大尺寸密封特别有效。

（2）密封性良好，特别适于高速密封。

（3）加工、装备良好，一般不需要维护。

（4）无摩擦，功耗小，使用寿命长。

15 螺旋密封的原理是什么？

答：螺旋密封是在简单的环形间隙的密封表面上开出单头或多头螺纹构成。螺纹可以开在固定套上，也可开在旋转轴上或在固定套和轴上同时开螺纹，密封组件间的空隙充有封液，轴旋转时产生泵送作用，它可以平衡被密封的压降，从而阻止泄漏，封液在运转时从高压端向低压端延伸，压力逐渐降低。

16 填料密封的原理是什么？

答：填料密封是把软填料塞入填料函内，用压盖压紧，靠轴或轴套外表面与填料内表面的柱面来密封。

17 最常用的填料有哪些？

答：最常用的填料有：绞合填料、编结填料、塑性填料、金属填料。

18 简述自吸泵的种类和工作原理。

答：普通离心泵，如吸入液面在叶轮之下，启动时应预先灌水，很不方便。为在泵内存水，吸入管进口需装底阀。泵工作时，底阀造成很大的水力损失。自吸泵，就是在启动前不需灌水，经短时间运转，靠泵本身的作用，即可把水吸上来，投入正常运转。

自吸泵按作用原理分为以下几类：气液混合式、水环轮式、射流式。

（1）气液混合式自吸泵的工作过程：平时设法使泵内存一定量的水，泵启动后由于叶轮的旋转作用，吸入管路的空气和水充分地混合，并被排到汽水分离室。汽水分离室上部的气体逸出，下部的水返回叶轮，重新和吸入管路的剩余气体混合，直到把泵及进水管路内的气体全部排尽，完成自吸，并正常抽水。

（2）水环轮式是将水环轮和水泵叶轮组合在一个壳体中，借助水环轮将气体排出，实现自吸。

（3）射流式自吸泵，由离心泵和射流泵组合而成，依靠喷射装置，在喷嘴处造成真空实现抽吸。

19 内混式自吸泵的工作原理是什么？

答：内混式自吸泵由双层（带气水分离室）的泵体，S型进水弯管、回流喷嘴、回流阀、进口逆止阀等组成。泵启动后，泵体内的水通过回水流道射向叶轮进口，在叶轮内进行充分的气体混合，而后经压水室扩散管出口排到分离室进行气体分离。这样往复循环，直到把泵体及吸入管路内的气体排尽，泵正常工作。这时，排气阀在水压作用下关闭，回流阀也在泵进口低压和气水分离室高压的压差作用下自动关闭。

20 简述外混式自吸泵的工作原理。

答：外混式自吸泵，气水分离室中的水回流至叶轮外缘处。整个结构和内混式类似，也是S型进水弯管，双层泵体等构成。双层泵体的内体为涡室，内外体形成的空腔下部为储液室，上部为气水分离室。储液室下部有一孔（称回流孔）和涡室相通。泵涡室扩散管，较普通离心泵的短，出口位于分离室的中部，也有的泵扩散管直达泵上部出口，这种扩散管要在侧壁上开回水口，并在分离室顶部加装排气阀。

21 影响自吸泵的自吸性能的因素有哪些？

答：自吸泵自吸性能的影响因素有：泵体进口至中心线的高度 h、叶轮与隔舌的间隙、叶轮出口宽度及涡室截面面积、泵体扩散管出口、泵体回流孔的面积、泵体回流孔的位置、储液室和气水分离室容积、叶轮外径和叶片数。

第四节　小型水泵的检修

1 LP 型泵的主要构成部件有哪些?

答：LP 型泵的主要构成部件有：泵体、泵盖、叶轮、叶轮轴、传动轴、轴承架、泵座、电动机支架、传动套和轴承座等。泵轴由滚动轴承和橡胶轴承支撑，滚动轴承用油脂润滑，橡胶轴承用清水润滑。泵的轴封采用软填料密封，泵通过弹性联轴器由电动机直接驱动。

该型泵的泵体、泵盖、轴承座和叶轮均为铸铁制作，轴套为耐磨的黄铜，泵轴则用碳素钢制成。

2 卧式单级单吸泵的结构特点是什么?

答：卧式单级单吸泵分为 IS 型清水离心泵和 R 型热水循环泵。IS 型泵的主要部件有泵体、叶轮、轴、密封环、轴套、叶轮锁母、止动垫片、填料压盖及悬架轴承部件等，可用于输送清水或物理、化学性质类似清水的其他液体，温度不高于 80℃。R 型热水泵的结构类似于 IS 型泵，它可用于输送不低于 250℃的不含颗粒的高温热水。

这两种泵均为卧式、单级单吸悬臂式泵，泵体在叶轮水平方向有支撑板，支撑点在支架上，泵入口为水平方向，出口为垂直向上；固定部分有泵体、泵盖、轴承体托架及密封环等，转子部分有泵轴、叶轮、轴套、浮动轴承、联轴器等；转子由泵轴上的单列向心推力轴承和一个单列向心球轴承支撑，轴承装在泵的轴承室内。轴封可采用如骨架油封或机械密封等较为先进的密封形式，但普通的则多采用填料密封。

3 单级单吸泵的检修工艺标准是如何规定的?

答：单级单吸泵的检修工艺标准如下：

（1）轴弯曲在轴颈处不大于 0.06mm，轴套处不大于 0.03mm，其他处不大于 0.05mm。

（2）轴套无磨损与轴配合间隙为 0.02～0.05mm。

（3）叶轮表面无缺陷，径向跳动不大于 0.10mm，轴套处不大于 0.10mm；泵轴与叶轮配合间隙为 0.02～0.05mm。

（4）对轮、轴承与轴的配合紧力为 0.01～0.03mm。

（5）轴承推力间隙为 0.15～0.20mm。

（6）叶轮与密封环的径向间隙为 0.50～0.60mm。

（7）轴承室加稀油润滑，油位为轴承室的 1/2；加润滑脂应在轴承室的 1/3～1/2。

（8）回装后，盘车应灵活，无卡涩。

4 SH 型泵的检修工艺及技术要求是什么?

答：SH 型泵是单级、双吸、水平中开式离心泵，该型泵用于输送较为清洁的液体，且温度不超过 80℃。

检修工艺及技术要求如下：

（1）拆卸工序。

1）拆卸联轴器销钉，使泵与电动机分开，并复查电动机中心。

2）拆卸水平结合面的紧固螺栓，使泵盖子下部的泵体分离；并将两侧压兰盖卸掉。

3）将所有与系统连接的管路（如空气管等）拆除，管口用布包上，防止杂物落入。

4）以上工作完成并经检查后，可吊出泵盖，起吊时应注意平稳，不要与其他部件碰撞。

5）将两侧轴承压盖螺母松开。

6）钢丝绳拴在两侧填料压盖处，平衡地将转子吊起。

（2）检查、清理和测量。

1）轴承检查，经过拆卸的轴承应进行更换。

2）轴承室内应清理干净，并测量与轴承的配合紧力。

3）泵壳结合面应清理干净。

4）检查叶轮是否有磨损、汽蚀和裂纹，有无必要更换。

5）将轴清理干净，测量轴弯曲。

6）轴套必须更换。

7）测量叶轮和密封环间隙。

8）测量轴与轴承内圈，轴承体与轴承外圈的配合紧力。

（3）泵的装配顺序。

1）在泵体上装好固定泵盖、轴承体、填料压盖的双头螺栓。

2）在轴中央的键槽内放入键，依次推上叶轮、装上密封垫、套上轴套，拧上左右轴套螺母，再套上填料套、填料环及填料压盖。把双吸密封套上；装上轴承挡套及轴承端盖和纸垫。把单列向心球轴承装入轴两端的正确位置，然后把轴承体装到轴承上。

3）把装好的轴（转子组件）放在泵体上，将密封环放入泵体槽内，并把轴承体放在泵体两端支架的止口上，盖上轴承体压盖，套上弹簧垫圈、拧紧螺母；用轴套螺母调整叶轮中心（对比泵体中心），然后用钩扳手拧紧轴套螺母，在填料舱内装入填料。

4）在泵体中分面铺一层青稞纸（通过对密封环的压紧力来决定厚度），然后将泵盖盖到泵体上，装上圆锥定位销，拧紧螺母，装好填料压盖。

5）在轴的联轴器端放入键，顺键热装入联轴器。

（4）对中准确度。要求联轴器端面小于0.10mm，外圆小于0.05mm。

（5）装配件的准确度要求。

1）轴套外圆与轴线垂直的两端面的轴向跳动小于0.03mm。

2）双吸密封环与泵盖配合边的径向跳动小于0.05mm。密封环与泵壳应采用0.00～0.03mm的径向配合间隙，对泵盖无定位销和定位槽的应加定位销，定位销应比泵壳结合面稍低。

3）滚动轴承与轴承端盖轴向间隙为0.20mm。

4）轴承壳与轴承外圈配合间隙为－0.01～0.03mm。

5）轴承内圈与轴配合紧力适度。

6）密封环间隙不超过表6-1中的数值。

表 6-1　　密封环间隙　　(mm)

序号	泵轮密封环处直径	密封环每侧径向间隙
1	Φ80～Φ120	0.12～0.20
2	Φ120～Φ180	0.20～0.30
3	Φ180～Φ260	0.12～0.20
4	Φ260～Φ360	0.30～0.40
5	Φ360～Φ500	0.40～0.50

5 耐腐蚀离心泵的检修注意事项有哪些？

答：耐腐蚀离心泵的检修注意事项有：

（1）检修中不可使受力不均，不能敲打。

（2）遇到零部件拆卸困难时，应用煤油浸泡后再进行拆卸。

（3）拧紧连接螺栓时，受力均匀，不要拧得过紧，以不泄漏为宜。

6 垫铁的使用及要求是什么？

答：斜垫铁应配对使用。它与平垫铁组成垫铁组时，通常不超过 4 层，平垫铁放在下面。垫铁应露出泵座 10～30mm。配对斜垫铁的搭接长度应不小于全长的 3/4，其相互间的偏斜角 α 不大于 30°。垫铁之间及垫铁与底座之间的间隙，用 0.5mm 厚的塞尺在垫铁同一截面处，从两侧塞入的长度总和不得超过垫铁长度的 1/3。检查合格后，应随即用电焊在垫铁组的两侧进行层间电焊固定，垫铁与底座间不允许焊接。每个地脚螺栓的近旁至少应有一组垫铁，在不影响灌浆的情况下，垫铁应尽量靠近地脚螺栓。

7 更换盘根的注意事项有哪些？

答：更换盘根的注意事项有：

（1）切割盘根时，刀子的刀口要锋利，每圈盘根均应按所需长度切下并靠膜 A 面上，接口应切成 30°～45°的斜角，切面应平整。

（2）切好的盘根装入填料涵内以后，相邻两圈的接口要错开至少 90°。

（3）若轴套内部有冷却水结构时，要注意使盘根圈与填料涵的冷却水进口错开，并把水封环的环形室正好对正此进口。

（4）当装入最后一圈盘根时，将填料压盖装好并均匀拧紧，直至确认盘根已到位。

（5）盘根被紧上之后，压盖四周的缝隙 a 应相等，用塞尺进行测量，以免压盖与轴产生摩擦。

第五节　耐腐蚀离心泵的检修

1 简述耐腐蚀离心泵的使用场合。

答：耐腐蚀泵用以输送酸、碱和其他不含固体颗粒的有腐蚀性液体，在电厂化水系统中应用广泛。耐腐蚀泵要求叶轮、泵壳、轴套和轴头螺帽等与液体接触时要耐输送介质的腐蚀，并在结构设计上应考虑防止其他零件与腐蚀介质的触及。耐腐蚀泵的电动机应根据被输送介质的密度来配用容量，黏度大的液体还应考虑黏度对泵性能的影响。

2 简述耐腐蚀离心泵的拆卸顺序。

答：耐腐蚀离心泵的拆卸顺序为：

（1）拆下联轴器安全罩。

（2）拧下油室放油堵头，放尽旧油。

（3）拆下与泵连接的出入口管件，再拆除压力表。

（4）拆除电动机接线头，拧下电动机与泵座的紧固螺丝，移开电动机。电动机的四角垫片要分别捆在一起，并记录好原来位置，以便组装。

（5）拧下泵盖与泵体的连接螺栓，用两端顶丝将泵盖顶出配合止口，拆下托架地脚螺栓，从泵座上吊下泵盖与托架并支撑平稳。

（6）撬开叶轮螺母制动垫圈，用专用扳手拧下叶轮螺母（另一端用管钳卡住泵轴），取下叶轮及键，拆下泵盖与托架间的连接螺栓。

（7）松开填料压盖，取出盘根和水封环，取下泵盖。

（8）拆开前后轴承端盖，测量纸垫片厚度。

（9）以紫铜棒顶住叶轮侧轴头，轻轻锤击，将轴与轴承一并从联轴器侧抽出，取下水封环、填料压盖及前后端盖及前轴承。

（10）用专用工具取下联轴器及键。

（11）取下后轴承端盖及后轴承。

3 耐腐蚀离心泵泵盖、泵体、托架的检修主要事项有哪些？

答：耐腐蚀离心泵的检修方法与普通离心泵的检修方法相同。但是，由于耐腐蚀材料具有其特殊性，因此在检修时应加以注意。塑料泵和玻璃钢泵应注意其机械强度和耐热性差的问题，检修中不可使受力不均，不能敲打，以防脆裂。高硅铸铁泵必须注意其硅铁脆性，拆装时要尤其小心、谨慎，不能猛力敲打或碰撞；一旦遇到零部件拆卸困难时，应用煤油浸泡后再进行拆卸。陶瓷泵质地较脆，检修或搬运时切忌撞击，出入口管道连接时最好装配橡胶伸缩节，在拧紧各连接螺栓时，受力要均匀，不要拧得过紧，以不泄漏为宜。另外，还要注意骤热和骤冷，不允许有高于50℃温差的冷热突变，以防爆裂；也要注意泵体等组合件有的是不能拆卸的，其上面的螺钉系制造工艺螺钉，不允许敲拆。

4 耐腐蚀离心泵过流部件的注意事项是什么？

答：耐腐蚀离心泵过流部分的零部件，由于直接与腐蚀介质接触，容易损坏，检修时需重点处理。有些非金属耐腐蚀离心泵，如塑料泵、陶瓷泵、橡胶衬里泵等，其过流部件的零件损坏后难以修复，一般需要更换新件。在检修中泵各部件的间隙需要调整时，一定要严格按照产品使用说明书上的规定进行。为防止泵轴封泄漏和轴被腐蚀，轴套与叶轮、叶轮与叶轮螺母等结合面及其密封垫片必须仔细检查，不能有划伤和安装偏斜等缺陷，在检修过程中检查轴封装置，以保证其工作的可靠性。

第七章

汽 轮 机 辅 机

第一节　常见辅机设备的结构与性能

1 凝汽器的任务是什么？

答：凝汽器的任务是：

(1) 在汽轮机的排汽口建立并保持高度的真空，使蒸汽在汽轮机内膨胀到尽可能低的压力，将更多的热能转变为机械功。

(2) 将补给水加热到一定的温度，并进行初步的除氧。

(3) 把汽轮机的排汽凝结成水并作为锅炉给水，维持工质循环使用，提高火力发电厂的经济性。

(4) 排除做功后的蒸汽在凝结过程中析出的不凝结性气体，提高蒸汽凝结的换热效率，减弱不凝结气体中氧气等的腐蚀作用。

2 简述火力发电厂凝汽器的基本构造。

答：目前大多采用的表面式凝汽器，如图 7-1 所示。该凝汽器的外壳大多是用钢板焊接的，两端有水室，水室和蒸汽空间用管板隔开，管板上装有许多换热管（铜管、不锈钢管、钛合金管）并与水室相通。换热管两端胀接在管板上，两端的管板焊接在壳体上。水室上装有外盖，需要进行捅刷凝汽器或更换凝汽器换热管等工作时，可将外盖打开。壳体下部为凝汽器热水井（简称为热井），凝结水出口管位于热井底部。

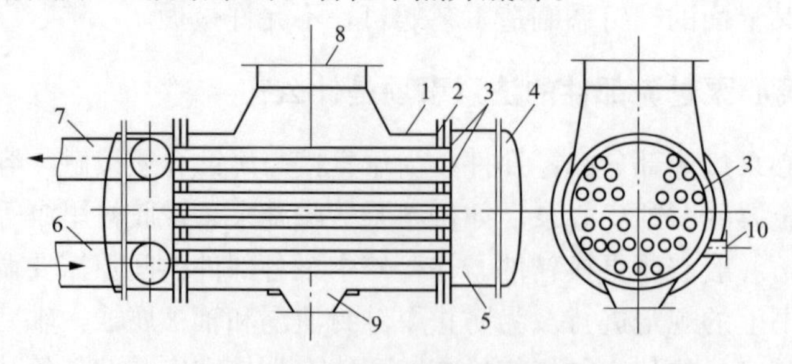

图 7-1　表面式凝汽器简图

1—外壳；2—管板；3—铜管；4—水室盖；5—水室；6—进水管；7—出水管；8—凝汽器喉部；9—热水井；10—空气抽出口

3 凝汽器的循环水如何冷却？该系统主要由哪些设备组成？

答：为了冷却发电厂凝汽器的循环水，目前一般采用各种类型的自然通风和间接空冷的凉水塔，如图7-2所示。

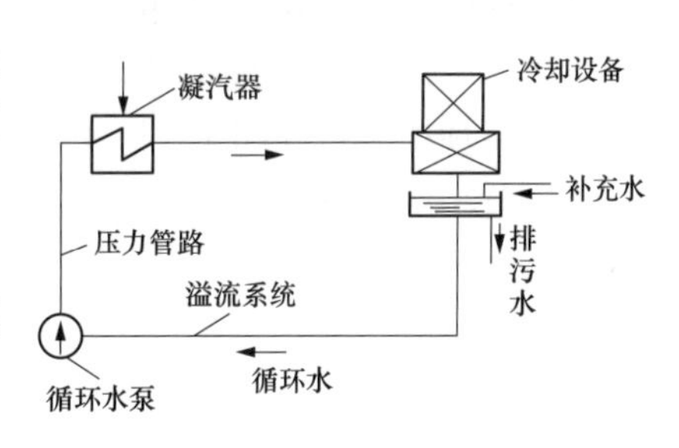

图7-2 循环水系统示意图

该循环水系统主要由下列设备组成：

（1）由冷却设备到循环水泵吸水井的循环水溢流系统。

（2）循环水泵到凝汽器的压力管路。

（3）由凝汽器到凉水塔等冷却设备的管路。

4 凉水塔具有的优缺点是什么？

答：自然通风凉水塔的优点是占地面积不大，水被吹走的损失小，水蒸气从很高的高度排出，因此冷却设备可以直接安装在发电厂设备或建筑物等附近，冷却效果比较稳定。自然通风凉水塔的缺点是造价较高（与喷水池比较），运行维护较复杂，特别是在冬季运行条件下容易结冰，冷却水温度较高。

间接空冷凉水塔的优点是节水效果显著，循环水系统基本无需补水，冷却管路布置紧凑，冷却效果很好（与其他型式的冷却设备比较），而且冷却效果稳定。间接空冷凉水塔的缺点是主要材料消耗量大，对循环水的水质要求相对较高，运行比自然通风凉水塔更复杂。

5 抽气器的作用是什么？其主要型式有哪些？

答：抽气器的作用是在汽轮机启动前，使汽轮机和凝汽器中建立必要的真空；在汽轮机运行中，将凝汽器中的不凝结气体抽出，以保证凝汽器铜管换热效率高，使冷凝工作正常进行，以维持真空度。

抽气器主要有射汽式抽气器、射水式抽气器和真空泵三大类型式。

6 简述抽气器的结构和工作原理。

答：抽气器的结构和工作原理为：

（1）射汽式抽气器。射汽式抽气器在中压机组中采用较广泛，根据其作用有启动抽气器和主抽气器两种。

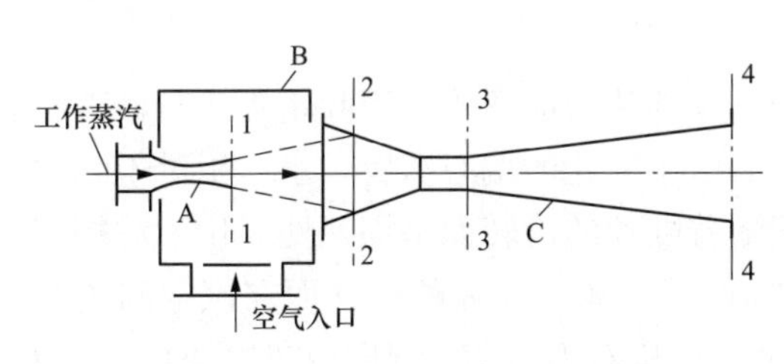

图7-3 启动抽气器工作原理示意图

A—工作喷管；B—混合室；C—扩压管

1）启动抽气器在机组启动时使用，使凝汽器迅速建立起真空，以缩短启动时间。图7-3为启动抽气器工作原理示意。

当工作蒸汽流经喷管时，发生降压增速，喷管出来的蒸汽速度可达1000m/s左右。在高速蒸汽流过的区域里，造成一个低压区，此处的压力低于凝汽器内的压力，这就使凝汽器中的不凝结气体被夹带进入高速汽流中进行混合而吸入扩压管。经扩压管的降速增压过程，混合物在扩压管的出口剖面4—4上，压力升高到比大气压稍高一点，然后排入大气。

2）主抽气器是汽轮机在正常工作时使用。主抽气器的工作原理与启动抽气器一样，主要区别在于主抽气器一般为两级并装有蒸汽冷却器，以回收工作蒸汽的热量和凝结水。主抽气器工作原理示意，如图 7-4 所示。

（2）射水式抽气器。射水式抽气器一般由工作水入口、混合室、扩压管及喉部组成，其结构简图，如图 7-5 所示。

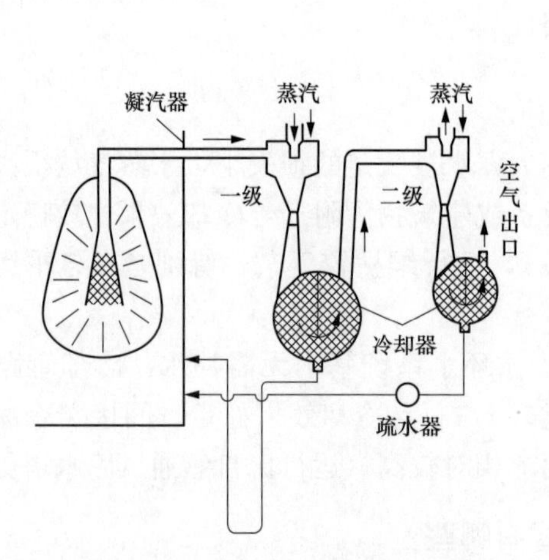

图 7-4　主抽气器工作原理示意图

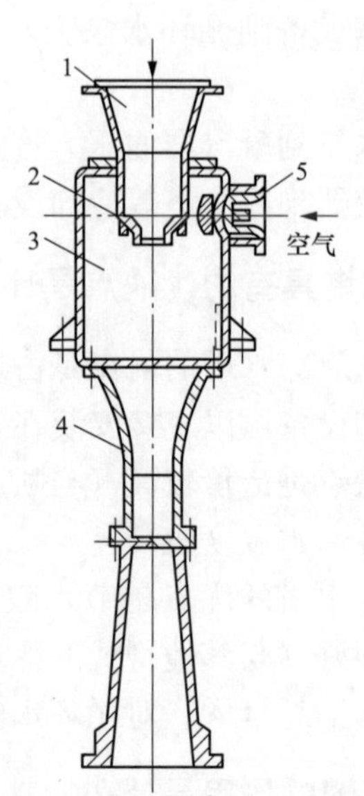

图 7-5　大功率机组射水抽气器简图

1—工作水入口；2—喷管；3—混合室；4—扩压管；5—止回阀

射水式抽气器与射汽式抽气器工作原理基本相同，只是所用的工作介质是由射水泵提供的水。水由进水管进入水室，再由此进入喷嘴。水在喷嘴中产生压降，压力能转变成速度能。水以高速通过混合室，并形成高度真空，与凝汽器抽气口相连的管道抽吸凝汽器内的汽水混合物，并送往扩压管。水在扩压管中流速降低，到排水管出口处压力增加到略高于大气压力，然后排出，同时混合物中的蒸汽被凝结。

（3）水环式真空泵。水环式真空泵是一种容积式泵，其结构和工作原理示意，如图 7-6 所示。

这种泵在圆筒形泵壳内偏心安装着叶轮转子，其叶片为前弯式。当叶轮旋转时，工作液体在离心力的作用下形成沿泵壳旋转流动的水环。由于叶轮的偏心布置，水环相对于叶片进行相对运动，这使得相邻两叶片之间的空间容积随着叶片的旋转而呈周期性变化。对相邻两叶片之间的空间来说，工作水犹如一可变形的“活塞”，随着叶片的转动而在该空间进行周期性的径向往复运动。例如，当图 7-6 中右侧的叶片从右上方旋转到下方时，两叶片间的“水活塞”就离开旋转中心而向叶端退去，使叶片间的空间容积由小逐渐变大。当叶片转到下部时，空间容积达最大。轴向吸气窗口安排在右侧，叶片转过这个地方的时候，正是其空间容积由小变大的时候，因而能将气体抽吸进来。而在叶片由最下方向左上方转动过程中，

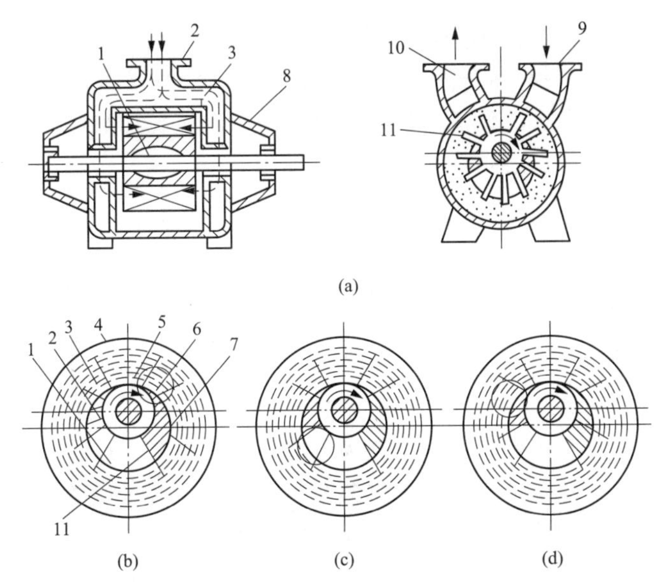

图 7-6　液环式真空泵结构和工作原理示意

(a) 结构简图；(b) 吸气位置；(c) 压缩位置；(d) 排气位置

1—月牙形空腔；2—排气窗口；3—液环；4—泵体；5—叶轮；6—叶片间小室；7—吸气窗口；8—侧封盖；9—入口；10—出口；11—叶片

“水活塞”沿着叶片向着旋转中心压缩进去，使得两叶片间的空间容积由大逐渐变小，被抽吸入叶片间空间的气体受到压缩，压力升高。排气窗口安排在左上方叶片间空间容积最小处，气体被压缩到最高压力由此排出。这样，随着叶片的均匀转动，每两叶片之间的容积在“水活塞”作用下周期性变化，使得吸气、压缩和排气过程持续不断地进行下去。

7　凝汽器端部管板的作用是什么？

答：凝汽器端部管板的作用主要是用来安装并固定换热管，并把凝汽器分为汽侧和水侧。端部管板需有一定的厚度，以保证不变形及换热管胀接的严密和牢固。

8　凝汽器中间管板的作用是什么？

答：凝汽器中间管板的作用主要是用来减小换热管的挠度，并改善运行中换热管的振动特性。通常中间管板被设计成支持管板，使换热管中间高于两端，这样可减小换热管的热胀应力。

9　汽轮机排汽缸的受热膨胀一般用何种方法进行补偿？

答：大型机组的凝汽器用弹簧支持在基础上，借助弹簧来补偿排汽缸的膨胀。凝汽器喉部与汽轮机排汽口采用焊接形式（即刚性连接），底部支撑在若干组弹簧支座上（即弹性支撑）。在机组运行中，凝汽器的自重由弹簧支座承受，而凝汽器内汽侧凝结水重则由汽缸传给低压缸基础框架承受。运行时，凝汽器自上而下的热膨胀由弹簧来补偿。小型机组用波形伸缩节把排汽口与凝汽器连接起来，借助波形伸缩节来补偿。

10　简述凝汽器的工作流程。

答：正常运行时，循环水泵将冷却水从进水管打入前水室下半部，流经下半部换热管，在后水室转向，再流经上半部换热管，回到前水室上部，从出水管排出。汽轮机的排汽经喉部进入凝汽器的蒸汽空间（换热管外的空间），流过换热管外表面与冷却水进行热交换后被凝结；部分蒸汽由中间通道和两侧通道进入热井对凝结水进行加热，以消除过冷度，起到除氧作用；剩余的汽气混合物，经抽汽口由抽气器抽出。

11 密闭式循环水系统采用的冷水塔型式有哪几种？

答：在密闭式循环水系统中，常用的冷水塔有以下几种：

（1）塔型冷水塔。

（2）双曲线型冷水塔。

（3）间接空冷型冷水塔。

上述冷水塔按其淋水装置的结构均可分为点滴式、薄膜式、点滴薄膜混合式和喷溅式四种。根据一定的水负荷、热负荷和当地的气象条件，可设计出与要求相适应的各种冷水塔，其中较完善的是薄膜式、双曲线型和自然通风式的冷水塔。

12 回热加热器如何分类？

答：回热加热器按汽水传热方式的不同，可分为表面式和混合式两种。目前在火力发电厂中，除了除氧器采用混合式加热器外，其余高低压加热器均为表面式加热器。

混合式加热器中加热和被加热两种介质是直接接触而混合的；表面式加热器中加热介质（从传热管外侧通过）和被加热介质（从传热管内侧通过）之间的热量交换是通过金属表面进行的。

混合式加热器的优点主要是它能充分利用加热蒸汽的热量，可以把给水加热到该蒸汽压力下的饱和温度，可获得最佳的热循环效率，因而可节省更多的燃料。除此之外，混合式加热器构造简单、制造成本低、价格便宜并且加热器内能混合各种不同温度的水、汽；在混合的同时，又能除去水汽中所溶解的气体，提高设备使用寿命等。其缺点主要是给水系统复杂化，由此而导致给水系统和设备本身的工作可靠性降低。

现代电厂中普遍采用表面式（或叫管壳式）加热器，汽轮机的抽汽通过传热管的金属壁将热量传给给水或凝结水，达到回热给水和凝结水的目的。由于这种传热过程存在一定的温差，也有一定的压力损失，所以比之混合式加热器，经济性要差些。

表面式给水加热器按使用压力分有高压加热器和低压加热器。

发电厂加热器与给水泵之间是串联运行，从而组成了串联给水回热系统，给水泵把加热器分成高压和低压两组加热器，其中低压加热器连接在凝结水泵和给水泵之间，承受凝结水泵压力，该压力一般不大于4MPa。高压加热器连接在给水泵和锅炉之间，承受给水泵出口压力。

表面式给水加热器按结构型式又可分成联箱式和管板式两大类。

在联箱式加热器中没有水室，分别以用作给水进出口的联箱管来连接传热管的两端，实现给水的分配和汇集。传热管的型式常用的有圆形盘香管、椭圆形盘香管、蛇形管等，其两端直接与进出口联箱上的短节相焊。

管板式加热器的优点是结构紧凑，外形尺寸小，材料消耗少，管束水阻小，管子损坏容易堵漏。缺点一是管子与管板连接的工艺要求高，制造厂需有加工管板和水室的大型锻造及加工设备；二是加工工艺复杂，管子和管板的连接部位对温度变化敏感，运行操作要求严格。

管板式加热器中，传热管的型式不外乎直管和U型管两种，为了简化结构，减少水室和管子与管板的连接，电厂用给水加热器大多采用U型管，如图7-7所示。水室的结构有圆柱形、半球形和环形等几种。

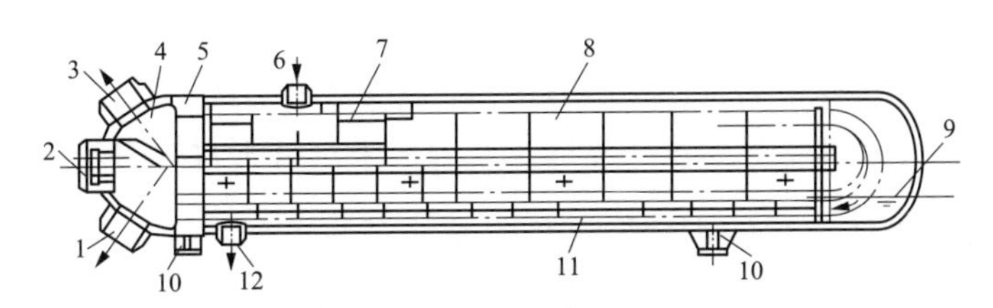

图7-7 U型管管板式高压加热器

1—给水入口；2—人孔；3—给水出口；4—水室；5—管板；6—蒸汽入口；7—过热蒸汽冷却段；8—凝结段；9—正常水位；10—支座；11—疏水冷却段；12—疏水出口

表面式加热器按布置方式可分为立式和卧式。

早期生产的加热器大多为立式布置。立式的U型管管板式加热器按其水室位置，又可分为水室在上部的顺置立式加热器和水室在下部的倒置立式加热器。一般来说，倒置立式加热器在安装和管道连接上较为有利，且管板在下面，管板面上有凝结水覆盖，可隔离过热蒸汽直接与管板接触，因而减少了管板两侧的温差和温度应力。疏水冷却段也设置在下方，有利于疏水冷却段的稳定运行。

近几年来，随着机组容量的增大和设计制造水平的提高，在大型机组中，较多地采用卧式加热器。卧式加热器和立式加热器的优缺点，比较如下：

（1）卧式加热器。

优点：便于安装、维修，在堵塞管子或补修管子与管板的焊接时，易于在管板面上工作；液体容积较大，有利于疏水水位的调节控制，所以有较好的运行稳定性，经验证明，排气问题较少；逐级疏水导入下一级加热器，可以少用弯头；全部传热面均有用。

缺点：需占用较多的厂房面积。

（2）立式加热器。

优点：占用较少的厂房面积，可以有比较经济的建筑安排。

缺点：横截面小，因而对应单位高度水位的水容积小，水位控制较为困难；排气不充分，倒置立式加热器，因内部布置要求，有一些不起作用的传热面积；且倒立于向下的管板面上，维修困难。

表面式加热器按其内部不同性质传热区域的设置，分成一段式、两段式、三段式的加热器。

13 高低压加热器的作用是什么？常见的加热器采用什么结构？

答：在火力发电厂中，工质从燃料获得的热能，有很大一部分是在凝结器中被循环水带走，这部分热损失称为冷源损失。如果将在汽轮机内已做过功的蒸汽抽出来加热锅炉给水而不进入凝汽器，那么这部分蒸汽在汽轮机中做了功但没有冷源损失，这就提高了发电厂的热效率。因此高低压给水加热器的作用是用汽轮机的抽汽来加热锅炉给水，来提高机组热效率的。

采用给水回热加热一般可降低燃料消耗10%～15%。由于回热循环效率的提高程度在很大范围内决定于回热抽汽的压力和与之相应的给水加热的温度，因此给水回热加热过程主要参数的选择对发电厂的经济性有很大影响。但提高经济性常常要以增加设备投资为代价，所以要通过综合技术经济比较来确定。

高、低压给水加热器通常为U型传热管，双流程结构；按布置形式分为：倒置式、顺置立式和卧式三大类。此外，高压加热器的水室一般采用自密封结构。

14 简述表面式加热器的构造及工作过程。

答：目前常见的表面式加热器有管板-U型管式和联箱-盘香管式两种。前者为水室结构，后者为联箱结构，具体为：

(1) 管板-U型管式加热器。它的受热面一般是由铜管、碳钢管或不锈钢管组成的U型管束（或直管束），如图7-8所示为立式、带有管板的表面式加热器。

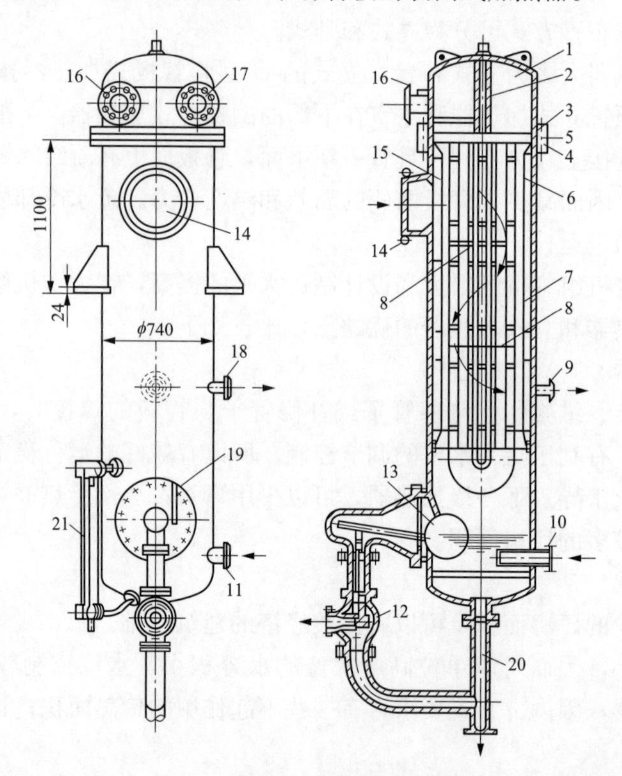

图7-8 管板-U型管式加热器

1—水室；2—锚形拉撑；3、4—垫；5—管板；6—U型铜管；7—骨架；8—导向板；9—空气抽出管；10、11—接收邻近加热器来的疏水管；12—疏水器；13—疏水器浮子；14—加热蒸汽进汽管；15—护板；16、17—主凝结水的进口和出口；18—邻近加热器来的空气入口管；19—举起浮子的把手；20—加热器疏水的排水管；21—水位指示器

铜管是胀接在管板上，而钢管则是先胀管再与管板焊在一起。整个管束安置在加热器的圆筒形外壳内，管束还用专门的骨架加以固定，外壳上部用法兰连接，管板上面为水室的端

盖。被加热的水由连接短管进入水室的一侧，流经 U 型管束后，再送入水室的另一侧连接管流出。加热蒸汽从加热器外壳的上部进入加热器汽室，借导向板的作用，使汽流在加热器内曲折流动，在冲刷管子外壁的过程中凝结放热，把热量传给被加热的水。在加热器蒸汽进口处的管束外加装有保护板，以减轻汽流对管束的冲刷作用。为了便于加热器受热面的检查、清洗和检修，整个管束制成一个整体，可从外壳内抽出。

上述表面式加热器，一般应用于被加热后的压力约在 7MPa 以下的情况，因此所有的低压加热器以及某些高压加热器一般都采用这种类型。

为保证高压加热器水室的严密性，大型机组加热器的水室结构均不采用法兰连接，而采用自密封式或人孔盖式密封结构，如图 7-9 所示。它借助于水室中的高压给水对密封座的作用力来压紧密封环，以达到自密封的作用。这种结构的水室筒体与管板之间及管板与汽侧壳体之间的连接方式均为焊接。

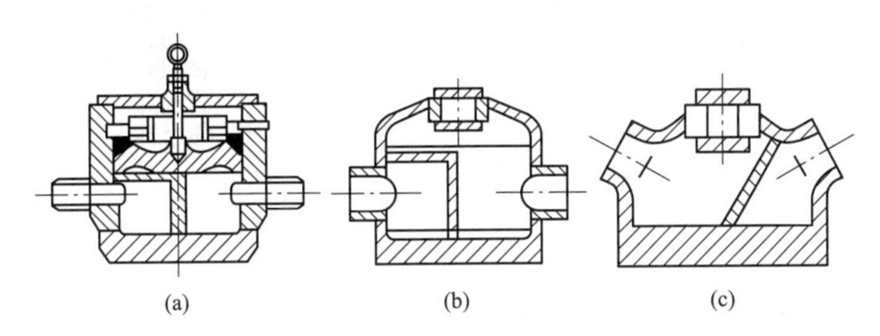

图 7-9　水室密封

(a) 自密封式；(b)、(c) 人孔盖式

自密封式水室的优点是检修方便（水室上部为大开口），水室冷却快，可提前检修。缺点是水室受力大，故水室壁较厚，材料消耗多且加工量也大。

人孔盖式密封水室的优点是制造方便，水室壁薄，密封性能好，但检修困难。

随着电厂机组参数的提高，高压加热器水侧的压力可高达 14.0～15.0MPa 以上，水温在 215～230℃以上。在此情况下采用普通的管板就必须做得很厚，如果仍然用胀接的办法把管径为 13～19mm 的管束固定在很厚（300～500mm）的管板上，在加热器投入运行时，很难使胀口的严密性得到保证。为此，国产高压加热器采用了氩弧焊、爆炸法胀管等新工艺。

（2）联箱-盘香管式加热器。它是一种由螺旋管组成的加热器。加热器的管束在直立圆筒形外壳内对称地分为四行，每行由若干组水平螺旋管组成，如图 7-10 所示。给水由一对直立的水管送入这些螺旋管组中，并经另外的一对直立集水管导出，每个双层螺旋管的管端都焊接在邻近的进水和出水集水管上，水的进出都通过外壳盖上的连接管；加热蒸汽经加热器中部连接送入，并在外壳内部先向上升，而后下降，顺着一系列水平的导向板改变流动方向，同时冲刷管组的外表面，带导轮的撑架是为从外壳中抽出或放入管束时导向用的。

15 联箱-盘香管式加热器与管板-U 型管式加热器比较，有哪些优缺点？

答：联箱-盘香管式加热器与管板-U 型管式加热器相比较，联箱-盘香管式的优点是：

（1）加热器的螺旋管容易更换。

（2）传热管焊接在联箱上，不存在厚管板与薄管壁之间的焊接问题。

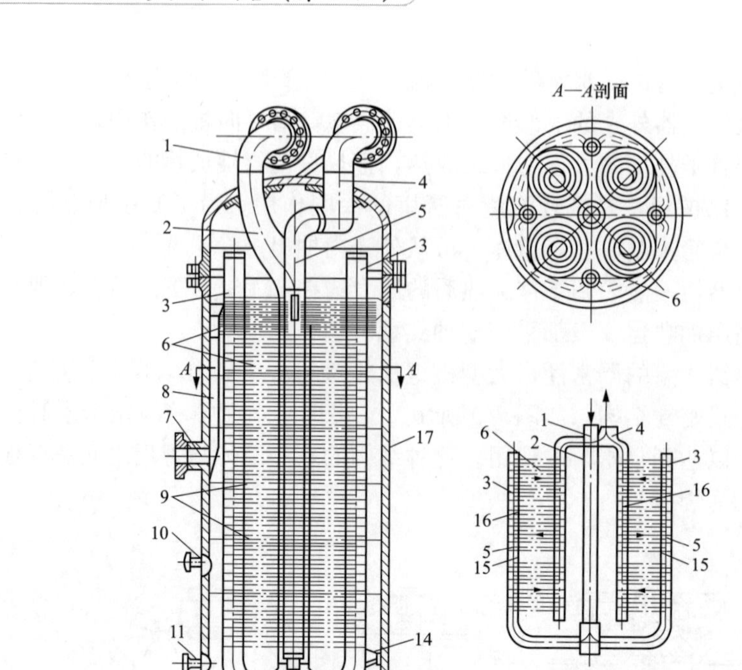

图 7-10　联箱-盘香管式加热器

1—给水进入管头；2—进水管；3—进水集水管；4—给水引出管头；5—出水集水管；6—双层螺旋管；7—加热蒸汽进入连接管；8—加热蒸汽的导槽；9—导向板；10—放气连接管；11、12—接疏水浮子室连接管；13—加热蒸汽凝结水的放水口；14—带导轮的撑架；15、16—集水管的隔板；17—外壳

(3) 运行可靠，事故少。

其缺点是：

(1) 体积大，消耗金属材料多。

(2) 管壁厚，热阻大，水阻大，热效率较低。

(3) 管子损坏后堵管困难，检修劳动强度大。

(4) 螺旋管束与集水导管焊接工作量大，且为异类焊接，易泄漏，检修维护工作量也大。

16 加热器疏水装置的作用是什么？

答：通过滑阀或调节阀，使加热器保持有一定的水位，水位达到一定值后，自动打开滑阀或调节阀时，防止蒸汽随之漏出。

17 加热器疏水系统的连接方式有哪几种？

答：加热器疏水系统的连接方式有：

(1) 混合式加热器。这种加热器没有端差，热经济性好，但每台加热器必须配置专门的汽水混合装置，使热力系统复杂化，运行可靠性下降，只在低压加热器系统中采用。

（2）疏水泵连接系统。要将疏水直接送入到给水管道中，必须用疏水泵，因为给水管道中的压力比疏水的压力高。其热效率仅次于混合式加热器系统，这是由于疏水和给水混合后，可以减少该级加热器的给水端差。采用这类系统，由于增加了疏水泵，使系统相对变得复杂，投资也增加，多在高参数大容量机组局部采用，而且多用在低压加热器系统中。

（3）疏水逐级自流系统。这种系统比较简单，运行维护方便，安全性较高，用得较多，它是依靠上下两级加热器汽侧的压力差，将疏水自动导入压力较低的下一级加热器的汽侧，最后一级加热器的疏水则自流入除氧器或凝汽器。但这一系统经济性最差。尤其是最后一级加热器的疏水自流入凝汽器而造成较大的冷源损失。一般采用下面三种措施来改善这一系统：

1）最后一级加热器疏水采用疏水泵打入凝结水管路。

2）采用疏水冷却器，在进入下一级加热器之前用一部分主凝结水在疏水冷却器中将疏水冷却，以减少低压抽汽量而造成的损失。

3）带疏水扩容器的疏水逐级自流。

18 何谓蒸汽冷却器？

答：蒸汽冷却器指设置于加热器外部的、单独的汽水换热器。内置式蒸汽冷却器是指高压加热器的过热蒸汽冷却段，是加热器内部利用蒸汽过热度来加热给水的那一部分加热管束。

蒸汽冷却器能使加热蒸汽在凝结放热前，利用其过热度加热给水，可以降低给水端差。

使用前置式蒸汽冷却器有两个优点，一是热经济性较高，二是可靠性较高。

19 给水加热器设有哪些保护装置？

答：给水加热器设有超压保护、异常水位保护、蒸汽冷却器和疏水冷却器的保护、对汽轮机的保护等。

20 何谓闪蒸？闪蒸现象会引起的危害有哪些？

答：闪蒸是指当局部疏水温度比相对于疏水压力的饱和温度高时所发生的剧烈汽化现象。

闪蒸现象引起汽水两相共流，对加热器传热管件和壳体内附件的危害极大，不但会引起疏水流动不稳定，而且还会引起管系振动和冲刷侵蚀。

21 给水中含有氧气的影响是什么？

答：给水中含有氧气的影响是：增大换热面的热阻，影响热交换的传热效果；氧本身又能腐蚀热力设备管道使之泄漏，降低热力设备的可靠性及使用寿命。

22 除氧器的作用是什么？

答：除氧器是一种混合式加热器，它的作用为：

（1）除去锅炉给水中溶解的氧等气体。

（2）加热给水，提高循环热效率。

（3）收集高压加热器的疏水，减少汽水损失，回收热量。

23 除氧器的除氧原理是什么？

答：火力发电厂主要采用热力除氧的方法来除去给水中所有的气体。热力除氧的原理就是将水加热到饱和温度时，水蒸气的分压力就会接近100%，则其他气体的分压力就将降到零，于是这些溶解于水中的气体将被全部排除。

24 火力发电厂除氧器的类型都有哪些？简述其构造及工作原理。

答：根据水在除氧器内流动的形式不同，除氧器的型式可分为水膜式、淋水盘式、喷雾式、喷雾填料式、旋膜式等。

水膜式除氧器由于处理水质效果较差，目前电厂内已基本不再采用。现将使用较为普遍的淋水盘式、喷雾式、喷雾填料式三种类型除氧器的构造及工作原理介绍如下。

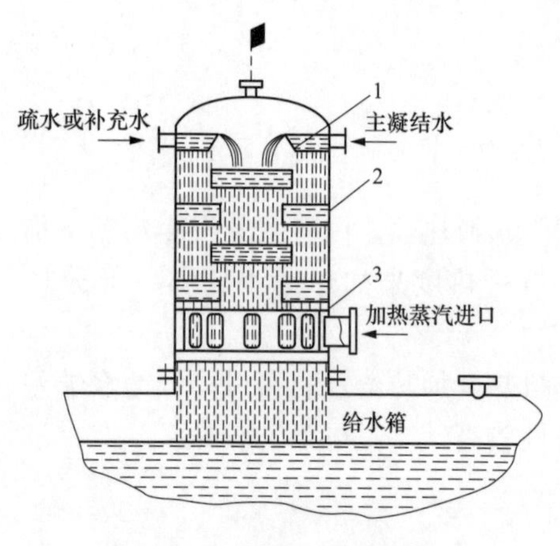

图7-11 淋水盘式除氧器
1—配水槽；2—筛盘；3—蒸汽分配箱

（1）淋水盘式除氧器。它的构造，如图7-11所示。除氧器的除氧塔内上方装置有环形配水槽，配水槽下面装有若干层交替放置的筛盘，塔下边是加热蒸汽分配箱。

在淋水盘式除氧器中，要除氧的水（主凝结水、化学补水、疏水等）由塔上部进水管分别进入配水槽中，然后从配水槽落入下部筛盘，每层筛盘与水层厚度约100mm，筛盘底有若干个直径为4～6mm的孔把水分成细流，形成淋雨式的水柱。加热蒸汽由塔下部送入，经蒸汽分配箱沿筛盘交替构成的蒸汽通道上升，与除氧水一同落下至给水箱，余下少量未凝结蒸汽和分离出来的气体，从除氧塔顶端排气门排出。

（2）喷雾式除氧器。它的构造，如图7-12所示。工作过程为：主凝结水分两路由进水管进入除氧塔。塔内每根凝结水管上装有21个喷嘴，每个喷嘴的进水压力为0.1MPa，喷水量为2t/h。加热蒸汽分两路，一路由除氧塔的中部进汽管进入，在汽室中对喷嘴喷出的雾状水珠进行第一次加热，其本身大部分凝结成水与除氧水一起落入蒸汽喷盘中；另一路由除氧器下部进汽管中进入，在蒸汽压力作用下，把被弹簧力压在出汽管口的蒸汽喷盘顶开。蒸汽从顶开的缝隙中以很高的速度喷出，同时以自己的动能将落入盘内的水冲散于周围空间，对水进行第二次加热。在除氧塔下部空间中，未凝结的蒸汽与分离出来的气体沿锥形筒和夹层上升至除氧塔头部，对雾状水珠再次加热，分离出来的气体与少量蒸汽由塔顶排气管排出。

（3）喷雾填料式除氧器。目前，喷雾填料式除氧器还被广泛地应用于大中型机组中。喷雾填料式除氧器的基本结构，如图7-13所示。除氧水首先进入中心管，再由中心管流入环形配水管，环形配水管上装有若干喷嘴，经向上的双流程喷嘴把水喷成雾状。加热蒸汽管由除氧塔顶部进入喷雾层，喷出的蒸汽对雾状水珠进行第一次加热。由于汽水间传热表面积增大，水可很快被加热到除氧器压力下的饱和温度，于是水中溶解的气体有80%～90%就以小气泡逸出，进行第一阶段除氧。

在喷雾层除氧之后，采用辅助除氧措施，增加填料层进行第二阶段除氧。即在喷雾层下边装置一些固定填料如Ω形不锈钢片、小瓷环、塑料波纹板、不锈钢车花等，使经过一次

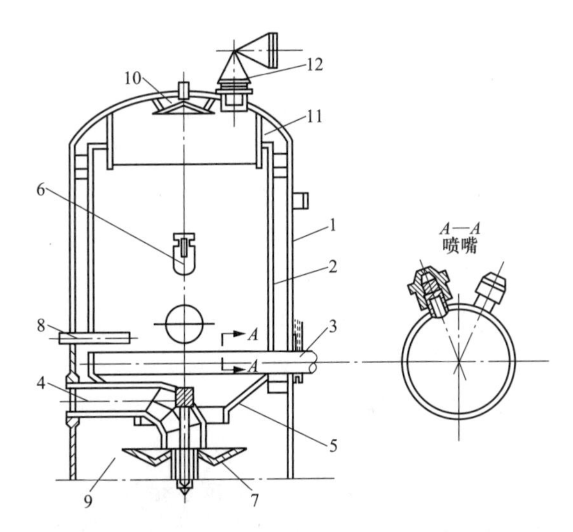

图 7-12 国产 0.6MPa、225t/h 喷雾式除氧器

1—外壳；2—汽室筒壁；3—进水管；4—下部进汽管；5—锥形筒；6—中部进汽管；7—蒸汽喷盘；8—高压加热器疏水管；9—除氧塔下部空间；10—锥形挡板；11—汽室筒与外壳夹层；12—安全阀

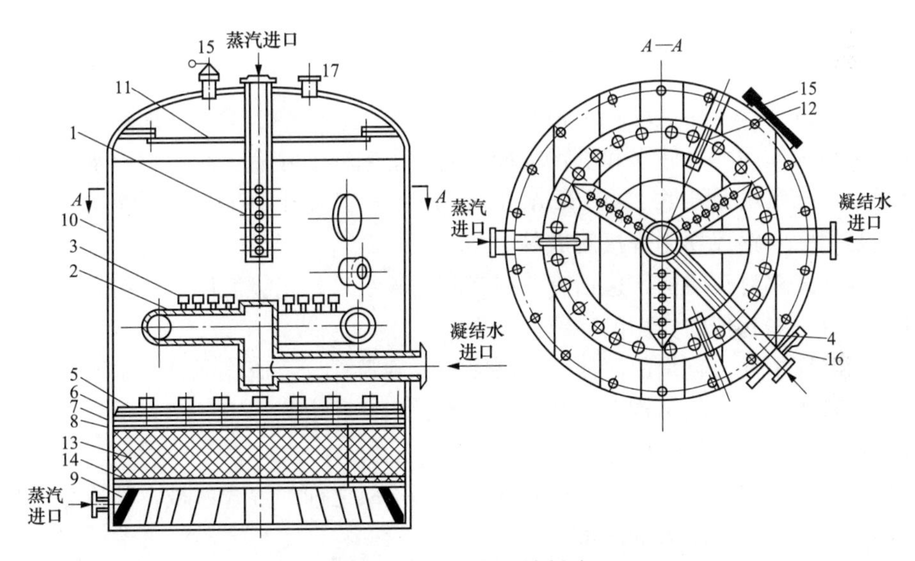

图 7-13 高压喷雾填料式

1—加热蒸汽管；2—环形配水管；3—10t/h 喷嘴；4—高压加热器疏水进水管；5—淋水区；6、8—支撑卷；7—滤板；9—进汽室；10—筒身；11—挡水板；12—吊攀；13—不锈钢 Ω 形填料；14—滤网；15—弹簧式安全阀；16—人孔；17—排气管

除氧的水在填料层上形成水膜，水的表面张力减小，于是残留的 10%～20%气体便扩散到水的表面，然后被除氧塔下部向上流动的二次加热蒸汽带走。分离出来的气体与少量蒸汽（加热蒸汽量的 3%～5%）由塔顶排气管排出。

25 简述旋膜除氧器的工作原理。

答：旋膜除氧器是在原有的膜式除氧器的基础上经创新、改进而制造完成的，其使用范围有自10～1080t/h内的多种型号和多种功能。下面，就以300MW机组选用的1080t/h旋膜除氧器来作为示例加以说明。

旋膜除氧器的传热、传质方式与已有的液柱式、雾化式、泡沸式均不同，它是将射流、旋膜和悬挂式泡沸三种传热、传质方式集于一体的一种传热传质方式，其换热的主要部件旋膜管所完成的作用与以往的老式除氧器的喷射、降膜和泡沸传热传质方式具有根本的不同：旋膜管先是利用喷嘴形成射流而不是在冷凝扩散管中完成冷凝阶段，其吸热功能和解析能力大大增强；其次，它将自然降膜改为强力降膜，增大了液膜的更新度，同时造成液膜沿管壁的强力旋转而抽吸入大量的蒸汽，进一步增强了换热、传质的效果；再者是将汽、水的相向泡沸进化为悬臂式泡沸，提高了流层中汽水换热的接触面积，并能保持汽、水各自稳定的流动通道，这样在一个独立的单元部件内就全部完成了主要的传热传质功能，因而具备了很高的效率和较高的技术性能。

初级工

300MW机组配用的1080t/h旋膜除氧器的主要技术指标有：

淋水密度为134～152m^3/m^2h，设计压力/最高工作压力分别为1.0/0.8MPa，设计温度/最高工作温度分别为350/335℃，最大给水提升温度为97℃，最大入口允许溶氧浓度/出口溶氧浓度（运行值）分别为7600/7μg/L，排汽量小于1‰，可根据工况的要求灵活采用滑压、定压等不同方式来运行。

26 简述旋膜除氧器的基本结构。

答：旋膜除氧器是由除氧塔和水箱两部分组成的，其中给水除氧和加热主要在除氧塔内完成，除氧水箱的作用则是储水和供水缓冲，同时也起辅助除氧、对锅炉上水时进行预加热等作用。通常，除氧塔是由覆层厚3mm的复合板材（20g＋1Cr18Ni9Ti）来加工制作的，除氧水箱则是用20g钢板卷制焊接制成的。

除氧塔为立式双封头结构，包括有一级旋膜除氧组件、二级波网状填料除氧组件两大部分。此外，还有一些起辅助作用的零部件。

（1）一级除氧组件。它是由筒体、多层隔板、旋膜管、双流连通管、水入口混合管、蒸汽管等组合焊接为一体，从结构上可细分为水室、汽室和水膜裙室。

隔板是用来将一级除氧组件分隔成水室、汽室的。

水入口混合管是作为各种补给水送入水室进行除氧之前的混合区域，其特点为基于喷射器的原理而可以混合不同压力的来水。

旋膜管作为传热传质的主要部件，是由无缝钢管在上下两端钻有射流孔、泡沸孔等制成。根据其功用的不同，在每台除氧器设有主件管、排水管和排汽管三种旋膜管，并按照设计的要求来选择各类旋膜管的数量和工艺布置方式。其中，排水旋膜管具有射流、旋膜和泡沸的功能，在除氧器停用时可排出水汽室内的积水；排汽旋膜管同样具有传热传质的功能，还可排除一次组件下隔板上部的余汽。

双流连通管是由无缝钢管制成，其主要作用是将汽水分离室内分离出的积水和旋膜管带出的积水导流引回水箱，同时排除除氧塔内部自由空间上部的气（汽）体并在管内进行汽、水介质的换热。

水膜裙室即除氧塔一、二级除氧组件之间的自由空间，它是除氧器的雾化区和旋膜作用的终程。水膜裙是传热传质的主要区域，在水膜裙室时的、经过一级除氧的水的温度已接近于该处压力下的饱和温度，每个起膜器所能形成的水膜裙最大可用面积通过试验可以确定。且这个自由空间的容积大小和水膜裙的形态对给水的除氧效果有着直接的影响。

(2) 二级除氧组件。它是由蓖条组、填料组两大部分组成的。

蓖条组是用厚度为3～5mm的钢板经过切割、液压煨制成弧形的管条和框架而组成的，其中的蓖条等间距地焊接在框架上，而框架则制成可拆卸式。蓖条组的主要作用就是将经过一级除氧后的给水进行二次分配，且要求蓖条布置时所占的空间面积应不小于其截面积的50%。

填料组是由波网状的填料以及框架组成的，波网状填料可将经过一次除氧之后的水滴进一步分离以增强除氧、换热效果。填料层是用0.1mm×0.4mm的扁不锈钢丝编织成网带并具有Ω型孔眼，穿插固定在框架之内。波网状填料的比表面积为可变的，通过调整其卷制的松紧程度可将填料制成比重为80～140kg/m^3、相对应的比表面积为160～1800m^2/m^3、空隙率为94%～99%的不同规格。对波网状填料的基本要求就是压力损失小、所占实际体积小而分离效率高，通常选取比表面积为250～350m^2/m^3的范围，且填料的层数通常不超过2层。

(3) 其他配件。在旋膜除氧塔的上、中、下各部还分别装设有汽水分离器、高压加热器疏水配水管、四根加热蒸汽导管和一根落水管等辅助配件。

汽水分离器是由托架、排汽管和填料组成的，它也是选用波网状填料作为分离层的。为了简化设备结构，通常汽水分离器是和除氧塔上部的人孔组合为一体的，在检修时可将人孔盖连同汽水分离器一同取下。

高压加热器疏水配水管采用的是侧下喷式孔管配水，孔管内部为可拆卸式，膨胀端则采用的是丁字头固定。

加热蒸汽导管均布于除氧塔的下封头，落水管则设置在下封头的中心位置并与除氧水箱上部的相应管口对接，这五根管也就是除氧塔的支腿。

除氧塔外壳上的四条工字钢支腿主要是作为安装时的调整、对口所用，它与除氧水箱上端的支腿座是采用法兰连接，日常运行中需将该对法兰采取松螺栓连接的方式，并应留出适当的膨胀间距（至少在3mm以上），以免除氧器投停时对除氧塔和除氧器水箱分别向上、向下的自由膨胀受到不利的影响。

除氧水箱内部配装的附件有加热蒸汽导管、再沸腾管、配水管、出水管入口端防旋板以及一些配件和接口等。

加热蒸汽导管位于除氧水箱内部的上端，它的作用是将加热蒸汽接入除氧塔下部的通汽管而送到除氧塔内的底部并以喷射的方式溢出，同时还以抽吸的方式将水箱内水位面上部含有氧气的气（汽）体一并带入除氧塔，这样就使得水、汽换热换质界面上的气（汽）体中氧分压降到最低，从而达到脱除、去掉给水中氧成分的目的。

配水管的作用是将除氧塔除氧后的水由落水管引流下来，并直接配送到除氧水箱下端的各个出水口处，这样也利于当发生机组甩负荷时能将冷水直接送到出水口处，避免事故情况下给水泵入口产生汽化现象。

再沸腾管装设在除氧水箱的中下端，主要用于锅炉上水及机组启动前期对给水加热、除氧之用，通常在机组正常运行中属于停用状态。

出水口防旋板设置在除氧水箱下部的出水口处，由于各出水管口与水箱接口处平齐、内部未保留凸起部分，因而设置防旋板以避免水箱低水位时产生水的旋流、进而带来水泵入口的汽化和汽蚀损害，还可避免水箱低水位时影响出水管口的给水充盈度和相应增加水箱的有效容积。

此外，与除氧器相关联的还有给水泵再循环管、除氧水箱溢流管、门杆溢汽供除氧器管、轴封溢汽供除氧器管、除氧水箱低位检修或事故放水管等，但它们都不会对旋膜除氧器正常功能的发挥产生太大的影响。

27 简述内置式无塔除氧器的结构及其主要特点。

答：内置式无塔除氧器是荷兰施托可（Stork）公司经过几十年来不断地研究开发和技术创新，采用了独特的专利技术并在国内外许多的大中型机组上得到广泛使用和印证的先进技术。内置式除氧器主要是由水箱两端的封头、钢制筒体、水箱内部组件（包括进汽装置、分隔挡板）、水箱支座和安全装置等，如图7-14所示。其中，水箱内部的进汽装置分为辅助蒸汽接管和主蒸汽接管，在启动工况下使用的是辅助蒸汽，此时辅助蒸汽阀门打开而主蒸汽阀门关闭；主蒸汽则用于正常的运行工况，此时主蒸汽阀门开启而辅助蒸汽阀门关闭。为了防止给水倒流进入蒸汽供给管路，在主、辅蒸汽管路上均设置有止回阀。设在水箱内部的挡板分为三种，其中的喷嘴挡板设置在喷嘴的后面，用以增强除氧效果；另两种流量挡板分别设在水箱中部和出水管前面，用以控制出水流量和减缓水流的波动及旋流的影响。

图7-14　内置式除氧器结构

采用Stork技术制造的内置式除氧器是将凝结水经过盘式恒速喷嘴雾化与加热蒸汽进行充分的混合，使水加热到除氧器运行压力下的饱和温度而使得溶解氧从水中析出，此即给水的初级除氧阶段；再经过往水箱水面下送入蒸汽进行深度除氧，使给水中的溶氧和其他不凝结气体进一步析出，达到标准要求的锅炉运行给水水质，这个过程称为给水的深度除氧阶段。

初级除氧阶段是由喷雾装置来完成的，在各种工况下喷雾装置均能确保凝结水被加热到饱和温度且与蒸汽进行充分的接触。由于在饱和状态下氧气在水中的溶解度为零，因而溶解氧自水中析出进入蒸汽空间，并聚集在喷射装置附近；当分离解析出来的蒸汽聚集到一定的浓度之后，即随同少量的蒸汽一起由排汽管排出。至于深度除氧阶段，则是通过主动地将含氧量极低的蒸汽等介质喷射入水箱来实现的。根据不同的工况要求可分别采用蒸汽、加压热水或汽水混合物来充当除氧的介质。

内置式除氧器与常规有头式除氧器相比，其主要的优点如下：

（1）除氧效果好、可靠性高，可保证除氧后的给水中含氧量小于等于5μg/l，正常运行时保持在1μg/l左右。

（2）在极低的负荷范围内（约10%以上）且不论定、滑压运行工况均可保证达到正常运行时的除氧效果，而常规除氧器则需在30%以上负荷时才能达到这个标准。

（3）由于内置式除氧器在启动过程中是先将凝结水注入至水箱最低水位300mm以上（已完全淹没加热蒸汽排管）时，就先行按照规定的温升曲线通入蒸汽进行加热；待除氧器达到规定要求的温度和压力之后，才进一步注水至正常水位并继续通入蒸汽加热，同时向锅炉给水泵供水。这样的启动方式就避免了一般有头式除氧器在启动时通常存在的振动、水击现象。此外，这种运行方式还无须设置或启动再循环系统，可以减少设备的初始投资。

（4）采用Stork技术制作的内置式除氧器为单体容器，在加工制造完成后经过了设备的整体热处理，已经彻底消除了焊缝及母材内的残余应力，也不会因安装等其他因素再产生新的内应力；而有头式除氧器尽管其除氧头和水箱再加工时已经分别进行了整体热处理，但安装过程中由于除氧头与水箱连接处必然会产生新的内应力，而这却无法通过任何手段来加以解决，时间一长就会在水箱支撑除氧头处由于应力集中而产生应力裂纹，造成除氧器的失效而无法继续正常使用。因此说，内置式除氧器抗应力损耗的能力较普通有头式除氧器有了极大的提高，显著增加了除氧器的使用寿命（一般不低于30年）。

（5）由于加热蒸汽是从水面下送入，使除氧器整体工作温度水平明显降低（≤220℃），大大提高了除氧器的金属热疲劳使用寿命。

（6）采用了专利技术制作的喷嘴，其性能稳定可靠而无须再设置填料，且喷嘴的使用寿命为30年，正常情况下无须更换，极大地降低了设备的维护费用。

（7）由于有着独特的除氧方式和良好、稳定的除氧性能，内置式除氧器除了喷嘴之外，在保证给水的pH值大于等于8的条件下，其余的本体所有部件均可使用碳钢（如16MnR、20g等）制作，且可以保证在非凝结气体与碳钢表面的接触部分不会产生任何的腐蚀现象。这样不仅大大降低设备的一次性投资，而且也避免了普通有头式除氧器的除氧头采用复合材料所带来的金属复合层间的腐蚀、运行过程中双层金属由于膨胀不能完全一致而带来的应力损伤等弊端。

（8）与常规有头式除氧器排放非凝结气体时伴随排放的蒸汽量（一般300MW机组规定为除氧器额定出力的1‰，即1000～1100kg/h左右）相比，内置式除氧器排放非凝结气体时伴随排放的蒸汽量为80kg/h左右，明显降低和节约了运行的成本。

除了上述的特点之外，内置式除氧器还由于设备系统简化、结构紧凑，降低了设备的安装费用；同时，在正常运行时和负荷突变时不会产生设备本体和连接管道的振动，还可保证运行过程中距离设备外壳1m处的噪声水平处于比较低的水平（约60.0dB），完全可以满足环保标准对生产现场噪声的要求。

28 高压加热器传热面的设置有哪几部分？

答：高压加热器传热面的设置有：过热蒸汽冷却段、蒸汽凝结段、疏水冷却段三部分。

29 高压加热器全面检验内容包括哪些？

答：高压加热器全面检验内容包括：

（1）管表面宏观内外部焊缝进行100％检查。

（2）全部焊缝内部面及开孔进行着色检查。

（3）对高压加热器筒体、底座做100％超声检查。

（4）在条件允许情况下，进行100％射线检查。

（5）对筒体和封头进行多点硬度检查。

（6）对筒体及封头进行多点测厚。

（7）分配水管、给水管道进行超声检查。

（8）疏水管道弯头进行测厚。

30 高压加热器换热管泄漏的现象是什么？

答：高压加热器换热管泄漏的现象是：疏水调节阀开度增大、水位突然上升、振动和声音异常、给水压力的下降、给水流量变化等。

31 简述高压加热器管系泄漏的检测方法。

答：高压加热器管系泄漏的检测方法为：

（1）在壳侧通以0.5～0.8MPa的压缩空气，在管端涂以肥皂水，可用10倍放大镜对管板表面焊接接头作细微观察，如果气流从该管径内射出则为管子本身泄漏，若有微量气流冲破焊接接头处肥皂水膜而逸出，则为管端焊接接头泄漏。

（2）在壳侧加一定的气压（0.1～0.5MPa）或抽成真空，然后在泄漏的管子内插入一个可以移动的塞子，当移动此塞子到泄漏部位时，根据气流的改变和声音的变化，便可测定管子具体泄漏位置。

（3）当壳侧不可能加压或抽真空时，将壳侧泄压至大气压，在U形管内插入一个可移动塞子，同时封闭管子另一端，管内充气加压。然后缓慢地移动塞子，当移动塞子通过泄漏位置时，与此管相连的压力表的指针会发生较大的变化。

32 高压除氧器的优点是什么？

答：高压除氧器的优点是：

（1）节省投资。

（2）提高锅炉的安全可靠性。

（3）除氧效果好。

（4）可防止除氧器内“自生沸腾”现象的发生。

33 卧式低压加热器主要由哪些部分组成？

答：卧式低压加热器主要由壳体、水室、U形管束、隔板、防冲板等组成，传热面一般包括凝结段和疏水冷却段。

34 凝汽器按照汽流的流动方向可分为哪几类?

答：凝汽器按照汽流的流动方向可分为：汽流向下、汽流向上、汽流向心、汽流向侧式。目前应用最多的是后两种形式。

35 除氧器的典型事故有哪些?

答：除氧器的典型事故有：除氧器压力异常、除氧器水位异常、除氧器振动。

36 轴封加热器的作用是什么?

答：轴封加热器作用是防止轴封及阀杆漏汽从汽轮机轴端溢流至汽机房或漏入润滑油系统，同时利用漏汽的热量加热主凝结水，其疏水流入凝汽器，从而减少热损失并回收工质。

第二节 除氧器常见故障的检修

1 除氧器的 A/B 级、C 级检修项目有哪些?

答：除氧器的 A/B 级检修一般随机组 A/B 级检修时进行，其检修项目如下：

(1) 分解除氧头，检查落水盘、填料及喷水头。淋水盘刷漆，焊口检查，筒体测厚，水压试验。

(2) 水箱清理、除锈、刷漆。

(3) 安全阀检修、调试。

(4) 各汽水阀门、自动调整门检查。

(5) 就地水位计检修。

(6) 消除缺陷。

除氧器的 C 级检修也是随机组 C 级检修进行的，其项目如下：

(1) 安全阀检查消缺。

(2) 检修就地水位计。

(3) 管道、阀门消除缺陷。

2 除氧器检修后应满足的要求是什么?

答：除氧器检修后应满足的要求是：

(1) 喷嘴应畅通、牢固、齐全、无缺损。

(2) 淋水盘应完整无损，淋水孔应畅通。

(3) 淋水盘组装时，水平最大偏差不超过 5mm。

(4) 除氧器内部刷漆应均匀。

(5) 水位计玻璃管应干净、无泄漏。

(6) 调整门指示应干净、无泄漏。

(7) 检修过的截门应严密不漏，开关灵活。

(8) 除氧头法兰面应水平、无沟道。

(9) 填料层内的填料应为自由容积的95%。

(10) 法兰结合面严密不漏。

3 除氧器常见的故障有哪几种？应该如何处理？

答：除氧器的常见故障主要有两种。一种是喷嘴板与喷嘴座卡死。造成喷嘴失效，失去调节性能，影响除氧性能。处理时应将喷嘴拆开、排除夹缝内的异物，检查阀杆移动情况，如无其他异常，重新将喷嘴就位即可。如发现固定喷嘴的螺栓有脱落或松动，应重新进行紧固。另一种故障是淋水盘损坏。在除氧器异常工况下可能造成对淋水盘的汽水冲击，而造成淋水盘损坏，如发生损坏，必须对损坏部分进行修复或更换。

4 除氧器发生故障时应如何进行解体检修？

答：在除氧器发生故障后或机组大小修期间应对除氧器进行解体检修。解体前应将除氧器水箱内存水放尽，再对主要除氧元件进行检查。

(1) 除氧器喷嘴应从进水室上拆下，并移至除氧器本体外（按顺序编号）。

(2) 对淋水盘进行检查，修复或更换损坏的部件。如淋水盘需要解体时，应进行以下步骤：

1) 打开除氧器人孔。

2) 打开除氧器内隔板上的人孔门。

3) 松开布水槽钢的连接螺栓并把布水槽钢按顺序编号（解体后再回装布水槽钢时按所编序号装配）拆下布水槽钢。

4) 把上层淋水盘（按顺序编号）拿出除氧器筒体外（解体后回装上层淋水盘时按所编序号装配）。

5) 把下层淋水盘（按顺序编号）拿出除氧器筒体外（解体后回装下层淋水盘时按所编序号装配）。

6) 检查放置淋水盘的钢结构架上是否有杂物及是否平整。

7) 回装淋水盘前应清除钢结构架上的氧化物和杂物，保持钢结构架清洁平整。

8) 用与上述相反步骤装配淋水盘与布水槽钢。

(3) 按所编序号把喷嘴在进水室上装配完成。

(4) 关闭所有人孔门。

(5) 除氧器解体后还应对除氧水箱的焊缝进行逐项检查。

(6) 除氧器及除氧水箱在检修后应进行防腐处理。

5 除氧器水箱内部检查项目有哪些？

答：除氧器水箱内部检查项目有：

(1) 检查壳体焊缝及内部支撑架。

(2) 检查内表面开孔接管处无介质腐蚀或冲刷磨损。

(3) 对壁厚进行测量。

6 除氧器除氧头的内部检查项目有哪些？

答：除氧器除氧头的内部检查项目有：

（1）检查喷嘴弹簧无变形、断裂、冲蚀；喷嘴的调整螺栓、开口销螺丝扣完好，无缺口；喷嘴板与喷嘴架应配合严密、不卡涩；结合面无贯通、沟痕、裂纹。

（2）检查布水槽钢及淋水盘的小槽钢是否有开焊、断裂现象。

（3）对筒体封头、壳体的焊缝进行超声波检查和测厚。

7 除氧器振动的处理方法是什么？

答：除氧器振动的处理方法是：

（1）判明为内部故障后，应停运处理。

（2）负荷过大时，应降低除氧器负荷。

（3）并列运行的除氧器应进行除氧器间负荷的重新分配。

（4）水或排汽带水时，应用调低水位、关小排汽门的方法调整。

（5）检修时，重点对除氧器内部的喷头、挡汽板等易引起振动的焊接构件进行检查。

第三节　加热器常见故障的检修

1 给水温度变化对机组运行造成的影响有哪些？

答：给水加热器作为主要辅助设备，其运行状况不仅影响到机组的经济性，还影响到机组的稳定运行。进入锅炉给水温度的变化会影响锅炉水冷壁、过热器、再热器等部位的吸热量分配，同时也影响锅炉内各部分的温度分布，影响锅炉的燃烧情况。如果给水加热器不能正常投入运行会影响锅炉正常运行，甚至导致锅炉故障。

给水加热器不能正常运行还常常威胁主机或其他设备的安全运行，甚至引起严重的设备损坏事故。给水加热器管系泄漏或其他原因造成汽侧满水，使水经过抽汽管道进入汽轮机，就会造成汽轮机汽缸变形、胀差变化、机组振动、动静摩擦、大轴弯曲，甚至叶片断裂等事故。我国曾发生过由于加热器故障，给水联动装置失灵，引起锅炉断水等危及机组安全运行的事故。

2 高压加热器常见的故障有哪些？

答：高压加热器常见的故障有：

（1）管口焊缝泄漏及管子本身破裂。

（2）高压加热器传热严重恶化。

（3）螺旋管等集箱式高压加热器的管系泄漏。

（4）高压加热器大法兰泄漏。

（5）水室隔板密封泄漏或受冲击损坏。

（6）出水温度下降等。

3 高压加热器运行中管口和管子泄漏表现出的征象有哪些？应怎样进行故障检查和处理？

答：高压加热器在运行中管口和管子泄漏表现出的征象有以下几种：

（1）保护装置动作，高压加热器自动解列，并且高压给水侧压力可能下降。

（2）高压加热器汽侧安全阀动作。

（3）疏水水位持续上升，疏水调节阀开至最大仍不能维持正常水位。

发生上述三种情况的任何一种，都可能是高压加热器泄漏了，必须立即停运检查和检修。

首先检查保护装置系统的各阀门、管道等，然后检查汽侧安全阀、疏水调节阀及其自控系统有无故障。若确实无故障，再检查高压加热器本体。检查高压加热器本体最简单的方法是放空查漏。即停运高压加热器汽侧而水侧继续运行，打开汽侧放水阀放尽疏水，经较长时间以后，若放水无水流继续滴下，则说明管子无泄漏；若发现仍有水流不断地流出，则说明可能有管子或管口泄漏。

在水侧和汽侧都停运后找漏的最简便方法是做灌水试验。打开水室并冷却后，往水室内灌水直至水位与管口齐平，如发现某根管子内水位略低于管口，可再添水观察；如仍略低于管口，则可认为管口与管板连接处泄漏；如发现某管子内水位下降得非常低甚至看不见，则说明这根管子破裂了。

高压加热器本体查漏的可靠方法是做气密试验。对U型管管板式高压加热器，先开启水、汽两侧的排空、放水阀，加热器内压力降至零，再缓开人孔，并排除水室内剩水，拆除螺栓连接着的分程隔板，清理管板表面。封闭壳体上所有接口，然后往壳体内充气（立式高压加热器可在壳体内灌水，仅在管板以下留一百至数百毫米空间充气，可减少所充气体的用量），并充气升压（可充氮气或压缩空气），气压一般为0.6～1.5MPa。

气压越高越易于发现泄漏，但不得超过高压加热器厂家规定的气密试验压力，也不得超过壳体设计压力。人进入水室内先在管板表面涂肥皂液，如果管内有气体或水冲出，表明该管子损坏。

处理：对管口焊缝缺陷，可用尖头凿子铲去缺陷部位，把管口清理干净并使之干燥，然后对焊缝铲除部分用镍基合金焊条进行补焊。

管子破裂缺陷不能用补焊手段来消除，只能用堵管的方法解决。可用低碳钢车制成锥形堵头，堵头小头直径为$d-0.1$mm，大头直径为$d+0.1$mm（d为管子内径），把堵头打入破裂管的两头，然后与管端焊接牢固。

当堵管数超过全部管数的10%时，既增大了给水的压力损失和冲刷程度，又加快了给水流速，应重新更换管系。

4 螺旋管等集箱式高压加热器管系泄漏的常见部位有哪些？应如何处理？

答：螺旋管等集箱式高压加热器管系发生泄漏时，可将管系吊出。放尽管内积水后，即可进行修理，该缺陷常见的部位有：

（1）管子焊至集箱的角焊缝存在皮下气孔等缺陷。可以用尖头凿子挑去缺陷，清理干净，以“结422”等优质低碳钢焊条补焊，焊后清理药皮，并进行外观检查，应无裂纹、气孔等缺陷，再进行水压试验。

（2）管子本身的拼接焊缝泄漏或管子本身泄漏。原因为焊接质量不良，或管子本身质量不良。

（3）固定管子用的扁钢夹箍如焊至管子上，易把管子焊损而泄漏。

（4）靠近集箱的传热管的小弯曲半径处，受给水离心力长期冲刷磨损，这种损坏尤其多见于过热段和疏水冷却段的管子。

上述（2）、（3）、（4）项的管子损坏，应更换管子。如检修时暂无换管条件，则可临时将坏管割去，留下的管口用锥形塞堵焊，但堵管数量超过总管数10%时，必须重新更换新管。为提高高压加热器可用系数，经运行很多年后发现第（4）项的管子磨损泄漏，可使用测厚仪测量所有的管壁厚度，发现过薄的管子宜预先更换，把缺陷消灭在泄漏之前。如果大量管子在小弯曲半径处磨损泄漏，显示管子使用寿命即将终止，应更换全部管子为宜。

5 高压加热器大法兰泄漏的原因是什么？应怎样处理？

答：管系（或水室）和壳体用大法兰螺栓连接的高压加热器，大法兰密封面易发生泄漏。泄漏的可能原因有：大法兰刚性不足、大法兰密封面变形翘曲或不平、密封垫料不合适等。

处理：经验表明，大多数原因是大法兰刚性不足，可以采取在法兰背面加焊肋板的补救措施，以增强刚性。每隔两个螺栓焊一块肋板，这对锻造法兰或平焊法兰均适用，焊后在机床上车平法兰密封面。如系大法兰密封面翘曲变形，应进行机械加工；如没有条件加工，只能用手工仔细刮削。如系密封垫片损坏引起泄漏，应更换新垫。

6 为什么高压给水加热器经常在管子与管板连接处发生泄漏？

答：火力发电厂中高压加热器常常会在管子端处发生泄漏，这主要是由于以下几个原因：

（1）热应力过大，造成管板处泄漏。

高压加热器在与机组正常启、停过程中，或在机组发生故障而高压加热器停运时，或在主机正常运行中因高压加热器故障而使高压加热器停运及再启动时，高压加热器的温升率、温降率超过规定，使高压加热器的管子和管板受到较大的热应力，使管子和管板相连接的焊缝或胀接处发生损坏，引起端口泄漏。

主机或高压加热器故障而骤然停运高压加热器时，如果汽侧停止供汽过快，或汽侧停止供汽后，水侧仍继续进入给水，在这两种情况下，因管子的管壁薄，所以在管板管孔内的那段管子收缩很快。而管板的厚度大，收缩慢，常导致管子与管板的焊缝或胀接处损坏。这就是规定的高压加热器温降率允许值只有1.7～2.0℃/min，比温升率允许值2～5℃/min要严格的原因。

不少发电厂常常发生下述情况，主机运行中高压加热器运行是正常的，但在停机后或停高压加热器后再开机或再投运高压加热器时，却发现高压加热器管系泄漏。实际上，泄漏不是在停机后，也不是在开机或正确投运高压加热器时引起，而是在停机或停运高压加热器过程中，由于高压加热器温降率过快导致管子和管板连接焊缝或胀接处发生损坏而造成泄漏。

（2）管板变形，造成管板处泄漏。

管子与管板相连，管板变形会使管子的端口发生漏泄。高压加热器管板水侧压力高、温度低，汽侧则压力低、温度高，尤其有内置式疏水冷却段的加热器，温差更大。如果管板的厚度不够，则管板会有一定的变形，管板中心会向压力低、温度高的汽侧鼓凸，在水侧，管板发生中心凹陷。在主机负荷变化时，高压加热器汽侧压力和温度相应变化。尤其在调峰幅度大，调峰速度过快或负荷突变时，在使用定速给水泵的条件下，水侧压力也会发生较大的变化，甚至可能超过高压加热器给水的额定压力。这些变化会使管板发生变形导致管子端口泄漏或管板发生永久变形。如果高压加热器的进汽门内漏，则在主机运行中停运高压加热器后，会使高压加热器水侧被加热而定容升压，如水侧没有安全阀或安全阀失灵，压力可能升得很高，也会使管板变形。

（3）堵管工艺不当，也会造成管板泄漏。

堵管是U型管高压加热器管系漏泄时最常见的处理手段。但如果采用的堵管方法和工艺不当，不仅不能解决管系的漏泄，反而会引起更严重的损坏，形成越堵越漏的情况。

一般常用锥形塞焊接堵管。打入锥形堵头时用力要适度；锤击力量太大，引起管孔变形，影响邻近管子与管板连接处，会造成损坏而使之出现新的泄漏。焊接过程中，如预热、焊缝位置及尺寸不合适，会造成邻近管子与管板连接处的损坏。采用其他堵管方法，如胀管堵管、爆炸堵管等，如工艺不当，也会引起邻近管口的泄漏。所以，应遵循严格的堵管工艺。无论采用何种堵管方式，被堵管的端头部位一定要经过很好的处理，使管板孔圆整、清洁，与堵头有良好的接触面。在管子与管板连接处有裂纹或冲刷腐蚀的情况下，一定要去除端部原管子材料及焊缝金属，使堵头与管板紧密接触。

（4）制造厂高压加热器质量不良，也会造成管板泄漏。

在高压加热器的制造过程中，管子与管板之间的焊接和胀接技术要求很高。高压加热器的管板材质是合金钢，高压加热器的管子材质是低碳钢，焊接前需要在管板上堆焊一层低碳钢。往往由于堆焊技术不过关，以致留有焊接缺陷。在胀接上，有用爆炸胀接的，也有用机械胀接的，均有许多工艺技术问题，很容易留有胀接缺陷。对留下的这些焊接或胀接缺陷，有的经过挖补重焊后，还可勉强运行。近年来各制造厂质量比过去大大提高，运行可靠性也增加了。

防止高压加热器管子端口漏泄，除了高压加热器制造上应有足够厚度的管板，有良好的管孔加工、堆焊、管子胀接、焊接工艺外，运行上要使高压加热器在启停时的温升率、温降率不超过规定，水侧要有安全阀防止超压，检修上要有正确的堵管工艺。

7 简述高压加热器汽水侵蚀损坏的主要部位及原因。

答：高压加热器汽水侵蚀损坏的主要部位及原因为：

（1）过热蒸汽冷却段及其出口处管束容易受到湿蒸汽的侵蚀。蒸汽冷却段内汽流速度较高，如果蒸汽中含有一定水分，那么在蒸冷段内部就会出现侵蚀损坏。在蒸汽中含有水分的可能原因有：

1）进入高压加热器的蒸汽过热度低，在蒸汽冷却段内就出现了部分凝结。

2）由于机组蒸汽参数的变化，进入高压加热器的蒸汽中就已有一定的水分。

3）当蒸冷段中有管子泄漏时，漏出的给水会随蒸汽流动，冲蚀管束。

4）对倒立式高压加热器，如蒸冷段下面留有不参与传热的无效区，那么若无效区凝结水位过高就会进入到蒸冷段。

蒸冷段出口处附近的管束有更多的机会受到汽水侵蚀，其原因有：

1）设计的蒸冷段出口蒸汽剩余过热度太低，或者运行中参数变化使得出口蒸汽温度下降，在出口处已不能保证管束表面干燥，如因过热蒸汽冷却段的传热面积设计过大，运行中进入该高压加热器的给水流量超过设计值，或因前一级高压加热器停运或除氧器降压运行而使入口给水温度低于设计值等。

2）倒立式高压加热器的壳侧水位过高，淹没蒸冷段出口，凝结水在那里蒸发并随高速蒸汽冲击管束表面。

3）倒立式高压加热器凝结段隔板管孔间隙太大，或隔板外围没有挡水板，使凝结水沿管束下流到蒸冷段顶部。

（2）疏水冷却段（即疏冷段）入口附近管束受汽水侵蚀的情况也比较普遍。这与高压加热器设计及运行因素有关。对一台设计和运行都良好的高压加热器来说，在任何工况下疏冷段入口均应浸没在水中，整个疏冷段壳侧通道都是按流过水来设计的。但是当出现汽水两相流动时，流速就会大大增加，从而使管束受到侵蚀。在疏冷段内出现两相流动的可能原因有：

1）入口通道设计面积太小，在流动过程中由于压损较大使原处于饱和状态的疏水闪蒸。

2）低水位运行。疏水不能浸没疏冷段入口，尤其对要靠虹吸作用维持疏水流动的立式高压加热器长程部分通道疏冷段和卧式高压加热器短程全通道疏冷段，一旦虹吸作用被破坏，疏水就和未凝结的蒸汽一起进入疏冷段，会严重侵蚀疏冷段入口处管束。

3）无水位运行。未凝结的蒸汽夹带凝结水高速流经整个疏冷段。

4）其他可能引起疏冷段内闪蒸的因素，如抽汽压力突然降低等。

（3）受到蒸汽或疏水直接冲击的部位。虽然在蒸汽或疏水入口处一般都设置了防冲刷板，但这些区域管束受到侵蚀损坏的现象仍比较普遍。主要原因有：

1）因防冲板材料和固定方式不合理，在运行中破碎或脱落，失去防冲刷保护作用。

2）防冲板面积不够大，水滴随高速汽流运动，撞击防冲板以外的管束。尤其在疏水入口处，上级疏水进入到压力较低的一级高压加热器中会迅速汽化，水滴随汽流运动，会侵蚀较大面积的管束。

3）壳体与管束间的距离太小，使入口处的汽流速度很高。

（4）当管束因其他原因泄漏时，漏出的高压给水以极大的速度冲击邻近管子，造成这些管子的侵蚀损坏。

8 高压加热器水室隔板密封泄漏或受冲击损坏后应如何处理？

答：在U形管管板式高压加热器的水室内，分程隔板常用螺栓螺母连接。在螺母松弛或损坏，或隔板受给水的冲击而变形损坏，或垫片损坏，均会造成一部分给水泄漏，通过隔板未经加热走了短路，从而降低了给水出口温度。这些缺陷，应视具体情况予以处理消除。若是隔板损坏，应更换为不锈钢制造的分程隔板，并适当增加厚度，使其具备足够的刚性，或采用增强刚性的结构。

9 如何拆除和回装高压加热器自密封人孔？

答：当高压加热器发生故障后，应首先放尽高压加热器汽侧和水侧的积水，保证加热器内无压力，方可拆除人孔盖。拆前需要在配合位置打下记号，拆除的主要步骤有：

（1）拆除固定人孔盖的双头螺栓和压板。

（2）用倒链或滑轮等吊装工具支吊拆卸装置和人孔盖。

（3）松开人孔盖，将其推入水室，将自密封块从人孔中取出。然后必须采取适当的保护以免损坏人孔盖自密封垫（可用木头保护水室人孔盖）。

（4）将人孔盖沿任何一个方向旋转90°。留出空隙以便从椭圆口中取出人孔盖。

（5）小心地（用倒链或其他吊装工具）退回人孔盖，并经人孔拉出。

（6）凡是有垫圈的接合面拆开后，均要换上新的垫圈（包括自密封垫），这是因为垫圈在使用受压后，弹性丧失会导致密封失效。

回装过程与拆除过程步骤相反，在回装前必须检查清理人孔盖、自密封块和所有紧固螺栓有无突起和毛刺，主要步骤有：

（1）人孔盖放入人孔前应更换新的自密封垫圈。

（2）用倒链或其他吊装工具将人孔盖吊好推入水室中。

（3）旋转人孔盖，使其穿过椭圆形人孔口。

（4）装好自密封块后，装好拆卸装置的螺杆。

（5）通过拆装工具将人孔盖就位后紧固至自密封块压紧。

（6）装上压板和双头螺栓，并进行紧固。

（7）必须交叉旋紧螺栓，每次旋紧都要保持密封垫的平服。

（8）进行泄漏试验，检查接合面的密封。

10 简述高压加热器水室隔板焊缝出现裂缝或破漏后的处理方法。

答：高压加热器水室隔板焊缝出现裂缝或破漏后的处理方法为：

（1）用角向磨光机将出现缺陷的地方进行打磨，并用适当的工具（如旋转锉）打磨出一个V形坡口。注意必须除去所有的裂缝。

（2）将该区域内用丙酮进行清洗。

（3）使用直径为3.2mm的结507焊条进行电弧焊修复，使用电压为20～24V，电流为100～130A的交流电或反极直流电。焊接过程中必须使用干燥的焊条及保持短弧，以免焊接材料中出现气孔。

（4）当采用多层焊时，在焊下道焊缝前必须清洁前道焊缝的焊渣。焊第一道即根部焊缝时不要中断，并用肉眼检查根部焊缝的裂缝或缺陷，按需要进行多层堆焊一般不超过三层。

11 低压加热器泄漏后如何查找？

答：低压加热器的一个主要故障是管口的泄漏和管子本身的损坏。这一故障可由主凝结水漏入汽侧引起水位升高等现象而发现。寻找泄漏的管子，可在汽侧进行水压试验；也可以用启动抽气器在低压加热器的汽侧抽真空，用火焰在管板上移动能发现漏管；还可以在全部管子内装满水，如果哪根管子泄漏，这根管内就会漏掉水。

12 低压加热器泄漏后应怎样处理？

答：低压加热器发现泄漏后，胀接的管子，如果胀口漏了，可以重胀；但如果胀口裂了，则应换管；换热管本身损坏，可以换管。在破裂的管端标上记号，把管系吊出，管板面着地成倒置垂直地竖立，或者正立着悬挂在专用架子上，把破管割去，留下不大的一段直管，使用有凸肩的圆棒，顶着这段直管向管口方向打出去，如管子在管板中胀得不紧，可用工具夹住管端将管子拉出来；如胀得很紧，可用比管子外径略小的铰刀将管板中的管段铰去，然后把管子打出去。对胀接的钢管，可用上述最后一种方法换管。

如换热管不能更换，则可用锥形钢塞堵焊住。对铜管低压加热器，则可使用锥形钢塞打进管端内，把坏管暂时堵住。焊接管口的钢管，如管口泄漏可用凿子凿去缺陷部位，注意凿去的面积不要扩大，用小直径低碳钢焊条补焊。如管口本身损坏，只能堵管，用锥形塞堵后焊上。

13 低压加热器大法兰泄漏后应如何处理？

答：低压加热器大法兰密封面泄漏也是常见的故障，低压加热器水室大法兰更容易泄漏。大法兰泄漏的一个原因是垫片损坏或不良，可更换新垫片；另一个原因是大法兰刚性不够而变形，可加焊筋板增加刚性，焊后用车床精加工密封面。

14 加热器处理完泄漏缺陷后的水压试验压力为多少？

答：凡检修后的高压加热器和低压加热器均需进行水压试验。试验压力为工作压力的1.25倍，最小不低于工作压力。

15 加热器等压力容器活动支座检修应符合什么要求？

答：加热器等容器的活动支座检修后应符合下列要求：

（1）支座滚子应灵活无卡涩现象。

（2）滚柱应平直无弯曲，滚柱表面以及与其接触的底座和支座的表面，都应光洁，无焊瘤和毛刺。

（3）底座应平整，安装时用水平仪测量应保持水平。

（4）滚柱与底座和支座间应清洁并应接触密实，无间隙。

（5）滚动支座安装时，支座滚柱与底座应按容器膨胀方向留有膨胀余地。

16 简述低压加热器停运后的保养。

答：低压加热器停运后的保养方法为：

（1）短期停运时，低压加热器汽侧、水侧须充满凝结水进行保养。

（2）停运2个月及以上时，应先将内部积水放尽，再用压缩空气干燥内部，密封各管口，然后抽去内部空气，形成真空后，充入氮气，氮气压力为0.1～0.15MPa，并经常检查，使氮气压力维持在0.05～0.15MPa之间。

17 简述低压加热器水室隔板泄漏的检修方法。

答：低压加热器水室隔板泄漏的检修方法为：

（1）加热器设备冷却后，放尽水室内存水，打开人孔法兰。

（2）将出现泄漏的焊缝挑掉，清理干净后补焊，补焊范围不宜过大。

（3）若水室盖板泄漏，需要校平内盖板，清理干净密封面，更换新密封垫片，均匀拧紧螺栓即可。

18 简述低压加热器管束的堵管方法。

答：低压加热器管束的堵管方法为：测定受损管子两端的内径，按要求机械加工相应的堵头，堵头长约50mm，锥度1：200，大端比管子内孔大0．2mm，将堵头塞入对应的管孔中，用工具将堵头敲紧，但不要用力过猛，防止影响附近管子的密封。

19 简述轴封加热器风机的检修工艺。

答：轴封加热器风机的检修工艺为：

（1）将第一级叶轮背帽旋下，用深度尺测量叶轮套深度。

（2）检查风机叶轮应光滑、无裂纹、流道光滑。

（3）检查风机密封环应光洁、无变形、裂纹。

（4）检查风机轴应无伤痕、锈蚀现象。

（5）测量轴的弯曲度应小于等于0.03mm。

（6）测量风机密封环与叶轮口处单侧间隙不应大于10mm。

第四节　凝汽器及抽真空设备常见故障的处理方法

1 凝汽器常见的运行故障有哪些？如何进行处理？

答：凝汽器常见的运行故障主要是凝汽器真空度下降（排汽压力的升高）。凝汽器真空度下降不但影响到整个机组的经济性，而且还会影响到机组的寿命和安全性。发现凝汽器真空度下降应查明原因，设法消除。

在发现凝汽器真空度下降后应从以下几个方面进行检查处理：

（1）检查低压汽缸的排汽温度、凝结水温度，检查负荷有无变动。

（2）当时如有其他操作应暂时停止，立即恢复原状。

（3）检查循环水进、出口压力和流量及温度有无变化。

（4）检查真空泵或抽真空设备工作是否正常。

（5）检查凝汽器水位及凝结水泵工作是否正常。

（6）检查其他对真空有影响因素的情况。

在查明原因的同时，若凝汽器压力升到15kPa，应发出警报。若继续下降，汽轮机负荷也应作相应减少，凝汽器压力升至35kPa时，应打开真空破坏阀。且不允许向凝汽器排放蒸汽或疏水。若保护未动作，应进行故障停机。

紧急停机时，应打开真空破坏阀，且不允许向凝汽器排放蒸汽或疏水。

2 凝汽器铜管损伤大致有哪几种类型？

答：凝汽器铜管损伤的类型大致有以下几种：

（1）电化学腐蚀。因冷却水中含有强腐蚀性杂质，造成铜管的局部电位不同。

（2）冲击腐蚀。发生在冷却水进入铜管的最初时间，因磨粒性杂质或气泡在水流冲击下，形成的腐蚀。

（3）机械损伤。包括振动疲劳损伤、汽水冲刷和异物撞击磨损等。

3 凝汽器铜管产生化学腐蚀的原因是什么？

答：由于铜管本身材质含有机械杂质，在冷却水中机械杂质的电位低成为阳极，铜管金属成为阴极，此时就产生电化学腐蚀，使铜管产生穿孔。另外，铜管中的锌离子比铜离子的性能活泼而成为阳极，铜成为阴极，于是产生电化学作用，造成脱锌腐蚀。

4 凝汽器水侧清理检查过程中应注意的问题有哪些?

答：凝汽器的水侧指运行中充满循环水的一侧，包括循环水进出口水室、循环水滤网及收球网、凝汽器铜管内部等。只有在停止循环水运行，并将凝汽器进出口水室内的存水放尽以后，方可开始凝汽器水室的检查和清理工作。

在端盖拆下以后，首先检查铜管的结垢情况。如有结垢，将影响铜管的换热效率，因此必须视具体情况，制定好清洗铜管的措施。然后检查水室、管板的泥垢和铁锈情况，检查滤网、收球网是否清洁和完好等。如有泥垢、铁锈等，应进行清理；如网子破损，则应进行修补或更换。

对于管系中含钛管的凝汽器，在检修中一定要做好防火措施，因为钛的燃点仅为 600℃左右，易引发火灾。

5 凝汽器水侧如何进行清理?

答：凝汽器水侧清理分为凝汽器换热管清理和水室清理两部分。凝汽器水侧是由于长期运行，循环水中带入一些杂物泥沙，沉积在水室内，有的堵塞在换热管内，有的在管口上，这样就影响了凝汽器的冷却效果，应在大小修中进行清扫，换热管则用高压水清洗，或用清洗机进行捅刷。

凝汽器换热管的清理有以下几种情况：

(1) 运行中的凝汽器由于换热管内壁结垢而使端差增大。当端差大于 12℃时，可投胶球清洗装置对换热管进行清理。

(2) 当换热管结有软垢时，在检修中可用压缩空气打胶堵的方法或用高压水射流清洗机清洗换热管。用压缩空气打胶堵清洗凝汽器换热管的方法如下：

将直径比换热管内径大 1.5～2mm 的胶堵放入换热管内，持风枪将胶堵逐排逐根依次打出。胶堵应从凝汽器的进水端打入，压缩空气压力保持 0.4～0.5MPa。打胶堵时，应将出水侧人孔门关闭，防止胶堵飞出伤人。打不出胶堵的换热管应做好记号，另行处理。打完胶堵后，再用压力水将换热管及两端管板清洗干净。

(3) 当换热管结有硬垢，采用上述方法不易清除时，可制定措施进行酸洗。

凝汽器水室的清理应使用刮刀和钢丝刷，将水室及管板的泥垢、铁锈及其他杂物清理干净（注意不可损伤管板及换热管）。清理干净后，必要时应将水室及管板上涂上防腐漆，再检查和清理收球网和滤网，将其中堵塞的杂物全部清理干净。如网子有破损，应视具体情况进行修补。如破损严重，不能进行修补或无修补价值时，则应予以更换。水室及网子清理完毕后，应用清水冲洗干净。

6 凝汽器汽侧检查清理应如何进行?

答：凝汽器的汽侧是指低压缸排汽通过并在其中被凝结成凝结水的一侧，包括凝汽器喉部、两侧管板以内、换热管外侧及凝结水热水井。

凝汽器汽侧的检查需在机组停机后方可进行。如机组进行 A 级检修时，可从下汽缸进入凝汽器汽侧进行检查；机组进行 BC 级检修时，可打开汽侧人孔盖进入进行检查。

7 凝汽器汽侧检查的项目有哪些？

答：进行凝汽器汽侧检查的主要项目有：

（1）检查凝汽器管板壁及铜管表面是否有锈垢，若有锈垢，应制定措施进行处理。

（2）检查铜管表面，监督铜管是否有垢下腐蚀，是否有落物掉下所造成的伤痕等。对于腐蚀或伤痕严重的铜管，应采取堵管或换管的措施。

8 凝汽器附件的检修工作应如何进行？

答：每次凝汽器检修时，除对凝汽器汽侧和水侧进行检查和清理外，还要对凝汽器的其他附件进行检查。重点是对汽侧附件的检修，但为保证凝汽器正常运行，水侧附件也应进行检修。

检查汽侧放水门、喉部人孔盖、水位计及其考克门的法兰垫、人孔盖垫及盘根处应严密不漏。一般情况下，每次 AB 级检修均应把这些附件彻底检修，更换新垫片和盘根。

在检修时，还应对水侧放水门进行检修，组装时保证法兰及盘根处不得泄漏。另外，还应对凝汽器喉部、热水井等部件进行彻底检查，看有无裂纹、砂眼等缺陷，如有应及时消除。

9 如何进行凝汽器不停汽侧的找漏工作？

答：机组运行中，如果出现凝结水硬度增大而超标，则可能是凝汽器铜管破裂或胀口渗漏所致。因此，如果机组不允许停止凝汽器汽侧，则可采取火焰找漏法或塑料薄膜找漏法进行找漏，将破裂或胀口渗漏的管子找出。若是管子破裂，可在其两端打入锥形塞子将其堵住；若是胀口渗漏，则可以重新胀管；若管口损坏严重不能再胀管，则可将该铜管抽出，然后在其两端管板上各插入一小截短铜管，将其胀口后用铜管塞子堵死。

火焰找漏法和塑料薄膜找漏法都是基于同样的原理，都是在水侧停止运行并将水放尽后而汽侧继续保持运行时进行的。由于汽侧处于真空状态运行，如果有铜管破裂或铜管胀口渗漏，则这根铜管管口就会发生向里吸空气的现象。这两种方法只需打开水侧人孔盖，人员进入水室即可找漏。

火焰找漏法是用蜡烛火焰逐一靠近管板处的每根铜管管口，如果有破裂或胀口不严的铜管，则当蜡烛火焰靠近这根铜管管口时，火焰就会被吸进去。而塑料薄膜找漏法是用极薄的塑料膜贴在两侧管板上，如果有泄漏的铜管，则该铜管两端管口处的薄膜将被吸破或被吸成凹窝，可非常直观地看到。

10 在机组各级检修中，如何进行凝汽器的压水找漏工作？

答：在机组检修后未投运时，或可以停止凝汽器汽侧而对凝汽器进行找漏时，可以采用压水找漏法。

压水找漏是凝汽器找漏中最为有效的方法，它不仅能找出破裂的铜管和渗漏的胀口，而且还可找出真空空气系统及凝汽器汽侧附件是否有泄漏。对凝汽器进行压水找漏必须在汽侧和水侧均停止运行，并将水侧存水放尽后进行。具体方法如下：

打开水侧人孔盖或将大盖拆去，用压缩空气将铜管内的存水吹干净，并用棉纱将水室管板及管孔擦干，以便于检查不很明显的泄漏。

为了保证凝汽器的安全运行，防止灌水后凝汽器的支撑弹簧受力过大而损坏，在灌水前必须用千斤顶或简易的铁管将各支撑弹簧处进行辅助支撑，防止注水后弹簧超载。打开位于凝汽器喉部的水位监视门，即可联系运行人员向凝汽器汽侧灌水。灌水过程中，必须时刻注意水位监视门，一旦水位到达该处而有水从监视门流出时，应立即停止灌水，以防水位过高使汽轮机轴系浸冷而造成大轴弯曲事故。也可装设临时水位计监视水位。检查铜管是否有漏水和胀口有渗水，胀口有渗水时应进行补胀。

在凝汽器灌水过程中，应随着灌水高度的上升，随时监督铜管及胀口是否有泄漏。如有，应做记号，采取堵管或补胀措施。如需换管，则应在放水后进行。灌满水后，还应检查真空系统、汽侧放水门、凝汽器水位计等处是否有泄漏。如有，则应在凝汽器放水后彻底消除。

找漏完毕后，把水放掉，拆除千斤顶，关闭水位监视门或拆除临时水位计，并关严接临时水位计的阀门。

11　凝汽器不锈钢管更换前的检查项目有哪些？

答：凝汽器不锈钢管更换前的检查项目有：

（1）外观检查。

（2）不锈钢管弯曲度在900mm长度上不得超过0.8mm，并出具材质报告。

（3）100%在线涡流探伤检查。

（4）拉伸及硬度试验。

（5）反向弯曲试验。

（6）压扁试验。

（7）卷边试验。

（8）晶间腐蚀试验。

12　凝汽器不锈钢管束胀接的标准是什么？

答：凝汽器不锈钢管束胀接的标准是：

（1）胀口处管壁扩胀率为4%～6%，胀管后内径的合适数值D_a的计算式为

$$D_a = D_1 - 2\delta(1-a)\text{mm} \tag{7-1}$$

式中　D_1——管板孔直径；

δ——不锈钢管壁厚；

a——扩胀系数，4%～6%。

（2）胀口及翻边应平滑光洁、无裂纹和显著的切痕，进水端翻边角度一般为15°左右。

（3）胀口的胀接深度为管板厚度的75%～90%，不少于16mm，不大于管板厚度，胀管应牢固，管壁胀薄在4%～6%管壁厚度，胀接部分和未胀部分应光滑过渡，无任何凹坑和沟槽，避免久胀、漏胀和过胀。

13　简述凝汽器钛管管束换管的工艺方法。

答：凝汽器钛管管束换管的工艺方法为：

（1）钛管板及钛管的端部在穿管前应使用白布用脱脂溶剂擦拭，除去油污。

（2）管孔不得用手抚摸，穿管前必须再用酒精清洗。

（3）穿管用的导向器及工具每次使用前都必须用酒精清洗，且不得使用铅锤。

（4）胀管率一般跟铜管相同，最大不得超过10%。

（5）管端切齐一般为0.3～0.5mm，切下的钛屑必须及时清理，严防引燃。

（6）在管板外延部位用酒精清理，应用氩弧焊接，并渗透检查。

14 简述射水抽气器的检修过程及检修过程中应注意的问题。

答：射水抽气器的检修应按以下步骤进行：

（1）拆前将各法兰打好记号，以便按号组装。

（2）检查喷嘴、扩散管的结垢和冲刷情况，将积垢打掉，对冲刷部分进行补焊，损坏严重者进行更换。

（3）检修抽气止回阀，使之严密性要好，销子装设牢固。

（4）组装时必须将喷嘴与扩散管中心对正。

（5）回装各法兰应满足严密性要求。

射水抽气器检修过程中应注意的问题为：

（1）射水抽汽器安装时喉部出口截面需要保证有1m的布置标高（相对于水池的水面），并要求排水管必须插入射水池水位以下，以保证有一定水封。

（2）在安装时，要求喉部和抽水管可靠地固定，以避免振动。

（3）安装时，空气吸入口连接管道上必须有止回装置，可采用足够高度的倒水封管，或止回阀来实现。

（4）在大小修期间要对射水池底部进行清理，对抽汽器喷嘴进行检查，以保证射水抽汽器的正常运行。

15 简述射汽抽气器的检修过程和质量标准。

答：射汽式抽气器的检修过程为：

（1）拆下抽气器螺栓，并拆开与抽气器相连接的各管路系统，然后进行起吊。

（2）在拆卸、起吊、组合过程中，应有专人指挥，绑扎正确，起吊过程中不得碰撞、擦伤铜管等物件。

（3）寻找铜管泄漏时，应先吊转抽气器芯子使管口向上，支撑稳固后，将各铜管灌满水保持5～10min，观察各铜管泄漏情况。如发现泄漏后，当泄漏铜管（包括以前已用堵头堵住的）总数不超过该组铜管总数5%时，一般可用锥形堵头堵死；若超过5%时，则应予以更换铜管。铜管的更换可参照凝汽器铜管的更换。

（4）隔板端面应将旧石棉垫刮磨干净，并不得有显著的凹坑，若有则应用电焊堆补，并用机械加工找平。

（5）抽气器所用的石棉垫片，要尽可能用一整张厚度均匀而且没有损伤或裂缝的垫片做成。没有大张垫片时，才允许采用燕尾式接头，而且只能在垫片比较宽的地方才允许有接头。法兰盘上的垫片宽度要一直宽到螺栓处，隔板上垫片的宽度应每边伸出隔板边缘3～4mm。

（6）检修完毕或更换铜管后应进行水压试验。水压试验时不装外壳，将芯子和下水室用法兰紧固。用水压泵打压至该抽气器的试验压力，在试验压力下维持 5min，然后降至工作压力进行检查，无泄漏为合格。

射汽抽汽器检修后应达到的质量标准为：

（1）喷嘴及扩散管的内壁应光洁平滑，无蚀坑、锈污和卷边等现象。

（2）抽气器级间各隔板及水室不应有渗漏现象，隔板端面应与法兰密封面处于同一平面内。

（3）冷却器管束应清洁无杂物，无堵塞现象，无裂纹、砂眼。

（4）喷嘴中心线应与扩散管中心线相吻合。

（5）各焊缝、胀口和法兰密封面均应无渗漏现象，各疏水孔应畅通。

16 凝汽器更换新管时两端胀口及管板处应怎样处理？

答：新换热管的胀口应打磨光亮，无油污、氧化层、尘土、腐蚀及纵向沟槽，管头加工长度应比管板厚度长出 10～15mm。

管板处则应保护内壁光滑无毛刺，不应有锈垢、油污及纵向沟槽；用试验棒检查管板孔应比新换热管的外径大 0.20～0.50mm。

17 简述凝汽器铜管的防腐及保护方法。

答：凝汽器铜管的防腐及保护方法为：

（1）清扫是防腐的措施，凝汽器清扫有两种，一是胶球清洗，二是反冲洗。

（2）硫酸亚铁造膜保护，主要用于以海水作为循环水的凝汽器。

（3）加装尼龙保护套管。采用尼龙 1010 制成的套管，其外径跟铜管内径相同，形状同管头相似，长度为 120mm，厚度为 0.7～1.0mm，装在凝汽器铜管入口端。

第五节 排汽装置常见故障的检修

1 排汽装置的功能及用途是什么？

答：直接空冷汽轮机低压缸和排汽管道之间的装置称为排汽装置，其兼有排汽通道、凝结水除氧、凝结水收集、疏水扩容等功能，同时布置 7 号或 8 号低压加热器、三级减温减压器及引出抽汽管道，其系统示意，如图 7-15 所示。

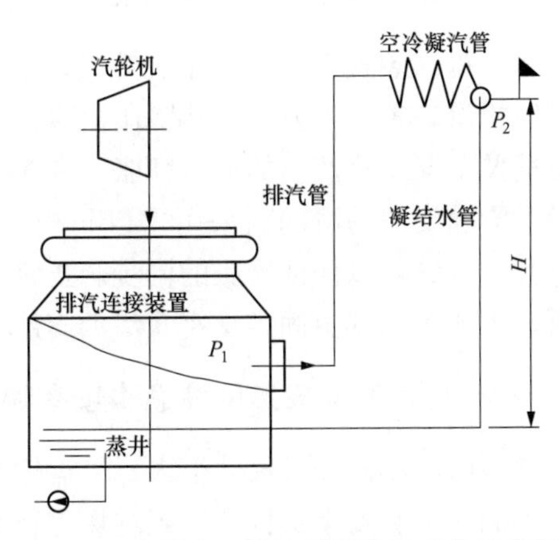

图 7-15 直接空冷排汽凝结装置系统示意图

2 简述直接空冷排汽装置的基本构成。

答：直接空冷机组排汽装置主要由矩形膨胀节、喉部、壳体、排汽短管、凝结水箱（热井）、支座等构成，其外形尺寸（单位 mm），如图 7-16 所示。每台汽轮机设置 1 个单壳体结构的排汽装置，每台汽轮机低压缸有 1 个排汽出口。带凝结水箱的排汽装置与低压缸之间设有补偿器，排汽装置下部固定在汽轮机机座基础上。排汽装置与 1 根直径 DN8600 的主排汽管道连接，主排汽管道通过各排汽支管与空冷凝汽器连接。空冷机组凝结水箱位于排汽装置底部，汽轮机低压缸排汽经排汽装置、排汽管道进入空冷凝汽器，经空冷凝汽器冷凝后的凝结水返回排汽装置，再经喷淋加热除氧后进入排汽装置下部的凝结水箱。

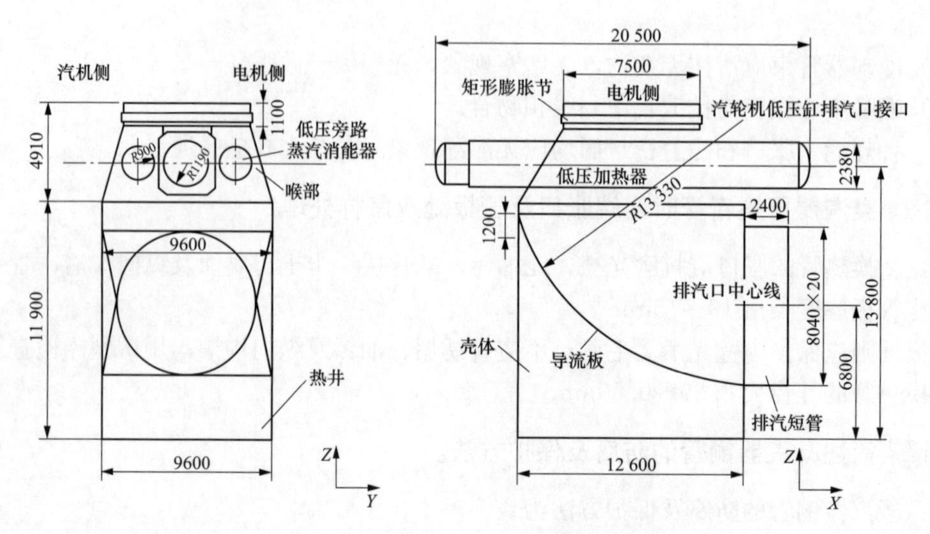

图 7-16　某直接空冷机组排汽装置外形尺寸

排汽装置内的导流叶片沿 Y 方向一般为贯通式，将整个排汽装置分为上、下两个部分。导流叶片上开有 2 个 1000mm×1200mm 的方形孔。汽轮机低压缸排汽大部分经排汽装置出口进入空冷凝汽器，极少部分蒸汽通过方形孔流入到排汽装置的下方，用于凝结水除氧，用于凝结水除氧的蒸汽量远小于汽轮机排汽量。抽真空管道开孔位于排汽装置内导流叶片的下方，管径约为 DN80mm，抽真空量约 120kg/h，远小于低压缸排汽量。因此，排汽装置下部的蒸汽流量小，流速低。

3 简述排汽装置连接与支撑的方式。

答：排汽装置喉部与汽轮机排汽口采用不锈钢膨胀节连接，排汽装置下部为刚性支撑。运行时排汽装置上下方向的热膨胀由喉部上面波形膨胀节来补偿。考虑到排汽装置运行时随热负荷及工况变化产生的自身膨胀，在排汽装置底部设有一个固定支座，四个滑动支座，四角处的滑动支座的滑动面采用 PTFE 板，在排汽装置底部中间采用固定支座，其位置与低压缸死点一致，以保证膨胀的同步。正常运行时，排汽装置承受的真空力以及在停机时排汽装置向下的重力都由固定支座及滑动支座共同承担。

4 排汽装置安装的注意事项有哪些？

答：由于排汽装置尺寸很大，受运输尺寸的限制，因此不能整体运输，而采用在制造厂内分别制成部套及零部件，运到现场进行组装，其安装注意事项为：

（1）排汽装置组装时按制造厂提供的图纸和工艺技术要求进行。

（2）排汽装置滑动支座现场安装时，必须保证每个滑动支座滑动面为水平面。排汽装置组装完，支座二次灌浆结束后，去掉每个滑动支座两端的角钢，同时磨准调整垫片的厚度，然后两螺母相互拧死，满足间隙0.3～0.5mm的要求，保证机组运行时滑动支座能正常滑动。

（3）为了保证机组良好的严密性，组装时必须保证所有焊缝的焊接质量和严密性，并在真空系统中均应采用真空阀。安装各种不同用途的管道开孔时，应设置必要的缓冲板。开孔处要设加强肋或支撑杆。排汽装置的开孔应按制造厂的《排汽装置开孔及附件图》进行。安装完毕后，排汽装置空间采用灌水方式进行检漏。此时，必须加辅助支撑以免损坏支座，试验完毕后应去除辅助支撑。

（4）由于该排汽装置受力复杂，主要部位的焊缝应严格检查，保证质量。固定支座焊缝高度要保证图示要求，蒸汽出口接管应采用全熔焊透，按JB 4730—94《压力容器无损检测》标准检测。

5　排汽装置灌水试验的方法步骤是什么？

答：为了确保设备的运行性能，检验壳体安装情况，灌水试验在排汽装置使用前是必不可少的。灌水试验水温应不低于15℃。试验步骤如下：

（1）关闭所有与壳体连接的阀门。

（2）灌入清洁水，灌水高度应高于排汽装置与低压缸连接处约300mm。

（3）维持此高度至少24h。在试验过程中如发现壳体各连接焊缝等处有漏水、渗水以及整个壳体外壁变形等情况应立即停止试验，放尽水后查找发生问题的原因，采取补救措施。

（4）排汽装置应与空冷凝汽器一起作气密性试验。

6　排汽装置水位控制的具体要求是什么？

答：为克服运行时的真空吸力，加大凝结水箱的贮水容积，运行时水位应控制在高二与第一水位之间；任何工况下，排汽装置的水位不得低于第二水位值，为防止大气浮力将排汽装置托起，当排汽装置的水位达到高二值时，需停机处理；长期停机时，必须把排汽装置内的水排净。

7　排汽装置内部喷嘴的作用是什么？

答：从空冷凝汽器回来的凝结水通过凝结水管道上的喷嘴喷淋出来，喷淋出来的水膜与低压缸排汽换热，凝结水膜与蒸汽的接触面积增大，接触时间增长，可以消除凝结水的过冷度。

8　排汽装置凝结水初步除氧的工作原理是什么？

答：在排汽装置内部的一定范围设有回热空间，凝结水可以在短时间内被低压缸排汽加热到饱和温度，达到除氧的目的。

第六节　轴封加热器及其结构

1　轴封加热器的用途是什么？

答：轴封加热器又称为轴封冷却器（简称轴加），其作用是防止轴封及阀杆漏汽（汽-气混合物）从汽轮机轴端溢至汽轮机房或漏入润滑油系统中，同时利用漏汽的热量加热主凝结水，其疏水回收至凝汽器或排气装置热井，从而减少热损失并回收工质。主凝结水的加热，提高了汽轮机热力系统的经济性。同时，将混合物的温度降低到轴加风机长期运行允许的温度。

2 轴加风机的用途是什么？

答：轴加风机主要用来抽出轴封加热器内的不凝结气体，以保证轴封加热器在良好的换热条件下工作，并使轴封加热器汽侧维持一定负压。

3 简述轴封加热器的结构。

答：轴封加热器一般为卧式、U形管结构。JQ-200型轴封加热器主要由壳体、管系、水室等部分组成，水室上设有冷却水进出管，管系由弯曲半径不等的U形管和管板及折流板等组成，其U形管为ϕ19×0.9/TP304的不锈钢，管板材质为20MnMoG锻件，管板和换热管采用强度胀加密封焊加贴胀连接。管系在壳体内可自由膨胀，下部装有滚轮，以便检修时抽出和装入管系。U形管采用TP304的不锈钢管，可延长冷却管受空气中氨腐蚀的使用寿命。壳体上设有蒸汽空气混合物进口管、出口管、疏水出口管，事故疏水接口管及水位指示器接口管等。在冷却水进出口管和汽水混合物进出口管上装有温度计，汽水混合物进出口管上装有压力表，供运行监视用。它由圆筒形壳体、U形管管束及水室等部件组成。水室上设有主凝结水进、出管，并且可以互换使用。管束主要由隔板和若干根焊接并胀接在管板上的U形不锈钢管组成，其下部装有滚轮，使管束在壳体内可自由膨胀，并便于检修时管束的抽出和装入。

主凝结水由水室进口流入U形管管束，在U形管束中吸热后，从水室出口流出轴封加热器。汽-气混合物出口和轴封风机或射水式抽气器扩压管相连，风机或抽气器的抽吸作用使加热器汽侧形成微真空状态，汽-气混合物由进口管被吸入壳体，在管束外经隔板形成的通道迂回流动，蒸汽放热凝结成水，疏水经水封管进入凝汽器，残余蒸汽与空气的混合物由轴封风机或射水式抽气器排入大气。

运行中必须监视水位指示器中的水位，如果轴封加热器中凝结水的水位升至已经开始淹没换热管，这将使传热恶化。此时，应开启事故疏水接口。

轴封加热器设有两个支座，靠近水室侧为固定支座，远离水室侧为滑动支座。安装时应加以区别，以保证轴封加热器在正常运行时可以自由膨胀。

第七节 直接空冷系统常见故障检修

1 空冷风机电动机轴承超温的原因有哪些？

答：当空冷风机电动机轴承超温时，会出现空冷风机电动机噪声大，电动机运转不平稳的现象，发生此现象的原因是轴承中油脂太多或太少，变速箱有拉力或推力，安装不正确或不牢固，电动机对中不好等。

2 空冷风机跳闸的原因及处理措施有哪些？

答：空冷风机跳闸的原因大多是风机过载，导致开关跳闸。此外，还有风机保护动作，变频器故障，电气故障等。

应采取的措施有以下三条：

（1）如为单个风机跳闸，将其自动退出，同时注意机组的运行情况，必要时手动增加其他风机的转速，以维持机组真空正常。

（2）检查风机跳闸原因，联系检修处理。

（3）如由于电气故障导致风机部分或全部跳闸，申请降负荷以维持排汽压力正常，防止真空低保护动作跳机，必要时启动备用真空泵，同时认真查找跳闸原因尽快恢复供电。电气恢复正常后可逐步投入风机增加风机的转速，机组可根据真空增加负荷。

3 空冷风机变速箱的故障原因及处理措施有哪些？

答：变速箱故障时，会出现变速箱内有异常噪声，变速箱内油温升高、油质恶化、有泡沫存在，变速箱外部有漏油现象，润滑油压下降的现象。发生此现象的原因是变速箱齿轮或轴承损坏，紧固件松动，油位过高、过低或油质恶化，变速箱密封不良或油封损坏，油泵故障或滤油器堵塞。

应采取的处理措施：

（1）当风机声音变化时，应联系检修检查，当保护触发应停止运行，联系检修处理。

（2）如为润滑油油质问题，则停运风机联系更换合适的齿轮油。

（3）如变速箱外部漏油应及时联系处理，防止油污染及引发火灾。若泄漏严重影响风机运行应立即停止其运行，并通知检修处理。

4 空冷热风再循环现象是指什么？如何处理？

答：当发生热风再循环现象时，会出现厂房外起风，且风力较强；机组的负荷摆动伴随空冷风机的转速摆动，排汽压力摆动，引起锅炉燃烧不稳、参数变化；严重时使机组的排汽压力直线上升、机组负荷下降、锅炉燃烧不稳，主蒸汽流量超过额定值、轴向推力增大及轴承温度升高以及振动增大的现象。发生此现象的根本原因是大风的作用，使得从空冷岛上排出的热空气又被风机卷吸进入空冷风机入口处，使空冷凝汽器换热效果减弱，导致排汽压力升高。

采取的处理措施为：

（1）当厂房外起风后，应观察风向、风力的变化，注意排汽压力的变化及机组燃烧、负压、水位、轴系等参数变化。

（2）当机组的负荷处于高负荷时，如果是由于热风再循环引起的排汽压力的波动，当排汽压力达到对应负荷下排汽压力报警值时，应申请降负荷。同时调整空冷风机的转速，使空冷风机的转速不至于过高运行。

（3）当真空达到真空泵联锁启动设定值时，备用真空泵应联启正常，否则应手动开启。

5 空冷凝结水箱回水管振动的原因及处理措施是什么？

答：当空冷凝结水箱回水管道振动时，会出现空冷凝结水箱的回水管与凝结水箱连接处剧烈振动，有明显水击声。空冷岛的各列抽空气温度偏差较大，空冷岛的各列凝结水温度偏差较大，空冷岛的各列风机转速偏差较大的现象。发生此现象的原因是各列空冷凝结水箱的冷却能力不一致，造成进汽量不一致，使个别凝结水箱水量超标引起水击。

应采取的处理措施有四点：

（1）当机组负荷较大、排汽压力较低时，应加强对空冷回水管的检查，保证各个空冷风机转速一致。

（2）当发生回水管振动时，应降低本列空冷风机的转速，以使过量的汽量转移至其他列，保证回水通畅。

（3）降低本列风机转速时，应先降低本列逆流风机，当仍无效果时，应再降低本列顺流风机的转速。

（4）如降低本列风机转速仍无效果时，应降低相邻列的风机转速，以提高排汽压力，保证机组安全运行。

6 空冷主排汽管振动的原因及处理方法是什么？

答：当空冷主排汽管振动时，会出现排汽管道剧烈振动，有巨大声响，外表面随着振动会上下窜动，排汽管道内部有周期性的水击声，机组的排汽压力不正常升高，排汽装置的水位可能升高的现象。

发生此现象的原因是排汽装置水位控制不当造成满水，水流人排汽管道形成冲击；因投入高压加热器（简称高加）时水位控制不当，汽水冲入排汽装置，使大量的水被压迫至排汽管道形成冲击；冬季启动时，由于长时间小流量运行造成大量冰块冻结，大负荷后又解冻造成大块冰掉落。

应采取的处理方法有以下三条：

（1）正常运行中，精心调整水位。定期对排汽装置水位进行校对，保证水位调整在正常范围之内。

（2）在投运高加过程中，应严格按照规程要求充分疏水暖管；当远传水位计故障时，应以就地水位计为准；高加水位应手动调整，只有当其投运正常后，才能将高加水位投入自动。

（3）冬季启动时，尽量缩短启动时间，保证空冷系统在30min内达到20%的额定进汽量，并尽快提高进汽量防止空冷系统发生冻结。

7 空冷系统冻结的现象及处理方法是什么？

答：当空冷系统冻结时，会出现机组长期低负荷运行、凝结水箱水位不断下降，除盐水量不断增加甚至增启除盐水泵。空冷抽空气温度偏低，机组并网带负荷后，随着负荷的增加，空冷抽空气温度突然升高。凝结水箱水位突然上涨，甚至出现被迫放水的现象。

发生此现象的原因是空冷系统进汽量长期偏小，蒸汽的放热量小于管道对环境的放热量，使得进入空冷系统的蒸汽发生冻结，并以冰的形式储存于空冷岛上，致使回流的凝结水量不断减少。当机组带负荷后，蒸汽的放热量大于管道对环境的放热量，空冷岛上的冰融化，大量的水流出空冷岛致使凝结水箱水位上涨甚至满水。

应采取的处理方法有以下五条：

（1）冬季启动初期，按空冷防冻措施中规定，空冷开始进汽后，进汽量必须在30min内达到其额定排汽量的20%。

（2）在保证安全的前提下，尽量使锅炉在冬季启动时加快升温升压速度，控制好旁路打开的时机与开度以满足上述要求，机组并网后尽快升负荷。

（3）适当提高机组的排汽压力，降低风机的转速。保持排汽压力在25～30kPa范围内进行冲转、并网。

（4）监视检查空冷风机的冬季保护、回暖等功能正常投运。

（5）如机组在短时间内不具备并网加负荷条件时，必须维持在锅炉最大连续蒸发量的17%以上，并保持高、低压旁路开启，空冷进汽大于额定排汽量的20%，否则30min后应申请停机处理。

第八章

管 阀 检 修

第一节 常用阀门的规格和使用范围

1 电厂阀门的种类有哪几种？

答：在电厂使用的阀门种类繁多，根据不同的分类方法可以分为许多不同的类别。如按照所通过的介质来分有蒸汽阀、水阀、气阀、灰阀、油阀等；根据阀门的材质又可分为铸铁阀、铸钢阀、锻钢阀、合金钢阀等；按照驱动方式分类又可分为手动阀、电动阀、气（液）动阀等。目前，我们最常见、应用也最为广泛的是按照阀门的压力、温度和结构特点来分类的方法。

（1）按照压力等级分类。

1）真空阀门。工作时的公称压力低于大气压力的阀门。

2）低压阀门。工作时的公称压力为 $p_N \leqslant 1.6$MPa 的阀门。

3）中压阀门。工作时的公称压力为 2.5MPa$\leqslant p_N \leqslant$6.4MPa 的阀门。

4）高压阀门。工作时的公称压力为 10MPa$\leqslant p_N \leqslant$100MPa 的阀门。

5）超高压阀门。工作时的公称压力 $p_N>$100MPa 的阀门。

（2）按照温度等级分类。

1）低温阀门。工作时的温度 $t<-30$℃的阀门。

2）常温阀门。工作时的温度为-30℃$\leqslant t<120$℃的阀门。

3）中温阀门。工作时的温度为 120℃$\leqslant t \leqslant$450℃的阀门。

4）高温阀门。工作时的温度 $t>450$℃的阀门。

（3）按照阀门结构分类。

主要有闸阀、截止阀、球阀、蝶阀、节流阀、调整阀、减压阀、止回阀、安全阀、疏水阀、快速启闭阀等。

2 简述电厂通用阀门型号的意义。

答：按照 JB 4018—1985《电站阀门型号编制方法》的规定，国产的任何阀门都必须有一个特定的型号。阀门型号由七个单元组成，分别用来表示阀门的类别、驱动方式、连接形式、结构形式、密封圈衬里材料、公称压力和阀体材料。各个单元的排列顺序和所代表的意义为：

（1）第一单元代表阀门的类别代号，使用汉语拼音字母表示，常见的类别如表 8-1 所列。

表 8-1　　阀门的类别代号

阀门类型	代号	阀门类型	代号
闸阀	Z	安全阀	A
截止阀	J	止回阀	H
节流阀	L	减压阀	Y
球阀	Q	调整阀	T
蝶阀	D	疏水阀	S
隔膜阀	G		

（2）第二单元阀门的驱动方式代号，见表 8-2。

表 8-2　　阀门驱动形式代号

驱动方式	代号	驱动方式	代号
电磁动	0	伞齿轮	5
电磁-液动	1	气动	6
电-液动	2	液动	7
蜗轮	3	气-液动	8
圆柱（正）齿轮	4	电动	9

注意：

（1）对使用手轮、手柄或扳手传动的阀门以及安全阀、减压阀和疏水阀省略本代号。

（2）对气动或液动阀，常开式用 6K、7K 表示，常闭式用 6B、7B 表示，气动带手动用 6S 表示，防爆电动用 9B 表示，户外耐热用 9R 表示。

（3）第三单元为连接形式代号，用阿拉伯数字表示，常见方式，见表 8-3 所列。

表 8-3　　阀门的连接形式代号

连接形式	代号	连接形式	代号
内螺纹	1	对夹	7
外螺纹	2	卡箍	8
法兰	4	卡套	9
焊接	6		

（4）第四单元为结构形式代号，用阿拉伯数字表示，常见的形式见表 8-4～表 8-12 所列。

表 8-4　　闸阀的结构形式代号

结构形式	代号	结构形式	代号
明杆楔式弹性闸阀	0	明杆平行式刚性双闸板	4
明杆楔式刚性单闸阀	1	暗杆楔式刚性单闸板	5
明杆楔式刚性双闸阀	2	暗杆楔式刚性双闸板	6
明杆平行式刚性单闸阀	3		

表 8-5　　截止阀的结构形式代号

结构形式（截止阀与节流阀）	代号	结构形式（截止阀与节流阀）	代号
直通式	1	平衡直通式	6
Z形直通式	3	平衡角式	7
角式	4	节流式	8
直流式	5	三通式	9

表 8-6　　球阀的结构形式代号

结构形式（球阀）	代号	结构形式（球阀）	代号
浮动直通式	1	浮动 T 形三通式	5
浮动 Y 型三通式	3	固定直通式	7
浮动 L 型三通式	4	固定四通式	8

表 8-7　　蝶阀的结构形式代号

结构形式（蝶阀）	代号	结构形式（蝶阀）	代号
杠杆式	0	斜板式	3
垂直板式	1		

表 8-8　　止回阀的结构形式代号

结构形式（止回阀）	代号	结构形式（止回阀）	代号
升降直通式	1	旋启多瓣式	5
升降立式	2	旋启双瓣式	6
升降 Z 形直通式	3	升降直流式	7
旋启单瓣式	4	升降节流再循环式	8

表 8-9　　安全阀的结构形式代号

结构形式（安全阀）	代号	结构形式（安全阀）	代号
封闭弹簧带散热全启式	0	不封闭双弹簧带扳手微启式	8
封闭弹簧微启式	1	不封闭弹簧带控制机构全启式	6
封闭弹簧全启式	2	先导式	9
封闭弹簧带扳手全启式	4	单杠杆全启式	2
不封闭弹簧带扳手全启式	3	单杠杆角形微启式	5
不封闭弹簧带扳手微启式	7	双杠杆全启式	4

表 8-10　　减压阀的结构形式代号

结构形式（减压阀）	代号	结构形式（减压阀）	代号
薄膜式	1	波纹管式	4
弹簧薄膜式	2	杠杆式	5
活塞式	3		

表 8-11　调节阀的结构形式代号

结构形式（调节阀）	代号	结构形式（调节阀）	代号
回转套筒式	0	单级升降闸板式	6
单级 Z 型升降套筒式	5	多级升降套筒式	8
单级升降套筒式	7	多级升降 Z 型柱塞式	1
单级升降针型阀	2	多级升降柱塞式	9
单级升降柱塞式	4		

表 8-12　疏水阀的结构形式代号

结构形式（疏水阀）	代号	结构形式（疏水阀）	代号
浮球式	1	节流孔板式	7
波纹管式	3	脉冲式	8
膜盒式	4	圆盘式	9
钟形浮子式	5		

（5）第五单元为密封面材料或衬里材料的代号。汉语拼音字母表示，常见的方式，见表 8-13。

表 8-13　密封面或衬里的材料代号

阀座密封面或衬里材料	代号	阀座密封面或衬里材料	代号
铜合金	T	橡胶	X
耐酸钢，不锈钢	H	衬胶	CJ
渗氮钢	D	聚四氟乙烯	SA
渗硼钢	P	石墨石棉	S
锡基轴承（巴氏）合金	B	衬塑料	CS
硬质合金	Y	酚醛塑料	SD
蒙乃尔合金	M	尼龙塑料	NS
衬铅	CQ	无密封圈	W

注意：由阀体直接加工的阀座密封面材料代号用字母“W”表示；当阀座和阀瓣（闸板）密封面材料不同时，用低硬度的材料代号来表示。

（6）第六单元为公称压力代号，直接使用公称压力的数值来表示，并用短线与第五单元隔开。当介质最高温度小于等于 450℃时，一般只需标注出公称压力数值即可；若介质温度大于 450℃时，则需同时标注出阀门的工作温度和工作压力。例如某阀门的第六、七单元的标注为“P_{W54}16V”，其中下脚标中的“W”即代表温度的含义，且下脚标中的数字是将其工作介质最高温度数值除以 10 所得出的整数，这个标注表示该阀为一个允许最高工作温度为 540℃，工作压力为 16MPa，阀体材料为铬钼钒合金钢的高温高压阀门。

我们常用的公称压力有 0.1、0.25、0.6、1.0、1.6、2.5、4.0、6.4、10、16、20、32（MPa）等级别，但在实际中也经常碰到阀门压力等级标注为若干 kg/cm^2 的现象，我们只需简单地将阀门标注中的 kg/cm^2 数值除以 10，就可立即方便地换算得出其公称压力国际标准的数值了。

（7）第七单元为阀体材料的代号，用汉语拼音字母表示，常见的方式见表8-14所列。

表8-14　　阀体材料的代号

阀体材料	代号	阀体材料	代号
灰铸铁	H	铬钼合金钢	I
可锻铸铁	K	铬钼钛（铌）耐酸钢	P
球磨铸铁	Q	铬镍钼钛（铌）耐酸钢	R
铸钢、碳钢	C	铬钼钒合金钢	V
铜和铜合金	T		

注意：对 $p_N \leqslant 1.6$MPa的灰铸铁阀门和 $p_N \geqslant 2.5$MPa的碳素钢阀体，阀体省略本代号。

除了上述的各个列表中所表述的一般规定之外，还有一些其他结构形式、不同特点的阀门或新阀门会使用不同的代号来加以区分，这里就不再详细一一赘述了。

3 电厂常见阀门的作用各是什么？

答：电厂常见阀门的作用分别为：

（1）闸阀也叫闸板阀，它是依靠高度光洁、平整一致的闸板密封面与阀座密封面的相互贴合来阻止介质流过，并装设有顶楔来增强密封的效果。在启闭过程中，其阀瓣是沿着阀座中心线的垂直方向移动的。闸阀的主要作用是用来实现开启或关闭管道通路的。

（2）截止阀是依靠阀杆压力使得阀瓣密封面与阀座紧密贴合，从而阻止介质流通的。截止阀的主要作用是切断或开启管道通路的，它也可粗略地调节流量，但不能当作节流阀使用。

（3）节流阀也叫针形阀，其外形与截止阀并没有区别，但其阀瓣的形状与之不同，用途也不同。它的主要作用是以改变流通截面的形式来调节介质通过时的流量和压力的。

（4）蝶阀的阀瓣是圆盘形的、围绕着一个转轴旋转，其旋角的大小即为阀门的开度。蝶阀的优点是轻巧、结构简单、流动阻力小、开闭迅速、操作方便，它主要用来作关断或开启管道通路、节流之用的。

（5）止回阀是利用阀前阀后介质的压力差而自动关闭的阀门，它使介质只能沿着一个方向流动而阻止其逆向流动。

（6）安全阀是压力容器和管路系统中的安全装置。它可以在系统中的介质压力超过规定值时自动开启、排放部分介质以防止系统压力继续升高，在介质压力降低到规定值时自动关闭，这样就可以避免了因容器或管路系统中的压力过度升高、超标而带来的变形、爆破等损坏事故。

（7）减压阀的主要作用是可以自动将设备和管道内的介质压力降低到所需的压力，它是依靠其敏感元件（如膜片、弹簧、活塞等）来改变阀瓣与阀座之间的间隙，并依靠介质自身的能量，使介质的出口压力自动保持恒定的。

4 常用阀门的基本要求是什么？

答：随着阀门用途、结构的不同，对它们的要求也就不同。但总的来讲，阀门必须符合下列的基本要求：

（1）关闭严密（尤其是闸阀、截止阀和安全阀）。

（2）各部件的强度匹配、足够。

（3）阀体内部的流动阻力要小。

（4）阀门的零部件具有互换性。

（5）结构简单、质量轻、体积小以及操作方便、检修维护便捷等。

5 简述闸阀的基本结构与特点。

答：在电厂中，闸阀被广泛地使用于给水、凝结水、中低压蒸汽、空气、抽汽和润滑油等系统。为了保证关闭的严密性，闸阀的阀板与阀座密封面均须进行研磨。

闸阀的主要启闭部件是闸板与阀座，闸板与流体的流向垂直，改变闸板与阀座之间的相对位置即可改变流道截面的大小，从而改变了流量。

闸阀按照阀板的结构形状分为楔式闸阀和平行式闸阀两类。其中，楔式闸阀的阀板呈楔形，它是利用楔形密封面之间的压紧作用来达到密封目的的。

平行式闸阀的阀体中有两块对称且平行放置的阀板，阀板中间放有楔块。阀门关闭时，楔块使阀板张开，紧压阀体密封面而截断通道；阀门开启时，楔块随着阀板一同上升，扩大通道直至全开。

根据闸阀启闭时阀杆运动情况的不同，闸阀又可分为明杆式和暗杆式两类，如图 8-1 和图 8-2 所示。

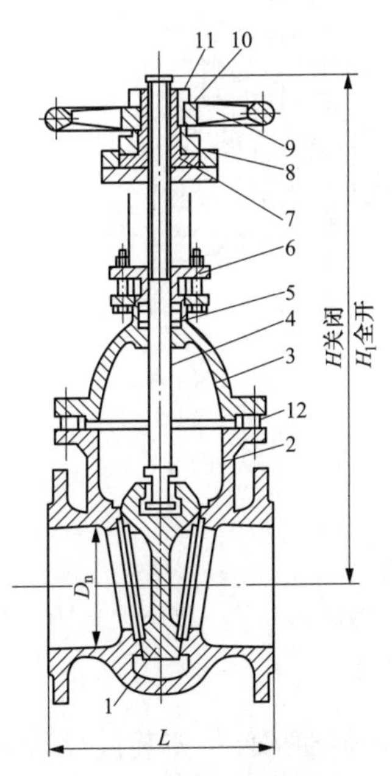

图 8-1　闸阀（明杆楔式）

1—楔式闸板；2—阀体；3—阀盖；4—阀杆；5—填料；6—填料压盖；7—套筒螺母；8—压紧环；9—手轮；10—压紧螺母；11—键；12—阀盖垫图

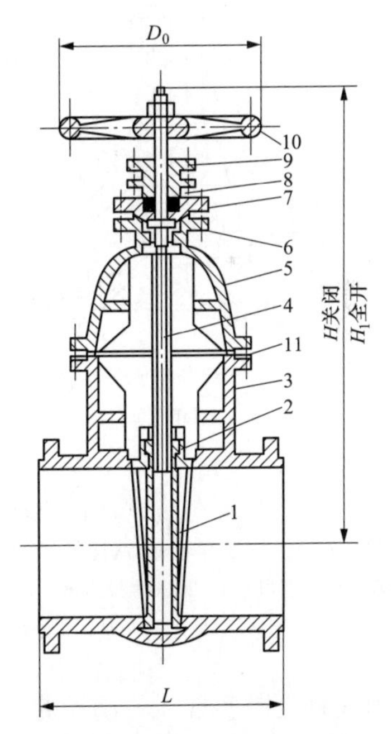

图 8-2　暗杆式闸阀（平行式）

1—楔式阀瓣；2—套筒螺母；3—阀体；4—阀杆；5—阀盖；6—止推凸肩；7—填料函法兰；8—填料；9—填料压盖；10—手轮；11—门盖垫

明杆式闸阀在开启时，阀杆阀板同时做上下升降运动；暗杆式闸阀的阀杆只能做旋转运动而不能上下升降，其阀板可以上下升降运动。明杆式闸阀的优点是能够通过阀杆上升或下降的高度来判断阀门的开启、关闭程度；其缺点是阀杆所占的空间、高度较大；暗杆式闸阀的优、缺点则与明杆式的恰好相反。

闸阀的特点是结构复杂、尺寸较大、价格较高、密封面易于磨损，但其开启缓慢可避免水锤现象、易于调节流量、密封面较大且流动阻力小。

6 简述截止阀的基本结构与特点。

答：在电厂截止阀应用于高温高压蒸汽系统十分普遍，在给水、润滑油、空气等系统也有使用。

截止阀的主要启闭部件是阀瓣与阀座，如图 8-3 所示。阀瓣沿着阀座中心线移动，改变了阀瓣与阀座之间的距离，即可改变流道的截面积，从而实现对流量的控制和截断。为了关闭后的严密性和防止渗漏，阀瓣与阀座的密封面均需经过研磨配合。

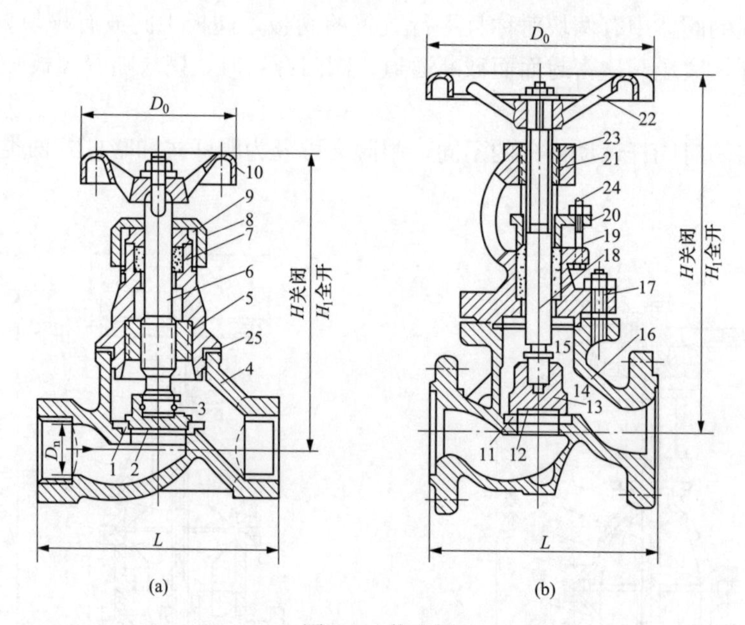

图 8-3 截止阀

(a) 内螺纹截止阀；(b) 外螺纹截止阀

1、11—阀座；2—阀瓣；3—铁丝圈；4、16—阀体；5、17—阀盖；6、18—阀杆；7、19—填料；8—填料压盖螺母；9、20—填料压盖；10、22—手轮；12—阀盘；13、25—垫片；14—开口锁片；15—阀盘螺母；21—螺母；23—轭；24—螺栓

阀瓣是由阀杆控制实现开关动作的，根据阀杆螺纹传动部件的安装位置不同，可分为内螺纹截止阀和外螺纹截止阀两种；根据阀门与相邻管道或设备的连接方式的不同，又可分为螺纹连接和法兰连接两种。

截止阀的结构形式有直通式、直流式和直角式等几种。直通式适于安装在直线管路中，介质是由下向上流经阀座，流动阻力较大。直流式也是安装在直线管路中，由于阀门处于倾斜位置使得操作稍有不便，但其流动阻力小。直角式则适于安装在管道垂直相交的地方。

截止阀的特点是操作可靠、关闭严密、调节或截断流量较为容易，但其结构复杂、价格高、流动阻力大。

截止阀安装时必须注意其方向性，介质流动方向应由下向上流过阀瓣，这样安装的阀门流动阻力小、开启省力、关闭时阀杆填料不接触介质、易于解体和检修。

7 简述止回阀的基本结构与特点。

答：在电厂止回阀广泛地应用于各类泵的出口管路、抽汽管路、疏水管路以及其他不允许介质倒流的管路上。

止回阀按其结构形式的不同，可分为升降式和旋启式两种，如图 8-4 所示。

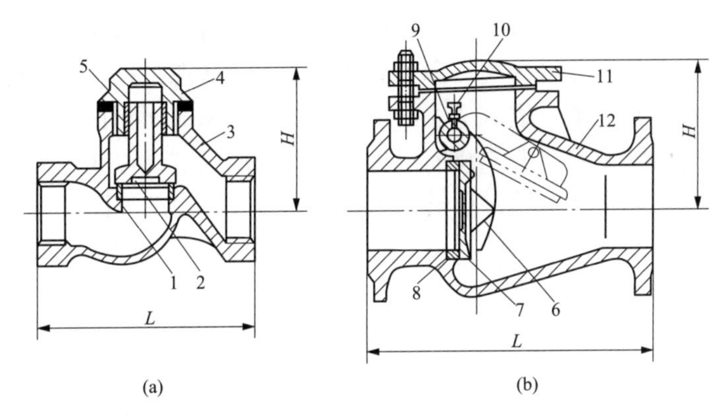

图 8-4　止回阀

（a）升降式止回阀；（b）旋启式止回阀

1—阀座；2、7—阀瓣；3、12—阀体；4、11—阀盖；5—导向套筒；6—摇杆；8—阀座密封圈；9—枢轴；10—定位紧固螺钉与锁母

升降式止回阀的阀体与截止阀相同且阀瓣上设有导杆，可以在阀盖的导向筒内自由地升降。当介质是自左向右流动时，可以向上顶起、推开阀瓣而流过；若介质是自右向左流动时，则因阀瓣下压、截断通道而阻止了介质逆向的流动。

升降式止回阀只能安装在水平管道上，而且要保证阀瓣的轴线严格地垂直于水平面，否则就会影响阀瓣的升降灵活和可靠工作。

旋启式止回阀是利用在枢轴上悬挂的摇板式阀瓣来实现启闭的。当介质是自左向右流动时，阀瓣由于左侧的压力大于右侧而开启；若介质反向流动时，则阀瓣关回，截断通道。

在安装旋启式止回阀时，只要保证阀瓣的旋转枢轴保持水平状态即可适用于任意的水平、垂直或倾斜的管道中。

8 简述减压阀的基本结构与特点。

答：常见的减压阀按结构形式的不同分为弹簧薄膜式、活塞式、波纹管式三类。

弹簧薄膜式减压阀是靠薄膜和弹簧来平衡介质压力的，其调节灵敏度高，主要用于温度和压力不高的水、空气介质的管道中。该阀主要由调节弹簧、橡胶薄膜、阀杆、阀瓣等组成，如图 8-5 所示。

当调节弹簧处于自由状态时，阀瓣由于进口压力的作用和主阀弹簧的阻抑作用而处于关闭状态。拧动调节螺栓即可顶升阀瓣，使得介质流向出口，阀后压力逐渐上升到所需的压力。同时，阀后的压力也作用到薄膜上，使调节弹簧受力而向上移动，阀瓣也随之相应关小，直至与调节弹簧的作用力相平衡，这样保持阀后的压力维持在一定的范围之内。当阀后压力增高，平衡状态受到破坏时，薄膜下方的压力则逐步增大，并使薄膜向上移动，这时阀瓣被关小使得流过阀门的介质减少、阀后压力随之降低，从而达到新的平衡状态。当阀后压力下降时，阀瓣则逐步开大、使阀后压力逐渐上升，逐渐至新的平衡状态，使阀后的压力保持在一定的范围之内。

活塞式减压阀是借助于活塞来平衡压力的，其主要结构，如图 8-6 所示。由于其活塞在汽缸中承受的摩擦力较大，故其灵敏度不及薄膜式减压阀，主要是应用在承受压力、温度较高的蒸汽、空气等介质的管道或设备上。当调节弹簧处于自由状态时，由于阀前压力的作用和下侧主阀弹簧的阻抑作用使得主阀瓣和辅阀瓣处于关闭状态。拧动调节螺栓顶开辅阀瓣使介质由进口通道 α 经辅阀通道 γ 进入活塞的上方，由于活塞的面积比主阀瓣大，在受力后向弹簧下移动，使得主阀瓣开启、介质流向出口；同时介质经过通道 β 进入薄膜的下部、其压力逐渐与调节弹簧的压力平衡，使阀后的介质压力保持在一定的范围之内。若阀后的压力过高，薄膜下部的压力大于调节弹簧的压力，膜片就会上移、辅阀关小使流入活塞上方的介质减少，使活塞和主阀上移，从而减小了主阀瓣的开度，出口压力随之下降，达到新的平衡状态。

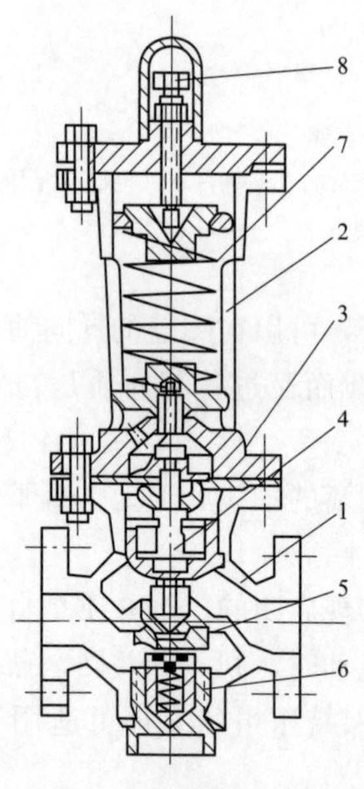

图 8-5　弹簧薄膜式减压阀

1—阀体；2—阀盖；3—薄膜；4—阀杆；5—阀瓣；6—主阀弹簧；7—调节弹簧；8—调节螺栓

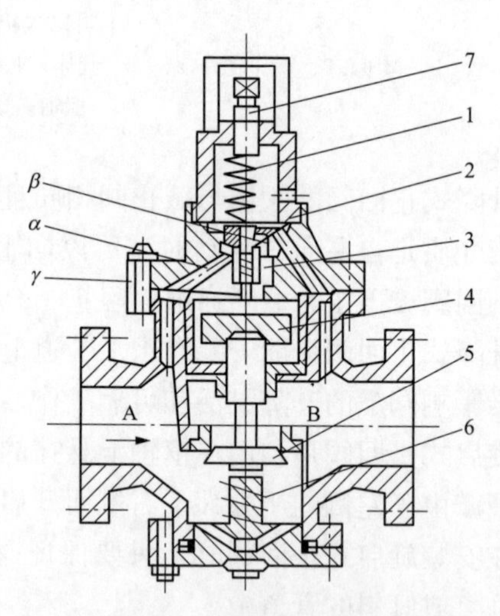

图 8-6　活塞式减压阀

1—调节弹簧；2—金属薄膜；3—辅阀；4—活塞；5—主阀；6—主阀弹簧；7—调节螺栓

波纹管式减压阀是依靠波纹管来平衡压力的，其结构，如图 8-7 所示。波纹管式减压阀主要适用于介质参数不高的蒸汽、空气等清洁介质的管道上，一般在减压阀前必须装设过滤器，不得用于液体的减压，更不能用于含有颗粒的介质。当调整弹簧处于自然状态下时，在进口压力和弹簧顶力的作用下使阀瓣处于关闭状态。拧动调整螺栓使调节弹簧顶开阀瓣，这时介质流向出口，阀后压力逐渐上升到所需的压力；阀后的压力又经过通道作用于波纹管外侧，使得波纹管向下的压力与调整弹簧向上的顶紧力平衡，从而将阀后的压力稳定在需要的压力范围之内。若阀后的压力过大，则波纹管向下的压力大于调节弹簧的顶紧力，使阀瓣关小、阀后压力降低，从而达到新的平衡，满足了要求的压力。

9 简述安全阀的基本结构与特点。

答：安全阀是压力容器和管路系统的安全装置，在电厂汽轮机的除氧器、加热器、疏水器和高压给水管路等处均可见到。当容器或系统中的介质压力超过规定的数值时，安全阀就会自动开启泄放出部分介质、降低压力；当容器或系统的压力恢复到正常值时，安全阀应自动关闭、停止泄放。

安全阀按其结构形式的不同可分为弹簧式、杠杆重锤式和脉冲式三类。

弹簧式安全阀是利用压缩弹簧的力来平衡阀瓣的压力、进而平衡和密封容器或管道内介质压力的，如图 8-8 所示。在允许的调节范围内，可以通过调整弹簧的松紧来适应容器或管道内介质所需要的工作压力的大小。弹簧式安全阀较杠杆重锤式安全阀的体积小、质量轻、灵敏度高，其安装位置也不受严格的限制。

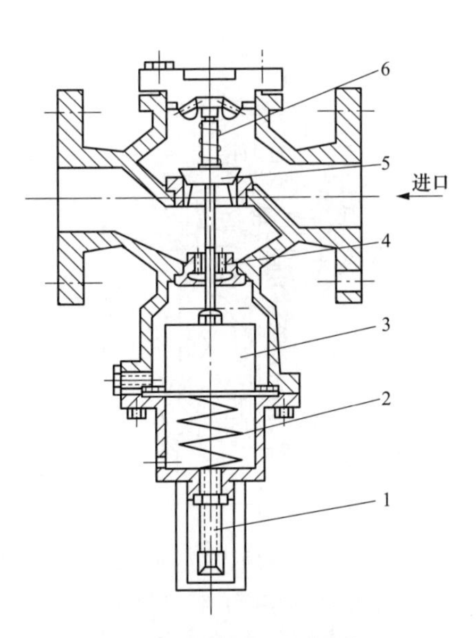

图 8-7 波纹管式减压阀

1—调整螺栓；2—调节弹簧；3—波纹管；4—压力管道；5—阀瓣；6—顶紧

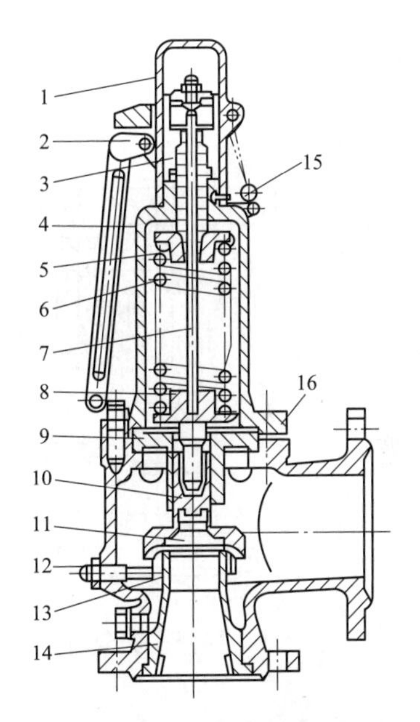

图 8-8 弹簧式安全阀

1—保护罩；2—扳手；3—调节螺套；4—阀盖；5—上弹簧座；6—弹簧；7—阀杆；8—下弹簧座；9—导向座；10—反冲盘；11—阀瓣；12—定位螺杆；13—调节圈；14—阀座；15—铅封；16—阀体

弹簧式安全阀根据流道的不同又分为封闭式和不封闭式两种。其中的封闭式安全阀适用于一些易燃、易爆或有毒介质的环境，对于蒸汽、空气或惰性气体等则可选用不封闭式安全阀。

弹簧式安全阀适宜于公称压力 P_N≤32MPa、管道直径 D_N≤150mm 的工作条件下的水、蒸汽、油品等介质。碳钢制的弹簧式安全阀适用于介质温度 $t \leqslant 450℃$ 的工作条件，合金钢制的弹簧式安全阀则适用于介质温度 $t \leqslant 600℃$ 的工作条件。此外，由于过大、过硬的弹簧难以保证应有的精确度，故弹簧式安全阀的弹簧作用力一般不超过 2000N。为了检查安全阀阀瓣的灵活程度，有的安全阀还设置了手动的扳手。

杠杆重锤式安全阀是利用重锤的质量或移动重锤的位置并通过杠杆的作用所产生的压力来平衡容器或管道内介质的压力，如图 8-9 所示。在允许的调节范围内，可以根据所需的工作压力适当地调整重锤的质量和杠杆的长度。由于这种重锤式结构只能固定在设备上，故一般选择重锤质量不超过 60kg，以免操作困难。通常，铸铁制杠杆重锤式安全阀适宜于公称压力 $P_N \leqslant 1.6$MPa、介质温度 $t \leqslant 200℃$ 的工作条件下；碳素钢制杠杆重锤式安全阀适宜于公称压力 $P_N \leqslant 4$MPa、介质温度 $t \leqslant 450℃$ 的工作条件。

脉冲式安全阀主要由主安全阀（主阀）和先导安全阀（副阀）组成，如图 8-10 所示。当压力超过允许值时副阀首先动作，借先导阀的作用带动主阀动作，故也称为先导式安全阀。脉冲式安全阀主要用于高压和大口径的场合。

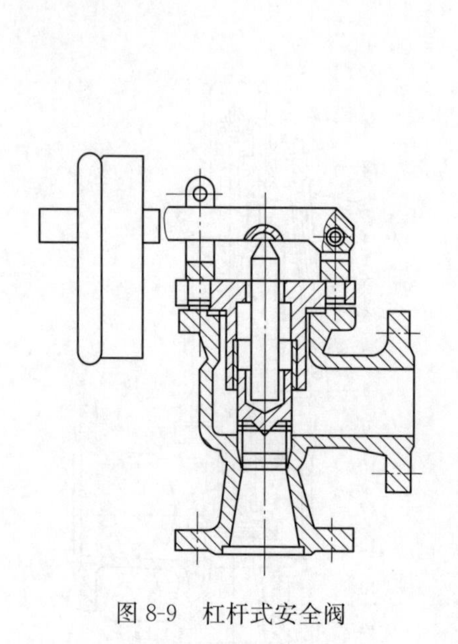

图 8-9　杠杆式安全阀

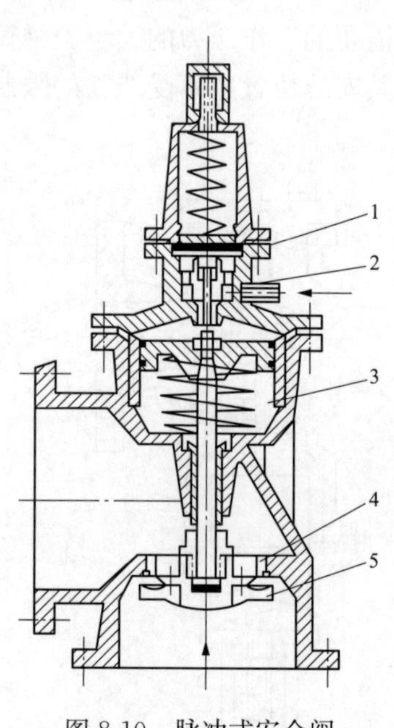

图 8-10　脉冲式安全阀

1—隔膜；2—副阀瓣；3—活塞缸；4—主阀座；5—立阀瓣

脉冲式安全阀在介质压力超过规定值时，先导阀首先开启将介质引入主阀内，然后顶动活塞、活塞带动主阀的阀瓣开启进行泄放；当介质压力降到低于规定值时，先导阀关闭使主阀的活塞失去介质压力的作用，在弹簧的作用下回缩，进而带动主阀的阀瓣关闭。

安全阀按照阀瓣开启高度的不同又可分为微启式和全启式两种。其中的微启式安全阀多用于液体介质的场合，而全启式安全阀则多用于气体、蒸汽介质的场合。

10　简述蝶阀的基本结构与特点。

答：在火力发电厂中蝶阀多见于温度不高的中低压、大直径的循环水和低压蒸汽等管道中。

蝶阀主要由阀体、阀板、阀杆及驱动装置等组成，如图 8-11 所示。它通过驱动装置带动阀杆、阀杆再传动至阀板使之围绕阀体内部的一个固定枢轴旋转，这样根据旋转角度的大小来达到启闭或节流的目的。

蝶阀的结构简单，相对质量轻，维修方便，阀门泄漏时还可以更换密封面上的密封圈；但其缺点是关闭严密性稍差，不能用于精确地调节流量。低压蝶阀的密封圈易于老化、失去弹性或损坏。

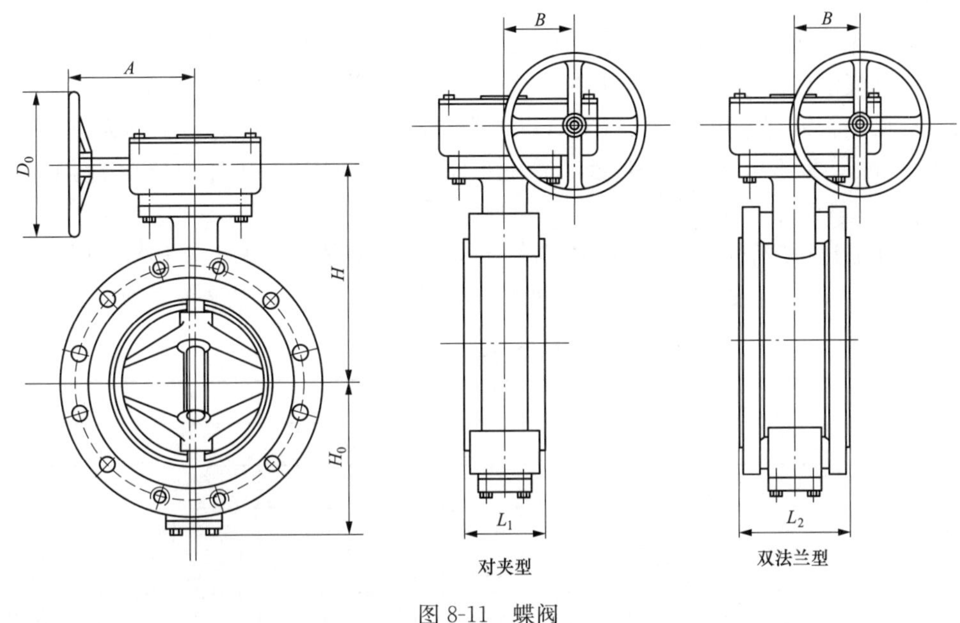

图 8-11　蝶阀

11 简述隔膜阀的基本结构与特点。

答：隔膜阀具有结构简单、便于检修、流动阻力小、密封性能好，能适用含有悬浮物的介质和介质不与阀杆接触而被腐蚀，不需要填料机构而不被腐蚀，不需要填料机构等特点。

隔膜阀由手轮、阀杆、阀盖、阀体、阀瓣、隔膜组成。

12 多功能水力控制阀的基本结构与特点是什么？

答：多功能水力控制阀能够调节控制开启、关闭速度，在系统运行中能起到逆止、消除水锤、保护水泵和管路的作用。

该阀主要由阀体、过滤器、调节阀、阀杆、膜片及压板、上盖、缓闭阀板和调节杆组成。

13 浮球阀的基本结构是什么？

答：浮球阀由弹簧、膜片、阀盘、密封圈、阀座和阀体组成。

第二节 常见标准管道的规格及使用范围

1 常见低压标准管道的种类有哪些？

答：我们常见的低压焊接钢管由于管壁上有焊接缝，因而不能承受高压，一般只适用于公称压力≤1.6MPa 的管道。低压焊接钢管有低压流体输送用焊接钢管、螺旋缝电焊钢管、钢板卷制直缝电焊钢管三个品种。

（1）低压流体输送用焊接钢管是用碳素软钢制作的，也被称为熟铁管。由于其管壁纵向有一条采用炉焊法或高频电焊法加工的焊缝，故又被称为炉焊对缝钢管或高频电焊对缝钢管。按其表面是否镀锌又可分为镀锌管（也称为白铁管）和不镀锌管（也称为黑铁管）。根据管壁的不同厚度还可分为普通管（适用于 P_N≤1.0MPa）和加厚管（适用于 P_N≤1.6MPa）。

低压流体输送用钢管的规格为公称直径 6～150mm（具体规格见表 8-15），其加工供应的长度一般为 4～10m，主要适用于输送冷热水、蒸汽、压缩空气、碱液等类似的介质。

表 8-15　　低压流体输送钢管的规格

公称通径		外径	普通管		加厚管	
in	mm	mm	mm	kg/m	mm	kg/m
1/4	8	13.50	2.25	0.62	2.75	0.73
3/8	10	17.00	2.25	0.82	2.75	0.97
1/2	15	21.25	2.75	1.25	3.25	1.44
1	25	33.50	3.25	2.42	4.00	2.91
1.25	32	42.25	3.25	3.13	4.00	3.77
1.5	40	48.00	3.50	3.84	4.25	4.58
2	50	60.00	3.50	4.88	4.50	6.16
2.5	65	75.50	3.75	6.64	4.50	7.88
3	80	88.50	4.00	8.34	4.75	9.81
4	100	114.00	4.00	10.85	5.00	13.44
5	125	140.00	4.50	15.04	5.50	18.24
6	150	165.00	4.50	17.81	5.50	21.63

（2）螺旋缝电焊钢管是用 Q235（F 或 Z）碳素钢或 16Mn 低合金钢制造的，一般用于工作压力 P_N≤2.0MPa、介质的最高温度不超过 200℃的较大直径的低压蒸汽、凝结水等管道。其常见的规格为公称直径 200～800mm（具体规格见表 8-16），其加工供应的长度一般为 7～18m。

（3）钢板卷制直缝电焊钢管是用低碳素钢钢板分块卷制焊成的，主要由于输送蒸汽、水、油类等介质。其常见的规格为公称直径 150～1200mm（具体规格见表 8-17），加工供应的长度则随需要而定。

表 8-16　常见螺旋缝电焊钢管的规格

外径	壁厚（mm）			
	7	8	9	10
	理论单位质量			
mm	kg/m	kg/m	kg/m	kg/m
ϕ219	37.10	42.13	47.11	—
ϕ245	41.59	47.26	52.88	—
ϕ273	46.02	52.78	59.10	—
ϕ325	55.40	63.04	70.64	—
ϕ377	64.37	73.30	82.18	91.01
ϕ426	72.83	82.97	93.05	103.09
ϕ529	90.61	103.29	115.92	128.49
ϕ630	108.05	123.22	138.33	153.40
ϕ720	123.59	140.97	158.31	175.60
ϕ820	—	160.70	180.50	200.26

表 8-17　钢板卷制直缝电焊钢管的常见规格

公通直径	外径	壁厚	单位质量	公通直径	外径	壁厚	单位质量
mm			kg/m	mm			kg/m
150	159	4.5	17.15	500	530	6	77.30
150	159	6	22.64	500	530	9	115.60
200	219	6	31.51	600	630	9	137.80
225	245	7	41.00	600	630	10	152.90
250	273	6	39.50	700	720	9	157.80
250	273	8	52.30	700	720	10	175.09
300	325	6	47.20	800	820	9	180.00
300	325	8	62.60	800	820	10	199.75
350	377	6	54.90	900	920	9	202.20
350	377	9	81.60	900	920	10	224.41
400	426	6	62.10	1000	1020	9	224.40
400	426	9	92.60	1000	1020	10	249.07
450	480	6	70.14	1200	1220	10	298.89
450	480	9	104.50	1200	1220	12	357.47

2 常见低压标准管道的规格有哪些？

答：常见低压标准管道的规格数值，见表 8-15～表 8-17。

3 常用中高压管道的规格有哪些？

答：常用的中、高压管道大多使用无缝钢管，其按制造方法可分为热轧管和冷拔管两种。按其用途的不同又可分为一般无缝钢管和专用无缝钢管两类。

常见的一般无缝钢管多使用10号、20号、Q235等钢材制造，主要用于中压或以下的流体管道、制作结构件或零部件。常见的冷拔管的外径为5～200mm、壁厚为0.25～14mm；热轧管的外径为32～630mm、壁厚为2.5～75mm。

专用无缝钢管则根据所用材质的不同又分为锅炉用无缝钢管（也称为普通炉管）、锅炉用高压无缝钢管（又称为高压炉管）、不锈钢和耐酸钢无缝钢管以及化工用、石油裂化用无缝钢管等五个品种。我们常见的锅炉用无缝钢管是用10号、20号优质碳素钢制造的，主要用于低碳钢制造的各种结构锅炉用过热蒸汽管、沸水管；锅炉用高压无缝钢管是用优质碳素钢（20号）、普通低合金钢（15MnV、12MnMoV）、合金结构钢（15CrMo、12Cr1MoV、12Cr2MoVB、12Cr3MoVSiTiB）等材料制造，主要用于输送高温高压的汽水介质和含氢的高温高压介质。

不锈钢和耐酸钢无缝钢管是用不锈钢、耐酸钢制造的，主要用于输送强腐蚀性介质和低温、高温的介质。

4 如何选取钢管？

答：在选用钢管时，首先应按照介质的特性和参数（主要是温度和压力）来选出符合工作条件的几种管材，然后再做进一步的技术、经济分析和比较，最终确定所选用的钢管品种与规格。

对于输送一般腐蚀性介质的中低压碳素钢管道，管材钢号的选取应主要从耐温和耐压两个方面满足工作条件的要求来考虑。耐压问题主要从管壁厚度上解决，故根据介质工作温度的不同即可选出不同的钢号。

对钢管种类的选取可参照如下的标准进行：

（1）当初选管道的公称直径$D_N \leqslant 150$mm时，若介质温度不超过200℃、公称压力不超过1.0MPa，即可选择使用普通水煤气钢管或一般无缝钢管；若介质温度在200℃以上或公称压力超过了1.0MPa，则应选用一般无缝钢管。

（2）当初选管道的公称直径200mm$\leqslant D_N \leqslant$500mm时，若介质温度不超过450℃、公称压力不超过1.6MPa，即可选择使用螺旋缝电焊钢管或一般无缝钢管；若介质温度在450℃以上或公称压力超过了1.6MPa，则应选用一般无缝钢管。

（3）当初选管道的公称直径500mm$\leqslant D_N \leqslant$700mm时，可选用螺旋缝电焊钢管或钢板卷制焊管。

（4）当初选管道的公称直径$D_N >$700mm时，则应选用钢板卷制焊管。

此外，对输送强腐蚀性介质的管道，应选用不锈钢、耐酸钢无缝钢管；对输送一般腐蚀性高温高压汽、水介质的管道，则应选用锅炉用高压无缝钢管。

5 管道与设备连接时的一般要求是什么？

答：在设计或设备制造厂无特殊规定时，对于不允许承受附加外力的传动设备在进行设备法兰与管道法兰的连接工作之前，必须在自由状态下检查设备法兰与管道法兰的平行度、同轴度，其允许的偏差不得超过以下数值：

对设备转速在3000～6000r/min范围内的，应保证两个法兰的平行度小于等于

0.15mm、同轴度小于等于0.50mm；对设备转速大于6000r/min的，应保证两个法兰的平行度小于等于0.10mm、同轴度小于等于0.20mm。

在管道系统与设备进行最终封闭连接时，应在设备联轴器上架设百分表监视设备的位移。对于转速大于6000r/min的设备，其位移值应小于0.02mm；对于转速小于或等于6000r/min的设备，其位移值应小于0.05mm；对于需要预拉伸（或压缩）的管道与设备完成最终连接时，设备则不能产生任何位移。

在管道经过试压、吹扫合格之后，应再次对管道与设备的接口进行复位检查，其偏差值不得超过上述规定中的标准；如果出现超差现象，则应重新进行调整直至合格。管道安装合格之后，不得再承受设计之外的附加载荷。

6 中低压管道安装过程中相关的注意事项有哪些？

答：中低压管道安装过程中的注意事项有：

（1）管道安装时应对法兰密封面、密封垫片进行外观检查，不得存在有影响密封效果的缺陷存在。

（2）相邻法兰连接时应保持平行，其平行度偏差不得大于法兰外径的1.5‰且不大于2mm，不得采用强紧螺栓的方法来消除偏斜。

（3）相邻法兰连接时应保持同轴度，其螺栓中心偏差不得超过孔径的5%，并保证螺栓能够自由地穿入。

（4）对于大直径的法兰需要制作垫片时，应采用斜口、燕尾槽或迷宫形式搭接，不得采取平口对接。

（5）法兰之间采用软垫片密封时，垫片周边应整齐、垫片尺寸不得超出密封面尺寸±1.5mm以上；采用软钢、铜、铝等金属垫片时，安装前必须经过退火软化处理。

（6）在管道安装时若遇有使用不锈钢与合金钢螺栓和螺母、管道设计温度高于100℃或低于0℃、介质具有腐蚀性或伴有大气腐蚀等情形，则应将螺栓和螺母涂以二硫化钼油脂或石墨粉。

（7）法兰连接时应使用同一种规格的螺栓和螺母，且安装方向应保持一致；紧固螺栓时应对称均匀、用力适度，紧固好以后的螺栓外漏长度不应大于2倍的螺距。

（8）对于高温或低温管道上使用的螺栓，在试运过程中应按照规定进行冷紧或热紧。

（9）管子对口时应检查其平直度，在距离接口中心200mm处测量出的偏差不得超过1mm/m，且全长允许的最大偏差不得超过10mm。管子对口之后应垫置牢固，防止焊接或热处理过程中再产生变形。

7 管子使用前应做的检查是什么？

答：管子使用前应做的检查是：

（1）用肉眼检查管子表面是否有裂纹、皱皮、凹陷或磨损等缺陷。

（2）用卡尺或千分尺检查管径与管壁厚度，确认其尺寸偏差符合标准规定的要求。

（3）用千分尺和自制样板，从管子全长选取3、4个位置来测量管子的椭圆度，通常要求被测截面的最大、最小直径差值与管道公称直径之比（管道的相对椭圆度）不得超过0.05。

（4）对有焊缝的管子应进行通球试验，选取检测球的直径应为管子公称直径的80%～85%。

（5）在使用前，应按照设计要求核对管子的规格、钢号，并根据管子的出厂证明检查其化学成分、机械性能等指标；对合金钢管子，必须抽样进行光谱分析，检验其化学成分是否与钢号吻合；对于高温高压等要求严格的情况，还应对管子进行压扁试验及水压试验。

8 管道安装的允许偏差值是多少？

答：对于一般的中、低压管道，在安装或检修过程中可参照表8-18中给出的偏差范围进行施工。

表 8-18　　中、低压管道安装允许偏差值

<table>
<tr><th colspan="3">项　目</th><th colspan="2">允许偏差（mm）</th></tr>
<tr><td rowspan="5">坐标及标高</td><td rowspan="3">室外</td><td>架空</td><td colspan="2">15</td></tr>
<tr><td>地沟</td><td colspan="2">15</td></tr>
<tr><td>埋地</td><td colspan="2">25</td></tr>
<tr><td rowspan="2">室内</td><td>架空</td><td colspan="2">10</td></tr>
<tr><td>地沟</td><td colspan="2">15</td></tr>
<tr><td rowspan="2">水平管弯曲</td><td colspan="2">管子公称通径≤100mm</td><td>1/1000</td><td rowspan="2">最大 20</td></tr>
<tr><td colspan="2">管子公称通径≥100mm</td><td>1.5/1000</td></tr>
<tr><td colspan="3">立管垂直度</td><td>2/1000</td><td>最大 15</td></tr>
<tr><td rowspan="2">成排管束</td><td colspan="2">在同一平面上</td><td colspan="2">5</td></tr>
<tr><td colspan="2">间距</td><td colspan="2">+5</td></tr>
<tr><td>交叉管道</td><td colspan="2">管外壁或保温层间距</td><td colspan="2">+10</td></tr>
</table>

9 简述管道进行热补偿的意义。

答：由于热力系统中的汽、水管道从冷备用或停止状态到运行状态的温度变化很大，加上管道内流通介质的温度变化也能引起管道的伸缩，因而若管道的布置方式和支吊架的选择不当，则会造成运行中的管道由于冷、热温差变化剧烈产生较大的热应力，使得管道以及与管道连接的热力设备的安全受到一定威胁和损害，最后有可能使管道破裂或使连接法兰的结合面不严引起泄漏，使管道及其连接的支吊架等设备一同受到不应有的破坏。

热补偿常用的有管道的自然补偿、加装各种形式的补偿器和冷态时施加预紧力等三种方式。其中，自然补偿方式是利用管道的自然变形以及固定支架的位置来补偿管道所产生的热应力，这种方式适用于介质压力小于1.6MPa、介质温度小于350℃的管道；在管道上加装的补偿器常见的有π型和Ω型弯管、波纹补偿器、套筒式补偿器三种类型。波纹补偿器一般只适用于介质压力小于0.6MPa、介质温度小于350℃的汽水管道；套筒式补偿器则主要用于介质压力小于0.6MPa、介质温度小于150℃的汽水管道。对于高温高压的蒸汽管道而言，为了更好地消除管道热应力所带来的消极影响，常见的是采用自然补偿、冷紧以及加装补偿器三种方式中的两种或两种以上方式相结合的补偿方法。

10 安装中低压管道时，对接口及焊缝的一般要求是什么？

答：安装中低压管道时，对接口及焊缝的一般要求是：

(1) 管子接口距离弯管的弯曲起点不得小于管子的外径尺寸，且不小于100mm。

(2) 管子相邻两个接口之间的距离不得小于管道外径，且不小于150mm。

(3) 管子的接口不得布置在支吊架上，接口焊缝的位置与支吊架边缘的净距离不得小于50mm；在对焊连接之后需要做热处理的接口，则接口位置距离支吊架的边缘不得小于5倍的焊缝宽度且不得小于100mm。

(4) 管子接口处应避开疏水管、放水管以及仪表等的开孔位置，接口位置距离开孔边缘不得小于50mm且不得小于开孔的孔径。

(5) 管道在通过隔墙、楼板、立柱或一些不易进入的隐蔽环境时，位于隔墙、楼板等内部的管道不得有接口。

(6) 对于直管段，相邻的两个环形焊缝间的距离不得小于100mm。

(7) 卷制管的纵向焊缝应布置在易于检修和观察的地方，且不宜于放在管子的底部。

(8) 在管道焊缝上不得开孔，如果必须开孔时则应经过无损探伤检验合格方可。

(9) 对于有加固环的卷制管，加固环的对接焊缝应与管子的纵向焊缝错开，且其间距不得小于100mm；加固环距离管子的环向焊缝也不应小于50mm。

(10) 穿过墙壁或楼板的管道一般应加装套管，但管道焊缝不能置于套管内；穿墙套管的长度不应小于墙壁的厚度，穿过楼板的套管应高出地面或楼面50mm，且管道与套管之间的缝隙应采用石棉或其他阻燃材料予以填塞。

11 如何进行管子的人工热弯?

答：人工热弯管子就是选用干净、干燥和具有一定粒度的砂石充满将被弯的管道内并通过振打使砂子填实，然后加热管子，采用人工方法把直管弯曲成为所需弧度的弯管过程。在进行热弯时，须注意以下几点：

(1) 首先检查待弯管子的材质、质量等，并选择好无泥土杂质、经过水洗和筛选的砂子，对砂石进行烘烤以确保其干燥无水。

(2) 将砂石灌入待弯的管子中并振打敲实后，在管子的两个端部加装堵头。

(3) 将装好砂石的管子运至弯管场地，根据弯曲长度在管子上画出标记。

(4) 缓慢、均匀地加热管子做出标记的部位，在加热过程中注意不停地转动和来回地移动管子以防止出现局部的过热现象；待管子加热到1000℃左右时，固定好管子的一端，在管子的另一端施加外力，即可将管子弯曲成所需要的形状。

12 如何进行管子的冷弯?

答：冷弯管子就是按照待弯管子的直径和弯曲半径选择好胎具，在弯管机上将管子弯成所需要角度的弯管过程。对于大直径、管壁厚的管子，则是采用局部加热后在弯管机上进行弯制的方法来实现弯管的。

冷弯管子通常采用弯管机来弯制，弯管机有手动、手动液压和电动三种方式。手动弯管机一般固定在工作台上，弯管时需将管子卡在夹具中，用手的力量扳动把手使滚轮围绕工作轮转动，即可把管子弯曲成所需要的角度；电动弯管机则是通过一套减速机构使工作轮转动，工作轮带动管子移动并被弯曲成所需的形状。

13 管道系统严密性试验的基本要求是什么？

答：动力管道系统一般都是通过打水压进行严密性试验的，在向管道系统充水时须注意将系统内的空气排尽；若试验压力无设计规定时，可先行采用管道工作压力的1.25倍进行管道的强度试验；在试验过程中应逐步提高压力，一般分2～3次升到试验压力并保持10min。若管道未发现泄漏现象，检测压力表指针未下降，且目测管道无变形即可认为强度试验合格。

在管道强度试验合格之后，即可把压力降至工作压力进行严密性试验。对埋设于地下的压力管道，试验压力除了达到规定的要求外，还应不低于0.392MPa。在对管道系统进行严密性水压试验时，当系统达到试验压力后应保持5～10min，然后在工作压力下对管道进行全面检查，并使用重量2磅以下的圆头小锤（有色金属或合金钢管道可使用1磅左右的木锤敲击）在距焊缝15～20mm处沿着焊缝方向轻轻敲击。在规定的时间内如果没有检查发现管道的焊缝与法兰连接处有渗漏的现象，压力表指针也未下降，则认为管道的严密性试验合格。

在管道严密性水压试验开始以后，禁止再去拧紧各接口的连接螺栓；若试验过程中发现管道有泄漏时，应待降压后才能对缺陷进行消除，而后再重复进行上述的严密性试验。

对于蒸汽及热水采暖系统，在试验压力保持的时间内压力下降不超过0.02MPa，即可认为达到合格的标准。

14 管道焊接时对焊口位置的具体要求有哪些？

答：管道焊接时对焊口位置的具体要求有：

（1）管子的接口距离弯管部分的起弧点不得小于管子的外径且不小于100mm；管子的任意两个相邻接口之间的间距不得小于管子的外径且不小于150mm；管子的接口不能布置在支吊架上且至少距离支吊架的边缘50mm。对于焊接后需进行热处理的焊口，该距离则不得小于焊缝宽度的5倍且不应小于100mm。

（2）在连接管道上的三通、弯头、异径管或阀件等为铸造件时，应加装钢制短管并在短管上进行焊接，以实现管子与管件的连接；而且当管子的公称直径大于等于150mm时，所选配短管的长度不应小于100mm。

（3）在管道的焊缝位置或管道附件上，一般不允许进行开孔、连接支管和表管支座的工作。

（4）在管子进行焊接连接时，不得强行对口；将管子与设备连接时，应在设备定位后进行，且不允许将管子的重量支撑在设备上。

（5）在焊接对口时应做到内壁平齐，管子或管件的局部错口不应超过管子壁厚的10%且不大于1mm；管子或管件的外壁差值不应超过薄件厚度的10%＋1mm且不大于4mm，若出现超差情况时，需按照规定制作平滑过度斜坡再进行对接。

（6）管子对口时，在距离接口200mm处用直尺检查测量其折口允许差值α为：当管子公称直径小于100mm时，α小于等于1mm；当管子公称直径大于等于100mm时，α小于等于2mm。

15 管道冷拉时应检查的内容有哪些？

答：管道冷拉时应检查的内容有：

（1）在冷拉区域范围内的固定支架均安装牢固，各固定支架肩的所有其他焊口（冷拉口除外）已焊接完毕，焊缝经过检查合格，应做热处理的焊缝已经过处理。

（2）所有吊架也已装设完毕，冷拉口附近吊架的吊杆应留有足够的调整余量，弹簧支吊架的弹簧应按照设计值预压缩并临时固定。

（3）冷拉区域中的阀门与法兰的连接螺栓均已紧固好。

（4）应做热处理的冷拉焊口，在焊接工作完成、热处理检验合格之后，才能允许拆除冷拉时装设的拉紧装置。

16 自制热煨弯头的质量标准是什么？

答：自制热煨弯头的质量标准是：

（1）外观检查。弯曲管壁的表面不得有金属分层、裂纹、褶皱和灼烧过度等缺陷。

（2）管子椭圆度检查。在工作压力大于 9.8MPa 时，弯头部位的椭圆度不得超过 6%；在工作压力小于 9.8MPa 时，弯头部位的椭圆度不得超过 7%。

（3）弯头部分的管壁厚度检查。检测壁厚的最小值不得小于设计计算的壁厚。

（4）通球检查。用不小于管子内径 80%的球检测，需通过整根管子。

（5）检测管子弯曲半径的偏差不超过±10mm。

（6）检查管子内侧不得有波浪褶皱。

17 汽水管道的安装要点有哪些？

答：汽水管道的安装要点有：

（1）对于管道的垂直段，应使用吊线锤法或水平尺检查的方法进行垂直度的检查。

（2）对于管道的水平段，应保证管道具有一定的坡度，一般汽水管道的坡度选取 2‰。

（3）对法兰连接或焊接的对口不得采用强制的手段进行连接（冷拉接口除外）。

（4）在蒸汽管道的最低点应装设疏水管及阀门；在水管道最高点应设置放气管与放气阀。

（5）对于蒸汽温度超过 300℃、管径大于 200mm 的管道，应装设膨胀指示仪来监督管道的伸缩变化。

18 管道支吊架的作用是什么？

答：管道的支吊架是用来固定管子、承受管道本身及其内部流通介质的重量的，而且管道支吊架还应满足管道热补偿和位移的要求，可以减轻管道的振动水平。

我们常见的管道支、吊架形式有：

（1）固定支架。它是用管夹牢牢地把管道夹固在管枕上，而整个支架固定在建筑物的托架上，因此能够保证管道支撑点不会发生任何位移或转动。

（2）活动支架。它除了承受管道重量之外，还可限制管道的某个位移方向，即当管道有温度变化时可使其按照规定的方向移动，分为滑动支架、滚动支架两种。

（3）吊架。有普通吊架和弹簧吊架两种形式。普通吊架可以保证管道在悬吊点所在的平面内自由移动；弹簧吊架则可保证管道悬吊点可在空间任何方向内自由移动。

19 选用管道支吊架的基本原则是什么？

答：选用管道支吊架的基本原则是：

(1) 在管道上不允许有任何位移的地方应设置固定支架，而且固定支架要生根在牢固的厂房结构或专设的结构物上。

(2) 在管道上无垂直位移或垂直位移很小的地方可装设活动支架，活动支架的形式应根据管道需减少摩擦力或对管道摩擦力无严格控制等对摩擦作用要求的不同来选择。

(3) 在水平管道上只允许管道单向水平位移的地方、在铸铁件的两侧或π形补偿器两侧适当距离的地方，应装设导向支架。

(4) 在管道具有垂直位移的地方应装设弹簧吊架，若安装位置不便于装设弹簧吊架时也可采用弹簧支架；在管道同时具有水平位移时，应选用滚珠弹簧支架。

(5) 在垂直管道通过楼板或屋顶时应装设套管，但套管不应限制管道的位移和承受管道的垂直负荷。

20 管道支吊架制作的基本要求是什么？

答：管道支吊架制作的基本要求是：

(1) 保证管道支吊架的型式、材质、加工尺寸、加工准确度和焊接工艺等应符合设计或规范的要求。

(2) 支架底板以及支吊架弹簧盒的工作面应保持平整。

(3) 管道支吊架的焊缝应进行外观检查，不得存留漏焊、欠焊、裂纹、咬肉等焊接缺陷。

(4) 制作完成并检验合格的支吊架应进行防腐处理，对合金钢制作的支吊架应留有材质标记并应妥善保护。

21 管道支吊架弹簧的检验原则是什么？

答：管道支吊架弹簧除了应有的合格证明外，其外观、几何尺寸也应符合下列规定：

(1) 弹簧表面不应有裂纹、折皱、分层、锈蚀等缺陷。

(2) 加工尺寸的偏差不超过图纸或设计的要求。

(3) 工作圈数偏差不应超过半圈。

(4) 在自由状态时弹簧各圈的节距应均匀，其偏差不得超过平均节距的10%。

(5) 弹簧两端支撑面应与弹簧轴线相垂直，其偏差不得超过自由高度的2%。

(6) 对工作压力大于10MPa或工作温度超过450℃的管道支吊架弹簧，应进行全压缩变形试验、工作载荷压缩试验并保证合格。

1) 全压缩变形试验。它是将弹簧压缩到各圈互相接触并保持5min，泄载后的永久变形不应超过弹簧自由高度的2%；若超过此偏差值则应重复进行试验，应确保连续两次试验的永久变形总和不得超过弹簧自由高度的3%。

2) 工作载荷压缩试验。它是在工作载荷下将弹簧进行压缩，测取弹簧的压缩量应符合设计要求。其允许的偏差为：对于有效圈数为2～4圈的弹簧，允许压缩量偏差为设计值的±12%；对于有效圈数为5～10圈的弹簧，允许压缩量偏差为设计值的±10%；对于有效圈数在10圈以上的弹簧，允许压缩量偏差为设计值的±8%。

22 管道支架安装的一般要求是什么？

答：管道支架安装的一般要求是：

（1）支架横梁应牢固地固定在墙壁、梁柱或其他结构物上，如图 8-12 所示。横梁长度方向应水平，顶面应与管子中心线平行。

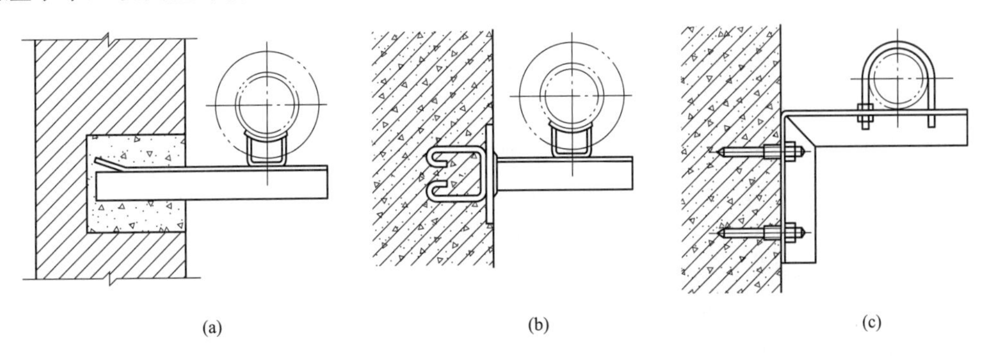

图 8-12　管道支架的安装方法

（a）埋入墙内的支架；（b）焊接到预埋钢板上的支架；（c）用射钉安装的支架

（2）无热位移的管道吊架的吊杆应垂直于管子，吊杆的长度应能够调节；对于有热位移的管道，吊杆应在位移相反方向、按位移值之半的位置来倾斜安装；若是两根热位移方向相反或位移值不等的管道，除了设计特殊要求或特殊规定外，一般不得使用同一根杆件。

（3）由于固定支架同时承受着管道的压力和补偿器的反作用力，因此固定支架必须严格安装在设计规定的位置，并应确保管子牢固地固定在支架上。对于无补偿装置但有位移的直管段上，不得同时安装两个固定支架。

（4）活动支架不应妨碍管道由于热膨胀所引起的移动，其安装位置应从支撑面中心向位移的反方向偏移，偏移值应取位移值的一半。管道在支架横梁或支座的金属垫块上滑动时，支架不应偏斜或将滑托卡住，保温层也不应妨碍管道的热位移。

（5）在补偿器的两侧应安装 1～2 个导向支架，以保证管道在支架上伸缩时不会偏离中心线。在保温管道中不宜于采用过多的导向支架，以免影响管道的自由伸缩。

（6）支架的受力部件，如横梁、吊杆、螺栓等的加工、选配和使用一定要符合设计或相关标准的规定。

（7）各种支架应保证管道中心距离墙壁的尺寸符合设计的要求，一般保温管道的保温层表面离开墙壁或梁柱表面的净距离不应小于 60mm。

（8）对于铸铁、铝等铸造加工以及大口径管道上的阀门，应设置专用的支架，不得采用管道来承重。

23 管道支吊架外观检查应达到的标准是什么？

答：管道支吊架外观检查应达到的标准是：

（1）对于固定支架，管道应无间隙地放置在托枕上，卡箍应紧贴管子支架。

（2）对于活动支架，支架构件应使管子能自由地或定向地膨胀。

（3）对于弹簧吊架，吊杆应无弯曲现象，弹簧的变形长度不得超出允许值，弹簧和弹簧盒体应无倾斜、无弹簧层间压死而没有层间间隙的现象。

（4）所有固定支架和活动支架的金属部件无明显的锈蚀、开焊等缺陷，各构件内部不得存留任何杂物。

24 管道支吊架常见的失效形式有哪些？

答：管道支吊架常见的失效形式有：

（1）阻尼器漏油、性能下降。

（2）支吊架便装错误。

（3）恒力弹簧吊架位移指针卡死至上极限或下极限。

（4）支吊架管夹螺栓松动，横担梁倾斜。

（5）弹簧吊架定位销未拔除，热位移受阻。

（6）阻尼器拉伸至最长极限。

（7）吊杆及管夹弯曲变形。

（8）吊杆与管道相挤碰。

25 管道支吊架有哪几种？

答：管道支吊架的种类有：固定支架、活动支架、弹簧吊架和恒力弹簧吊架四种。

26 管道补偿的形式有哪几种？

答：管道补偿的形式有：自然补偿、Ω形补偿器和π形补偿器、波形补偿器、填料式补偿器和柔性接头补偿等。

27 管道的划痕和凹坑缺陷如何处理？

答：管道表面有尖锐的划痕，处理方式为用角向磨光机把划痕圆滑过渡，棱角磨平；若划痕很深，进行补焊处理，然后磨平。有凹坑时先把表面磨光，然后用电焊焊满。

第三节　常用标准法兰的规格和使用范围

1 简述常见标准法兰的种类及用途。

答：常见的法兰是根据介质的性质（如介质的腐蚀性、易燃易爆性、渗透性等）、温度和压力参数来选定的标准系列的法兰。对于非标准系列的法兰，一般需要根据要求自行设计和计算。

通常按照法兰的结构形式可分为光滑面平焊法兰、凹凸面平焊法兰、光滑面对焊法兰、凹凸面对焊法兰和梯形槽面对焊法兰五种，如图8-13所示。

对光滑面平焊法兰来说，它主要适用于工作压力 $P_N \leqslant 2.5$MPa、温度 $t \leqslant 300$℃的一般介质；而凹凸面平焊法兰则适宜于工作压力 $P_N \leqslant 2.5$MPa、温度 $t \leqslant 300$℃的易燃易爆、有毒性和刺激性或要求密封比较严格的介质。

对光滑面对焊法兰而言，它主要适用于工作压力 $P_N \leqslant 4.0$MPa、温度 $t \geqslant 300$℃的一般介质；而凹凸面对焊法兰则适宜于中、高压的一般介质以及工作压力 $P_N \leqslant 6.4$MPa、温度

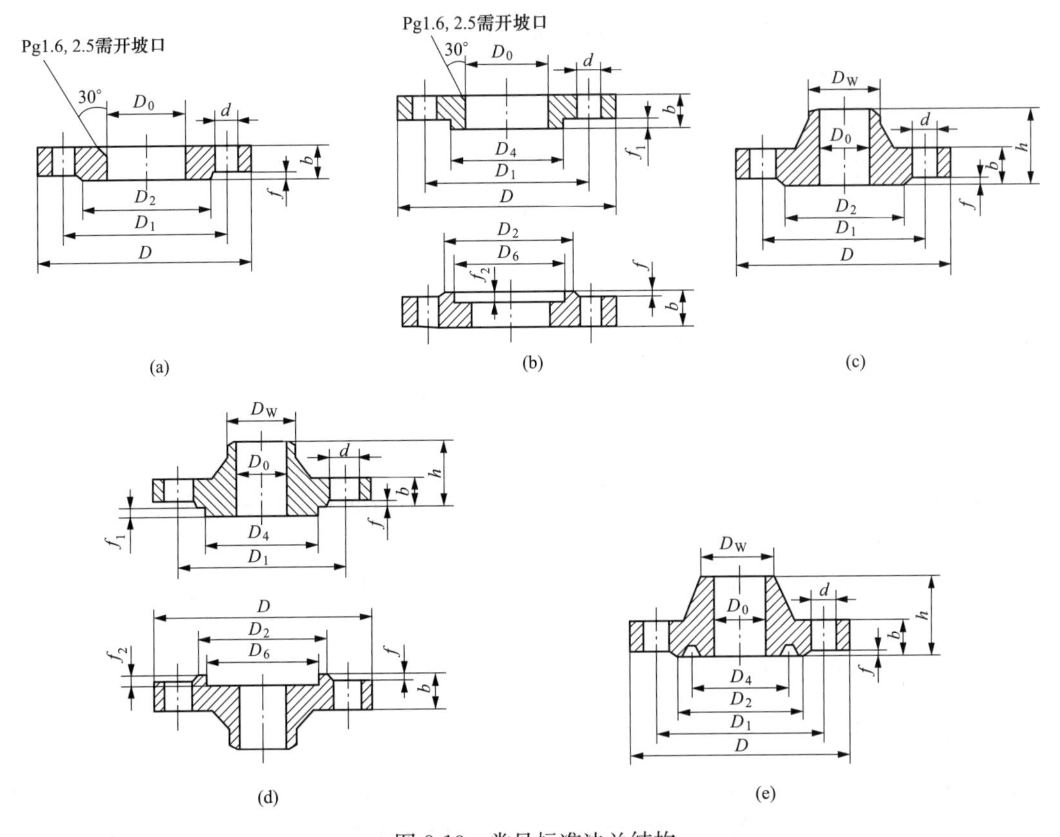

图 8-13 常见标准法兰结构

(a) 光滑面平焊钢法兰；(b) 凹凸面平焊钢法兰；(c) 光滑面对焊钢法兰；
(d) 凹凸面对焊钢法兰；(e) 梯形槽面对焊钢法兰

$t \geqslant 300$℃的易燃易爆、有毒性和刺激性或要求密封十分严格的介质。

梯形槽面对焊法兰则主要用于工作压力在 6.4MPa$\leqslant P_N \leqslant$16MPa，有特殊要求的汽水管道或中、高压油品及类似的介质。

2 选择法兰时的注意事项有哪些？

答：当配置与设备或阀件相连接的法兰时，应按照设备或阀件的公称压力等级来进行选择，否则就会造成所选择的法兰与设备或阀件上的法兰尺寸不能配套的情况。当选用凹凸面、榫槽式法兰连接时，一般无特殊规定的情况下，应将设备或阀件上的法兰制作成凹面或槽面，而配制的法兰则加工成凸面或榫面。

对于气体介质管道上的法兰，若其公称压力不超过 0.25MPa 时，一般也应按照 0.25MPa 的等级来选配。

对于液体介质管道上的法兰，若其公称压力不超过 0.60MPa 时，一般也应按照 0.60MPa 的等级来选配。

对于真空管道上的法兰，一般应按照不低于 1.0MPa 的等级来选配凹凸面形式的法兰。

对于输送易燃、易爆、有毒性或刺激性介质的管道上的法兰，无论其工作压力多少，至少应选配 1.0MPa 等级以上的。

3 选配法兰紧固件的基本原则是什么？

答：法兰用的紧固件是指法兰的螺栓、螺母和垫圈，其材质和类型的选择主要取决于法兰的公称压力和工作温度。

法兰螺栓的加工准确度需要参照其工作条件确定，当配用法兰的公称压力 $P_N \leqslant$ 2.5MPa、工作温度 $t \leqslant 350$℃时，可选用半精制的六角螺栓和 A 型半精制六角螺母；当配用法兰的公称压力 4.0MPa$\leqslant P_N \leqslant$20MPa、工作温度 $t > 350$℃时，则应当选用精制的等长螺纹双头螺栓和 A 型精制六角螺母。

法兰螺栓的数目和尺寸主要取决于法兰的直径和公称压力，可参照相应的法兰技术标准选配。通常法兰螺栓的数目均为 4 的倍数，以便于采用“十字法”对称地进行紧固。

在选择螺栓长度时，应保证法兰拉紧后保持螺栓突出螺母外部尺寸为 5mm 左右，且不应少于 2 个螺纹丝扣的高度。

在选择螺栓和螺母的材料时，应注意选配螺母材料的硬度不得高于螺栓的硬度（一般原则为降低一个硬度等级），以保护螺栓不至于受到螺母的损伤、避免螺母破坏螺栓上的螺纹。

通常无特殊要求的情况下，在螺母下面不设垫片。若螺杆上加工的螺纹长度稍短、无法保证拧紧螺栓时可加装一个钢制平垫；但不得采用叠加垫片的方法来补偿螺纹的长度，确不合适时应重新选择螺纹加工长度恰当的新螺栓。

4 管道法兰冷紧或热紧的原则是什么？

答：对于工作温度高于 200℃或在 0℃以下的管道，除了连接管道过程中对螺栓的紧固之外，在管道投运初期（保持工作温度 24h 之后）还应立即进行管道的热紧和冷紧。

在管道的热紧过程中，紧固螺栓时管道内存留的压力应符合以下的规定：当管道设计压力小于 6MPa 时，允许热紧管道内存压不超过 0.3MPa；当管道设计压力大于 6MPa 时，允许热紧管道内存压不超过 0.5MPa。

在对低温管道进行冷紧时，一般应先将管道泄压之后再完成。

在对管道螺栓进行热紧、冷紧时，紧固的力度要适当，且应有一定的技术措施和安全保障措施，必须保证操作人员的安全。

对管道螺栓进行冷紧或热紧时的温度要求，见表 8-19。

表 8-19　管道热紧、冷紧参考温度　（℃）

管道的工作温度	第一次热紧、冷紧温度	第二次热紧、冷紧温度
$250 \leqslant t \leqslant 350$	工作温度	—
$t > 350$	350	工作温度
$-70 \leqslant t \leqslant -20$	工作温度	—

5 法兰密封水线的技术要求是什么？

答：法兰密封水线的技术要求是：密封水线无裂纹、划痕、撞伤，禁止出现贯通密封线的沟槽，有 2～3 条密封线，且深度在 0.5～0.8mm 之间。

第四节　常用阀门辅料的规格和使用范围

1 简述常用垫片的分类、性能和使用范围。

答：垫片主要是用于阀体与阀盖的法兰之间、管道和阀门的法兰之间、相邻管道的法兰之间等法兰连接的结合面处，主要是起一个密封的作用。在选用垫片时，应根据阀门的使用条件、通过介质类型来进行选择。常见的垫片有：

（1）帆布。用棉纤维制作的垫料，适用于清水类介质，应用范围最高压力不超过0.15MPa，最高温度不超过50℃。在使用时一般涂以白铅油来增强密封效果，常用垫片厚度为2～6mm。

（2）麻绳。用麻纤维制作的垫料，适用于清水类介质，应用范围最高压力不超过0.30MPa，最高温度不超过40℃。在使用时也需涂以白铅油来增强密封效果。

（3）纯胶皮。用天然橡胶制作的垫料，适用于水、空气类介质，应用范围最高压力不超过0.60MPa，最高温度不超过60℃，常见的最大厚度为6mm。

当管道直径大于500mm时，通常要采用在垫料中夹帆布或金属丝加强层的橡胶垫片，其应用范围最高压力不超过1.0MPa，最高温度不超过80℃，常见的最大厚度为3～5mm。

（4）工业用厚纸。用棉、麻、革等纤维夹杂制作的垫料，适用于清水类介质，应用范围最高压力不超过1.6MPa，最高温度不超过200℃。在使用时也需涂以白铅油以增强密封效果，常见的最大厚度为3mm。

（5）图纸、工业废布造厚纸。用长短棉纤维制作的垫料，适用于油、水类介质，应用范围最高压力不超过1.0MPa，最高温度不超过80℃。在使用时需涂以漆片或白铅油来增强密封效果，常见的最大厚度为2mm。

（6）耐油胶皮。用丁基橡胶、氯丁橡胶、丁腈橡胶、氟橡胶等合成橡胶制作的垫料，适用于矿物油、煤油和汽油等类介质，应用范围最高压力不超过2.5MPa，最高温度不超过350℃。在使用时可辅助涂以漆片来增强密封效果。

（7）普通、耐油石棉橡胶板。用石棉与合成橡胶混合制作的垫料，广泛应用于汽、水、油、空气等类介质，应用范围最高压力可达10MPa，最高温度为450℃，在使用时根据介质的不同可分别涂以铅粉、漆片、密封胶或白铅油等来增强密封效果，常用垫片厚度为0.5～3mm。

（8）聚四氟乙烯垫片。用聚四氟乙烯板制作的垫料，主要适用于浓酸、碱、油类等带有腐蚀性的介质，应用范围最高压力可达4MPa，使用温度为−180～250℃，常用垫片厚度为0.5～3mm。

（9）缠绕垫片。它是用紫铜、软钢、不锈钢金属带与石墨或石棉、聚四氟乙烯等纤维互相叠压制作成的垫料，主要用于蒸汽、水、酸碱溶液或油品等介质，应用范围最高压力可达6.4MPa，最高温度为600℃，常用垫片厚度为2.5～5mm。

（10）紫铜垫。用纯铜制作的垫料，适用于汽、水类介质，应用范围最高压力不超过6.4MPa，最高温度不超过420℃。在使用时必须经过退火处理以增强其软化变形能力和密封效果，常用垫片厚度为1～5mm。

（11）钢垫。用纯铁、不锈钢、合金钢等制作的垫料，适用于高温高压的汽、水类介质，应用范围最高压力可达 20MPa，最高温度不超过 600℃。在使用时必须作成齿形并经过回火处理，以确保其硬度小于法兰结合面材质硬度，增强其软化变形能力和密封效果，常用垫片厚度为 3～6mm。

2 简述垫片的安装工艺。

答：选配垫片的形式、尺寸时，应按照阀门密封面的规格来确定；而垫片材质的选择需要与阀门的工作情况、介质特性相适应。此外，在安装过程中，需要注意以下几点：

（1）对选好的垫片，安装前应再仔细检查一次，确认无任何缺陷方可使用；若继续使用以前拆下的金属垫片，重新安装前需经过修整、消除缺陷，并进行退火处理，以消除应力。

（2）安装垫片之前必须对密封面进行清理，对遗留的原垫片残余物应铲除干净，水线槽内不得余留碳黑、油污、残渣、密封胶等杂物；同时检查密封面应平整，无凹痕和径向划痕、无腐蚀斑坑等缺陷，对不符合上述要求的密封面，应重新处理直至合格。

（3）装上垫片前，在密封面、垫片两面、连接螺栓及紧固螺母的螺纹部位等处均应涂擦好石墨粉或二硫化钼粉。

（4）垫片安装在密封面上的位置应恰当，不得偏斜地伸入阀腔内部或搁置在法兰面上，以防止紧固密封面时造成止口未咬合、法兰四周间隙不均匀等缺陷。

（5）安装垫片时，只能根据密封间隙配置一片密封垫，一般不得在密封面间加入两片甚至多个垫片来弥补密封面之间的缝隙空间。

（6）保持阀杆处于开启位置时才能装上阀盖，以免影响安装和造成阀内部件的损伤；安装阀盖时应正确对准，发现位置不对时应轻轻提起重新对正后再慢慢放下，不得使用推拉的方法进行调整，以免使垫片受到擦伤或发生位置偏移。

（7）紧固密封面连接螺栓时，应采取对称、轮流、用力均匀的手法分 2 次以上完成，并确保各螺栓受力匀称、齐整无松动；严禁一次将螺栓紧固到位，以防止伤及垫片或密封面间隙产生不均。

3 垫片外加强环的作用是什么？

答：垫片外加强环的作用是：

（1）帮助密封元件安装时对中。

（2）防止密封元件过分压缩而破坏。

（3）防止垫片吹出和减少法兰转动。

4 垫片内加强环的作用是什么？

答：垫片内加强环的作用是：

（1）防止密封元件本体因刚性不足发生向内屈曲。

（2）填补密封件与容器或管道法兰面之间的空隙。

5 垫片的常温和高温性能有哪些？

答：垫片的常温性能包括压缩及回弹性能、应力松弛性能和密封性能。

高温性能包括高温压缩及回弹性能、蠕变性能和高温密封性能。

6 金属缠绕垫片的使用方法是什么？

答：金属缠绕垫片的使用方法是：

(1) 拧紧螺栓时，要使垫片均匀受力，对称把紧。

(2) 选择合理的垫片压缩量，一般为0.6～1.2mm为宜。

(3) DN500以上的管道垫片安装时，可采用短管法兰平面装配，而后再对接管道的方法。

7 简述常用填料的分类、性能和使用范围。

答：填料（或称盘根）是由棉线、麻、石棉、碳纤维、聚四氟乙烯、聚脂纤维与动物油、矿物油、铅粉、橡胶、聚四氟乙烯乳液等几种成分经过混合、浸泡而编织制成的，主要用于机械动静间隙、管道缝隙等处的密封。我们常用的有以下几类：

(1) 棉线油盘根。用棉纱编织成的棉绳、油浸棉绳或与橡胶结合编织的棉绳等制作的填料，主要用于水、空气和润滑油等介质，应用范围最高压力不超过1.6MPa，最高温度不超过100℃，常用的形状有方形和圆形两种。

(2) 麻盘根。用干的或油浸的大麻、麻绳、油浸麻绳或与橡胶结合编织的麻绳等制作的填料，主要用于水、空气和油等介质，应用范围最高压力不超过2.5MPa，最高温度不超过100℃，常用的形状有方形和圆形两种。

(3) 普通石棉盘根。用润滑油或石墨浸渍过的石棉线、用油或石墨浸渍的石棉绳夹杂铜丝编织、用油或石墨浸渍的石棉绳夹杂不锈钢丝编织等用编结或扭制方法制作的填料，主要用于蒸汽、水、空气和润滑油等介质，应用范围最高压力不超过6.4MPa，最高温度不超过450℃，常用的形状有方形和圆形两种。

(4) 高压石棉盘根。用橡胶作黏合剂卷制或编结的石棉布或石棉绳、橡胶作黏合卷制或编结带金属丝的石棉布或石棉绳、细石棉纤维与片状石墨粉混合物、夹杂石墨粉的石棉环绳等制作的填料，主要用于蒸汽、水、空气和润滑油等介质，应用范围最高压力可达4.0～14MPa，最高温度不超过510℃，常用的形状有方形和扁形两种。

(5) 石墨填料。用片状石墨压制并在层间夹杂银色石墨粉、片状石墨掺杂金属丝压制并在层间夹杂银色石墨粉制作的填料，主要用于蒸汽、水、空气等介质，应用范围最高压力可达20MPa以上，最高温度不超过540℃，常用的形状为开口、闭口圆环形两种。

(6) 氟纤维填料。用聚四氟乙烯纤维浸渍聚四氟乙烯乳液穿心编织而成的填料，主要用于水、空气、润滑油和有较强腐蚀性的介质，应用范围最高压力不超过4MPa，使用温度为－196～260℃，常用的形状主要是方形。

(7) 碳纤维填料。用经过预氧化或碳化的聚丙烯纤维浸渍聚四氟乙烯乳液穿心编织而成的填料，主要用于水、空气、润滑油、酸、强碱和有较强腐蚀性的介质，应用范围最高压力不超过4MPa，使用温度为－250～320℃，常用的形状主要是方形和矩形两种。

8 简述阀门填料的安装工艺。

答：阀门填料应按照填料函的形式和介质的工作压力、温度、特性等条件来选用，其形式、尺寸、材质和性能应满足阀门的工作要求。此外，填装过程中还应注意以下几点：

（1）对柔性石墨的成型填料，应注意检查其表面平整，不得出现毛边、松散、折裂和较深的划痕等缺陷。

（2）安装填料之前，应检查填料函、压盖、紧固螺栓等均以经过清洗和修整，各部件表面清洁、无缺陷；检查阀杆、压盖与填料函之间的配合间隙在标准的范围之内（一般为0.15～0.30mm）。

（3）装入填料前，对无石墨的石棉填料应涂抹一层片状的石墨粉。

（4）对于能够在阀杆上端直接套入的成型填料，都应创造条件尽量采取此方法；在阀门检修结束回装时，也应尽量采用直接套入成型填料的方法。

（5）若填料无法直接套入填料函中时，可采用切口搭接的方法进行。对于非成型的方形、圆形等盘状填料可以阀杆周长等长，沿着45°角的方向切开，成型填料则直接沿45°角的方向切开，注意检查每圈填料填入时不能发生搭接接口有短缺或多余重叠的现象。

（6）填料装入过程中，注意摆放各层填料之间的切口搭接位置应相互错开90°～120°。

（7）将填料装入填料函中时，应一圈一圈地装入并装好一圈后就使用填料压盖压紧一次，不得采取多圈填料同时装入再挤压到位的方法，以免发生内部的填料错位，接口搭接不好或不均匀等缺陷。

（8）在填料安装过程中，装好1～2圈填料之后就应旋转一下阀杆，以免填料压得过紧、阀杆与填料咬死，影响阀门的正常开关。

（9）选用填料时严禁以小代大，若确实没有尺寸合适的填料时，可以采取使用比填料函槽宽大1～2mm的填料，并需使用平板或碾具均匀地压扁，不得采取用榔头等用力砸扁的方法。

（10）紧固填料压盖时用力应保持均匀，随时检查两边的压兰螺栓被对称地拧紧，防止出现压盖紧偏的现象；此外，在填料紧固的松紧程度适当后，还应检查填料压盖压入填料函的深度为压盖高度的1/4～1/3，不得过浅或过深。

9 简述常用研磨材料的分类、性能和使用范围。

答：研磨材料主要用于对管道附件、阀瓣和阀座密封面的研磨，常见的研磨材料有砂布、研磨砂和研磨膏三类。

（1）砂布。用布料作衬底，在其上黏结砂粒制成，根据砂粒的粗细分为00号、0号、1号、2号等系列。其中，00号粒度最细，然后逐次加粗，2号粒度最大。

（2）研磨砂。研磨砂的粒度是按其粒度大小排出的，分为10号、12号、14号、16号、20号、24号、30号、36号、46号、54号、60号、70号、80号、90号、100号、120号、150号、180号、220号、240号、280号、320号、M28号、M20号、M14号、M10号、M7号、M5号等号码。其中，10号～90号称为磨粒，100号～320号称为磨粉，M28号M5号称为微粉。

对管道附件或阀门的密封面进行研磨时，除了个别情况使用280号、320号磨粉外，主要是用微粉。研磨过程中，粗磨常用大粒度320号磨粉（颗粒尺寸42～28μm），细磨可用小粒度的M28号～M14号微粉（颗粒尺寸28～10μm），最后采用M7号微粉（颗粒尺寸7～5μm）进行精研。

我们常用研磨砂的主要成分、颜色和适用范围如下：

人造刚玉——主要成分为92%～95%的Al_2O_3，其颜色为暗棕色到淡粉红色，粒度系列有12～M5号，用于碳素钢、合金钢、可锻铸铁和软黄铜等，对表面渗氮钢和硬质合金不适用。

人造白刚玉——主要成分为97%～98.5%的Al_2O_3，其颜色为白色，粒度系列有16号～M5号，用于碳素钢、合金钢、可锻铸铁和软黄铜等，对表面渗氮钢和硬质合金不适用。

人造碳化硅（金刚砂）——主要成分为96%～99%的Si_2C，其颜色为黑色或绿色，粒度系列有16号～M5号，用于灰铸铁、软黄铜、青铜和紫铜等较软的金属，不适于研磨阀门的密封面。

人造碳化硼——主要成分为72%～78%B和20%～24%C的晶体混合物，其颜色为黑色，粒度系列有16号～M5号，用于表面渗碳、渗氮钢和硬质合金密封面的研磨。

（3）研磨膏。它是将研磨微粉用油脂类（石蜡、甘油或三磷酸酯等）混合制成的，属于细研磨料，分为M28号、M20号、M14号、M10号、M7号和M5号等几种，颜色为黑色、淡绿色和绿色。

10 铸造碳钢（ASTM A216等级WCC）的使用范围是什么？

答：WCC是用在诸如空气、饱和或过热蒸汽、非腐蚀性液体和气体之类的中等工况。WCC不可以用于工作温度超过427℃的场合，因为富碳层可能会转换成石墨。其不需要热处理就可以焊接，除非公称厚度超过32mm。

11 铸造铬-钼钢（ASTM A217等级WC9）的使用范围是什么？

答：WC9是标准的Cr-Mo等级钢材，具有优良的抵抗冲刷、腐蚀、蠕变的能力，可以用在593℃的场合。WC9需要焊前预热和焊后热处理。

第五节 常用标准法兰连接螺栓的规格和使用范围

1 连接螺栓使用的基本原则是什么？

答：连接螺栓使用的基本原则是：

（1）对于小于等于2.5MPa的管道法兰采用粗制六角头螺栓及六角螺母连接。

（2）对于压力为4.0～20MPa的管道法兰采用精制双头螺栓、螺母及垫圈连接。

（3）对于压力为20～100MPa的管道法兰连接件采用特制双头螺栓、螺母及垫圈连接。

（4）对于在有振动等工作条件下运行的管道法兰件，应加装弹簧垫圈。

（5）对于高温高压条件下工作的管道法兰连接件，应按照其相应的要求选配适当的螺栓和螺母连接。

2 高温螺栓材料的使用要求是什么？

答：高温螺栓材料的使用要求是：

（1）应具有较高的抗松弛性能，以确保施加较小的初紧应力也可保证在一个大修周期内不低于密封应力（我国对螺栓的设计工作期限为2×10^4h，最小密封应力为$147MN/m^2$）。

（2）应具有足够高的强度，以便加大螺栓的初紧力，这点对于抗松弛性能较差的材料尤为重要。

（3）应对细小缺口的敏感性很低，以减少可能在螺纹损伤、产生应力集中处的破坏。

（4）对由于热脆原因而发生破坏的倾向应很小，并应具有良好的抗氧化性能和耐腐蚀性能。

（5）为了避免发生螺母与螺栓“咬死”的现象，应选择螺母的材料硬度比螺栓的降低HB20～40。

此外，还应考虑螺栓材料的线膨胀系数和导热系数同被固定金属的线膨胀系数和导热系数应尽量接近，以减少由此带来的、不必要的应力产生。

3 如何选用法兰与紧固件的材料？

答：通常是根据管道的工作压力和工作温度来选取配套使用的法兰与紧固件的材料，且一般要求螺母和垫圈的材料等级或硬度要比螺栓、双头螺柱降低一档。具体选取时，可参照表8-20考虑。

表8-20　推荐选用的法兰与紧固件的材料名称

名称	公称压力（MPa）	介质在下列工作温度 t（℃）时应选用的钢号		
		$t\leqslant325$	$325<t<425$	$t\geqslant450$
螺栓或双头螺柱	0.25、0.60、1.0、1.6、2.0、2.5	25、35或Q215、Q235	30CrMoA、35CrMoA	25Cr2Mo
	4.0、6.4、10.0	35、45	30CrMoA、35CrMoA	25Cr2Mo
	≥16.0	30CrMoA、35CrMoA	25Cr2Mo	25Cr2Mo
螺母	0.25、0.60、1.0、1.6、2.0、2.5	25、35或Q215、Q235	35、45或30CrMoA	30CrMoA、35CrMoA
	4.0、6.4、10.0	35、45	30CrMoA、35CrMoA	25Cr2Mo
	≥16.0	30CrMoA、35CrMoA	30CrMoA、35CrMoA	25Cr2Mo
垫片		25、35	25、35	12CrMo、15CrMo
法兰	0.25、0.60、1.0、1.6、2.0、2.5	Q235B	20、25	20、25
	4.0、6.4、10.0	20、25	20、25	12CrMo、15CrMo
	≥16.0	20、25	20、25	12CrMo、15CrMo

4 法兰的密封型式有哪些？

答：法兰的密封型式有：凸面（RF）、凹面（F）、槽面（G）和O型圈槽面（OG）。

5 各种工作温度下常用螺栓材料的最高使用温度是多少？

答：常用螺栓材料的最高使用温度，见表8-21。

6 螺栓报废的条件是什么？

答：螺栓报废的条件是：

表 8-21　　不同工作温度下常用螺栓材料的最高使用温度

牌　　号	最高使用温度（℃）
45	400
42CrMo	400℃～413℃
35CrMo	480℃
25Cr2MoV	510℃
25Cr2Mo1V/20Cr1Mo1V1	550℃
20Cr1Mo1VNbTiB/20Cr1Mo1VTiB/C-422（2Cr12NiMo1W1V）	570℃
R-26/GH4145	677℃

（1）螺栓的蠕变变形量达到 1%。
（2）已发现裂纹的螺栓。
（3）经二次恢复热处理后发生热脆性，达到更换螺栓的规定。
（4）外形严重损伤，不能修理复原。

7 螺栓使用前的检验步骤是什么？

答：螺栓使用前的检验步骤是：
（1）使用前应逐根检验。
（2）到货验收时应根据 GB/T 90.1、GB/T 90.2 的要求检查包装质量，根据产品标准的规定检查产品的标识、数量和产品质量检验单（包括化学成分、低倍和高倍组织、力学性能）。
（3）进行几何尺寸、表面粗糙度及表面质量的检查，螺纹表面应光滑，不应有凹痕、裂纹、锈蚀、毛刺和其他会引起应力集中的缺陷。
（4）对大于和等于 M32 的螺栓均应依据 DL/T 694 的要求，进行 100%超声波探伤，必要时可按 JB4730 进行磁粉、着色检查及其他有效的无损检验方法。

第六节　一般中低压阀门常见故障的修理

1 简述阀门本体泄漏的处理。

答：由于制作时浇注质量不好而产生砂眼、裂纹，使阀门机械强度降低、发生泄漏的情况，应对怀疑有裂纹处打磨光亮，然后用煤油或 4%的硝酸溶液浸蚀即可显示出裂纹的痕迹，在有裂纹处用砂轮磨削或铲去损伤部位的金属层、加工好坡口后，进行补焊处理。

若是阀体焊补中出现拉裂现象，需重新对裂纹处磨削并重新加工坡口进行补焊，同时要注意焊接工艺并做好简单的、必要的热处理工作，以防止再次出现反复。

2 简述阀杆螺纹损伤或弯曲、折断的处理。

答：阀杆螺纹损伤或弯曲、折断的处理为：
（1）由于操作不当（如用力过猛、用大钩子关闭小阀门）造成的损坏，除了必要的维修外，应严格操作规范、禁止再次出现类似现象。

(2) 由于阀杆加工过程中的工艺问题，造成阀杆螺纹过松或过紧，则应退出阀杆进行修整直至更换，同时制作备件时要注意加工时的公差要求和阀杆材料的选择。

(3) 因阀杆与阀套螺母咬扣或咬死的现象，若只是锈蚀抱死，可采取喷洒少许煤油或松动剂浸泡一定时间，然后再开关数次的方法，直至阀杆能够转动自如；若是阀套螺母咬扣，则需修复阀杆与阀套螺母的螺纹部分，对损坏严重无法修复的情况则应更换新阀杆或新的阀套螺母。

(4) 因介质腐蚀、操作次数太多或使用年限太久而造成的阀杆螺纹损伤，则应进行更换，同时必须检查对应的传动铜套螺纹是否满足要求，最好是能一同更新，以免由于新阀杆与旧传动铜套的公差不一致而出现新的配合问题。

3 阀盖结合面泄漏的处理方法是什么？

答：阀盖结合面泄漏的处理方法是：

(1) 因结合面连接螺栓紧力不足或松紧程度偏斜造成的泄漏，需将连接螺栓松开后，按照对角紧固的顺序、紧力均匀的正确方式重新紧固好阀盖，并检查确保接合面四周的间隙均匀一致。

(2) 由于法兰止口配合不当、装配时中心未对正所造成的泄漏，应重新对好中心后再次组装。

(3) 阀盖结合面垫片使用年久失效或是产生损伤造成的泄漏，只需更换新垫片即可。

(4) 因阀盖结合面不光滑平整、有麻点和沟槽等缺陷造成的结合面泄漏，需重新修研结合面至合格即可。

(5) 由于阀盖结合面上有气孔、砂眼的铸造缺陷所造成的泄漏，可先进行补焊后再将结合面修研至合格为止。

4 阀瓣与阀座密封面不严密如何处理？

答：阀瓣与阀座密封面不严密的处理方法为：

(1) 因阀瓣与阀座关闭不到位所造成的阀门不严，需改进操作方式，重新开启或关闭阀门来消除，同时还应注意操作时用力不能过大，以免再造成其他损伤。

(2) 若是由于阀瓣或阀座研磨质量差造成的阀门不严，需改换研磨方法，解体拆出阀瓣或阀座重新进行研磨工作直至合格。

(3) 由于阀瓣与阀杆间隙过大而造成的阀瓣下垂或接触不好，则应调整阀瓣与阀杆间隙或更换阀瓣的锁母即可。

(4) 因密封面材质不良所造成的阀门不严，需解体阀门重新更换（或堆焊）密封面，然后进行加工、研磨直至合格。

(5) 由于阀门密封面被杂质卡住造成的阀门不严，需将阀门开启，用冲洗的方法清除结合面之间的杂质即可。

5 阀瓣腐蚀损坏如何修理？

答：一般是由于阀瓣的材质选择不当所致，应按照介质特性和温度重新选择合适的阀瓣材料或更换新的、满足介质要求的阀门，同时注意新阀安装时的介质流向与原来一致。

6 阀瓣与阀杆脱开如何处理？

答：因修理不当或未加装锁母垫圈而在运行中由于汽水流动冲击造成的螺纹松动、顶尖脱出，使得阀瓣与阀杆脱开、阀门开关不灵的现象，应解体拆出阀瓣、按照正确的工艺要求重新安装。

由于运行时间过长、阀瓣与阀杆的传动销磨损或疲劳损坏所造成的阀瓣与阀杆脱开、阀门开关不灵的现象，应根据运行经验和检修记录适当地缩短阀门检修周期，并注意阀瓣与阀杆传动销子的材质规格，加工质量一定要符合要求。

7 阀瓣与阀座产生裂纹如何修理？

答：由于合金钢密封面堆焊时即产生裂纹或阀门两端温差太大所造成的阀瓣与阀座上有裂纹的缺陷，必须对有裂纹的部位进行剖挖焊补，再根据密封面合金的性质按照工艺要求进行热处理，最后用车床车修并研磨至合格。

8 阀座与阀壳体间泄漏应该如何修理？

答：由于装配太松所造成的阀座与阀壳体间泄漏，需解体检查阀座与阀壳体之间的配合公差，若是局部泄漏可对阀座进行补焊而后车削加工至合乎阀壳体要求，再重新装入阀壳体。也可直接更换新的阀座以消除漏流。

因砂眼所造成的阀座与阀壳体间泄漏，可将阀座取下对有砂眼处进行补焊，然后车修并研磨至消除泄漏为止。

9 填料函泄漏的处理方法是什么？

答：填料函泄漏的处理方法是：

（1）由于填料的材质选择不当所造成的填料烧损、磨损过快而导致的填料函泄漏，则应根据机械的转速、介质的特性来重新选择合乎要求的填料。

（2）若是由于填料压盖未压紧或紧偏所造成的填料函泄漏，应检查并重新调整填料压盖，确保压盖螺栓紧固到位且压盖各处均匀受力、间隙一致。

（3）由于加装填料的方法不当所造成的填料函泄漏，应重新按照规定的方法加装填料，注意切口剪成45°斜口，相邻两圈的接口要错开90°～120°。

（4）由于阀杆表面光洁度差或磨成椭圆形、填料挤压受损而造成的填料函泄漏，应对阀杆进行修整或更换。

（5）填料使用过久而磨损、弹性消失、松散失效等造成填料函泄漏的情况，则应立即更换新的填料。

（6）由于填料压盖变形所造成的填料不能均匀、密实地被压紧而造成的填料函泄漏现象，需更换新的填料压盖。

10 阀杆传动卡涩的处理方法是什么？

答：阀杆传动卡涩的处理方法是：

（1）由于冷态下关闭过严而在受热后膨胀卡涩或开阀时过度所造成的阀杆升降不灵活和

开关不动现象，需用力缓慢地尝试开启或关闭阀门，并注意在阀门开闭到位之后应反向旋转、预留0.5～1圈的余度，以防止阀门因受热膨胀产生卡涩。

(2) 若是由于填料压盖紧偏、填料充填得过多或过紧所造成的阀杆升降不灵活和开关不动现象，应重新调平填料压盖、取出1圈填料或适当地稍松填料压盖螺栓，然后再尝试活动阀杆、开启或关闭阀门。

(3) 因阀杆与填料压盖、填料函之间的间隙过小而膨胀受阻、卡涩所造成的阀杆升降不灵活和开关不动现象，则需解体拆出阀杆并适当地打磨或车削加工，以扩大阀杆与填料压盖、填料函之间的空隙。

(4) 因阀杆与阀套锁母损坏所造成的阀杆升降不灵活和开关不动现象，则需更换新的阀杆与阀套锁母。

(5) 由于处在高温环境或阀门内流通的高温介质造成阀杆润滑不良和锈蚀，而使得阀杆升降不灵活和开关不动的现象，则需定期采用将阀杆涂擦纯洁石墨粉或耐高温润滑脂作润滑剂、以减少阀杆卡涩的方法来解决。

11 简述紧固螺栓损坏的处理。

答：紧固螺栓损坏的处理为：

(1) 由于紧固螺栓加工准确度不足，螺栓未紧固到位所造成的结合面泄漏，应修整螺栓的螺纹或更换新的螺栓。

(2) 因螺栓的选材不当，在高温情况下蠕胀或变形失效所造成的泄漏，应根据阀门的实际工况重新配置新的、合格的螺栓。

(3) 由于紧固螺栓上的涂料不干净或螺栓表面产生锈蚀、氧化皮等杂物，使得螺栓紧固程度不足所造成的泄漏，应清理干净螺栓螺纹部分的杂物之后再重新拧紧螺栓即可。

12 密封面的效果如何进行检验？

答：密封面效果的检验方法为：

(1) 表面检查。表面呈光滑镜面，观察密封面反射光，均匀无显现的明暗差异。

(2) 校验台上汽封试验。

(3) 光学检查。将一透镜平放到密封面上，旁边入射一束单色光（钠灯），人眼在透镜上方观察出现的光线干涉条纹。

13 密封面不光洁或拉毛的原因有哪些？

答：密封面不光洁或拉毛的原因有：

(1) 研磨剂选择不当，应重新选择研磨剂。

(2) 研磨剂掺入杂质，应先做好清洁工作再进行研磨操作。

(3) 研磨剂涂得厚薄不均，应均匀涂抹。

(4) 精研磨时研磨剂过干。

(5) 研磨操作时压力过大，压碎磨粒或磨粒嵌入工件中。

14 密封面成凸形或不平整的原因有哪些？

答：密封面成凸形或不平整的原因有：

（1）研具不平整，应重新磨平研具再研磨，并注意检查研具的平面度。

（2）研磨时挤出的研磨剂积聚在工件边缘未擦去就继续研磨，应擦去后再研磨。

（3）研磨时压力不匀，研磨过程中应时常转换一角度后再研磨。

（4）研磨剂涂得太多，应均匀适量使用。

（5）研具与导向机构配合不当，应适当配合。

（6）研具运动不平稳。研磨速度应适当，防止研具与工件非研磨面接触。

15 研磨砂研磨截止阀密封面的步序是什么？

答：研磨砂研磨截止阀密封面的步序是：粗磨、中磨、细磨、精磨。

16 阀杆校直处理的方法有哪些？

答：阀杆校直处理的方法有：静压校直、冷作校直和火焰校直。

17 静压校直法的步骤是什么？

答：静压校直法的步骤是：

（1）用百分表测量出阀杆各部位的弯曲值，并好标记和记录，确定弯曲最高点和最低点。

（2）把阀杆最大弯曲点朝上，放在两个V形铁中央，操作手轮，使压头压住最大弯曲点，慢慢加力使阀杆最大弯曲点向相反方向压弯。

（3）阀杆压弯量应视阀杆刚度而定，一般为阀杆弯曲量的8～15倍。

（4）阀杆在校直压弯后，压弯校正的稳定性随压弯量的增加而提高，也随施压时间延长而提高。

18 阀体与阀盖裂纹的修理方法是什么？

答：阀体发现裂纹，在进行修补前，应在裂纹方向向前几毫米处使用8～15直径的钻头，钻止裂孔。孔要钻穿，以防裂纹继续扩大。然后用砂轮把裂纹或砂眼磨去或用錾子剔去，打磨破口，破口的形式视本体缺陷和厚度而定。壁厚的以打双破口为好，打双破口不方便时，可以打U形破口。

第二篇
中　级　工

第九章

轴　承

第一节　滑动轴承的种类及检修质量标准

1 简述滑动轴承的基本型式和特点。

答：滑动轴承大多用在大型、高载荷的设备上，如汽轮机、大型风机或水泵等。滑动轴承按工作原理可分为：圆筒型、椭圆型和三油楔型三种；按结构则可分为整体式和对开式两种。

整体式滑动轴承的轴瓦是套在外壳中的，并用定位螺钉固定，如图 9-1 所示。整体式滑动轴承的外壳通常为铸铁或铸钢，轴瓦的材质多采用青铜或黄铜。它只适用于低速、轻载和间歇工作的小型齿轮油泵等处。

对开式滑动轴承是由轴承座、轴承盖及上、下轴瓦组成的，如图 9-2 所示。轴承座与轴承盖是靠连接螺栓连接的。轴承盖与轴承座的材料一般为铸铁或铸钢，上、下轴瓦则多为表面浇铸巴氏合金（钨金）的铸铁件。这类轴承所能承受的各个方向的载荷较大，目前应用范围极其广泛。

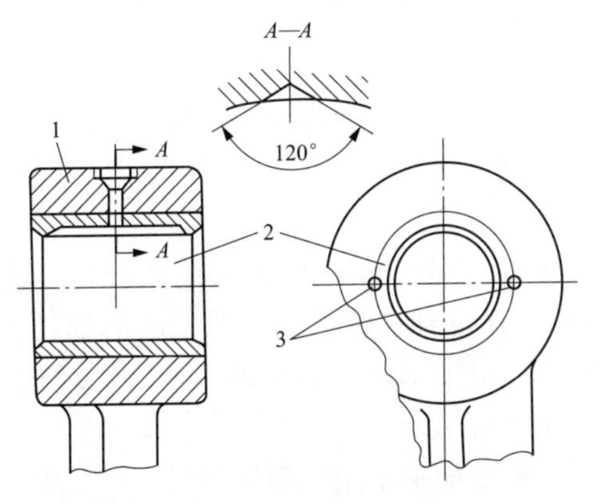

图 9-1　整体式滑动轴承

1—外壳；2—筒式轴瓦；3—定位螺钉

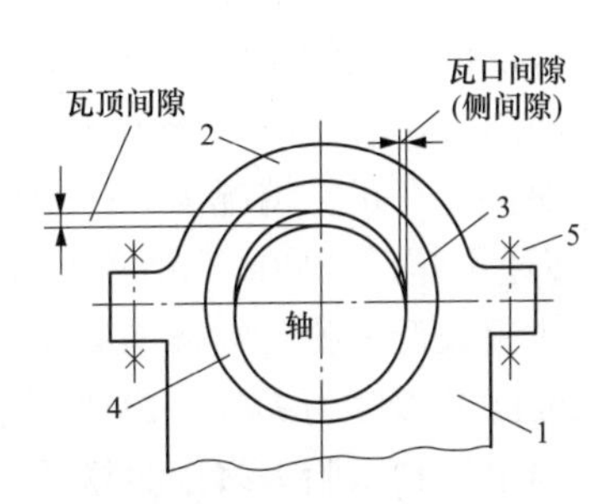

图 9-2　对开式滑动轴承

1—轴承座；2—轴承盖；3—上轴瓦；

4—下轴瓦；5—连接螺栓

滑动轴承的轴径与轴瓦接触面积大，钨金基体韧性强并兼具塑性，较之滚动轴承具有承载能力强、径向尺寸小、抗冲击载荷及应变能力强、摩擦系数小、准确度高，以及在保证润滑良好的条件下可长期在高速运转的工况下运行等优点；其缺点是启动力矩大，耗油量大，以及各结合面的漏油不易密封等。

2 何谓滑动轴承的间隙？

答：滑动轴承的间隙是指轴瓦与轴颈之间的空隙，分为径向间隙和轴向间隙两种。

滑动轴承的径向间隙又分为轴瓦顶部间隙和瓦口（也称作瓦侧）间隙，如图 9-3 所示。滑动轴承的轴向间隙又分为推力侧间隙和承力侧（膨胀侧）间隙，如图 9-4 所示。

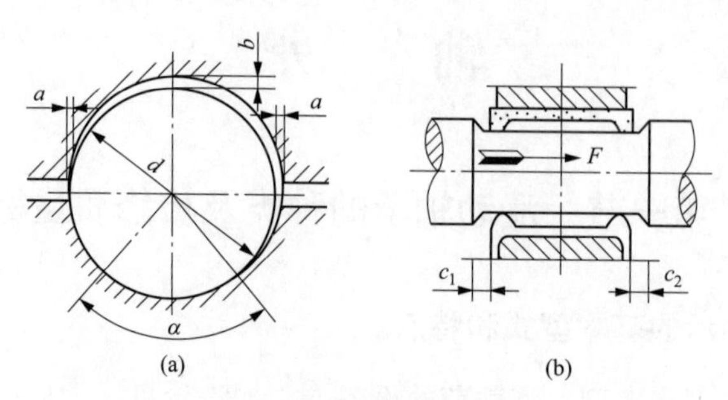

图 9-3 轴瓦间隙

a—瓦口间隙；b—瓦顶间隙；c_1+c_2—轴向间隙

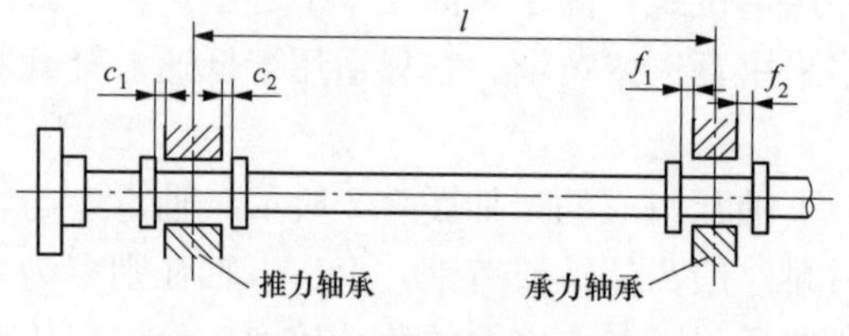

图 9-4 轴承的轴向间隙

c_1+c_2—推力侧间隙；f_1+f_2—承力侧间隙

3 滑动轴承的构造特点是什么？

答：滑动轴承的构造特点是：

（1）顶部间隙。为便于润滑油进入，使轴瓦与轴颈中间形成楔形油膜，在滑动轴承上部都留有一定的间隙，一般为 0.002d（d 是轴的直径）。间隙过小会使轴承发热，特别是高速机械，在转速高时应采用较大的间隙。两侧间隙应为顶部间隙的 1/2。

（2）油沟。为了把油分配给轴瓦的各处工作面，同时起带入油和稳定供油的作用，在进油一方开有油沟。油沟顺转动方向应具有一个适当的坡度，油沟长度取 0.8 倍的轴承长度，且应在油沟两端留有 15～20mm 不开通，如图 9-5 所示。

（3）油环。在正常情况下，一个油环可润滑两侧各 50mm 以内长度的轴瓦。轴径小于 50mm、转速不超过 3000r/min 的机械，都可以采用油环润滑；大于 50mm 的轴径采用油环时，其转速应放低一些。油环有矩形、三角形等，内圆车有 3～6 条沟槽时可增加带油量。油环浸入油面的深度为 $D/4$～$D/6$ 左右，如图 9-6 所示。

滑动轴承的轴承胎大多用生铁铸成，大型、重要的轴承胎则用钢制成。由于生铁含有片状石墨，不易与钨金结合，所以轴承胎上开有纵、横方向的鸠尾槽。

瓦衬常用下列几种材料做成：

（1）锡基巴氏合金。含锡 83%，还含有少量的锑和铜，是很好的轴承材料，用于高速、重载机械。

（2）铅基巴氏合金。含锡 15%～17%，用于没有很大冲击的轴承上。

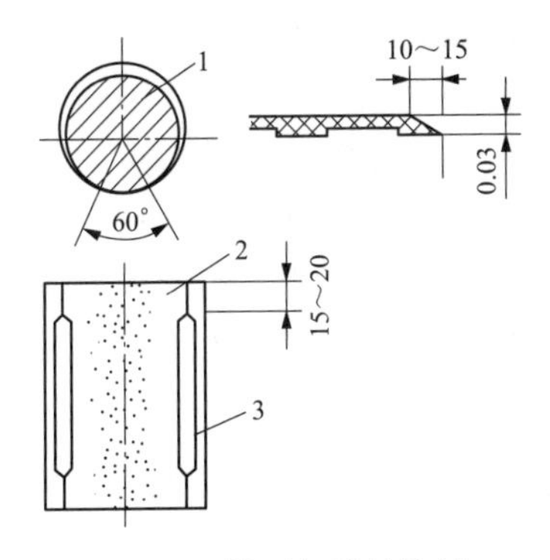

图 9-5　轴瓦与轴的接触

1—泵轴；2—下瓦接触印痕；3—油沟

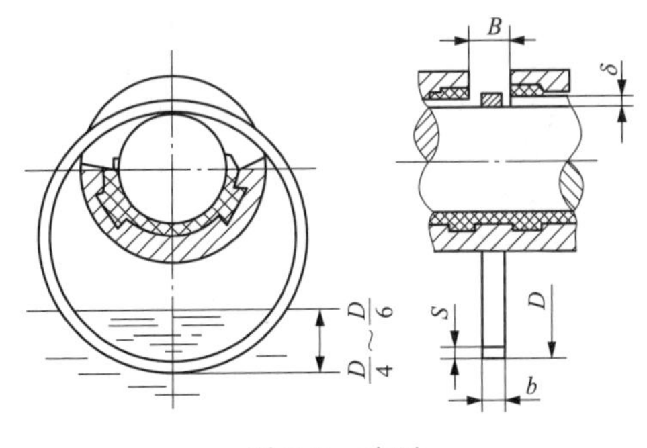

图 9-6　油环

（3）青铜。有磷锡青铜、锡锌铅锡青铜、铝铁青铜等。青铜耐磨性、强度都很好，在水泵中常用于小轴径或低转速的轴承上。

以上材料作瓦衬时，厚度一般都小于 6mm，轴直径大时取大值。巴氏合金作瓦衬时，厚度应小于 3.5mm，这样使疲劳强度得到提高。

滑动轴承的优点是工作可靠、平稳、无噪声，因润滑油层有吸振能力，所以能承受冲击载荷。

4 简述滑动轴承径向间隙的检查方法。

答：滑动轴承的径向间隙是保证轴颈与轴瓦之间能够形成润滑油膜且满足液体摩擦的必不可少的条件。滑动轴承的径向间隙越小，则可以保证转动机械的运转准确度越高；但此间隙过小又会影响油膜的形成，达不到液体摩擦的目的。若是滑动轴承的径向间隙太大，不仅影响油膜的形成，还会造成转轴的运转准确度降低，甚至会在运转过程中产生转轴的跳动和噪声。

滑动轴承的径向间隙除了制造厂家严格规定的情况之外，也可根据经验数据来确定。滑动轴承轴瓦的瓦口间隙一般选取为轴颈直径的 1/1000 左右；轴瓦顶部的间隙则一般选取为轴颈直径的 1.5/1000～2/1000。常用的滑动轴承径向间隙经验数据，见表 9-1。

表 9-1　滑动轴承径向间隙的推荐数值　（mm）

轴颈直径	轴瓦瓦口间隙	轴瓦顶部间隙
50～80	0.05～0.08	0.10～0.16
80～120	0.06～0.10	0.12～0.20
120～180	0.08～0.14	0.16～0.28
180～250	0.10～0.20	0.20～0.40
250～360	0.15～0.30	0.30～0.60

径向间隙的检查通常使用塞尺直接测量，或用压铅丝的方法进行测量。其中，塞尺直接测量法多用于对轴瓦瓦口间隙的测量，而轴瓦顶部间隙的测量则需用压铅丝的方法来解决。

5 简述滑动轴承顶部间隙的测量方法。

答：通常滑动轴承轴瓦顶部间隙的测量一般大多采用压铅丝的方法，如图 9-7 所示。

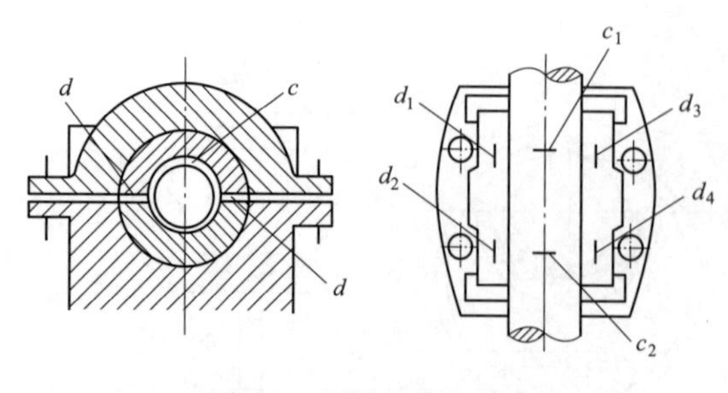

图 9-7　压铅丝检查间隙

此方法是截取数段长度为 10～30mm，直径约为轴颈直径 2/1000～4/1000 的铅丝，涂以黄油后贴附在轴径的最高点和上、下轴瓦的结合面处。压好轴承盖并均匀地拧紧结合面连接螺栓（确保所压铅丝均匀地产生变形即可，并非一定要紧到轴承盖与轴承座的结合面严丝合缝），使铅丝被压扁，然后取下轴承盖，拿出压扁的铅丝并用千分尺测量其厚度，再通过式（9-1）即可计算出被测轴瓦的顶部间隙

$$b=(c_1+c_2)/2-(d_1+d_2+d_3+d_4)/4=c-d \tag{9-1}$$

式中　b——轴瓦顶部间隙，mm；

c——轴颈上端铅丝的平均厚度，mm；

d——上、下轴瓦结合面处两侧铅丝的平均厚度，mm。

对于整体式滑动轴承，则需要分别使用内、外径千分尺来测量轴瓦的内径和轴颈的直径，此两者的差值即为该轴瓦的顶部间隙。

6　简述滑动轴承轴向间隙的检查方法。

答：转子的推力轴承承担着轴向和径向的双向载荷，其推力间隙是保证转轴适当窜动所必需的。在无特殊规定的情况下，可取此间隙的推荐值为 $c=c_1+c_2=0.3\sim0.4$mm，如图 9-4 所示。

径向承力轴承则只承受径向的载荷，其承力侧间隙是为了保证转子受热时的自由膨胀。此间隙可用式（9-2）计算

$$f_1=1.2\times(t+50)\times l/100\text{mm} \tag{9-2}$$

式中　t——通过转轴的介质的温度，℃；

l——两轴承之间的距离，m；

50——轴承温度异常升高时的附加值，℃。

至于径向轴承另一侧的膨胀间隙 f_2，应保证其大于推力间隙 c 即可。

滑动轴承的轴向间隙可使用塞尺或百分表来直接进行测量。

7　如何检查钨金与瓦胎的结合严密性?

答：通常使用敲击法或是浸油法来进行检验。

（1）敲击法即使用一把轻磅的小锤轻轻敲击轴瓦，然后听其发出的声音是否清脆、无杂音；而且敲击时可把手放在瓦胎与钨金接缝处，不应有颤动的感觉。此方法需较多的经验才能进行准确的判断，而且不够直观。

（2）浸油法相比敲击法要准确得多。先清洗干净轴瓦，将轴瓦用煤油完全浸泡 30min，然后取出轴瓦并擦净其表面的余油，并在钨金与瓦胎的接缝处涂擦一层白色的粉笔末或白垩粉，放置一段时间之后再仔细观察。若是轴瓦有脱胎现象，即可看到钨金与瓦胎涂有粉末的接缝处会浸出油迹线来。或者也可浸油后取出轴瓦并擦净其表面的余油，用力挤压轴瓦钨金

面，观察钨金与瓦胎的接缝处能否挤出油来。如果可以挤出油，则说明轴瓦有脱胎现象。

8 滑动轴承轴瓦接触角和接触面的一般要求是什么？

答：轴与轴瓦接触角及接触面转轴与下轴瓦接触弧长范围所对应的圆心角即为接触角。此角度应在 60°～90°的范围内，且必须处于轴瓦的正中位置，如图 9-8 所示。

通常相对较短的轴瓦选取接触角大些，即轴瓦的长度 $L \leqslant 1.5D$（轴颈直径）时，接触角接近 90°；当 $2D > L > 1.5D$ 时，接触角为 60°～90°；当 $L > 2D$ 时，接触角为 60°左右。

轴瓦接触面上的接触点应分布均匀，保证达到不少于 3 点/cm^2 标准的接触面积占到轴颈与下瓦全长接触面的 75%以上。这可以通过在轴颈上涂抹微量红丹粉及润滑油混合物，而后把下瓦反扣在轴颈上反复转动几次的办法，取下后即可看出轴瓦的接触角和接触面的情况。对不符合要求的情形应重新研刮，直至轴瓦的接触角和接触面达到标准为止。

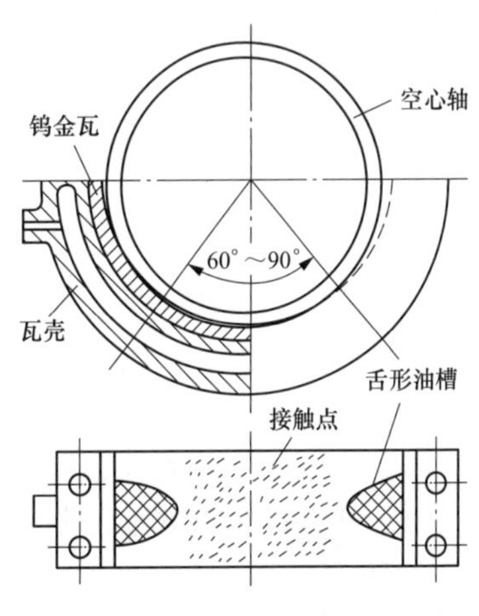

图 9-8　轴瓦接触角及接触面示意图

9 怎样修刮滑动轴承？

答：一个新更换的滑动轴承，在装配前必须进行细心的修刮。

(1) 进行外观检查，看有无气孔、裂纹等缺陷；检查尺寸是否正确；钨金是否脱胎（可浸煤油试验）。如合格，可进行下一步工作。

(2) 初步修刮，目的是使轴与轴瓦之间出现部分间隙。一般来讲，车削后的轴承内径比轴径要大一些，只留一半左右的修刮量。但有时也会内径小，轴放不进去。这时就要扩大间隙，方法是：把轴瓦扣在轴上，轴瓦钨金表面涂一层薄薄的红丹，然后研磨。研后用刮刀把接触高点除去。对于圆筒式轴套，则试着往轴上套，如套不进去，可均匀地刮去一层钨金再试，直到出现间隙为止。此时，初步修刮出的间隙一般不超过正常间隙的 2/3。

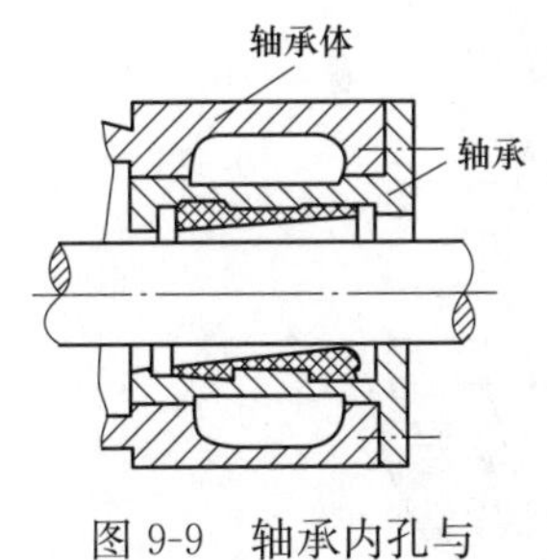

图 9-9　轴承内孔与轴承体不同心

(3) 把轴承放在轴承体内，涂上红丹研。为什么不在初步修刮中就把轴瓦间隙刮够呢？这是因为初步修刮后的轴承中心不一定和轴承体的中心相一致，如图 9-9 所示。这样虽然在初步修刮中就把间隙刮够了，但当轴承放入轴承体内之后，间隙就不一定合适了。因轴承内孔与轴承体中心产生了扭斜，使轴承间隙偏向了一侧，这样的轴承是无法工作的，所以必须进行把轴承放在轴承体内的修刮工作，这样才能把出现的扭斜纠正过来。

研刮合适后的轴承，其下部与轴的接触角为 60°左右，接触率不小于 3 个接触点/cm^2。两侧间隙用塞尺测量，插进深度为轴径的 1/4。下瓦研刮好之后，再把上瓦放在轴承体内研刮，并把两侧间隙开够。圆筒式轴承用长塞尺测量顶部和侧面间隙。间隙合适后，在水平接合面处开油沟，油沟大小要合适。一般来说，瓦大油沟大，瓦小油沟小。为了使润滑油顺利流出，在轴瓦两端开有 0.03mm 的斜坡。

（4）在没有进行上一步工作之前，要检查轴承放在轴承体内后，轴瓦的下部是否有间隙。如属于局部间隙，有可能在修刮中消除；如属于全部有间隙，则是不合适的，因为这样的轴承失去了支撑转子的作用。这时首先应检查泵的穿杠（拉紧）螺栓，有这样的情况：由于水泵上部的几根螺栓紧力不够，使中段的接合缝上部张口，出现轴承托架向下低头，使轴瓦下出现间隙；也有可能是轴承托架本身紧偏了造成的。对于蜗壳式水泵来说，不涉及穿杠螺栓的问题，这时只有将轴瓦垫高或重新浇铸轴瓦。

10 简述浇注钨金瓦的步骤和质量标准。

答：浇注钨金瓦的步骤和质量标准为：

（1）对瓦胎内表面进行水洗、化学清洗和碱液除盐处理，并随后涂刷氯化锌溶液，再在其表面撒上一层锡粉。

（2）将瓦胎预热到较锡熔点低20～30℃并保持温度开始镀锡，镀完后用热水清洗。

（3）把镀锡合格的轴瓦胎放在准备好的平板上，迅速与其他配件组成模型，并将组装好的轴瓦模型迅速预热到260～270℃。

（4）将钨金加热到390～420℃，把熔液倾注入模型。浇铸完过2～3min后，用空气或水冷却整个模型。

（5）浇好的轴瓦应呈银色，敲打声音清脆，无较深砂眼。

第二节　常用滚动轴承的种类及检修质量标准

1 简述滚动轴承的基本结构和特点。

答：滚动轴承的基本结构，如图9-10所示。它是由外圈、内圈、滚动体（有滚珠、滚柱、滚锥和滚针等）、隔离圈等组成的。在滚动轴承的装配中，内圈与轴径、外圈与轴承座的配合分别采用过盈、过度间隙配合。为了保证滚动体在内、外圈之间的正常滚动，又用隔离圈来保持滚动体之间的距离。

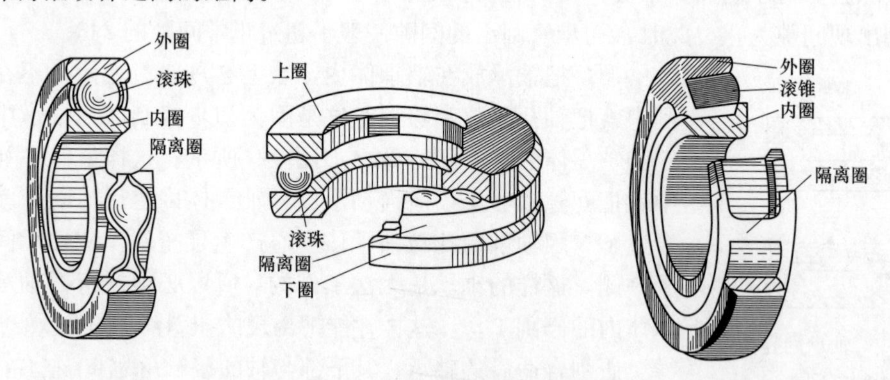

图9-10　滚动轴承的基本结构

滚动轴承较之滑动轴承的摩擦系数小、消耗功率小、启动力矩也小、耗油少、易于密封，而且能自动调整中心以补偿轴弯曲和装配的误差；其缺点是承受冲击载荷能力差、径向尺寸大，在运转过程中的噪声大，维护保养的成本高。

2 简述滚动轴承的检查顺序。

答：滚动轴承的检查顺序为：

（1）用煤油或合适的清洗剂将轴承清洗干净，检查其表面的光洁度，以及是否有裂痕、锈蚀、脱皮等缺陷。

（2）检查滚动体的形状、尺寸是否相同，隔离圈有无松旷现象。

（3）用手拨动轴承旋转，然后任其自行减速停止，以此来检查轴承旋转是否灵活，隔离圈位置是否正常。对一个良好的轴承而言，转动时应平稳，略有轻微摩擦声且无振动，停转时应逐渐减速停止，停止后无倒转现象。

（4）检查轴承的径向间隙和轴向间隙符合规定的工作间隙要求。

3 滚动轴承常见故障的原因是什么？

答：滚动轴承一旦发生故障，就会产生明显的如轴承温度升高、振动和噪声增大等现象。其常见故障主要有过热变色、磨损、脱皮或剥落、锈蚀、裂纹或破碎等。

（1）过热变色。当轴承的工作温度超过170℃时，其硬度、机械性能就会明显下降，承载能力也随之降低，甚至会造成轴承的变形和损坏，因此对轴承的工作温度一般限制在85℃以下才行。轴承发生过热的原因有供油不足、供油中断、润滑剂品质不佳、冷却水不足或中断、安装时的径向或轴向间隙调整不当等。

（2）磨损。轴承发生磨损之后，由于滚动体与滚道的间隙增大，带来轴承的振动和噪声随之逐渐增大，直至发生过热、破碎等故障。轴承产生磨损的原因有轴承滚道内落入杂物、润滑剂短缺、润滑剂品质不符合运行要求、检修时损伤了滚动体或滚道等。

（3）脱皮或剥落。轴承发生脱皮或剥落的原因主要有安装和装配不良、滚动体或滚道变形、润滑不良、振动过大等。

（4）锈蚀。轴承的滚动体、滚道或金属隔离圈由于产生表面锈迹、锈斑，进而会带来轴承运行中卡涩、温度升高、磨损等损伤。造成轴承锈蚀的主要原因有冷却水窜入轴承内部、润滑剂变质失效、检修或保养不当使得油中带水等。

（5）裂纹或破碎。轴承的滚动体或滚道、隔离圈产生裂纹，如果发现不及时，将很快发展到破裂并酿成严重的事故。轴承发生裂纹或破碎的主要原因有轴承内、外圈与轴或轴承室的配合不当，以及振动过大、检修或装配不良等。

4 简述滚动轴承装配的一般要求。

答：滚动轴承装配的一般要求有：

（1）轴承装到轴上之后不应有晃动和偏斜，轴承端面与轴肩应靠紧且无任何间隙。轴肩的高度通常为轴承内径厚度的1/2～2/3，余出的地方为拆装轴承时工具着力之处。若轴肩加工得过高，则拆卸轴承时无法使工具着力在内圈上，易造成滚动体受力过大而损坏；若轴肩加工得过低，则会造成轴肩承载太大而压损。

（2）因为轴承在运行中是随轴一同膨胀、移动的，故轴承外圈与轴承室之间不应有紧力，否则会使轴承的滚动体发生卡涩甚至损坏。但是，若轴承外圈与轴承室之间过于松旷，则会影响转动精确度，转子易产生跳动，这样也极易损坏轴承。因此，轴承外圈与轴承室之间一般要留有0.05～0.10mm的径向间隙。

(3) 为了保证转子受热后的自由膨胀和伸长，在承担轴向力的轴承与轴承室端盖之间应留有足够的膨胀间隙。此膨胀间隙随转子的长度和材质而定，一般不小于1.0mm。

(4) 装配轴承时，应将无型号标注的一侧靠住轴肩，以便检查核对轴承的型号。装配中施加力的大小、方向和位置应适当，以免造成轴承滚动体、滚道和隔离圈的变形损坏。

(5) 用敲击的方法装卸轴承时，注意用力方向应尽量垂直于内圈，且禁止使用锤子直接敲打内圈。

5 简述常见的滚动轴承拆装方法。

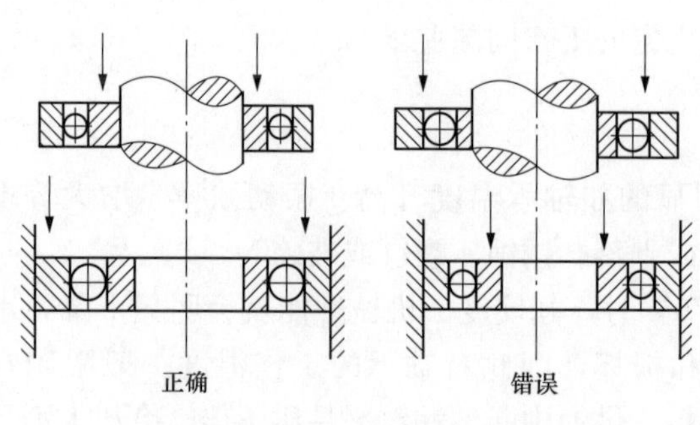

图9-11　拆卸轴承的施力部位

答：由于轴承的拆卸易于引起轴承内圈与转轴过盈量的减少，因而在拆装过程中要十分注意对施加力部位的选择，且施加作用力时应尽量平稳、均匀。当从轴上退下轴承时，施加的作用力应作用在轴承的内圈部位；当从轴承室中取出轴承时，施加的作用力应作用在轴承的外圈部位，如图9-11所示。

常见的轴承拆卸方法如下：

(1) 手锤与铜冲法。这是一种最简单、常见的拆装方法，多用于过盈量不大的小型轴承的拆装，如图9-12所示。为了保证受力均匀，铜冲必须沿着轴承内圈四周交替地敲击，不得使用手锤去直接敲击轴承。

(2) 手锤与套管法。这个方法可以使敲击的力量均匀地分布在整个轴承内圈的端面上，如图9-13所示。其较手锤与铜冲法更为优越。至于在套管的选择上，要保证其硬度略比轴承内圈低，其内径略大于轴承内圈的内径，外径略小于轴承内圈的外径；而且套管上端做成球面可以保证施加的力量均匀，防护环的作用则是避免敲击时把金属碎屑落入轴承内部。

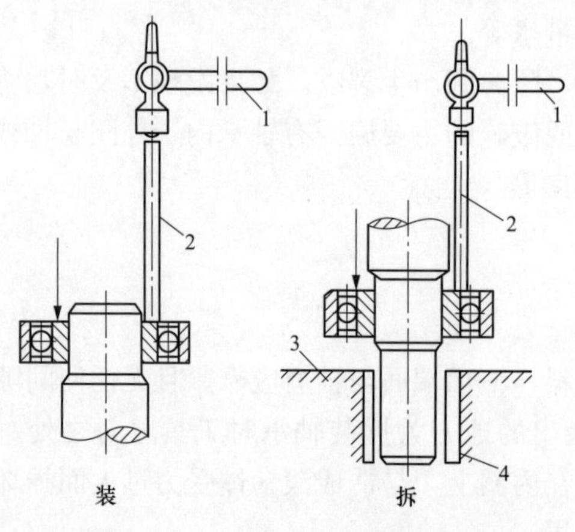

图9-12　用铜冲和手锤拆装轴承

1—手锤；2—冲子；3—台虎钳；4—软金属片

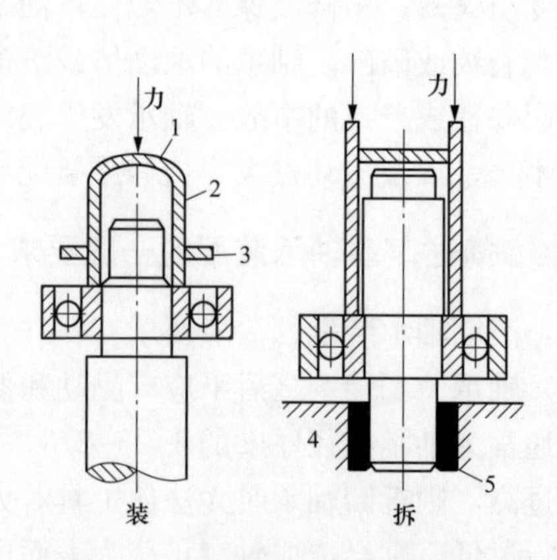

图9-13　用套管和手锤拆装轴承

1—圆顶盖；2—套管；3—防护环；4—台虎钳；5—软金属片

（3）加热拆装法。这个方法适用于大型或配合过盈量较大的轴承的拆装。在需要装上轴承时，可将轴承放置于80～90℃的矿物油中加热，待轴承内圈胀大后即可很容易地套装在轴颈上。当轴承冷却后内圈收缩，就可以获得紧力较大的配合。在加热轴承的过程中，一定注意不得超过120℃，且轴承放在油箱中时千万不要与油箱底部直接接触，以防止轴承过热而退火、机械强度降低。在需要拆卸轴承时，可用80～90℃的热矿物油往轴承上浇淋，待轴承膨胀之后即可使用拆卸工具将轴承卸下，如图9-14所示。在往轴承上浇淋热油时，为了保证轴承与转轴有更大的温差，应使用石棉布等保温材料将可能落上热油的部位包扎好，以加快轴承膨胀后从转轴上脱出的速度。

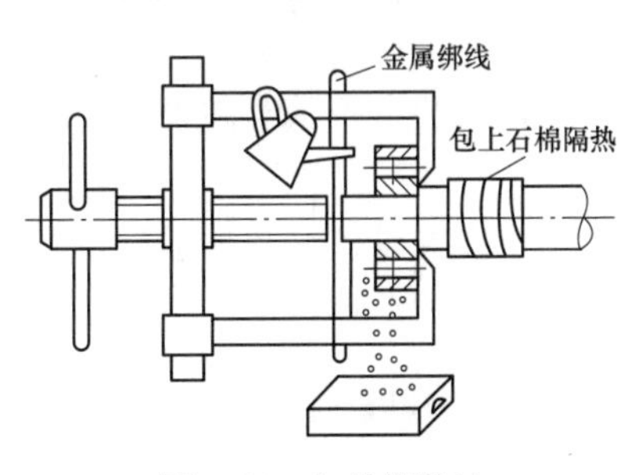

图9-14　加热拆装法

（4）压力机械拆装法。这种方法与手锤拆装法基本类同，只是动力来源改用为液压式或螺旋式的压力机械，如图9-15所示。在顶动轴承的过程中，要注意所选用的轴承下方衬垫的硬度必须比轴承的硬度低，且应十分注意顶动轴承时施加力量的方向必须和轴承中心一致，否则可能造成轴承拆装困难，甚至将转轴压弯。

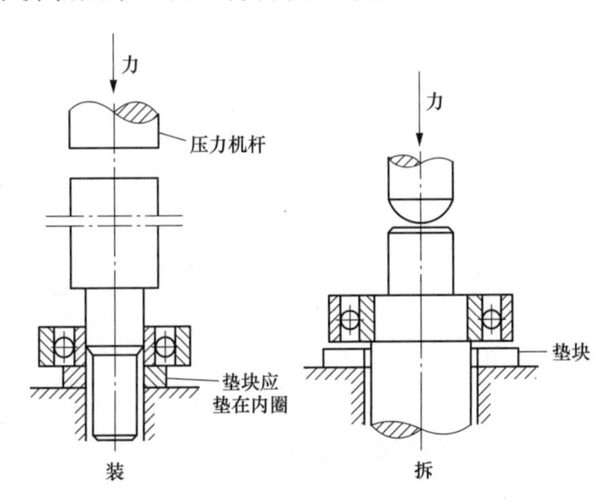

图9-15　用压力机拆装轴承

6 使用拉马拆卸轴承时的注意事项有哪些？

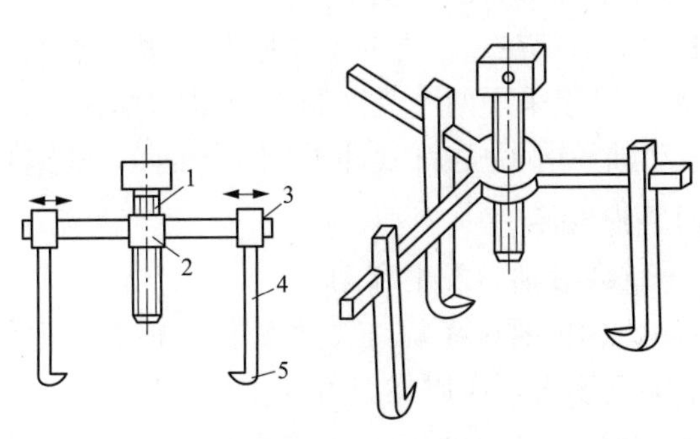

图9-16　拉轴承器

1—丝杠；2—螺母；3—套头；4—拉杆；5—拉爪

答：当需要拆卸轴承时，经常使用轻便、简洁的拉马来完成将轴承从转轴上取出的工作，如图9-16所示。

在使用拉马拆卸轴承时，必须注意做好以下几点：

（1）在向外拉出轴承时，必须保持拉马的丝杠中心与转轴中心一致。

（2）在装设拉马时，轴头应放置好钢球，以防止拉马丝杠与转轴发生直接接触而影响效果。此外，开始拉动时要动作平缓、均匀，不能过急、过猛，防止产生崩、跳现象。

（3）在顶动过程中，注意保持拉马的拉爪应平直地拉住内圈。为了防止拉爪脱落，还可采取用铁丝把拉杆捆绑在一起的方法。

（4）在装设拉马及向外拉出轴承的全过程中，注意不得损伤转轴的螺纹、轴颈和轴肩等部位。

（5）在装设拉马与加装轴承衬垫时，注意调整各拉杆的间距、各拉杆的长度均应保持相等，以避免顶动过程中产生偏斜或受力不均的现象。

7 滚动轴承游隙的选用标准是什么？

答：滚动轴承具有原始径向游隙和轴向游隙。对常用的单列向心球轴承来说，径向游隙为0.01～0.04mm，而轴向游隙为上述数值的7～12倍。滚柱轴承的游隙比球轴承的游隙大。

滚动轴承在转动时，滚动体与内、外圈接触并做相对运动，将产生摩擦热。在轴向载荷大及转速高时，需采用滑动轴承。

常用球、柱轴承的径向游隙，见表9-2。

表9-2　常用球、柱轴承的径向游隙　（mm）

轴承直径	轴承的径向游隙新球轴承		
	新球轴承	新柱轴承	极限值
20～30	0.01～0.02	0.03～0.05	0.10
35～50	0.01～0.02	0.05～0.07	0.20
55～80	0.01～0.02	0.06～0.08	0.20
85～120	0.02～0.03	0.08～0.10	0.30
130～150	0.02～0.04	0.10～0.12	0.30

8 滚动轴承的轴向位置有哪些固定方式？

答：根据滚动轴承固定时外圈的受力情况，可分以下几种固定方式：

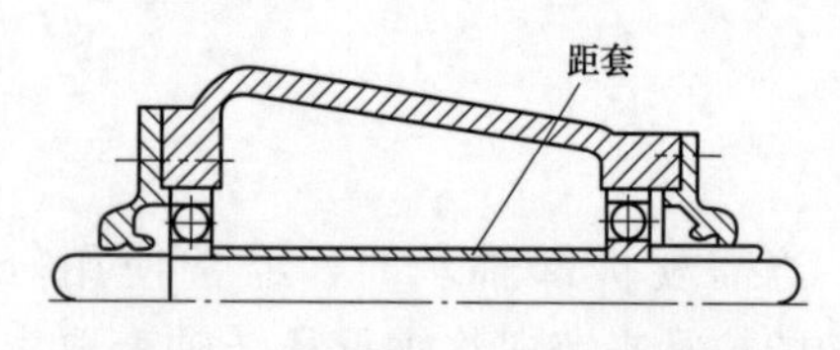

图9-17　单侧受力固定的滚动轴承

（1）单侧受力固定。如图9-17所示，滚动轴承外圈只有一侧被轴承盖压靠，而另一侧是自由状态。

这样的固定方式有以下几个特点：

1）滚动轴承只在一个方向上受限制，故为了把泵轴固定下来，必须采用两个受限制方向相反的轴承。

2）滚动轴承容易歪斜（即外圈向轴承体里跑），这样会使滚动轴承轴向游隙消失，滚动体吃力而磨损发热。

3）任何一个滚动轴承与端盖有间隙时，轴承就会沿轴向发生窜动。

在轴承与压盖之间轴向留间隙0.25～0.5mm，这主要是考虑在温度变化时轴能自由伸缩。但此结构多用在小泵上，一般两个滚动轴承间距不大，所以在温度变化不大的场合可考虑不留间隙，但注意不能让滚动轴承本身的轴向游隙也消失。

（2）双侧受力固定。滚动轴承外圈两侧同时被轴承端盖或轴承体压靠，如图9-18所示。

这样的固定方式有以下几个特点：

1）固定方式合理，轴承不会向任一侧窜动。

2）滚动轴承不会产生歪斜，滚动体不受轴承端盖所给予的附加力。

3）两个轴承之间跨距大，在温度变化时轴的伸缩量也大。因此，把泵轴一端的轴承做成游动的。

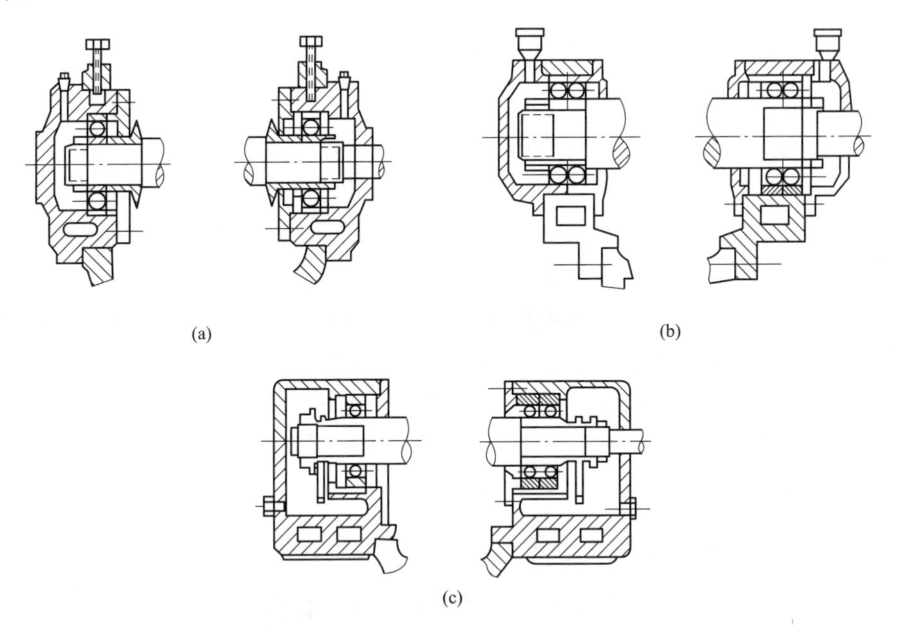

图 9-18　双侧受力固定的滚动轴承

（a）套筒式轴承体，用轴承体盖压固；（b）套筒式轴承体，用螺栓连接固定；（c）对开式轴承体

在具体结构上，图 9-18 中（a）、（b）为套筒式轴承体，滚动轴承必须从一侧穿入；而（c）则是对开式轴承体，只要把轴承盖拿掉，滚动轴承就可放入。

（3）自由固定。如图 9-19 所示，两个滚动轴承都做成游动的。这种结构只用在分段式多级泵上，此时滚动轴承只起径向支撑作用，而泵轴向位置则由多级泵的平衡盘来确定。

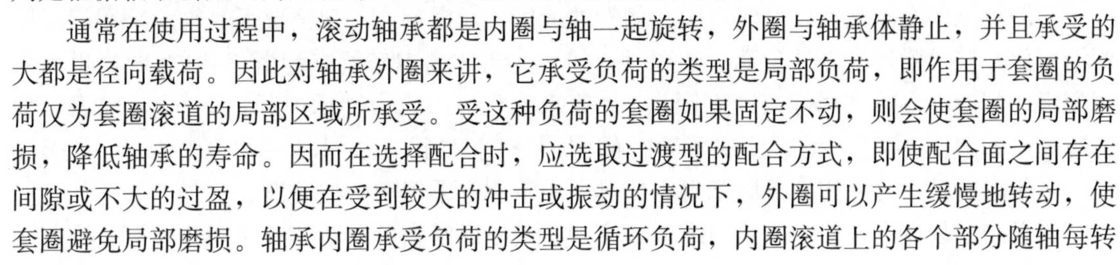

图 9-19　轴向可以游动的滚动轴承

9 如何选择滚动轴承的配合？

答：滚动轴承的配合，也就是滚动轴承内圈与轴的配合及滚动轴承外圈与轴承体的配合。选择这两对配合的原则是根据轴承套圈（内圈和外圈）所承受的负荷类型来进行。

通常在使用过程中，滚动轴承都是内圈与轴一起旋转，外圈与轴承体静止，并且承受的大都是径向载荷。因此对轴承外圈来讲，它承受负荷的类型是局部负荷，即作用于套圈的负荷仅为套圈滚道的局部区域所承受。受这种负荷的套圈如果固定不动，则会使套圈的局部磨损，降低轴承的寿命。因而在选择配合时，应选取过渡型的配合方式，即使配合面之间存在间隙或不大的过盈，以便在受到较大的冲击或振动的情况下，外圈可以产生缓慢地转动，使套圈避免局部磨损。轴承内圈承受负荷的类型是循环负荷，内圈滚道上的各个部分随轴每转一周将顺次地通过负荷的作用点。受这种负荷的轴承套圈应选用过盈配合，否则，内圈会在轴上滑动，产生磨损现象。但过盈量也不宜太大，以免影响轴承的径向游隙。对一般的水泵来讲，应选用 gc 或 gd 配合。

滚动轴承本身的公差均为负方向，即内径和外径的实际尺寸均比公称尺寸小。在配合制度上，轴承与轴的配合采用基孔制，轴承与轴承体的配合采用基轴制。

10 常见的滚动轴承的失效形式有哪些？

答：常见滚动轴承的失效形式有：

(1) 疲劳破坏。滚动轴承工作过程中，滚动体和内圈（或外圈）不断地转动，滚动体与滚道接触表面受交变应力作用，可近似地看作是脉动循环。由于载荷的反复作用，首先在表面下一定深度处产生疲劳裂纹，继而扩展到接触表面，形成疲劳点蚀，致使轴承不能正常工作。疲劳点蚀通常是滚动轴承的主要失效形式。

(2) 永久变形。当轴承转速很低或间歇摆动时，一般不会产生疲劳损坏。但在很大的静载荷或冲击载荷作用下，会使轴承滚道和滚动体接触处产生永久变形（滚道表面形成凹坑），而使轴承在运转中产生剧烈振动和噪声，以致轴承不能正常工作。

此外，由于使用、维护和保养不当或密封润滑不良等因素，也能引起轴承早期磨损、胶合及内、外圈和保持架破损等不正常失效现象。

11 何谓轴承的寿命？何谓轴承寿命的可靠度？

答：轴承的一个套圈或滚动体的材料首次出现疲劳点蚀前，一个套圈相对于另一个套圈的转数称为轴承的寿命。寿命还可以用在恒定转速下运转的小时数来表示。

对于一组同一型号的轴承，由于材料、热处理和工艺等很多随机因素的影响，即使在相同条件下运转，寿命也不一样，有的相差几十倍。因此对于一个具体轴承，很难预知其确切的寿命。但大量的轴承寿命试验表明，轴承的可靠性常用可靠度来度量；一组相同的轴承能达到或超过规定寿命的百分率，称为轴承寿命的可靠度。

一组同一型号的轴承在相同条件下运转，其可靠度为 90%时，能达到或超过的寿命称为额定寿命，单位为百万转（10^6转）。换言之，即 90%的轴承在发生疲劳点蚀前能达到或超过的寿命，称为额定寿命。对单个轴承来讲，能够达到或超过此寿命的概率为 90%。

12 滚动轴承润滑和密封的目的是什么？

答：轴承润滑和密封，对滚动轴承的使用寿命有重要意义。润滑的主要目的是减小摩擦与磨损。当滚动接触部位形成油膜时，润滑还有吸收振动、降低工作温度等作用。密封的目的是防止灰尘、水分等进入轴承，并阻止润滑剂的流失。

滚动轴承的润滑剂可以是润滑脂、润滑油或固体润滑剂。一般情况下，轴承采用润滑脂润滑；但在轴承附近已经具备润滑油源时（如变速箱体内本来就有润滑齿轮的油），也可采用润滑油润滑。具体选择可按速度因素 dn 值来确定（d 代表轴承内径，mm；n 代表轴承转速，r/min）。dn 值间接地反映了轴径的圆周速度。当 $dn<(1.5\sim2)\times10^5$ mm · r/min 时，一般滚动轴承可采用润滑脂润滑，超过这一范围宜采用润滑油润滑。

润滑脂不易流失，便于密封与维护，且一次充填润滑脂可运转较长时间。润滑油比润滑脂摩擦阻力小，并能散热，主要用于高速或工作温度较高的轴承。

润滑油的黏度可按轴承的速度因素 dn 和工作温度 t 来确定，油量不宜过多。如果采用浸油润滑，则油面高度不超过最低滚动体的中心，以免产生过大的搅油损耗和热量。高速轴承通常采用滴油或喷雾方法润滑。

滚动轴承密封方法的选择与润滑的种类、工作环境、温度及密封表面的圆周速度有关。密封方法可分为接触式密封和非接触式密封两大类。

13 怎样检查滚动轴承的好坏？

答：滚动轴承对水泵运转关系极大，因此使用时必须细心检查。主要有以下几个方面：

（1）滚动体及滚道表面不能有斑孔、凹痕、剥落及脱皮等现象。

（2）转动灵活，用手转动后应平稳并逐渐减速停止，不能突然停下，不能有振动。

（3）隔离架与内、外圈应有一定间隙，可用手在径向推动隔离架试验。

（4）游隙合适，用压铅丝法测量。

14 轴承温度高的原因有哪些？

答：轴承温度高的原因有：

（1）油位过低，使进入轴承的油量减少。

（2）油质不合格，进水中有杂质或乳化变质。

（3）带油环不转动，轴承供油中断。

（4）轴承冷却水量不足。

（5）轴承损坏。

（6）对于滚动轴承来说，除以上原因外，还可能是轴承盖对轴承施加的紧力过大，压死了它的径向游隙，而失去灵活性。

15 滑动轴承损坏的原因有哪些？

答：滑动轴承损坏的原因有：

（1）润滑油系统不畅通或堵塞，润滑油变质。

（2）钨金的浇铸不良或成分不对。

（3）轴颈和轴瓦间落入杂物。

（4）轴的安装不良，间隙不当及振动过大。

（5）冷却水失去或堵塞。

第十章

汽轮机的主要热力系统

第一节　主、再热蒸汽系统

1 主、再热蒸汽系统的基本要求是什么？

答：把汽轮机与锅炉之间的蒸汽连接管道及蒸汽母管与通往各用汽处的支管道合起来，统称为发电厂的主蒸汽管道系统。对于中间再热式汽轮机组，主蒸汽管道系统还应包括再热蒸汽管道部分。

由于主蒸汽管道输送的工质流量大、参数高，因而对其制作的金属材料要求也高，它能否正常工作对发电厂的安全可靠性和经济性的影响也很大。通常对主、再热蒸汽管道系统的基本要求如下：

（1）系统简单，工作安全、可靠。

（2）运行调度灵活，便于切换。

（3）便于维修、安装与扩建。

（4）投资费用和运行费用最低。

常见的主蒸汽管道系统主要有单母管制系统、切换母管制系统和单元制系统三种形式，如图 10-1 所示。至于选取哪种主蒸汽管道系统方式最为适合，需要综合考虑技术、经济等多方面因素，必须经过多方面比较才能确定选择方案。

2 简述单母管制主蒸汽管道系统。

答：将所有锅炉的蒸汽先引到一根蒸汽母管集中后，再由该母管引往各汽轮机或其他用汽处的主蒸汽管道系统，称为单母管制系统，如图 10-1（a）所示。这种形式一般适用于锅炉和汽轮机的容量不匹配、锅炉与汽轮机的台数不相同等情形，目前应用较少，在一些小型的自备电厂或单机容量在 25MW 以下的电厂还可以见到。

单母管制系统的供汽可以互相支援，但是在与母管相连的阀门发生事故时仍需停止全部锅炉和汽轮机的运行，严重影响整个系统的工作可靠性。因此，一般是在母管中部加装阀门以将其分为两个以上的区段，正常运行时让分段阀门处于开启状态。此外，所装设的分段阀门为两个串联的关断阀，这样既可以确保母管的隔离效果，又便于分段阀门自身的检修。

机组母管分段之后，仍然存在事故情况下有一个区段不能运行的缺陷，即在母管分段检修时，与该段相连的所有锅炉、汽轮机仍要全部停止运行，这是该布置方式的一个十分明显

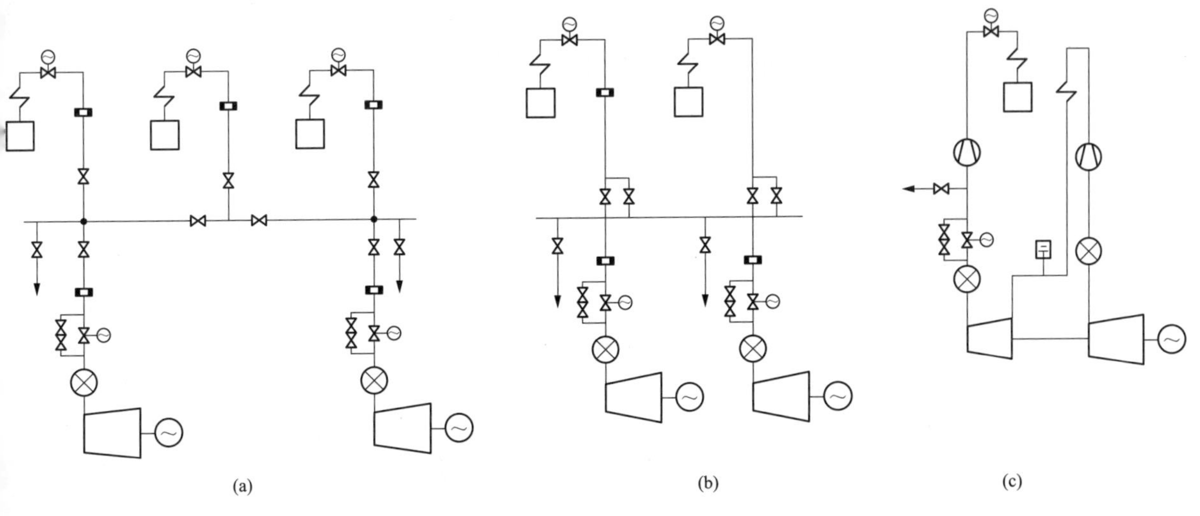

图 10-1　发电厂主蒸汽管道系统
（a）单母管制系统；（b）切换母管制系统；（c）单元制系统

的缺点。

3 简述切换母管制主蒸汽管道系统。

答：每台锅炉与其对应的汽轮机组成一个单元，而在各单元之间仍装有联络母管，并在每一单元与母管连接处设置有切换阀门，这样机、炉既可以单元运行，也可以切换到蒸汽母管上由邻炉供给蒸汽，这种主蒸汽管道系统称为切换母管制系统，如图 10-1（b）所示。目前对于机、炉的容量不是完全配合的供热式机组，仍有选取这种方式的。

在切换母管制主蒸汽管道系统中，备用的锅炉、减温减压器等均应与母管相连。为了便于母管的检修，也可用两个串联的关断阀门将母管分段。通常母管的直径是按照一台锅炉的蒸汽量来选择的，在正常运行中切换母管始终应处于备用的状态。

切换母管制主蒸汽管道系统的主要优点是既有足够的可靠性又有一定的灵活性，能够充分利用锅炉的富裕容量进行各炉之间的最佳负荷分配；其主要缺点是系统布置较复杂，因阀门多而发生事故的可能性也相应增大。

4 简述单元制主蒸汽管道系统。

答：每台汽轮机与供给它蒸汽的锅炉组成一个独立的单元，各单元之间没有横向联系的母管，而使用新蒸汽的各个辅助设备通过用汽支管与本单元自身的主蒸汽管道相连，这样的主蒸汽管道系统称为单元制系统，如图 10-1（c）所示。目前它在大容量、高参数和再热式的汽轮机组中得到了广泛的应用。

单元制系统的主要优点是系统简单，管道短，管道中的附件少，投资节省，管道压力损伤和散热损伤小，系统本身产生事故的可能性小，便于集中控制；其缺点是当单元内与主蒸汽管道相连的任何设备或附件发生事故时，整个单元均要停止运行，无法实现与相邻单元的相互支援，机、炉之间无法切换运行，即运行方式调整的灵活性差，单元内的主要设备必须同时进行大修。

第二节　润滑油、密封油系统

1 简述润滑油供油系统的作用及类型。

答：润滑油供油系统主要用来供给汽轮发电机组润滑、冷却用油及调节保安部件使用的压力油。按照设备与管道布置方式的不同，润滑油供油系统可分为集装供油系统和分散供油系统两种类型。

(1) 集装供油系统是将高、低压油泵和直流油泵集中布置在油箱的顶部，且油管路采用套装油管，即将润滑油系统的回油管作为外管，其他的供油管路则安装在该管道的内部。这种供油系统具有油泵集中布置而便于检查、维护与管理，以及套装油管可防止压力油管跑油而避免发生火灾事故等优点；但是这种系统存在着套装油管检修困难，以及发生内部泄漏时不易查找等缺点。

(2) 分散供油系统的设备则分别安装在各自的基础上，管路也分散安装。但由于这种方式布置松散、占地面积大，且压力油管外露，很容易发生漏油着火事故，因而在如今的大型机组中已很少使用。

2 简述润滑油系统的主要设备及作用。

答：润滑油供油系统中的设备除了满足机组正常的供油数量之外，还应保证供油质量及满足其他一些机组安全运行的要求。

润滑油供油系统的基本构成，如图 10-2 所示。它主要由油箱、射油器、主油泵、交流润滑油泵、直流油泵、高压启动油泵、冷油器、油净化装置、排烟装置、溢油阀及油管等组成。

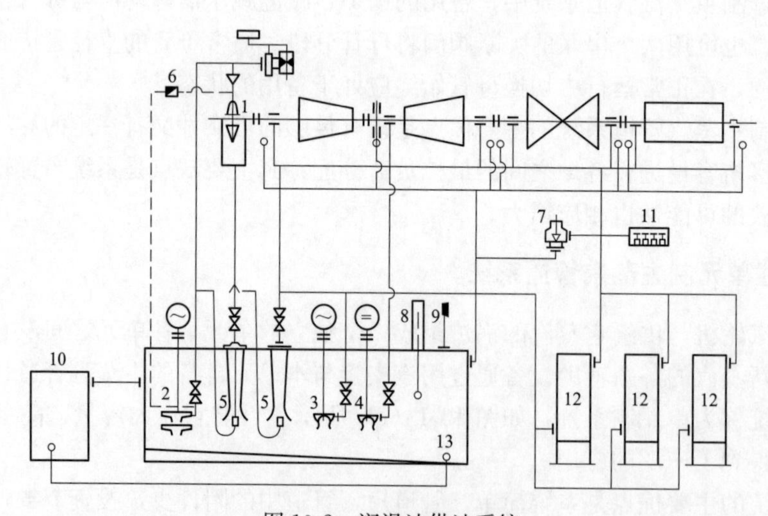

图 10-2　润滑油供油系统

1—离心式主油泵；2—高压启动油泵；3—交流润滑油泵；4—直流事故油泵；5—1 号、2 号射油器；6—启动排油阀；7—溢油阀；8—油位指示器；9—排烟装置；10—油净化装置；11—油压降低继电器；12—冷油器；13—组合式油箱油箱在油系统中除了用来储油外，还起着分离油中的水分、杂质沉淀物和气泡的作用。油箱一般是用钢板焊制的，底部倾斜，以便于能很快地将已分离开的水、沉淀物或其他杂质从其最底部排出。油箱上通常带有油位指示仪、滤网等附件。

为了保证油箱内及轴承箱内的油烟能顺利排出，油箱上还设有排油烟风机。排油烟风机能使油箱内形成微负压，这样既可防止可燃烟气的聚积，还能加快各轴瓦的顺利回油。

供油系统设有主油泵、高压启动油泵、辅助润滑油泵及直流事故油泵等，它们的工作原理与水泵相同。主油泵大多与汽轮机转子同轴安装，具有流量大、出口压头稳定的特性。主油泵不能自吸供油，正常运行中通过射油器将0.05～0.10MPa的压力油供给到主油泵的入口。

在汽轮机转子静止或启动过程中，高压启动油泵是主油泵的替代泵。在机组启动前，需要首先投运启动油泵来供给调节系统的用油，待机组进入工作转速后，即可停止启动油泵作为备用。

辅助润滑油泵是由交流电动机驱动的离心式泵。在机组稳定运行时，机组的润滑油通过射油器供给；在机组启动或射油器故障时，辅助润滑油泵则投入运行，以确保汽轮机润滑油的正常供给。

事故直流油泵是在失去厂用电或辅助润滑油泵故障时投入运行的，用以保证机组顺利停机。

由于汽轮发电机转子的导热及轴瓦摩擦发热，故润滑油温度在运行中会逐渐升高。冷油器就是为了保证轴瓦的正常工作，以及保持润滑油供给温度在一定的范围之内而设置的。冷油器大多采用管式或管板式换热器，并利用循环冷却水作为冷却水源。运行中要求确保冷却水的压力要低于润滑油的压力，以防止冷油器管路破损后造成冷却水进入油中而使油质变坏。冷油器的出口油温可以通过手动调节或自动调节冷却水量来加以控制。

3 如何保证润滑油供油系统的正常运行？

答：润滑油系统正常运行是汽轮机安全运行的前提，因此必须保证该系统各个设备的正常工作，以实现保质保量地向汽轮机供油。

（1）在机组启动之前，必须先行启动交流润滑油泵向汽轮机各轴瓦供油，同时向调节系统供油、排空；投入顶轴油系统之后，机组进入盘车状态；投入高压启动油泵正常后，机组具备了基本的启动条件。

（2）在机组定速之后，汽轮机主油泵投入工作向机组供给调速用油，并通过射油器向机组提供润滑油；这时即可停止高压启动油泵和交流润滑油泵，由主油泵维持正常运行。

（3）当机组正常或事故停机时，应启动交流润滑油泵和高压启动油泵，直至机组停运进入盘车状态后，才能只保留维持交流润滑油泵运行的方式。在机组正常运行和停机过程中，直流润滑油泵均作为备用，以保证汽轮机组的安全停机。

第三节 DEH系统及高、低压旁路油系统

1 简述DEH系统的组成。

答：如图10-3所示为某引进型300MW机组的DEH调节液压系统，是根据美国西屋公

司 DEH-Ⅲ型设计的功能原理开发的，同时在系统配置方面尽可能地吸收了分散控制系统可靠性高的优点，在硬件方面又将主要部件均采用了微处理机，从而简化了硬件电路，提高了系统的可靠性。

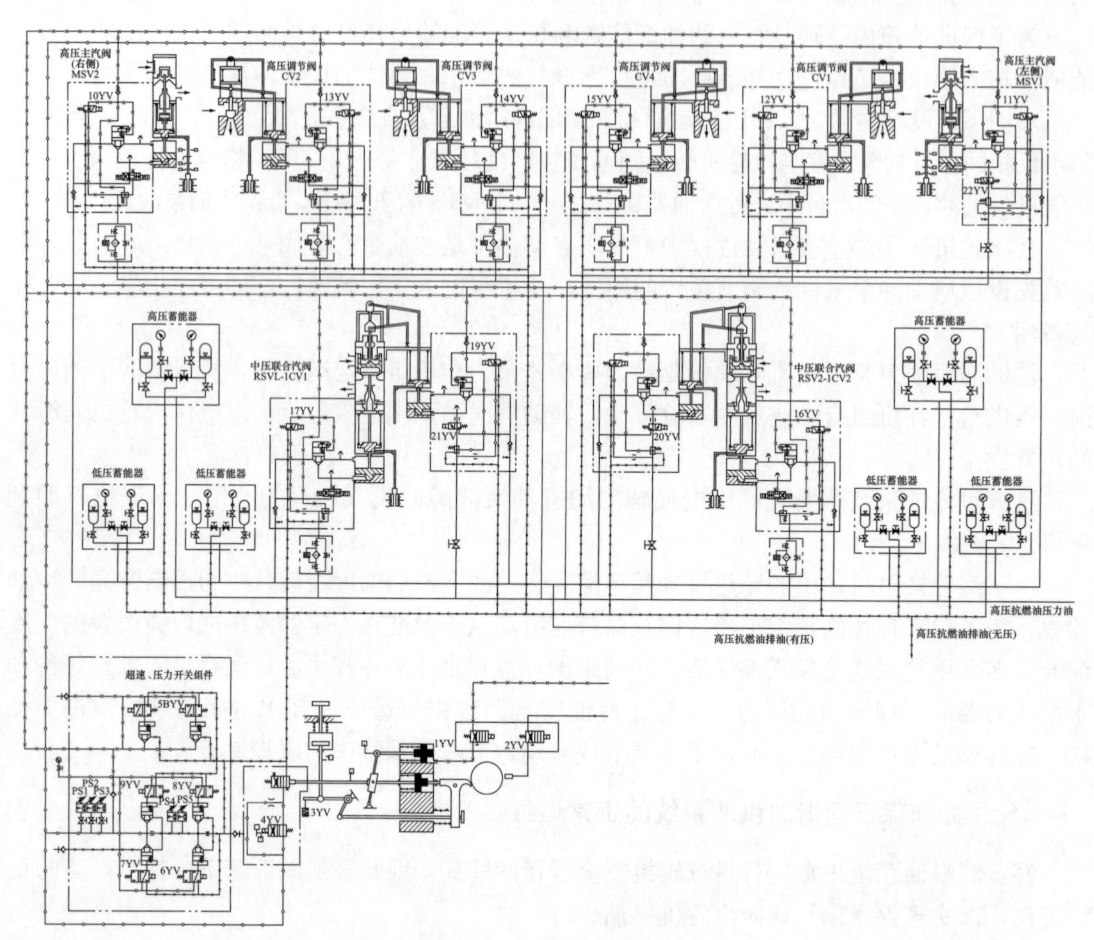

图 10-3　DEH 调节的液压系统

该系统主要由五大部分组成：

（1）电子控制器。主要包括数字计算机、混合数模插件、接口和电源设备等，均集中布置在六个控制柜内，主要用于给定、接受反馈信号及逻辑运算、发出指令进行控制等。

（2）操作系统。主要设置有操作盘、图像站的显示器和打印机等，为运行人员提供运行信息及监督、人机对话和操作等服务。

（3）油系统。分为高压控制油和润滑油两部分。高压油系统（EH 系统）采用三芳基磷酸酯抗燃油为调节系统提供控制与动力用油，一般均设置两台油泵（一台工作，一台备用），供油压力保持在 12.42～14.47MPa 的恒定范围。润滑油系统则是通过由主机驱动的主油泵，来供给 1.44～1.69MPa 的汽轮机油。

（4）执行机构。主要有伺服放大器、电液转换器及具有快关、隔离、止回装置的单侧油动机组成，负责带动高压主蒸汽阀、高压调节汽阀及中压主蒸汽阀、中压调节汽阀。

（5）保护系统。设置有六个电磁阀，其中的两个用于汽轮机超速时关闭高、中压调节汽阀；另外四个用于严重超速（达到110%额定转速）、轴承油压低、EH油压低、推力轴承磨损大及凝汽器真空低等情况下的危急遮断和手动停机。

此外，系统中还配置有一些为控制和监督服务之用的测量元件，如检测机组转速、调节级汽室压力、发电机功率及主蒸汽压力的传感器等。

2 简述DEH调节的液压伺服系统。

答：在DEH调节系统中，是由液压伺服系统将数字部分的输出电信号转变为液压、位移信号的。液压伺服系统主要由伺服放大器、电液伺服阀、油动机及其位置反馈等组成，是DEH的末级放大与执行机构。

如图10-3所示的EH油系统是由四大部分组成：图中右下方部分为保护和遮断系统，用于机组的保护；图中右上方部分为遮断试验部分，用于系统的试验；图中左上方部分为中压主蒸汽阀（2个）和调节汽阀（2个）的控制系统；图中左下方部分为高压主蒸汽阀（2个）和调节汽阀（6个）的控制系统。各个油动机与其相应的汽阀合称为一个DEH系统的执行机构，整个调节系统共有12个这样的机构。由于调节对象和任务的不同，使得各执行机构的结构形式、调节规律也都不尽相同，但整体上它们都具有以下共同特点：

（1）所有的控制系统都有一套独立的汽阀、油动机、电液伺服阀（开关型汽阀除外）、闭锁阀（隔绝阀）、止回阀、快速卸载阀和滤油器等，各自独立地执行任务。

（2）所有的油动机均为单侧油动机，开启时依靠高压动力油的推动作用，关闭时则靠弹簧的弹性力，属于一种安全型的机构。

（3）执行机构是一种组合型的阀门操动装置。在油动机的油缸上有一个控制块的接口，并在此接口处装有闭锁阀（隔绝阀）、快速卸载阀及止回阀，再加上相应的附属组件就构成了一个整体，成为具有控制和快关功能的组合式阀门执行机构。

3 简述EH供油系统的工作过程。

答：某国产300MW机组的EH油系统主要是由EH油箱、高压油泵、控制单元组件阀块、蓄能器、过滤器、抗燃油再生装置及一些有关的部件等组成。EH油系统的基本功能就是电液控制部件提供所需要的压力油来驱动伺服执行机构，同时保持油质的完好。

当EH油系统工作时，首先由交流电动机驱动高压叶片泵运转，使油箱中的抗燃油通过油泵的入口滤网被吸入油泵。经过油泵升压后输出的抗燃油依次流经EH控制单元的滤油器、卸荷阀、止回阀和过压保护阀，进入高压集管和蓄能器，建立起系统所需要的油压。当油压达到设定的14.48MPa时，卸荷阀动作，切断高压油泵出口与高压油集管的联络，将油泵的出口高压油直接送回油箱。此时，油泵处于无载荷（卸荷）状态下工作，EH油系统的油压转为由蓄能器来维持。

运行中由于伺服机构与油系统中其他部件的间隙泄漏，使EH油系统内的油压逐渐降低。当高压集管的油压降至设定的12.42MPa时，卸荷阀复位，高压油泵的出油重新转为向EH油系统供给，高压油泵就这样不断地在承载、卸荷状态下交变地运行着。

回油箱的抗燃油由方向控制阀导流，经过一组滤油器和冷油器才流回油箱。EH油系统正常工作时，整个系统的油压由卸荷阀控制，并控制在设定的12.42～14.48MPa范围内。当油泵在卸荷状态下工作时，位于卸荷阀与高压集管之间的止回阀可以防止抗燃油从EH油系统经卸荷阀反流回油箱。

EH油系统均由功能相同的两套设备组成，其中一套运行，另一套备用，在需要时即可自动投入。在运行和备用设备上设置有一个共同使用的过压保护阀，用来防止EH油系统的油压过高，当系统压力达到15.86～16.21MPa时就会动作，将油泵出口的高压油直接送回油箱。

在EH油系统的高压集管上装有压力开关，用于自动启动备用泵，以及对油压偏离正常值等进行报警。在冷油器出口管上则装有温度控制器，它可以通过自动调节冷却水量来控制油箱的温度。在油箱内部还装有温度测点和油位计，在油温过高或非正常油位时发出报警信号。

第四节　发电机氢油水系统

1 简述发电机氢气冷却系统的作用及构成。

答：发电机氢气冷却系统（含置换介质系统）及氢气压力自动控制装置能满足发电机充氢、自动补氢、排氢及中间气体介质置换工作的要求，能自动监测和保持氢气的额定压力、规定纯度及冷氢温度等。

氢气冷却系统的主要设备由氢气供气装置、二氧化碳供气装置和汇流排、氢气干燥器、循环风机、氢气纯度仪、氢气湿度仪、漏氢检测装置、油水探测报警器、气体加热器、火焰消除器、气体置换装置、氢气压力监测仪表。

2 简述氢气系统的运行原理。

答：氢气系统的运行原理为：

(1) 发电机内空气和氢气不允许直接置换，以免形成具有爆炸浓度的混合气体。通常应采用CO_2气体作为中间介质实现机内空气和氢气的置换。本氢气冷却控制系统设置有专用管路、CO_2控制排、置换控制阀和气体置换盘用以实现机内气体间接置换。

(2) 发电机内氢气不可避免地会混合在密封油中，并随着密封油回油被带出发电机，有时还可能出现其他漏气点。因此，机内氢压总是呈下降趋势，氢压下降可能引起机内温度上升，故机内氢压必须保持在规定的范围之内，本控制系统在氢气的控制排中设置有两套氢气减压器，用以实现机内氢气压力的自动调节。

(3) 氢气中的含水量过高对发电机将造成多方面的不良影响，通常均在机外设置专用的氢气干燥器，它的进氢管路接至转子风扇的高压侧，它的回氢管路接至风扇的低压侧，从而使机内部分氢气不断地流进干燥器内得到干燥。

(4) 发电机内氢气纯度必须维持在98%左右，氢气纯度低，一是影响冷却效果；二是增加通风损耗。氢气纯度低于报警值（90%）是不能继续正常运行的，至少不能满负荷运行。当发电机内氢气纯度低时，可通过本氢气控制系统进行排污补氢。采用真空净油型密封油系统的发电机，由于供给的密封油经过真空净化处理，所含空气和水分甚微，所以机内氢气纯度可以保持在较高的水平。只有在真空净油设备故障的情况下，才会使机内氢气纯度较快下降。

(5) 发电机内氢气压力、纯度、温度是必须进行经常性监视的运行参数，机内是否出现油水也是应当定期监视的。氢气系统中针对各运行参数设置有不同的专用表计，用以现场监测，超限时发出报警信号。

3 简述发电机密封油系统的作用及构成。

答：发电机密封瓦（环）所需用的油（即汽轮机轴承润滑油），人们习惯上按其用途称之为密封油。密封油系统专用于向发电机密封瓦供油，且使油压要高于发电机内氢压（气压）一定数量值，以防止发电机内氢气沿转轴与密封瓦之间的间隙向外泄漏，同时也防止油压过高而导致发电机内大量进油。

密封油系统是根据密封瓦的形式而决定的，最常见的有双流环式密封油系统和单流环式密封油系统。密封油系统由2台交流密封油泵、1台直流密封油泵、1台再循环油泵、真空油箱、真空泵、密封油过滤器、差压阀、密封油仪表信号箱、浮子油箱、扩大槽、空气抽出槽、排烟风机。

4 简述发电机密封油系统的运行原理。

答：发电机密封油系统主要包括：正常运行回路、事故运行回路、紧急密封油回路（即第三密封油源）、真空装置及开关表盘等。

（1）正常运行回路。轴承润滑油供油管→真空油箱→主密封油泵（或备用密封油泵）→滤油器→压差阀→发电机密封瓦→氢侧排油（空侧排油不经扩大槽和浮子油箱直接回空气抽出槽）→扩大槽→浮子油箱→空气抽出槽→轴承润滑油排油→汽轮机主油箱。

（2）事故运行回路。轴承润滑油供油管→事故密封油泵（直流泵）→滤油器→压差阀→发电机密封瓦→氢侧排油（空侧排油不经扩大槽和浮子油箱直接回空气抽出槽）→扩大槽→浮子油箱→空气抽出槽→轴承润滑油排油→汽轮机主油箱。

（3）紧急密封油回路（即第三密封油源）。轴承润滑油管→阀门(S-56)→阀门(S-55)→阀门(S-51)→压差阀(PCV-027)→密封瓦。

此运行回路的作用是在主密封油泵和直流油泵都失去作用的情况下，轴承润滑油直接作为密封油源密封发电机内氢气。此时发电机内的氢气压力必须降到0.02～0.05MPa。

5 简述发电机定子冷却水系统的作用及构成。

答：定子线圈冷却水系统的主要功能是保证冷却水（纯水）不间断地流经定子线圈内部，从而将该部分由于损耗而引起的热量带走，以保证温升（温度）符合发电机的有关要求。同时，系统还必须控制进入定子线圈冷却水的压力、流量、温度、电导率等参数，使之符合相应规定。

定子线圈冷却水控制系统由2台交流水泵、2台水冷却器、1台水过滤器、水箱、离子交换器、水温调节阀、水压调节阀、定子线圈冷却水仪表信号箱、定子线圈冷却水加热器、定子线圈冷却水流量信号装置、扩容管、定子线圈冷却水压力、流量、温度、电导率等监测仪表。

6 简述发电机定子冷却水系统的运行原理。

答：定子线圈冷却水系统自成一独立封闭自循环系统，水泵从水箱中吸水，升压后送入水冷却器降温，经过滤水器滤出机械杂质，然后进入发电机定子线圈，出水流回水箱，如此不断循环。

系统中设置有自动水温调节器和离子交换器等辅助装置，还设有监视水温、水压、电导率、流量等参数的表计，并可在超限时发出报警信号。在发电机定子线圈冷却水进、出口管路上增设旁路和阀门，以便用户对定子线圈进行反向冲洗。

（1）系统初始充水，一次所需总水量约4500L，其中水箱存水量约1100L。系统运行时，这些水在系统内部不断循环。只有因系统排污等原因引起水箱水位下降时，才由人工操作阀门向系统中补水。补水进入系统的压力控制小于等于0.6MPa，补水流量不高于250l/min。当外部补水压力高于0.6MPa时，应减压至系统所需的补水压力值。补水过程中，应观察水箱水位变化，当水箱水位回升至正常水位后，由人工操作关闭补水阀门。补充进入系统中的水先经离子交换器后再进入水箱，再由水箱进入水泵、冷却器等主循环回路。另外，在有些电厂系统中还设置有自动补水装置，自动补水装置上的补水电磁阀的开、闭动作信号来自水箱上的液位开关信号。进入电磁阀的水压小于等于1.0MPa。

（2）系统中的水是由水泵驱动进行循环的。系统中设置有两台水泵，一台工作，一台备用。备用泵按压力下降值整定启动点，即工作泵的输出压力低至某一数值时，备用泵自启动投入运行，从而保证冷却水不间断地流经发电机定子线圈，带走损耗（热量）。

（3）系统中设置有两台冷却器，正常运行时一台工作，一台备用（特殊情况下，也可两台同时投入运行）。冷却器的作用是让冷却水吸收的热量再进行热交换，由另外的水源（普通冷却用水，又称循环水）将热量带走。

（4）从发电机定子线圈出来的水的温度随发电机负荷而变化，最高可达73℃甚至更高。而进入定子线圈的水的温度希望稳定在（45±5）℃的范围之内。为此，系统中设置有自动调节水温的气动温度调节阀。温度调节阀为三通式阀门，它不改变定子冷却水（热介质）的总流量，而只是控制其流经冷却器和旁路的流量比，从而使调节阀下游端，也即进入发电机定子线圈的冷却水温度稳定在整定值。温度讯号测点来自调节阀下游管路。气动温度调节阀上电/气定位器接收的调节信号来自电厂中控室DCS的电信号。

（5）正常运行期间，整个系统中的冷却水必须保持高纯度，其中电导率应不高于1.5μS/cm。为此，在温度调节阀出口端设置一条旁路管道，使系统中的部分冷却水经这一旁路管流入离子交换器进行净化，净化后这一部分水的电导率为0.2μS /cm左右，之后再流回水箱。通常，这一旁路的最大流量不应高于系统额定流量的20%。

（6）冷却水进入定子线圈的计算压力为0.22MPa，为保证这一压力稳定，系统中设置有气动压力调节阀。它主要是通过阀门开度的变化来调节阀门下游端的压力，使之稳定在整定值，压力讯号取自调节阀下游管路上的压力变送器。气动压力调节阀上电/气定位器接收的调节信号来自电厂中控室DCS的电信号。

（7）系统中设置的主过滤器用以滤除水中的机械杂质。激光打孔型过滤器是冷却水进入定子线圈之前的最后一道滤网。

（8）在发电机内部，冷却水从进水接管口进入，依次经进水端集水环（即汇流管）、绝缘引水管、空心铜线、出水端绝缘引水管、集水环（汇流管）至出水接管口流出，然后回至水箱。

（9）水箱液位、水泵输出压力、主过滤器进出口压差；线圈进水压力、温度、电导率、流量；回水温度等各种运行参数均设有专用表计进行监视，重要参数超限时发出报警或保护动作讯号。

第十一章

汽 轮 机 本 体

第一节　汽缸保温及化妆板

1 汽轮机的静止部件有哪些？其检修要求是什么？

答：汽轮机的静止部件是相对于汽轮机的转动部件而言的静止不动的部分。它包括汽缸、隔板、汽封、盘车装置及轴承等。

对这些静止部件的检修，首先要求其与转动部件不摩擦，其次要求严密不漏，第三是通流部分要清洁、光滑。

2 汽缸保温的主要要求是什么？

答：汽缸保温有两点要求：一是当周围空气温度为25℃时，保温层表面的最高温度不得超过50℃；二是汽轮机在任何工况下，调节级上、下缸之间的温差不应超过50℃。

3 拆化妆板及保温层的条件和注意事项是什么？

答：当调节级处上缸的温度下降至100℃以下时，才允许进行拆除保温工作，以免使汽缸产生较大的温差而形成永久变形。

在拆化妆板与保温层前，先要检查露在化妆板外面的连接管路和仪表接线是否妨碍化妆板的起吊。要拆走机组上所装的仪表，如轴承温度表、转速表及振动表等。拆保温层前，应用布包扎并堵好已经拆去仪表和疏排水管的接头，防止破碎的保温材料掉入而堵塞孔口。汽缸下部的设备也应用苫布盖好，拆完保温后清理。在汽缸下部平台处用警戒绳围上，并挂牌警告，禁止通行。

4 拆化妆板及保温层的工序及要点是什么？

答：化妆板大多由骨架支撑，由中开的板块组成，拧开压条螺栓即可分解吊走。拆下的化妆板及压条应放在指定的地点，并要用适当的方法支撑稳当，防止变形。拆卸过程中的一些碎小零件应装在一起，妥善保管，防止丢失。

保温层的拆除应根据检修项目进行。一般来说，法兰、导汽管和高压缸上缸保温层应全部拆去；下缸和低压缸的保温层可根据检修的需要拆去一部分。拆汽缸保温层时，要注意保护在汽缸上装设的热电偶温度表和压力表管座等，以防损坏。在拆除保温层时，要防止保温材料的损坏，拆下的材料应放在指定的地点，且不许与水或油类接触，以防止保温损坏失效，或油污浸入保温材料而在运行时造成火灾。

5 汽缸保温安装时的一般注意事项是什么？

答：在汽缸上都应装设保温钩，保温钩的间距一般都不大于300mm。保温钩的安装一般采用汽缸上焊接螺母的方式或在汽缸上打眼套丝的方式来达到，但汽缸上焊接螺母的方式应在制造厂内进行。当采用打眼套丝的方法时，打眼深度与直径一般不大于8mm，并应取得制造厂同意，最好也在制造厂进行。

为了减少上、下汽缸的温差，应使下汽缸保温层的隔热性能比上汽缸好，即下缸的保温厚度应比上缸的保温厚度大一些。当采用微孔硅酸钙制品或硅酸铝耐火纤维制品时，下缸保温厚度比上缸大20%左右。

6 国外大容量汽轮机上采用喷涂保温结构的工艺是什么？其优点是什么？

答：喷涂保温结构是采用珍珠岩（25%）、石棉（25%）和钾水玻璃黏合剂（50%）同时喷涂在汽缸表面，喷涂材料所含成分相互作用释出热能，使喷涂层本身得到干燥。这种保温材料使用温度可达600℃。

喷涂保温结构严密，无缝隙，耐振、挠性和隔声性能较好，可使大机组热态启动所需时间大为缩短；并且不论停机时间长短，都可以再次启动；还可使汽轮机停机后的冷却速度大大降低，基本上可消除冷却过程中各部件温差过大的缺点，改善了汽轮机的运行条件。由于上、下缸温差减小，汽轮机轴封和隔板汽封径向间隙可以减小，从而减少了蒸汽漏泄量、降低了煤耗。其次，喷涂保温工艺比较简单，在各种复杂的保温面上，喷涂都较方便，容易保证质量，加快施工进度，造价也不高。因此，它是一项值得推广使用的新工艺。

第二节　本体设备的布置方式与受力分析

1 简述汽轮机主要缸体的构成和作用。

答：汽轮机的外壳称为汽缸。它的作用是将汽轮机的通流部分与大气隔绝，形成封闭的汽室，使蒸汽能在其中流动做功。汽缸大体呈圆筒形或近似圆锥形，它一般做成水平对分式，即分为上、下汽缸。大容量机组一般为双缸或多缸，即高压缸、中压缸和低压缸，采用高、中压缸反向布置，从而达到降低轴向推力，节省并合理使用金属材料，以及提高机组启停灵活性的目的。

2 简述高压缸的结构和特点。

答：大功率汽轮机高压缸工作的特点是缸内承受的压力和温度都很高，一般都采用双层缸结构。在内、外缸夹层空间对应的位置上设置隔热环，将夹层空间分为两个区域，以降低内缸的温差。高压缸采用这种结构，汽流走向和流量适当，使得高压内、外缸各区域保持合理的温度和压力分布，减小了热应力和压差引起的应力。

为了提高双层缸的启动灵活性，设置了夹层加热系统和法兰加热系统。

3 高压内缸的布置方式、工艺要求和特点是什么?

答：高压内缸由其下缸中分面处四个猫爪搭在外缸下半中分面的凹槽中，每个猫爪的上、下两面各有一块调整垫片，在安装中配准猫爪下的垫片，使内缸中心轴线与外缸中心轴线的同轴度偏差不大于0.1mm。配准猫爪上部垫片，使猫爪与外缸上半之间有0.1～0.2mm的热胀间隙。检修中应对该间隙进行测量和调整。为了保持内、外缸进汽中心的一致，在内缸左、右外侧沿进汽中心线各装一个立键，构成内缸相对于外缸的轴向膨胀死点；在内缸前、后两端上、下各装一个导向键，当汽缸温度变化时，使内、外缸保持同心。

4 高压外缸的布置方式和特点是什么?

答：高压外缸固定和支撑了高压内缸、隔板套汽封等高压部分的静止部件，构成蒸汽导入和排出腔室。外缸的支撑方式一般都采用猫爪结构。猫爪就是从下（或上）汽缸两侧水平法兰向前伸出两个爪子（或前、后伸出四个爪子），搭在轴承箱上，轴承箱坐落在基础台板上。在猫爪的下部装有横销，以保持汽缸与轴承箱轴向距离一定，同时不妨碍汽缸的横向热膨胀。

汽缸猫爪的形式有上猫爪支撑和下猫爪支撑两种。传统的猫爪结构大多是采用上猫爪支撑的方式，它在汽轮机正常工作时是由上缸伸出的猫爪来支撑（称为工作猫爪），下汽缸则由水平法兰螺栓拧紧在上汽缸上。在机组安装、检修过程中，当上汽缸未组装前，下汽缸靠自己伸出的猫爪来支撑，这个猫爪称为安装猫爪。它下部的垫块称安装垫块，在上汽缸组合好后就再不起支撑作用，那时可将安装垫块抽出保存。这种结构的优点是在正常工作时，支撑面与法兰中分面为同一平面并与汽缸中心线一致，在运行中不会因猫爪温度升高所产生的热膨胀使汽缸中心抬高，改变垂直方向的动、静部分间隙。

所谓下猫爪支撑方式是指用下猫爪来支撑整个缸体。由于采用下猫爪倒挂的支撑方式，同样也能达到上猫爪支撑的效果，而且这种支撑方式对于检修与安装工作都更为方便，同时汽缸中分面连接螺栓的受力状态和汽缸的密封性都更好。因此，目前得到了十分广泛的应用。

5 高压进汽管的布置方式和特点是什么?

答：由于高压缸采用了双层缸结构，所以高压进汽管既不能同时固定在内缸和外缸上，又不能让大量高温高压蒸汽外泄。因此，采用了滑动密封式的连接结构。

一般高压汽缸设置有四个进汽管，上、下缸各两个，分别通过弹性法兰固定在外缸上。因外缸材料的要求，进汽管法兰处的温度不允许太高，因此采用双层套管式结构。内套管插入内缸喷嘴室，并用活塞环密封。内套管可在喷嘴室内滑动，以补偿内外缸垫膨胀和进汽管与外缸的胀差，并允许有少许轴向及径向移动。弹性法兰与内套管之间有遮热筒，可以降低内套管的内、外温差，减少热辐射。下部进汽管有疏水管接口。

6 中压缸的结构特点和布置方式是什么?

答：对于大容量中间再热机组中压缸的运行参数，压力不是很高，但温度一般与初参数相同。从回热系统的设计考虑，中压缸一般为单层缸隔板套结构，隔板套之间即为回热抽汽口。例如，国产300MW供热机组的中压缸由九个压力级组成，平分安装于三个隔板套内。

缸体也是猫爪支撑结构。下缸前、后设有立销，以使汽缸中心线与两个轴承箱中心线保持一致。

7 低压内缸的结构特点和布置方式是什么？

答：低压内缸为焊接结构，沿水平中分面将内缸分为上、下两半，在第一、二、三级后设有三级对称抽汽。为防止抽汽腔室之间的漏汽，在各抽汽腔室隔壁的水平中分面处用螺栓紧固。低压进汽温度为295℃，而内、外缸夹层为排汽参数，温度只有34℃左右。为了减小高温进汽部分的内、外壁温差，在内缸中部外壁装有遮热板，在中间进汽部分环形腔室左、右水平法兰上各开有四条弹性槽，并使整个环形的进汽腔室与其他部分分开，以减小热变形和热应力。内缸两端装有导流环，与外缸组成扩压段，以减少排汽损失。内缸下半水平中分面法兰四角上各有一个猫爪搭在外缸上，支撑整个内缸和所有隔板的重力。水平法兰中部对应进汽中心处有立键，作为内缸的相对死点，使汽缸轴向定位而允许横向自由膨胀；内缸下半两端底部有纵向键，沿纵向中心线轴向放置，使汽缸横向定位而允许轴向自由膨胀。

8 低压外缸的结构特点和布置方式是什么？

答：低压外缸采用焊接结构，其外形尺寸较大，为便于运输，在轴向分为三段，用垂直法兰螺栓连接；上半顶部进汽部分由带螺纹的波形管作为低压进汽管与内缸进汽口连接，以补偿内、外缸胀差并保证密封。顶部两端共装有四个内径为500mm的大气阀，作为真空系统的安全保护措施。当缸内压力升高到0.118～0.137MPa时，大气阀中1mm厚的石棉橡胶板破裂，使蒸汽排空，以保护低压叶片的安全。下缸座在四周均布的支撑台板上，承受整个低压部分的重力和运行时凝汽器中水的重力。凝汽器用弹簧支撑在基础上，喉部与排汽口采用刚性连接。

低压缸前、后部分与基架间装有纵向键，中部左、右两侧基架上设有横销。作为整个低压部分的死点，整个低压缸可在基架平面上以死点为中心向各个方向自由膨胀。

第三节　汽缸揭缸、翻缸及扣缸

1 汽缸揭缸前的准备工作有哪些？

答：汽缸揭缸前的准备工作有：

（1）起吊前，应对专用吊具、钢丝绳及吊车的大钩抱闸等进行仔细检查，确保起吊工作安全、可靠。

（2）检查汽缸结合面、导汽管、前（后）供汽轴封、法兰加热供汽管及法兰处的连接螺栓、定位销子已全部拆完，确认上缸与下缸及其他导汽管无任何连接时，才允许揭缸。

（3）若由于固定在上缸上的部件不能及时拆卸，起吊前应考虑这些部件对上缸重心的影响，必要时可在另一侧施加平衡重物，以减少起吊过程中找平衡的困难；平衡重物必须固定可靠。

（4）对于采用猫爪结构的汽缸，应预先清扫好安装猫爪，放置好安装垫块。

（5）揭缸工作人员一般不应少于8人，应派人检查汽缸两侧及四角导杆处导杆是否蹩劲、汽缸水平是否偏斜。

2 汽缸揭缸的工序及注意事项是什么？

答：汽缸揭缸的工序为：

（1）在汽缸对角装好导杆，涂上汽轮机油。

（2）拧入汽缸四角顶丝将上缸均匀顶起 5～10mm 后，再指挥吊车将汽缸吊起少许，进行找正及找平工作。

（3）当汽缸四角升起高度均匀（误差不超过 2mm），导杆不别劲，螺栓与螺孔无接触现象时，就可以缓缓点动行车起吊汽缸。

（4）吊起 100～150mm 时，应再次全面检查。特别注意检查汽缸内部，严防汽缸内部连接部件（如隔板等）脱落下来，确证无误后，才可继续缓慢起吊。

汽缸揭缸的注意事项为：在整个起吊过程中，应注意汽缸内部有无摩擦声，螺栓与螺孔有无碰擦，导杆有无因别劲而被带起，以及汽缸四角起升是否均匀。发现汽缸任一部位连续两次没跟随行车大钩上升或其他不正常的情况，应及时停止起吊，重新进行调平找正。此时，因汽缸内部部件有卡涩，往往不易调平，可根据已起吊的高度，找适当厚度的垫块放置在四周结合面上，将汽缸落下，进行调整工作。不应用铁管等撬法兰面的方法强行吊起，也不应临时用人作平衡重量调整汽缸平衡。汽缸吊离导杆时，四角应有人扶稳，以防汽缸旋转摆动，碰伤叶片。汽缸吊出后应放在专用支架上，法兰下部垫以木板，并退回顶丝，同时应将下汽缸上的抽汽孔、疏水孔及导汽管堵好，排汽室盖上专用盖板，以免掉入工具及杂物。吊开上缸后，应连续将全部隔板套、轴封套及转子吊出，以便用封条封好喷嘴，堵好所有压力表管、疏水孔和抽汽孔。

此外，在起吊过程中还应随时注意监视转子是否有被上抬的现象。如发现转子有上抬现象，则说明上缸内部某些轴封套或隔板套的止口严重咬死，应停止起吊工作，检查原因并设法处理。

3 揭缸过程中轴封套或隔板套止口严重咬死的原因是什么？

答：轴封套或隔板套止口严重咬死的原因可能为：

（1）由于长期在高温下工作，发生高温氧化，在金属表面生成硬而牢固的高温氧化层。随着氧化层的增厚，隔板套的凸缘宽度会稍微增大，而汽缸内的凹槽宽度会稍微减小，结果使配合间隙逐渐消失。到达一定的程度后，两处氧化层就合并、黏结成一体，发生咬死现象。

（2）过早地拆除汽缸保温层，使汽缸冷却速度过快而发生变形，造成卡涩。为了防止轴封套及隔板套止口严重咬死现象，首先应该严格执行汽缸调节级金属温度降到 100℃以下允许拆除保温层的规定，其次在每次大修中应注意检查高温部分隔板套及轴封套止口的配合尺寸。经验证明，在一个大修期内（2～3 年），氧化层的增厚不会使止口标准的配合间隙完全消失。所以，只要在大修中保证配合间隙符合设计要求，就能有效地防止止口氧化层增厚而发生咬死的现象。

4 轴封套或隔板套止口严重咬死的处理方法是什么？

答：轴封套或隔板套咬死，通常发生在高温区域，如第一轴套及前两级隔板套上。发现这种现象后，按咬死严重程度可采用下述方法处理：

(1) 在轴颈上装设千分表，稍微起吊上缸，使转子上抬0.2～0.5mm，转子的重力将压在咬住的套上。用大锤垫铜棒敲打振动大盖高温区域。若振动起效，可从千分表中发现转子逐渐下落。此时可逐渐起吊大盖，使咬住的套继续承担转子重力，直至套的止口全部脱出为止。但转子不宜抬得过高，防止转子突然落下打坏轴瓦。

(2) 逐渐起吊上缸，同时在前、后轴颈上用铁马将转子托起，使汽缸结合面出现100～150mm的间隙。在起吊过程中，始终要注意保持转子与汽缸的水平，以免隔板套止口别劲卡死。从结合面观察，哪些套被上缸带起，其止口便被咬死。可用上述一样的方法，将转子重力压在咬死的套上，从两侧结合面伸进铜棒，来回敲打套，直至止口全部脱出，将上缸吊出。

5 简述汽缸翻缸的工序。

答：翻缸前，应清理现场的障碍物，保证翻缸场所有足够的面积，并准备好垫汽缸用的枕木及木板。

翻缸有双钩和单钩两种方法。大型机组应优先采用双钩翻缸，如图11-1 (a) 所示，使用大钩吊高压侧，小钩吊低压侧。钢丝绳最好使用专用卡环卡在大盖前、后法兰的螺孔上。在翻转过程中，钢丝绳与汽缸棱角接触处，都应垫以木板。吊车找正后，大钩先起吊约100mm，再起吊小钩。使汽缸离开支架少许后，应全面检查所有吊具，确认已无问题才可继续起吊。吊起的高度，以保证当小钩松开后汽缸不碰地即可。逐渐将汽缸的全部重力由大钩承担，缓慢全松小钩，如图11-1 (b) 所示。取下小钩的钢丝绳，将汽缸旋转180°，再将钢丝绳绕过尾部挂在小钩上，如图11-1 (c) 所示。使小钩拉紧钢丝绳，把汽缸低压侧稍微抬头，大钩才可慢慢松下，直到汽缸结合面成水平后，将汽缸平稳地放置在枕木架上。汽缸结合面保持水平，安放牢固，才可将两吊钩松去。

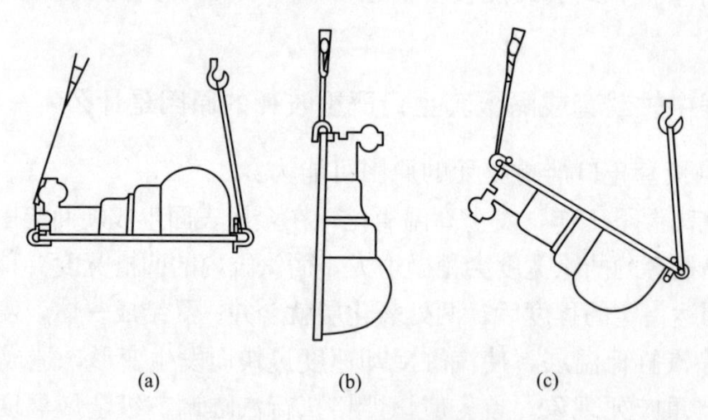

图11-1 双钩翻缸

6 扣缸前的准备工作有哪些?

答：汽轮机检修工作完成后，可进行最后组装及扣缸工作。最后组装工作开始前，应将下汽缸及轴承座内的部件吊出，用抹布及压缩空气彻底清扫。将抽汽孔、疏水孔等处的临时封堵取出，撕下喷嘴的封条。认真检查汽缸、凝汽器及轴承座内部，必须清除一切杂物，用压缩空气检查各压力表孔是否畅通。

扣缸工作从向汽缸内吊装第一个部件开始，到大盖就位、冷紧结合面螺栓结束，应连续进行。因特殊原因而中断工作时，需指定专人看守汽缸，汽缸内安装的每一个部件都必须经过仔细检查和压缩空气清扫，严防杂物落入汽缸内。确保各部件组装正确，轴封套、隔板套等法兰连接螺栓要紧固封死。

汽缸内部各部件组装结束后，应用吊车盘动转子，用听音棒监听各隔板套、轴封套内有无摩擦声音，确信无摩擦现象后方可正式扣缸。

7 扣缸的详细工序和工艺是什么？

答：从支架上吊起汽缸时，应用水平仪检查水平结合面纵向及横向的水平度，其误差不许超过 0.3mm/m。将法兰四角上的顶丝退回结合面内并用压缩空气彻底清扫，汽缸结合面的涂料可涂敷在下汽缸结合面上，涂料多采用精炼亚麻仁油（用文火保持油温为 130℃左右，使水分蒸发，增加准确度到拉出 10～15mm 的黏丝为止）和小鳞状黑铅粉按 1∶1（体积比）调成。涂敷前最好将汽缸先行试扣，确保汽缸能坐落在下汽缸上，再将汽缸吊起 200～300mm 高，用厚度均匀的木块支撑汽缸四角，进行涂敷。涂料不得过厚，一般在 0.5mm 左右。为了便于涂敷，可将涂料预热到 70～80℃。

汽缸整个落下的过程与揭缸时起吊过程一样，应注意保持汽缸内部无摩擦声，保持水平结合面的水平，防止螺栓与螺孔触碰。若发现汽缸任何一部位连续两次没跟随大钩下落，应立即停止下落，重新找平再试落。若经三次试验，仍然落不下，可能内部有卡涩现象。此时不应再强行下落，而应将汽缸吊起，查找原因，待消除缺陷后再重新扣缸。在汽缸未完全落靠前（结合面有 10～20mm 间隙），打入结合面的定位销子，使上、下汽缸正确对准，才可将汽缸完全落靠。接着进行冷紧结合面螺栓工作，以防止涂料干燥硬化而造成结合面漏泄。

第四节　汽封的检修

1 简述汽封的工作原理。

答：如图 11-2 所示，当蒸汽通过这种汽封时，每通过一个汽封片所形成的缩孔，就产生一次节流作用，即蒸汽的压力降低一次。依次下去，每一汽室中的压力都低于前一汽室中的压力，每一汽封片前、后压差之和就等于汽封前、后的总压差（即 p_0-p_2）。因此，在给定的总压力差下，如果汽封片数越多，则每一汽封片前、后压力差就越小，漏汽量也就越少。

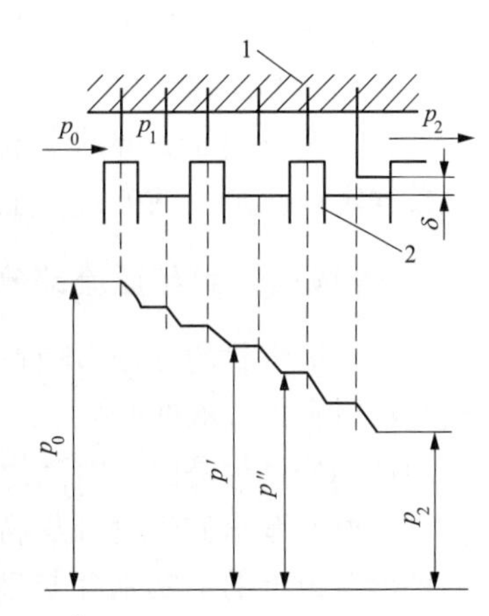

图 11-2　汽封工作原理示意图
1—汽缸；2—转子

2 汽封的分类及结构特点有哪些？

答：根据安装部位的不同，汽封可分为轴端汽封（简称轴封）和通流部分汽封。通流部分汽封又可分为隔板汽封、叶根汽封和叶顶汽封。

汽封有迷宫式（曲径式）、炭精式和水封式三种结构。

大容量高压汽轮机大都采用迷宫式汽封。迷宫式汽封可分为枞树形汽封和梳齿形汽封。枞树形汽封具有结构紧凑、富有弹性、效率高的优点；但其形状复杂，加工困难，造价太高，因此已基本被淘汰。梳齿形汽封又可分为钢制整体汽封和镶嵌J形汽封。

目前，国内外利用新开发的材料和技术又研制出了一些新型的汽封，如采用铁素体加工的高压汽封，采用不锈钢或铜加工的低压汽封，以及根据更先进的机理加工的蜂窝式汽封、径向可调汽封等。它们都在改造、新建的大型机组上得到了广泛的应用，并取得了很好的效果。

3 梳齿形汽封的分类及结构特点有哪些?

答：梳齿形汽封的分类及结构特点有：

（1）镶嵌J形汽封阻汽效果好，制造成本低，且可使转子轴向长度缩短；但其刚性差，运行时受汽流冲力后易倒伏而失去阻汽作用。目前新投产机组已较少采用这种汽封，而采用钢制整体汽封。

（2）钢制整体汽封分高低齿、平齿和斜平齿三种。高低齿阻汽效果好，但加工费时，一般用在高温高压部分；平齿、斜平齿汽封一般用在低温低压部分或转子与汽缸相对膨胀较大的部位。

4 简述迷宫式汽封的结构特点。

答：迷宫式汽封一般是由汽封套、汽封环及汽封套筒三部分组成的。在汽封环的内圆及汽封套筒的外圆上车有许多相互配合的梳齿及凹凸肩，组成微小的环形间隙及蒸汽膨胀室，以阻止蒸汽的泄漏。轴封套筒是用热套的方法安装在转子上的。

在高温区域，由于汽封套筒受热膨胀后易发生松动并会引起转子振动，因此都不装设轴封套筒，而是直接在大轴上车出与汽封环梳齿相配合的凹凸肩，对于大型汽轮机，为简化结构，一般均不设汽封套筒。汽封环是借助外圆上两凸肩安装在轴封套内圆车出的T形槽道内的。每道汽封环分成六个弧块，每个汽封块与轴封套之间装有两片弹簧片，使汽封块呈弹性压向中心，从而保持动、静部分的最小间隙。

当汽封块与转子发生摩擦时，使汽封块能向外退让，减小摩擦的压力。轴封套安装在汽缸上，下轴封套支撑定位采用悬挂销和键的结构：垂直方向靠调整悬挂销下方垫片的厚度来定位；左、右方向靠底部的平键或定位销钉来定位。部分机组最外侧的轴封套也采用立面螺栓直接固定在汽缸上的方式，上轴封套用连接螺栓与下轴封套连接在一起。

5 隔板汽封与通流部分汽封的结构特点有哪些?

答：隔板汽封的结构与轴封相似。汽封环装在隔板内圆车出的槽道内，在大轴或叶轮上车出与汽封套配合的凹凸肩。

通流部分汽封是由轴向汽封及叶顶汽封两部分组成的。轴向汽封是由复环进汽侧的尖锐边缘、叶根上车出的密封齿及隔板导叶上下的凸肩配合组成的。叶顶汽封是由镶嵌在隔板伸出的环形盖板上的不锈钢片与动叶复环配合组成的。无复环的低压长叶片级一般不装汽封片，只装设盖板；而在湿蒸汽区的最末几级中，由于除湿的要求，也不装设盖板，只装疏水环。

6 汽封的拆装工艺是什么?

答：轴封和隔板汽封的汽封块，每次大修时均应拆下进行清理。具体拆装工艺如下：

（1）先拆下固定汽封的压板或销饼。

（2）沿汽封套凹槽中取出汽封块。

（3）将拆下的汽封编号并记录，采用分环绑扎并挂以标牌，或装入带有标记的专用汽封盒内。

（4）拆下的弹簧片按材质和尺寸的不同应分别保管，千万不要混淆。

（5）对于因汽封块锈蚀而不易取出的汽封块，可先用煤油充分浸泡后，用铁柄起子或薄铝板插在汽封梳齿之间，用手锤在垂直方向敲打来振松汽封块。若汽封能上下活动，可将起子或薄铝板倾斜着敲打，使汽封从槽道内滑出来。严禁用将起子楔进汽封块结合面处的方法取出汽封块。汽封块锈蚀严重时，除用煤油或松动剂充分浸泡外，可用 10～15mm 粗的铜棒弯成圆弧形，或将报废的汽封块锯成弧长不等的小段，顶着汽封块的端面，用手锤将汽封打出来。如果汽封块因变形而卡死，用尽各种办法仍无法取出时，可用车床车去这部分汽封，但这是一种不得已而为之的方法，在电厂检修时应尽量避免。

（6）将清理过的汽封及槽道用黑铅粉或二硫化钼粉干擦一遍，以防再产生锈蚀。

（7）重新组装汽封块时，应按原来的标志依次进行。汽封块、弹簧片应齐全。对于不对称的高低齿汽封块，应注意汽封块的低齿要面对汽流的流动方向。汽封块与槽道的配合应适当，若装配过紧，应用细锉修锉，不许将装配过紧的汽封块强行打入槽内。

（8）组装好后的汽封、压板、弹簧片及汽封块，不得高出结合面。各汽封接头处要经过研合，各汽封块之间的连接应圆滑无凸出，轴向无严重错开现象，一圈汽封块之间的总膨胀间隙一般留 0.20mm 左右。

7 汽封的检查工作有哪些?

答：检查汽封套、隔板汽封凹槽、汽封块及弹簧片时，要确保无污垢、锈蚀、折断、弯曲变形和毛刺等缺陷。汽封套在汽封洼窝内不得晃动，其各部间隙应符合制造厂的规定，以保证自由膨胀。对于汽封中的弹簧片，必须检查其弹性，良好的弹簧片应能保证汽封块在汽封凹槽内有良好的退让性能。检查的方法是用手将汽封块压入，松手后又能很快复位，并听到清脆的“嗒”声为好。弹簧片弹性不足时，应更换备件，不要采用将弹簧片用手弯曲以图恢复其弹性的方法。因为在这种情况下，弹簧片在冷态时若能保证弹性，但在热态时外加应力消失，弹性又恢复了原状，就不能保证汽封块有良好的退让性能了。

8 简述汽封块常见缺陷的检修工艺。

答：汽封块梳齿轻微磨损、发生卷曲时，应用平口钳子扳直，并用汽封刮刀将梳齿尖刮薄削尖。削尖汽封齿应在漏出汽的一侧刮削，并且应尽量避免在齿尖刮出圆角。如果损坏严重，发生梳齿折断、脱落时，应更换备品。

对于整体式汽封块的更换，应注意新汽封块的弧长必须比旧汽封稍长，以留作汽封块端面接头的研配裕量。研配接头端面时，一般用细锉刀进行挫研。端面的严密性可在装入槽道后用 0.05mm 塞尺片来检查。结合面处的端面都是最后研配的，以便留出膨胀间隙。将汽封块装入上、下汽封套中，用深度尺测量汽封块与汽封套平面的高、低数值，其配合值应满足膨胀间隙的要求。

J形汽封是容易损坏的一种汽封。它的损坏是由于蒸汽中的铁屑和杂质进入汽封片中间所致。它损坏的另一个原因是检修中多次反复平直，造成根部断裂。J形汽封损坏时，只能更换。

9 一般汽封间隙工艺要求是什么？

答：对轴端汽封，一般整体式汽封块的径向间隙为0.50～0.70mm；J形镶片式为0.40～0.65mm；隔板汽封间隙一般均在0.50～0.70mm之间。尽管制造厂对汽封间隙有上述明确的规定，但在电厂实际运行过程中，汽封片常与转子发生摩擦。因此，各电厂对汽封间隙的分配只能根据机组不同特点和机组长期运行及检修积累的经验，参照制造厂规定的汽封间隙平均值来确定。

10 测量汽封间隙的方法有哪些？

答：测量汽封径向间隙的方法有：

（1）贴胶布法。

（2）压铅丝法。

（3）用专门的感应测距装置。

汽封轴向间隙可用金属楔形塞尺测得。

测量时，应将转子位置按制造厂的规定确定好，且一般应与测量汽轮机通流部分间隙同时进行。

11 详述贴胶布法测量汽封径向间隙的工艺方法。

答：这种方法是在每道汽封环的两端及底部各贴两道医用白胶布，厚度分别按规定取最大间隙值和最小间隙值，宽约10mm，将贴好白胶布的所有汽封块组装好，并用木楔子顶住汽封块，注意胶布不要贴在汽封块接缝处。在与汽封块相对应的转子汽封凸槽内涂上薄薄的一层红丹油，然后将转子吊入汽缸内，盘动转子转动4～5圈后吊开转子，检查白胶布上的接触印痕。

一般来说，当三层胶布未接触上时，表明汽封径向间隙大于0.75mm；刚见红色痕迹为0.75mm；深红色痕迹为0.65～0.70mm；颜色变为紫色时，间隙为0.55～0.60mm；如果第三层磨光呈黑色或已磨透而第二层胶布刚见红时，汽封径向间隙为0.45～0.50mm。依次类推，检查第二层胶布并判断间隙。用同样的方法在上半轴封和上半隔板汽封上贴上胶布，转子吊入汽缸前应将下半部的汽封块取出，以防止上半汽封环被下半汽封环顶起，使测量不准确。然后将上半轴封套和下半轴封套用螺栓紧固，并把上半隔板吊装在相应的位置上，盘动转子，检查间隙。

12 详述压铅丝法测量汽封径向间隙的工艺方法。

答：这种方法是在转子未放入前，将下轴封块及隔板汽封块顶部放上一根铅丝，转子放入后在转子轴顶部正中沿轴向放一根铅丝，然后再装上汽封套与上隔板，紧固结合面螺栓后松开吊走，测量铅丝尖口压入后的剩余厚度，作为汽封顶部与底部的径向间隙。如果铅丝在轴上不好摆放时，可将铅丝挂在上汽封顶部。测量汽封两侧间隙时，可用改锥顶住汽封块，使之不能退让，再用塞尺测量。塞尺塞入 20～30mm 即可，注意不要塞得太紧，塞尺片不要超过三片。

13 影响汽封间隙的因素有哪些？

答：影响汽封间隙的因素有：

（1）缸体变形，造成隔板汽封与轴封间隙变小。

（2）汽缸保温不良，造成汽缸变形，使隔板汽封下部间隙变小。

（3）转子运行中在工作温度下静挠度增加，使下部汽封间隙减小。

（4）汽封退让间隙过小。

（5）检修时，对汽封间隙配置不正确。

14 如何进行径向汽封间隙的调整？

答：通过汽封间隙的测量，确定汽封间隙的调整量。若径向间隙过小，则在汽封 A 处台肩两侧用扁铲砸一凸出边缘，如图 11-3 所示。然后用细锉修整到合格的间隙，可将扁铲砸前与砸后台肩厚度用千分尺测量并记录下来，与需调整量进行比较，确定锉削量。若径向间隙过大，则取下汽封，用胎具将 B 平面车一刀。重新对经过调整的汽封块的接缝处进行检查，确定严密贴合后再回装。

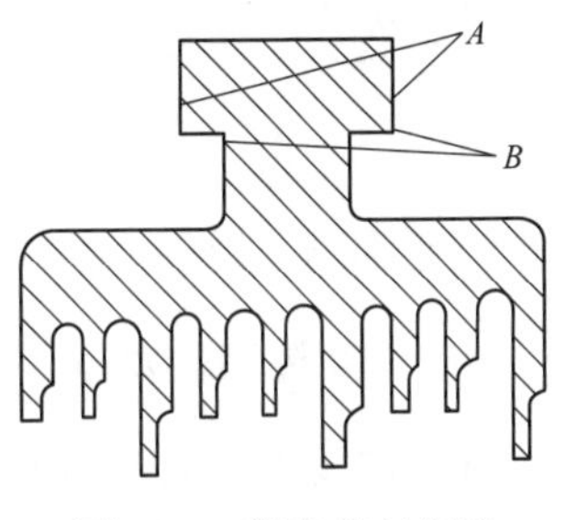

图 11-3　调整汽封间隙
A—捻打部位（间隙小时）；
B—车削部位（间隙大时）

15 如何进行轴向汽封间隙的调整？

答：检修中发现汽封轴向间隙不合格时，应予以调整。轴向汽封间隙的调整，可采用轴向移动汽封套或汽封环的方法，也可以采用局部补焊或加销钉的方法。但对于隔板汽封，不允许用改变隔板轴向位置的方法来调整，以保持隔板与叶轮的轴向相对位置；可采取将汽封块的一侧车去所需的移动量，另一侧补焊的方法来调整其轴向位置。当为调整汽封间隙而将汽封套向进汽侧移动时，不能采用加销钉或局部补焊的方法，必须加装与凸缘宽度相同的环垫，用沉头螺钉固定，以保证进汽侧端面的严密性。

第五节　滑销系统的检修

1 简述滑销系统的作用。

答：汽轮机在启、停和变工况运行时，由于温度的变化，使得汽缸在轴向、水平和垂直方向上均会产生热膨胀或收缩。为了保证汽缸能热胀冷缩，汽缸与台板及轴承座与台板之间均有一个研刮光滑的滑动面。为确保汽缸及轴承座在热胀冷缩过程中不改变汽轮机的中心位置，在汽缸与台板、轴承座与台板、汽缸与汽缸及汽缸与前轴承箱处均设有各种形式的销子，构成汽轮机的滑销系统。一般一台国产 300MW 汽轮机的滑销系统，在前轴承座和 2、3 号轴承座上各有两个纵销，轴承座上各有四个角销，高、中压缸的两端各有两个立销，高、中压缸两端通过猫爪横销支撑在 1、2、3 号轴承座上，3 号轴承座的两个横销与两个纵销中心线的交点构成高中压缸的死点。

2 简述滑销系统的基本组成及各部件的作用。

答：滑销系统的基本组成及各部件的作用为：

（1）横销。其作用是允许汽缸在横向能自由膨胀。

（2）纵销。其作用是允许汽缸沿纵向中心线自由膨胀，限制汽缸纵向中心线的横向移动。

（3）立销。其作用是保证汽缸在垂直方向自由膨胀，并与纵销共同保持机组的纵向中心线不变。

（4）猫爪横销。其作用是保证汽缸能横向膨胀，同时随着汽缸在纵向的膨胀和收缩，推动轴承箱前后移动，以保持转子与汽缸的轴向位置。

（5）角销（也称压板）。它安装在各轴承座底部的左、右两侧，用以代替连接轴承座与台板的螺栓，允许轴承座纵向移动。

（6）死点。纵销中心线与横销中心线的交点称为“绝对死点”，汽缸膨胀时，这点始终不动。

（7）推拉螺栓机构。在大容量机组中，为了减小猫爪横销对轴承箱产生的倾覆力矩对膨胀造成的影响，设置了推拉螺栓机构。

3 简述前轴承箱下部的两个纵销和猫爪下的两个横销的常见故障及其原因。

答：常发生的故障如轴承箱与台板出现间隙，两横向间隙不在同一侧等。这是因为汽缸和前箱变形而产生的，有时是因滑销卡涩影响汽缸膨胀造成的，或者是由于汽缸外部连接的管道热膨胀补偿不均匀而使滑销卡涩造成间隙。这时必须分解猫爪，吊出前箱，进行检查和清理。

中级工

4 简述检查前轴承箱下部的两个纵销和猫爪下的两个横销的工序步骤。

答：检查前轴承箱下部的两个纵销和猫爪下的两个横销的工序，可按下述步骤进行：

（1）分解前，应测量汽缸和轴承箱的水平度、轴颈的扬度、汽缸的洼窝中心及立销和角销的间隙，作为重新安装时的参考依据。

（2）将轴承箱内的调节部件及轴瓦吊出，分解与轴承箱连接的所有油管及两侧的角销。

（3）分解轴承箱上的两猫爪压板螺栓等，并在前轴承箱与汽缸之间安置一大型工字梁，用两个千斤顶顶在汽缸猫爪处，将汽缸稍微顶起。在汽缸前的两侧各用一个手动葫芦拉住汽缸，防止汽缸左右移动，这样便可取出猫爪下的横销。

（4）用手动葫芦拉轴承箱，使之向前滑动，当它离开汽缸猫爪后，就可用吊车将轴承箱吊出，处理缺陷。

5 简述轴承箱卡涩的原因及处理工艺。

答：轴承箱卡涩，可能是纵销引起的，也可能是轴承箱与台板的滑动面间存在毛刺等所造成的。此时，应全面检查滑销和滑动面，清除毛刺和锈垢。在测量滑销的配合间隙和检查销子与销槽接触情况时，可将轴承箱上的销槽涂上少许红丹后重新就位。借助一侧角销的螺栓，用撬杠将其推向另一侧，使前、后销子同一侧接触。用塞尺测量另一侧的间隙后，继续用撬杠将轴承箱向一侧压着。借助手动葫芦前后移动轴承箱几次，然后再将轴承箱压向另一侧，再前后移动，就可吊出轴承箱。

检查纵销接触情况，间隙过小或接触不良，应进行刮研。若销子与销槽间隙过大，或锈蚀严重、出现麻坑，应重新配制销子。新销子可以先在外部按销槽初步研配，使销子能放入销槽中，然后将销子用螺栓固定在台板上，按上述方法进行最后研合。在开始研合时，可能因滑销或销槽加工的误差，轴承箱不能完全落靠台板，此时可将轴承箱重新吊起，根据落下时销槽与销子卡出的痕迹进行修刮。当轴承箱能够落靠台板后，就应拉到工作位置，试将两猫爪的横销装入，并用塞尺检查两横销间隙是否都在一侧。若两横销不能装入或间隙不在一侧，说明纵销发生偏斜，在继续研刮时应注意修正。研刮工作到滑销接触良好和间隙合格，并且没有偏差现象时为止。若台板与轴承箱的销槽中心偏离较大，必须配制偏心销子。

6 配制偏心销子时，如何确定偏离尺寸?

答：在台板销槽附近涂上紫色（钳工划线用色），将轴承箱在不装销子的情况下吊装就位，并将猫爪横销插入固定。注意调整轴承箱的位置，使两横销的间隙都在一侧，避免轴承箱放置发生偏斜，并通过汽缸洼窝找中心，定好轴承箱的中心位置。确认轴承箱放置正确后，用划针将轴承箱的前、后销槽位置划到台板上，吊开轴承箱，将台板上前、后的划痕用直尺连成直线，便可用游标卡尺测出销子上、下部分的偏心量。

7 轴承箱发生变形有何影响？其处理工艺是什么?

答：轴承箱与台板如果出现间隙，易引起轴承振动，此时必须进行研刮处理。这种缺陷一般多是轴承箱发生变形所致。可将轴承箱倒置，用长平尺进行检查。若变形较大，可先用平尺初步研刮，最后再与台板对研，直至0.05mm塞尺塞不进为宜。在研刮过程中，为了防止刮偏，最好每修刮3～4次，就把轴承箱放置到台板上，按安装时所规定的位置检查轴承箱的水平，其纵、横向水平值应符合制造厂的要求。

8 轴承箱检修后的工作及注意事项有哪些?

答：滑销与台板缺陷处理完毕后，将纵销固定螺栓紧好。台板、滑销及轴承箱底部均应用台布用力擦上干黑铅粉或二硫化钼粉，然后用压缩空气将剩余粉末吹净，进行轴承箱最后的组合，其顺序与分解时相反。

组合后，除测量滑销配合间隙外，还应进行轴承箱和汽缸的纵向和横向水平、转子轴颈扬度及汽缸洼窝中心的测量工作。轴承箱底部经过研刮，一方面会使猫爪的支撑面降低；另一方面相应地也降低了轴承洼窝的中心。因此，汽缸与转子中心关系不会产生明显的变化。但汽缸的纵向水平、转子轴颈扬度及汽缸前、后支撑面的负荷分配都要相应地发生变化，这些变化对机组安全、经济运行影响不大。但为了不改变汽轮机的整个中心状态，减少找中心的工作，应该采用在猫爪下及轴瓦瓦枕垫铁内加垫片的方法，使汽缸纵向水平值及轴颈扬度值基本恢复到修前值。猫爪下的垫片不许加在汽缸热膨胀过程中发生相对滑动的面上。

9 简述取出前箱与中箱的工序及注意事项。

答：取出前箱与中箱的工序及注意事项为：

(1) 解体所有与前箱、中箱相连的各种油管、测量仪表与接线、角销及箱内影响起吊的调速部件，特别注意对前箱底部的套装油管，选择合适位置（6m平台套装油管弯头处）用氧气-乙炔焰切割。施工中严格注意安全，不准将脏物掉入油管内。

（2）拆除高压缸下部管道保温，用槽钢将下部管道与基础牢固地连在一起。

（3）用氧气-乙炔焰割开与高压缸下部相连的管道和导汽管法兰，这些管道包括高压排汽管、抽汽管、汽封来汽管与汽封抽汽管、各种压力表管及汽缸疏水管。采取措施使铁屑不致进入管道内，并用百分表监视管道有无偏斜。

（4）待缸内所有部件出缸后，拆除前箱与高压缸相连的推拉装置及猫爪连接螺栓。

（5）吊起高压下缸后，将前箱吊出并将之倒置。

（6）拆除中压缸前部两侧猫爪横销定位销及横销固定螺栓。

（7）用千斤顶（50t）将中压缸前猫爪顶起10～20mm。

（8）抽出猫爪横销。

（9）用手拉葫芦（10t）、钢丝绳将中箱水平拉出至不影响起吊为止。

（10）起吊中箱并将之倒置。

（11）用支架将中压缸前部支撑住，支架应能承受住中压缸重力。

第六节　喷嘴组的检修

1 清理喷嘴的意义是什么？

答：由于锅炉水质不好，造成蒸汽品质不良，这些蒸汽通过喷嘴将使喷嘴金属腐蚀和结垢，破坏了蒸汽通道的型线，使级效率降低。当结垢过多时，将造成通道面积减小，出力降低，并破坏通道的形状，严重影响汽轮机的效率。因此，在机组正常大修中，清理喷嘴（即清除静叶片上的积垢）是一个重要的检修项目。

2 喷嘴去垢的方法有哪些？

答：喷嘴去垢的方法有：

（1）人工法。使用刮刀、砂布、钢丝刷等工具进行清扫，要求能见金属光泽。注意把各拐角处均清扫干净，不要碰伤静叶片的尖部。

（2）喷砂法。用40～50目的砂子，在0.4～0.6MPa的压缩空气带动下往静叶片上喷砂。为了保持厂房内的清洁和安全，一般喷砂工作都要在专门的帐篷中进行，甚至可以设置专门的喷砂间。喷砂时要注意调节风压，以不打伤静叶片又能清扫干净为原则。经喷砂清扫的隔板，要用压缩空气或水将残留的砂子冲洗干净。喷砂还可以采用水带砂子的办法，这样可以减少污染，改善工作条件，效果甚佳。

（3）化学法。即采用苛性钠溶液加热清洗去垢。垢的大部分为二氧化硅，利用30%～40%浓度的苛性钠溶液，加热到120～140℃浸煮隔板，待垢泡软后，用水冲净即可。

3 调节级喷嘴组经常发生的缺陷和处理方法是什么？

答：调节级喷嘴组经常发生的缺陷是喷嘴出汽边发生断裂，出现近似半圆形的缺口。这对机组的安全性及经济性都有一定的影响，目前可采用电焊对接及更换喷嘴两种方法来处理。

4 简述电焊对接法处理喷嘴片损坏的工序及工艺。

答：电焊对接时，使用扁铲及异形小砂轮将损坏的喷嘴片断口修直，并在喷嘴组内、外围板对应部位铲出一个三角形，然后用锉刀或异形小砂轮修平并打出焊接坡口，如图 11-4 所示。

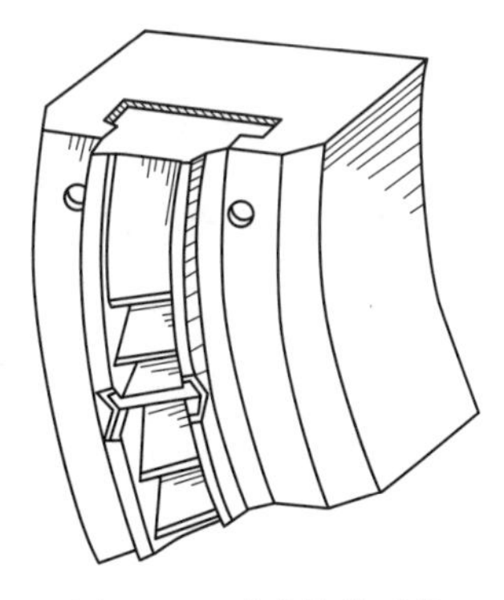

图 11-4 喷嘴片的对接

用与喷嘴相同材质的钢料，预先大致加工成与喷嘴组铲去部分形状相似的对接小块。最好在换下来的废喷嘴组上，将完好的喷嘴叶片出汽边连同内、外围带板一起锯下一块，然后用锉刀锉研，直至将对接小块放在喷嘴组铲去的缺口上，使喷嘴组特别是汽道基本恢复原来形状。喷嘴片对接缝上不应有明显的间隙或高低不平现象，对接小块锉研合格后，就可以用电焊在内、外围板上进行焊接。喷嘴片与汽道内不应施焊，以保持汽道圆滑过渡。

焊接所采用的电焊条及工艺与汽缸冷焊方法相同。

5 简述更换新喷嘴组的工序及工艺。

答：如果喷嘴组的喷嘴叶片损坏太多，只有更换新喷嘴组较为合理。更换工序步骤及工艺如下：

（1）拔出旧喷嘴组的两只固定圆销。用尖铲剔和电钻钻孔等方法，将圆销外侧的捻口或点焊部分除掉，再用丝锥将圆销的螺孔重新攻一遍，便可拧上适当的螺杆，垫上内孔比圆销外径稍大的垫圈或套筒，用扳子拧入螺母，拔出圆销。若圆销锈死，用上述方法无效时，可用比圆销直径小 1～2mm 的钻头，用手提电钻将圆销钻一个透孔。施钻时应找正，严防钻伤销孔壁。钻孔后，圆销成为一薄壁的套子，紧力就大为降低。为了取出它，可用直径为 6～8mm 的圆钢磨一个鸭嘴形尖錾子，将錾子尖倾斜对准圆销剩余的薄套外侧边缘，用手锤轻轻敲打錾子，使薄套的一部分与孔壁分开向里收，再将錾子尖对准分开处，用手锤将錾子逐渐打入薄套与孔壁间。薄套的这一部分就逐渐全部向里收，它在销孔内的紧力基本就消除了，用尖嘴钳子便可将它取出。

（2）拔出旧喷嘴组。两只固定圆销取出后，拔出旧喷嘴的阻力就完全在两端的密封键上。密封键与槽道的配合间隙为 0.02～0.04mm，无紧力，但由于长期在高温下运行所生成的高温氧化层的连接作用，要拔出喷嘴组，单使用锤子敲打的力量是不够的。通常先用大锤将一块楔块打入两喷嘴组之间预备的膨胀间隙中，使喷嘴组移动 20～30mm，阻力就大为减小，再在内端头上垫铜棒用大锤敲打，便可将旧喷嘴取出。

（3）准备新喷嘴组。新喷嘴组的结构尺寸应与取出的旧喷嘴组进行对比，特别注意校核影响通流部分间隙的尺寸及喷嘴组的喷嘴数等，证明无误后才能使用。

为了在组装时便于精铰固定销孔，新喷嘴组上的两个固定圆销半圆孔应按旧喷嘴组划线，预先在铣床上开好或用圆锉修锉，但要留 0.2mm 的精铰裕量。

（4）组装新喷嘴组。确认内部无任何杂物后，在槽道、喷嘴组件及密封键上抹上干黑铅粉或二硫化钼粉，便可将新喷嘴组打入就位，注意使两固定圆销孔对准。用手动铰刀精铰销孔，按最后使用的铰刀直径加 0.01～0.02mm 重新配制两个固定圆销，以用手能将销子推入 1/3 为好。用手锤敲打入固定圆销后，应用捻打或点焊等方法将销子切实可靠地封死，更换工作便全部结束。

第七节　隔板及隔板套的检修

1 隔板的外观检查重点是什么？

答：隔板应分别在分解及清扫后进行两次外观检查，检查的重点为：

（1）进出汽侧有无与叶轮摩擦的痕迹，铸铁隔板导叶铸入处有无裂纹和脱落现象。

（2）导叶有无伤痕、卷边、松动及裂纹等。

（3）隔板腐蚀及蒸汽通道结垢情况。

（4）挂耳及上、下定位销有无损伤及松动。

2 隔板弯曲的测量工艺是什么？

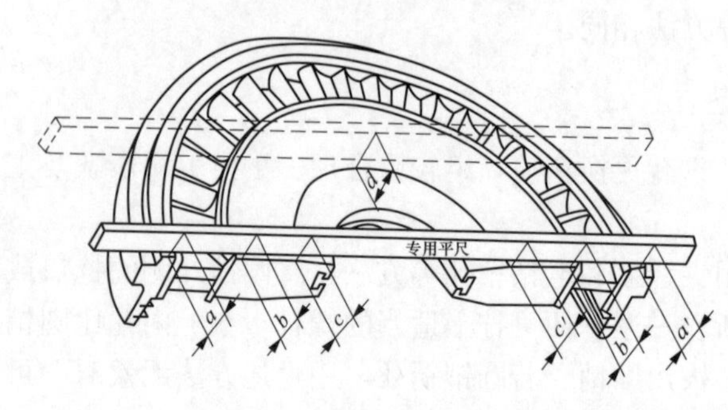

图 11-5　隔板弯曲的测量

答：测量工作需备有专用长平尺。将平尺放在隔板进汽侧，采取如图 11-5 所示的方法，用准确度为 0.02mm 以上的游标深度尺测量，也可用塞尺测量。其测点通常是在左、右接合面附近分别选择相互对称的三点，在汽封洼窝顶部附近选择一个点。由于隔板左右是对称的，当发生少量弯曲时，一般不会破坏其对称性，因此在结合面附近左、右对称点所测得的数值应该基本相等。若测量时数值相差过大，必须查找原因。

隔板弯曲测量工作不能只在隔板与叶轮发生摩擦和可能出现弯曲时进行，而应在机组安装时进行第一次测量后，在机组正常状态下每隔两个或三个大修间隔进行一次监视性测量，以掌握隔板正常的变形情况。为了每一次测量结果能互相对比，在第一次测量时，应用冲子将测点及平尺放置位置打好记号，以便以后各次都在相同位置测量，且测量方法也应相同。

3 简述隔板结合面严密性检查的必要性及工艺要求。

答：此项工作在大修中经常被忽视，但实践证明，由于各种原因，隔板结合面往往存在明显的间隙，有时甚至达到 1mm 以上，这不仅造成蒸汽大量泄漏，而且影响隔板汽封间隙的调整工作。因此，在调整汽封间隙前，应该先检查隔板结合面的严密性。

当完成隔板清扫和修理工作并重新装入隔板套后，将上隔板套扣到下隔板套上，这项操作在汽缸内、外均可进行。然后用塞尺检查隔板套内各隔板结合面的严密性，0.1mm 塞尺塞不进便可认为合格。检查应从隔板套法兰结合面开始，确认隔板套法兰结合面严密性合格后，才进行隔板结合面的检查。

4 隔板套法兰结合面严密性不合格的原因及检查、处理方法有哪些？

答：隔板套法兰结合面严密性不合格的原因及检查、处理方法有：

（1）销柄及挂耳凸出结合面，可用直尺检查。

（2）上隔板挂耳上部无间隙，或上部销孔落入杂物使销子顶部间隙消失，使隔板套不能落靠，可检查、调整挂耳间隙及清除销孔杂物。

（3）结合面上有毛刺、伤痕，或法兰发生变形，应涂红丹研磨、检查出高点，用锉刀锉平。

隔板结合面严密性不好的可能原因及检查、处理方法如下：

（1）轮缘与槽道配合过紧，上隔板落不到下隔板上，此时可用铜锤振隔板。若仍落不下来，再用塞尺检查轮缘与槽道的配合间隙。若间隙正确，便可排除该原因。

（2）结合面或密封键有毛刺、伤痕或发生变形。遇有这种情况，应先用锉刀细致地将毛刺和伤痕修平，再涂红丹，检查出接触点并将其锉平。

（3）上述两原因排除后，如结合面仍有间隙，可能是上隔板挂耳下部无间隙，使上隔板不能落下，此时应检查挂耳间隙。

（4）隔板轴向间隙及上隔板挂耳间隙的测量与调整。一般在大修中不测量隔板及隔板套的轴向间隙，只有在隔板及隔板套中心位置发生较大调整，隔板套或汽缸结合面经过大量研刮后才进行测量检查。因铸铁会产生蠕胀，故在大修中对普通铸铁的隔板及隔板套的配合间隙应加以注意。

（5）隔板轴向间隙的测量与调整。隔板轴向间隙一般在 0.05～0.2mm 以内。用塞尺测量，如间隙过大，一般在进汽点焊几点后修平。需要在出汽侧加厚时，应加半环形垫。调整原则是保证出汽侧严密及动静间隙合格。

5 在什么情况下应进行上隔板挂耳间隙的测量及调整工作？

答：应进行上隔板挂耳间隙测量及调整工作的情况有：

（1）隔板上、下中心位置经过调整，以及挂耳松动重新固定后。

（2）发现销饼螺钉在运行中断裂时。

（3）怀疑挂耳间隙不正确，引起隔板或隔板套结合面不严密时。

6 测量挂耳间隙的方法有哪几种？

答：测量挂耳间隙的方法有两种：

（1）将上、下隔板组合，拧紧隔板套法兰螺栓，然后测量。在用千斤顶将上隔板顶起之前和顶起之后，用塞尺分别测出隔板结合面靠近外缘处的间隙，间隙的变化值便是挂耳上部的间隙。测量上隔板挂耳下部间隙，可以在隔板套结合面上放置适当厚度的垫片，拧紧法兰螺栓，使隔板结合面出现明显间隙，即上隔板完全支撑在销饼上。再重复上述测量工作，这时在顶起上隔板前后分别测得间隙的变化值为挂耳上部与下部间隙之和，再减去已求出的挂耳上部间隙，即为挂耳的下部间隙。

（2）将上隔板套翻转，使水平结合面朝上，上隔板挂耳上部间隙 a 变为零，如图 11-6 所示。拆开销饼，用深度尺测量销饼深度 e、隔板套结合面与挂耳表面的距离 d，以及上、下隔板套分别与上、下隔板水平结合面的高度差 f_1 和 f_2。于是，$(d-e)$ 为挂耳上下部间隙之和；(f_1-f_2) 为上挂耳上部间隙 a。

间隙测量完成以后，与图纸要求的数值比较。如需调整，可以增减挂耳调整垫片的厚度；无调整垫片时，可直接在挂耳或销饼上修锉或补焊。

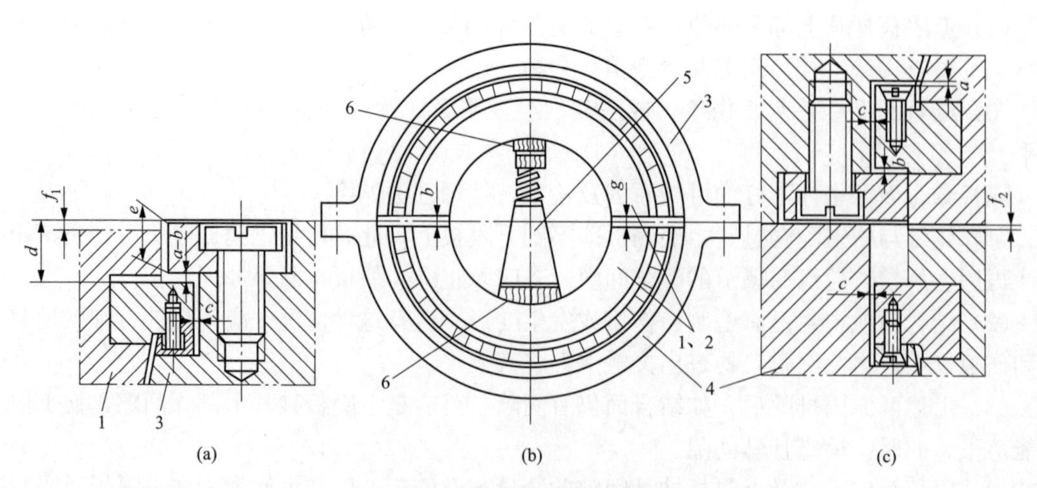

图 11-6　挂耳间隙的测量

(a) 翻转上隔板套时可测量的间隙；(b) 对挂耳上、下部间隙的测量；(c) 上、下隔板套组合状态下可测出的间隙

1、2—上、下隔板；3、4—上、下隔板套；5—千斤顶；6—木板

7　简述隔板的常见缺陷及其处理工艺。

答：隔板的常见缺陷及其处理工艺为：

(1) 对于表面凹坑、凸包及出汽边卷曲这样的缺陷，可仿照汽道断面形状制作垫块，塞入汽道内，垫铁棒或直接用手锤敲打修整平直。若遇困难，可用烤把适当地将导叶加热（不应超过 700℃）。

(2) 对于缺口、裂纹，可以补焊处理。对较大的缺口，也可用同样材质的钢板对接修补，在修整及修补后用锉刀砂轮磨平，以减小汽道的流动阻力。

(3) 隔板与叶轮发生摩擦也是常见的缺陷。发生摩擦的原因大都是由于运行和设计不当而造成的动、静部分间隙过小，轴位移太大，或是隔板产生弯曲。当发生轻微摩擦时，多在对应叶片的复环和叶根密封环的位置有不深的小沟。它不会危及汽轮机的安全运行，可不进行处理，但应查明原因，采取相应措施，防止再次发生摩擦。

(4) 铸铁隔板导叶浇入处出现裂纹也是常见的缺陷。铸铁隔板浇铸的质量不好，在隔板发生过大弯曲或与叶轮发生过摩擦时，均可能在导叶片浇入处（多在出汽侧）出现裂纹。为了防止裂纹继续发展及导叶片脱落，可采用钻孔后攻螺纹、打入沉头螺钉的方法。常用直径为 3～6mm 的螺钉，间距为 10～15mm，打入深度应穿过导叶 5～10mm，拧入后必须捻死锉平。若裂纹已发展到使覆盖在导叶上的铸铁脱开甚至剥落的程度，就应将脱开的部分铸铁铲除，按上述方法拧入螺钉，使螺钉露出 2mm 左右，然后采用电焊堆焊，可选用铸 408 或 508 牌号的铸铁焊条，且应尽量选用小规范的焊接参数，并采用分层焊接法。每焊完一层都应仔细清渣，并用手锤轻轻锤击一遍，待温度降到用手可触摸时，再进行第二层施焊，以此达到尽量缩小焊接热影响区及应力，防止出现裂纹的目的。

8　旋转隔板本身在运行中发生卡涩的原因有哪几个方面？

答：旋转隔板常发生的故障是运行中发生卡涩，其原因除传动部分的原因外，旋转隔板本身也可能有以下两方面的问题：

（1）蒸汽夹杂物卡在回转轮与隔板或半环形护板之间的缝隙中。这种原因造成的卡涩往往是运行中突然发生的，通过操作油动机来回活动回转轮后又会突然消失。

（2）对减压式旋转隔板，可能因减压室与喷嘴之间存在较大的压差，使回转轮上的轴向推力过大所致。这种卡涩现象在初期是在回转轮接近全关位置附近发生的；但经过较长时间后，可能因滑动面的磨损或拉起毛刺，就会在各位置出现难以消失的卡涩现象。

第八节　转动部件的检修

1 转子弯曲的常见原因有哪些？

答：运行中由于各部件的温差而产生热变形，过大的热变形将产生动、静部分的摩擦；然而轴发生永久弯曲往往是由于轴本身单侧摩擦过热而引起的。轴发生单侧摩擦的原因很多，如停机时停盘车过早而使轴变形；启动前漏入蒸汽而形成转子上、下温差以致变形，以及长期停机或运输过程中停放不当而引起变形等。

弹性变形的转子如果恢复处理不当就进行启动，弯曲部位可能发生摩擦，摩擦使金属发热而膨胀，弯曲增大，摩擦也加重，摩擦部位温度升高。如此循环，金属过热部分受热膨胀，因受周围温度较低部分的限制而产生了压应力。如压应力大于该温度下的屈服极限（屈服极限随温度升高而降低），则产生永久变形。受热部分金属受压而缩短，当完全冷却时，轴就向相反方向弯曲变形。摩擦伤痕就处于轴的凹面侧，形成永久的弯曲变形。

2 转子弯曲后直轴处理的方法有哪几种？

答：转子弯曲后直轴处理的方法有：

（1）捻打法。通过人工捻打轴弯曲的凹面，从而使该部金属纤维伸长，把轴校直过来。

（2）机械加压法。利用螺旋加压机把弯曲轴的凸面向下压，从而使该处金属纤维压缩，把轴校直过来。

（3）局部加热法。加热轴变弯曲的凸面侧，使该处金属纤维缩短，使轴得以校直。

（4）局部加热加压法。与局部加热法的不同之处是在开始加热前，利用机械加压给轴的弯曲处以预先的压应力。加热时，轴欲向上弯曲，即受到此阻力，从而使加热区的金属材料比只局部加热时容易超过其弹性极限。

（5）内应力松弛法。在轴的最大弯曲部分的整个圆周上加热到低于回火温度 30～50℃，接着向轴凸起部分加压，使其产生一定的弹性变形。在高温下作用于大轴的压力逐渐降低，同时变形逐渐转变为塑性变形，从而使轴直过来。

3 转子弯曲各处理方法的优缺点是什么？

答：捻打法和机械加压法只适用于直径不大、弯曲较小的轴。

局部加热法和局部加热加压法，虽然较前两种方法校直的效果要好，但是它们都存在着共同的缺点，即轴校直后，都存在残余应力。当轴局部受热时，校直位置上的残余应力可能超过强度极限，引起裂纹。此外，在校直处容易发生表面淬火，以及由于稳定性较差，在运行中还会弯曲。

应力松弛法是比较安全可靠的。尤其是高压汽轮机的轴都是用高合金钢制造的，而且转子是整锻的或焊接的，采用内应力松弛法直轴最为合适。

4 转子出现裂纹和断裂现象的原因有哪些？

答：转子出现裂纹和断裂现象的原因有：

(1) 应力腐蚀。钢材在较高应力下并处于腐蚀性介质中有可能发生腐蚀裂纹。这种裂纹随着运行时间扩展，最后导致脆性断裂。

(2) 振动与偏心。振动过大会加速汽轮机转动部分有关部件的损坏。偏心过大会导致振动。一般规定热态时偏心值不大于0.05mm。

(3) 加工、装配质量。加工、装配质量的好坏，直接影响转子运行的安全性。由于加工表面粗糙度偏高，刀痕处会出现应力集中，这些缺陷都可能成为裂纹源。推力轴承装配不当，将影响推力瓦块或整个轴承的自动调整性能。在这种情况下，分布在推力瓦块上的负荷就不一致，因而在轴内将产生固定的弯曲力矩。在轴旋转时，这个弯曲力矩就会引起交变应力，最后导致轴沿推力盘套装根部断裂，这种事故常发生在推力轴承与支持轴承分置的结构中。在轴上热套或锥套的部件松动时，其振动会给轴以交变应力，在此力的长期作用下会引起转子疲劳折断。

轴承紧固不牢，在运行中因振动使轴承紧固螺栓松脱。因此，使轴系的临界转速发生变化，使得机组在额定转速下就发生共振。在超速情况下，松脱轴承的转子极不稳定而飞离轴承，将大轴扭断，并导致整个机组严重毁坏。

(4) 超速。汽轮机严重超速，也会导致转子断裂，毁掉整个机组。

5 转子断裂后进行换接轴头前的准备工作有哪些？

答：转子断裂后进行换接轴头前的准备工作有：

(1) 掌握转子的原始资料。检查并记录转子断裂情况，并用超声波探伤进一步查清裂纹末端的位置及有无其他隐性缺陷，以彻底切除缺陷部分。从断裂的轴头上取样，进行转子材料的元素分析和机械性能试验，查清转子材料的化学成分及其性能，作为制备换接轴头材料的依据。了解转子的热处理规范，供换接轴头热处理用。

(2) 各转子材料焊接性能试验。该试验包括材料的可焊性、焊接接头机械性能及金相组织分析等。试样取自切下的轴头。焊条应选用焊芯金属成分跟转子材料相近的。

6 简述转子换接轴头的焊接工序。

答：转子换接轴头的焊接工序为：

(1) 断裂轴头的切除。若断裂轴头已断落，则将转子裂断端面车平；若未断落，则从裂纹末端再向内多车掉些，以保证把缺陷全部除掉。

(2) 换接轴头的准备。用与转子材料相同的钢材制备换接轴头。

(3) 换接轴头的焊接。转子焊接在卧式转台上进行。

(4) 转子焊后的检查。转子进行焊接并热处理以后，在卧式车床上进行轴线跳动测量，判断加工余量能否满足换接轴头打中心孔时跟转子原有中心孔的同心度。对焊缝进行粗加工后，进行酸洗和超声波探伤检查，然后进行转子精加工，最后进行热稳定性试验。

7 详述转子轴颈常见缺陷的处理工艺。

答：转子轴颈常由于汽轮机油不清洁（含有铁屑、砂粒、漆片、杂质及水分等）、来油管和轴瓦组装前未扫净以及润滑油中断、机组振动等原因而遭受损伤，在轴颈上产生腐蚀麻点、划沟及伤痕。

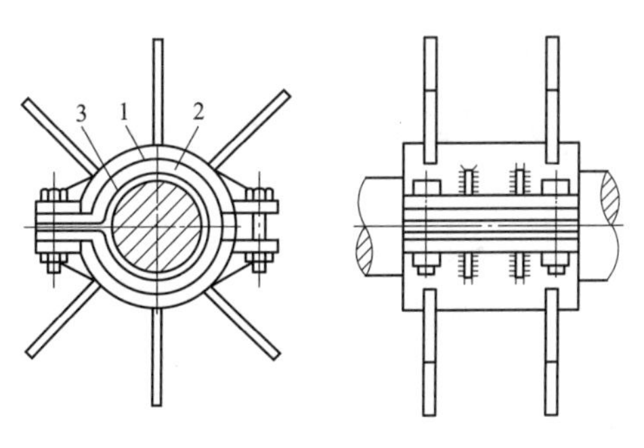

图 11-7 研磨轴颈的工具

1—圆筒；2—毡子；3—砂布

在汽轮机检修中，发现轴颈上有上述缺陷比较严重时，可用如图 11-7 所示的工具来研磨消除。该工具用 8～12mm 厚的铁板做成带法兰的圆筒，在法兰之间加适当厚度的垫片。车削圆筒的内表面，使其内径比轴颈直径大 10～20mm，在长度上与轴颈相同。

把转子放在支架上，不要用轴颈支撑。测量、记录研磨前的轴颈椭圆度及锥度。在轴颈上包一层涂油砂布，垫上厚度均匀的毡子，装上研磨工具。把毡子及砂布的两头夹在法兰中间，紧住螺栓。利用手柄转动研磨工具进行研磨，每隔 15～20min 更换一次砂布，每隔 1h 将转子按旋转方向转 90°。当转子转动一圈后，用煤油把轴颈洗净，用千分尺检查轴颈研磨情况，防止出现椭圆度或锥度。

在研磨过程中，随着伤痕被磨掉的程度，逐渐更换较细的砂布。当伤痕全被磨掉，轴颈的椭圆度和锥度均不大于 0.02mm 时，用研磨膏涂在纸板上或柔软的皮子上把轴颈磨光。研磨完后，用煤油清洗并用布擦干净。

当轴颈上仅有轻微锈蚀、划痕时，可以用 10～15mm 厚的毡子作研磨带，用 0 号砂布涂汽轮机油或用纸板、柔软的皮子涂上研磨膏包在轴颈上，外面包上毡带，用麻绳绕一圈，在两侧用人拉绳子来回转动研磨，直到磨光为止。

8 简述推力盘损坏的原因及处理工艺。

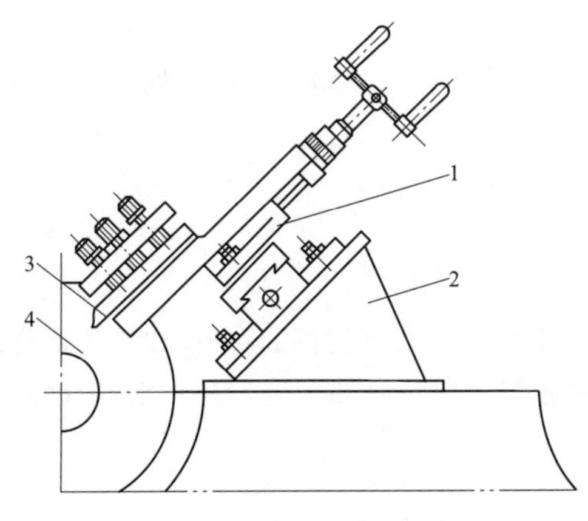

图 11-8 车推力盘的刀架

1—刀架；2—支架；3—车刀；4—推力盘

答：推力盘损坏的原因除轴颈损坏外，还有水冲击或叶片严重结垢、隔板汽封间隙过大而使轴向推力增大等，引起推力轴承过负荷而烧损。

当推力盘损坏严重时，在轴承内进行车削。为此，在盘车装置所在轴承的垂直结合面上固定一槽钢，用头部装有钢珠的顶丝把转子压靠至非工作瓦块，轴向窜动量要小于 0.02mm，用盘车装置转动转子。如图 11-8 所示，把刀架固定在轴承结合面上，底架的斜度调整到使走刀的地方能卡一千分表架，用千分表按推力盘非工作面校正刀架的位置，千分表在推力盘的全宽上摆动值应小于 0.01mm。

加工前，在相互对称的四点测量推力盘的厚度及瓢偏度（如果能测准的话）。在车削过程中，要不断地监视推力盘的四点厚度和瓢偏度，待伤痕车完后，再仔细测量一次厚度和瓢偏度，如都合格，即上光刀。加工结束后，将推力盘及轴承用煤油清洗干净，测量并记录厚度及瓢偏度。

9 简述推力盘损伤轻微时的处理工艺。

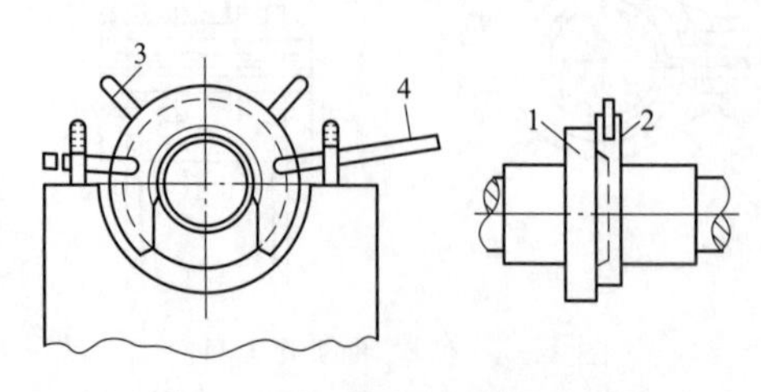

图 11-9 研磨推力盘的专用平板
1—推力盘；2—平板；3—把手；4—撬杠

答：当推力盘损伤轻微时，用研刮方法修理。加工一个厚度为 15～20mm 的生铁平板，如图 11-9 所示。一侧有切口，其外径比推力盘稍大一点，内径比推力盘根部轴的直径大 1mm。

研刮前，测量推力盘四等分点的厚度及瓢偏度，用细油石磨去表面的毛刺，然后在平板上涂以红油，平压在推力盘上研磨。用刮刀刮削盘面上的突出印痕，一直修刮到平整光滑为止。研刮好以后，测量并记录四点厚度及瓢偏度。

10 如何选择叶片的修理方法？

答：一般因材料缺陷、设计原因及制造误差，造成在一级内有若干叶片断裂时，应整级更换；若因装配质量差，而在一级内有若干叶片断裂时，应整级重装。

当振动特性不合格时，应针对具体情况采取有效的调频措施。

因外伤造成个别叶片断裂时，如损坏叶片位于复环连接成组的锁叶所在组或叉型根及轴向枞树型根叶片，可以个别更换。如无备品或更换有困难时，可以暂时将叶片损坏部分全部锯掉，引起的质量不平衡可用加平衡重量的办法解决。

末级个别叶片在上半部产生非共振疲劳断裂时，可以补焊修复。

11 简述断裂叶片的施焊工艺。

答：断裂叶片的施焊工艺为：

（1）对焊条进行充分烘干。

（2）焊前预热。当用铬 207 焊条施焊时，预热温度应为 250～300℃；当用奥 137 焊条时，预热温度应为 150～200℃。

（3）进行焊接。

1）将被焊叶片转到平焊的位置。

2）焊机直流反接。

3）施焊时，先从叶片出汽边的引弧板上起弧到出汽边后，沿叶片弧逐渐向出汽边进行。

4）对于单面坡口的焊缝，应当尽可能做到单面施焊，焊池底部熔透，并凸出连续性的焊波。

5）施焊过程中，以连弧焊运条方式为宜。

6）根据叶片厚度的变化，随时调整焊接电流和运条的速度。

7）对于单侧焊缝的施焊，可考虑两层焊缝的结构。

8）焊缝的加强面不超过 1mm 为宜。

9）必须在焊缝中间停弧时，应当让焊弧坑填满后，导引电弧在焊道上熄灭。

10）对于用铬 207 焊条施焊的焊缝，当焊缝成型后宜用棉布包扎，缓冷到不低于 100℃ 时应立即进行回火处理。

（4）焊后回火处理。焊后回火处理可以改善组织、降低内应力，避免产生裂纹。加热范围为焊缝两侧各 30～50mm。

12 简述叶片铆头的修理方法。

答：叶片铆头的修理方法为：

（1）将叶片局部适当地车去一些，同时将复环上面的坡口开深点，或强度允许时更换较薄一点的复环，使铆头高出复环 2.5mm，重新捻铆。

（2）用电焊条堆焊铆头。

13 简述叶片复环的修理方法。

答：复环严重损伤时，应进行更换，一般有下列两种处理方法：

（1）更换原厚度的复环，需将叶肩车掉 1mm，并将上面坡口开深点。

（2）如强度允许时，可将复环减薄 1mm 而不车叶肩。

14 简述叶片拉筋的修理方法。

答：拉筋断裂后，可将接头移至两叶片的中间进行焊接。焊接方法有以下两种：

（1）银焊法。断裂两段拉筋用套管银焊连接。

（2）电焊法。将两段拉筋对口圆周锉出坡口，对口留 1～2mm 间隙，用直径 2mm 或 3.2mm 的铬 207 或奥 502 电焊条进行焊接。

15 在联轴器找中心工作中，如何计算轴瓦的移动量？

答：在联轴器找中心工作中，对于多缸机组，常是其中一个转子已在另一端联轴器调整中心时将位置固定，因此是按如下方法来计算轴瓦移动量的。计算分两步进行：

（1）保持圆周差 ΔA 不变。先算出为消除端面差 Δa，3 号轴瓦和 4 号轴瓦所需要的移动量 x' 及 y'，即转子中心线将移到点划线的位置，如图 11-10 所示。

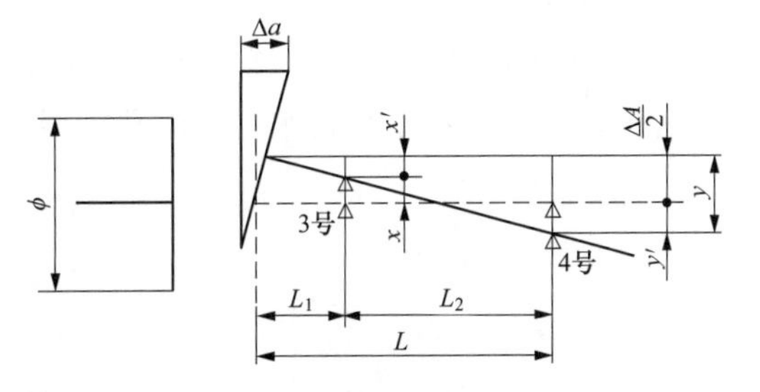

图 11-10　计算轴瓦移动量示意

根据三角形相似原理，有

$$\Delta a/\phi = x'/L_1 = y'/L$$

得

$$x' = L_1 \times \Delta a/\phi ; y' = L \times \Delta a/\phi$$

从图 11-10 中可以看出，x' 及 y' 与 Δa 的方向是一致的，即 Δa 为上张口时，两轴瓦向上抬并定为正值；Δa 为下张口时，两轴瓦向下落并定为负值。

（2）平移转子，消除圆周差 ΔA。因转子中心线的偏差为圆周差之半，故当转子中心线偏高时定为正值，两轴瓦就下落 $\Delta A/2$；偏低时定为负值，就上抬 $\Delta A/2$。

将消除 Δa 及 ΔA 所要求的两轴移动量综合起来，便是所求的轴瓦移动量 x 及 y，可列出如下两式

$$x = L_1 \times \Delta a/\phi - \Delta A/2 \tag{11-1}$$

$$y = L \times \Delta a/\phi - \Delta A/2 \tag{11-2}$$

Δa 及 ΔA 按上面规定的正、负号代入以上两式中，计算出的轴瓦移动量 x 及 y 为正值时轴瓦上抬，为负值时轴瓦下落。

为了便于记忆，同样可按字母代表的意义，将以上两式合并成为一个式子，即

$$\text{轴瓦移动量} = \text{轴瓦至联轴器端面距} \times \Delta a/\text{联轴器直径} - \Delta A/2 \tag{11-3}$$

16 调整轴瓦位置的方法有哪些？

答：调整轴瓦位置的方法与轴瓦的结构有关。高压汽轮发电机常用的轴瓦位置的调整方法有如下两种：

（1）对于具有专用轴承座的轴瓦，通过在轴承座与基础台板间加减垫片来改变轴瓦垂直方向的位置，将轴承座左右移动来改变轴瓦水平方向位置。加减垫片的厚度及左右移动的数值，与计算的轴瓦移动量相等。励磁机改变机座位置的调整方法基本与此相似。

（2）对于带调整垫铁的轴瓦，是通过改变下半轴瓦上三块调整垫铁内的垫片厚度来移动轴瓦位置的。由于两侧的调整垫铁的中心线与垂直中心线的夹角一般小于 90°，致使垫片厚度的调整值与要求的轴瓦移动量不相等，两者之间的关系从图 11-11 可知。

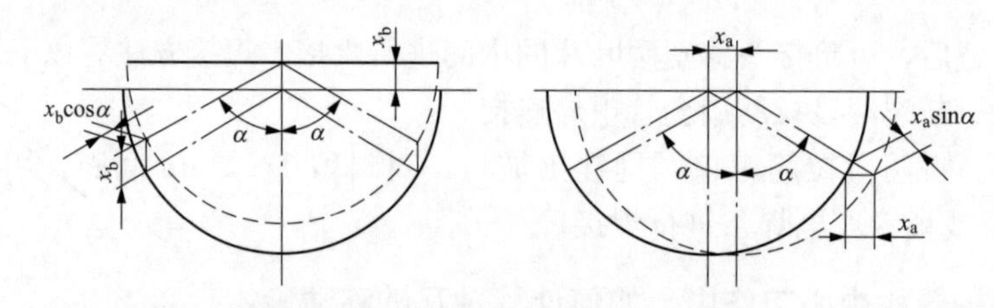

图 11-11　计算轴瓦调整垫片厚度示意

1）垂直方向移动 x_b 时，下部垫铁垫片加减值与轴瓦移动量 x_b 相同，两侧垫铁垫片厚度同时加（或减）$x_b\cos\alpha$。

2）水平方向移动 x_a 时，下部垫铁不动，两侧垫铁片加（或减）$x_a\sin\alpha$。

若轴瓦同时需在垂直及水平方向移动时，两侧垫片厚度调整值应为上述两项的代数和。

第十二章

DEH 调速系统

第一节　DEH 系统一般部件的检修和调整

1 液压缸的作用是什么？如何分类？

答：液压缸是液压系统中的执行元件，它是一种把液体的压力能转换成机械能以实现直线往复运动的能量转换装置。液压缸结构简单、工作可靠，在液压系统中得到了广泛的应用。

液压缸按其结构形式可以分为活塞缸和柱塞缸两类。活塞缸和柱塞缸的输入为压力和流量，输出为推力和速度。液压缸除了单个地使用外，还可以组合起来或和其他机构相结合，以实现特殊的功能。

2 PVH 变量直轴柱塞泵的优点有哪些？

答：灵活的设计包括单联泵，通轴驱动配置及各种驱动轴伸和控制方式，这将适应任何用途并提供成本效益最高的设备。经过考验的部件设计在重载、紧凑的壳体中，以便提供250bar（3625psi）连续运行性能，及在负载传感系统中的 280bar(4050psi）运行性能。该设计在当今的功率密集机械所需的更高性能水平上保证长寿命。小而轻的设计能减小应用重量并为安装和维修提供更多的便利。为最关键的旋转部件和控制部件开发的维修套件能简化泵的维修并保证维修成功。

3 简述 PVH 变量直轴柱塞泵的维修步骤。

答：PVH 变量直轴柱塞泵的维修步骤为：

（1）拆卸。

1）用气枪或抹布吹擦干净泵铭牌的外表面。

2）记录泵的型号以及编码。

3）仔细观察轴端和泵壳外的情况。

4）用套筒打开泵的后盖，观察缸体表面并做相应记录，拍摄照片。

5）检查配流盘的磨损情况，并进行相应处理。

6）卸下泵外固定摇架的螺栓，取出缸体和摇架，拆除摇架上的压板，检查摇架表面以及柱塞的磨损情况，并做相应处理。

7）取出轴，检查轴封端的磨损情况，并作记录。

8）检查前后锥轴承，确认零件的磨损情况。

（2）清洗。将所有泵的零件放入清洗台内进行清洗处理，清洗完的零件应做相应的防锈处理。

（3）修磨和更换零部件。将缸体等易磨损件进行修磨处理，或更换无修复价值的零部件。对修磨后的零部件进行清洗处理。

（4）再装配。

1）将所需安装的零部件清晰、完整地摆放在周转车上。

2）敲出原有油封并更换，按照样本的要求进行装配。

3）注意装配精度以及力矩的大小。

（5）测试从货架上取出相应的测试工装（联轴器，法兰，管接头等），将已修复的泵装上试验台，按产品样本的性能指标进行测试，泵的流量和压力是否达到要求，并进行相应的记录。测试完毕后将各油口堵上堵头，入库位，将所记录的维修报告和测试报告交付相应负责人。

4 在AB级检修中电调系统管路部分的工作主要有哪些？

答：在AB级检修中电调系统管路部分的工作主要有：

（1）对高、低压蓄能器进行压力检测，如有泄漏，应立刻更换皮囊。

（2）对管路系统探伤试验检测，如有不合格，则进行补焊或更换。

（3）对再生装置检测、清洗，更换密封件和滤芯。

（4）对管路系统进行耐压检测。

5 简述更换油动机油缸的原则、步骤及注意事项。

答：油缸的更换一般不可在线进行，尤其是大油缸，例如某300MW机组的中调门和600MW机组的高、中压调门等，其原来装、拆就很烦琐，在线更换时阀门的温度很高，使在线更换更为困难。一般在200MW机组中，油缸较小，并且一般都是有四个调门，关一个调门对负荷影响较小，相对说在线更换条件好一点。

更换步骤及注意事项如下：

（1）由DEH将故障油动机伺服阀信号指零。

（2）拔下伺服阀插头，关紧该伺服机构的进油截止阀（注意：必须关紧。10min后用手感觉一下，与伺服机构相连的两根油管较未关闭前应有明显的降温）。

（3）根据现场情况做一个托架，托住集成块，以防拆油动机时损伤与油动机集成块相连的油管，再准备一个接油盘。

（4）拆除位移传感器及其连线，拆下油动机箱盖，再装上接油盘，松开伺服阀的固定螺钉。可先取下对角的两个固定螺钉，然后慢慢松开另两个螺钉，直至有油从伺服阀下面流出，停止松动螺栓，观察油流出的情况（注意：当油流逐渐减少，说明进油截止阀关紧及各止回阀工作状况良好，可继续进行下一步工作，更换油动机；若油流没有减少趋势，说明进油截止阀或止回阀有泄漏，不能在线更换油动机及集成块上的各液压元件，应赶紧拧紧伺服阀的固定螺钉，等待停机更换。拧紧时，伺服阀底面密封件要装好）。

(5) 卸下油缸活塞杆与操动座滑块的连接螺母，拆下油缸与集成块的四个连接螺钉。

(6) 拆下油缸与操纵座的四个固定螺钉，卸下故障油动机，换上新油动机（注意：检查油缸两端盖油孔 O 型圈是否装好，不可漏装）。

(7) 按拆下的相反步骤复原所有零部件。

(8) 插上伺服阀插头，逐步打开进油截止阀（注意：检查安装面的渗漏情况）。

(9) 若情况良好，可通过 DEH 控制让该汽门投入工作。

6 如何在线更换高压抗燃油液压控制系统中的高压蓄能器？有何注意事项？

答：一般来说，供油装置的液位计上液位高度比正常低 2cm 以上时，就要考虑蓄能器漏气的问题（注意：要排除系统上有外泄漏的情况）。要确定哪一个蓄能器漏气，就必须用专用测试工具测试。蓄能器更换前，必须用专用测压工具重新测一次，如确实无压力，则可以拧下充气阀，再次确定囊中已无气压，然后即可更换蓄能器。更换时的基本步骤如下：

(1) 把进入蓄能器进油的截止阀（或球阀）关死，打开旁路截止阀，把蓄能器中余压、余油放净，然后再把旁路截止阀关死。

(2) 松开螺母，把蓄能器从支架上移到地面上，平卧在平地上。

(3) 松开装在蓄能器上的不锈钢接头。

(4) 拧下螺堵（有些蓄能器已取消），拧松并取下并紧螺母 A 和 B，轻轻敲动衬套环并取下。

(5) 把菌形阀推进壳体内，取下 O 型橡胶圈、挡圈和支撑环，取出胶托和菌形阀，拉出胶囊。

(6) 用酒精清洗新胶囊外表面（注意：禁止使用汽油或所有含氯清洗剂）。

(7) 把胶囊装入壳体内，注意检查充气阀座上有无 O 型橡胶圈，将充气阀座从壳体小口拉出，并用并紧螺母 A 固定。

(8) 装入菌形阀、胶托和支撑环（注意：支撑环应装在胶托相应的位置）。

(9) 把菌形阀拉出，胶托、支撑环刚好封死壳体大口。在支撑环与衬套环间的接缝内装入 O 型橡胶圈和挡圈，装上衬套环及并紧螺母 B，在充气阀座上装上充气阀（注意紫铜垫片的清洁度）。

(10) 装上螺堵（注意紫铜垫片的清洁度、平直度）。

(11) 充氮气。开始时要缓慢地充，注意菌形阀应缓慢向外移动，检查有无漏点。按规定压力充气。

(12) 装上不锈钢接头，把蓄能器安装到支架上，再把螺母与接头拧紧。

(13) 关死旁路截止阀，缓慢打开进油截止阀，当听到有“嘶嘶”进油声就停止，让高压油慢慢地进入蓄能器。

7 高压抗燃油液压控制系统的哪些部件出现故障必须停机、停泵后检修，而不能在线更换？

答：下列部件出现故障必须停机、停泵后检修，不能在线更换。

(1) 止回阀（安全油止回阀和回油止回阀）。

(2) 截止阀。

（3）AST 电磁阀、OPC 电磁阀。

（4）隔膜阀。

（5）空气引导阀。

8 简述双侧进油主油泵的检修要点。

答：双侧进油主油泵的检修要点为：

（1）主油泵解体前应测量转子的推力间隙，此间隙不宜太大，一般应在 0.08～0.12mm 间，运行中最大不超过 0.25mm。如推力瓦磨损导致间隙太大，应采取堆焊的方法进行处理，在补焊时应考虑到转子的轴向位置不要改变，以防改变调速器夹板与喷嘴间隙。

（2）检查主油泵轴瓦及推力瓦。检查轴承合金表面工作痕迹所占位置是否符合要求；轴承合金有无裂纹、局部脱落及脱胎现象；合金表面有无磨损、划痕和腐蚀现象；测量轴瓦间隙应符合要求。

（3）测量密封环间隙，密封环间隙要符合制造厂家规定，一般密封环间隙为 0.4～0.7mm。

（4）用千分表测量检查叶轮的瓢偏及晃度，晃度一般不超过 0～0.05mm。

（5）检查主油泵叶片有无气蚀和冲刷，如有气蚀和冲刷严重，应加以处理或更换配件。

（6）检查泵的结合面应严密，清理干净后扣泵盖紧 1/3 螺栓，0.05mm 的塞尺塞不进为合格。

（7）全部结合面螺栓紧好后，泵的转子动作灵活，出口止回阀应严密灵活，无卡涩。

9 简述单侧进油主油泵的检修要点。

答：单侧进油主油泵的检修要点为：

（1）检修时注意各部件的拆前位置，并做好记号，定位环的上、下半环不要装错，短轴的限位螺栓应记好位置。

（2）检查密封环是否有磨损，间隙是否合乎要求，如果磨损严重，间隙增大时应采取堆焊法进行处理。

（3）组装前要用红丹粉检查泵轮端面与短轴端面，轴套与泵轮外端面的接触情况，要求应沿圆周方向均匀接触，否则应进行研刮。

（4）组装时要测量轴晃度，应小于 0～0.05mm。

（5）小轴的弯曲应小于 0.03mm。

第二节 DEH 系统主要部件的检修与常见故障的处理

1 液压系统中伺服阀更换的一般注意事项有什么？

答：伺服阀更换的一般注意事项为：

（1）整个操作过程要注意清洁度，伺服阀周围要擦干净。

（2）此项工作建议由两人参加，防止差错。

（3）清洗伺服阀时，禁止使用汽油或含氯清洗剂。

2 如何更换 DEH 单侧进油油动机上的伺服阀？

答：更换 DEH 单侧进油油动机上伺服阀的方法为：

（1）由 DEH 控制装置操作，使需更换伺服阀的油动机指令信号为零。此时油动机可能关闭，也可能不会关闭。

（2）拔下伺服阀的信号插头。

（3）关闭油动机上的截止阀（注意：一定要关紧）。

（4）此时应该在弹簧作用下，缓慢地关阀门（注意：如果在 10min 之内阀门没有动，可以打开卸荷阀来手动卸荷，或给卸荷的电磁阀通电使其动作；如果阀门还没有动，说明油动机活塞杆、阀门杆和操纵座组成的轴系有问题，可能已经卡死，不是伺服阀的问题）。

（5）阀门关到底后，拧松伺服阀的安装螺钉，观察余油应该逐渐变少（注意：如果余油一直较多或无变少的趋向，应拧紧安装螺钉。这说明截止阀或止回阀有泄漏，应考虑停机、停泵后再检修伺服阀、止回阀或截止阀）。

（6）换上新的伺服阀，并拧紧安装固定螺钉（注意：检查底面 O 型圈是否缺少，弹簧垫圈有无遗失）。

（7）缓慢拧松截止阀，插上伺服阀插头并拧紧，通过 DEH 给伺服阀信号，阀门应能打开并控制自如，油动机即恢复正常工作。

3 如何更换 MEH 双侧进油油动机上的伺服阀？应注意些什么？

答：如果要更换双侧进油油动机（如 MEH）的伺服阀，就需要停机进行。具体步骤及注意事项如下：

（1）通知 MEH，解除给伺服阀信号。

（2）在蓄能器组件上，分别把三个截止阀拧紧，放开高压蓄能器的回油角式截止阀，把蓄能器内高压油全放掉。此时，调节阀门不一定在关闭状态（注意：关截止阀顺序应依次为高压来油、有压回油和无压回油）。

（3）拔下伺服阀的信号插头。

（4）拧松伺服阀的安装螺钉，观察余油应该逐渐变少（注意：如果余油较多或是无变少趋势，应拧紧安装螺钉。这说明截止阀或止回阀有泄漏，应考虑停泵后再检修伺服阀、止回阀或截止阀）。

（5）换上新的伺服阀，并拧紧安装固定螺钉（注意：检查底面 O 型圈是否缺少，弹簧垫圈是否遗失）。

（6）拧上伺服阀插头。

（7）把高压蓄能器回油角式截止阀拧紧，分别按序拧松高压来油、有压回油和无压回油的截止阀（注意：拧开高压来油截止阀时，要缓慢开。检查伺服阀有否漏油）。

（8）通知 MEH 给伺服阀通电，检查伺服阀工作是否正常。

4 如何更换旁路系统使用的伺服阀？应注意些什么？

答：旁路系统使用的伺服阀可以在线更换。步骤如下：

（1）由旁路控制系统发出信号，给闭锁电磁阀通电，使闭锁阀闭锁，阀门保持原位置。

（2）拧紧油动机集成块上的截止阀（注意：不要关油动机前面的球阀）。

（3）拔下伺服阀的信号插头。

（4）拧松伺服阀的安装螺钉，观察余油应该逐渐变少（注意：如果余油一直较多，或无变少的趋向，应拧紧安装螺钉。这说明截止阀、止回阀有泄漏，应考虑停泵后再检修伺服阀、止回阀或截止阀）。

（5）换上新的伺服阀，并拧紧安装固定螺钉（注意：检查底面O型圈是否缺少，弹簧垫圈是否遗失）。

（6）插上插头并拧紧，缓慢拧松截止阀，检查伺服阀有无泄油；正常后由旁路控制系统发出信号，给闭锁电磁阀断电，闭锁阀投入运行状态，阀门即投入闭环控制。

5 如何调换油动机上的位移传感器？应注意些什么？

答：由于位移传感器一般都有两个，所以发现有一个坏时，可把坏的一个的连接线拆掉，待停机再检修或更换；如果两个都坏了，则必须马上在线更换。对一般油动机，可按如下步骤操作：

（1）通过DEH使该油动机的阀位指令为零。

（2）把该油动机的截止阀拧紧，阀门随之关闭。

（3）把位移传感器的连接线拆掉，松开固定传感器的螺钉和拉杆上的螺母，换上新的传感器并重新固定，接好连接线（注意：固定螺钉一定要拧紧）。

（4）连接拉杆，并调整拉杆上的刻度与传感器端面对齐，这就作为其初始零位。

（5）把截止阀打开，给伺服阀一个信号，使阀门全开，调整DEH装置中热工VCC卡的初始值和最大值（注意：在此过程中，应根据具体实际情况考虑是否投功率回路）。

（6）VCC卡调整好后，即可闭环，检查阀位有无抖动。如有抖动，则需拔出VCC卡，用接长板在VCC卡中调振荡器频率。

（7）由于主蒸汽门、中压主蒸汽门或300MW机组的中压调门平时均为全开，故更换时应保持阀门（油动机）在全开位置。

（8）将新更换的位移传感器的套筒固定，用手拉动位移传感器，根据原先油动机全开、全关位置，在VCC卡中粗调位移传感器的零位和最大值至满足指示要求。调整完毕后，将位移传感器拉杆固定好，即可将位移传感器投入闭环运行了。

6 如何更换高压抗燃油液压控制系统中的卸荷阀？应注意些什么？

答：对于200MW、300MW和600MW机组，从理论上来说，卸荷阀均可在线调换。以某高压抗燃油液压控制系统为例，其各类不同的油动机共使用三种不同的型式的卸荷阀，即DB-20先导溢流阀、电磁换向卸荷阀和DUMP阀。其故障现象一般都是伺服阀加上信号后油动机打不开阀门，或阀门开不到应有的开度。此时，VCC卡“S”值很大。主要更换步骤如下：

（1）通过DEH使该油动机指令信号为零。

（2）把该油动机的截止阀拧紧（注意：一定要拧紧）。

（3）检查、确认油动机及阀门已关到底。

（4）松开安装固定卸荷阀的螺钉，观察余油应该逐渐变少（注意：如果余油一直较多或无变少的趋向，应拧紧安装螺钉。这说明截止阀或止回阀有泄漏，应考虑停泵后再检修）。

（5）更换卸荷阀（DB-20先导溢流阀和电磁换向卸荷阀），并拧紧安装螺钉（注意：检查底面O型圈是否缺少）。

（6）对于DUMP阀来说，由于是组合式，所以如要更换时，需与集成块一起更换。此时，可先对DUMP阀的阀口、阀杆和节流孔等三处进行清洗。如果清洗还不能解决问题，则最好是停机后再检修。因为此时检修则变为中调阀单边进汽，并且换集成块等时间较长，对汽轮机运行不利。

（7）打开截止阀，检查有否漏油。如正常，即可通知DEH给油动机指令，油动机应能正常工作。

第三节　液压油及其他用油的使用、管理及维护

1 EH系统国产化设计的液压油为何选用磷酸酯型抗燃油?

答：随着汽轮发电机组容量的不断增大，蒸汽温度不断提高，控制系统为了提高动态响应而采用高压控制油。在这样的情况下，电厂为防止火灾就不能采用传统的汽轮机油作为控制系统的介质，所以EH系统国产化设计的液压油为磷酸酯型抗燃油。

2 如何安全使用高压抗燃油?

答：应避免吸入或在意外情况下吞入抗燃油，应禁止在工作场地进食与吸烟，并避免油液接触受伤的皮肤。建议在供油装置上建一铝合金玻璃小房，小房内应装有排风扇、照明灯及供清洗用的自来水。抗燃油溅落在保温层上后，应立即擦去；假如油已渗入热金属表面敷设的保温层内，则应擦掉并及时更换该保温层，以防止火灾发生。抗燃油可能对电缆包皮（如聚氯乙烯材料）和一般的油漆有破坏作用，上述材料接触抗燃油液体时都会软化和起泡，故应立即清洗侵蚀处并查明损坏程度。抗燃油不可与其他类液体混合使用。

3 怎样防止高压抗燃油变质?

答：为保证电液控制系统的性能完好，在任何时候都应保持抗燃油的质地不变，为此建议定期测定抗燃油的某些关键参数。如果试验结果超出规定的极限，应立即采取相应的补救措施。

若有充分理由要对油品的一项或几项特性进行鉴定时，可随时将试样寄往供货公司。一般设备制造厂家均要求对抗燃油的含氯量、含水量、酸值及电阻率进行定期测试，以保障设备和电液控制系统的安全运行。

4 采用抗燃油作为工质有何优缺点?

答：抗燃油是一种自燃点较高的液体（一般自燃点高于700T），这样即使它与高温的蒸汽管道接触时，也不会引起火灾，抗燃油除了自燃点较高之外，还具有汽轮机油（透平油）的一些良好特性，目前已被广泛采用的有磷酸酯抗燃油，它除了具有良好的抗燃性外，还具有良好的抗氧化性和润滑性。它是一种比较理想的用于汽轮机的抗燃油，其缺点是在与破伤皮肤接触时具有一定的毒性，以及价格比较昂贵。

5 为了减少液压油的污染，常采取的措施有哪些？

答：为了减少液压油的污染，常采取的措施有：

（1）对元件和系统进行清洗，清除在加工和组装过程中残留的污染物。液压油在工作过程中会受到环境的污染，因此可在油箱呼吸孔上装设高效的空气滤清器或采用密封油箱，防止尘土等侵入。

（2）采用合适的过滤器，这是控制液压油污染度的重要手段。根据系统的不同情况选用不同准确度、不同结构的过滤器，并定期检查和更换滤芯。

（3）若液压油的工作温度过高，则对液压装置不利，且液压油本身也会加速氧化变质，所以一般液压系统的工作温度最好控制在65℃以下，最好能定期检查和更换液压油。

6 电厂用油的特性要求主要有哪些？

答：电力系统所采用的绝缘油和汽轮机油，是发供电设备的重要绝缘介质和润滑介质。其质量的好坏，直接影响发供电设备的安全和经济运行。所以，对电厂用油的质量有严格的规定和较高的要求。

（1）要有良好的抗氧化性。

（2）要有良好的电气性能。

（3）要有良好的润滑性能。对汽轮机油来说，选择适当的黏度，是保证机组正常润滑的重要因素。因此，不但要求汽轮机油要有良好的润滑性能，而且要求其黏温特性要好，即要求其黏度不随温度的急剧变化而变化。

（4）高温安全性要好。油的高温安全性通常以闪点来表示。闪点愈低，油的挥发性愈大，则安全性愈小，故对绝缘油、汽轮机油的闪点有严格的要求和规定，不合格者不能采用。

7 何谓油品中的机械杂质？它们来自何处？

答：油品中的机械杂质是指存在于油品中而不溶于溶剂的沉淀或悬浮状态的物质。这些物质多由沙子、黏土、铁屑、粒子、纤维及尘埃等组成。但现行方法测出的杂质也包括了一些不溶于溶剂的有机成分，如沥青质和碳化物等。

油品中机械杂质的来源是多方面的，主要有：

（1）在加工过程中混入的机械杂质。

（2）油品中的机械杂质在多数的情况下是外界的污染。例如在运输、储存时落入的，或因容器清洗不净、容器本身不严密而混入的铁锈、飞入的尘土等。

（3）油品中含有添加剂时，可发现含有一些机械杂质。这不一定是外来杂质，而极可能是添加剂成分中未溶解或析出的物质。

（4）汽轮机油在运行中，由于油系统的脏污或锈蚀，而增加了油品中的杂质。

8 何谓油品的酸值和酸度？其种类及来源如何？

答：中和1g试样油中含有的酸性组分所需要的氢氧化钾毫克数称为酸值，以mgKOH/g表示；而中和100mL试样油中含有的酸性组分所需要的氢氧化钾毫克数称为酸度。

在通常情况下，新油中没有无机酸存在，除非因操作不善或精制、清洗不完全而残留在油中的无机酸。电力系统用油在运用中，由于运行条件的影响，而使油质氧化产生酸性物质，如低分子的甲酸、乙酸、丙酸等；高分子的有脂肪酸、环烷酸、羟基酸、沥青质酸等。所以，运行油的酸值多为有机酸，它包括低分子有机酸和高分子有机酸的总和。一般情况下，运行中油的酸值是随运行时间的增长而增高的。

9 测定油品酸值在生产运行上有何意义?

答：测定油品酸值在生产运行上的意义为：

（1）根据酸值的大小，可判断油品中所含酸性物质的量。通常酸值越高，则油品中所含的酸性物质就越多。新油中酸性物质的数量，随原料与油品的精制、清洗处理的程度而变化，故新油酸值是生产厂家出厂检验和用户检查验收油质好坏的重要指标之一。

（2）油在运行中由于氧、温度和其他条件的影响，要逐渐氧化而生成一系列氧化产物，其中危害较大的是酸性物质，主要是环烷酸、羟基酸等。一般运行中油的酸值越高，表明油的老化程度越深，故酸值是运行中油老化程度的主要控制指标之一。

（3）油中酸性物质也会对设备构件所用的铜铁铝等金属材料有腐蚀作用，而生成的金属盐类是氧化反应的催化剂，更会加速油的老化进程。

（4）运行中汽轮机油如酸值增大，说明油已深度老化。油中所形成的环烷酸皂类等能促使油质乳化，破坏油的润滑性能，引起机件磨损发热，影响机组安全运行。

10 油品中的含水量与哪些因素有关?

答：与油品中的含水量有关的因素为：

（1）与油品的化学组成有关。油品中含各种烃类的量不同时，其能溶解于水的量就不同。一般烷烃、环烷烃溶解于水的能力较弱，芳香烃溶解于水的能力较强，即油中芳香烃含量愈高，油的吸湿能力愈强。

（2）与温度有关。油中含水量与温度的变化关系非常明显，即温度升高，油中含水量增大；温度降低，溶于油中的水分会因过饱和而分离出来，沉至容器底部。不同温度时水在油中的溶解情况不同。

（3）与在空气中暴露的时间有关。油品在空气中暴露的时间越长、大气中相对湿度越大时，则油吸收的水分就越多。

（4）与油品精制程度有关。油品对水的溶解能力与其精制程度有关，如精制比较粗糙、不完全或油净化得不彻底等，就会使油品溶解水的程度相对增大一些。

（5）与油质老化程度有关。运行中的油品在自身氧化的同时，会产生一部分水分。也就是说，随着油的深度氧化及酸值的升高，所产生的水分也会随之增加；另一方面，油深度氧化后不仅生成酸和水，还有酮、醛等，并会在一定的条件下进行聚合、缩合反应而生成树脂质、沥青质等，这些物质能增加油的吸湿性。故一般情况下，旧油对水的溶解能力比新油要大得多。

11 汽轮机油中含水量不合格时，应如何进行处理?

答：汽轮机油中含水量不合格时，除了要立即查找原因外，通常采取的措施如下：

（1）如油中水分较多时，特别是含有乳化水分时，必须采用离心分离的方法立即进行净化除水。一般汽轮机组均配有离心分离机。

（2）一般油质中水分不太大时，可通过压力式滤油机进行滤油。压力式滤油机多采用滤纸作为过滤材料。滤纸经干燥后，吸水性较强，能除去油中少量水分。

（3）定期从油箱底部放水。

（4）如因机组在运行中的防护措施不当而使油中含水量增大时，应调整轴封汽压或提高检修质量，尽量做到蒸汽不漏入轴承润滑油中，这才是最根本的解决办法。

12 混油和补油时应遵守哪些规定？

答：关于混油和补油问题，相关的国家标准中都有规定，简述如下：

（1）不同牌号的油品，原则上不宜混合使用。必须混合时，要通过有关试验再确定可否混合。欲互相混合的油，不论是新油或运行中的油，都必须是合格的，即新油要符合新油质量标准，运行中的油要符合运行油质量标准。如运行中的油只是接近运行标准或不合格时，不允许用掺新油的办法来改善油质和提高油质合格率，且应对不合格的油应进行处理或更换，以满足使用要求。

（2）在混油和补油之前，必须掌握和验证将互相混合的两种油中是否加有同样的抗氧化剂，或一方不含抗氧化剂，或双方均不含抗氧化剂。因为含有不同添加剂的油混合后，有可能会发生化学变化、产生杂质等不良后果，必须予以重视。如果是同牌号和添加剂相同的油，即属于相溶性油品，一般情况下可以混用。

（3）由于不同牌号的绝缘油的凝固点不同，不同牌号的汽轮机油的黏度不同，故混合后会影响上述油质指标，有可能不符合设备使用的要求。

（4）当运行中油的质量下降到接近运行油标准时，如补加同一牌号的新油或接近新油标准的运行油时，因新油和运行中的油对油泥的溶解不同（新油对油泥的溶解度小），为防止补充新油后设备中会有油泥析出，故必须预先进行混合油样的油泥析出试验。试验方法为测定法，无沉淀物析出时方可混合。

（5）当进口油或来源不明的油需要与不同牌号的油混合时，应进行各种油样及混合油样的老化试验，合格后方可采用。

13 常用油的净化方法有哪几种？

答：油的净化处理，就是通过简单的物理方法除去油中的污染物，使油品某些指标达到使用要求，如绝缘油的耐压、微水含量和介质损耗因数等。一般来说，新油在运输和储存过程中不可避免地被污染，油中混入杂质和水分，故在注入设备前必须对油进行净化处理，以除掉这些污染物。油的净化方法大体上分为三种：沉降法、过滤法和离心分离法。选择净化方法的主要依据是油品的污染程度和质量要求。

14 真空过滤法净化油的实质是什么？其原理如何？

答：此种方法是借助于真空滤油机，使油在高真空和不太高的温度下雾化，脱出油中微量水分和气体。因为真空滤油机也带有滤网，所以也能除掉一部分固体杂质，如果与压力式滤油机串联使用，除杂效果会更好。

真空滤油机的工作原理按油路流程，当热油经真空罐的喷雾管雾化喷出变为极细的雾滴后，油中水分便在真空状态下因蒸发而被负压抽出，而油滴落下又回到下部油室由排油泵排出。油中水分的汽化和气体的脱出效果，取决于真空度和油的温度。真空度越好，水的汽化温度就越低，脱水效果也越好。

15 吸附剂再生法的原理是什么？通常有哪几种方式？

答：它的原理就是利用吸附剂有较大的活性表面积，对油中的氧化产物和水等有较强的吸附能力之特点，使吸附剂与油充分接触，从而除去油中有害物质，达到净化再生的目的。

吸附剂再生法通常有两种方式：一种是接触法，另一种是过滤法。接触法主要是采用粉末状吸附剂和油直接接触的再生法。过滤法则主要是采用粒状吸附剂，将粒状吸附剂装入特制的容器中，使油通过吸附剂来达到净化再生的目的。吸附再生法多用于设备不停电的情况。

16 影响抗燃汽轮机油技术指标的主要因素有哪些？

答：影响抗燃汽轮机油技术指标的主要因素有：

（1）颜色。三芳基磷酸酯的颜色随其分解时生成的杂质而定，杂质能导致磷酸酯发生催化分解，影响抗燃油质量，因此抗燃油的颜色以不深于 NO5 级为宜。

（2）黏度。三芳基磷酸酯的黏度，是它作为汽轮机油的一项重要指标。

（3）密度。三甲苯磷酸酯邻位的密度较大，为此可控制抗燃油的密度。

（4）闪点。纯净、单一的三芳基磷酸酯的闪点高于 240℃。如闪点低，则说明混有挥发性物质或不稳定物质。挥发性物质是起火的根源，而不稳定物质也能分解出易燃的挥发性物质。

（5）自燃点。由于大容量、高参数的汽轮发电机组，其运行温度一般在 500℃以上，故要求抗燃油的自燃点在 750℃以上。

（6）酸值。这取决于基础油的质量，即在制取基础油过程中脱除腐蚀性的不完全酯化产物的程度。这种不完全酯化产物具有酸的作用，如留存于油中，能部分溶于水，会引起油系统金属表面的腐蚀。

（7）水抽出液的反应。制取抗燃油最后一道工序是碱洗，碱洗的目的是除去不完全酯化产物和蒸馏时因热分解而生成的酸性物质。

（8）灰分。这是控制抗燃油中杂质含量的指标。

（9）挥发性物质含量。抗燃油中不应有挥发性物质。

（10）游离酚含量。抗燃油中游离酚的含量能表明油的精制程度。

（11）机械杂质含量。由于抗燃油用于汽轮机的调节系统，故对油中所含的机械杂质有更严格的要求。如果机械杂质等沉积在伺服电动机和各阀门上，将降低它们的灵敏度，从而有可能导致严重的事故。所以，抗燃油中机械杂质的含量在定性上应为“无”；如果通过精密的测试手段，其最大允许含量应不大于 0.01%，且机械杂质颗粒的大小和个数在一定的容积内应有具体的规定。

第十三章

汽轮机调节保安系统

第一节　汽轮机调节保安系统的检修

1　随动滑阀的作用是什么？

答：随动滑阀属于传动放大机构，它接收放大转速感受机构（调速器）的输出信号，并将其传递给下一级传动放大机构。

2　简述离心式钢带调速器的结构及检修工艺要求。

答：离心式钢带调速器的结构，如图13-1所示。该调速器固定在主油泵轴上，在制造厂已经调整好，检修时一般不予分解，但应做如下检查：

（1）用放大镜仔细检查弹簧及钢带表面有无裂纹，检查钢带和弹簧是否变形。

（2）检查两端飞锤有无松动现象，一般应捻死并保持拉伸弹簧两侧均匀，即图13-1中$a_1=a_2$。检查其他紧固件（如销钉等）是否可靠。

（3）检查调速块与喷嘴相对应处的偏斜不应大于0.04mm。

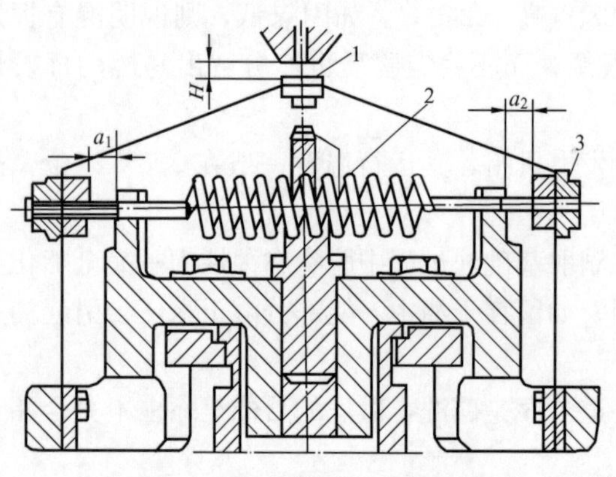

图13-1　离心式钢带调速器结构示意图
1—调速块；2—弹簧；3—离心重块

如分解调速器与主油泵时，应做好装配位置记号及垫片厚度记录，组装后应保证调速块与喷油嘴的间隙与拆前相同。

调速块与喷油嘴之间有轻微摩擦时，应用细油石磨光调速块。调速块磨损严重时可更换。但其他零件（如弹簧和钢带）损坏时，应与调速器一起整件更换，并经制造厂试验、调整合格。更换后安装时，应保证调速块与喷油嘴之间的安装间隙值。

3　简述离心式钢带调速器错油门组的检修步骤及要求。

答：检查调速块与喷油嘴的安装间隙值，并做好记录。将错油门组上的连接油管拆除，卸下错油门组后，可按照下列步骤进行检修：

（1）检查连接三个错油门的杠杆是否有弯曲变形，各铰链的轴承是否转动灵活，并应清理干净。

（2）测量调速器错油门连杆的长度，检查各错油门的门芯是否灵活，拆开后检查是否有侧面磨损的情况，有无毛刺、锈蚀、碰伤等缺陷。如有上述情况，应用细油石或细水砂纸轻轻打磨，不允许用粗油石和锉刀打磨。打磨好后，用白布擦拭干净，不允许用棉纱或粗布擦拭。

（3）各空气管和节流孔均应畅通，调速器错油门的进油滤网应清洁干净。

（4）组装错油门和套筒前，先用煤油洗净外壳并用面团黏净，再用压缩空气吹干净。确认各通道畅通后，将门芯浇上干净的汽轮机油，然后将门芯装入套筒。

（5）组装好后，应测量跟踪错油门、同步器错油门和调速器错油门的行程符合制造厂图纸要求。

（6）组装好错油门组后，应将所有的油管接头用白布封好。

（7）错油门就位时，紧螺栓前应先将销钉打入，再对称将螺栓拧紧。

（8）如果错油门在 3000r/min 时的位置不对时，可依次调整调速器错油门活塞上的节流杆、调速器喷嘴、调速器钢带调整螺母。首先应调整节流杆，其次是调整喷嘴，一般不调整钢带。

4 简述径向钻孔泵的结构及检修工艺要求。

答：径向钻孔泵也称脉冲泵或调速泵，其结构示意如图 13-2 所示。

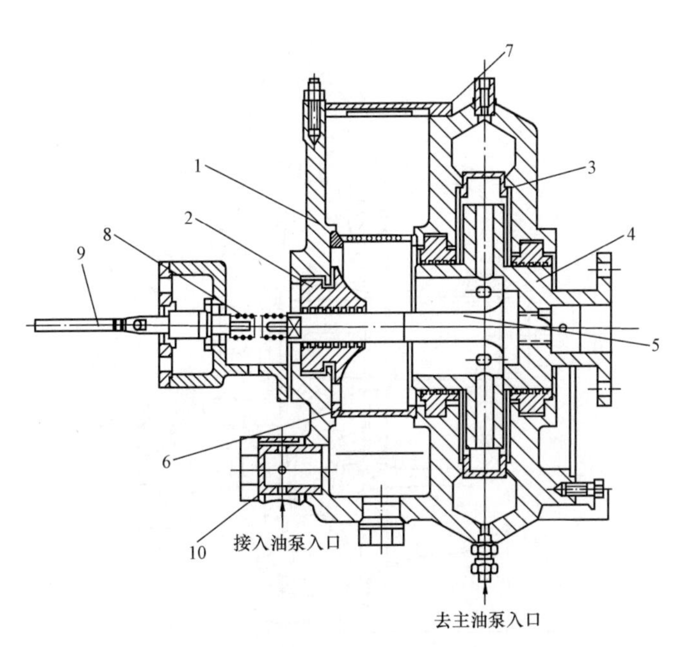

图 13-2　径向钻孔泵结构示意图

1—壳体；2—油封；3—稳流网；4—泵轮；5—导流杆；6—入口网；7—溢油盖；8—弹性联轴器；9—导杆；10—特制连接管

径向钻孔泵与主油泵装在同一泵壳内，它的泵轮与主油泵泵轮装在同一根轴上。径向钻孔泵的工作原理和性能与离心泵相同，即泵的出口油压与转速的平方成正比。同时径向钻孔泵有一个很大优点，就是它的出口油压仅与转速有关，而与流量几乎无关，其特性曲线在工作油量范围内比较平坦。

解体时，应拆除与泵壳体相连接的所有管路附件，松开结合面螺栓，揭开上盖，吊出转子。其检修工艺要求如下：

(1) 将转子放在支架上，清理干净后，测量晃度与弯曲。轴的最大弯曲不应超过0.03mm，叶轮外圆和密封环处的晃度不应大于0.05mm。

(2) 密封环应光滑、完整，无裂纹、脱胎等现象；与转子的轴向与径向间隙应符合制造厂要求。

(3) 轴的表面、叶轮表面及流道内应光洁，无磨损、伤痕，叶轮无松动。

(4) 稳流网应清理干净。

(5) 组装扣盖时，水平结合面应紧上1/3螺栓，检查其严密性，用0.05mm塞尺塞不通，则严密性合格。根据要求，决定接合面是否抹涂料。如抹涂料，涂料层应薄而均匀。结合面螺栓应对称紧匀。

5 简述旋转阻尼的结构及检修工艺要求。

答：旋转阻尼的工作原理与径向钻孔泵的工作原理基本相同，其结构示意如图13-3所示。

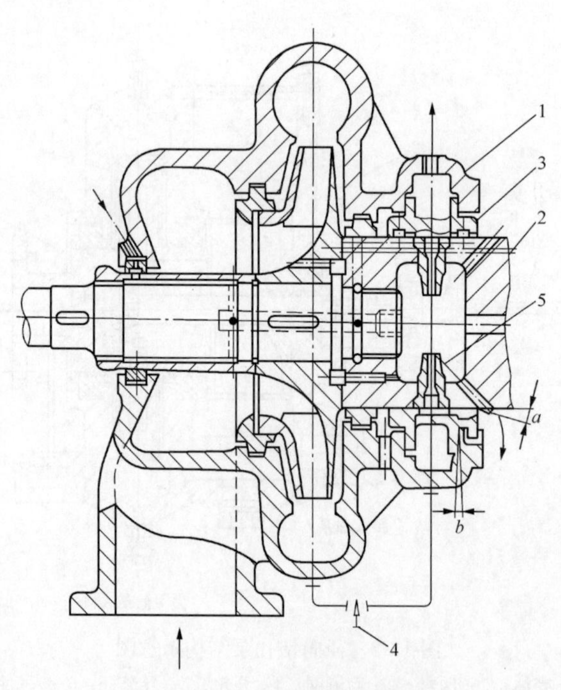

图13-3　旋转阻尼结构示意图

1—阻尼壳；2—阻尼体；3—油封体；4—针形阀；5—阻尼管

旋转阻尼的检修工艺要求如下：

（1）一般情况下不拆卸阻尼管，只用压缩空气吹干净并检查各通道畅通即可。如有损坏或其他原因时，可以更换阻尼管。

（2）转子吊出后，及时用白布包好阻尼体和主油泵叶轮，检查各阻尼管是否封牢，不可松动。

（3）密封环应光滑、完整，无裂纹、脱胎现象。

（4）旋转阻尼与主油泵轴连接在一起，应测量轴的弯曲和阻尼体的晃度。轴的最大弯曲不应超过0.03mm，阻尼体晃度应不大于0.03～0.05mm。

（5）测量阻尼体各部间隙应符合要求，一般如下：

1）密封环径向间隙为0.05～0.13mm。

2）密封环轴向间隙为0.025～0.077mm。

3）两侧油挡径向间隙为0.05～0.13mm。

4）当阻尼体与密封环的间隙大于0.2mm时，应加以处理或更换。

（6）扣盖时，应检查水平结合面严密性。紧好1/3螺栓，用0.05mm塞尺塞不通为合格。紧螺栓时，应对称紧匀。

（7）主油泵来油经过的针形节流阀阀杆螺纹应无损伤，旋转灵活。检修时应做好记录，不得随意改变节流阀的位置。

6 启动阀的功能是什么？

答：启动阀是机组启动升速的操动机构，其主要功能有三方面：一是投入危急遮断器滑阀（即挂闸）；二是启动主蒸汽门油动机；三是开启调节阀油动机。

7 同步器的作用是什么？

答：同步器的作用有以下三方面：

（1）对孤立运行的机组调整转速，以保证电能的质量。

（2）对并网运行的机组调整负荷，以满足外界用户的负荷变化要求。

（3）在机组开机时使机组转速与电网同步，以并入电网。

8 汽轮机同步器的上、下限富裕行程各起什么作用？

答：汽轮机同步器的上限富裕行程的作用是：

（1）在电网频率高时，可以并网使机组带满负荷。

（2）在机组真空低、主蒸汽参数低的情况下，可以带满负荷。

同步器的下限富裕行程可以使汽轮机在低频率时并网运行，同时机组在低频率运行中可减负荷至零，与电网解列。

9 同步器上、下限不合适有何影响？

答：同步器的工作范围调整的是否合适，对机组的正常运行有很大的影响。如上限调整太低，在电网频率高而蒸汽参数低时，机组带不上满负荷；如下限调整太高，在电网频率低而蒸汽参数较高时则不能减负荷到零。

10 检修同步器时应注意什么？

答：解体前，测量同步器滑阀由下限位置到上限位置的全行程及手摇同步器所需圈数。解体后，检查各滑阀及套筒表面有无裂纹、毛刺及锈蚀，用细油石打磨清理后，用煤油洗刷干净。测量滑阀、套筒间隙及油口过封度应符合制造厂要求。将弹簧打磨清理干净，检查弹簧弹性良好，无变形和裂纹。将各部件打磨、清理完毕，用面团黏净后进行组装。组装同步器时，齿轮联轴器应啮合良好，推力轴承安装方向正确，并可通过施加在传动弹簧上预紧力的大小来调整齿形联轴器的传递力矩。

11 同步器为什么能对单独运行的机组改变其转速对并列的机组改变其负荷？

答：同步器之所以能对单独运行的机组改变其转速，并列运行的机组改变其负荷，是因为它能平移调节系统的静态特性曲线，而它平移静态特性曲线的功能是通过改变传动放大机构和感应机构的特性来实现的。

当机组孤立运行时，它的负荷由外界负荷所决定，而转速随负荷而变化。当机组带一定负荷时，则对应一定转速，通过操作同步器使静态特性曲线平移，即在机组负荷不变时，使机组对应一个新转速，从而实现孤立运行机组改变转速的目的。

对并列运行的机组而言，机组转速由电网决定，近似不变，当操作同步器时，使静态特性曲线平移，即在机组转速不变的情况下，机组所带负荷从一个定值变为另一定值，从而实现并列运行机组改变负荷的目的。

12 按动作原理同步器可分为哪几种型式？

答：根据动作原理的不同，同步器有附加弹簧式同步器、移动错油门套筒式同步器、可动支点式同步器和改变脉冲油压控制油口式同步器四种。

13 启动阀的检修质量标准是什么？

答：启动阀的检修质量标准是：

（1）滑阀在套筒内应能自由滑动，无卡涩现象，行程符合规定要求。

（2）滑阀与套筒的脉动油口的重叠度为1mm。

（3）各齿轮啮合良好，无打滑和卡涩现象。

（4）各轴承或轴承组的轴向定位间隙不超过0.10～0.20mm。

（5）滑阀径向总间隙一般为0.07～0.12mm，并在其套筒内全行程滑动无卡涩现象。

14 危急遮断器杠杆的检修质量标准是什么？

答：危急遮断器杠杆的检修质量标准是：

（1）本部件在取出弹簧后，阀轴及联动杆能在壳体中自由移动并符合制造厂要求，且联动杆应能轻松地转动，如图13-4所示。

（2）危急遮断器滑阀处于挂闸状态时，杠杆与危急遮断器撞击子凸缘端面的间隙应为0.80～1.20mm。

（3）滑阀径向总间隙为0.07～0.12mm。

（4）联动杆动作灵活无卡涩，与危急遮断器滑阀间隙为0.20～0.50mm。

（5）全行程试验以将另一撞击子的头部让开来满足喷油试验。

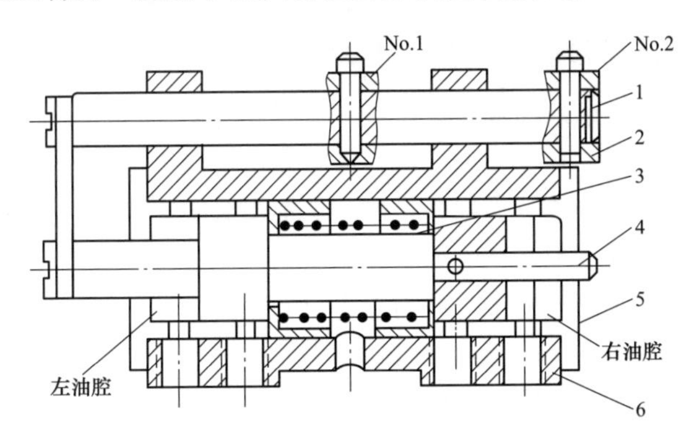

图 13-4 危急遮断器杠杆结构示意图

1—联动杆；2—杠杆；3—弹簧；4—阀轴；5—套筒；6—壳体

15 危急遮断器杠杆检修工艺及检修过程是什么？

答：危急遮断器杠杆检修工艺及检修过程是：

（1）将危急遮断器杠杆地脚螺栓拆掉，松下与喷油滑阀连接管接头，将其整体吊出。

（2）拆掉杠杆与联动杆连接螺钉，将联动杆与 No.1、No.2 杠杆整体拆下。

（3）检查 No.1、No.2 杠杆应无裂纹及较深的凹坑，否则应进行补焊或更换。

（4）拆下滑阀杠杆端套筒与壳体连接螺栓，依次拆下套筒、滑阀、弹簧，注意拆螺栓时用力应均匀、缓慢，防止弹簧弹出碰伤人。

（5）清理、检查以上各部件及壳体内部，各部件应清洁，滑阀无锈蚀及毛刺，弹簧无裂纹、偏斜，油口畅通。

（6）测量滑阀间隙及行程应符合质量标准要求。

（7）复装以上零部件，顺序与上述相反。

（8）若将 No.1、No.2 杠杆拆下，注意复装时不应倒反，螺钉应冲牢。

（9）与喷油滑阀连接油管应正确，不能倒错。

（10）若转子中心发生变化，则杠杆高低位置也应相应地变化。

16 危急遮断器滑阀的检修质量标准是什么？

答：危急遮断器滑阀的检修质量标准如下：

（1）滑阀径向总间隙为 0.06～0.11mm。

（2）芯杆径向总间隙为 0.03～0.06mm。

（3）芯杆在滑阀内行程符合制造厂要求（装弹簧后推拉测量），且能在滑阀内自由无卡涩地上下移动。

（4）滑阀行程符合制造厂要求，且在套筒内上下移动时无卡涩现象。

（5）滑阀端面与顶部油室表面应紧密贴合，接触宽度均匀、无断痕。

（6）芯杆凸肩与油口重叠度为 3mm。

（7）滑阀凸肩与油口重叠度为 5mm。

（8）两个遮断器滑阀内的部件不允许调换。

17 危急遮断器的检修质量标准是什么？

答：危急遮断器的检修质量标准是：

（1）内部应清洁无杂物。

（2）弹簧完好，无锈蚀、裂纹、损伤及变形，弹簧刚度与第一次测量值比较不超标。

（3）轴端径向圆周晃度小于0.03mm。

（4）撞击子径向总间隙及撞击子行程符合制造厂规定。

（5）撞击子头部突出轴颈1mm±0.2mm。

（6）各定位销、紧定螺钉、启封丝应冲牢。

（7）危急遮断器零件不得任意更换。

（8）如更换撞击子或其他对平衡影响较大的零件后，应与转子一起进行平衡试验。

（9）调整螺母位置拆装前后应相同，泄油孔必须畅通。

18 危急遮断器试验阀的检修质量标准是什么？

答：危急遮断器试验阀的检修质量标准如下：

（1）操作滑阀。

1）滑阀径向总间隙为0.07～0.12mm。

2）调整螺母与推动轴承间隙为0.30～0.50mm。

3）手柄操作时，上部油口对准相应壳体的油口。

4）手柄旋转方向应与危急遮断器试验顺序一致。

（2）喷油滑阀。

1）滑阀径向总间隙为0.06～0.12mm。

2）滑阀行程为1mm。

3）小滑阀与滑阀径向间隙为0.06～0.12mm。

4）小滑阀与滑阀上、下油口重叠度为4mm。

5）滑阀上、下油口重叠度为4mm。

6）喷油管清洁、畅通，喷油管出口与遮断器进油室位置符合制造厂规定。

7）旋转操作滑阀、遮断器滑阀、喷油滑阀，相互配合都与危急遮断器试验顺序一致。

19 简述离心飞环式危急保安器的构造和工作原理。

答：离心飞环式危急保安器安装在与汽轮主轴连在一起的小轴上，它由偏心环、导杆、弹簧、调整螺栓、套筒等组成。

偏心环具有偏心质量，所以它的重心与旋转轴的中心偏离一定距离，在正常运行时，偏心环被弹簧压向旋转轴，在转速低于飞出转速时弹簧力大于偏心环离心力，偏心环不动，当转速升高到等于或高于飞出转速时，偏心环的离心力增加到大于弹簧的作用力，于是偏心环向外甩出，撞击危急遮断器杠杆，使危急遮断器滑阀动作，关闭自动主蒸汽门和调速汽门。

20 简述离心飞环式危急保安器检修时的拆装步骤及注意事项。

答：离心飞环式危急保安器检修时的拆装步骤及注意事项为：

（1）拆前应仔细测量调整螺母与外平面的尺寸，并标好记号、写好记录。
（2）拆下调整螺母的顶丝，退出调整螺母，要记录其位置。
（3）拆下两侧横销的固定螺栓，用冲子冲出横销。
（4）用 T 字改锥退出导向杆，移开飞环，取出弹簧的压盖及弹簧。
（5）清理、检查并验收合格后，按照拆时的相反顺序装回。
（6）1 号和 2 号危急保安器的零件应标好记号，拆下后分开放置。
（7）调整螺母应按原位装好，用闭锁装置锁牢。
（8）横销回装时，左右要对称。

21 简述离心飞锤式危急保安器的构造和工作原理。

答：离心飞锤式危急保安器装在与汽轮机主轴相连的小轴上，它由撞击子、撞击子外壳、弹簧、调整螺母等组成。

撞击子的重心与旋转轴的中心偏离一定距离，所以又叫偏心飞锤。偏心飞锤被弹簧压在端盖一端，在转速低于飞出转速时，弹簧力大于离心力，飞锤不动，当转速等于或高于飞出转速，飞锤的离心力增加到超过弹簧力，于是撞击子动作向外飞出，撞击脱扣杠杆，使危急遮断油门动作，关闭自动主蒸汽门和调速汽门。

22 简述离心飞锤式危急保安器的拆装步骤及注意事项。

答：离心飞锤式危急保安器的拆装步骤及注意事项如下：
（1）拆下底座上的顶丝，将底座松下。
（2）取出后部的飞锤、弹簧和铜套。
（3）用煤油清洗并测量相关数据后，按照拆卸时的相反顺序原位回装。
（4）拆卸时，不要移动飞锤前部的调整螺母，以防改变飞锤的动作特性。
（5）回装时，底座的顶丝要紧好并封固牢，以防底座退出。
（6）两只危急保安器飞锤应标好记号，拆卸的零件要分开放置；回装时要对号入座，以免装错。

23 简述离心飞锤式危急保安器的检修工艺要求。

答：离心飞锤式危急保安器的检修工艺要求为：
（1）危急保安器所有零部件应用煤油清洗干净。
（2）清洗时要用绸布，严禁用带绒线的棉织布物，以防细微的杂物进入精密的配合表面。
（3）零部件的各个孔内应用压缩空气吹净，所有零部件、油室用面团黏净。
（4）回装时，各配合表面要涂上汽轮机油。

24 离心飞锤式危急保安器的检修质量标准是什么？

答：离心飞锤式危急保安器的检修质量标准是：
（1）飞锤光滑无毛刺，无严重磨损和腐蚀。如有轻微的腐蚀痕迹，可用天然油石打磨光滑；腐蚀痕迹严重时，应予以更换。
（2）弹簧应无裂纹、变形和磨损，端面平整并保持与弹簧轴线垂直。

（3）锤与套筒和调整螺母的间隙应符合要求。

（4）飞锤的最大行程及飞锤与打板间隙应符合要求。

25 离心飞锤式危急遮断器飞锤与调整螺母的配合间隙应为多少？间隙太大有何不好？

答：调整母与飞锤间隙一般应为0.08～0.12mm。

如果间隙太大离心棒容易偏斜，产生卡涩。这不但给调整危急遮断器动作转速造成困难，而且容易产生误动和拒动，影响机组安全运行或造成飞车事故。因此，如发现间隙过大应更换离心棒或调整母。

26 离心力危急保安器超速试验不动作或动作转速高低不稳定的原因是什么？

答：可能存在的原因为：

（1）弹簧预紧力太大。

（2）危急保安器锈蚀犯卡。

（3）撞击子（或导向杆）间隙太大。

（4）撞击子（或导向杆）偏斜。

27 保安系统遮断转换阀的检修质量标准是什么？

答：遮断转换阀是保安系统的工质转换控制装置，有些300MW机组危急遮断滑阀用的是汽轮机油，而控制主蒸汽阀油动机的是抗燃油，所以必须经过转换才能实现危急遮断器对主蒸汽阀油动机的控制。它的检修质量标准如下：

（1）活塞行程及滑阀行程符合制造厂规定要求。

（2）各活塞滑阀在壳体及套筒内均应移动灵活，无卡涩现象。

（3）活塞内部小孔无堵塞。

（4）滑阀间隙为0.06～0.08mm，活塞间隙为0.08～0.10mm。

28 溢油阀的检修工艺和质量标准要求是什么？

答：溢油阀的检修工艺和质量标准要求如下：

（1）松下调整螺钉的保护罩，测量、记录调整螺钉的高度。

（2）解体溢油阀，取出弹簧、托盘和滑阀。

（3）将拆下的零件及外壳用煤油清洗干净，清扫各节流孔、排汽孔，清除油垢、毛刺并用面团黏净。

（4）检查弹簧应无裂纹，滑阀无严重的磨损和锈蚀，测量各部件的间隙应合格。

（5）检修完毕，验收合格后方可回装。装配时应将滑阀和套、弹簧等部件涂好汽轮机油，滑阀动作灵活无卡涩。

（6）调整螺钉的位置与拆前相同。

29 超速试验阀的检修质量标准是什么？

答：超速试验阀主要由滑阀、套筒、壳体、轴承及手柄等组成。其检修质量标准如下：

（1）滑阀行程符合制造厂规定要求。

（2）油门重叠度为 2mm。

（3）滑阀径向总间隙为 0.06～0.12mm。

（4）各部件清洁、完好，滑阀在其行程范围内移动时无卡涩现象等。

第二节 汽轮机调节系统的静态特性

1 何谓错油门的过封度？错油门过封度的大小对调速系统有什么影响？

答：错油门的凸肩和套筒上的油口组成一个可调节的油路。断流式错油门在平衡状态下处于中间位置，此时错油门的凸肩将套筒上的油口关闭。为了关闭严密不致因其他波动将油口打开，造成调节系统摆动，故错油门的凸肩尺寸总要比窗口的大些，以将窗口过度封严，凸肩超过油口的部分称为过封度。

过封度太大，油口开启需用时间长，调节过程迟缓；如果没有过封度或过封度太小，容易发生油口打开，造成调节系统摆动。

2 何谓调速系统的静态特性？何谓调速系统的静态特性曲线？

答：在稳定工况下，孤立运行的机组转速随外界负荷变化莫测而变化。即外界负荷增加，转速降低，外界负荷减少转速升高，它们之间有一定的关系，这种关系称为调速系统的静态特性。

转速与负荷的关系曲线，称为静态特性曲线。

3 为什么调速系统迟缓率过大会引起负荷摆动？

答：由于迟缓率的存在，实际上的静态特性曲线不是一条线，而是一条带状（见图 13-5），这称为不稳定区。当机组并列运行时，转速为 n_0，负荷可以在 P_1～P_2 之间游动，造成负荷摆动和负荷自动滑坡；当机组孤立运行时，负荷 P_1 下的转速可在 n_0～n'_0（即机组对应负荷 P_1的实际转速）之间变化，造成转速摆动和电能质量不稳。

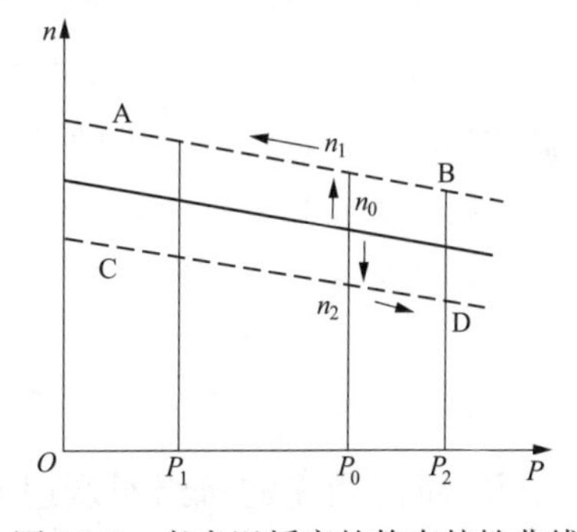

图 13-5 考虑迟缓率的静态特性曲线

4 对局部速度变动率有何要求？

答：所谓局部速度变动率，就是静态特性线上某一点的斜率用 δ_L表示：$\delta_L = d_n/d_N \times N_0/n_o \times 100\%$。局部速度变动率太小将会引起负荷摆动，而局部速度变动率太大，则在此功率下电网负荷变化时该机组负荷变化较小，几乎不参加调频，所以局部速度变动率太大或太小，在一般情况下都是不能满足要求的。因此对于高参数大容量机组的特性明显分为两段或三段。在额定负荷区域内，局部速度变动率很大，而在低于额定负荷的一段区域内，局部速度变动率较小，但局部速度变动率通常不小于总的速度变动率 0.4 倍，这样既保证了带基本负荷的要求，同时又保证了甩负荷时危急遮断器不动作。

5 简述调速系统静态特性四象限图的测取方法，并绘图予以说明。

答：调速系统的静态特性是由转速感应机构、传动放大机构和执行机构的静态特性决定的，它是这三个特性的综合体现。通过空负荷试验和带负荷试验，可以测得上述三个机构的特性，分别画入第二、三、四象限中（见图 13-6），然后用作图法求出第一象限中的曲线，即调速系统静态特性曲线。

作图法如下：利用第二、三、四象限图中任意一条曲线为基准（现以第二象限为例），在曲线上找出若干个点（如 1、2、3 点），然后找出第三、四象限相应的点，分别向第一象限画坐标线，且相交于第一象限 1′、2′、3′点。连接这些点，便求出调速系统静态特性曲线。

从图 13-6 中不难看出，改变这三个特性中的任意一个静态特性，都会引起调速系统静态特性的改变。

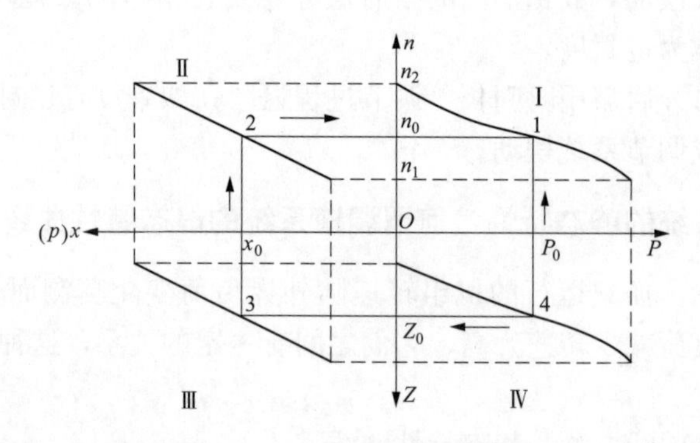

图 13-6 调节系统静态特性

6 迟缓率对汽轮机的运行有何影响？对迟缓率有何要求？

答：迟缓率的存在延长了从外界负荷变化到汽轮机调速汽门开始动作的时间间隔，即造成了调节的滞延。迟缓率过大的机组，孤立运行时，转速会自发变化造成转速摆动；并列运行时，机组负荷将自发变化，造成负荷摆动。在甩负荷时，转速会激增产生超速，对运行非常不利，迟缓率增加到一定程度，调速系统将发生周期性摆动。甚至扩大到机组无法运行，所以迟缓率是越小越好。

一般情况下迟缓率不大于 0.2%～0.5%，国际电工委员会（IEC）推荐不大于 0.06%。

7 不同用途的机组对调速系统的静态特性曲线有什么不同要求？

答：几台机组在同一电网并列运行，当因电负荷发生变化而引起频率变化时，所有机组的转速仍然是一致的，但各机组负荷的变化却不相同，它取决于各机组静态特性曲线的情况：静态特性曲线比较平坦（即速度变动率小）的机组，负荷变化较大；而静态特性曲线较陡（即速度变动率大）的机组，负荷变化较小。一般带基本负荷的大型机组都期望能够在经济负荷下稳定运行，因此速度变动率要大些；而对于带尖峰负荷的机组，则速度变动率要小些。

8 何谓调速系统的迟缓率？它是如何产生的？

答：由于调速系统各运动元件之间存在着摩擦力，铰链中的间隙和滑阀的重叠度等原因，使调速系统的动作出现迟缓，即各机构升程和回程的静态特性曲线都不是一条，而是近似平行的两条曲线。因此，使机组负荷与转速不再是一一对应的单质对应关系，在同一功率下，转速上升过程的静态特性曲线和转速下降过程的静态特性曲线之间的转速差 ΔN，与额定转速 N_0 比值的百分数，称为调速系统的迟缓率，即：$\varepsilon=\Delta N/N_0\times100\%$。

9 通过哪些方法可以减小调速系统的迟缓?

答：考虑到调节系统的迟缓是各部元件迟缓的叠加，所以为了减小系统的迟缓，应努力减小调速器、传动放大机构及配汽轮机构的迟缓。

现代汽轮机大多使用液压转速感受元件，因此调速器的迟缓率较小。但是对于一般的机械式转速感受元件，由于存在机械摩擦阻力及杠杆连接处有间隙，故迟缓率一般较大。通常采用提高材料硬度，降低元件表面粗糙度；在机械连接处采用刀口支撑，以及采用新型调速器（如无铰接的高速弹性调速器）等办法来减小迟缓。为避免机械传动部分间隙的影响，也可利用弹簧或油压把相互连接的元件一直推向一侧。传动放大机构多由滑阀、套筒及滑环等组成。虽然这些元件本身制造时加工都很精细，润滑也很好，但是安装时如果中心不正或运行中热膨胀不好，就会引起元件的卡涩，使调节系统产生很大的迟缓。主要有：

（1）因弹簧作用力偏斜而引起迟缓。在调节系统中，广泛使用着弹簧。当弹簧的两端不平行或其中心线偏斜时，若在滑阀端面上有油压作用力，则上、下两端面上总压力的方向不在一条直线上，产生一力偶，在滑阀凸肩边缘和套筒壁面之间产生很大的阻力，使迟缓增大。

为了消除由于弹簧作用力偏斜而产生的迟缓，常采用的措施有：在调节系统中尽可能避免使用弹簧；当需使用弹簧时，尽可能使用拉伸弹簧，而不使用压缩弹簧；当采用压缩弹簧时，应使用活动支撑。

（2）滑阀四周油压分布不均引起的迟缓。由于滑阀四周的间隙存在漏油，当漏油沿四周分布不均匀时，沿滑阀圆周上的压力分布也将不均匀，由此产生侧向作用力。

为克服这个侧向力而引起的迟缓，常采用的措施有：

1）在滑阀上开均压槽。这是简单而行之有效的办法。均压槽不仅使滑阀圆周上的油压分布均匀，而且还可存贮油中的杂质，减小由于油中杂质存在而引起的摩擦。

2）采用自动对中滑阀。其工作原理是一次油进入滑阀底部，由中心孔再进入滑阀上互相垂直的四个凹槽内（各凹槽和中心孔之间有小孔相通）。凹槽中的油再通过滑阀和套筒间的间隙由排油口流出，如图 13-7 所示。例如：当滑阀偏斜时，滑阀向左侧靠近，则凹槽 1 的排油间隙缩小，使凹槽 1 的油压 p_1 升高，凹槽 2 的油压 p_2 降低，由于 $p_1>p_2$，故油压差把滑阀从间隙较小的一侧推向中心，保证了滑阀能自动对中。由于连通中心孔的小孔的直径尺寸很小，油流中的杂质易于使小孔堵塞。小孔堵塞后，不仅使滑阀失去自动对中的作用，而且产生一个很大的侧向推力，反而增加滑阀运动中的阻力。为此，通常在油的进口装设滤网。

3）使用旋转滑阀。旋转滑阀的结构，使压力油经过滑阀上的三对斜孔沿切线方向喷出，在油流的反作用下，滑阀旋转，并在滑阀和套筒的间隙中形成油楔。当滑阀偏心时，油楔压力将滑阀推向中心，同时由于油楔的存在，消除了滑阀轴向移动时的干摩擦。

（3）油流的反作用力。在滑阀未运动前，油口是被挡住的。当滑阀向下运动时，油口被

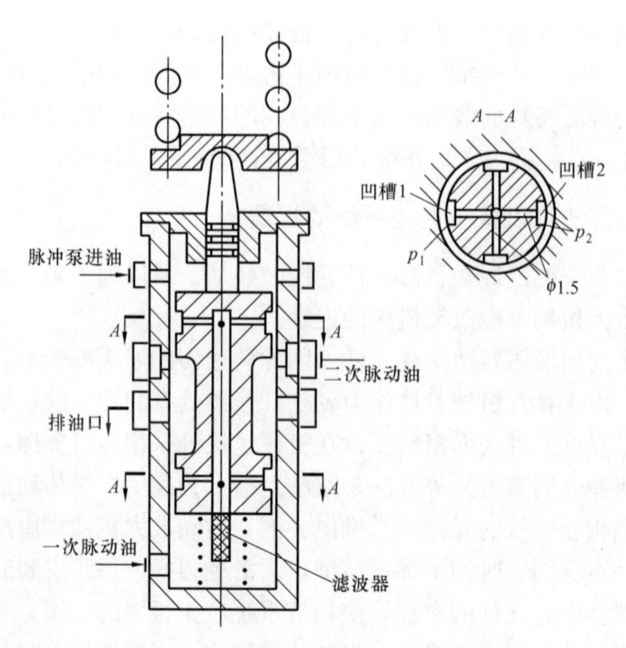

图 13-7　自动对中滑阀的工作原理

打开，压力油不是按径向而是按某一角度 α，以一定的流速 v 流出，结果油流对滑阀产生一个阻止其向下运动的垂直力（因为油口沿圆周一般是对称布置，故侧向力互相抵消）。为了减小此油流的反作用力，可使滑阀凸肩带有一定的型线，使油流转向，如图 13-8 所示。油流被转向后，其方向角 α 增大，从而使油流反作用力变小。

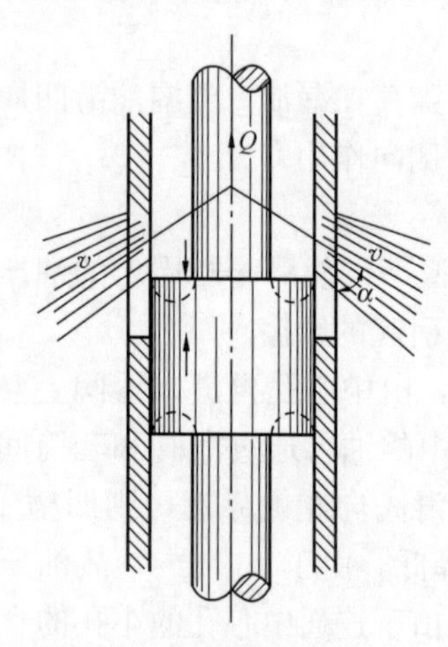

图 13-8　滑阀上油流的反作用力

（4）克服由于过封度引起的迟缓。由于过封度的存在，降低了调节系统的灵敏度，使调节系统的迟缓增大。为了克服过封度所引起的迟缓，可以在滑阀的过封度部分制成齿形缺口，使过封度变小。只要滑阀稍许离开中间位置，就有少量的油从进油口流入油动机，因而消除了油动机的迟缓。同时，由于油量很少、油流速很低，因此油动机活塞移动的速度很慢；而油压波动的频率又是比较高的，在油动机活塞还没有什么移动时，滑阀又向相反方法运动了，因此不易引起调节系统的摆动。

此外，在配汽轮机构中，调节汽门的门杆卡涩也会引起迟缓。这通常是由于蒸汽品质不好而使门杆结垢、在高温条件下产生氧化物落入间隙、门杆材料热处理不好，运行一段时间后产生变形以及门杆的门套材料配合不好、间隙不合适等原因所致。

10　何谓调速系统的速度变动率？其大小对汽轮机有何影响？

答：孤立运行的汽轮机组，在空负荷时的稳定转速 n_{max} 与满负荷时的稳定转速 n_{min} 之间的差值，与额定转速 n_0 比值的百分数，称为调速系统的速度变动率，即：$\delta=(n_{max}-n_{min})/n_0\times100\%$。

速度变动率表明汽轮机从空负荷到满负荷转速的变化程度，对汽轮机运行有很大影响。速度变动率不宜过大和过小，汽轮机的速度变动率一般为3%～6%，如果速度变动率过小时，调速系统表现过于灵敏，电网频率的较小变化，可引起机组负荷较大变化，产生负荷摆动，影响机组安全运行；速度变动率过大，调速系统工作稳定性好，但当机组甩负荷时，动态升速增加，容易产生超速。

11 何谓调速汽门的重叠度？

答：对于喷嘴调节的机组，多采用几个调速汽门依次开启来控制进入汽轮机的蒸汽量。为了得到较好的流量特性，在安排调节汽门开启的先后关系时，在前一个阀门尚未全开时，后一个阀门便提前开启，这一提前开启量，称为调速汽门的重叠度。一般重叠度约10%左右。

12 调速汽门重叠度为什么不能太小？

答：调速汽门重叠度太小直接影响配汽轮机构静态特性，使配汽轮机构特性曲线过于曲折而不是光滑连续的，造成调节系统调整负荷时，负荷变化不均匀，使油动机升程变大，调速系统速度变动率增加，它将引起过分的动态超速。

13 调速汽门重叠度为什么不能太大？

答：调速汽门重叠度太大也会直接影响配汽轮机构静态特性，使静态特性曲线斜率变小，或出现平段，使速度变动率变小，造成负荷摆动或滑坡，同时调速汽门重叠度太大会使节流损失增加。

14 调节系统静态特性的要求有哪些？

答：参照国际电工委员会（IEC)45号建议书，应对调节系统的静态特性提出下列要求：

（1）有随功率增加而转速下降的可调倾斜特性，倾斜性用速度变动率δ表示，一般取3%～6%，不允许超过6%。

（2）局部速度变动率δ_{Lmin}不小于总的速度变动率0.4倍。

（3）在0～100%负荷范围内，无一定限制。

（4）在90%～100%负荷范围内，δ_{Lmin}应不超过总的速度变动率的3倍。

（5）有平移静态特性的同步器，同步器范围一般在频率增加方向能升高δ+(1%～2%)；在下降方向能降低3%～5%。IEC规定，在空负荷时，可调整转速范围为额定转速的−6%～6%。

（6）静态特性的上、下行线具有不重合性，以迟缓率ε表示，一般不大于0.2%～0.5%，IEC推荐不大于0.06%。

（7）在额定参数条件下，汽轮机应能维持空负荷稳定运行。

（8）并列运行时，由调速系统引起的功率摆动不应超过$1.1\varepsilon/\delta_L$；单机运行时，相应的转速摆动不应超过1.1ε。

15 如何改变和调节调速系统的静态特性？

答：调速系统静态特性是由敏感机构特性、传动放大器机构和执行机构特性三部分来决定的，改变这三个特性中任何一个特性都会引起调速系统静态特性的改变。

调速系统工作不稳定的主要原因是：

（1）离心式调速器周期性跳动。

（2）油系统中有空气和机械杂质。

（3）液压调节系统中油压波动。

（4）调节系统中部件漏油。

（5）调节系统中调节部件磨损、腐蚀和卡涩。

（6）调速系统迟缓率太大，静态特性不佳。

（7）反馈率不足。

16 调速系统带负荷摆动的原因是什么？

答：产生带负荷摆动的主要原因是：

（1）调速系统局部速度变动率太小。由于调速汽门重叠度太大或是其他原因，使调速系统静态特性曲线局部过于平缓，造成在此平缓区间负荷摆动。

（2）调速系统迟缓率太大。造成调速系统迟缓率大的原因很多，如：调速系统部件磨损，部套卡涩、松旷、断流式错油门过封度大等。

（3）油动机反馈油门不灵（卡涩）。

（4）油中有水或空气。

（5）油压波动。

（6）主油泵带着调速器串动。

17 怎样用四点法测定调速系统的速度变动率？

答：四点法是在危急遮断器手动试验和超速试验合格后，汽轮机在无励磁运行情况下进行的。其方法如下：

（1）将同步器放在低限位置，当机组稳定运行后，记录此转速，然后关闭主蒸汽门，使转速缓慢降低，直到油动机或调速汽门开至满负荷行程为止，记录此时转速 N_c。

（2）将同步器放在高限位置，当机组稳定运行后，记录此转速 N_b，然后，同样关闭主蒸汽门，使转速降低，直到油动机或调速汽门开至满负荷行程为止，记录此时转速 N_D。将上述记录的四个转速用额定转速的百分数来表示，即 A、B、C、D。AB 曲线为空负荷运行时不同的同步器位置下汽轮机转速变最低转；CD 曲线为满负荷运行时不同的同步器位置下汽轮机的转速变化。这两条曲线代表空负荷和满负荷下运行量，同步器位置和转速关系。因此，某一同步器位置所对应的两曲线转速之差与额定转速比值的百分数，即为该同步器位置时的转速变动率。

在横坐标额定转速位置上做一条垂直线交 AB 和 CD 于 E 和 F，由 E 和 F 表示在额定转速下同步器的调整范围，再通过 EF 线的中点作水平线，交 AB 和 CD 于 OO′点，汽轮机由空负荷到满负荷转速变化值，所以调速系统的速度变动率为 $\delta=(N_0-N_0')/N_B\times100\%$，如图 13-9 所示。

18 汽轮机速度变动率 *δ* 和油动机时间常数 *T*，对动态飞升过程有何影响？

答：速度变动率越大，转速飞升越高，过渡过程衰减越快，超调量越小；时间常数越

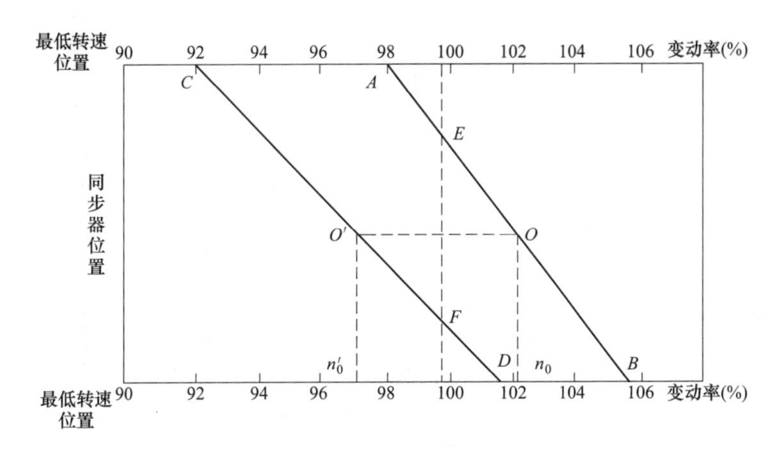

图 13-9 四点法测定调速系统速度变动率的方法

大，最大飞升转速越高，超调量越大，过渡过程越大，衰减速度越慢。

19 何谓调速系统的动态品质？

答：调速系统动态起调量的大小和超调量的衰减速度，称为调速系统的动态品质。

第三节 主油泵及其他油泵的检修

1 径向钻孔式调速泵检修的一般质量标准是什么？

答：如图 13-10 所示为径向钻孔式调速泵结构示意，其检修质量标准为：

（1）调速泵与主油泵中心偏差小于 0.05mm。

（2）回装时保证叶轮与稳流网在圆周间隙相等。

（3）导杆及联轴器的径向跳动值不大于 0.03mm。

（4）发信头压盖与轴承间隙为 0.15mm。

（5）油封环光滑，无毛刺，前油封环间隙小于 0.10mm，中、后油封环间隙为 0.15～0.20mm。

（6）弹簧无裂纹、无变形，轴承无锈蚀、清洁转动灵活。

（7）各定位销、启封丝应紧固封牢，无松动。

（8）调速泵清洁度符合有关标准。

2 简述立式油泵的检修质标准。

答：立式油泵的检修质量标准为：

（1）轴弯曲小于或等于 0.05mm。

（2）轴窜动在 0.2～0.35mm 之间。

（3）密封环间隙为 0.2～0.23mm。

（4）下部导轴承与轴套的总间隙为 0.075～0.142mm。

（5）推力轴承与轴套的总间隙为 0.3～0.4mm。

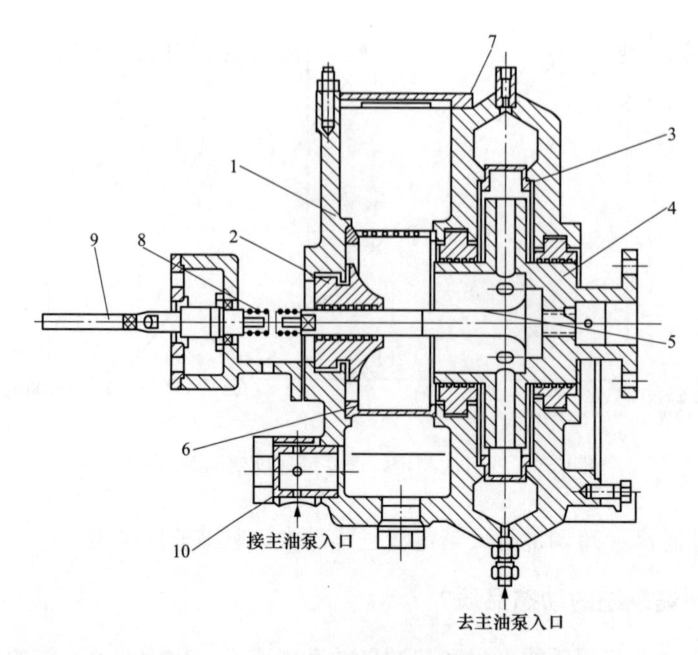

图 13-10　径向钻孔式调速泵结构示意图

1—壳体；2—油封；3—稳流网；4—泵轮；5—导流杆；6—入口网；7—溢流盖；8—弹性联轴器；9—导杆；10—特制连接管

(6) 各轴承应转动灵活，无卡涩、无锈蚀。

(7) 叶轮瓢偏值小于或等于 0～1mm。

(8) 叶轮晃度小于或等于 0.2mm。

(9) 找中心圆差和面差均小于或等于 0.05mm。

(10) 叶轮应无磨损、裂纹。

3 油系统排烟风机的检修质量标准是什么？

答：油系统排烟风机的检修质量标准如下：

(1) 机内无锈蚀，风轮与轴无松动，风轮无锈蚀，无裂纹。

(2) 风轮与壳体无卡涩现象，各接合面无渗漏。

(3) 油烟分离器干净无污、无锈蚀，疏油管畅通。

(4) 风叶静平衡偏差不超过 3g，运转时振动在 0.05mm 以下。

4 离心式主油泵有何特点？

答：离心式主油泵在目前机组中得到了极为广泛的应用，它直接装在汽轮机的主轴上，离心泵具有很大的超载能力，当油动机快速动作时流量会大量增加而压力却几乎不变，这就增加了调速系统工作的稳定性。离心式主油泵入口油压必须高于大气压，以防进入空气使供油中断。因此，主油泵的入口必须装设射油器。

5 双侧进油离心式主油泵的检修，应做哪些检查、测量和修复工作？

答：双侧进油离心式主油泵检修，应做的检查、测量和修复工作为：

（1）主油泵解体前应测量转子的推力间隙，此间隙不宜太大，一般应在0.08～0.12mm间，运行中最大不超过0.25mm。如推力瓦磨损间隙太大，应采取堆焊的方法进行处理。在补焊时应考虑保证转子的轴向位置不要改变，以防改变调速器夹板与喷嘴的间隙。

（2）检查主油泵轴瓦及推力瓦。检查轴承合金表面工作痕迹所占位置是否符合要求，轴承合金有无裂纹、局部脱落及脱胎现象，合金表面有无磨损、划痕和腐蚀现象，测量轴瓦间隙应符合要求。

（3）测量密封环间隙。密封环间隙随着机组不同，各制造厂都有规定，一般密封环间隙为0.40～0.70mm。

（4）用千分表测量检查叶轮的瓢偏及晃度，晃度一般不大于0.05mm。

（5）检查主油泵叶片有无汽蚀和冲刷，如汽蚀和冲刷严重，应加以处理或更换配件。

（6）检查泵的结合面应严密。清理干净后紧好螺栓，0.03mm的塞尺塞不进为合格。

（7）全部结合面螺栓紧好后，泵的转子转动灵活，出口止回阀应严密、灵活、不卡涩。

6 主油泵找中心有何要求？

答：一般要求主油泵转子中心较汽轮机转子中心略高，要按制造厂要求规定调整，其目的主要考虑正常运行后补偿由于温度而造成的膨胀差。主油泵中心比汽轮机转子中心偏高0.075～0.10mm，如中心不合格则应进行重新调整。

7 径向钻孔泵为什么能作为转速的敏感元件？

答：径向钻孔泵的工作原理和性能与离心泵相同，即泵的出口油压与转速的平方成正比，同时径向钻孔离心泵有一个很大的优点，就是它的出口油压，仅与转速有关，而与流量几乎无关，其特性曲线在工作油量范围内比较平坦，近似一根直线，所以它可以作为转速的敏感元件。

8 单侧进油主油泵的检修，应做哪些检查、测量和修复工作？

答：单侧进油主油泵的检修，应做的检查、测量和修复工作为：

（1）检修时注意各部件的拆前位置并做好记号，定位环的上、下半环不要装错，短轴的限位螺栓应记好位置。

（2）检查密封环是否有磨损，间隙是否合乎要求。如果磨损严重、间隙增大时，应采取堆焊法进行处理。

（3）组装前要用红丹粉检查泵轮端面与短轴端面，轴套与泵轮外端面的接触情况，要求应沿圆周方向均匀接触，否则应进行研刮。

（4）组装时要测量轴弯曲，应小于0.05mm。

（5）小轴的弯曲应小于0.03mm。

9 简述立式油泵的检修工艺。

答：立式油泵的检修工艺为：

（1）卸下对轮螺栓，吊走电动机。

（2）卸开与泵连接的油管和油箱盖连接螺栓，把泵吊到检修场地，进行解体测量。分解前做各结合面相对位置记号。

（3）旋下对轮顶丝，用专用工具把对轮拔出。

（4）卸下轴承压盖，旋下锁紧螺母。

（5）卸下上法兰，拆下密封压盖，掏出填料，连同轴承一起吊出。

（6）将滤网同锥形吸入室一同拆下，取出密封环压盖，测量并记录叶轮的瓢偏及轴端跳动。

（7）旋下叶轮锁紧螺母，抽出叶轮，取出支撑盘推力轴承、轴套、推力盘。

（8）卸下泵壳与出油管，将结合面分开，抽出轴。

（9）测量轴弯曲、密封环间隙，检查有无磨损、锈蚀，检查轴承的磨损情况，分解的各部件用煤油清洗干净。

（10）组装过程按与分解相反顺序进行，注意加填料不要加得太紧。

（11）在组装过程中，对轮的瓢偏，晃动度进行测量，应符合质量标准。

10 螺杆泵的检修要求是什么？

答：螺杆泵的检修要求是：

（1）解体前测量主动轴窜动，做好记录。卸下泵对轮侧端盖螺栓，抽出主动螺杆及从动螺杆，检查轴颈与轴瓦有无磨损。测量径向间隙，检查机械密封的接触情况。

（2）用清洗剂将泵壳及腔室油污清理干净后，再用水冲净；用白布擦干净，检查泵件无缺陷、裂纹，螺杆与中心油孔洁净畅通，机械密封各部件完好，各部间隙符合技术要求。

（3）组装时按与分解相反的顺序组装，组装好后重新测量主动轴的窜动。

11 如何进行射油器的检修？

答：射油器在无缺陷的情况下一般不进行检修，如需检修，按以下步骤进行：

（1）卸下紧固螺栓，拆下进油管喷嘴、油室和扩压管。

（2）清洗检查各部件，喷嘴及扩散管应光滑、无毛刺及严重锈蚀；油室无杂物。

（3）拆前测量喷嘴到扩压管的间距、喷嘴口直径和扩散管喉部直径，并做好记录，回装时保证以上原始尺寸。

（4）回装后螺栓应紧固可靠。

第四节　高低旁系统设备的检修

1 简述苏尔士公司高低压旁路系统供油泵（轴向柱塞泵）的检修步骤。

答：检修柱塞泵时，需先拆下空气滤网，用手摇泵将油箱内的油抽净，然后按以下步骤进行：

（1）拆开油箱侧面的孔盖，将油泵出入口管接头拆开，取下入口滤网和出口管。

（2）从油箱上部拆下电动机后，松开紧固于油箱上壁的固定螺栓，从上部将油泵整体取出。

（3）旋下油泵吸入管，松开油泵下部连接螺栓，取出下部滚柱轴承两侧弹簧挡圈，即可将油泵解体。注意不要损伤各密封圈。

（4）检查各柱塞表面无毛刺、拉伤、锈蚀，柱塞弹簧无扭曲、裂纹、锈蚀，弹性良好。装入弹簧后，各柱塞上下运动灵活无卡涩。

（5）检查各柱塞下单向阀工作灵活无卡涩、无堵塞，弹簧无扭曲及裂纹。

（6）检查推力轴承、滚柱轴承及偏心盘滚柱轴承转动灵活无松旷；滚珠、滚柱及轴承内外圈表面无麻点、锈蚀，如轴承不良时应更换轴承。检查偏心盘表面无磨损、拉伤，偏心盘转动灵活，与各柱塞接触良好。

（7）将柱塞泵各部件清理干净后，检查各密封圈有无损坏，如有应予以更换。进行组装后用手盘动应灵活。

2 高低旁系统供油装置检查清理应注意事项是什么？

答：高低旁系统供油装置检查清理应注意的事项有：

（1）油泵出、入口滤网及出口管路上的滤网、滤芯都应拆出进行检查清理。

（2）油泵出口安全阀及压力开关如无问题，不必进行解体。

（3）检查油泵出口单向阀应动作灵活、无卡涩。

（4）清理油箱内油污后，用面团将油箱黏净。

以上工作完成后，将油泵装入油箱，连接好出入口油管，装好油箱盖板及出口滤油器和空气滤网。拆开油箱上部来回油管接头，将油箱侧丝头用白布封好。用齿轮泵、临时油管路和供回油管路组成一个循环油路，用干净的高压抗燃油进行油系统管路的循环冲洗。注意冲洗前应先将系统中各滤油器滤芯拆除。系统冲洗经化验合格后，装好各滤油器滤芯，连接好油管路，油箱装油。

3 简述高低旁系统伺服阀 ST 的结构及工作原理。

答：伺服阀由两部分组成，即上部的电磁操作部分和下部的滑阀部分，如图 13-11 所示。

电磁阀带电后使控制拨叉动作，拨叉使滑阀产生位移，使阀门执行机构活塞上下油压差发生变化，从而使阀门动作。当电磁阀带电使拨叉向左运动时，滑阀右侧接通回油，使滑阀两端产生压差，滑阀向右移，使执行机构活塞上部接通压力油，而活塞下部接通回油，活塞在上下油压差的作用下向下移动，将阀门关小。电磁阀失电后，拨叉将两个泄油油孔都堵死，滑阀重新回到中间位置，活塞上下油压又达到平衡，阀门停留在某一位置上。同理，电磁阀带电使滑阀向右移动时，活塞上部接通回油，下部接通压力油，使活塞向上移动，将阀门开大。

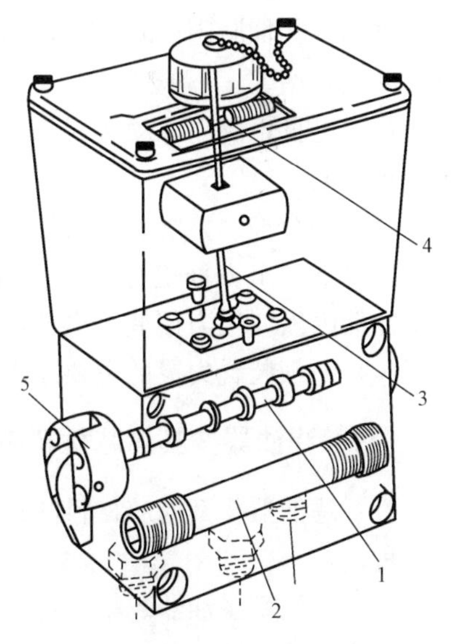

图 13-11 伺服阀

1—滑阀；2—滤芯；3—拨叉；4—电磁控制装置；5—手动手柄

4 简述高旁系统闭锁装置的作用及检修步骤。

答：闭锁装置是一个电液控制导向阀，它只和伺服阀一起使用，其作用是在系统失去油压或电磁阀失电的情况下，滑阀受弹簧力的作用，切断连接伺服阀与阀门驱动装置之间的油路。

高旁系统闭锁装置的检修步骤如下：

（1）拆下伺服阀后，热工拆线及电磁阀部分。

（2）拆下闭锁装置固定螺栓，拆下闭锁装置后，即可解体或更换闭锁阀。

（3）闭锁装置解体（液压部分）：

1）拧松手动扳把的螺钉，并拆下扳把。

2）用专用工具拉出手控杠杆，可更换其密封圈。

3）用专用工具拉出滑动块，可更换其密封圈。

4）回装与分解顺序相反。

（4）清理必须使用航空汽油，并保证环境及闭锁装置的清洁。

5 高旁系统快速动作装置的作用和结构是什么？

答：快速动作装置是用来控制阀门执行机构的最简单的装置，它的主要部件是一个有两个电磁线圈的三位四通阀。它用控制模块完成控制阀门驱动装置的作用，使驱动装置无任何漂移地按预定方向快速动作。检修时先拆除上部电磁阀，用油冲洗下部阀体内部各腔室通路，保证各通路畅通清洁无堵塞，检查各密封圈无损坏。

6 高、低旁系统一些常见故障的原因是什么？

答：高、低旁系统常见故障的原因为：

（1）油系统供油压力偏低，其主要原因有：①泵出口安全阀调整不当或工作失常；②油系统外部管路或个别装置有严重漏油；③油箱内部油管路泄漏。

（2）阀门执行机构拒动或动作太慢，其主要原因有：①入口滤油器滤芯脏污堵塞，影响正常供油；②伺服阀滤芯脏污，堵塞；③伺服阀电磁阀失常拒动；④伺服阀小滑阀上两侧和中间的油孔堵塞，不畅通。

由此可见，阀门驱动装置拒动的根本原因是油系统脏污，因此保证整个油系统的清洁是十分重要的。

（3）安全控制系统动作太慢。安全控制系统作为快开或快关装置使用时，如动作太慢，应考虑以下几个方面的原因：①止回阀卡涩造成油路不畅；②油系统较脏，使油路受堵；③蓄能器内氮气压力偏低、供油压力下降，使动作速度减慢，或是闭锁装置失灵。

（4）闭锁装置失灵的主要原因可能是电磁阀失灵或弹簧工作失常。

7 滤油器按其滤芯材料来分可以分哪几类？各有什么特点？

答：滤油器按其滤芯材料的过滤机制来分：表面型滤油器、深度型滤油器和吸附型滤油器三种。

（1）表面型滤油器。整个过滤作用是由一个几何面来实现的，滤下的污染杂质被截留在滤芯元件靠油液上游的一面。滤芯材料具有均匀的标定小孔，可以滤除比小孔尺寸大的杂质。由于污染杂质集聚在滤芯的表面，因此很容易被阻塞。

（2）深度型滤油器。这种滤芯材料为多孔可透性材料，内部具有曲折迂回的通道。大于表面孔径的杂质直接被截留在滤芯的外表面，较小的污染杂质进入滤材内部，撞到通道壁上，由于吸附作用而得到滤除。滤材内部曲折的通道也有利于污染杂质的沉积。

（3）吸附型滤油器。这种滤芯材料把油液中的杂质吸附在其表面上。

8 滤油器应如何选用和安装？应注意的问题是什么？

答：滤油器按其过滤准确度的不同：有粗过滤器、普通过滤器、精密过滤器和特精过滤器四种，它们分别能滤去大于100μm、10～100μm、5～10μm和1～5μm大小的杂质。选用过滤器时，应注意的问题是：

（1）过滤准确度应满足预定要求。

（2）能在较长时间内保持足够的通流能力。

（3）滤芯具有足够的强度，不因液压作用而损坏。

（4）滤芯抗腐蚀性能好，能在规定的温度下持久地工作。

（5）滤芯清洗或更换应简便。

因此，滤油器应根据液压系统的技术要求，按过滤精度、通流能力、工作压力、油液黏度及工作温度等条件来选定其型号。

第十四章

汽轮机附属水泵

第一节　水泵检修的基本知识

1 怎样测量泵轴的弯曲？

答：泵轴弯曲之后，会引起转子的不平衡和动、静部分的磨损，因而在大修时都要对泵轴进行轴弯曲的测量。

如图 14-1 所示，把轴的两端架在 V 型铁上，V 型铁要放稳固。再把千分表支上，表杆指向轴心。然后缓慢地盘动泵轴，在轴有弯曲的情况下，每转一周千分表有一个最大读数和一个最小读数，两个读数之差就说明轴的弯曲程度。

这个测量实际上是测量轴的径向跳动，径向跳动也叫晃度。晃度的一半就是轴弯曲。一般轴的径向跳动是：中间不超过 0.05mm，两端不超过 0.02mm。

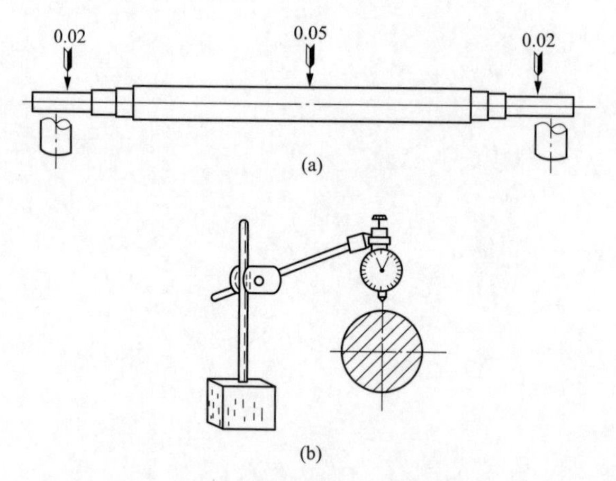

图 14-1　测量轴的弯曲

（a）泵轴两端放在 V 形铁上；（b）表杆正对轴心

2 为什么要测量水泵转子的晃度？

答：测量转子的晃度，目的就是要及时发现转子组装中的错误（如组装中使轴发生了弯曲），或发现转子部件的不合格情况（如叶轮与泵轴不同心等）。

测量晃度的方法与测量轴弯曲的方法相同。

一般各密封环（卡圈）的径向跳动不超过 0.08mm，轴套不超过 0.04mm，两端轴颈不超过 0.02mm。在这道工序里，必须同时测量转子各级叶轮的距离，如图 14-2 所示。距离尺寸要严格符合图纸要求，如误差过大，则必须调整。

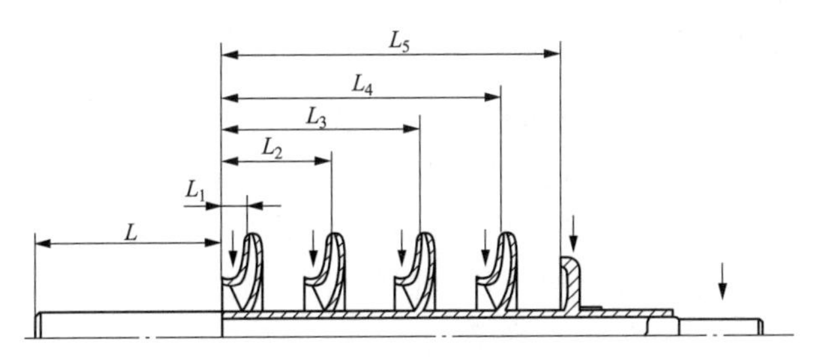

图 14-2　测量转子的径向跳动和各级叶轮的距离

3 为什么要测量平衡盘瓢偏？如何测量？

答：因为平衡盘有瓢偏之后，其端平面与轴心线就不垂直，组装后使平衡盘与平衡环之间出现张口，无法平衡轴向推力，会使平衡盘磨损，电动机过负荷。所以，凡装有平衡盘装置的水泵都要进行瓢偏测量，如图 14-3 所示。

测量方法是：将两只百分表放在平衡盘直径相对 180°的方向上，注意必须放在平衡盘的同一侧，并将表杆指向工作面。这样在转子发生轴向偏移时，两只百分表读数同时增加或减少，而差值不变。

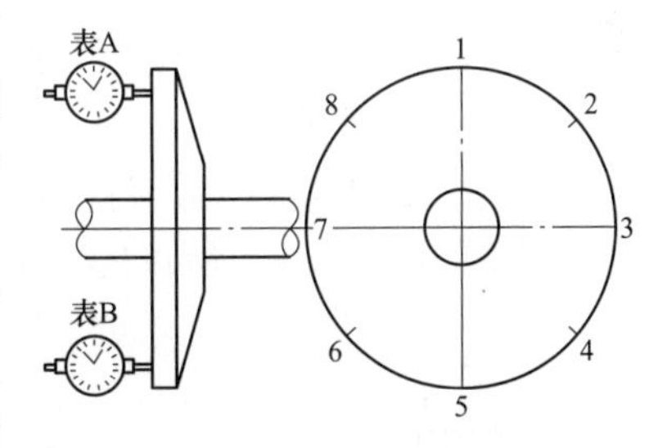

图 14-3　平衡盘瓢偏

事先把平衡盘分成 8 等份，百分表读数定在“指针读数 50”处。然后盘动转子，记录转子在各位置时两只百分表的读数填入下表。注意测量时转子每转一周回到原位置时，插入表头两只百分表的读数应相同，否则说明百分表稳固不良。以表 14-1 的实例来进一步说明。

表 14-1　平衡盘瓢偏测量实例　（0.01mm）

位置序号	A	B	A-B	端面跳动及瓢偏度
1-5	50	50	0	端面跳动=0.06mm 瓢偏度=0.06/2=0.03mm
2-6	53	57	−4	
3-7	49	52	−3	
4-8	47	79	−2	
5-1	42	46	−4	
6-2	53	55	−2	
7-3	46	44	+2	
8-4	55	58	−3	
1-5	60	60	0	

从记录表上可以看出，平衡盘的端面跳动为 0.06mm，即瓢偏度为 0.03mm。这样的平衡盘在其工作时就会在密封面处出现 0.06mm 的张口。

工作良好的水泵，运行时平衡盘与平衡环的轴向间隙为0.10～0.20mm。如果瓢偏过大，张口超过这个数值，组装后就会引起平衡装置失常。因此，平衡盘瓢偏过大时，不允许组装，一定要处理好。

4 简述用压铅丝法测量水泵动、静平衡盘平行度的方法。

答：在水泵的解体过程中，应用压铅丝法来检查动、静平衡盘面的平行度，方法是：将轴置于工作位置，在轴上涂润滑油并使动盘能自由活动，其键槽与轴上的键槽对齐。用黄油把铅丝黏在静盘端面的上下左右四个对称位置上，然后将动盘猛力推向静盘，将受冲击而变形的铅丝取下并记好方位；再将动盘转180°重测一遍，做好记录。用千分尺测量取下铅丝的厚度，测量数值应满足上下位置的和等于左右的和，上减下或左减右的差值应小于0.05mm，否则说明动静盘变形或有瓢偏现象，应予以拆除。

检查动静平衡盘接触面只有轻微的磨损沟痕时，可在其结合面之间涂以细研磨砂进行对研；若磨损沟痕很大、很深时，则应在车床或磨床上修理，使动、静平衡盘的接触率在75%以上。

5 怎样调整平衡盘间隙？

答：平衡盘起的作用除平衡轴向推力外，还担负着转子轴向定位的作用。因此，调整平衡盘间隙，也就是给分段式多级泵的转子轴向定位。分段式多级泵转子的位置，必须定在叶轮与导叶槽道对中的位置上。

必须指出，平衡盘工作时的真实间隙是不可调整的，运转中它始终自动保持在0.1～0.2mm的范围内。这里所说的“调整平衡盘间隙”只是习惯的叫法，“平衡盘间隙”在这里只能这么理解：即转子位于叶轮与导叶槽道对中的情况下，动静平衡盘密封面的轴向间隙。如果这个间隙过大，运转后，由于平衡盘要自动维持它的真实间隙，转子就会向进水侧窜动，引起叶轮与导叶不对中；如果这个间隙过小，运转后，同样道理转子会向出水侧窜动，也引起叶轮与导叶不对中。为了保证运转后叶轮与导叶对中位置不变，平衡盘间隙应定为0.1～0.2mm，如图14-4所示。

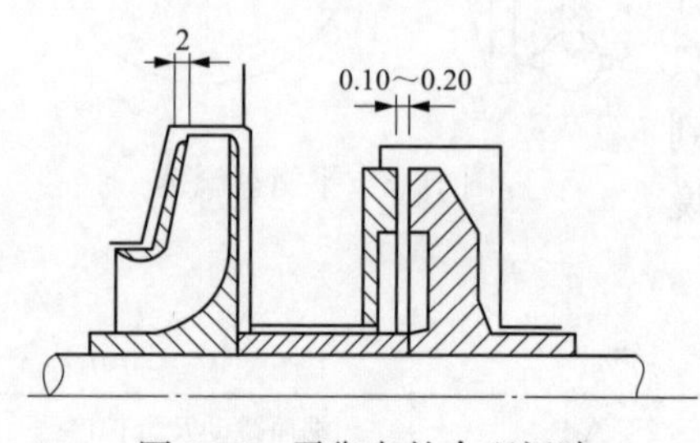

图14-4 平衡盘的合理间隙

为了达到上述数值，在平衡盘间隙过大时就把调整套缩短一部分；在平衡盘间隙过小时就更换一个较长的调整套或在调整套后增加一个适当厚度的垫圈。

6 水泵转子试装的目的是什么？

答：转子试装主要是为了提高水泵最后的组装质量。通过这个过程，可以消除转子的静态晃度，可以调整好叶轮间的轴向距离，从而保证各级叶轮和导叶的流道中心同时对正，可以确定调整套的尺寸。

7 在达到怎样的条件时，才能开始转子的试装工作？

答：检查各部件的端面已清理，叶轮内孔与轴径的间隙适当，轴弯曲不大于0.03～0.04mm，各套装部件的同心度偏差小于0.02mm且端面跳动小于0.015mm时，即可在专用的、能使转子转动的支架上开始试装工作。

8 装配填料时应注意的事项是什么?

答：装配填料时应注意的事项为以下几点：

（1）填料规格要合适，性能要与工作液体相适应，尺寸大小要符合要求。如果填料过细，虽填料压盖拧得过紧，但也往往起不到轴封作用。

（2）填料接头要相互错开 90°～120°。注意每一圈填料装在填料函之后必须是一个整圆，不能短缺。

（3）遇到填料函为椭圆时，可在较大的一边适当地多加一些填料。如果不这样，有可能出现下面的情况：即较小的一边已经压缩得很紧了，但较大的一边仍出现间隙，运行时容易从较大的一边漏水或使较小的一边冒烟，如图 14-5 所示。

（4）添加填料时，填料环要对准来水口，有些大型水泵的填料环，往往不易拿出来，这时可以把整体式填料环改成组合式填料环，实践证明效果很好。

（5）填料被紧上之后，压盖四周的缝隙要相等。有些水泵，填料压盖与轴之间的缝隙较小，最好用塞尺测量一下，以免压盖与轴相摩擦。

9 简述泵壳结合面垫的厚度、长度的制作要求。

答：叶轮密封环在大修后没有变动，那么泵壳结合面的垫就取原来的厚度即可；如果密封环向上有抬高，泵壳结合面垫的厚度就应用压铅丝的方法来测量。

通常泵盖对密封环的紧力为 0～0.03mm。新垫做好后，两面均应涂上黑铅粉后再铺在泵结合面上，注意所涂铅粉必须纯净，不能有渣块。在填料函处，垫要做得格外细心，一定要使垫与填料函处的边缘平齐。垫如果不合适，就会使填料密封不住而大量漏水，造成返工，如图 14-6 所示。

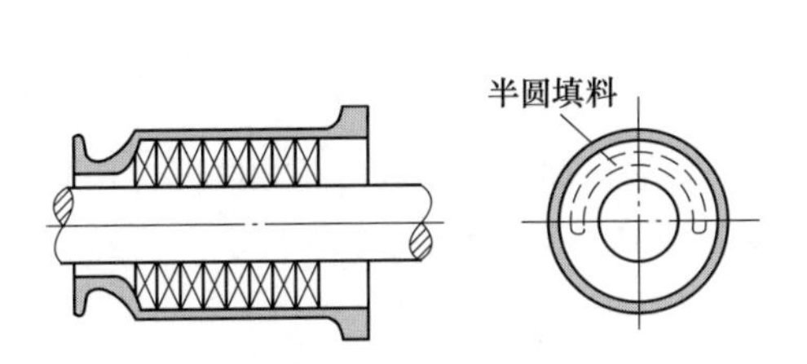

图 14-5　填料箱椭圆

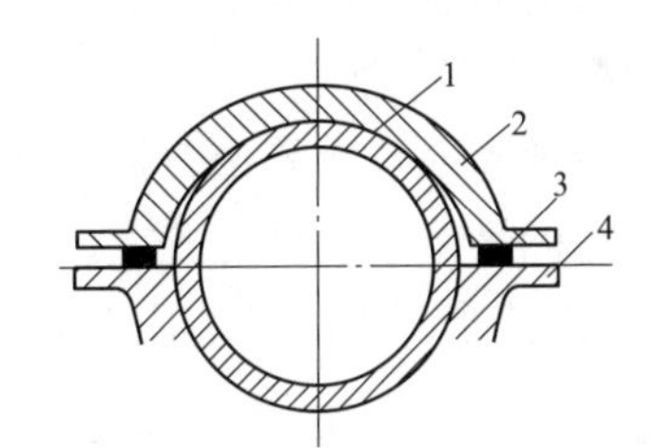

图 14-6　决定泵盖对密封环的紧力

1—密封环；2—泵盖；3—铅丝；4—泵体

10 简述测量泵壳止口间隙的方法及标准。

答：多级泵的相邻泵壳之间都是止口配合的，止口间的配合间隙过大会影响泵的转子与静止部分的同心度，如图 14-7 所示。

检查泵壳止口间隙的方法：将相邻的泵壳重叠于平板上，在上面的泵壳上放置好磁力表架，其上夹住百分表，表头触点与下面的泵壳的外圆相接触。随后，将上面的泵壳沿十字方向往复推动测量二次，百分表上的读数差即为止口之间存在的间隙。通常止口之间的配合间隙为 0.04～0.08mm，若间隙大于 0.10～0.12mm，就应进行修复。

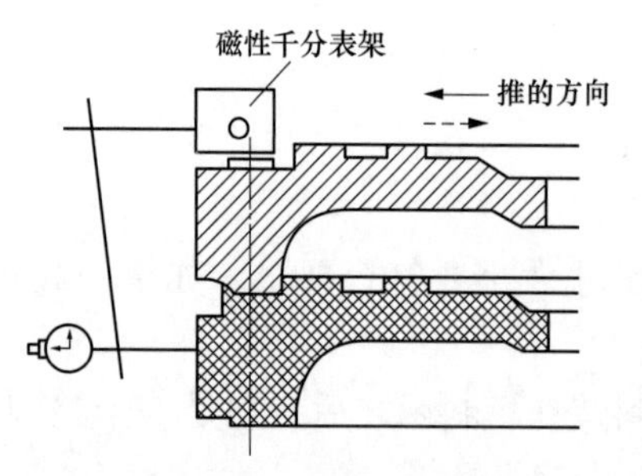

图 14-7　泵壳止口同心度的检查

最简单的修复方法是在间隙较大的泵壳止口上均匀堆焊 6～8 处，然后按需要的尺寸进行车削。

11 简述用白粉法检查泵体裂纹的方法。

答：用手轻敲泵体，如果某部位发出沙哑声，则说明壳体有裂纹。这时应将煤油涂在裂纹处，待渗透后用布擦尽面上的油迹并擦上一层白粉，随后用手锤轻敲泵壳，渗入裂纹的煤油即会浸湿白粉，显示出裂纹的端点。若裂纹部位不再承受压力或不起密封作用的地方，则可在裂纹的始末端点各钻一个 3mm 的圆孔，以防止裂纹继续扩展；若裂纹出现在承压部位，则必须予以补焊。

12 怎样找叶轮的动平衡？

答：水泵转子在高转数下工作时，如果质量不平衡，转动时就会产生一个比较大的离心力，使水泵振动或损坏。转子的平衡是由在其上的各个部件（包括轴、叶轮、轴套、平衡盘等）的质量平衡来达到的。所以新换的叶轮都要进行静平衡的测量。测量的方法是：

（1）测显著静不平衡。

1）将叶轮装在假轴上，放在已调好水平的静平衡试验台上，如图 14-8 所示。试验台上有两条小铁道，假轴可以在小铁道上自由滚动。

2）记下叶轮偏重的一侧。因如果叶轮质量不平衡，较重的一处总是自动地转到下方。在偏重的对方（较轻的一方）加重块（用面黏或用夹子增减铁片），直到叶轮在任何位置都能停止为止。

3）称出重块质量，这就是不平衡质量。

（2）测剩余静不平衡。

1）将叶轮圆周平分 6 等份，标上字号。

2）依次把标号位于水平位置上。在标号处加重块，直到开始转动为止。记下重块质量。用同样办法测出其余各点的试加质量，绘成曲线，如图 14-9 所示。

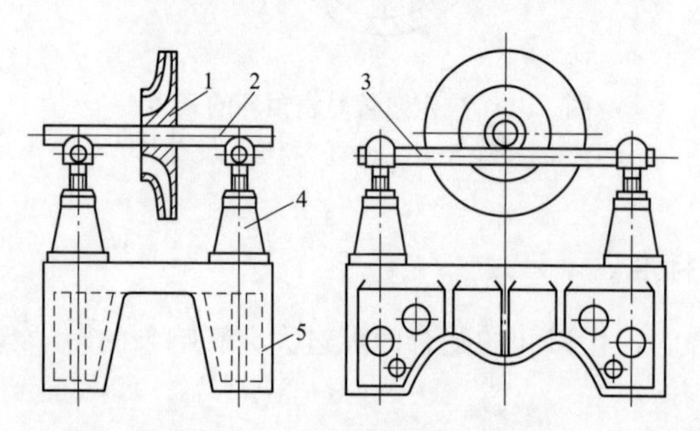

图 14-8　平行导轨式静平衡台

1—叶轮；2—心轴；3—平衡导轨；4—调整支架；5—基础

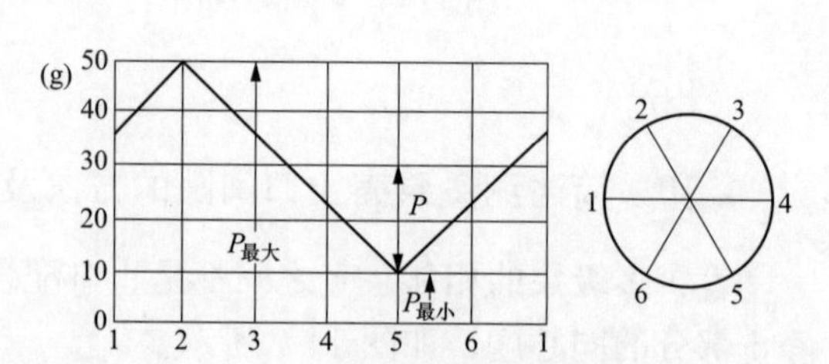

图 14-9　求剩余不平衡曲线

3）根据曲线求出叶轮的剩余不平衡质量。

用公式表示为

$$P=(P_{最大}-P_{最小})/2g \tag{14-1}$$

水泵叶轮上没有安置平衡重块的位置，因此通常不是在叶轮较轻一侧加重块，而是在较重一侧减重量。减重量时，可用铣床进行铣削，铣削的深度不要超过叶轮盖板厚度尺寸的1/3。

如果铣削位置与测量时加重块位置不相同，可以进行如下换算

$$P_1=Pr/r_1 \tag{14-2}$$

式中　P_1——铣削质量；

r_1——铣削处的半径；

P——测量时加重块质量；

r——测量时加重块半径。

经过静平衡后的叶轮，其静平衡允许偏差数值近似为叶轮外径值乘 0.025g/mm。例如 200mm 直径的叶轮，允许偏差为 5g。

13　对新换装的叶轮，应进行怎样的检查工作并合格后才可以使用？

答：如图 14-10 所示，对新换装的叶轮应进行下列工作，检查合格后方可使用：

(1) 叶轮的主要几何尺寸，如叶轮密封环直径对轴孔的跳动值、端面对轴孔的跳动、两端面的平行度、键槽中心线对轴线的偏移量、外径、出口宽度、总厚度等的数值与图纸尺寸相符合。

(2) 叶轮流道清理干净。

(3) 叶轮在精加工后，每个新叶轮都经过静平衡试验合格。

对新叶轮的加工主要是为保证叶轮密封环外圆与内孔的同心度、轮毂两端面的垂直度及平行度。

14　简述叶轮密封环经车削后，其同心度偏差的测量方法。

答：叶轮密封环经车削后，为防止加工过程中胎具位移而造成同心度偏差，应用专门胎具进行检查，如图 14-11 所示。具体的步骤为：用一根带轴肩的光轴插入叶轮内孔，光轴固定在钳台上并仰起角度 α，确保叶轮吸入侧轮毂始终与胎具轴肩相接触并缓缓转动叶轮，在叶轮密封环处的百分表指示的跳动值应小于 0.04mm，否则应重新修整。

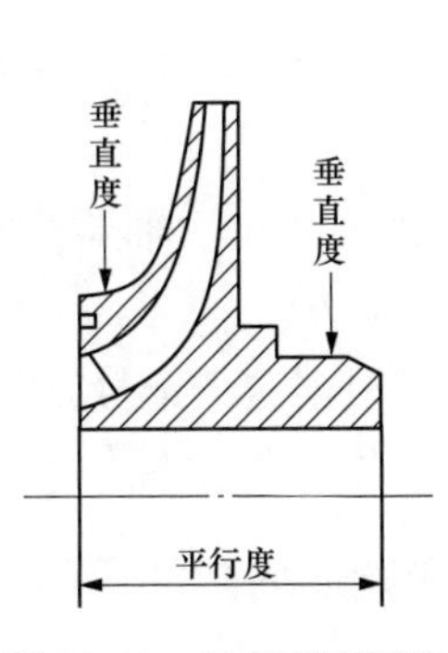

图 14-10　叶轮平行度和垂直度的检查

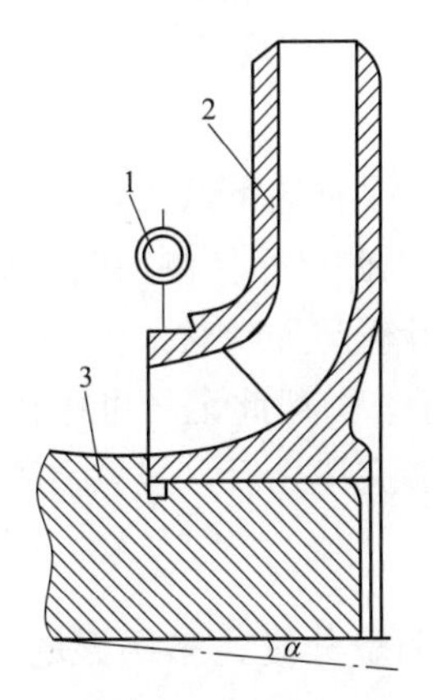

图 14-11　检查叶轮密封环同心度的方法

1—百分表；2—叶轮；3—专用胎具

对首级叶轮的叶片，因其易于受汽蚀损坏，若有轻微的汽蚀小孔洞，可进行补焊修复或采用环氧树脂黏结剂修补。

测量叶轮内孔与轴颈配合处的间隙，若因长期使用或多次拆装的磨损而造成此间隙值过大，为避免影响转子的同心度甚至由此而引起转子振动，可采用在叶轮内孔局部点焊后再车修或镀铬后再磨削的方法予以修复。

叶轮在采取上述方法检修后仍然达不到质量要求时，则需更换新叶轮。

15 在什么情况下应更换新泵轴？

答：在检查中若发现下列情况，则应更换新泵轴：

(1) 轴表面有被高速水流冲刷而出现的较深的沟痕，特别是键槽处。

(2) 轴弯曲很大，经多次直轴后运行中仍发生弯曲者。

16 分段式多级泵第一级叶轮是如何与导叶对中心的？

答：在分段式多级泵组装时，都要求叶轮出口槽道与导叶入口槽道中心相重合，这样水泵的效率才较高。如果两者发生了偏移，即叶轮与导叶未对正中心，就会或多或少地降低水泵的效率。泵的各级尺寸是有要求的，只要符合要求，在第一级叶轮对正中心后，以后的各级也是对正中心的。所以实际上只要检查第一级叶轮对正中心就可以了。方法是：

把第一级叶轮装在轴上，注意与入口轴套或轴上的凸肩必须靠上。然后把转子拨在第一级叶轮对正中心的位置上，这时叶轮出口槽道前盖板内缘应与导叶槽道壁相差 2mm，如图 14-12 所示。但也要看实际情况，例如导叶槽道宽为 20mm，叶轮出口槽道宽为 17mm，则叶轮对中心后，应为 1.5mm。

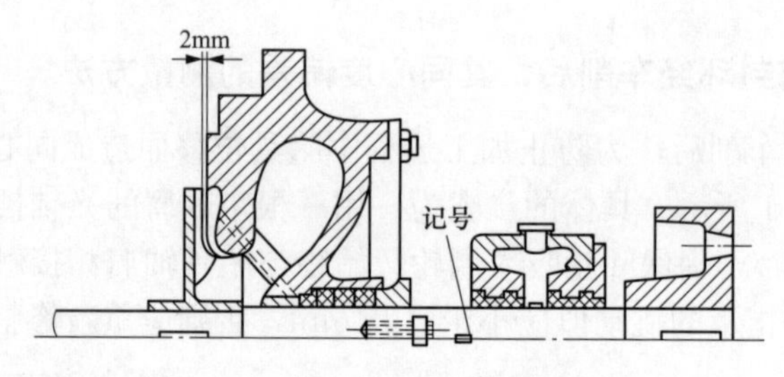

图 14-12　第一级叶轮与导叶对中心

测量时，由于泵轴向下低头，所以从叶轮的上方看，数值可能大于 2mm；而从下方看，可能小于 2mm，因此最好从侧面测量或把泵轴调平。

如果第一级叶轮与导叶对上中心且数值符合要求，那么就在联轴器侧的轴上做一记号，见图 14-12 中所示。一般此记号可作在与轴瓦端面相齐的地方。

这样，在组装完毕之后，虽然看不到第一级叶轮，但根据这个记号，就知道叶轮是否还与导叶对中心。

17 怎样测量分段式多级泵的轴向窜动间隙？影响此间隙的原因有哪些？

答：在分段式多级泵组装完毕之后，为了检查其转动部分与静止部分的相互位置是否正确，都要进行转子的轴向窜动测量。

测量的方法是：在平衡盘前面的轴上事先放一个长度为 10～15mm 的小垫圈，然后把平衡盘紧上。测量之前，转子应在第一级叶轮对正中心的位置上（根据记号）。之后向进水侧和出水侧推动转子，直到推不动为止。记录向进水侧和出水侧窜动的数值，这就是需要的转子轴向窜动间隙。一般来说，向两侧的窜动数值是相等的，或是相近的，如果不是这样，就要查明原因，进行调整，如图 14-13 所示。

影响轴向窜动间隙的原因有：

（1）某些泵段上镶的叶轮密封环、导叶套等轴向尺寸不对，向外凸出，影响了叶轮的正常窜动，如图 14-14 所示。

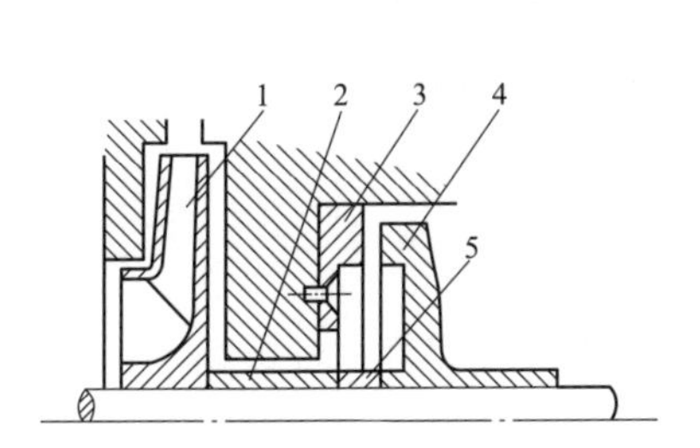

图 14-13　测量转子的轴向窜动间隙

1—末级叶轮；2—调整套；3—平衡环；4—平衡盘；5—测量用衬圈

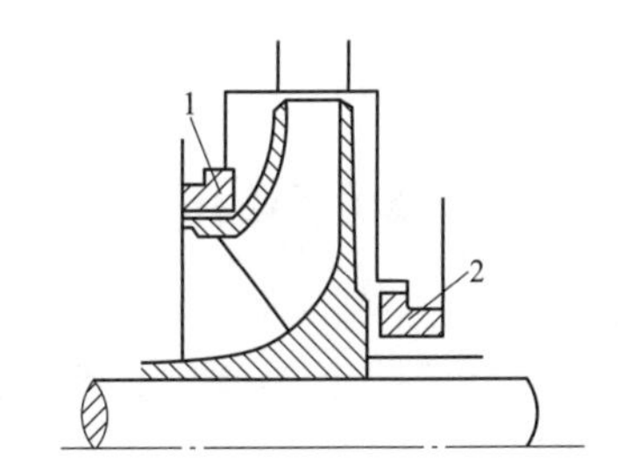

图 14-14　叶轮密封环或导叶套轴向尺寸不对

1—叶轮密封环；2—导叶套

（2）转子上个别叶轮间距不对。例如，末级叶轮与前一级间距过长，在转子位于叶轮定位中心的位置上时，则末级叶轮就靠向出水侧，引起整个转子向出水侧窜动量减少。反之，如果末级与前一级间距过短，则转子就向进水侧窜动量减少。

（3）泵腔内有杂物，如铁碴、螺钉等，阻碍了转子的轴向窜动。有些泵在组装时，叶轮平键落入泵内，也会造成这样的后果。

轴向窜动间隙与标准值相差不允许过大，以 1～2mm 为宜。

18 在泵体的分解过程中应注意些什么？

答：在泵体的分解过程中，需注意以下事项：

（1）拆下的所有部件均应放在清洁的木板或胶垫上，用干净的白布或纸垫盖好，以防碰伤精加工的表面。

（2）拆下的橡胶、石棉密封垫必须更换。若使用铜密封垫，重新安装前要进行退火处理；若采用齿形垫，在垫的状态良好及厚度仍符合要求的情况下可以继续使用。

（3）对所有在安装或运行时可能发生摩擦的部件，如泵轴与轴套、轴套锁母、叶轮和密封环等均应涂以干燥的二硫化钼（其中不能含有油脂）。

（4）在解体前应记录转子的轴向位置（将动静平衡盘保持接触），以便在修整平衡盘的摩擦面后，可在同一位置精确地复装转子。

19 水泵叶轮找静平衡的方法是什么？

答：目前最常用的静平衡设备是平行导轨式静平衡台。此外，还包括心轴、百分表、天平和铅皮。具体方法为：

（1）先调整平衡台，使两导轨的水平偏差小于0.05mm/m，两导轨的平行度偏差小于2mm/m，将专用的心轴插入叶轮内孔，并保持一定的紧力。

（2）叶轮的键槽要用密度相近的物质填充，以免影响平衡精确度，把装好的转子放在平衡台导轨上往复滚动几次，确定导轨不弯曲现象后开始工作。

（3）在叶轮偏重的一侧做好标记。若叶轮质量不平衡，较重的一侧总是自动转到下面，在偏重地方的对称位置增加重块（用面黏或是用夹子增减铁片），直至叶轮能在任意位置都可停住为止。

（4）称出加重块的质量。通常我们不是在叶轮较轻的一侧加质量，而是在较重侧通过减质量的方法来达到叶轮的平衡。减重时，可用铣床铣削或是用砂轮磨削，但注意铣削或磨削的深度不得超过叶轮盖板厚度的1/35，静平衡允许偏差值不得超过叶轮外径值与0.025g/mm之积。

20 简述水泵检修的质量标准。

答：水泵检修的质量标准为：

（1）主轴各部位无裂纹、严重吹损及腐蚀；各键及卡环应完好；轴镀铬不脱落，螺纹完好无损。

（2）轴最大跳动值不大于0.03mm。

（3）叶轮两端面不平等度不大于0.02mm，叶轮与轴配合紧力为0.05～0.07mm。

（4）壳环与叶轮间隙为0.28～0.32mm。

（5）衬套与叶轮间隙为0.362～0.402mm。

（6）叶轮与键配合，两侧不松旷。

（7）叶轮表面无严重磨损，整个叶轮无裂纹，流道光滑。

第二节　联轴器找中心

1 联轴器的作用是什么？常见的联轴器有哪些？

答：联轴器的作用是把轴与原动机轴连接起来，一同旋转。联轴器又称联轴节、对轮、靠背轮等。

常见的联轴器有以下几种：

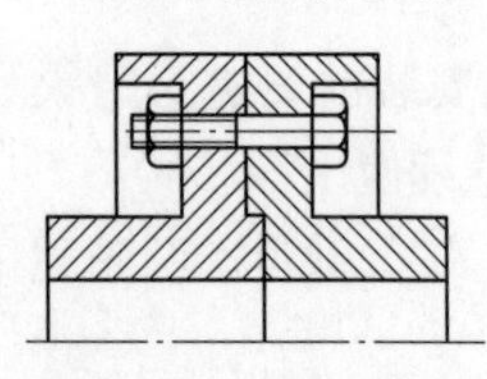

图14-15　刚性联轴器

（1）刚性联轴器。如图14-15所示，它是由两个带有轮毂的圆盘组成的；每个圆盘分别安装在两个轴的轴头上，两个圆盘用螺栓结合在一起。

这种联轴器要求两轴有很好的同心度，否则运转时会发生振动。在制造、组装该类联轴器时，必须保证它们的端面跳动十分小，否则虽然两轴已同心，但结合后，仍会使部件内产生应力。

（2）弹性联轴器。

1）柱销式联轴器。这是一种使用非常广泛的联轴器，它的构造，如图14-16所示。

在柱销式联轴器中，力矩的传动是通过带有胶皮圈的柱销来实现的，它有很好的缓冲和减振作用，也允许两轴中心有一定的偏差。为了使减振效果更好，胶皮圈常做成梯形。

胶皮圈外径需比柱销孔小 0.50～1.20mm。如果胶皮圈过大过紧，强行就位后，会由于柱销和胶皮圈制造上的误差，使两轴中心发生变化，引起振动。

2）胶棒式弹性联轴器，如图 14-17 所示。在这种联轴器中，原动机对水泵的传动完全依靠胶皮棒，因而胶棒必须具有很好的弹性。胶棒式联轴器都用在较小型的水泵上，因胶皮棒不可能传递较大的功率。

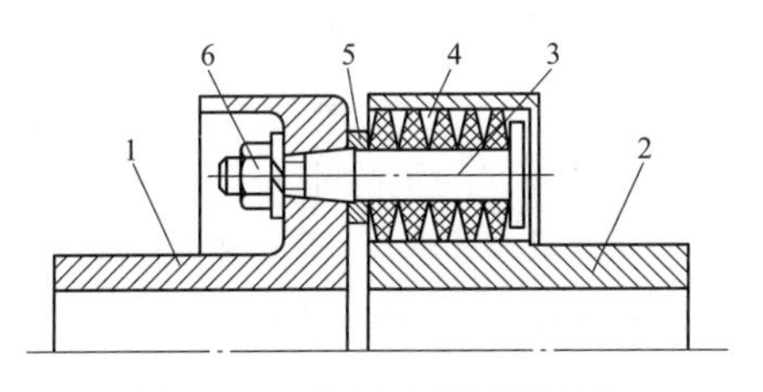

图 14-16 柱销式弹性联轴器

1—水泵联轴器；2—电机联轴器；3—柱销；4—胶皮圈；5—挡圈；6—螺母

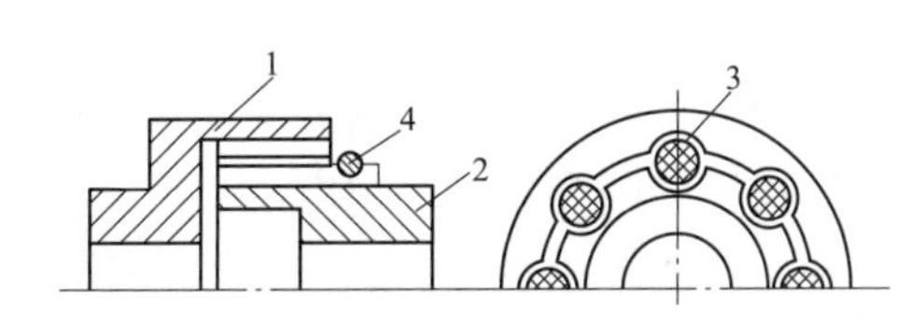

图 14-17 胶棒式弹性联轴器

1—电动机联轴器；2—水泵联轴器；3—胶皮棒；4—钢丝挡圈

胶皮棒与孔之间应有 0.2mm 左右的间隙（直径方向）。如胶皮棒过大，会改变两轴的中心，道理如前所述；如胶皮棒过小，则又会在联轴器的旋转方向上出现空行程，运行中会反复地撞击和咬伤胶皮棒。

（3）齿形联轴器。它的构造，如图 14-18 所示。部件 1、2 是具有外齿环的套筒，它们用键分别与二根轴相连接。部件 3、4 是两个具有内齿环的外壳，它们用螺栓连接在一起。外壳与套筒通过齿相咬合在一起。

在这种联轴器中，外壳上的内齿与套筒上的外齿都是渐开线型，所以齿与齿之间有侧部和顶部间隙。套筒上的外齿，其顶部还制成球形，半径为 ρ，中心位于轴心线上。由于这些构造特点，所以该类联轴器允许综合位移（角位移、轴向位移、径向位移）。

齿形联轴器一般用在较重型的设备上。如磨煤机、给水泵等。

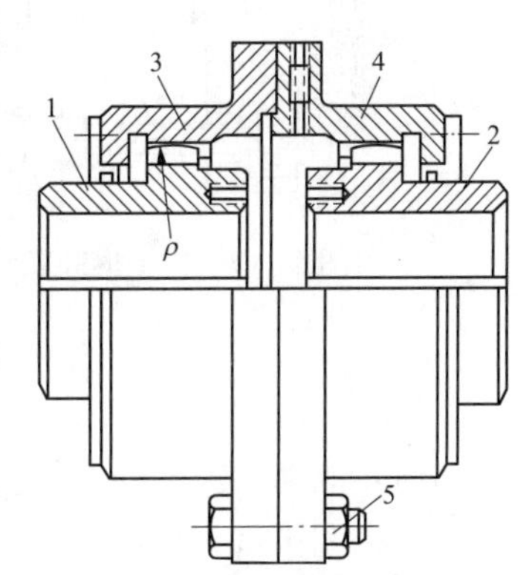

图 14-18 齿形联轴器

1、2—具有外齿环的套筒；3、4—具有内齿环的外壳；5—联轴器螺栓

2 联轴器拆装的注意事项是什么？

答：联轴器拆装的注意事项是：

（1）拆联轴器时，不可直接用锤子敲打，而必须垫以紫铜棒。且不可打联轴器的外缘，因为此处极易打坏，应打联轴器的轮毂处。最理想的办法是用揪子拆卸。对于中小型水泵，因其过盈量很小，所以很容易拿下来。对较大型的水泵，联轴器与轴有较大过盈，所以在拆卸时必须对联轴器进行加热，如图 14-19 所示。

（2）装配联轴器时，要注意键的序号（对具有两个以上键槽的联轴器来说）。采用铜棒锤子法时，必须注意敲打的部位。如敲打轴孔处端面，易使此处金属纤维外胀，引起轴孔缩小轴穿不进来。如敲打对轮外缘处，易破坏端面的平直度，使以后用塞尺找正遇到了困难，影响测量的准确度。对过盈量较大的联轴器则应加热后再装。

（3）对轮销钉、螺母、垫圈、胶皮圈等必须规格大小一致，以免影响联轴器的动平衡。

（4）联轴器与轴的配合一般都采用过渡配合，既可能出现少量过盈，也可能出现少量间隙。对于轮毂较长的联轴器，可采用较松的过渡配合，因轴孔较长，由于表面加工粗糙不平，会使组装后自然产生部分过盈。如发现两者配合过松，影响孔、轴对中心时，则要进行补焊。在轴上打麻点和垫铜皮乃是权宜之计，不能算是理想的办法。

3 为什么要进行联轴器找中心？如何找中心？

答：联轴器找中心就是根据一对联轴器的端面、外圆偏差的消除来对正轴的中心线，通常称为对轮找正。因为水泵是由电动机或其他类型的原动机带动的，所以要求两根轴连在一起后，其轴心线能够相重合，这样运转起来才能平稳、不振动。故要进行对联轴器找中心的工作。

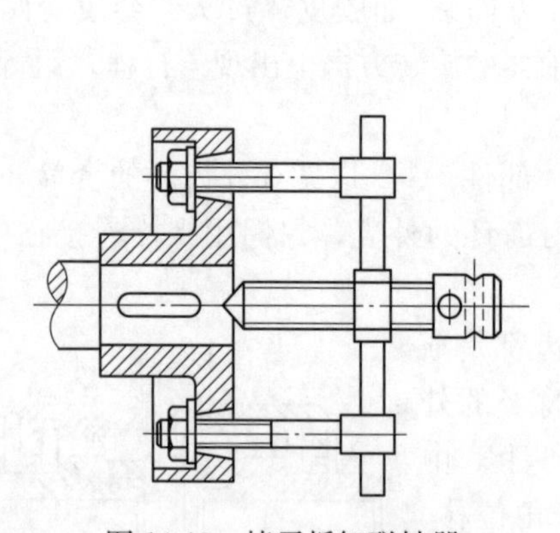

图 14-19 捞子拆卸联轴器

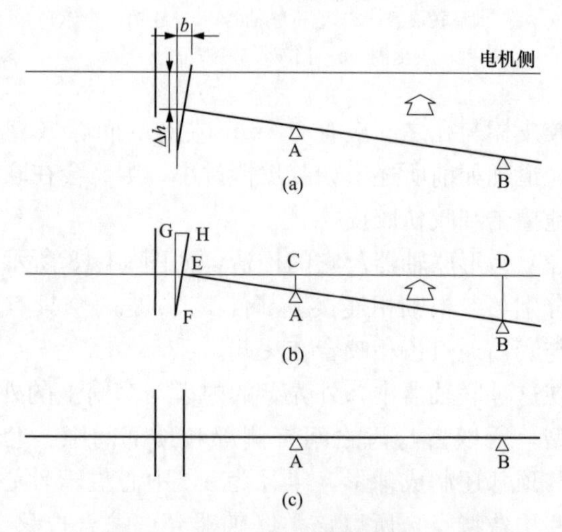

图 14-20 联轴器找中心

（a）原始轴心线情况；（b）联轴器抬高后轴心线情况；（c）调整完毕后轴心线情况

如何才能使两轴的轴心线相重合呢？如图 14-20（a）所示，是没找之前的轴心线，这时联轴器存在上张口，数值为 b，并且电动机轴低，低的数值为 Δh。为了使两轴的线重合，要进行如下调整：

（1）先消除联轴器的高差。为此电动机向上垫起 Δh，垫起之后情况，如图 14-20（b）所示。前支座 A 和后支座 B 应同时在座下加垫 Δh。

（2）消除联轴器的张口。为此可在 A、B 支座下分别增加不同厚度的垫片。B 支座加的垫比 A 要厚些（增加垫片应保证联轴器在高低方向上不发生变化）。加多少呢？要经过计算：

在图 14-20（b）中，三角形 ΔFGH、ΔECA 和 ΔEBD 是相似三角形，它们的对应边就成比例，所以对前两个三角形来说有如下的关系

$$AC/GH = AE/GF \quad (14\text{-}3)$$

$$AC = AE/GF \times GH \quad (14\text{-}4)$$

在式（14-3）中，GH 是上张口 b，AE 是前支座 A 到联轴器端面的距离，GF 是联轴器直径，都是已知数，所以垫的数值 AC 就可求出。同样道理，后支座 B 垫的数值为

$$BD=BE/GF\times GH \tag{14-5}$$

综合以上两个步骤，总的调整量是前支座 A 加垫 $\Delta h+AC$；后支座 B 加垫 $\Delta h+BD$。如果联轴器出现下张口，并且电动机轴偏高，那么计算方法与上述相同，不过这时不是加垫而是减垫罢了。

实际找中心时，不仅要明白上面的道理，还须知道具体的操作方法；

（1）先把联轴器上下张口值和上下外圆高低值测量出来。至于左右张口及左右外圆偏差，没有必要去量它（因电动机或其轴承支座可以左右移动，只在最后加以考虑即可）。

测量时，先把电机与水泵联轴器按原始位置联上（带一个销钉）。然后固定好找正工具，如图 14-21 所示。

在转子 0°位（测量工具在上方）时，量得联轴器上下的端面数值 M 和外圆数值 N，如图 14-21 所示。然后把转子旋转 180°，再测出联轴器上下部的端面数值 M 和外圆数值 N，这样比较后就可以知道联轴器上下张口值和中心高低值。比如：

转子在 0°时，端面：上部为 0.50mm；下部为 0.40mm。外圆：上部为 1.80mm。

转子在 180°时，端面：上部为 0.60mm；下部为 0.40mm。外圆：下部为 1.00mm。

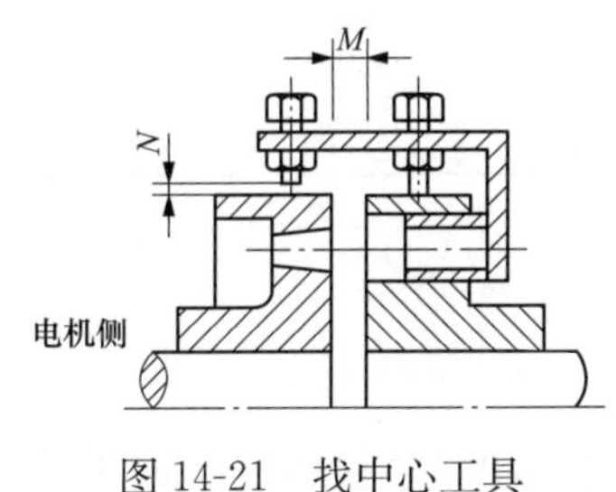

图 14-21 找中心工具

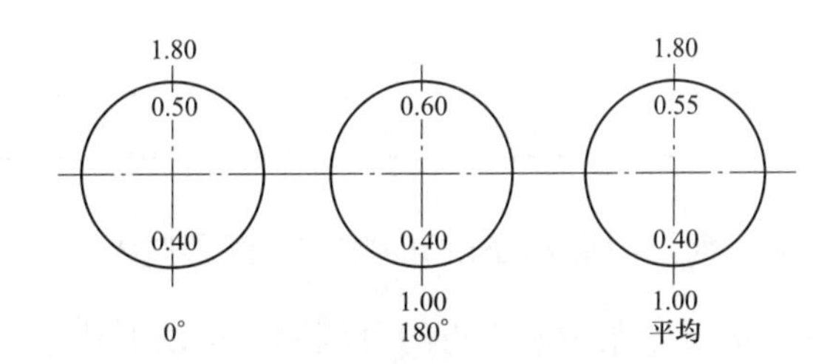

图 14-22 找中心记录

这样平均后，端面上部为 0.55mm，端面下部为 0.40mm，出现上张口 0.15mm。外圆上部比下部大 0.80mm，即电动机轴中心比水泵低 0.40mm，找中心记录，如图 14-22 所示。

（2）根据测量数值计算决定前后支座的调整量。为了消除联轴器的高差，电动机前后支座都应加垫 0.40mm。

假如联轴器直径为 200mm，前、后支座与联轴器距离分别为 400mm 和 800mm，那么为了消除上张口，前支座 A 应加垫，数值为(400×0.15)/200=0.30mm；后支座 B 应加垫(800×0.15)/200=0.60mm。

这样，前支座总共加垫(0.40+0.30)=0.70mm，后支座总共加垫(0.60+0.40)=1.00mm。

加垫后，先把联轴器左右张口及左右外圆偏差调好（可移动电动机的前后轴承或地脚支座）。然后紧上地脚螺栓，最好边紧边看联轴器左右外圆的变化，因紧地脚螺栓时会把电动机拉动。如果测量，计算准确，基本上都是一次调成。

现场中的水泵，联轴器端面有时瓢偏很大，但这也并不影响找中心工作。这时为了避免产生误差，可在联轴器圆周上很均匀地留上四个字号（相差 90°，电动机和水泵一起打）。转子每个位置测量时，电动机和水泵字号要对准、正确，塞尺只对字号处测量，不要偏离。

有时也会遇到这样的情况：电动机高应往下落，但下面已经没垫片可撤了，这时就只好

把水泵垫高了。

（3）找中心的质量要求随泵的结构而异。转数高质量要求也高，转数低质量要求亦低。对联轴器是弹性的或是刚性的也有关系，见表14-2。

表 14-2　水泵联轴器找中心偏差值　(mm)

转速（r/min）	刚性	弹性
≥3000	≤0.02	≤0.04
<3000	≤0.04	≤0.06
<1500	≤0.06	≤0.08
<750	≤0.08	≤0.10
<500	≤0.10	≤0.15

水泵与电动机联轴器之间应有一定的轴向距离，这主要是考虑两轴运行时会发生轴向窜动，留出间隙防止顶轴。该距离与水泵设备的大小有关，见表14-3。

表 14-3　水泵联轴器距离　(mm)

设备大小	端面距离
大型	8～12
中型	6～8
小型	3～6

4 水泵中心不正的可能原因有哪些？

答：造成水泵中心不正的可能原因有以下几个方面：

（1）水泵在安装或检修后找中心不正，试转时就会产生振动。这种情况应重新进行找正工作。

（2）暖泵不充分而造成水泵因温差引起变形，从而使中心不正。应选择适当的暖泵系统和方式以增强暖泵的效果。

（3）水泵的进出口管路重量若由泵来承受，当其重量过大时，就会使泵轴中心错位，这样在泵启动时就开始振动。所以在设计或布置管路时，应尽量减少作用于泵体上的载荷及力矩。

（4）轴承磨损也会使中心不正，此时振动是逐渐增大的，必要时应尽早修复或更换。

（5）联轴器的螺栓配合状态不良或齿形联轴器的齿轮齿和状态不佳，都会影响中心的对正而使振动逐渐加大。

（6）轴承架刚性不好，也会造成泵轴的中心不正。

5 在水泵找正时应注意的事项是什么？

答：水泵找正时应注意的事项为：

（1）找正前应将两联轴器用找中心专用螺栓连接好。若是固定式联轴器，应将两者插好。

（2）测量过程中，转子的轴向位置应始终不变，以免在盘动转子时前后窜动引起误差。

（3）测量前应将地脚螺栓都正常拧紧。

（4）找正时一定要在冷态下进行，热态时不能找中心。

（5）调整垫片时，应将测量表架取下或松开，增减垫片的地脚及垫片上的污物应清理干净，最后拧紧地脚螺栓时应把外加的楔铁或千斤等支撑物拿掉，并监视百分表数值的变化。

6 联轴器找中心的允许误差是多少？

答：联轴器找中心的允许误差，见表14-4。

表14-4　联轴器找中心的允许误差　(mm)

联轴器类别	允许误差	
	周距（a1、a2、a3、a4任意两数之差）	面距（Ⅰ、Ⅱ、Ⅲ、Ⅳ任意两数之差）
刚性与刚性	0.04	0.03
刚性与半扰绕性	0.05	0.04
绕性与绕性	0.06	0.05
齿轮式	0.10	0.05
弹簧式	0.08	0.06

第三节　直　轴　工　作

1 当轴弯曲后，应对轴进行怎样的检查工作？

答：当轴发生弯曲时，首先应在室温状态下用百分表对整个轴长进行测量，并绘制出弯曲曲线，确定出弯曲部位和弯曲度（轴的任意断面中，相对位置的最大跳动值与最小值之差的1/2）的大小。其次，还应对轴进行下列检查工作：

（1）检查裂纹。对轴最大弯曲点所在的区域，用浸煤油后涂白粉或其他的方法来检查裂纹，并在校直轴前将其消除。消除裂纹前，需用打磨法、车削法或超声波法等测定出裂纹的深度。对较轻微的裂纹可进行修复，以防直轴过程中裂纹扩展；若裂纹的深度影响到轴的强度，则应当予以更换。

裂纹消除后，需做转子的平衡试验，以弥补轴的不平衡。

（2）检查硬度。对检查裂纹处及其四周正常部位的轴表面分别测量硬度，掌握弯曲部位金属结构的变化程度，以确定正确的直轴方法。淬火的轴在校直前应进行退火处理。

（3）检查材质。如果对轴的材料不能肯定，应取样分析。在知道钢的化学成分后，才能更好地确定直轴方法及热处理工艺。

在上述检查工作全部完成以后，即可选择适当的直轴方法和工具进行直轴工作。直轴的方法有机械加压法、捻打法、局部加热法、局部加热加压法和应力松弛法等。

2 何谓捻打法？捻打法的优缺点是什么？

答：捻打法就是在轴弯曲的凹下部用捻棒进行捻打振动，使凹处（纤维被压缩而缩短的部分）的金属分子间的内聚力减小而使金属纤维延长，同时捻打处的轴表面金属产生塑性变形，其中的纤维具有了残余伸长，达到直轴目的的一种方法。

捻打时的基本步骤为：

（1）根据对轴弯曲的测量结果，确定直轴的位置并做好记号。

（2）选择适当的捻打用的捻棒。捻棒的材料一般选用 45 号钢，其宽度随轴的直径而定（一般为 15～40mm），捻棒的工作端必须与轴面圆弧相符，边缘应削圆无尖角（$R=2$～3mm），以防损伤轴面。在捻棒顶部卷起后，应及时修复或更换，以免打坏泵轴。捻棒的形状，如图 14-23 所示。

（3）直轴时，将轴凹面向上放置，在最大弯曲断面下部用硬木支撑并垫以铅板。另外，直轴时最好把轴放在专用的台架上并将轴两端向下压，以加速金属分子的振动而使纤维伸长，如图 14-24 所示。

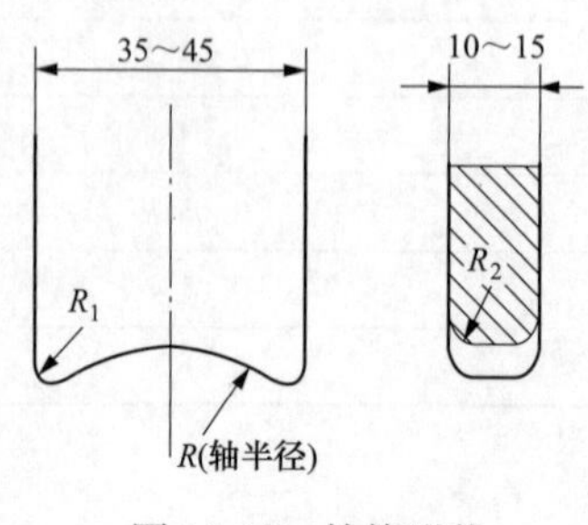

图 14-23　捻棒形状

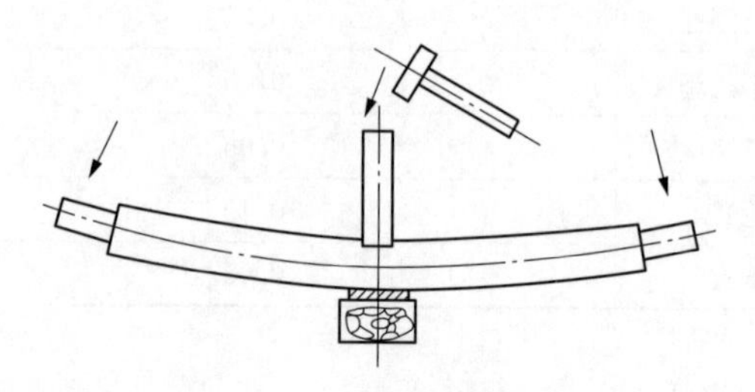

图 14-24　捻打直轴样式

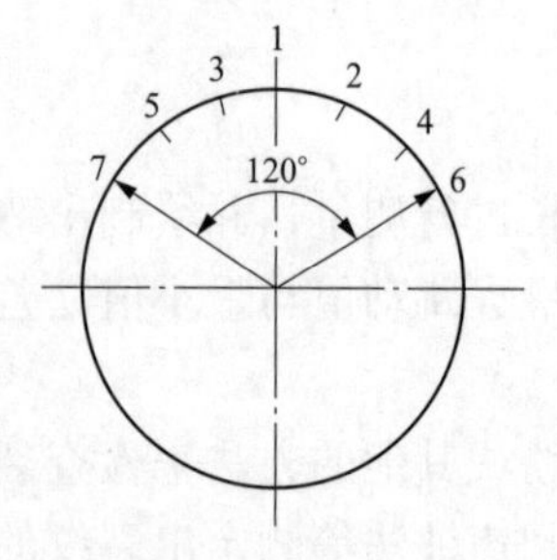

图 14-25　锤击次序

（4）捻打的范围为圆周的 1/3(120°)，此范围应预先在轴上标出。捻打时的轴向长度可根据轴弯曲的大小、轴的材质及轴的表面硬化程度来决定，一般控制在 50～100mm 的范围之内。

捻打顺序按对称位置交替进行，捻打的次数为中间多、两侧少，如图 14-25 所示。

（5）捻打时可用 1～2kg 的手锤敲打捻棒，捻棒的中心线应对准轴上的所标范围，锤击时的力量中等即可而不能过大。

（6）每打完一次，应用百分表检查弯曲的变化情况。一般初期的伸直较快，而后因轴表面硬化而伸直速度减慢。如果某弯曲处的捻打已无显著效果，则应停止捻打并找出原因，确定新的适当位置再行捻打，直至校正为止。

（7）捻打直轴后，轴的校直应向原弯曲的反方向稍过弯 0.02～0.03mm，即稍校过一些。

（8）检查轴弯曲达到需要数值时，捻打工作即可停止。此时对轴各个断面进行全面、仔细的测量，并做好记录。

（9）最后对捻打轴在 300～400℃进行低温回火，以消除轴的表面硬化及防止轴校直后复又弯曲。

上述的冷直法是在工作中应用最多直轴方法，但它一般只适于轴颈较小且轴弯曲在 0.2mm 左右的轴。

捻打法的优点是直轴准确度高、易于控制、应力集中较小，轴校直过程中不会发生裂纹。其缺点是直轴后在一小段轴的材料内部残留有压缩应力，且直轴的速度较慢。

3 何谓应力松弛直轴法？怎样用内应力松弛法直轴？

答：此法是把泵轴的弯曲部分整个圆周都加热到使其内部应力松弛的温度（低于该轴回火温度30～50℃，一般为600～650℃），并应热透。在此温度下施加外力，使轴产生与原弯曲方向相反的、一定程度的弹性变形，保持一定时间。这样，金属材料在高温和应力作用下产生自发的应力下降的松弛现象，使部分弹性变形转变成塑性变形，从而达到直轴的目的。

内应力松弛法直轴的步骤为：

（1）测量轴弯曲，绘制轴弯曲曲线。

（2）在最大弯曲断面的整个圆周上进行清理，检查有无裂纹。

（3）将轴放在特制的、设有转动装置和加压装置的专用的台架上，把轴的弯曲处凸面向上放好，在加热处侧面装一块百分表。加热的方法可用电感应法，也可用电阻丝电炉法。加热温度必须低于原钢材回火温度20～30℃，以免引起钢材性能的变化。测温时是用热电偶直接测量被加热处轴表面的温度。直轴时，加热升温不盘轴。

（4）当弯曲点的温度达到规定的松弛温度时，保持温度1h，然后在原弯曲的反方向（凸面）开始加压。施力点距最大弯曲点越近越好，而支撑点距最大弯曲点越远越好。施加外力的大小应根据轴弯曲的程度、加热温度的高低、钢材的松弛特性、加压状态下保持时间的长短及外加力量所造成的轴的内部应力大小来综合考虑确定。

（5）由施加外力所引起的轴内部应力一般应小于0.5MPa，最大不超过0.7MPa。否则，应以0.5～0.7MPa的应力确定出轴的最大挠度，并分多次施加外力，最终使轴弯曲处校直。

（6）加压后应保持2～5h的稳定时间，并在此时间内不变动温度和压力。施加外力应与轴面垂直。

（7）压力维持2～5h后取消外力，保温1h，每隔5min将轴盘动180℃，使轴上下温度均匀。

（8）测量轴弯曲的变化情况，如果已经达到要求，则可以进行直轴后的稳定退火处理；若轴直得过了头，需往回直轴，则所需的应力和挠度应比第一次直轴时所要求的数值减小一半。

4 采用内应力松弛法直轴时，应主要注意些什么？

答：采用内应力松弛法直轴时，应注意以下事项：

（1）加力时应缓慢，方向要正对轴凸面，着力点应垫以铅皮或紫铜皮，以免擦伤表面。

（2）加压过程中，轴的左右（横向）应装百分表监视横向变化。

（3）在加热处及附近，应用石棉层包扎绝热。

（4）加热时最好采用两个热电偶测温，同时用普通温度计测量加热点附近处的温度来校对热电偶温度。

（5）直轴时，第一次的加热温升速度以100～120℃/h为宜，当温度升至最高温度后进行加压；加压结束后，以50～100℃/h的速度降温进行冷却，当温度降至100℃时，可在室温下自然冷却。

（6）轴应在转动状态下进行降温冷却，这样才能保证冷却均匀、收缩一致，轴的弯曲顶点不会改变位置。

（7）若直轴次数超过两次以后，在有把握的情况下可将最后一次直轴与退火处理结合在一起进行。

内应力松弛法适用于任何类型的轴，而且效果好、安全可靠，在实际工作中应用得很多。

5 何谓局部加热直轴法？具体的操作方法是什么？

答：在泵轴的凸面很快地进行局部加热，人为地使轴产生超过材料弹性极限的反压缩应力。当轴冷却后，凸面侧的金属纤维被压缩而缩短，产生一定的弯曲，以达到直轴的目的的方法称为局部加热直轴法。

具体的操作方法为：

（1）测量轴弯曲，绘制轴弯曲曲线。

（2）在最大弯曲断面的整个圆周上清理，检查并记录好裂纹的情况。

（3）将轴凸面向上放置在专用台架上，在靠近加热处的两侧装上百分表以观察加热后的变化。

（4）用石棉布把最大弯曲处包起来，以最大弯曲点为中心把石棉布开出长方形的加热孔。加热孔长度（沿圆周方向），为该处轴径的25%～30%；孔的宽度（沿轴线方向）与弯曲度有关，为该处直径的10%～15%。

（5）选用较小的5、6号或7号焊嘴对加热孔处的轴面加热。加热时焊嘴距轴面15～20mm，先从孔中心开始，然后向两侧移动，均匀地、周期地移动火嘴。当加热至500～550℃时（轴表面呈暗红色），立即用石棉布把加热孔盖起来，以免冷却过快而使轴表面硬化或产生裂纹。

（6）在校正较小直径的泵轴时，一般可采用观察热弯曲值的方法来控制加热时间。热弯曲值是当用火嘴加热轴的凸起部分时，轴就会产生更加向上的凸起，在加热前状态与加热后状态的轴线的百分表读数差（在最大弯曲断面附近）。一般热弯曲值为轴伸直量的8～17倍，即轴加热、凸起0.08～0.17mm时，轴冷却后可校直0.01mm，具体情况与轴的长径比及材料有关。对一根轴第一次加热后的热弯曲值与轴的伸长量之间的关系，应作为下一次加热直轴的依据。

（7）当轴冷却到常温后，用百分表测量轴弯曲并画出弯曲曲线。若未达到允许范围，则应再次校直。如果轴的最大弯曲处再次加热无效果，应在原加热处轴向移动一位置，同时用两个焊嘴顺序局部加热校正。

（8）轴的校正应稍有过弯，即应有与原弯曲方向相反的0.01～0.03mm的弯曲值，待轴退火处理后，这一过弯值即可消失。

6 在用局部加热法直轴时，应注意的问题有哪些？

答：在使用局部加热法直轴时，应注意以下问题：

（1）直轴工作应在光线较暗且没有空气流动的室内进行。

（2）加热温度不得超过500～550℃，在观察轴表面颜色时不能戴有色眼镜。

（3）直轴所需的应力大小可用两种方法调节，一是增加加热的表面；二是增加被加热轴的金属层的深度。

（4）当轴有局部损伤、直轴部位有表面高硬度或泵轴材料为合金钢时，一般不采用局部加热法直轴。

最后，应对校直的轴进行热处理，以免其在高温环境中恢复原有的弯曲，而在常温下工作的轴则不必进行热处理亦可。

7 何谓热力机械校轴法？

答：热力机械校轴法又称局部加热加压法，其对轴的加热部位、加热温度、加热时间及冷却方式均与局部加热法相同，所不同点就是在加热之前先用加压工具在弯曲处附近施力，使轴产生与原弯曲方向相反的弹性变形。在加热轴以后，加热处金属膨胀受阻而提前达到屈服极限并产生塑性变形。

8 简述在常见直轴方法中各种方法的使用范围。

答：机械加压法和捻打法只适用于直径较小、弯曲较小的轴。

局部加热法和局部加热加压法适用于直径较大、弯曲较大的轴，但不宜用于校正合金钢和硬度大于 HB180～190 的轴。

应力松弛法则适用于任何类型的轴，且安全可靠、效果好。

第四节 典型水泵的检修

1 简述 16×16×18-5stgHDB 型多级泵的拆装工艺过程及技术要求。

答：16×16×18-5stgHDB 型多级泵的拆装工艺过程及技术要求为：

(1) 抽芯包前的拆卸。

1) 放掉泵体内部存水，并拆下各轴承的供油管路及泵盖侧的密封水进、回水配管。

2) 拆除中间联轴器。

3) 松开挡油套上的紧定螺钉，拆下上轴承盖。

4) 拆除锁紧螺母和推力盘，再拆除两侧的轴瓦。

5) 将外壳盖和后轴承体一同卸下，而后在内壳体端面上安装吊环，在外壳体的法兰上安装抽芯托架。

(2) 抽芯及内壳体的拆开。

1) 在托架的一端挂上钢丝绳，安装链条葫芦。

2) 将钢丝绳穿过内壳体端面上的吊环螺钉，再挂在链条葫芦的挂钩上，卷动链条葫芦，即可将内壳体拉至托架上，直至从外壳体中拆出。

3) 卸下内壳体中开面的螺栓，拆下上内壳体。通过在中开面的螺纹孔里拧入启封螺钉，可以容易地分离上下内壳体。

(3) 叶轮的拆出。

1) 叶轮的拆出、装入不在现场进行。

2) 拆出时必须加热。加热时最好采用大的丙烷炬的火焰。

3) 首先从外圆开始加热叶轮前盖板，在 1～1.5min 内顺次加热至口环处，然后同样地加热叶轮后盖板。

4）两盖板加热完，最后再加热轮毂，尽量不要加热到轴。

5）接着用榔头敲击叶轮，使配合松动。

6）叶轮拆出时必须先朝反方向移动，以取下叶轮定位用的卡环。

（4）叶轮的装配。参照装配图将叶轮装入正确位置。为避免发生局部高温和产生翘曲，叶轮热装在轴上时必须均匀加热，因此应使用加热炉。不得已的场合，应使用大的气体燃烧器，一边不时翻动叶轮一边加热。加热温度为 300～350℃，直至轮毂孔径比轴径大出 0.13mm 的程度。

装配前应先将零件清理干净，特别要确认内壳体中开面洁净。操作内壳体时，必须特别注意不要损伤各密封环安装内孔的边角、密封环的嵌入槽以及垫的作用平面等。内壳体中开面的加工非常精密，为了保护该面，并防止内部泄漏，装配时应涂以特殊涂料（如液体密封胶等）。拆卸后该涂料变为茶色薄膜黏着在两侧的中开面上，取下该薄膜时绝对不得使用刮刀或锉刀等，应使用信那水之类的洗涤剂将其洗掉。再次装配时，用刷子向两面上同样地涂以涂料，然后立即合上并用螺栓紧固。

装配时应将垫的安装面清理干净，并全部更换新垫。外壳盖再次装配时，应一边用塞尺确认外壳盖与外壳体法兰的平面间隙，一边均匀、平行地拧紧，直至外壳盖紧贴住外壳体法兰。

（5）内壳衬垫的安装。内壳体装入外壳体时，内壳体的定位按以下顺序进行。

1）将转子部件装入内壳体，将内壳衬套套在内壳体上，再装入外壳体，直至止口处。

2）将内壳衬垫安装在外壳盖上。为了不将衬垫两面装反，应确认内孔倒角的一端朝向外壳盖侧。

3）安装外壳盖，在相隔 90°的 4 个螺柱上套上螺母拧紧（使用冲击扳手）。随着螺母缓缓拧紧，外壳盖推动内壳衬垫，通过衬垫将内壳体推入内部的止口。内、外壳体之间的垫被轻微压缩。

内壳衬垫的最初厚度为 12.7mm，内壳体处于正规位置时，外壳体和外壳盖的间隙约为 3.2mm。(即最初厚度的余裕值。)

4）如果内、外壳体之间的垫已压缩充分、内壳体已处于正规位置，应采用塞尺仔细测定外壳体和外壳盖之间的间隙。然后，测定值加上 0.8mm 作为内壳衬垫的削除尺寸。例如间隙为 3.2mm 时，3.2＋0.8 ＝4mm，即内壳衬垫应削除 4mm。

5）拆下外壳盖，从外壳盖上取下内壳衬垫。然后按照上一项确定的尺寸，通过机械加工切削内壳衬垫没有倒角的一面。

6）安装新加工的内壳衬垫，再次安装外壳盖，开始最后的装配。

通过该方法，安装后的内壳体在外壳体里的窜动量为 0.8mm 以下。尽管内壳体几乎不会产生轴向窜动，但作为提高依赖性的安全装置，这一方法还是被引入设计中。

（6）内壳体的装配与拆卸。

1）首先将抽芯托架安装在外壳体上，用 2 个螺栓拧紧。另一端从地面开始支撑，或者通过钢丝绳吊住进行固定。

2）接着将组装好的内壳体装在抽芯托架上，将内、外壳体之间的垫套在规定位置上。

3）将液压缸拧入缸座，再通过联轴器安装推入工具。

4）通过高压橡胶软管连接液压缸和手动泵。

5）通过螺栓将缸座固定在托架的轨道上。

6）以上的装配准备工作完成后，即可进行内壳体组装。通过上下摇动手动泵的操作杆来延伸液压缸的活塞，即可将内壳体推入外壳体。液压缸的活塞行程（约250mm）伸至最大后，松开手动泵侧面的手柄，使之归回原位。移动缸座再次重复以上操作，即可将内壳体插入指定位置，同时将垫压缩至接近使用状态。

2 16×16×18-5stgHDB型多级泵的结构特点是什么？

答：给水泵泵壳由A105M整体铸造而成，为双涡壳体结构，外壳体为坚固的锻制圆筒形，与外壳盖通过圆形法兰连接，法兰由坚固的高温合金钢双头螺柱和高碳钢六角螺母紧固，外壳体由位于水平中心线上的两组安装底脚支承，外壳体及内壳体的安装止口处堆焊奥氏体不锈钢，外壳体与外壳盖、外壳体与内壳体的结合部位采用金属缠绕垫及O型密封圈密封；内壳体由A487 CA6NM铬钢铸造而成，包含多级双涡壳式压出室，为水平对称中开结构，结合面经磨削和刮研，无须垫片，径向力平衡，热分布均匀；主轴由A276-410H-MD2锻制，经过热处理、精密机械加工及研磨，叶轮入口处的轴加工成流线型，自轴的中心向外加工成台阶式；叶轮为封闭式，由A487 CA6NM铬钢铸造而成，并实施静、动平衡试验，叶轮采用对称布置，热装在主轴上，用分半卡环定位，减少各级叶轮间的轴套；密封环外圆的突起嵌入内壳的配合槽中，密封环的材质为420J2，间隙配合部位进行硬化处理。

3 简述前置给水泵500×350KS63的结构特点。

答：泵壳体为纵向部分，泵体和泵盖（ZG15Cr1Mo）水平中分面使用金属缠绕垫片，并用螺栓牢固连接；泵轴由20Cr13钢锻造、热处理、精密机械加工及研磨而成；叶轮为双吸，叶轮材质为A487 MC6NMA，使液体摩擦冲击造成的损失降至最小，叶轮不采用定位螺母，而是通过不同直径的密封环产生的轴向力来固定，该轴向力仅为推力轴承承载能力的15%，轴承位于泵的两侧，采用轴瓦和角接触轴承，轴承体和轴瓦均为上下中开。

4 前置给水泵500×350KS63的检修标准是什么？

答：前置给水泵500×350KS63的检修标准，见表14-5。

表14-5 500×350KS63前置给水泵的检修标准

部　位	部位外形尺寸	间隙值（mm）
挡油套与轴承体间间隙	ϕ121.25	0.75～0.9
轴瓦与轴间间隙	ϕ101.611	0.141～0.164
密封环与叶轮间间隙	ϕ381.32	0.68～0.777
密封环与叶轮间间隙	ϕ369.32	0.68～0.777
密封体与轴间间隙	ϕ126	2.0～2.4
轴与泵体间间隙	ϕ146	3.0～4.0
密封体与叶轮挡套间间隙	ϕ 126	2.0～2.4
叶轮挡套与泵盖间间隙	ϕ146	3.0～4.0
轴承与轴承端盖轴向间隙		0～0.1

5 凝结水泵的作用是什么？

答：凝结水泵的作用是排出汽轮机凝汽器中的凝结水。凝结水泵应安装在凝汽器热水井以下 0.5～0.8m 处，其目的是防止凝结泵汽化。凝结泵的空气管的作用是把漏入水泵的空气以及凝结水分离出来的不凝结气体引入凝汽器，以保证凝结水泵的正常运行。

6 10LDTND-4SⅢ型立式凝结泵的结构特点是什么？

答：10LDTND-4SⅢ型立式凝结泵为立式筒袋式多级离心泵，主要由外壳体、出水接管、泵轴、传动轴、四级叶轮、联轴器、机械密封和泵座组成。首级壳为碗形壳或螺旋壳，次级、末级为碗形壳；泵轴设有多处导向水润滑轴承支撑，泵轴轴向负荷大部分由推力鼓承担，其余由泵体推力轴承和电动机角接触球轴承承担；轴系包含泵轴和传动轴，轴间连接为卡环筒式联轴器；轴封采用集装式机械密封，机械密封有两个端面：一个密封端面外接闭式循环水，用于正常运行时的密封；另一个密封端面与凝结水泵出口母管相连，专门用于保证泵在备用状态时的泵内真空度。

7 10LDTND-4SⅢ型立式凝结泵是如何保证良好抗汽蚀性能的？

答：(1) 泵体立式安装，降低了泵的吸入口高度，提高有效汽蚀余量，改善了泵的吸入性能。

(2) 首级叶轮采用双吸叶轮，降低了泵的必需汽蚀余量，其材料采用具有良好的抗汽蚀性能的材料 ZG1Cr13Ni，保证汽蚀余量均大于必需汽蚀余量。

(3) 首级双吸叶轮两侧设有导流器，使首级叶轮的入口水流分布均匀，降低吸入口带气的可能性。

(4) 首级叶轮进口处壳体设计成喇叭状，增大了吸入口的直径和首级叶轮叶片的进口宽度，使叶轮入口部分流体的流速降低，减少了泵的必需汽蚀余量。

(5) 外壳体设置一个进水管道排空接至排汽装置，将泵入口水中的空气抽走，防止泵吸入空气。

8 10LDTND-4SⅢ型立式凝结泵的检修工艺及质量标准是什么？

答：拆卸工艺的主要步骤有：

(1) 将电动机引线拆除。

(2) 拆除影响泵体解体的冷却水管，密封水管退水管。

(3) 拆联轴器，并做好对轮上下及中间的调整垫位置记录。

(4) 吊走电动机。

(5) 拆除泵座地脚螺栓，出口法兰螺栓，排空门法兰螺栓。

(6) 将泵工作部分与泵座一并吊出，水平搁置。

(7) 用拉马拉出泵侧对轮，保存好键。

(8) 松开并卸下填料压盖、盘根、水封环。

(9) 拆除圆管与吐出座的连接螺栓，将吐出座水平退出。

(10) 拆除带有轴承的圆管与变径管的连接螺栓，依次退下圆管、变径管。

(11) 卡环式套筒联轴节拆卸。松开套筒定位螺钉，将套筒退出至露出卡环，此时应将轴端平，取下卡环，移开泵上半主轴，分别取下轴端键。

(12) 拆除末级导流壳与第三级导流壳连接螺栓，将带有轴承的末级导流壳退出。

（13）拆除叶轮与轴套，连接螺钉，退出轴套，定位环，叶轮，保存好各部件。

（14）按上述方法依次取下第三级、二级水轮及第一级导流壳。

（15）拆除首级叶轮与轴套连接螺栓，退出轴套、卡环。

（16）将吸入喇叭口从轴端退下，松开诱导轮轴套锁母并退下。

（17）从轴端依次退下轴承诱导轮与首级叶轮，并保存各部件。

（18）各部位轴承的拆卸。拆除轴承处定位法兰螺钉，退出轴承。

回装与拆卸相对应，且应符合下列质量标准：

（1）转子总串动量（10±2)mm，安装串动量（5±1)mm。

（2）检查叶轮、导叶是否有裂纹，密封环是否有磨损，超间隙值应更换。间隙值：首级0.70mm，次级0.55mm。

（3）各导轴承如有磨损应更换。

（4）各部位结合面止口应修整刮平。

（5）测量轴晃度。中间0.03mm，轴端0.05mm。

（6）各部位测量、记录，符合标准后方可回装。

（7）用软质塞块和塞尺在填料腔处测量填料与传动轴的四周间隙，使在对称点处读数差（A-B）保持0.08mm。

（8）联轴器找中心，误差圆面在0.05mm以内。

9 简述机械密封KL-70158的结构特点及技术参数。

答：KL-70158型串联机械密封为内装、多弹簧、串联、静止式平衡型整套机械密封，采用集装式结构、定位板定位、卡紧装置传动的方法。

技术参数：密封介质：凝结水；密封介质温度：≤60℃；密封腔压力：≤2.0MPa；线速度：16.76m/s；平均泄漏量：≤100mL/h；使用寿命：连续运转8000h以上。

10 简述88LKXA-30.3型立式循环水泵的结构特点。

答：88LKXA-30.3型立式循环水泵为立式单级导叶式、内体可抽出式混流泵，水泵的叶轮、轴及导叶为可抽式、固定式叶片，泵轴由两段组成，采用套筒联轴器连接，有3只水润滑塞龙轴承，叶轮在主轴上的轴向定位采用叶轮哈夫锁环，在筒外筒体不拆卸的情况下，内体可单独抽出泵体外进行检修。

循环水泵主要由吸入喇叭口、外接管（a、b)、安装垫板、吐出弯管、电动机支座、叶轮、叶轮室、导叶体、主轴（a、b)、内接管（a、b)、导流片、导流片接管、填料函体、轴套、填料轴套、轴套螺母、塞龙轴承、套筒联轴器、连接卡环、止推卡环、叶轮哈夫锁环、联轴器、调整螺母和O型密封圈等。

11 简述88LKXA-30.3型立式循环水泵的组装。

答：88LKXA-30.3型立式循环水泵的组装步骤为：

（1）可抽出部分的安装。

1）从主轴的叶轮端装进轴套，滑过短键槽处，在短键槽处装上B16×10×70的键，将轴套退回至键位顶住，在轴套3个螺孔处拧上3个M10×12的螺钉。在轴另一端的短键槽处装上 B16×10×70 的键，装上轴套，用紧定螺钉固定在轴上。

2）将叶轮（已装叶轮密封环）放置在 1 人高左右的梁架上，在主轴下端装叶轮处装上 B56×32×460 的键，在主轴另一端拧上吊环螺钉，将主轴吊至叶轮上方，放下主轴，使主轴穿过叶轮的主轴孔，在主轴和叶轮上装上叶轮锁环，用 4 组 M24×75 的螺栓、弹簧垫圈将叶轮锁环固定在叶轮上，然后吊起组装好的部件，放入叶轮室中。

3）用 M20×50 的螺柱、螺母、双耳止动垫圈将橡胶导轴承装于导叶体下部，同时用 M20×85 的螺柱将内接管与导叶体（已装好导轴承）连接起来，吊起此组件至主轴上方，穿过主轴，慢慢放下，用 M36×90 的螺柱将导叶体和叶轮室连接起来。注意：装配上述组件时，在各配合面须涂机械密封胶。

4）吊起主轴组件置于泵壳内，并将其支撑在枕木上，并在主轴上端装上 B56×32×325 的键。

5）在主轴装轴套部位装上 B16×10×70 的键，装上轴套，在装填料轴套部位装上 B14×10×70 的键，装上填料轴套及轴套螺母并在另一端装上 B56×32×360 的键。用 3 个 M10×12 的螺钉将轴套螺母紧固在轴上。

6）将套筒联轴器直立于一平台上，使带有 4 个螺孔的一端朝下。

7）将主轴吊起至套筒联轴器上方，慢慢放下，使主轴从套筒联轴器内孔穿过，将套筒联轴器顺轴上推，直至露出键为止，并在联轴器外圆上拧上两个固定螺钉将其固定于轴上。

8）将上主轴吊至下主轴上方，两轴对中，将连接卡环装于轴上，松开联轴器上的固定螺钉，使其缓慢下落并滑过连接卡环至止推卡环位置上并与止推环用 M16×15 螺栓连接起来，并把内接管用 M20×90 螺栓连接。

9）吊起轴连接件，移开枕木，放入外接管内，注意使叶轮室的防转块卡在外接管的防转槽内，以防开车时的旋转。

(2) 壳体部分的安装。

1）将泵安装垫板置于基础预留孔内，并在垫板下塞置垫铁，通过调整垫铁调整垫板水平。

2）在喇叭口法兰配合面上均匀涂上密封胶，用 M36×90 的螺柱将喇叭口与外接管连接起来。

3）在泵安装垫板上放置枕木或其他支撑物，将连接好的外接管与吸入喇叭口置于枕木或其他支撑物上。

4）在外接管法兰面均匀涂上密封胶，用螺栓将吐出弯管与外接管 b 连接起来，支撑板用螺柱 M36×100 与外接管 b 连接起来，把此组件用螺栓与外接管 a 连接起来置于枕木上。

5）吊起上述已连接好的壳体，移开支撑物，将泵安装垫板配合面清理干净，并均匀涂上一周密封胶，放下泵壳体，并用地脚螺栓初步将壳体坚固在基础上。

6）校正泵的水平度，使垫板水平度在 0.05mm/m 以下。

(3) 导流片接管、导流片、填料部件的安装。

1）将导流片组件吊至主轴上方，调整好导流片的方向，穿轴放下，用 1 组 M36×120 的螺柱将导流片接管与支撑板连起来。

2）将导轴承 a 用螺柱 M20×50 装进填料团体的轴承腔中，用行车吊起至主轴 b 上方、穿轴放入导流片接管上填料函体腔内，用 1 组 M30×80 的螺柱将填料通体连接在导流片接管上。

3）在主轴 b 的上部装上泵联轴器和轴端调整螺母。

（4）电动机支座和电动机的安装。

将电动机支座吊至导流片接管上方，用 M36×110 的螺柱将其与泵支撑板连接起来。电动机支座安装好后，在电动机支座上法兰面打水平度，水平度允差为 0.05mm/m。

（5）泵、电动机轴的对中。

1）电动机与泵轴对中。在电动机联轴器上安装百分表，用盘车转动电动机，并调整电动机支架，使中心偏差在 0.05mm 以内。

2）电动机与泵轴对中之后，用螺栓将电动机固定在电动机支座上，并用定位销定位。

（6）转子间隙的调整。

1）判断转子是否已落在极下位置。

2）卸下泵联轴器与轴端调整螺母之间的连接螺栓。

3）旋转轴端调整螺母直至上端面与电动机联轴器法兰面贴紧。

4）向下旋转轴端调整螺母，使转子高度提升 4mm，若泵联轴器与轴端调整螺母的螺孔位置不合，则应继续向下旋转轴端调整螺母，直至两螺栓孔重合。

5）装上联轴器、轴端调整螺母之间的连接螺栓，对角交替地逐渐上紧螺母，最后用 920～1080N·m 的力矩扳手，拧紧其连接螺母。

（7）填料的安装。

1）取下填料压盖，清理干净填料函。

2）每次将一环填料装进填料函内，并确保填料落在正确的位置。

3）各环填料的切口错开置，当最后一环填料装进时，再装上分半填料压盖。均匀地拧紧螺母直至齐平，然后松开螺母，再适当紧固。

12 88LKXA-30.3 型立式循环水泵组装时的技术要求有哪些？

答：88LKXA-30.3 型立式循环水泵组装时的技术要求有：

（1）以挂钢丝线锤作为基准，在填料函、上导轴承及吸入喇叭管法兰三处用内径千分尺进行测量，确保各处中心的相互误差在 0.20mm 以内。

（2）固定部分各法兰的结合面安装后应接触严密，用 0.05mm 塞尺插不进，只允许有不大于 0.10mm 的局部间隙。

（3）在主轴水平放置时，检查轴弯曲度应小于 0.10mm，轴颈处径向晃度应小于 0.06mm，联轴器端面瓢偏应小于 0.04mm，联轴器径向晃度应小于 0.04mm。

（4）检查推力轴承的推力盘（镜板）应光洁平整、无损伤，推力瓦与推力盘在每平方厘米上接触 2～3 点的面积应达 70%，且每个瓦块的进、出油侧均应刮出油楔。

（5）推力头处的分半卡环应修研后装入，受力后用 0.03mm 塞尺检查其间隙长度不得超过圆周的 20%，且不得集中在一起。

（6）将上导轴承单侧间隙调至 0.05mm，其他导轴承松开，且推力盘调平并有半数瓦块受力，即转子处于自然状态时，在上、下导轴承轴颈以及联轴器三处，各装水平方向互成 90°、上下方位一致的百分表两块，盘动转子测量各部分晃度不超表 14-6 的要求。

表 14-6　　转子晃度的允许值　　（mm）

摆　度	轴名称	测量部位	晃度允许值
相对摆度	电机轴	联轴器	0.02
	水泵轴	水泵导轴承处	0.04
绝对摆度	水泵轴	水泵导轴承处	0.30

注　相对摆度为每米轴长的晃度，绝对摆度为该点实测的晃度。

（7）在调整转子摆度合格后，调整上导轴瓦单边间隙为 0.08～0.10mm，下导轴瓦间隙为 0.16～0.24mm。

13　88LKXA-30.3 型泵轴瓦安装与调整的要求是什么？并具体说明轴瓦的安装与调整工艺过程。

答：对电动机各部件的安装标高和中心，应根据装好的水泵主轴联轴器的标高和中心而定。一般要求水泵轴安装时的标高位置应比设计标高降低 10～20mm，以便在电动机转子安装时落在设计标高后，两主轴联轴器止口间留有一定间隙。待电机安装完毕盘车后，将水泵转子可提高规定的高度并连接两主轴联轴器，一同回转。安装电动机部分前，应检查水泵轴的垂直度偏差不大于 0.01mm/m，泵侧联轴器的水平度偏差不大于 0.02mm/m。

具体检修工艺过程如下：

（1）上、下机架预装及渗漏检测。

1）对上、下机架进行预装，检查其装配是否符合装配尺寸要求，以免因解体或检修过程中造成的损伤未修复而影响回装。

2）对上、下机架油槽用煤油渗透法检验其是否有渗漏，若有渗漏现象，应在清理后进行补焊。补焊后仍需做渗漏试验，直至无渗漏为止。

3）对上、下机架的冷油器通水做试验。水压为 0.3MPa，时间为 30min，不得有渗漏现象。如有漏水现象应予以补焊，并在焊后重新打压。

4）将上、下机架油箱全部清理后，涂刷一层耐油绝缘漆。

（2）轴瓦的研磨。

1）推力轴瓦的研刮。

a. 将推力轴瓦座水平放置好，把 3 块轴瓦放成三角形，压上镜板找好水平。吊起镜板用纯酒精清洗轴瓦及镜板平面后，在镜板面上涂一层匀薄的石墨粉，重新将镜板压在轴瓦上，用机械或人力使镜板顺时针方向旋转 3～5 周后，吊起镜板放置在另一木制平台上。

b. 检查轴瓦和镜板的接触情况，刮去“高点”。直至轴瓦面接触点在每平方厘米有 3～5 点为止。

c. 当三块瓦刮研好以后，换上另外三块瓦继续研刮，至全部轴瓦刮好。

2）导轴瓦的研刮。

a. 清洗并修平导轴承、导轴承头及导轴瓦，在导轴承头上涂一层匀薄的石墨粉，把轴瓦压在上面来回推动 4～6 次，取下导轴瓦。

b. 检查轴瓦面的接触情况并进行修刮，使其接触点在每平方厘米有 3～4 点为止。在推力轴瓦及导轴瓦全部研刮好以后，清理掉推力头及轴瓦上的石墨粉，以免降低油的绝缘电阻。

(3) 安装下机架、电动机定子、校正中心。

1) 将下机架放置在正确的基础位置上后，其标高和水平可用垫片或楔形板调整，要求标高误差在±2mm以内，水平误差在0.2mm/m以内。当标高、水平找好后，可用垂钢线锤的方法，确保中心误差在0.5mm以内，如图14-26所示。

2) 将定子吊上基础后，仍用如图14-26所示的方法将其找正。

(4) 转子吊入定子。

1) 在将电动机转子吊入前，再次校对泵轴的垂直度及中心的偏差在允许的范围内。

2) 将电动机转子吊入定子，并用千斤顶按计算的高度顶住转子后，对转子进行找正，确保泵、电动机两联轴器的端面外圆偏差均不得超过0.05mm。

(5) 安装上机架。

1) 在电动机定、转子安装后，吊入上机架。检查机架与定子各组合面的接触情况，应有70%以上的接触面。

2) 对上机架中心进行调整，要求误差在0.5mm以内。

(6) 回装推力轴瓦、推力头。

1) 将上机架清理干净，用汽油清洗推力轴瓦及镜板后，安装推力轴瓦及镜板，并分别校正好其各自的水平，确保镜板面的水平度偏差在0.02mm/m以内。

2) 在相同室温和用同一内径千分尺测量推力头与轴的配合尺寸，需符合D/gc要求，否则就应进行修整。然后，用专门的拆装推力头工具将推力头顶入轴上，如图14-27所示。并套好分半卡环。

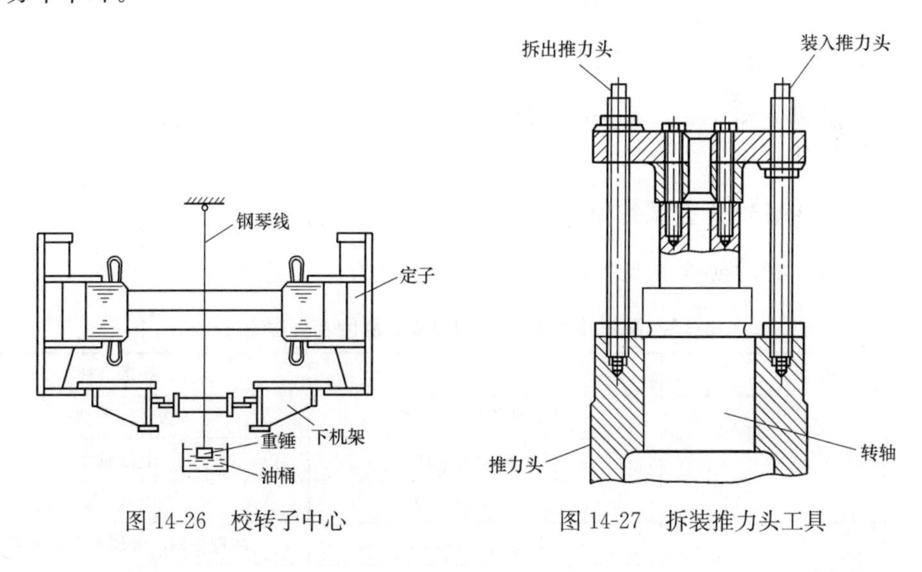

图14-26　校转子中心　　图14-27　拆装推力头工具

3) 降下顶住转子的千斤顶，使转子的重量转移到推力轴瓦上。

(7) 装入上导轴承，电动机单独盘车。

1) 装入上导轴承部分并调整上导轴瓦与导轴承套之间的间隙，使每侧的间隙均在0.05～0.08mm之内。

2）在上导轴瓦涂油后，对电动机单独进行盘车，以检查和校对电机轴线与推力头镜板平面的垂直程度。

（8）连接泵、电动机联轴器，整个泵组盘车。

1）在连接泵、电动机联轴器前，复测两联轴器间隙并校正中心。

2）将泵、电动机联轴器清理干净，在止口内加入调整垫后拉起水泵转子，旋紧联轴器的连接螺栓。

3）松开导轴瓦，将泵组整体进行盘车，要求水泵导轴承处的摆度不大于0.03mm/m。

（9）安装下导轴承，调整导轴承间隙。由于泵组摆度受制造和安装工艺的限制，只能处理到一定的程度，所以泵组回转时的中心线与泵组轴的实际中心线是不相重合的。调整轴瓦的中心应以泵组回转时的中心线为准。对导轴瓦和导轴承套的单边间隙，一般要求为0.10～0.15mm。最后，将油冷却器、油水管路等回装连接好。

（10）振动要求。在泵组运行时，应检查其各部分的振动值符合要求，不能太大，以免造成轴瓦或泵组部件的损坏。具体的要求详见表14-7。

表14-7　88LKXA-30.3型立式泵运行时各部分振动的允许值　（mm）

部件名称	允许振动数值（双幅）		
	125～187r/min	214～375r/min	428r/min以上
上下机架（水平方向）	0.15	0.10	0.08
电机定子机座（水平方向）	0.15	0.10	0.08
电机联轴器处（径向）	0.25	0.20	0.15
电机集电环处（径向）	0.25	0.20	0.15
各导轴承处的轴	在各导轴承间隙的范围		

（11）其他要求。在上、下机架油箱内注入润滑油时，油面最高不得超过导轴瓦的一半，以避免运转时将油甩出。

14　88LKXA-30.3型泵常见的故障、原因及处理方法有哪些？

答：88LKXA-30.3型泵常见的故障、原因及处理方法，见表14-8。

表14-8　88LKXA-30.3型泵常见的故障、原因及处理方法

故障类别	故障产生原因	处理方法
泵启动不了	转动部件内有异物	清理转子部件
	轴承损坏而卡住	更换轴承
	电动机系统故障	联系电气人员处理
泵出力不足	吸入侧有异物堵塞	清理滤网、叶轮及吸入喇叭管
	叶片损坏	修复或更换
	泵内汽蚀	提高吸入口水位
	泵入口有预旋	增设消旋装置

续表

故障类别	故障产生原因	处理方法
泵超负荷	电动机转向不对	检查并校正
	轴承损坏	更换轴承
	泵内有异物	除去异物
	入口处有反先预旋	设置消旋装置
	转子部件平衡性差	检查并重新调整
	填料压得过紧	放松填料压盖紧力
	电机断相运行	联系有关人员处理
泵异常振动及噪声	装配准确度太差	重新装配
	吸入口水位太低或有汽蚀	提高水位
	轴承损坏	更换轴承
	轴弯曲	予以校正
	联轴器螺栓损坏	修复或更换
	转子动平衡性差	重新找平衡
	基础或出口管路的影响	检查并消除影响

15　水环真空泵的作用是什么？

答：机组启动阶段，用于抽出汽轮发电机组空冷凝汽器、给水泵汽轮机及前置凝汽器内不凝结气体，建立真空；机组正常运行阶段，用于维持真空，改善空冷换热条件，提高机组热效率。

16　简述 EV250 型水环真空泵的工作原理。

答：利用泵壳和叶轮的不同心安装结构，在叶轮作旋转时，构成与叶轮成偏心水环，充满在叶片间的水，随着叶轮的旋转，在叶片之间不断地作周期性的往返运动，改变叶片中间的容积，在固定的吸气和排气口的相配合下，完成吸气、压缩和排气作用。这样，叶轮的下面便会形成空动状态，相邻两个叶片之间的空间形成汽缸，而水就像活塞一样，沿着叶片上下移动，气体通过壳体的吸入口处进入壳体，再从孔板吸气口进入叶轮，并在移动过程中经膨胀和压缩后，从孔板排气口向壳体的排出口排出。

17　简述双级单作用的水环真空泵的工作原理。

答：双级的作用就是第一级排气口排出的气体被第二级吸气口吸入，然后经过第二级的压缩排出。第二级的作用是减少第一级排气压强，使第一结构比较紧凑，回转部分由一根轴和两级叶轮组成。固定部分由进出气机座，两个泵环和配汽盘轴承支架组成。

18　简述 EV250 型水环真空泵的结构。

答：EV250 型水环真空泵由泵壳体、转子、叶轮、轴套、轴承体、轴承、推力轴承、调整环、吸入侧孔板、压出侧孔板、球架、四氟球、O 型密封圈、叶轮锁母、水封环、骨架油封、密封圈组成。

19 如何拆卸EV250型水环真空泵？

答：EV250型水环真空泵的拆卸步骤为：

（1）将真空泵从底座上拆下。

1）排空壳体和侧罩中的液体（利用壳体和侧罩的疏水塞和疏水阀门）。

2）拆除所有与真空泵相连的管线，同时把管子的洞口封住。

3）将联轴器罩旋松并卸下。

4）拆除联轴器外罩壳及O型密封圈，并取下蛇形弹簧。

5）拆除真空泵的地脚螺栓，并从底座上整体将真空泵运至检修区域。

6）使用液压拉码拉下联轴器，并取下联轴器的键。

（2）在轴承两端进行的拆卸工作。

1）拆下联轴器侧的前轴承盖，竖起锁紧垫圈的止动垫圈，松开并拆下固定螺母。（锁紧螺母的方向与转向相反）。

2）拆除联轴器侧后轴承盖，再拆开轴承座的固定螺钉，用顶丝螺栓将轴承座和滚柱轴承（外圈和滚轴）一并拆下。

3）拆除自由端侧前轴承盖；竖起锁紧垫圈的止动垫圈，松开并拆下固定螺母。

4）松开轴承座紧固螺栓，并用顶丝拆除推力轴承座，然后使用专用工具拆除推力轴承5215。

5）取下调整环，并做好记号和妥善保管。

6）竖起锁紧垫圈的止动垫圈，松开并拆下自由端轴承螺母；拆除自由端后轴承盖。

7）拆除轴承座的固定螺钉，用顶丝螺栓将自由端轴承座和滚柱轴承（外圈和滚轴）一并拆下。

（3）壳体的拆卸。

1）拆除两侧防水板。

2）拆除两侧填料压盖，依次拆除3道填料后，再小心拆除水封环，随后拆除剩余的填料。

3）将泵体由水平状态竖直放到专用机架上，卸下自由端侧盖螺栓和孔板螺栓，再将侧盖垂直吊出。

4）卸下自由端轴套后，使用吊带将叶轮垂直吊出壳体。

5）松开分配器上四氟球压盖的固定螺栓并卸下阀球压盖，然后卸下阀球及球架。

20 EV250型水环真空泵主要部件的磨损限度标准是什么？

答：EV250型水环真空泵主要部件的磨损限度标准，见表14-9。

表14-9　EV250型水环真空泵主要部件的磨损限度标准

部件	变化限度	备　注
叶轮和孔板	C大于0.5mm。标准偏差$2C$=0.4～0.6mm	虽然C超过了左面的数值，但如果不影响实际使用时，可继续使用
轴套	轴套一侧表面的磨损量超过：$(B/2)\times(0.025\sim0.03)$直径175mm	如果压盖填料有变形产生而且最大深度大于左边值（1～1.5mm），更换新件
轴承	工作小时：30 000～50 000h	如果观察到异常声音、振动或高热，不论工作时间多少，都应进行检查，如有必要，则更换新件

21 EV250型水环真空泵组主要部件的检查方法及限度标准有哪些？

答：EV250型水环真空泵组主要部件的检查方法及限度标准，见表14-10。

表14-10　　EV250型水环真空泵组主要部件的检查方法及限度标准

项　目	目　的	方法	限度标准
叶轮、孔板和Teflon球	叶轮、孔板和Teflon球的磨损	目视检查	叶轮和孔板之间的偏差符合要求（该值大小取决于操作真空度）
壳体和侧盖	壳体和侧盖内的磨损和凹陷	目视检查	把由于磨损造成的凹陷与原状况加以比较，应该在1mm以下
填料盒	检查压盖是否损坏，以及真空泵的套环是否堵塞	目视检查	填料盒是否损坏，如有必要更换之
轴	测量轴的跳动度，轴的跳动造成叶轮和孔板等滑动件之间的磨损	千分表	轴的容许跳动度在5/100mm之内
轴套	检查轴套表面，从而检查出压盖填料下的磨损度	目视检查或游标卡尺	轴套的磨损量应符要求
轴承	检查轴承中的润滑脂，并进行清洗；如有必要，则更换新润滑脂，还检查轴承，必要时更换轴承	目视检查或听诊检查	约每年一次更换润滑脂。对于滚动轴承发现有不正常声音则需更换新轴承
联轴器螺栓上的橡胶衬套	检查联轴器螺栓上衬套的磨损度和变形量	目视检查	如果橡胶衬套有明显的变形，有必要更换

第十五章

汽 轮 机 辅 机

第一节 加热器的堵管

1 低压加热器泄漏时，如何进行堵漏工作?

答：打开低压加热器发现管子和管子胀口泄漏时，都应采用堵管方法处理，具体步骤如下：

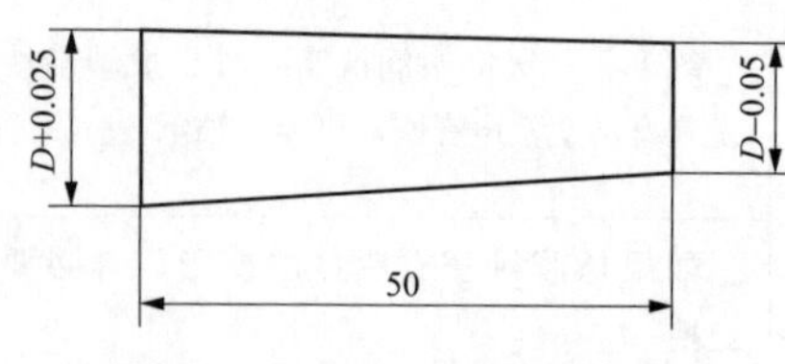

图 15-1 堵头（D 为传热管内径）

(1) 首先确定受损管子的数量，并测定该管子的内径，采用紫铜等与管材相适应的材料加工堵头，如图 15-1 所示。堵头长约 50mm，锥度 1：20，大端比管孔大 0.025～0.05mm。堵头应塞紧，可用工具将堵头敲入管子中，把 U 型管两管口闷住。

(2) 低压加热器检修后，应对壳侧进行水压试验，水压试验压力不大于设计压力的 1.5 倍。检查堵管后是否还有泄漏。

(3) 打开过的人孔等处法兰接合处垫片必须更换，并在紧固好后检查其严密性。

(4) 检修完毕，应做详细记录。

另外，低压加热器水位突然升高也不一定是管子破损引起的，有时候疏水调节阀运行不正常或有故障，也会造成水位升高。

2 高压加热器管子发生泄漏后，应如何进行堵漏准备工作?

答：高压加热器管子堵漏应准备的工作为：

(1) 在离管板面 60～75mm 的管束深处测量管子内径，选取适合于膨胀管束管子尺寸和管子厚度的胀管器。放入胀管器，对离管板面 50～75mm 的管子进行冷滚轧，将管子内径扩大 0.127mm，这可保证被堵部位的管子与管板完全贴合。

(2) 铰刮管孔直至表面光滑（用直槽扩孔铰刀可满足此要求)，测定经铰刮管子的确切内径。进行此项步骤时应注意：在扩孔操作中不可使用硫化切割油。这主要是因为此类化学油脂很难清理除去，会污染焊缝，影响焊缝质量，诱发产生金属的裂缝，尽量采用干铰的方法进行。如必须要使用冷却剂时，只能使用非硫化水溶性化合物（如硅基润滑油脂)。

(3) 按图 15-2 所示机加工管子堵头。所用的堵头材料必须选用非再硫化的热轧钢，堵头长约 50mm，堵头锥度应为 1：20，大端应比各个管孔至少大 0.025mm，但不能大于

中级工

0.050mm，以免使附近的管板孔带受到过大的应力。在堵头大直径端打一沉孔，深为19mm，保留最小壁厚为3mm，这可减少由焊接产生的应力。堵头应磨平。

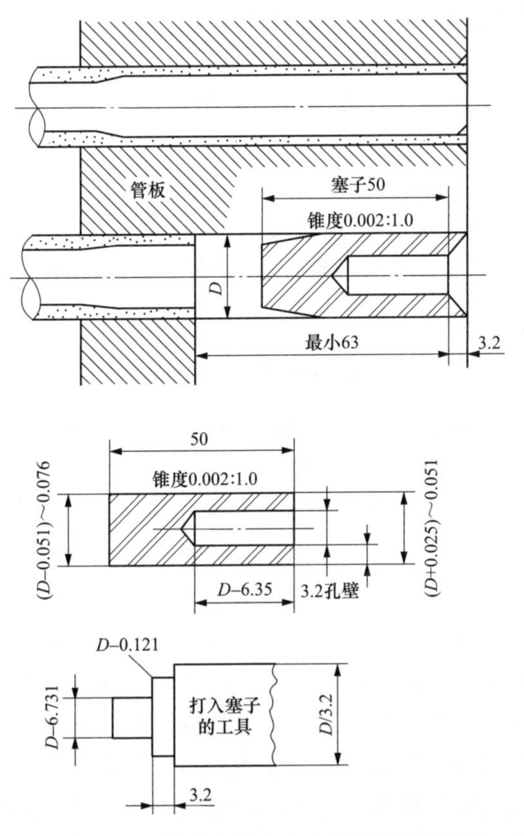

图 15-2 焊接塞子和打入塞子的工具

注：①图 15-2 中的最下方图即用钻杆材料做的打入工具。

②过盈配合不要超过 0.51mm，以免邻近的管板孔带和密封焊缝受到过大的应力。

（4）管子是焊接在管板上，可以用角向磨光机将原来的焊缝磨平。

（5）将管孔和堵头清理并打磨，除去所有的氧化皮、油污，最后清洁工作要用清洁的丙酮，因为丙酮不会留下污染性残余物；不要使用氯化物溶剂，如四氯化碳、三氯乙烯、聚氯乙烯等，因为这些溶剂一方面对人体有害；另一方面残渣物会污染焊缝以致产生裂缝。

（6）将堵头密封焊到管子和管板的管孔带上。建议焊接部位预热到 65℃，以保持管板处的干燥。

如水室内在管板端附近管子或进口管道内，有水或蒸汽泄漏且温度很高，则所有管子都要吹干，并防止水或蒸汽的泄漏，保证焊接过程中不会影响焊接质量。

3 在高压加热器堵管过程中，焊接工作应注意的事项有哪些？

答：在高压加热器堵管过程中，焊接工作应注意的事项有：

（1）在管板上焊接时，必须注意以下几点：

1）不要烧到附近管子的焊缝和管孔带。

2）不要使管板过分受热。

3）不要使附近的管子与管板密封焊缝过分受热。

4）不要使电弧碰到附近的管端。

5）不要使电弧碰到临近的管子与管板密封焊缝。

6）不要使机械工具损害密封焊缝。

（2）对碳钢管板上的碳钢堵头，要使用直径为 2.5mm 的 J-507 焊条，也可使用交流或反直流电的低氢焊条。

（3）起弧和停弧都应使用起弧板，保持短弧并使用完全干燥的焊条，以免焊缝中出现气孔。这对 J-507 焊条是十分重要的，所以焊接前焊条都应进行烘干，并使用手提式焊条保温筒保存。如需多层焊时，在焊下道前必须彻底清洁上道焊缝的焊药，并使其起点和终点错开。管板的平均温度上升应保持在 65℃左右。

4 高压加热器管束泄漏后，如何检测和判断？

答：加热器管束发生漏泄是加热器系统中比较难以处理的一种故障，需要停止高压加热器系统的运行，经过冷却，才能处理。处理过程中应进行以下工作：

（1）漏泄记录。发现管子泄漏后，不能单纯地急于堵焊。首先要编制两个重要技术记录：一个是确定损坏的管子所处的方位，即损坏的管子在整个管束中对其他管子的相对位置的记录，也就是将损坏的管子在管板图上标志清楚，并注明损坏的时间、损坏情况和当时的运行情况；另一个记录是确定该损坏点在管子上的深度，即确定由管板表面顺管子到损坏点的纵向距离。积累起来的这两个记录，是加热器历史的一部分，在发生泄漏时是判断损坏原因和应采取的措施的根据，也是判断今后可能发生故障的根据。

（2）加热器管束泄漏的检查检漏方法，见表 15-1。用内窥镜或涡流探伤仪不仅可以观察或探测到管子是否有破损泄漏的情况，还可以确定漏点的位置、方向，从而判断相邻管子受影响的可能，对堵管方案和数量提供可靠的依据。涡流探伤仪还能探测尚未泄漏的管子的受损情况，以便提前进行处理。

表 15-1　管束泄漏的检查检漏方法

<table>
<tr><th>检漏方法</th><th colspan="2">加热器型式</th><th>泄漏部位</th><th>说明</th></tr>
<tr><td>内窥镜</td><td colspan="2">水室结构加热器</td><td>管束</td><td>把内窥镜伸入管子，可直接观察</td></tr>
<tr><td>气压法</td><td colspan="2">水室结构加热器</td><td>管子与管板连接处</td><td>汽侧充气，管板面涂肥皂水，观察起泡情况</td></tr>
<tr><td rowspan="3">注水法</td><td rowspan="2">水室结构</td><td>正立式</td><td>管束</td><td>汽侧充气，管口有气流出，有漏管</td></tr>
<tr><td>卧式倒立式</td><td>管束</td><td>由水室注水至管口平面，不能维持满水位为漏管</td></tr>
<tr><td colspan="2">联箱结构</td><td>管子或焊缝</td><td>汽侧注水，有水从管口流出的为漏管</td></tr>
<tr><td>真空法</td><td colspan="2">水室结构的低压加热器</td><td>管子或管子与管板连接处</td><td>汽侧抽真空，用烛火靠近管板移动，按火焰偏斜与否确定泄漏点</td></tr>
</table>

在没有内窥镜和涡流探伤仪的情况下，对水室结构的加热器，现场最常用的检漏方法是气压法。检漏时用的气压根据电厂的实际情况（管路系统及附件的强度和密封情况）决定，压力不宜太高，一般用 0.6～0.8MPa 的压缩空气就能发现主要问题。若系统密封较差，则空气压缩机的容量要大些。

1）当发现高压加热器漏时，根据泄漏的水量可初步估计是管子漏还是焊缝漏。一般情况，漏水量大的是管子本身漏，漏水量小的是焊缝漏。

2）打开人孔盖后，在汽侧通 0.6～0.8MPa 压缩空气后，如果听到漏气声很大，就可确定是管子漏；如果听不出漏气声，则应仔细观察水室内有无出气泡处，这种情况大多是焊缝漏。

3）对于顺置正立式高压加热器，如果水室内无存水，则查出水位最低的管子就是泄漏的管子。

4）进入水室内看水层有无漏泄气泡（查看进水侧及出水侧），如发现有泄漏气泡而内部存水较多时，可用虹吸管（塑料管）或其他办法将水室内的积水吸出，吸至残存水高出管板面 10～20mm，在漏泄处划上标记。如果这时仍不能查出准确的漏点，特别是漏处在管子孔内侧，就应把管板面上的水吸光，观察气泡的出处。要注意虚假现象，即气泡可能在漏泄点的对面管壁上出现。原因是有些小漏孔斜射到对面管子内壁上，反射出气泡来。漏泄气泡在管孔内出现，不一定都是管子本身漏，这一点应注意。如果泄漏量不大，则 95％以上是焊缝漏。检查这类漏泄的关键在于耐心细致。比较好的检漏方法是将棉纱球用细铁丝捆住，塞进漏管孔内距管口 10～20mm 处，如果棉纱球上有气泡，即可判定是焊缝漏，因为焊缝漏的位置在距端面 3～6mm 处；如果棉纱球上面没有气泡，而在管子的另一端管口出现气泡，那才是管子本身漏。

5）如果是管子本身漏，想知道漏处的位置，可用比管子内径小 1mm 的厚壁塑料管插入管内（不能用薄壁塑料管，因薄壁管进入热水内就变软，插入困难），检查者耳朵贴近塑料管的另一端听声音，随着插入深度不同，区别气量及声音的变化。塑料管端进到漏泄点，可听到特殊的声响。这样就查明了漏点位置，然后做好记录。

（3）测定管子损坏点位置。当采用内窥镜或涡流探伤仪来观察或探测传热管损坏情况时，根据观察或探测到的损坏点就可以很准确地知道损坏点的位置，即损坏点距管口的距离。

5 高压加热器发生振动损坏的主要部位在哪里？原因是什么？

答：高压加热器发生振动损坏的主要部位及原因是：

（1）疏水冷却段。疏水冷却段中汽侧疏水的紊流度比较大，因而产生的激振力也比较大。尤其当低水位或无水位运行时，汽水混合物会以比设计值高得多的速度流经疏水冷却段，更易于引起管束振动。由于设计或运行上的原因，若在疏水冷却段内发生闪蒸现象，则同样也可能引起管束的振动。

（2）凝结段。凝结段内的管束振动可能发生在两个部位，即 U 型管弯头处和直管段部分。在 U 形弯头处，管子的自由长度一般比直管段要大得多，尤其对外层管子。以往加热器设计标准中没有专门规定 U 形弯头处管束的自由长度限值，因此大多数 U 型管高压加热器在 U 形弯头处没有附加特殊的支撑。自由长度大则自然频率低，容易产生共振。有些高压加热器，特别是卧式高压加热器，通常将上级疏水入口设在 U 形弯头附近。疏水在那里扩容蒸发，会产生很大的扰动。如果疏水入口处的防冲挡板设计不合适，引起管束弯头部分振动的可能性也更大。振动会使弯头部分的管子破裂或折断。

直管段的振动损坏一般发生在管束支撑隔板布置不合理，管子跨度较长，且汽侧汽流速度又较大的区域。在加热器设计中容易忽略两方面的问题，一是将壳体直径设计过小，使管束和壳体间的通道面积太小，从而汽流速度大；二是支撑隔板外围尺寸大，阻塞了管束与壳体间的通道，使局部汽流速度增大。这都有可能激发管束的振动。

(3) 过热蒸汽冷却段。过热蒸汽冷却段是发生管束损坏可能性最大的区域，蒸冷段壳侧是按通过过热蒸汽来设计的，汽流设计速度比较高，一般为 30～45m/s。以下两种情况会使汽流速度大幅度增加：

1）高压加热器超负荷。例如入口水温降低，那么该级高压加热器的抽汽量就大大增加，从而使汽流速度大大增加。

2）蒸汽压力降低。这时抽汽量可能减小，但由于比体积增大，有可能使汽流速度大大超过设计值。一般来说，汽侧汽流速度越大，激发具有破坏性的管束振动的可能性也就越大。运行历史上曾有过除氧器长期降压运行而使入口给水温度降低 10℃左右的情况，这时抽汽量增加，蒸冷段内汽侧汽流速度大幅度增加，引起管束振动损坏。

6 高压加热器发生泄漏后，如何进行堵管工作？

答：高压加热器发生泄漏一般分为两种情况：一种是管子与管板焊缝泄漏，由于泄漏较小，而且时间很短，仅影响紧靠管孔表面的区域；另一种是同样类型的长时间泄漏，其影响区域较大并冲刷管板表面，造成凹坑。

对这两种情况，基本上进行同样的修补，只是重新焊接的宽度和工作量有所不同。堵管方法如下：

(1) 用与损坏的管子标称外径相同直径的风钻，将该管子的两个管口钻深 60mm。

(2) 用直槽扩孔铰刀清除残留的管壁。

(3) 铲除或磨削除去先前的焊接金属，使之与管板齐平。

(4) 清除和抛光管孔后，用千分卡尺精确测定管子两端管孔的确切内径。

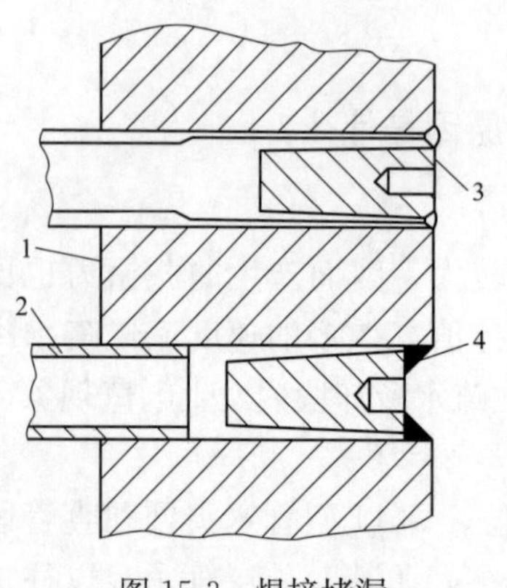

图 15-3　焊接堵漏

1—管板；2—换热管；3—堵头；4—焊缝

(5) 用与管子相同的材料制作堵封用的焊接堵头。堵头的外形尺寸可依据长 50mm，锥度为 1/500 加工，以便与管孔配合并能打进管孔。锥形堵头的大头最少要比管孔大 0.025mm，但不得大于 0.05mm，以免邻接的管板受到过大的应力。用平头钻在堵头的大头钻上一个深 6.35mm，留下壁厚 3.2mm 的孔眼。这个孔眼是用以减少焊接时产生应力的，这样的堵头应该事先制作好备用。在应用时，如果与管子比较堵头太粗，可以车细一些；如果堵头太长，可以锯短一些；但必须在打入管孔后，堵头与管孔结合严密，且必须仍留有上述的用以减少焊接应力的孔眼，如图 15-3 所示。

(6) 清理管孔和堵头。清除所有氧化层、水分、潮气、油脂和油污，最后用纯丙酮洗净。不得使用氯化剂，如四氯化碳、三氯乙烯、聚氯乙烯及其他溶剂。因为这类物质危害人体健康，其残留物还将损害焊接金属，使管束在正常运转中破裂。

(7) 将堵头打进管孔内。打入时，至少应打进管板平面里面 3.2mm，但不超过 4.8mm。

如果加热器制造厂原来是将管子端口露出在管板表面以上再焊接的，则在修理时，堵头的打入可以不深于管板的表面，但在管板表面以上的高度不应大于2mm。

（8）焊接工作必须在管板平面以下的管口上进行，不要因焊接而损伤其邻近的焊缝。预热焊接处到65℃，以除掉该处的潮气，并保持焊接面干燥，漏水、漏气或湿度过高时不能焊接。管板的平均温度要严格控制在接近65℃，保持层间温度升高在56～83℃。当焊接部位邻近范围的温度达到120～150℃时，不能再继续焊接，应使管板降温到65℃。要避免电弧伤及邻近的管子端部及管子与管板间的密封焊缝。

（9）用直径为2.5mm或3mm的低氢焊条（要经过干燥）将堵头密封焊接到管板上，电源用交流电或反极性直流电。

（10）将堵头和管孔带的顶部进行焊接，使用起弧板起弧和停弧，并注意及时除去焊渣。

（11）惰性气体保护钨极焊法应只用于将堵头焊到管板堆焊层上去。

（12）焊接后，要用着色法或射线检查焊接质量。

（13）当某根管子损坏时，要适当考虑封堵其邻近的管子。虽然尚未泄漏但可能已被冲刷损坏的管子，即紧靠已破坏的管子周围的和漏水直冲道上的某些管子，以防止再发生泄漏。

（14）对管道有冲刷的部位，应按焊大范围的切割面积的要求打磨成焊角凹坑。按焊接要求使用焊条。焊接时，采用条状焊道及热处理工艺，并注意做到：

1）打磨焊缝起弧点和停弧点。

2）错开起弧点和停弧点。

3）对最初三层焊缝，每隔一层焊缝锤击一次，但不能锤击表面焊层。

进行上述工作时，必须十分小心，不要因过热或过重锤击、敲错部位而损坏附近密封焊缝和孔带。用直径为2.5mm的焊条，按工艺要求逐步堆焊管板表面，直到堆焊完三层为止。在焊下道焊缝前，必须除去焊渣。

大范围补焊时，需在起弧板上大量地起弧和停弧，且每次起弧和停弧后，都要活动一下起弧板以免黏牢。在整个打磨区堆焊好三层后让其冷却，并从焊道上除去所有的焊渣。

焊接完成后，对补焊区域进行着色检查、打磨和修补所有显示的缺陷。

（15）修理工作全部完成后，应在汽侧用允许的最高试验压力进行一次水压试验（最低要达到运行压力，但不得高于设计压力的1.5倍）；水压试验的温度，应按制造厂说明书的规定。水压试验前，可以先用压缩空气做气压试验，其压力不得大于汽侧设计压力的一半，或不大于0.8MPa。

注意：高压加热器损坏的管子，如果只是管口泄漏，而且可以看到泄漏点只是原来的焊缝有一个微小的孔眼，则可以焊补管口后试运。补焊时切忌堆焊过多，以免焊接应力损坏其邻近的管子。对于有泄漏的焊缝，一般情况下不必将焊缝全部重焊，只要准确找出漏点，再根据具体情况进行局部修补。管子内侧焊缝的泄漏点一般在距管板面3～6mm处。补焊前，先用小尖錾将焊缝上面的焊肉剔去，使泄漏点露出，清理杂物，用带圆头的扁铲锤击泄漏处，并用氧气-乙炔焰适当加热烤干水迹。补焊时，用经过300℃和3h烘烤的奥312焊条或其他高镍不锈钢焊条（直径为2.5mm或3.2mm均可）焊第一遍后，再用带圆头的小扁铲锤击焊缝，然后焊第二遍。在实际操作过程中，往往出现有些焊缝堆了数遍、焊肉堆得很高，结果还是泄漏的情形；甚至由于多层施焊时的热应力大，会出现影响周围管子焊缝而拉裂的情况。因此，缺陷修补质量的关键是焊工必须严格执行工艺规定，克服条件艰苦的困难，耐心仔细地操作。补焊时切忌带水、带汽操作，也不要贪图方便，不铲去泄漏焊缝处原来的焊肉而直接堆焊，那样将无法彻底解决泄漏问题。

7 简述加热器补焊后检漏的重要性及检漏注意事项。

答：焊补后的检漏，这是很重要的一环，特别是当漏量大、漏点多时更显得有必要。有些微小的泄漏点只有在大漏处焊好后才能检查出来，检修时千万不要忽视这一点。许多发电厂都有过这样的教训，由于检修人员过分相信自己的焊接水平，又嫌麻烦，补焊后不再仔细打气压检漏就将加热器投入运行，结果仍发现泄漏，只好再停机处理。

焊补后的检漏，一般在汽侧打压缩空气至0.6～0.8MPa，在水室侧可用肥皂液或洗衣粉液涂抹、检查。如果没有发现漏气，则再用水封，使水位高出板面10～20mm，仔细检查。确认不存在任何漏泄后，才可投入运行。

8 进行加热器内部检修时，应采取的安全措施有哪些?

答：在进行加热器内部检修时，除一般安全措施外，还需要下列的特殊安全措施：

(1) 在加热器的施工部位，应当进行适当的通风，可用胶皮管通入压缩空气。

(2) 工作中不应使用氯化物溶剂或其他类似的溶剂，如四氯化碳等。

(3) 在使用电气设备，包括电弧切割设备或电弧焊接设备、照明灯等时，必须先把加热器内所有积水处理干燥，并使用24V的行灯变压器。

(4) 工作前，要确定所有有关阀门均已关闭并挂警示牌上锁。

(5) 工作前，要确定加热器所有有压力的介质都已释放掉压力，有关的阀门均无漏泄。

(6) 加热器加压前，确信所有密封都安全可靠，任何安全阀均未停用。

9 当发现高压加热器有一根管子泄漏后，应如何安全堵管?

答：当一根管子产生泄漏时，应仔细记录泄漏情况：首先是该管子与管束中其他管子的相对位置（在管板图纸上标绘出位置）；其次是该管子泄漏部位在管束中的深度或离开管板面的距离。通过以上记录，可以分析、确定起因，对解决问题以及判断进一步可能出现的问题都是十分必要的。

管子泄漏后，在短时间里，碳钢管因直接冲击、水蚀或磨损受到的损坏更甚（相比其他材料的管子）。管子壁厚通常减薄速度很快，给水压力越高，对附近管子造成的损失越严重和越快。不堵塞附近的管子或者堵管数量不够，会造成再发性故障，使要修补的管子数量增加、范围扩大。经验表明，要防止再发性故障和过早的管子泄漏性损坏，必须立即堵塞漏管周围的所有管子和第二层外围的管子，每隔一根堵一根，以及直接对着泄漏道的管子，堵少了就会降低保护作用。

有裂缝、侵蚀、破裂或其他泄漏缺陷的管子，可用堵头封住管子两端，与管束隔离。对这些加热器一般用焊接式堵头，不应采用锥形堵头作永久性修理。锥形堵头有时仅用作临时性的应急措施。

堵头的准备和加工取决于有关管子的尺寸。由于管孔直径不同，要求堵头单独加工和单配，故可提前储备一些堵头，且其直径要大些，以便按各管子的内径尺寸进行加工。

第二节　凝汽器的换管

1 如何在换管前对凝汽器铜管进行质量检查及热处理？

答：加强凝汽器铜管在穿管前的质量检查试验和提高安装工艺水平，是为了减少凝汽器铜管的损坏而泄漏，延长使用寿命，确保凝汽器安全经济运行的重要措施。

(1) 准备好需要的管子，进行宏观检查。从外部检查每根铜管应无裂纹、槽沟、弯折、麻点、毛刺及压扁等缺陷，并无其他局部机械损伤。如果管子不直，则需要校直。

(2) 进行内部检查时，应先抽出 0.1%的铜管，在不同长度的几个地方切开。铜管应无拉延痕迹、裂纹、砂眼等，管内表面光洁，剖面的金属结构应无分层出现。

(3) 取总数 5%的铜管做水压试验，试验压力为 0.3MPa。如质量不好，且泄漏数量大，必须每根进行水压试验。

(4) 水压试验完毕后，再取总数 1%～2%的铜管截成长约 150mm。每根 3～4 段做化学氨熏试验，如剩余应力大于 0.20MPa，必须进行整体回火处理。回火处理后，应对金相进行质量检查，确定应力是否已经消除，否则应根据金相要求将铜管两端进行回火。

(5) 对铜管应进行剩余应力的检查试验和退火热处理。铜管剩余应力的试验有三种方法，即氨熏法、硝酸亚汞法和切开法。前两种方法可在化验室进行，切开法可在现场进行。在使用前两种方法试验时，若发现铜管有纵、横向裂纹，则认为不合格。如果用切开法试验，剩余应力最好小于 0.05MPa。若剩余应力大于 0.20MPa，必须进行退火处理。剩余应力小于 0.05MPa，只对铜管胀口进行退火，其温度在 400～450℃。

2 凝汽器更换新管前，应进行哪些检查步骤？

答：凝汽器换管前进行检查时，应保证管孔内壁光洁，管板内管孔不应有锈蚀、油垢，顺管孔中心线的沟槽管孔两端应有 1mm 左右、45°的坡口，且坡口应圆滑无毛刺。对铜管的管头除内、外观检查外，还应对管壁内、外打磨光滑、清除锈蚀。

3 凝汽器换热管更换时，如何进行固定？有哪些要求？

答：凝汽器内换热管的固定一般都是采用胀管连接。其方法是用扩管器将管子直径扩大，使管子产生塑性变形，由此在管子与管板的连接表面形成弹性应力，保证连接的强度和严密。管板上孔径一般较换热管外径大 0.2～0.3mm。胀管的长度为管板厚的 80%～90%，不能超过管板厚度。胀完后的铜管应露出管板 1～2mm，胀口要求平滑光亮，管子不得有裂纹或明显切痕。胀口处铜管壁减薄 4%～6%，或测量胀口内径应符合

$$D_2 = D_1 + d + C \tag{15-1}$$

式中　D_2——胀管后铜管内径；

D_1——胀管前铜管内径；

d——管孔内径与胀管前铜管外径之差；

C——管子完全扩胀时的常数，即 4%～6%管壁厚度。

中级工

4 在凝汽器铜管胀管过程中，应如何选用胀管工具？

答：胀管是凝汽器检修中比较复杂的工艺，因此在胀管过程中应细致耐心，选择适当的胀管器，不应产生过胀、欠胀或紧松不匀的现象。胀管机等设备应检查、试验完好，防止漏电伤人。胀杆可选用T8工具钢。胀杆必须淬火加热到红热状态（约800℃），然后放在水或油中进行冷却回火，其工作表面应磨光，方头不需要淬火，锥度 $(D-d)/L$ 一般为1/20。胀架可选用T8工具钢制作并经热处理，锥度为1/40，也可选用50号钢制作。

剔管前，应准备好淬火的鸭嘴扁錾子。錾子一面是与管孔相符的圆弧，另一面是三角形，其长度在40～50mm。此外，还要准备能穿进管孔、大小适中的直冲子或管子，即300～500mm，用以冲旧铜管。

5 简述凝汽器铜管常用的热处理方法。

答：把铜管放在回火专用工具内，通入蒸汽，按20～30℃/min升温至300～350℃，保持1h左右，打开疏水门自然冷却。待温度下降至250℃，打开堵板冷却至100℃以下时即可取出。

回火处理后的铜管，如果需要两端退火，可用氧气-乙炔焰把铜管两端加热至暗红后使之自然冷却，用砂布沿圆周打磨干净后方可使用，加热长度约100mm。

6 凝汽器铜管泄漏后，如何进行抽管和穿管？

答：当决定对凝汽器铜管进行更换后，首先把要换的管子做上记号，然后一根一根地将管子抽出。

抽铜管的方法是：如图15-4所示，先用不淬火的鸭嘴扁錾在铜管两端胀口处把铜管挤在一起，然后用大样冲从铜管的一端向另一端冲出，将铜管冲出管板一定距离后，再用手拉出。如果用手拉出有困难，可把挤扁的管头锯掉，塞进一节钢棍，用如图15-5所示的夹子夹好，再把管子用手或卷扬机拉出来。然后用砂布把管孔和已退好火的铜管头打磨光，再将新铜管穿入管板孔内。注意穿管时应将铜管穿入各管板的相对应孔内，以免造成错位返工或损坏铜管。在进行全部换铜管工作时，铜管可由下至上一排接一排、一根接一根地穿入，并且每一管板处留一个人负责每一根铜管在该管板处顺利地穿入和穿过管板孔。当有的铜管穿入费力时，可将铜管拔出，用圆挫对该管板孔进行挫削，直到铜管能顺利穿入为止，不可强行打入，以免损坏铜管。为了防止铜管由于管板之间有一定跨距而造成将来投运后的弯曲变形，每穿三四排铜管，就应插入一定厚度的竹签子。穿完铜管后，再用胀管器胀好铜管。如果在部分更换铜管时，有的铜管抽出后却无法穿入新铜管，则必须先在最外边两管板的管板孔上胀一节短铜管，然后用堵头堵塞，或直接用紫铜堵头堵塞该管板孔，以防损坏管板孔。

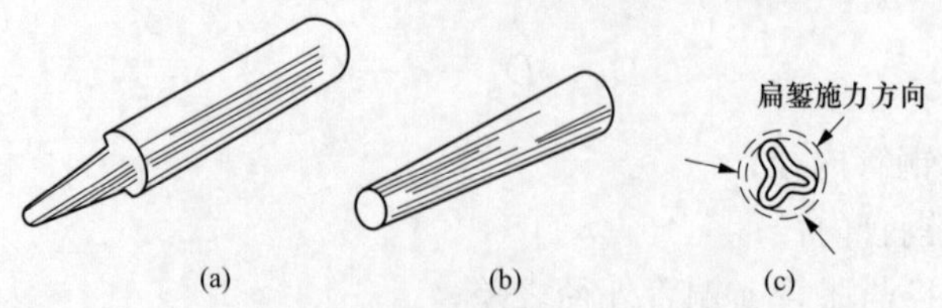

图15-4　拉出凝汽器铜管的工具及其使用方法
(a) 鸭嘴扁錾；(b) 大样冲；(c) 鸭嘴扁錾挤铜管方法

7 如何对凝汽器铜管进行胀管？

答：在凝汽器穿完铜管后，为了保证管口与管板之间严密不漏，必须对铜管管口处进行胀管。

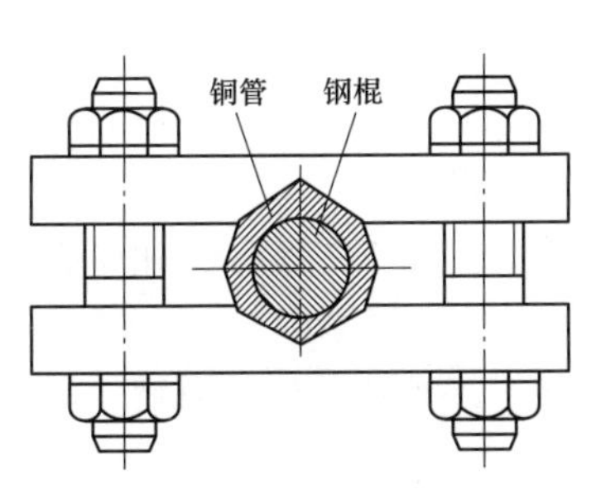

图 15-5 拔铜管用的夹子

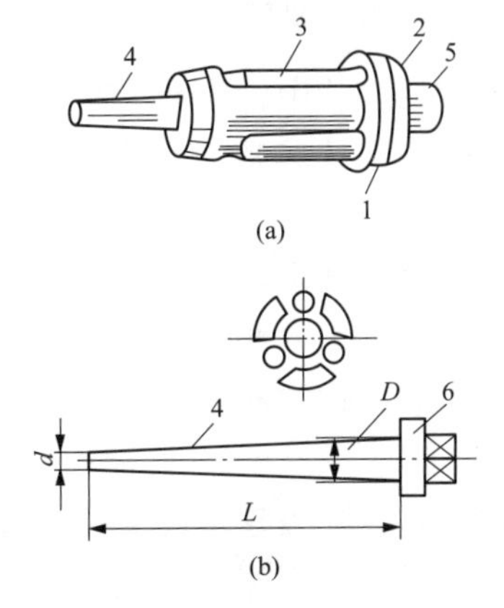

图 15-6 斜柱式胀管器
（a）斜柱式胀管器；（b）胀杆
1—外壳；2—壳盖；3—滚柱；
4—胀杆；5—螺钉；6—轴肩

凝汽器的胀管一般用胀管器来进行。目前使用的胀管器有手动、电动及液压等类型。图 15-6 是一种斜柱式手动（或电动）胀管器。

胀管时，先把铜管穿入管板孔，且铜管在管板两端各露出 2～3mm。为了防止管子窜动，在铜管的另一端应有人挟持定位。然后在胀管器的滚柱涂以少许凡士林或黄油，插入胀管器，使其与铜管留有一定距离。

电动胀管时，应先将控制仪电流挡位定在试胀合格的位置上，端平胀管机，推入胀管器，按下启动开关，稍用力使之不断进入。等铜管胀到与管板壁完全接合时，胀管器外壳上的止推盘紧靠管头，此时胀管器自动停止且反转退后，胀管结束。

铜管胀好后，再用专用翻边工具进行翻边，这样可以增加胀管强度，如图 15-7 所示。但应注意翻边时不可用力过猛，防止造成翻边处裂纹。露出管板较长的管头，应先切短后再翻边，如图 15-8 所示。

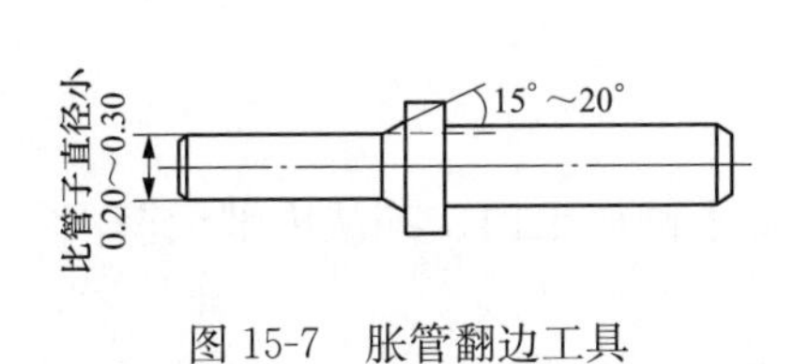

图 15-7 胀管翻边工具

图 15-8 铜管翻边

8 简述凝汽器胀管的工艺标准。

答：胀管的一些工艺标准要求如下：

（1）铜管与管板孔之间的间隙，对于 25 的管子，一般应在 0.25～0.40mm 之内。

（2）管头与管孔应用砂布等打磨干净，不允许在纵向有0.10mm以上的槽道。

（3）胀管时，胀口深度一般为管板厚度的75％～90％，但不应小于16mm。管壁的减薄量应在管壁厚度的4％～6％。

9 凝汽器铜管胀管中常见的缺陷有哪些？如何处理？

答：在凝汽器胀管中，经常会发生问题，常见胀管缺陷有：

（1）胀管不牢。这是因为胀管结束得太早，或因胀杆细、滚柱短所造成。此时必须重胀。

（2）管壁金属表面出现重皮、疤痕、凹坑及裂纹等现象。产生此缺陷的原因是铜管退火不够，或翻边角度太大。此时应抽出并更换新管后重新胀管。

（3）管头偏歪两边，松紧不均匀。这主要是孔板不圆或不正所致。此时必须将孔板用绞刀绞正后再胀。

（4）过胀。这主要表现在管子胀紧部分的尺寸太大，或有明显的圈槽。产生的原因是胀管器的装置距离太大，胀杆的锥度太大，或使用没有止推盘的胀盘胀管器而胀管时间又太长。

（5）胀管的过胀或欠胀。这可以通过测量胀管后的铜管内径 D_2 来验证，并保证扩管度为0.5％～0.6％。以25换热管为例，则有

$$D_2 = D_1 + \delta + C = 23.35 \sim 23.50(\text{mm}) \tag{15-2}$$

式中 D_1——胀管前铜管内径；

δ——管板内径与胀管前铜管外径之差（0.25～0.40mm）；

C——管子的扩张率，即管壁厚的4％～6％（对于壁厚1mm的铜管，一般为0.08～0.12mm）。

$$\rho = \Delta / d_0 = 0.5\% \sim 0.6\% \tag{15-3}$$

式中 Δ——扩管后管子内径增加数值；

d_0——管板孔径，一般为25.25～25.40mm。

第三节 轴封加热器及轴封加热器风机检修

1 简述轴封加热器的检修工艺。

答：轴封加热器的检修工艺为：

（1）解体。

1）解体前先打开汽侧放空气门、放水门及水侧放水门，确认内部无蒸汽，表计压力到“0”后，方可进行解体工作。

2）用4只0.5t手拉葫芦分两组分别吊起轴封加热器进、出水短节，稍吃力后，拆除进出口水室法兰及进口门后法兰、出口门前法兰螺栓，吊下两短节。

（2）检查水室。检查水室、管板及换热管内壁及筋片情况，有无冲蚀损坏现象，清理捅刷换热管。应无锈蚀、无冲蚀。否则，进行清理。

（3）检漏、漏点消除。若有必要检漏，壳侧需做隔绝措施，然后充气或注水检漏，泄漏

的管子应在两端堵塞，利用轻锤敲打，将塞堵牢固地打入管口；管子胀口泄漏而管子完好需将管子重新胀管。当堵管总数超过管子的10%时，应更换新管。

（4）更换管子。拆除管子需要使用导向和推杆的管子铰刀，导向用来作为定位装置，以避免铰刀倾斜和不小心而铰穿管壁。为了消除管子和管板之间的压力，要求进行扩孔，并形成供推杆用的凸肩，轴封加热器每一端管孔扩孔到超过管子胀管边缘0.80mm的距离，如扩孔在这点之外，则在使用推杆时，易引起管子破裂。在管子的任意一端插入推杆，用足够力敲打推杆以震动管子，并使它跟管板松脱，抽出管子，放入新管，将管子扩口并且和管板一起进行机械清洗，换管结束。

（5）复装。清理法兰结合面后加垫子复装短节。

2 简述轴封加热器风机的解体工序。

答：轴封加热器风机的解体工序为：

（1）拆掉进口弹簧短节。

（2）找一合适位置将倒链挂好，挂钩挂住端盖。

（3）将端盖一圈螺栓松掉，用倒链将端盖轻轻放下。

（4）将第一级叶轮背帽旋下，用深度尺测量第一级叶轮套深度。

（5）用铜棒轻轻震击叶轮，使之松动，然后用双手将叶轮拉出，最后将键从键槽中取出，将导叶取下，做好标记。

（6）用深度尺测量次级叶轮位置，做好记录，用同样的方法边用铜棒敲击边用专业工具将次级叶轮拉出，取下键。

3 轴封加热器风机的检修注意事项有哪些？

答：轴封加热器风机的检修注意事项有：

（1）打磨风机叶轮、密封环、轴。

（2）检查风机叶轮应光滑、无裂纹，流道光滑；检查风机密封环应光洁、无变形、裂纹。

（3）检查风机轴应无伤痕、锈蚀现象并测量轴的弯曲度应小于或等于0.03mm。

（4）测量风机密封环与叶轮口处单侧间隙不应大于10mm。

第十六章

管 阀 检 修

第一节　常用高压阀门及其附件的检修

1 主再热蒸汽管道附件的基本要求是什么?

答：主再热蒸汽管道附件的基本要求是：

（1）对三通来说。

1）若发现三通有裂纹等严重缺陷时，应及时采取措施进行修复或更换。在更换新备件时，应选用锻压、热挤压或带有加强的焊制三通。

2）已运行 2×10^5h 的铸造三通，对其检查的周期应缩短到 2×10^4h，并根据检查结果来确定是否采取措施。

3）对于用碳钢和钼钢焊制的三通，若一旦发现其石墨化达到 4 级，则应立即予以更换。

（2）对弯头来说。

1）已运行 2×10^5h 的铸造弯头，对其检查的周期应缩短到 2×10^4h，并根据检查结果来确定是否采取措施。

2）对于用碳钢和钼钢加工的弯头，若一旦发现其石墨化达到 4 级，则应立即予以更换。

3）若检查发现其外壁有蠕变裂纹时，应立即予以更换。

（3）对阀门来说。

当检查阀门产生了裂纹或存在着黏砂、缩孔、褶皱、夹渣及漏焊等降低阀门的强度和严密性的严重缺陷时，应及时予以修复或更换处理。

2 电动阀门对驱动装置的基本要求有哪些?

答：电动阀门对驱动装置的基本要求有：

（1）应具有阀门开、关所需的足够转矩，电动装置的最大输出转矩应与配用阀门所需的最大操作转矩相匹配。

（2）应保证具有开、关阀门的不同的操作转矩，以满足阀门关严后再次开启时所需的、比关严阀门所需更大的操作转矩。

（3）能满足关阀时所需的密封紧力，以保证强制密封的阀门在关闭状态、阀芯与阀座接触后，需继续向阀座施加的、确保阀门密封面可靠密封的一个附加力。

（4）能够保证阀门操作时要求的行程、总转圈数。

（5）具有满足要求的操作速度。

（6）电动驱动部分可以独立于阀门进行安装，不能影响阀门的解体，且具有配套的手动操动机构。

（7）应具有力矩保护和行程限位等安全装置。

3 为什么不应将高温螺栓的初紧应力选得高一些?

答：通常情况下，高温螺栓的初紧应力取为30～35kg/mm。根据螺栓材料的抗松弛特性分析可知，螺栓初紧应力过高时，使其应力松弛速度加快，工作一定时间后的剩余应力与初紧应力较低时的剩余应力相比所差无几，也就是说加大初紧应力对提高剩余应力没有明显的效果，反而会造成缩短螺栓总的使用寿命的后果。因此，不应将高温螺栓的初紧应力取得过高。

4 简述阀门手动装置的各种形式。

答：阀门的手动装置一般有手轮、手柄、扳手和远距离手动装置几种形式，它们是传动装置中最简单、最普通的传动形式。

（1）手轮。阀门常用的手轮有伞形手轮和平形手轮两种。伞形手轮与阀杆的连接孔为方孔或锥孔（锥度为1∶10），轮辐为3～5根。平形手轮与阀杆或阀杆螺母的连接孔有锥方孔、螺纹孔和带键槽孔三种，轮辐为3～7根，如图16-1所示。

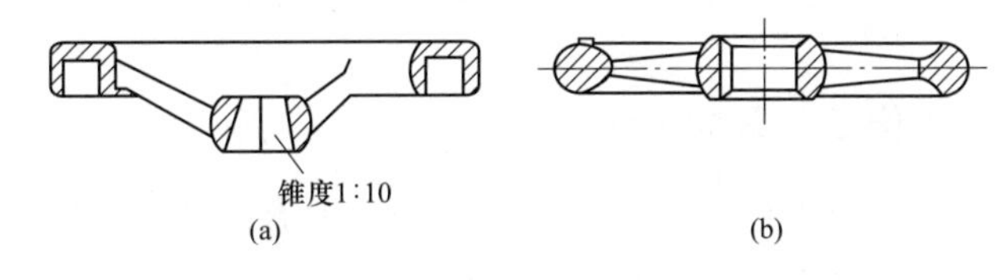

图16-1　手轮

（a）伞形手轮；（b）平形手轮

（2）手柄。手柄形如杆状，中间带有圆形并加工有锥方孔或带有键槽的孔与阀杆连接，如图16-2所示。它主要用在截止阀、节流阀上。

（3）扳手。阀门的扳手形如只有单侧的手柄，其连接孔为方孔，孔的下端分为平面和带槽两种，如图16-3所示。它适宜于单手操作，主要用在球阀、旋塞阀上。

图16-2　手柄　　图16-3　扳手

（4）远距离手动装置。它由支柱、悬臂、连杆、伸缩器、万向节及换向件等部件组成。操作时，通过手轮及以上的各个部件把力矩传递到远距离的阀杆上，从而达到启、闭阀门的作用。

5 简述阀门手轮和扳手孔的修复。

答：手轮、手柄和扳手使用年久之后，就会产生螺孔滑丝乱扣、键槽被拉坏、方孔磨损变成喇叭口等现象，影响与阀门的正常连接，这时就需要进行修理了。

在键槽损坏后，可用焊补的方法将原键槽填满，然后用车床或半圆锉将其加工成圆弧。如果补焊方法不便，还可将键槽加工为燕尾形，然后用燕尾铁嵌牢后修成与孔相同的圆弧。在键槽修补好后，应按照原规格在另一位置重新加工新的键槽。

在螺纹孔损坏之后，一般是用镶套的方法进行修复。具体方法是：先将旧螺纹车掉，且单边车削量不少于5mm，再车制一个与原螺孔尺寸相同的套筒，与手轮上的扩大孔镶装配合，然后把套筒与扩大孔采用点焊、黏接、埋骑缝螺钉等方法来加以固定。

若是方孔、锥方孔损坏了，应使用方锉均匀地锉削方孔和锥方孔的表面，加工成新的方孔或锥方孔，然后用铁皮制成方孔或锥方孔套，再将套嵌入相应的孔中用黏接法固定好，如图 16-4 所示。修复好的方孔、锥方孔与阀杆的配合要均匀、紧密，且各面的锥度一致。上紧手轮固定螺母后，锥方孔与阀杆凸肩应保持 1.5～3.0mm 的间距，以便于锥方孔与阀杆接触面密合、不松动。

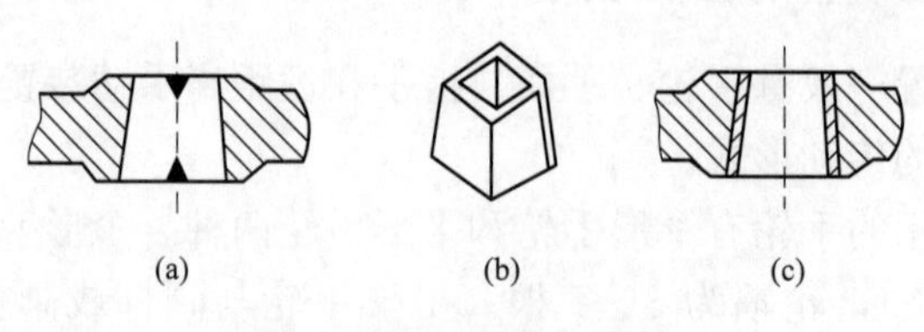

图 16-4　锥方孔的修复

(a) 锥方孔的损坏；(b) 锥方孔套；(c) 镶套

6 简述阀门齿轮传动装置的各种形式。

答：阀门的齿轮传动装置操作时比普通手动装置要省力，适用于较大口径的阀门上的传动，也广泛地应用在阀门的开度指示机构和电动装置中。

齿轮传动的形式有正齿轮传动、伞齿轮传动和蜗轮蜗杆传动三种形式，如图 16-5 所示。

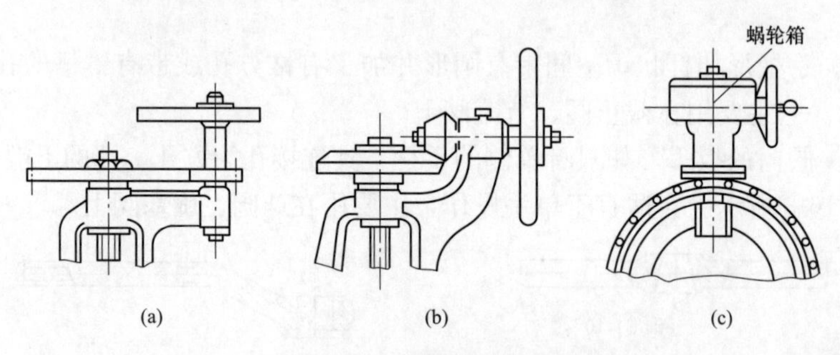

图 16-5　齿轮传动形式

(a) 正齿轮传动；(b) 伞齿轮传动；(c) 蜗轮蜗杆传动

(1) 正齿轮传动是通过手轮转动小齿轮，再由小齿轮带动大齿轮，进而对阀门进行开关操作的（阀门的阀杆一般连在大齿轮上），如图 16-5 (a) 所示，其大、小齿轮的传动比通常取为 1∶3。

(2) 伞齿轮传动的原理与正齿轮一样，只是其手轮中心线与阀杆垂直，如图 16-5 (b) 所示。

（3）蜗轮蜗杆传动是通过带有手柄的手轮带动蜗杆，蜗杆再带动蜗轮，使阀门实现启、闭的。蜗轮、蜗杆的传动比一般较大，且装在专门的蜗轮箱内，如图16-5（c）所示。

正齿轮和伞齿轮传动一般多用在闸阀、截止阀上，蜗轮蜗杆传动则多用在蝶阀、球阀上。

7 简述阀门齿轮传动装置的修复。

答：常见的齿轮修复方法有：

（1）调整换位修理。

1）翻面修理。齿轮传动在长时间的运行中，经常会出现齿轮单面磨损的现象。在结构对称、条件允许的情况下，可以把正齿轮、蜗轮翻个面，并将蜗杆掉头，把它们的未磨损面作为主工作面来继续使用。如果轮毂两边的端面高低不一致、不对称的话，还可以根据具体的情况采取一些适当的改进措施，如锉低端面、用垫片来调整高低等。

2）换位修理。在蜗轮蜗杆传动方式中，蜗轮齿总是有1/4～1/2的部分磨损较大一些。这时可把蜗轮位置换一个角度，使未磨损的蜗轮齿与蜗杆来啮合。对于较长的蜗杆，有部分齿面发生磨损时，在允许的条件下可以把蜗杆沿着轴向适当移动几个齿距，从而避开磨损面。

（2）对个别齿损坏时的修复。对于齿轮个别齿损坏的情况，其修复方法主要有镶齿黏接法、镶齿焊接法和栽桩堆焊法三种，如图16-6所示。

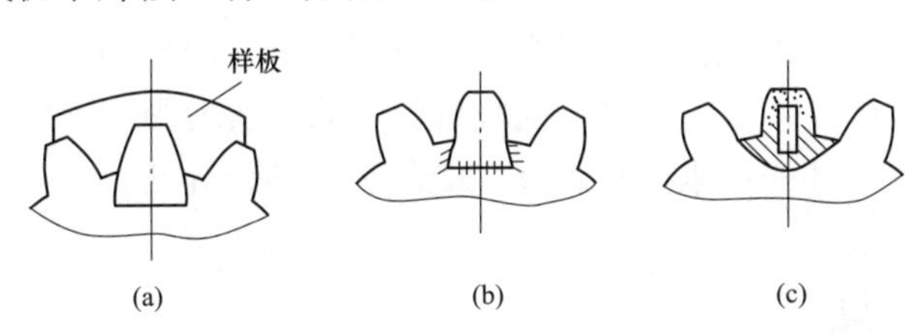

图16-6　个别齿损坏的修复

（a）镶齿黏接法；（b）镶齿焊接法；（c）栽桩堆焊法

1）镶齿黏接法。主要适用于焊接性能较差的齿轮，它是把坏齿去掉并加工成燕尾槽，用相同的材料加工成燕尾式的新齿块，与齿轮上的燕尾槽相配。新齿块与燕尾槽之间应留有0.10～0.20mm的间隙，且新加工齿要留有一定的精加工余量。将新齿在燕尾槽内用适当的黏接剂黏接牢固后，用铅块在完好的齿牙间压制样板，再用样板和着色法检查新齿，按照印影精加工新齿，直至样板与齿接触均匀、良好为止。

2）镶齿焊接法。此方法主要适用于焊接性能好的齿轮，除了新加工的齿块与燕尾槽是通过焊接方法连接之外，其余的工艺方法与镶齿黏接法完全类同。

3）栽桩堆焊法。它是在断齿上钻孔攻丝并埋好一排螺钉桩，再用堆焊法在断齿处堆焊出新齿来，最后将新堆焊齿加工为与原齿尺寸相同的齿形。

（3）齿面堆焊修复。在齿轮磨损严重或有大范围的点状腐蚀的情形下，可以采用堆焊法来进行修复。

施焊之前，应将齿轮清洗干净，对合金钢齿轮还应进行退火处理，并除去氧化层，磨掉疲劳层和渗碳层，直至露出金属光泽为止。在全部焊接工作完成之后，应进行回火处理，以达到消除内应力、细化组织、降低硬度、便于加工的目的。

在进行机械加工时，应首先车削齿轮顶圆和两个端面，然后再进行铣齿工作。机械加工完成之后，对于在硬度等性能方面有特殊要求的情况，还应对齿轮进行渗碳或表面淬火处理。

(4) 齿轮或蜗轮齿的更换。当齿轮、蜗轮磨损严重或齿牙断裂严重时，可以采用整个更换牙齿的方法来进行修复。

对于直齿轮来说，在保留一定厚度的轮毂的前提下，把齿轮上所有的齿全部车掉，并车至齿根下 5mm 左右的位置。车制一个新的轮缘圈，与旧齿轮用黏接或焊接的方法连接在一起，车修其两个端面和顶圆至符合原齿轮的尺寸，再重新铣制新齿。

对于蜗轮来说，应先把蜗轮的轮缘车掉，再用与之相同的材料车制一个新轮缘镶嵌在旧蜗轮上，并在其连接处对称地用点焊的方法加以固定，最后车制顶圆和两个端面，铣制新齿。

8 简述阀门气动和液动装置的种类。

答：用带压的空气、水、油等介质作为动力源来推动活塞运动，进而使活塞杆带动阀门完成启、闭或调整操作的装置，即称为气动或液动传动装置。它是由缸体、活塞、活塞环、弹簧及缸盖等组成的。按结构形式、开关方向的不同，可分为立式和卧式、带手轮式和不带手轮式、常开式与常闭式等。

(1) 立式和卧式。立式传动装置的结构形式，如图 16-7 所示。它是立装在阀门上部的，主要用于闸阀和止回阀上。卧式传动装置的结构形式，如图 16-8 所示。它是利用活塞的往复运动使齿条带动齿轮转动，齿轮再带动阀杆旋转，从而实现阀门的启、闭动作。卧式传动装置主要用于球阀、蝶阀和一些垂直布置高度受限制的场合等处。

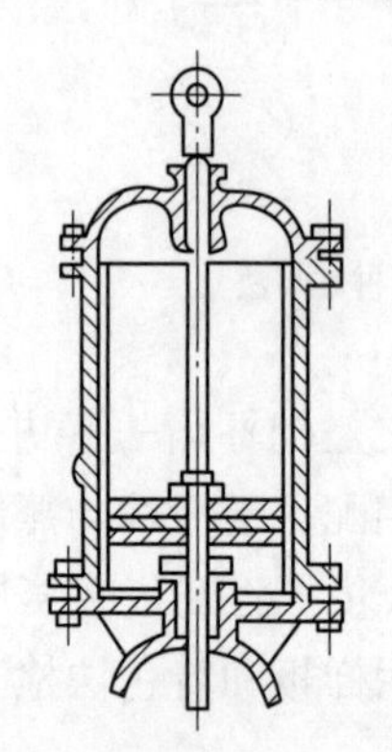

图 16-7 立式气动或液动传动装置

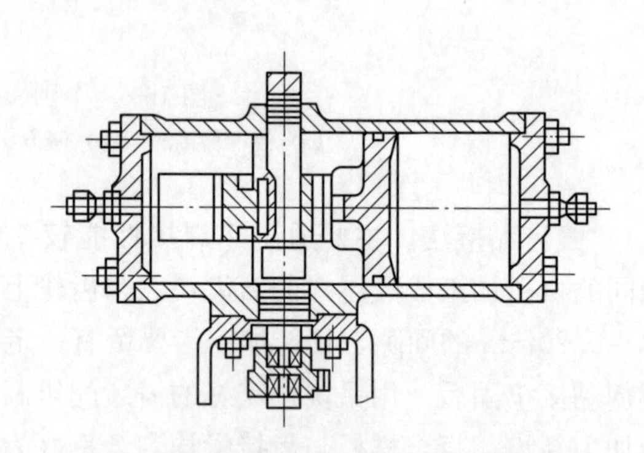

图 16-8 卧式气动或液动传动装置

(2) 带手轮式与不带手轮式。对于带有手轮的气动或液动传动装置，当其气体或液体的动力来源发生故障、停止运行时，可以通过手轮来紧急开启或关闭阀门，从而避免事故的发生；而不带手轮型的传动装置则不具备这个功能。

(3) 常开式与常闭式。对于常开式气动或液动传动装置，其缸内的弹簧位于活塞的下方，故它是通过弹簧使得阀门处于阀杆上提、常开的状态，当需要关闭阀门时则通过气动或液动装置来完成。常闭式气动或液动传动装置的弹簧是装在活塞的上方，故它是通过弹簧使得阀门处于阀杆下压、常闭的状态，当需要开启阀门时则通过气动或液动装置来完成。

9 简述阀门气动和液动装置的检修。

答：阀门气动和液动装置的检修为：

(1) 活塞缸磨损的修复。在活塞缸缸体内壁表面有椭圆度、圆锥度或轻微的擦伤、划痕等缺陷时，可以采用直接磨削、研磨的方法来消除缺陷，以达到恢复原有的准确度和表面粗糙度的目的。

1) 缸体的手工打磨。当缸体有轻微的擦伤、划痕或毛刺等缺陷时，可先用煤油清洗缺陷位置，再用半圆形油石沿着圆周方向进行打磨，最后用水砂纸蘸上汽轮机油打磨至肉眼看不见擦痕为止。打磨工作结束后，必须对缸体进行彻底的清洗。

2) 缸体的镀层处理。当缸体有轻微磨损时，通常是采用镀铬的方法来进行处理，使得缸体恢复尺寸，增加其耐磨性和耐腐蚀性。镀铬工作完成后，应对缸体内壁进行研磨或抛光处理。

3) 缸体的镶套。当缸体磨损比较严重时，可以采用镶套的方法来解决。由于所加工的套筒壁厚不会较薄，在压入缸体时必然会产生变形，因此该套筒应预留一定的内孔精加工的余量，待镶套工作完成之后，用镗削加工的方法对内孔进行精细加工。

(2) 活塞的修复。润滑不良、装配错误、缸内混入砂粒及活塞杆弯曲等原因，都会引起缸体和活塞的磨损。常见的修复方法有：

1) 活塞尺寸的恢复。在缸体内孔磨损、表面镗大后，活塞与缸体的间隙就会随之增大。若检测活塞外圆表面为均匀磨损且无备件更新时，可以采取用二硫化钼-环氧树脂成膜剂来恢复活塞的尺寸。

2) 活塞局部破损的修复。一般是采用堆焊或黏接的方法先行补齐缺损的部位，再使用研磨的方法将活塞修复至原有的尺寸。

3) 活塞的镶套修复。对于活塞与缸体的间隙较大、活塞槽磨损、活塞局部破损等缺陷，可以采用镶套的方法来进行修复。对于镶装的套圈与活塞的连接，则可采用黏接或机械固定的方法。

10 简述阀门电动装置各型号的含义。

答：阀门电动装置的型号是用来表示电动装置的基本技术特性的，它一般是由五部分组成，形式为：× ×—×/× ×。

其中，第一部分为汉语拼音字母，表示电动装置的型式。例如，字母“Z”表示用于闸阀、截止阀、节流阀和隔膜阀的电动装置，字母“Q”表示用于球阀和蝶阀的电动装置。

第二部分为阿拉伯数字，表示电动装置输出轴的额定转矩。

第三部分也是阿拉伯数字，表示电动装置输出轴的额定转速。

第四部分同样是阿拉伯数字，表示电动装置输出轴的最大转圈数。

第五部分为汉语拼音字母，表示电动装置的防护类型。例如，普通型的可以省略该字母，字母“B”表示防爆型，字母“R”表示耐热型，字母“WFB”表示可装于室外、防腐、防爆型。

11 简述阀门电动装置的结构。

答：阀门电动装置是由电动机、减速器、转矩限制机构、行程控制机构、开度指示器、现场操动机构（包括手轮、按钮等）、手动和电动联锁机构及控制箱等部件构成的。Z型电动装置传动原理示意，如图16-9所示。

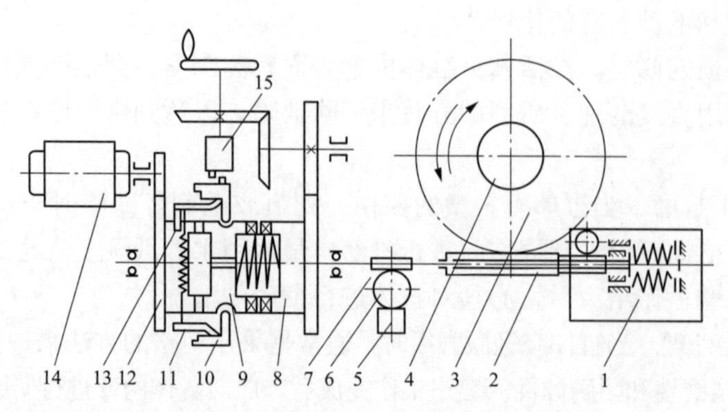

图16-9　Z型电动装置传动原理示意图

1—转矩限制机构；2—蜗杆套；3—蜗轮；4—输出轴；5—行程控制器；6—中间传动轮；7—控制蜗杆；8、12—带离合器齿轮；9—离合器；10—活动支架；11—卡钳；13—圆销；14—专用电机；15—手轮

阀门用电动装置中的电动机大多是三相异步电动机，它是根据阀门的工作特性要求而专门设计的。

阀门电动装置中的减速器包括箱体和传动部件，其传动形式采用一级圆柱齿轮传动和一级蜗杆蜗轮传动方式的比较普遍。减速器的作用就是将每分钟上千转的电动机转速转换为每分钟只有几十转的阀门启闭速度。

转矩限制机构的作用是在操作过程中，当行程开关失灵或阀门故障引起转矩过载时，通过转矩限制机构的动作来切断电源，从而保护电动装置和阀门不受损伤。

行程控制机构是用来控制阀门开启、关闭位置的一种自动切断电源的机构。

开度指示器是用来反映电动装置开启或关闭状态的机构。

现场操动机构主要是指手轮和控制按钮，可供现场调试或紧急情况下使用。

手动电动联锁机构是手动、电动操作方式相互转换的机构，有全自动、全手动和半自动切换三种方式。

12 如何修理阀门电动装置？

答：阀门电动装置经过长时间的运行之后，易于产生磨损、位移等缺陷。为了保证其工作的可靠性，就需要定期进行检修和维护保养。

阀门电动装置的机械部分主要是由轴、齿轮、蜗轮、离合器、弹簧、手轮、紧固件和箱体等组成的。在修理电动装置之前，应首先对其机械部分进行清洗、检查工作：

（1）检查各部件之间是否有位移变动现象。

（2）检查齿轮、蜗轮、蜗杆、螺杆及螺母等传动件的啮合面是否正常。

（3）检查轴承、滑块、凸轮及齿面等转动部件的间隙是否正常和有无磨损。

（4）检查压缩弹簧、扭力弹簧、蝶形弹簧及板形弹簧是否有失效、变形、断裂等现象。

（5）检查连接螺栓、螺母、螺钉、垫圈、销子及键等紧固件是否有松动、磨损或短缺的现象。

（6）检查箱体、支架等部件是否有断裂、泄漏的现象。

(7) 检查各部件与机构之间的配合情况是否相互协调、动作准确和动作一致。

在对以上的各个部件进行仔细的检查之后，若发现某些部件有位移、变形或断裂等缺陷时，则可以采用研磨、补焊、喷涂、镀层、铆接、镶嵌、配制、校正及黏接等工艺方法，并根据损坏的具体情况加以修复。

13 如何调试阀门电动装置?

答：阀门电动装置在检修结束、回装之后，应进行必要的调试工作。调试的目的主要有：当阀门达到要求的开启位置时，能自动停下来；当输出转矩超过开启阀门的最大转矩时，能切断电源以起到保护作用；开度指示器和控制箱能正确地显示阀门的开启程度。

(1) 手动操作。将手动电动联锁机构切换到手动侧，用手轮来操作阀门。在阀门开、关过程中，操作应灵活轻便、无任何卡涩现象，同时还应检查阀门的开、关方向与电动装置是否一致，开度指示器显示的数值应与手轮操作方向一致且同步。经过几次反复检查和调整之后，确认无误即可将阀门放置在开启、关闭的中间位置，以便于电动操作。

(2) 电动操作。接通电源后，使用电动装置进行操作，检查半自动、手动、电动联锁机构应能够自动切换到电动侧，且动作时灵敏、可靠，同时还应检查电动装置旋转方向与操作方向是否一致。

电动装置在开启、关闭的过程中，应运转平稳，无异常的响声。用手去触动行程开关、转矩开关时，能够正确地切断相应的控制回路，使电动机停止转动。

在行程开关和转矩开关尚未整定之前，使用电动操作方式时不得将阀门开启或关闭到其上、下死点的位置，以免对阀门和电动装置造成损坏。

(3) 行程控制机构的调整。用手动操作方式将阀门全开（或全关）至上死点（或下死点）位置后，再反向旋转手轮 0.5～1.5 圈来作为阀门的全开（或全关）位置，这时即可固定行程开关并整定行程控制机构，使开阀（或关阀）方向的行程开关刚刚动作。

在调整工作结束之后，应使用电动方式来操作阀门反复开启或关闭，以检查其行程开关的工作情况。对于按照行程定位的阀门，在启、闭过程中只有行程开关起作用；对于按照转矩定位的阀门，在关闭过程中应达到行程开关先动作、转矩开关后动作并切断控制电源的要求。

(4) 转矩限制机构的调整。在现场进行转矩机构调整时，阀门应处于正常的工作状态。首先应调整阀门关闭方向的转矩开关，调整工作开始时可把转矩开关的整定值取得小些，使用电动操作方式关闭阀门。转矩开关动作切断电源后，用手动方式来检验阀门的关闭程度。如果手动仍能继续关闭，则应适当地提高转矩整定值。经过几次调整之后，达到电动操作转矩开关动作后用手无法继续关闭阀门而阀门用手动方式能够开启的程度，即可认为关阀方向的转矩开关调整好了。

调整开阀方向的转矩开关时，可参照关阀方向的整定值来进行整定。由于开阀时的所需转矩比关阀时要大一些，故应将开阀方向的转矩开关整定值适当选大些，以便于阀门能够顺利地开启。

14 如何调试阀门气动装置?

答：调试阀门气动装置的方法为：

（1）按住操作模式键5s，进入配置模式。

（2）瞬时按下操作模式键，转换到第二参数“YAGL”。

（3）检查显示在“YAGL”中的参数值是否和频选器的设置相匹配。如果需要的话，改变频选器的设置为33°或90°。

（4）设置参数3以确定以毫米为单位的总测点。

（5）用操作模式键切换至下列显示“4 inita no”。

（6）开始初始化过程，阀门定位器在初始化期间经过了五个初始化步骤，在底部显示屏上，依次显示“run1～run5”，初始化过程可持续15min，按住“＋”键5s，开始初始化。

（7）出现“finish”，表示初始化完成。

第二节　高压阀门密封面的检修

1 研磨阀门的基本原则是什么？

答：对于需要研磨的高、中压阀门，若阀瓣和阀座密封面上出现麻点、沟痕等损伤的深度超过0.5mm时，应先在车床上适量车削一刀后再研磨，而且研磨材料的选择应根据阀瓣、阀座的损伤程度和材料质地而有所不同，一般我们常用的是不同细度的研磨砂和砂布，并将研磨的过程分为粗磨、细磨和精磨（抛光）三个步骤。

但不论是使用研磨砂还是砂布进行研磨，都只能修复中、小型阀门。对于大直径闸阀密封面的修整，则只能用刮刀进行研刮。修复时，需先将阀瓣平放在标准平板上，用红丹粉和机油混合物进行研磨，根据研磨出的痕迹用刮刀对高点、不平的部位进行研刮，直至达到接触点为3点/cm^2以上。把刮研好的阀瓣放至阀门中，用着色法刮研阀座，待阀座上的接触点也达到3点/cm^2以上为止。

2 阀门研磨工具的要求有哪些？

答：对高压阀门检修时，大量而重要的工作是进行阀瓣和阀座密封面的研磨。由于阀瓣和阀座的损坏程度不同，所以我们为了不致造成过多的材料损耗和防止把阀瓣、阀座磨偏，通常不会采用将阀瓣与阀座直接对研的方法，而是用事先制作的一定数量和规格的假阀瓣、假阀座对需研磨的阀瓣和阀座进行处理。因为假阀瓣和假阀座是专供研磨之用的，故又将其称为研磨头和研磨座。

为了提高研磨质量，所选配的研磨头和研磨座不仅应数量足够，尺寸与角度也都应该与需研磨的阀瓣、阀座相符，而且所选用材料的硬度应比阀瓣、阀座的略小。通常我们用普通碳素钢或铸铁来制作研磨头和研磨座，其常见的样式，如图16-10所示。

在手工研磨时，研磨头或阀瓣要配制各种研磨杆，如图16-11所示。将研磨头与研磨杆装配到一起并置于阀座中，可对阀座进行研磨；将阀瓣与研磨杆装配到一起并置于阀座中，可对阀瓣进行研磨。研磨杆与研磨头（或阀瓣）通常用固定螺栓连接，且应装配得很直、不得偏斜或有晃动。使用过程中，最好是固定地沿着某一个方向（与研磨杆连接螺栓螺纹相反的方向）转动，以免出现由于研磨杆连接螺栓松动而影响研磨质量的现象。

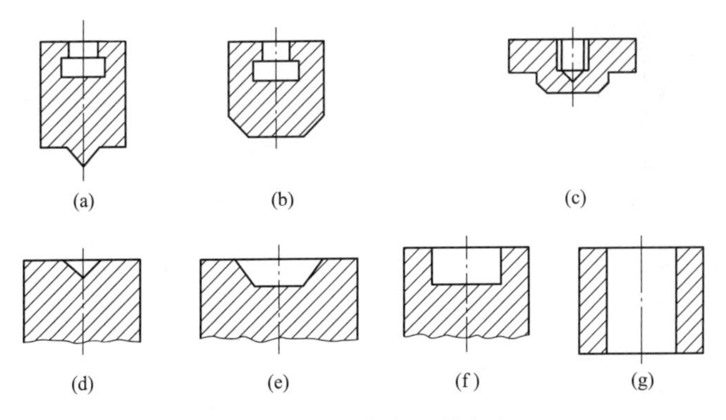

图 16-10 研磨头和研磨座

(a) 研磨小型节流阀用的研磨头；(b) 研磨斜口阀门用的研磨头；(c) 研磨平口阀门用的研磨头；(d) 研磨小型节流阀用的研磨座；(e) 研磨斜口阀门用的研磨座；(f) 研磨平口阀门用的研磨座；(g) 研磨安全阀用的研磨座

研磨杆的尺寸应根据实际情况的需求来确定，一般较小阀门所配用的研磨杆长度为 150mm、直径为 20mm 左右；40～50 的阀门选用的研磨杆长度为 200mm、直径为 25mm。为了便于操作，通常把研磨杆顶端加工成活动，以便按照所需的长度进行连接。

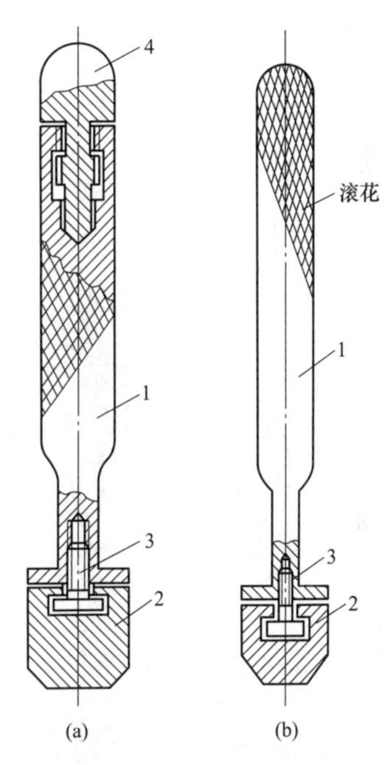

图 16-11 研磨杆

1—研磨杆；2—研磨头（或阀瓣）；3—固定螺栓；4—活动头

3 简述电动研磨工具的工作原理。

答：为了减轻研磨阀门的劳动强度、加快研磨速度，对冲刷较轻的小型高中压球阀、截止阀常选用手枪电转带动研磨杆来进行研磨。使用这个方法的研磨速度很快，如对阀座上 0.2～0.3mm 的坑，用研磨砂和电动研磨的方法只需几分钟即可磨平，然后再用手工方法稍加研磨就能达到质量要求。

对于闸板阀座的电动研磨过程，它是以手枪电转的动力来驱动研磨工具的，如图 16-12 所示。具体的操作步骤为：通过蜗杆、蜗轮的减速作用，再带动万向联轴节来驱动磨盘转动，以实现研磨的目的。研磨过程中，需在磨盘上涂搽研磨砂或用压盘压上剪成圈的砂布，拉动连杆使弹簧压缩（使两磨盘的间距小于两阀座的间距）并将磨盘等插入阀体，确认磨盘与阀座对正后松开拉杆，使压盘进入阀座、磨盘与阀座接触，这时开启手枪电转的电动机即可进行研磨工作了。

4 振动研磨的基本原理是什么？

答：振动研磨机的结构示意，如图 16-13 所示。其中磨盘 5 用板弹簧 2 支撑于机架 6 上，电动机用板 3 连接于磨盘上，电动机轴端装设有一个飞锤 4。

当电动机转动时飞锤也随之转动，但由于飞锤重心不在电动机的回转轴线上，所以飞锤产生的离心力将使电动机产生振动。这个振动通过板弹簧 3 传到磨盘上，使得磨盘也产生了

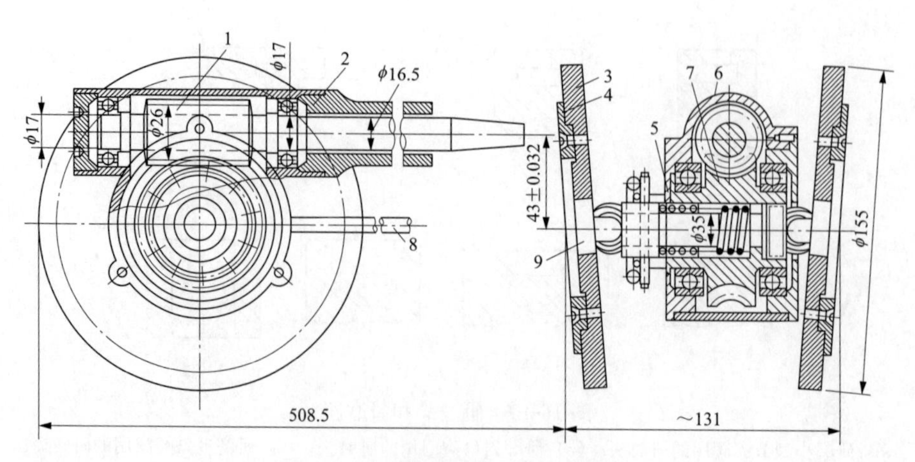

图 16-12　闸板阀阀座电动研磨工具
1—蜗杆；2—套筒；3—磨盘；4—压盘；5—弹簧；6—外壳；
7—蜗轮；8—拉杆；9—万向联轴节

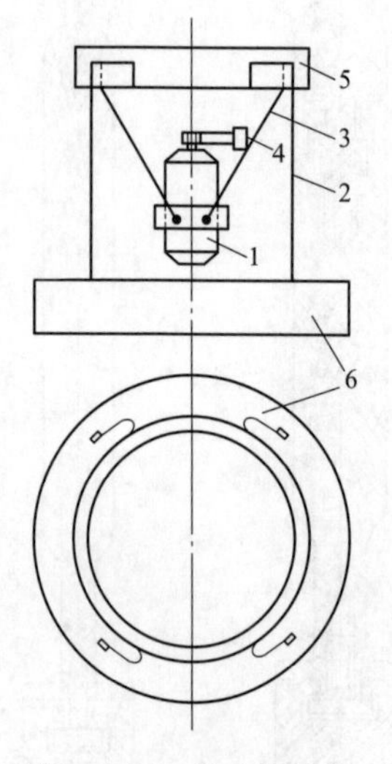

图 16-13　振动研磨机结构示意图
1—电动机；2、3—板弹簧；
4—飞锤；5—磨盘；6—机架弹簧

同样的振动。实际研磨时，在磨盘上涂抹好研磨砂，将球阀或闸板阀的阀瓣置放在磨盘上，由于磨盘的振动使得阀瓣一面自转，一面相对于磨盘公转，因而使阀瓣得到研磨。

振动研磨机不仅可以研磨球阀和闸板阀的阀瓣，而且还能研磨球阀的阀座。具体操作方法是：将球阀的阀体用卡具固定在磨盘上，使阀座的密封面保持水平，把研磨头涂好研磨砂后放在阀座上。启动研磨机后，由于阀体与磨盘一起振动，使研磨头相对于阀座转动从而对阀座进行了研磨。

5　使用研磨砂研磨的基本方法是什么？

答：首先需要加好粗研磨砂。粗磨后利用研磨工具先把密封面上的麻点、划痕等磨去，在研磨工具上使用的压力为 0.15MPa，这个过程称为粗磨。

若检查密封面的缺陷较轻时可不用粗磨而直接采用细磨，即用较细的研磨砂进行手工或机械研磨的过程，此时在研磨工具上使用的压力为 0.10MPa。在细磨时，因为粗磨用过的研磨头和研磨座已有槽纹损伤而不再适于细磨了，故需更换新的研磨头或研磨座。细磨后阀瓣或阀座的密封面应基本达到光亮，可用铅笔在密封面上画几条线，将阀瓣与阀座对正轻转一圈，此时铅笔线的痕迹应基本被磨去。

精磨（抛光）是阀门研磨的最后一道工序，应使用手工研磨方法、使用压力不超过 0.05MPa 且时间不宜过长。精磨时不用研磨头和研磨座，而是采用氧化铬等极细的抛光剂涂在毛毡或丝绒上进行抛光；或者是把 W5 或更细的微粉用机油、煤油稀释后，直接将阀门上的阀瓣对着阀座进行互研。研磨时阀瓣和研磨杆应装正，磨料用研磨膏稍加一点机油稀释。研磨应先顺时针旋转 60°～100°，再反向旋转 40°～90°，不断地轻轻来回研磨，研磨一会检查一次，直至磨得发亮、光洁度达到 0.32 以上，并可在阀瓣和阀座的环形密封面上见到一圈颜色黑亮的闭合带环且最窄处宽度不应小于密封面宽度的三分之一。最后，需再用机油轻轻研磨几次，使用干净的棉布清洁、擦干密封面留待回装。

6 使用砂布研磨的基本方法是什么？

答：使用纱布研磨的优点是研磨速度快、质量好，故而采用得比较广泛。在使用砂布研磨时，也应根据阀瓣和阀座的尺寸、角度来配制研磨头和研磨座。此外，用砂布研磨时必须考虑砂布的固定方式问题，对阀座密封面为斜口的球阀或针形阀可在其研磨头上开出一道横槽，如图 16-14 所示。将砂布剪成图 16-14 右上角所示的形状，再用绳将其束缚在研磨头上的槽中即可；对于阀座密封面为平口的阀门，其研磨头和砂布的形状，如图 16-15 所示。剪成圆环形的砂布是用固定螺栓压紧在导向圆柱上的。

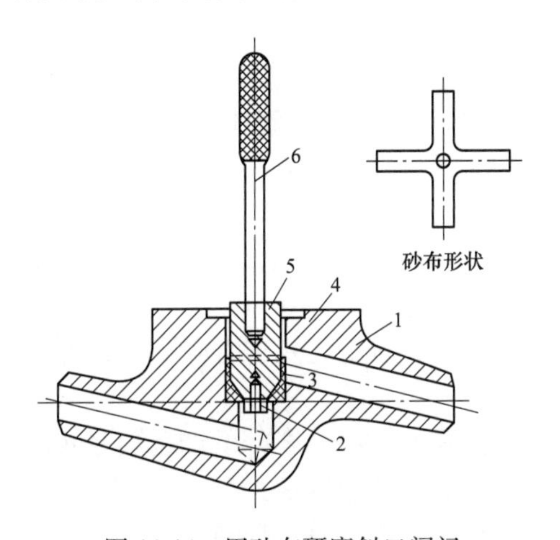

图 16-14　用砂布研磨斜口阀门

1—阀门；2—压砂布螺栓；3—砂布；4—用棉线扎砂布的槽；5—导向铁；6—研磨杆

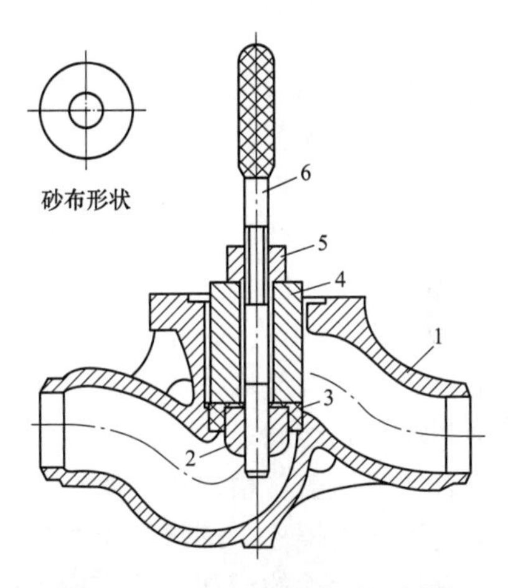

图 16-15　用砂布研磨平口阀门

1—阀门；2—压砂布螺母；3—砂布；4—导向圆筒；5—固定螺母；6—研磨杆

使用砂布研磨阀座时也分为三步，首先用 2 号粗砂布把麻点、划痕等磨平；再用 1 号或 0 号砂布将用 2 号粗砂布研磨时造成的纹痕磨去；最后再用抛光砂布研磨一次即可。若阀座密封面的缺陷较轻，可采用分两步研磨的方法，先用 1 号砂布把缺陷磨掉，再用 0 号或抛光砂布细磨一遍即可；若阀座密封面的缺陷很轻微，就可以直接用 0 号或抛光砂布进行研磨。

使用砂布研磨阀座时，可以一直按照某一个方向研磨、不必向后倒转；而且应经常检查阀座密封面，只要把缺陷磨掉就应更换较细的砂布继续进行研磨。

使用砂布研磨阀座时，工具和阀门的间隙要小，一般每边间隙为 0.2mm 左右，过大时则易于产生磨偏现象，因而在制作研磨工具时应注意此点。此外，若使用机械化工具研磨时应用力轻而均匀，避免砂布出现重叠、起皱而磨坏阀座。

至于阀瓣有缺陷时，可以先用车床车削加工，去除全部的缺陷，然后再用抛光砂布均匀地磨至光亮，或者将抛光砂布放到研磨座上进行研磨也可。

7 阀门的解体步骤是什么？

答：阀门的解体步骤是：

（1）先用钢丝刷子或压缩空气等清除阀门外部的灰垢、保温。

（2）在阀体和阀盖上做好标记，以防止回装时错位。

（3）将阀门置于开启状态，拆下传动装置并解体阀门。

（4）卸下填料压盖螺母，退出填料压盖、清理干净填料函。

（5）卸下阀盖螺母，取下阀盖、清理干净阀盖结合面垫片。

（6）旋出阀杆，取下阀瓣后认真检查并妥善保管。

（7）卸下螺纹传动套筒及传动轴承等。

（8）将卸下的螺栓等零部件清洗干净，妥善保管留待回装。

（9）对较小的阀门夹持在虎钳上进行拆卸时，注意不得冲击或夹持法兰结合面，以免造成对结合面的损伤。

8 阀门的检查项目有哪些？

答：阀门的检查项目有：

（1）首先检查阀体与阀盖表面有无裂纹、砂眼等缺陷；检查阀体与阀盖结合面是否平整；检查凹凸接口有无损伤；径向间隙是否符合规定的0.2～0.5mm间隙的要求。

（2）检查阀瓣与阀座的密封面有无锈蚀、划痕和裂纹等缺陷。

（3）检查阀杆弯曲度不应超过0.10～0.25mm（随阀门准确度要求的不同而定）、椭圆度不超过0.02～0.05mm、表面锈蚀和磨损的深度不超过0.10～0.20mm，且阀杆螺纹应完好，与传动套筒的配合灵活、无晃动、卡涩现象。若不符合上述要求时应予以更换，所选用的材质必须与原来的相同。

（4）检查填料压盖、填料函与阀杆的配合间隙应在0.10～0.20mm的范围之间。

（5）检查各连接螺栓、螺母的螺纹应完好，无配合松旷或卡涩。

（6）检查传动轴承的滚珠和滚道应无麻点、锈蚀、表皮剥落等缺陷。

（7）检查传动套筒、连杆等各部件的配合间隙适当、动作灵活。

（8）检查手轮等附件应完整、无损伤。

9 简述阀体与阀盖的一般修理内容。

答：若在阀体与阀盖上发现裂纹或砂眼时，我们常用在损伤处加工坡口而后进行补焊处理的方法来解决。对面积或深度较大的缺陷应适当地进行简单的热处理，尤其对合金钢制成的阀体与阀盖在补焊前必须进行250～300℃的预热、焊后还需加盖保温棉被或放置到石棉灰内使其缓慢冷却。

若旋入阀体上的双头螺栓有损伤或断裂缺陷时，可用煤油、螺栓松动剂等浸泡后旋出，或使用火焊把螺栓局部加热至200～300℃后用管钳子取出。当阀体上的内螺纹确为损坏无法修复再用时，可重新加工制作比原直径稍大一档的螺纹，并按照所加工螺纹的尺寸配制新的螺栓。

若是阀体与阀盖的法兰部位出现损伤经过修补后，补焊的焊缝超出原来的平面，则必须经过简单热处理并车削、磨削加工以消除高出的部分，进而保证法兰凹凸止口的配合平整和在高温状态下不致受热而发生变形。

10 简述阀瓣与阀座的焊补过程。

答：高中压阀门经过长时间的使用后，其阀瓣和阀座密封面由于相对运动的摩擦自然产生磨损、导致严密性降低。考虑到现场修整的条件和可能性，我们常用堆焊的方法来解决一些局部的、可修复的阀瓣与阀座密封面的磨损问题。

在进行堆焊操作之前，必须先用钢丝刷和砂布将准备施焊处的积垢积灰清理干净并清洗除去油污，直至显现出金属光泽。然后，将整个密封面都均匀地加热至250～300℃，再根据阀瓣或阀座密封面的材质选取适当的合金焊条进行堆焊。

堆焊工作完成之后，可使用火焊、加热炉或电感应加热的方法将阀瓣或阀座加热到650～700℃，再自然冷却到500～550℃并保持2～3h，然后即可加盖保温棉被或放置到石棉灰内使其缓慢冷却至室温。最后，利用车床车削、手工或机械研磨的方法来保证密封面加工达到要求的尺寸和准确度为止。

11 阀门填料的充填要点是什么？

答：阀门填料的充填要点是：

（1）加装填料前，首先应检查阀门处于关闭状态。

（2）选择填料的尺寸不得过大或过小，一般不应超过填料要求尺寸±1mm，以免影响充填程度、填料压紧后的纤维强度和密封效果。

（3）填料接口处应切成45°斜口形，以便于搭接严密。相邻两圈的接口应错开90°～180°。

（4）在充填过程中，每装填1～2圈后就应使用压盖压紧一次，切忌不可一次填满后再用压盖来压紧。而且，填料函上部不能填满，应预留3～5mm的间距，并预留好有热紧的余地。

（5）手动旋转阀杆来开启阀门，再根据用力的大小来调整填料压盖的松紧程度，防止出现阀杆过松或过紧的现象。

12 阀门组装的基本步骤是什么？

答：阀门经过检查、修复之后，其组装的顺序如下：

（1）把传动轴承涂抹好黄油后，连同传动套筒一并装入阀盖支架上的轴承座内。

（2）把阀瓣装在阀杆上，使其能自由转动并确保锁紧螺母不松脱。

（3）将阀杆穿过填料函、套好填料压盖，旋入传动套筒中并旋至全开位置。

（4）将阀体外表、阀瓣和阀座均清理干净，确认阀体内部和密封面之间无任何杂质。

（5）把涂好密封胶的垫片装入阀体与阀盖的连接法兰之间，按照解体时的标记正确扣好阀盖，对称地旋紧连接螺栓，确保法兰四周的间隙均匀一致。

（6）向下旋转阀杆至阀门关闭状态后，在填料函中充填好填料。

（7）将整个传动装置组装起来安装在阀盖的支架上，检查确保传动装置与阀杆的连接正确且阀门开启、关闭全过程灵活可靠。

13 阀门密封面的选用原则是什么？

答：由于阀门密封面的材质是保证其密封性能最关键的因素之一，因而对其基本要求是在流通介质一定的压力、温度作用下，应具有一定的强度、耐介质腐蚀和良好的工艺性能。

对于密封面有相对运动的阀门，还应要求其密封面材质耐擦伤性能好、摩擦系数小；对于受高速介质冲刷的阀门，还应要求其密封面材质抗冲蚀能力强；对于通过特殊的高温或低温介质的阀门，还应要求其密封面材质具有良好的热稳定性以及与密封面基体母材相近的线膨胀系数。

为了提高密封面材质的抗摩擦损伤性能，还应要求两个配对密封面的加工具有一定的硬度差。

14 阀门密封面的修复方法是什么？

答：由于阀门长时间地处于受介质腐蚀、汽水冲刷和交变的机械载荷之中，因而密封面上产生的缺陷也是多种多样的，有的缺陷采用研磨的方法是不能解决的，需要采取其他多种修复工艺。常见的阀门密封面修复工艺除研磨方法外，还有机械加工、焊补、镀层、黏接等方法，其各自的适用范围也有所不同。

（1）机械修复加工。在密封面上经常发生的是擦伤、碰伤、压伤、冲刷、腐蚀等损伤，若其密封面损伤的深度达到或超过0.3mm时，通常就应采取磨削、车削的方法来进行修复了。在密封面加工中难度较大的是球形密封面、楔式密封面。对于球形密封面的修复可在车床上用涨胎夹持、用旋风铣铣削加工的工艺方法来解决；对于楔式密封面的加工，可适当偏转车床上的工件夹具或借助于可调倾斜度的辅助夹具在车床上来完成。

（2）黏接铆合修复。对于密封面上产生了面积较小而深度较大的（1mm以上）凹坑或堆焊气孔时，可以采用黏接铆合的方法来进行修复，此方法主要适用于一些中低压的、大直径的、常温水介质的阀门。它是根据缺陷部位的最大直径选取钻头把缺陷部分钻削去掉（孔深应大于2mm），再选取与密封面材质相同或近似的材料制作销钉，注意销钉的硬度应等于或略小于密封面的硬度，销钉的直径应等于钻头的直径，销钉的长度应比密封面上所钻削出的孔深大2mm以上。

在钻削孔加工完成后应立即清除孔中的切屑和毛刺，并同时对钻孔和销钉进行除油和化学处理；在钻孔内灌满适宜于阀门的介质、温度和材料的胶黏剂，以免销钉插入钻孔中时混入空气，影响黏接的强度。这时即可将销钉放入钻孔中，并使用小锤的球面轻轻敲击销钉顶端的中心位置，使销钉产生一定的变形而涨接在钻孔当中，形成过盈配合。最后，再用小锉刀锉削掉销钉突起的部分，对修整过的密封面进行研磨处理。

在敲击销钉和锉修突起部位的过程中，一定要注意操作平稳并适当采取一些预防措施，以免修复时碰伤其他完好部分的密封面。

（3）焊补修复。在密封面上出现了面积较大的冲蚀、气孔、夹渣等缺陷时，则可以采用焊补的方法来进行修复。它是将缺陷部分铲除并加工出坡口，把有损伤的密封面以及其周边部位全部清理干净、打磨至露出金属光泽，然后采用与阀门密封面材质相对应的焊接规范来进行补焊。注意在补焊过程中一定要考虑是否需要采取焊前预热、焊后缓冷的措施。注意使用的焊条与密封面材质是否相同或相近等细节。最后，补焊工作完成无误，即可在车床上加工成型、再进行研磨至合格为止。

（4）镀层修复。密封面镀层工艺主要是通过对密封面采用电镀、等离子喷涂等方法来镀铜、镀铬等材料，以恢复密封面被磨损的尺寸，从而达到降低其表面粗糙度，提高密封面耐蚀性能的目的。这种方法大多用于密封面磨损程度较均匀、磨损情况较轻的中压阀门和大直径的低压阀门。

15 高压闸阀的检修标准是什么？

答：高压闸阀的检修标准是：

(1) 检查阀瓣与阀座不应有裂纹、砂眼等缺陷。

(2) 阀门表面的磨损厚度不超过 2mm。

(3) 密封面的磨损、腐蚀、划痕等不超过密封面径向的一半，且损伤沟纹的深度不超过 0.15mm。

(4) 密封面研磨后的表面为镜面，其表面光洁度达 $Ra0.20$ 以上。

(5) 阀瓣与阀座的密封面接触率达整个圆周的 50%以上，结合面的硬度为 HB600～700，且刮研至准确度达 4～5 点/cm^2 的标准。

(6) 确保传动装置的齿轮无卡涩，磨损量不超过原厚度的 1/2，滚珠及滚道无裂纹、麻点，门杆的填料配合部位以及丝扣部分完好、无损坏，传动铜套丝扣良好等。

16 高压球形阀的检修标准是什么？

答：高压球形阀的检修标准为：

(1) 检查阀芯与阀座不应有裂纹、腐蚀和麻点，其残留的贯穿伤、划痕等不超过密封面的 1/2。

(2) 阀芯接触面上的损伤沟槽深度不得超过 0.05～0.20mm。

(3) 研磨之后的结合面为镜面，其硬度为 HB600～700、表面光洁度达 $Ra0.20$ 以上。

(4) 阀芯与阀座的密封面接触率达整个圆周的 70%以上，且均匀分布，接触线为整圈、不断线。

(5) 使用 HT36～ HT60 的研磨盘，将阀芯研磨至准确度达 4～5 点/cm^2 的标准。

17 简述高压康沃 Y 型截止阀的解体过程。

答：高压康沃 Y 型截止阀的解体过程为：

(1) 将卡箍锁紧螺栓从阀箍中完全旋出，并将其旋入卡箍螺栓系耳的另一边（有螺纹的一边）。用一块金属板插入阀箍开口处，防止螺栓掉入阀箍；旋入卡箍螺栓，将阀箍开口顶开约 1/16（为了消除阀箍摩擦力）。

(2) 用专用阀箍扳手旋下阀箍，小心地拆下阀箍，不要让阀杆和阀芯划伤阀盖密封面。

(3) 拆下手轮的固定螺母和垫片，拿下手轮。

(4) 将阀杆从阀箍中拆出需要将阀杆向下旋过阀箍套管，为了拆卸方便，可以用金属丝刷和溶剂对阀杆上的螺纹进行彻底清洗，必要的话还可以用锉刀修整手轮平面上的螺纹。

(5) 从阀盖上拆下调节垫片，重新装配时，应让阀门与调节垫片保持原来的相对位置。

(6) 拆下阀盖，颠倒阀杆并把阀盖压到阀杆上。

(7) 检查阀体、阀杆和阀盖的密封面是否有损坏。

18 简述高压康沃 Y 型截止阀阀座的研磨方法。

答：高压康沃 Y 型截止阀阀座的研磨方法：

(1) 解体阀门。

(2) 将整修工具的压紧盖移到套管的上面，以防装配过程中切削刀碰到阀座。

（3）小心地将整修工具插入阀体腔，以防损坏阀盖密封面。

（4）将阀箍拧到阀体螺纹上，并用手旋紧。

（5）向下压轴杆，确保切削部分固定在阀座上。

（6）把压盖向下正好压到滚动轴承上。

（7）向上提起轴杆，确保其有些晃动。

（8）轴杆不转时不要进切削刀，把槽口扳手放到轴杆顶部的六角螺帽上，并且开始顺时针转动轴杆，转动轴杆的同时，让压盖向前进到切削刀开始切削，继续转动轴杆，同时让压盖向前进确保连续切割，开始切割后请注意推进杠杆。切削量不要超过压盖的1/4圈。

（9）用溶剂和布清除切口。

19 高压 VelanY 型无阀盖填料泄漏的处理方法是什么？

答：高压 VelanY 型无阀盖填料泄漏的处理方法是：

（1）去除管线压力，卸下手轮上部止动环、防尘盖、铭牌后，整体拔出手轮，并把键保存好。

（2）松开填料压盖螺栓，去掉填料压兰及压兰套筒。

（3）使用合适的扳手松开扼座套筒，依次去掉扼座套筒、止推轴承和阀杆螺母。

（4）使用填料勾手，将损坏的填料清理干净后，使用专用套筒扳手逆时针旋出花键套筒，整体将阀杆及阀芯组件拔出。

（5）检查阀杆和密封函，是否有沟槽或者划痕。如果阀杆有划痕，用超细金刚砂布打磨阀杆使之表面精度达到规定或者更换阀杆。

（6）重新安装阀杆和阀盘。

第三节　高压管道连接的方法和质量标准

1 为什么要进行主蒸汽管道的蠕胀检查？

答：由于长期在高温高压的条件下运行，主蒸汽管道金属的弹性变形会逐渐地转变为塑性变形，即使回到常温常压的状态下这个变形也不会消失，此为管壁金属的蠕胀现象。对于这种变形，规定在运行 10^5h 之后也不得超过管道原来直径的1%。如果主蒸汽管道的蠕胀超出了这个数值，则说明管道已经胀粗，继续使用就会带来不安全的因素。因此，必须定期对主蒸汽管道进行蠕胀检查，及时掌握管道的健康状况。

2 主蒸汽管道的检修项目有哪些？

答：主蒸汽管道的检修项目有：

（1）由于主蒸汽管道长期在高温高压的条件下运行，管壁金属将会产生由弹性变形缓慢地转变为塑性变形的蠕胀现象。因此每次主设备定期大小修时都应对主蒸汽管道的蠕胀测点进行测量，以便与原始数据进行对照比较、监督和预测主蒸汽管道的蠕胀变化情况。

（2）对于运行一定时间后的主蒸汽管道须进行光谱复核、椭圆度测量、壁厚测量、焊口无损探伤及金相检查等工作；对于运行超过 10^5h 的主蒸汽管道，还需按照金属监督规程的要求作出材质鉴定试验。

(3) 为了有效地监视主蒸汽管道的金相变化，还需对其进行覆膜金相组织检查等金相试验。

(4) 对主蒸汽管道的支吊架按照支吊架和弹簧无裂纹、无偏斜，吊杆无松动、无断裂，弹簧压缩度符合设计要求，固定支架的焊口和卡子底座无裂纹和位移，滑动支架和膨胀间隙无杂物影响管道的自由膨胀，弹簧吊架的弹簧盒无倾斜现象，支架根部无松动、本体无变形等标准进行检查和检修。

(5) 检查保温应齐全、完整，无明显超温的现象。

3 主蒸汽管路在运行中发生水冲击的特征是什么？

答：主蒸汽管路在运行中如果发生水冲击，则会产生如下至少之一的现象：

(1) 主蒸汽温度急剧下降。

(2) 电动主蒸汽门、自动主蒸汽门、调速汽门的门杆轴封等处冒白汽或溅出水点。

(3) 蒸汽管路产生较大的冲击声或剧烈振动。

(4) 汽轮机推力轴承回油温度以及推力瓦块温度急剧上升；转子的轴向位移急剧增大。

(5) 机组的负荷下降、支持轴瓦的振动加大、传出的通流声音沉闷或伴有尖锐的金属摩擦声。

4 高压管道的对口要求是什么？

答：高压管道的焊缝不允许布置在管道的弯曲部位。

(1) 对接焊缝的中心线距离管子弯曲起点或支吊架边缘至少应在70mm以上。

(2) 管道上对接焊缝中心线距离管子弯曲起点不得小于管子外径，且不得小于100mm。

(3) 两道对接焊缝中心线之间的距离不得小于150mm，且不得小于管子的直径。

(4) 对于合金钢管子，其钢号在组合前均需经过光谱测定或滴定分析检验来进行鉴定。

(5) 除了设计规定的冷拉焊口外，组合焊接时不得强力对正，以免引起管道的附加应力。

(6) 管子对口的加工必须符合设计图纸或有关的技术要求，管口平面应垂直于管子中心，其偏差值不应超过1mm。

(7) 管端及坡口的加工应以采用机械加工为宜，如使用气割方法粗割后，必须再做机械加工。

(8) 管子对口端头的坡口面及内、外壁20mm内应进行除油、除漆、除锈、除垢等工作，直至其发出金属光泽。

(9) 对口中心线的偏差不应超过1mm/200mm的标准。

(10) 管子对口找正以后应点焊固定，可根据管径大小对称地点焊2～4处、焊接长度为10～20mm。

(11) 在高处作业时，对口两侧各1m处应设置支架，且焊接过程中应把管子两端堵死，以防止有穿堂风影响焊接的质量。

5 高压管道安装时的一般要求是什么？

答：除了满足中、低压管道安装的要求之外，还应达到以下的要求：

（1）安装前应将管子内部清理干净，用白布穿管进行检查达到无铁锈、污垢、水分等才算合格。

（2）经过加工的管端密封面及密封垫须确保表面光洁度合格，不得遗留有影响密封性能的划痕、斑点等缺陷。

（3）管道支吊架应已按照设计规定或工作温度的要求，加装好木块、软金属片、橡胶石棉板、绝热垫等垫层，并已对支吊架进行涂漆防腐。

（4）对合金钢管进行局部弯度校正时，加热温度应控制在临界温度以下。

（5）对设置膨胀指示器的管道应按照设计规定进行装设，并在管道吹扫前将指针调至零位。

（6）对于监察管段和设置蠕胀测点的管道，其安装位置应符合设计规定并尽量布置在便于观察的地方。

（7）在合金钢管道系统安装完毕之后，应复查管子的材质标记；若发现有的管段无材质标记时，应立即检测其钢号并重新做好明显的标记。

6 高压管道监察管段的设置原则和安装要求是什么？

答：高压管道监察管段的设置原则和安装要求是：

（1）监察管段应选择该批安装管道中壁厚负偏差最大的管子。

（2）监察管段上不得开孔、安装仪表插座或支吊架。

（3）监察管段在安装就位之前，应在该管段的两端各截取长度为 300～500mm 的一段管子，连同监察备用管一道做好标记留作以后监察的原始依据。

（4）蠕胀测点的焊接应在管道冲洗之前即已完成，且每组测点应布置在管道的同一个横断面上，并沿圆周等距离分布。

（5）对同一直径管子的各对蠕胀测点，需保证其径向尺寸一致，且偏差值不得超过 0.10mm。

7 如何进行高压管的弯管加工？

答：高压管可以用冷弯和热弯两种方法进行弯管加工。对于材质为 20 号优质碳素钢和 15MnV、12CrMo、15CrMo、1Cr18Ni9Ti、Cr18Ni13Mo2Ti 等合金钢制造的高压管，应尽量采用冷弯的方法，这样一般即可省去热处理的繁杂工序。

由于采用热弯方法时需对管子加热，这将带来管子机械性能的变化，因此热弯时还应遵守以下的规定：

（1）对材质为 20 号钢的管子进行热弯时，其热弯温度以 800～900℃为宜，加热温度不应超过 1000℃，终弯温度不应低于 800℃。

（2）对材质为 15MnV 合金钢的管子进行热弯时，其热弯温度以 950～1000℃为宜，加热温度不应超过 1050℃，终弯温度不应低于 800℃。

（3）对材质为 12CrMo、15CrMo 合金钢的管子进行热弯时，其热弯温度以 800～900℃为宜，加热温度不应超过 1050℃，终弯温度不应低于 750℃。材质为 12CrMo、15CrMo 的管子热弯后，需经过 850～900℃正火处理，然后在 5℃以上的空气中自然冷却。

（4）对材质为奥氏体不锈钢的管子进行热弯时，其热弯温度以 900～1000℃为宜，加热温度不应超过1100℃，终弯温度不应低于850℃。在热弯后，需整体进行固溶淬火（1050～1100℃水淬）处理。

（5）高压管热弯时不得使用煤或焦炭作为燃料，应使用木炭做燃料以避免引起管子表面渗碳；加热温度的掌握一般是靠装设在管子内壁的热电偶来测取。

（6）为了检查管子是否造成损伤，在高压管热弯并经过热处理后应再次进行无损探伤。若发现有缺陷可以进行打磨，但打磨后的最小壁厚不应小于管子原始壁厚的90%。

8 高压弯管尺寸偏差的要求是什么？

答：高压弯管的弯曲尺寸，如图16-16所示。其偏差应符合下列要求：

（1）当管子的弯曲半径 $R \geqslant 5D_W$（管子外径）时，其弯曲部分的椭圆度（管子弯曲部分的最大、最小外径差值与最大外径之比）不大于5%；当管子的弯曲半径 $R < 5D_W$ 时，其弯曲部分的椭圆度不大于8%。

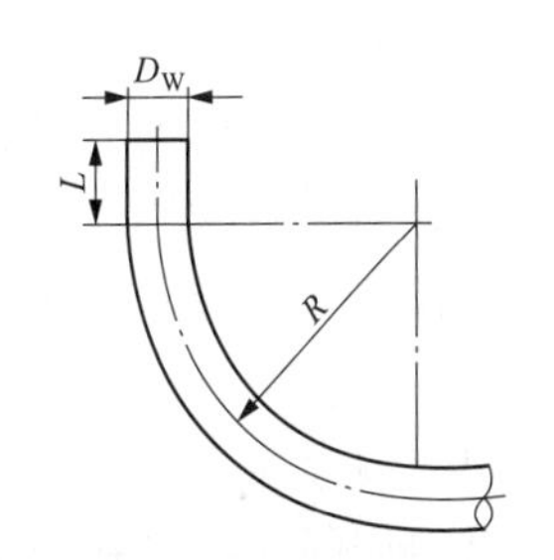

图16-16　弯管的弯曲半径和最小直边长度
$R \geqslant 5D_W$；
$L \geqslant 1.3D_W$（不小于60mm）

（2）管子弯曲部分的最小预留直边长度 $L \geqslant 1.3D_W$，且不小于60mm。

（3）管子的弯曲角度偏差值不超过±1.5mm/m。

（4）管子弯曲部位的最小壁厚不得小于原始壁厚的90%。

第四节　高压阀门阀杆及其连接件的检修

1 简述阀杆螺母的修理过程。

答：阀杆螺母（即传动铜套）是传递扭矩和动力的重要部件，它除了承受较大的关闭作用力外，对于装设在阀内的阀杆螺母还极易受到介质的腐蚀和冲刷，而装设在阀门外部的阀杆螺母则易于受到大气的侵蚀和灰尘的磨损，并最终造成阀杆螺母过早的损坏。对于阀杆螺母经常见到的几种缺陷可采用以下的方法来解决：

（1）梯形内螺纹修整。若梯形内螺纹混入硬杂质磨粒或润滑不良造成阀杆传动卡涩时，可以拆下阀杆螺母，用煤油或其他合适的清洗剂将磨粒、污垢全部刷洗干净，再使用细砂布把拉毛的部位打磨光滑。如果不易打磨时，可采取加上研磨膏与阀杆螺纹对研的方法来消除其拉毛缺陷。

若梯形内螺纹由于阀杆开启过头而引起螺口乱扣或并圈的现象，在损伤不大的情况下可先用尖錾子将并圈、乱扣的螺纹剔除掉一部分，然后再用小锉刀重新修整成型，或者也可使用车床对螺纹进行修整。

若由于装配间隙、装配工艺不当，导致的梯形内螺纹与阀杆配合过紧，可采用研磨或车修、重新加工螺纹的方法适当地扩大其配合间隙。对装配工艺不当的情况则应查明原因后按照正确的方法重新安装。

在阀杆螺母损坏严重，确无修复价值时，应及时予以更换。通常，对一般用途的阀杆螺母，掌握其磨损量以不超过梯形螺纹厚度的1/3为宜，一旦超过当立即更新。

（2）键槽修理。常用的键槽修复方法有黏结、焊补、扩宽等方法。

黏结就是将键槽内涂覆一层特性、强度、耐温和耐压能力均能够满足要求的修补剂，然后把键嵌入键槽中并放置在正确的位置，待修补剂固化后即可继续使用。

扩宽键槽则是把损坏的键槽适当地增大到一定程度，消除掉已损伤的部分，然后配制一个尺寸特殊的，下宽上窄的凸形键，使该键的下部与新键槽相匹配，上部与原件的尺寸相同。

当阀杆上的键槽损坏严重时，还可将阀杆调换90°或180°的位置重新铣制新的键槽继续使用；但同时应将弃置不用的旧键槽，用相近的材料或修补剂填补齐平，并打磨光滑。

（3）滑动面的修整。由于阀杆螺母的外圆柱面是在不停地转动着与台肩端面、支架滑动配合的，客观上起着滑动轴承的作用。若这几个滑动面发生磨损应视情况的不同采取相对应的修复工艺：如果只是轻微的磨损，可以用细砂布、油石打磨光滑即可；如果磨损较大时，可以先用锉刀锉掉毛刺和划痕，然后再用油石打磨光滑；如果阀杆螺母的台肩端面磨损严重，可以用相同的材料制作一个垫圈，套在台肩端面上点焊或黏接牢固。注意固定后的垫圈表面应平整，与阀杆轴线垂直，其表面粗糙度$Ra\leqslant1.25\mu m$。

（4）传动爪齿修理。电动阀门的阀杆螺母大多采用离合式爪齿结构，若其爪齿产生轻微的磨损，可用油石和细锉刀打磨修整齐平即可；若爪齿损坏严重时，可采用堆焊的方法先行补齐，再按原设计尺寸加工成型；对爪齿损坏特别严重的情况，可采用黏接及螺钉加固的方法更换爪齿或更新电动头。

2 阀杆修整的基本原则是什么？

答：阀杆作为阀门的主要部件之一，除了与传动装置相连接外，还与阀芯、阀杆螺母、传动轴承和轴套等共同组成了完整的阀门传动系统。当阀杆发生故障时，将严重影响阀门的使用效果乃至使用寿命。

阀杆在使用过程中发生弯曲后，若弯曲程度超过规定的要求（一般为0.10mm）则应进行校直处理或更换；如果阀杆出现腐蚀、磨损损伤，则需要进行修补或更换；若阀杆密封面损坏，可清理打磨干净后利用镀铬、氮化、淬火等工艺进行修复；若阀杆梯形螺纹有了损伤，可参照前述的“阀杆螺母修理方法”进行修复；若阀杆顶端的螺纹出现乱扣、折断现象，在不影响阀门关闭的情况下，可采取缩短阀杆的方法进行修复，即将损伤部位车削或将折断处挫平、按原尺寸重新加工出新的螺杆螺纹和方榫，继续使用；若阀杆顶尖发生了磨损，可先用挫削、砂布清理打磨干净后，再利用堆焊、镶嵌等方法进行修复。

3 简述阀杆的校正检修。

答：在阀杆弯曲变形不大的情况下，一般是采用校直的方法来进行修复，主要有静压校直、捻打校直、局部加热校直三种方法。

（1）静压校直法。静压校直阀杆通常是在校直平台或在一块较大的平板上进行的，主要使用的器械有平板、V型铁、压力螺杆、压头、手轮、千分表及表座等。

开始校直工作前，首先用千分表逐段测出阀杆各个部位的弯曲值，如图16-17所示。并做好弯曲情况的标记和记录；分析阀杆的弯曲状态，判断并确定发生弯曲的最高点、最低点。然后调整V型铁的位置，把阀杆的最大弯曲点放在2只V型铁的正中并保持最大弯曲

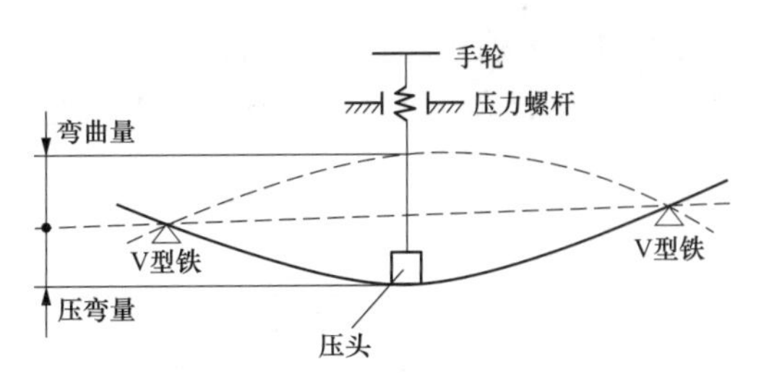

图 16-17　静压校直示意图

点向上，操纵手轮使压力螺杆压住最大弯曲点、缓慢用力使阀杆最大弯曲点向着相反的方向压弯并稍过。

为了消除阀杆的弯曲变形，压力螺杆下压阀杆的压弯量要比阀杆原有的弯曲值大许多倍，通常视阀杆的刚度取原弯曲值的 8～15 倍。此外，为了保证阀杆恢复原状后变形不会反弹，还需注意施压过程应保持一定的时间。压弯校直的稳定性随着压弯量的增加而提高，随着施压时间的延长而提高；即在其他条件相同的情况下，取压弯量稍大时可缩短施压的时间；选择压弯量较小时则施压时间就要加长一些。

(2) 捻打校直法。捻打校直法是用圆锤、尖锤或圆弧形捻打棒敲击阀杆弯曲的凹侧表面，使阀杆的凹侧产生塑性变形，使受压的金属层挤压伸展，对相邻的金属层产生推力作用，从而使弯曲的阀杆在变形层的应力作用下得到校直。由此可见，该方法的作用原理恰好与静压校直法是相反的。

如果是阀杆与填料接触的圆柱面部位发生弯曲，为了保持阀杆的光洁度、不致造成因阀杆被打毛后损伤填料而产生泄漏，故此时一般不采用捻打校直法，而应当采取静压校直的方法来解决。

捻打校直工作完毕之后，需使用细砂布或抛光膏将被捻打的部位仔细地打磨、抛光，保持应有的光洁度。

(3) 局部加热校直法。局部加热校直法是在阀杆弯曲部位的最高点用氧乙炔气焊的中性焰快速地加热到 450℃以上，然后快速冷却，使阀杆表面产生收缩变形，迫使阀杆的弯曲轴线恢复到原有的直线形状，其作用原理与静压校直法是相同的。

局部加热校直法的效果是随着火焰温度的升高而增加的，通常选取加热校直法的温度为 200～600℃之间；对于直径小、弯曲量小的阀杆，其校直温度可稍低一些；反之，则应取温度高一些。

由于阀杆加热范围的尺寸对校直量有一定的影响，所以一般取加热带宽度接近阀杆的直径，加热长度为阀杆直径的 2～2.5 倍。

阀杆的加热深度对校直也有着直接的影响，若加热深度超过其直径的 1/3 时，随着加热深度的增长而校直量却减少，当阀杆被全部热透时则无法起到校直的作用了。通常，可在阀杆加热部位的两端用湿布包裹以防止热透现象发生，此方法简便易行，能收到较好的校直效果。

第五节　高压阀门自密封部件的检修

1 简述阀门自密封的结构特点及工作原理。

答：自密封阀门是指在一定的预紧力下，装设在阀体与楔形圆柱阀帽之间的密封垫圈，能随着阀门内部介质压力的增高而自行压紧、密封，阻止介质向外泄漏的阀门，其基本结构，如图 16-18 所示。从图中可以看到，该阀门自密封部分的主要部件有阀体、楔形阀帽、自密封圈、密封圈压环、分半卡环和拉紧螺栓等。

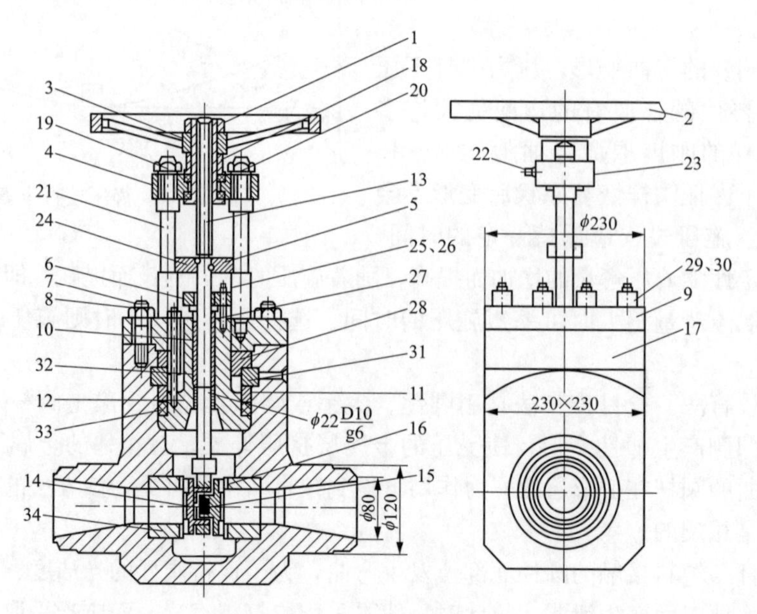

图 16-18　自密封阀门的结构

1—锁紧螺母；2—手轮；3—套筒；4—支架；5—阀杆限位块；6—密封套法兰；7—螺栓；8—螺母；9—阀盖；10—填料；11—填料压盖；12—阀门帽；13—阀杆；14—凹圆盘；15—弹簧；16—凸圆盘；17—阀体；18—环；19—螺母；20—推力轴承；21—柱子；22—注油杯；23—铭牌；24—弹簧圆柱销；25—螺栓；26—螺母；27—密封套；28—压环；29—螺栓；30—螺母；31—分裂环；32—垫圈；33—自密封圈；34—阀座

自密封阀门对介质的密封是经过两个环节来实现的，在阀杆与楔形阀帽间的密封是通过密封套下的填料来完成的，而阀体与楔形阀帽之间的密封则是通过自密封圈来实现的。

自密封阀门的工作原理是：自密封阀门安装时，分半卡环是分别卡进阀体内壁的环形槽中，限制了其上下方向的移动；通过预紧螺栓的拉力使阀帽向上运动，使自密封圈被阀帽的楔面及密封圈压环紧紧压住；当阀门内部的介质压力逐渐升高时，阀帽将受到介质越来越大的、向上的压力而自动把自密封圈更紧地压住；随着介质压力的提高，自密封圈受到的压紧力越大，从而起到了更好的密封效果。

2　简述自密封部件的解体检修过程。

答：在取下阀门的手轮、门架等部件后，即可对自密封部件开始解体。

首先拆下预紧螺栓及螺母、阀盖螺母、压兰螺母，取下阀盖，再轻轻敲震后取出密封圈压环；然后将阀帽使用千斤顶或敲击的方法往下压，使阀帽与分半卡环分离开，即可取出分半卡环。

分半卡环一般采用的是四合环结构，如图 16-19 所示。在拆卸分半卡环时，可选取粗细适度的圆钢棒插入分半卡环的缝隙中将其逐一敲出。敲出的顺序应为先卡环 1、卡环 3，再卡环 2、卡环 4。

此时需重新装上阀盖、预紧螺栓的螺母，经过手动盘旋将阀帽、自密封圈、密封圈压环一同旋转取出，然后把密封圈压环与自密封圈再从阀帽上取下。

对密封圈压环、各紧固螺栓和螺母、填料压盖、密封套、阀帽等部件仔细地进行清理、打磨，检查其表面有无裂纹、锈蚀斑坑；密封间隙是否超标、螺纹是否损坏等缺陷，按照规程要求的标准进行修复；若自密封圈、填料老化或使用已年久，则应予以更新；对于形体较大的阀体的内壁环形槽，还应定期或在每个大修期间进行无损探伤检验，以防止意外事故的发生。

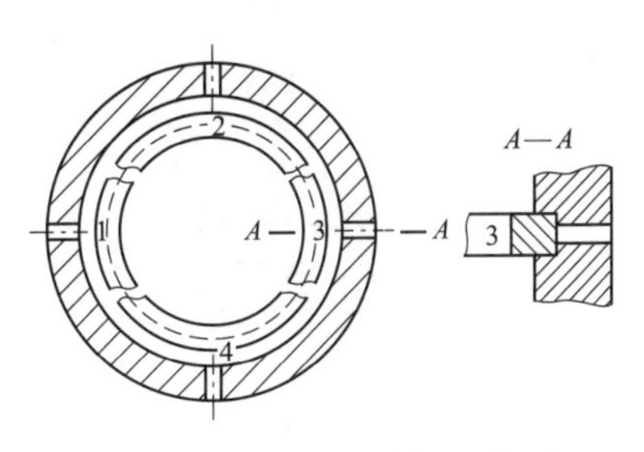

图 16-19　分裂环结构示意图

在检查所有的阀件均合格、确认各部件清洁、所有螺栓和螺母均已涂好二硫化钼粉之后，即可按照与拆卸阀门相反的步骤进行回装；组装好自密封部件后，应适当紧固预紧螺栓使自密封圈承受一定的预紧力；待阀门投运 24h 后，还应再紧固一次预紧螺栓以保证阀门的自密封效果达到良好的程度。

第六节　抽汽止回阀的类型与检修

1 抽汽止回阀的作用是什么?

答：抽汽止回阀主要是为了防止汽轮机组在紧急情况或事故情况下发生突然甩负荷时，汽轮机内的蒸汽压力骤然降低，各级抽汽管道中的蒸汽会倒流入汽轮机内引起超速事故；或是防止加热器管系发生泄漏的情况下，温度较低的汽水经由抽汽管道进入汽轮机内产生水冲击的事故。通常在汽轮机的各级抽汽管路中都必须装设有合格的抽汽止回阀。

在大型汽轮机组中采用的抽汽止回阀主要有两种类型：升降式止回阀和扑板式止回阀。而且由于它们都是将压缩空气作为控制动力的来源，故此也把它们称为气压式止回阀。

2 简述气压升降式止回阀的结构特点。

答：气压升降式止回阀主要由阀体、阀碟、阀盖以及操纵装置等部件组成。其操纵装置则主要由活塞、套筒、空气室壳体、压缩弹簧、阀杆、进出空气管接头等部件组成，如图 16-20 所示。

在抽汽管道正常运行过程中，止回阀控制系统的电控电磁空气阀（二位三通式）的空气排出口压力约为 0.12MPa，并进入操纵装置的活塞上部；由于其所产生的作用力尚不足以克服弹簧的压缩力量，因此活塞及阀杆在弹簧预紧力的作用下处于上限位置，阀杆下端与阀蝶是脱开的，当蒸汽进入阀体后就会由下向上顶起阀碟，使阀门保持开启的状态。

当需要关闭止回阀时，通过控制系统的电磁阀动作使电磁空气阀排出口空气的压力增加为 0.6MPa；此时进入活塞上部的空气所产生的作用力则超过了弹簧的预紧力，这样活塞带动阀杆向下运动、阀杆冲撞阀碟，达到关闭阀门的作用。阀门关闭后，活塞在弹簧反弹力的作用下又会回到原来的开启位置。

3 简述气压扑板式止回阀的结构特点。

答：气压扑板式止回阀主要由阀体、阀瓣、拉杆、阀盖、转矩传动轴和操纵装置等部件

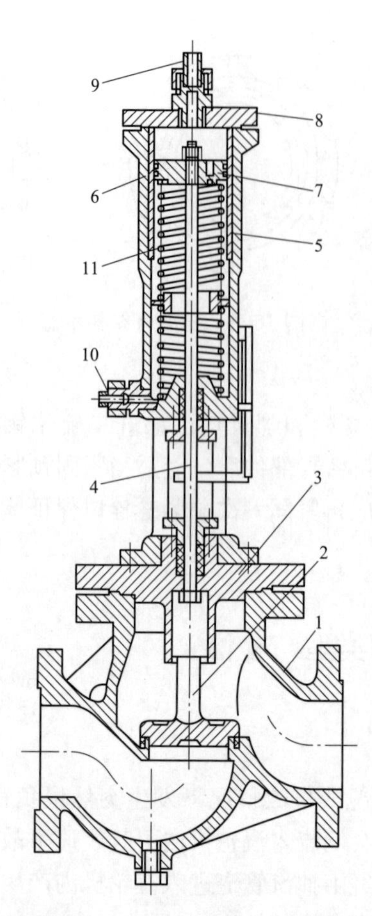

图 16-20　气压升降式抽汽止回阀

1—阀体；2—碟阀；3—阀盖；4—阀杆；5—套筒；6—壳体；7—活塞；8—上盖；9—进气管接头；10—出气管接头；11—弹簧

组成，其操纵装置主要由活塞缸、活塞、拉伸弹簧、活塞杆、套筒、空气进出口接头等部件组成，如图 16-21 所示。

在抽汽管道正常运行过程中，控制系统的电磁阀将其排出口约 0.12MPa 的压缩空气排入操纵装置活塞的上部，由于不足以克服弹簧的弹性力，所以活塞与活塞杆在弹簧的预紧力作用下处于上限位置；这样蒸汽的冲动力即可顶开阀瓣，使阀门处于开启（一般为 30°～35°）的状态。

当需要关闭止回阀时，控制系统的电磁阀动作，使其排出口的空气压力增大为 0.6MPa，并进入操纵装置活塞的上部；由于此时的空气作用力大于弹簧的预紧力，就使得活塞带动活塞杆向下运动，活塞杆再带动转矩传动轴压块，冲击在阀瓣拉杆的销子上，使阀门快速地关闭。在阀门需要重新开启，操纵控制系统的电磁阀排气，使活塞上部的空气压力降低至 0.12MPa 时，活塞在弹簧拉力的作用下才会恢复到原来的开启位置。

4　抽汽止回阀解体前检查的目的是什么？

答：抽汽止回阀在解体前进行检查是为了更多地了解各部件的状态，以便更好地确定检修内容和方法。

首先，应通过操纵机构对抽汽止回阀进行开关试验，以检查是否存在卡涩现象；如果存在卡涩，则应初步分析判断发生卡涩的部位，并且还要将开关状态时的弹簧位置及行程做好记录。

对于扑板式止回阀，还应在揭开阀盖后进行试验，记录好阀门打开时的阀瓣位置，并检查在关阀状态时阀瓣能否关严；如果有关闭不严的情况，还要通过测量找出关闭不严的具体原因，以便于在检修时采取相应的措施。

抽汽止回阀在解体前，还应测量和记录弹簧的长度、弹簧调整螺母的位置等参数，以便于检修后的组装和调整工作。

5　简述抽汽止回阀的检修过程。

答：抽汽止回阀的检修要领与普通高、中压阀门的基本相同，但由于其工作条件的特殊性，注意要点如下：

(1) 首先对抽汽止回阀的弹簧进行外观检查，看其是否有裂纹、变形等缺陷；同时，检验其弹性是否良好；弹性试验是否符合图纸或设计的要求。如果发现有缺陷或弹性不合格的现象，则应更换相同品种、规格和性能的弹簧。

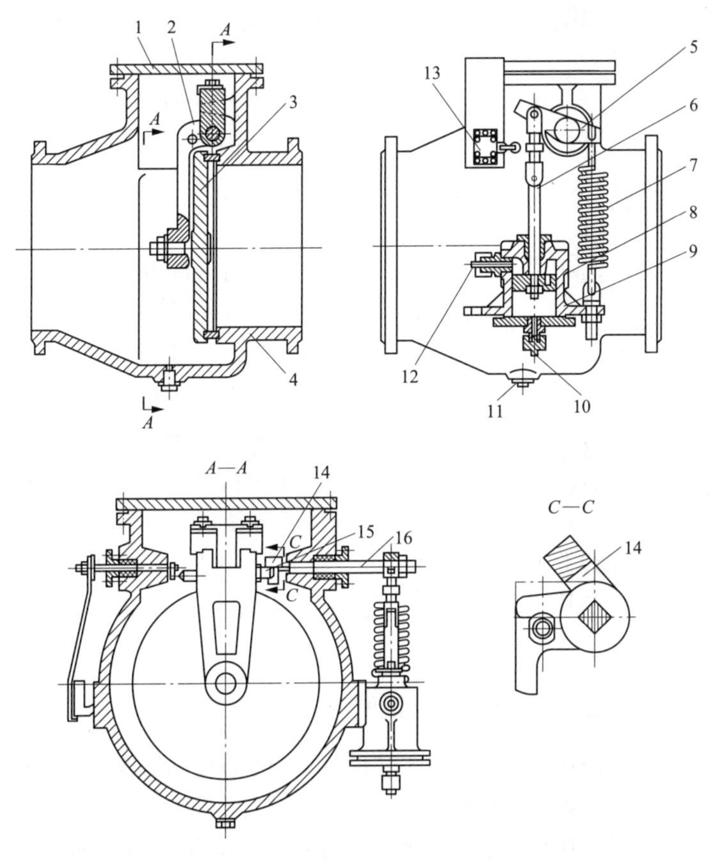

图 16-21　气压扑板式抽汽止回阀

1—阀盖；2—蝶阀拉杆；3—阀瓣；4—阀体；5—杠杆；6—活塞杆；
7—拉伸弹簧；8—活塞；9—活塞缸；10—工作气出口；11—放气旋塞；
12—压缩空气入口；13—行程开关；14—加压杆；15—销子；16—转矩传动轴

(2) 无论是升降式止回阀或扑板式止回阀，检查其阀瓣与阀座密封面应无麻点、凹坑或划痕等缺陷，且阀瓣与阀座密封面应接触吻合、关闭严密。否则，就应进行研磨、修复和调整工作。

(3) 检查阀杆和转矩传动轴应光滑、无锈蚀、沟痕等缺陷，弯曲度也应不超过一般阀杆允许弯曲度的 0.10mm/m。否则，应对其进行修复或更换。

(4) 转矩传动轴与轴套之间应无磨损、腐蚀、卡涩等缺陷。否则，就应对其进行清理打磨、修复或更换。

(5) 操纵装置中活塞与活塞室应光滑接触，活塞与活塞室应无裂纹、砂眼、划痕和腐蚀斑点等缺陷，活塞密封圈应完好无损。否则，就应进行研磨、补焊或更换。对活塞室内壁应用“00”号砂纸沿圆周方向研磨，研磨好后涂上铅粉，切忌将普通润滑油注入。

6 扑板式止回阀密封面局部不吻合时如何进行调整？

答：扑板式止回阀的阀瓣与阀座密封面在使用时间比较长之后，经常会出现两个密封面之间在上半部产生间隙（也称为“掉上”）或在下半部产生间隙（也称为“掉下”）的现象，造成阀门无法关严，如图16-22所示。对于这种缺陷，应及时进行调整和处理，以便于阀门能够满足密封的要求。

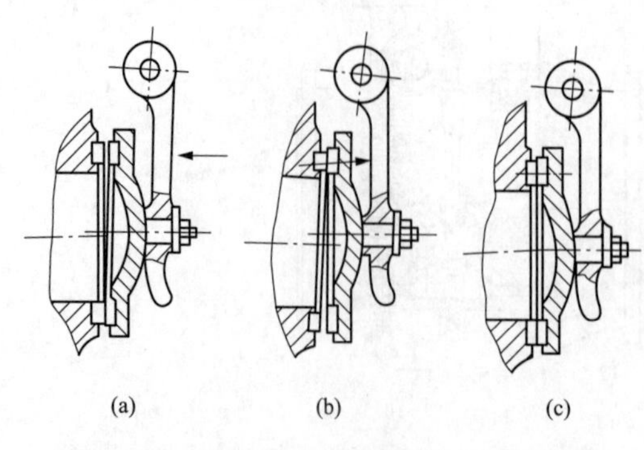

图16-22　扑板式止回阀的掉上和掉下现象
(a) 掉上现象；(b) 掉下现象；(c) 正确密合

在对密封面“掉上”或“掉下”现象进行调整之前，首先应修复或更换止回阀中已经磨损的部件；当经过修复或更换磨损部件的步骤之后仍然存在密封面间不能吻合的现象，则应对阀瓣进行调整。具体方法是：将拉杆拆下平放在铁板上，根据密封面不严密的部位不同，用手锤分别敲击拉杆的内侧或外侧如图16-22中箭头所指的位置，使拉杆产生微量变形，使得密封面吻合。此外，还可采用通过打磨的方法来保证密封面吻合，即使用磨光机对拉杆和阀碟的结合面进行打磨。对出现“掉上”现象时打磨下半部结合面；对“掉下”的阀门则打磨上半部结合面。经过对拉杆和阀碟结合面的打磨，其活动余量增大之后也可以消除“掉上”或“掉下”的现象，使密封面重新吻合。

7　如何进行抽汽止回阀的回装与试验？

答：抽汽止回阀各部件检修完毕后，应根据解体前测量的数据进行回装。各处的间隙、尺寸如有调整变动时，也应做好详细的记录。

抽汽止回阀在回装后（扑板式止回阀可先不扣盖），应先连通压缩空气进行开关和开度试验，以检查开关是否灵活、开度是否正确、关闭是否严密。若试验结果良好，即可扣盖结束检修工作，否则还应查找原因继续进行检修和调整，直至彻底消除缺陷。

第七节　安全阀的类型和检修质量标准

1　安全阀附件的选用原则是什么？

答：安全阀附件的选用原则是：

(1) 弹簧式安全阀标准的公称压力等级有1.0、1.6、2.5、4.0、6.4、10、16、32MPa等级别，其配用的弹簧也分为5个压力等级。故选用安全阀时除了注明型号、工作压力、温度等参数外，还应表明弹簧的压力级别。

(2) 安全阀的进、出口分别处于高压和低压的两侧，所以其连接法兰也应采用不同的压力级别，其配制标准，见表16-1。

表16-1　安全阀进出口法兰压力级选配标准　(MPa)

安全阀的公称压力	1.0	1.6	4.0	10.0	16.0	32.0
进口法兰压力级	1.0	1.6	4.0	10.0	16.0	32.0
出口法兰压力级	1.0	1.6	1.6	4.0	6.4	16.0

（3）在同一设备或管道的排放量较大，根据规定需装设2只安全阀时，其中的一个为控制安全阀，另一个为工作安全阀。而且应将控制安全阀的开启压力调整为略低于工作安全阀的开启压力，以免两个安全阀同时开启造成排汽量过多。

2 常用安全阀进出口管道的通径选择原则是什么？

答：当介质经由安全阀排放时，其压力降低、体积膨胀、流速增加，故安全阀的出口通径须大于进口的通径。一般情况下，出口通径应比安全阀公称通径至少大一级，也可参照表16-2选配。

表16-2 安全阀进、出口通径公称通径 (mm)

公称通径	公称通径	出口通径		公称通径	公称通径	出口通径	
		微启式	全启式			微启式	全启式
10	10	10	—	50	50	50	65
15	15	15	—	80	80	80	100
20	20	20	—	100	100	—	125

3 安装安全阀时的注意事项是什么？

答：安装安全阀时的注意事项是：

（1）为了保证管路系统畅通无阻，安全阀在安装就位后应检查其垂直度，若发现有倾斜时必须予以校正。

（2）对于排入大气的气体安全阀排空管道，其出口应高出操作面2.5m以上并引出室外；若排出管道过长还应予以固定，以避免和减少管道的振动。

（3）在管道投入试运过程时，安全阀应及时进行调校。

（4）安全阀的最终调整应在系统上进行，开启和回座压力需符合设计规定的要求；若设计无规定时，可选其开启压力为工作压力的1.05～1.15倍，回座压力应大于工作压力的0.9倍；调压试验的全过程中所调整后的压力应保持稳定，每个安全阀的启闭动作试验不应少于3次。

（5）安全阀经过调整后，在工作压力下不得出现泄漏现象。

（6）安全阀经最终调整合格以后，应重新制作铅封，并将检修情况记入《安全阀调整试验记录》。

4 如何对安全阀进行检查？

答：安全阀在解体检修之前应彻底检查，以便于了解阀门各个部件的状态，并据此制定阀门检修的检修方案。安全阀在解体前应测量、记录弹簧的长度、弹簧调整螺母的位置、重锤的位置、各处的配合间隙等数据，这样会方便以后的阀门组装和调整工作。

安全阀在解体之后还要对下列部件进行检查：

（1）检查安全阀弹簧应无裂纹、变形等缺陷，保持弹性良好并经过弹性试验、符合设计规定的要求。

（2）检查活塞环（也称为涨圈）应无表面缺陷，测量涨圈接口的间隙满足在压入活塞室时为0.20～0.30mm，弹出活塞室外呈自由状态时为1mm的标准。同时，检查活塞、活塞室无裂纹、沟槽、毛刺和斑坑等缺陷。

（3）检查阀瓣与阀座密封面应平整光滑，无沟槽、斑点等缺陷。

（4）检查弹簧安全阀的阀杆弯曲程度不应超过0.10mm/m的标准。

（5）检查重锤式安全阀的杠杆支点“刀口”部分应无磨损、毛糙、弯曲和锐角变钝的缺陷。

（6）检查安全阀法兰紧固螺栓应无螺纹拉长、丝扣损失、产生裂纹等缺陷。对高温高压安全阀的法兰连接螺栓还应定期进行金相检验。

5 简述安全阀的解体检修。

答：在安全阀的密封面出现微量磨损的情况下，就须对其进行研磨处理。安全阀阀瓣与阀座密封面的研磨方法类同于其他高中压阀门密封面的研磨，只是要求的精确度更高一些。研磨安全阀的密封面时，先要用研磨头和研磨座分别将其阀瓣和阀座研磨至合乎要求后，再将阀瓣与阀座进行对研，最终应保证两者的密封面接触的宽度至少在阀座密封面宽度的1/2以上为止。

若是发生活塞环断裂现象，则应更换新的涨圈。更换之前，一般要使用00号砂布铺在平板上，将新活塞环的上下环形表面进行研磨，以保证其光滑程度。在研磨时应用两手的拇指和中指适当用力把活塞环压住，沿着圆周轨迹反复地转动，切忌不可采取直线的运动，以防止出现活塞环受力卡涩而发生断裂。对活塞环的内外圆柱表面则应用00号砂布黏上黑铅粉轻轻地进行打磨光亮，然后即可将活塞环试着放入活塞室验证其与活塞室的接触是否光滑了。若是检查发现活塞室内壁有划痕、沟槽或腐蚀斑坑时，应使用00号砂布沿圆周方向进行研磨，研磨合格后还应涂上黑铅粉备用。

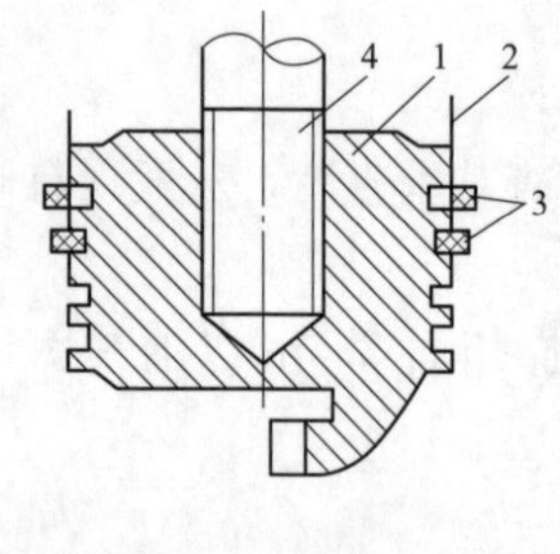

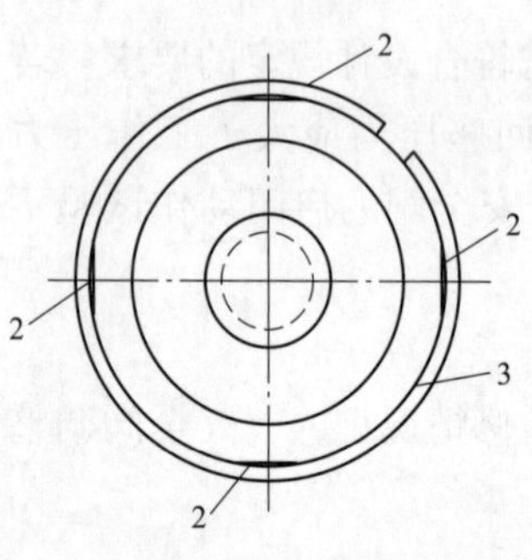

图16-23 拆卸活塞环的方法
1—活塞；2—锯条片；
3—活塞环；4—活塞杆

由于活塞环的材料质地很脆、易于断裂，因此在拆装活塞环时应特别加以注意。当从活塞上取下活塞环时，可先用特殊加工过的锯条片（锯齿部分全部磨掉、端部和四边全部磨成钝角的圆弧状）从活塞环的接口处插入，轻轻挑起活塞环后沿圆周方向移动90°，这时再从活塞环的接口插入第二个锯条片；用同样的方法在活塞环的另一侧依次插入两个锯条片。这样使用四个锯条片即可将活塞环从活塞的环形槽中撬出来了，如图16-23所示。然后顺着活塞的轴向即可慢慢地将活塞环拉出。若是需要回装活塞环时，其安装步骤与取出时的恰好相反；在活塞环就位进入活塞的环槽中后，应注意检查相邻活塞环的接口要互相错开一定角度。

在检查安全阀的各个部件均已检修完毕、无误后，即可根据解体前的测量记录进行回装工作。

第八节　胶球清洗装置的结构特点及检修

1 简述胶球清洗装置的作用和工作原理。

答：胶球清洗装置是目前广泛应用于大型汽轮机组的一种辅助设备，它可以在机组不减少负荷的情况下循环清洗凝汽器铜管，从而降低凝汽器的端差和汽轮机的背压，提高汽轮机热效率，降低发电煤耗。同时，胶球清洗装置还具有减缓和防止凝汽器铜管内侧的结垢、腐蚀的作用。

胶球清洗装置是借助于水流的作用将大于铜管内径的海绵胶球挤过凝汽器铜管，从而对铜管进行擦洗的。其工作过程为：

选取合适的海绵胶球（胶球的湿态比重为1.00～1.15g/cm^3，湿态直径比铜管内径大1～2mm）自装球室投入系统，胶球即被胶球泵随水流升压送到凝汽器循环冷却水的入口管内，进而继续流入凝汽器的水室。在水室内经过分流、扩散的胶球由于各自的比重不同而均匀地分层分布，进入凝汽器铜管并通过水流的挤压作用穿过铜管，把附着在铜管内壁的污垢带走，散入水流中冲出；在凝汽器出口管段上的收球网则把水流中的胶球收回，再通过胶球泵抽出送入装球室投入下一个循环，如此多次循环反复进行。

根据胶球清洗装置安装的位置以及凝汽器铜管的长短不同，一般胶球每完成一次循环清洗的过程大约耗时为20～40s；若是清洗装置连续运行30/60min，则每个胶球大致可以擦洗70/140根次的铜管。通常，只要投入凝汽器铜管管子总数10%左右的胶球，即可满足运行中清洗凝汽器铜管的要求了。

2 简述胶球清洗装置的结构。

答：胶球清洗装置主要由收球网、二次滤网、装球室、胶球泵和程控装置等组成，其结构示意，如图16-24所示。其中，循环冷却水的二次滤网是否配套使用可以视水质条件和使用目的的不同而定。

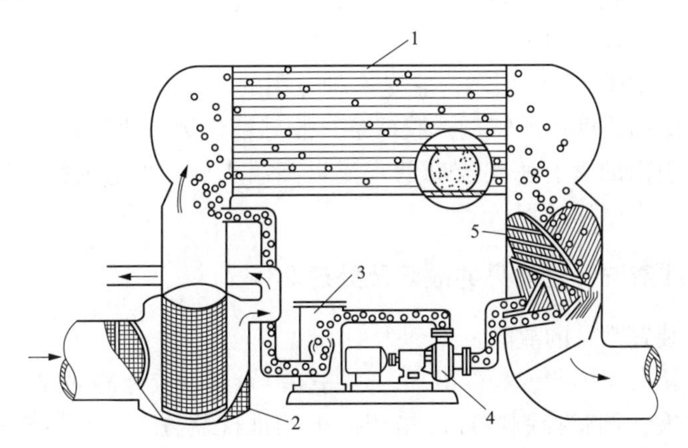

图16-24　凝汽器胶球清洗装置系统

1—凝汽器；2—带蝶阀的二次滤网；3—集球箱；4—胶球泵；5—收球箱

在循环冷却水比较清洁，没有大颗粒杂物堵塞铜管管口与收球网网板时，即可单独使用胶球清洗装置；若是循环冷却水中的杂质含量较大，对铜管和收球网易于造成堵塞和冲刷时，则应配套使用二次滤网系统。为了保证胶球清洗装置的使用效果，一般均为采用胶球清洗、二次过滤网联合的系统，并将胶球清洗装置安装在靠近凝汽器出口的管段处，把二次滤网则安装在尽量靠近凝汽器的进口处。

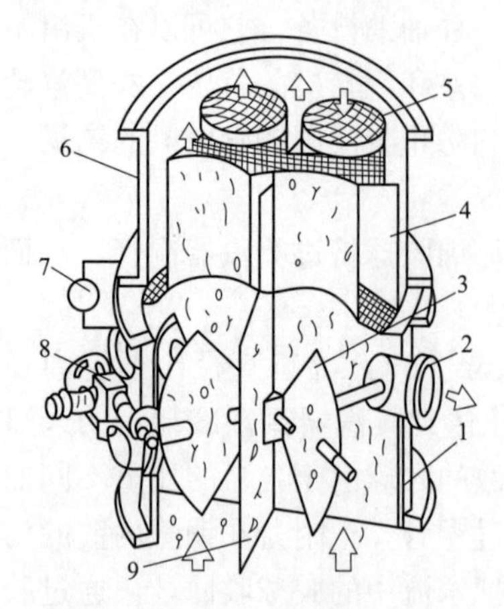

图 16-25　负压反冲式二次滤网
1—阀体；2—排污口；3—阀板；4—隔离板；5—网芯；6—壳体；7—压差开关；8—执行机构；9—阀体隔离板

二次滤网的基本结构，如图 16-25 所示。当循环冷却水夹杂着杂物到达二次滤网时，杂物即被滤网的小孔阻挡在滤网的迎水面，而循环冷却水则流过小孔被净化之后进入凝汽器；通过滤网中的反冲洗装置与排污阀的联动进行反冲洗，由于这股水流反向流动的冲刷作用，把卡在二次滤网进水面上的杂物经反冲后脱离滤网网孔，再经由排污阀引出。只要反冲洗装置不停止工作，循环冷却水进入凝汽器时就会保证始终是清洁的，二次滤网的阻力也不会增大。

收球箱的功能是把胶球从循环冷却水中分离出来，且应保证不卡球、不漏球。收球网安装在循环冷却水的出口管段上，从凝汽器流出的、夹带胶球的水流经过收球网时，胶球被回收并由引出管从收球网中引出。收球网的格栅网板是可以转动的，在投入胶球循环运动时，该网板是处于两块网板合拢，或是网板上下两端与筒壁贴合的“收球”位置；在不投入胶球时，该网板则处于平行于水流轴线的“开启”位置，这样既可将网板上的杂物被水冲走，又能减少网板的水阻。

装球室的结构，如图 16-26 所示。它是胶球清洗装置中用于加球、取球、存储球和检测、观察胶球循环情况的装置。通过操纵装球室的电动或手动控制机构，把装球室的运行状态的切换阀置于“投球”位置时胶球可以自由地通过，不断地在系统中进行循环；当切换阀置于“收球”位置时，胶球会被阻挡在装球室内，水流则穿过网孔回到系统，所有投入循环的胶球全部回收到了装球室中。

胶球泵的结构，如图 16-27 所示。它是一种专用的无障碍离心泵，具有不堵塞胶球，不会打碎胶球，胶球磨损程度小的特点。胶球泵是胶球清洗装置中胶球不断循环的动力来源，它能够把由收球网引出的含有密集胶球的水流提高压头后，再送入循环冷却水的进口管段中，使胶球进入下一个循环过程。

3 简述胶球清洗装置常见的故障及处理。

答：胶球清洗装置常见的故障及处理为：

（1）收球网格栅关闭不严或局部破损。这将会严重影响胶球的回收率，需在循环冷却水系统停运后检查并重新调整控制收球网格栅的电动推杆装置，修复网格栅的损坏部分；此外，还应认真检查和清理系统中配套使用的二次滤网，防止杂物漏过二次滤网而直接进入收球网造成堵塞。

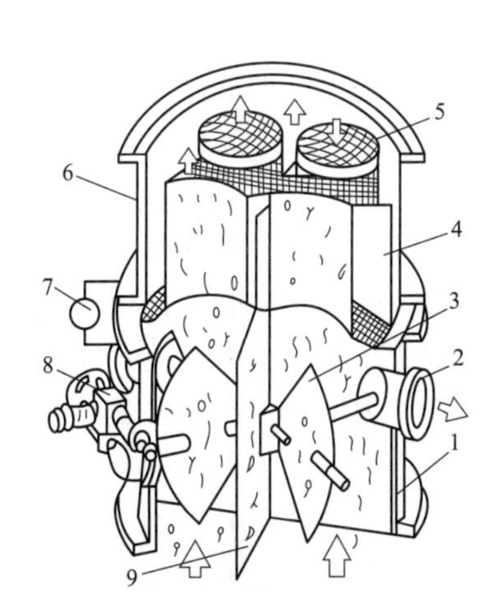

图 16-26　装球室结构示意图

1—底座；2—胶球引出管；3—外壳；4—切换阀；5—胶球引进管；6—胶球斗；7—放气阀；8—观察窗；9—操作手柄

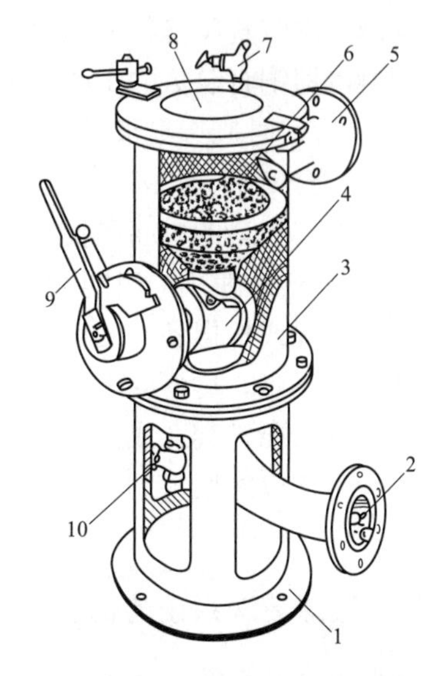

图 16-27　胶球输送泵结构图

1—托架；2—轴承；3—泵轴；4—后盖；5—泵体；6—叶轮；7—吸入喇叭管；8—密封环；9—护轴套；10—轴承压盖

对于未能配套使用循环冷却水二次滤网的胶球清洗装置系统，经常会发生由于杂物堵塞收球网格栅而造成循环冷却水受阻，压损网格栅或堵塞收球网引出通道，影响胶球回流的故障。因此，在胶球系统的设计和运行当中，必须考虑配套使用好二次滤网装置。

（2）凝汽器铜管堵塞卡球。可能是由于凝汽器铜管结垢、选配的胶球直径不恰当、循环冷却水流量不足、循环冷却水出入口压差达不到设计要求等原因造成。对于凝汽器铜管结垢的问题，应采用大小修时酸洗或机械清理捅刷的方法进行处理，彻底消除铜管内壁的硬垢；至于选配的胶球，应保证其湿态直径不得超过铜管直径 1～2mm（当胶球弹性较低时可选的直径稍大些；胶球弹性大时则选取直径偏小些）；对于循环冷却水量不足或压差不足的问题，应在运行条件许可的情况下，尽量满足胶球清洗装置系统对循环冷却水流量和前后压差的最低要求。

（3）收球室小滤网破损或其出口阀门关闭不严。这也会影响胶球的回收效果，发现此类问题后应及时将收球室切出系统进行修复或调整。

（4）凝汽器水室上部漏空。这是在胶球清洗装置系统运行中最常见的问题之一，它是由于凝汽器系统严密性不足而使得凝汽器的循环冷却水水室上部漏空形成了漂浮积球，会严重影响胶球的回收。对这个问题的处理方法，必须在设备大修中注意严格按照工艺标准施工，防止出现凝汽器系统设备的漏空现象。

（5）凝汽器水室旋流。由于凝汽器结构设计的问题，造成循环冷却水流进入凝汽器水室后形成一些涡流和死角区域，这些地方的水流流动因旋流抽细作用而产生了积球。对此问题，应改进凝汽器水室内部的结构来防止涡流、流动死角区域的形成，还可定期调整循环冷却水的流量或适当地进行一些扰动，都能消除和减轻涡流和死角区域的积球现象。

（6）铜管结垢速度未减轻。可能是由于胶球清洗装置投运时间不足，胶球清洗效果差所造成。通常胶球清洗装置系统每天的运行时间不得少于 6～8h，而且每次运行中投入的胶球总数不得少于凝汽器铜管总数的 10％；在检查发现投运胶球的直径已磨损小于铜管直径 2～3mm 以上时，就应及时挑选出来予以更新。

此外，还可配合使用一些表层带有金刚砂的胶球，但使用这种磨损量较大、弹性较足的胶球时，应严格控制投运的时间和投运的次数。一般选用这种胶球时应保证其直径略大于铜管直径约 0.5mm，连续使用的时间最多为 4～6h 且每天投运的时间不超过 2h，也可根据凝汽器铜管结垢的情况或根据各自的运行经验来控制掌握投运金刚砂胶球的时间和次数。

（7）胶球选配不当。这将会影响胶球清洗的效果或胶球的利用效率。对于因胶球按比重配置的比例不当的情况，会造成部分铜管长期得不到清洗而导致结垢现象；而选取的胶球直径过大或过小会造成胶球堵塞铜管，无法回收或清洗效果差的现象，这些都需在挑选胶球时加以注意。

4 投运胶球清洗系统的优点是什么？

答：投运胶球清洗系统的优点是：

（1）在运行中投入胶球清洗装置之后，可以不用停机、不减负荷地清洗凝汽器铜管，保证机组的满发、稳发。

（2）使用胶球清洗装置可以不再采取人工捅刷凝汽器铜管的工作方法，改善了劳动条件，节省了劳动力。

（3）维持胶球清洗装置的运行可以降低凝汽器的端差，提高机组的真空度，并进而可减少燃料的消耗。

（4）使用胶球清洗装置可以保护铜管，延长铜管的使用寿命。

第九节　波纹补偿器的结构特点及检修

1 简述波纹补偿器的适用范围。

答：通常波纹补偿器的压力范围是从真空到 4.0MPa，对特殊要求的情况也可以进行特殊的设计，再适当地提高。

波纹补偿器的工作温度则随着所选用材料的不同而不同：对于接管、内衬套筒为碳钢的补偿器，其工作温度范围是－20～420℃；当接管、内衬套筒选用不锈钢（同波纹管部分）时，其允许的工作温度范围则为－196～700℃。

2 简述常见的各类补偿器的结构以及优、缺点。

答：Ω 型和 π 型补偿器都是用管子经过煨弯制成的，具有补偿能力大、运行可靠以及制作方便等优点，可适用于任何压力、温度的管道，它还能承受轴向位移和一定量的径向位移；其缺点是加工完成后的尺寸较大，蒸汽在弯管内的流动阻力也较大。

波纹补偿器是用薄壁（0.5～2.5mm）的奥氏体不锈钢或 3～4mm 的低碳优质钢板等材料经过压制和焊接制成的，一般波纹数为 2～4 个，最大可达 8 个，通常只能用于吸收、缓冲直管道沿轴向发生的变形；对碳钢焊制的波纹筒来说，其补偿能力较小，每个波纹可补偿约 5～

8mm，波纹数目最多也只有3个；对于用薄壁奥氏体不锈钢制作的波纹筒，其补偿能力则较大，每个波纹可补偿约6～18mm或更大，波纹数目最多也可达8个；其缺点是承受管道径向变形的能力较差，受到径向冲击后易于产生波纹管和两端接管接口的皱裂、开焊损坏。

套筒式补偿器是在管道结合处加装带有填料的套筒，并在填料套筒内的缝隙中充填石棉绳等填料，当管道膨胀时依靠内、外套筒相对位移来吸收管道的膨胀和伸长的。套筒式补偿器的优点是结构尺寸小、流动阻力小、可承受的膨胀量较大；其缺点是需要定期更换密封填料，易于产生泄漏，只能用在小直径的直管道上。在电厂的汽、水等密封要求严格的系统中早已不再使用。

3 波纹补偿器的适用范围是什么？

答：波纹补偿器的适用范围是：

（1）变形或位移量大而空间位置受到限制的管道。

（2）变形与位移量大且工作压力低的管道。

（3）从工艺操作或经济角度考虑，要求降低阻力损失，湍流程度尽可能小的管道。

（4）对冲击和振动等干扰因素要求严格、需要限制接管载荷的敏感设备的进出口管道。

（5）要求吸收、隔离高频机械振动的管道。

（6）考虑吸收地震或地基沉降的管道等等。

4 波纹补偿器的基本类型代号有哪些？

答：常见的波纹补偿器一般均采用汉语拼音字头的组合来作为其型号的代码，见表16-3。

表16-3　　波纹补偿器的基本类型代号

约束类型	代号	名称	补偿量方向
非约束型	T	通用型	轴向、少量横向、角向
	FT	方（矩）形通用型	轴向、少量横向、角向
	LZF	拉杆复式轴向型	轴向
	FZ	复式带座轴向型	轴向
	TZ	套筒式轴向型	轴向
	WZD	外压单式轴向型	轴向
	XZH	小拉杆轴轴向型	轴向、横向
	JZ	减震型	轴向
约束型	LH	大拉杆横向型	横向
	JH	铰链横向型	横向
	WH	万向铰链横向型	横向
	J	角向型	单平面角向
	W	万向角向型	任意屏幕角向
	ZPP	旁通式直管压力平衡型	轴向
	ZP	腰鼓式直管压力平衡型	轴向
	QPH	曲管压力平衡型	轴向、横向

轴向、横向各类波纹补偿器的连接形式有两种：一种是法兰接头连接（用汉语拼音字头F表示）；另一种是端管接头连接（用汉语拼音字头J表示）。

此外，波纹管部分的结构型式根据不同的要求，又设计制作成单层、双层、多层、单层带加强铠装环、双层带加强铠装环几种。对于带加强铠装环的波纹补偿器，产品代号中附加标注有“K”符号；对普通单层、双层波纹管则不做标注。比如，下面所示的产品代号标注：

第一区域＋第二区域＋第三区域 P_d/第四区域 DN×第五区域 n－附加标注 J（或 F）。

其中，第一区域中注明产品的特殊形式，带拉杆以01表示，带护套以02表示；第二区域标注出产品的类型代码及是否加有铠装环；第三区域注明产品的设计压力（MPa）；第四区域标注出产品的公称通径（mm）；第五区域注明产品波纹管部分的波纹数；附加标注则标注出产品波纹管部分的连接形式。

5 补偿器安装使用过程中的注意事项有哪些？

答：补偿器安装使用过程中的注意事项有：

（1）在周围的相连管道安装过程中，注意监督补偿器与管道的同轴度偏差不得超过3mm，以确保波纹管两端管线的同轴度准确度，避免出现用波纹管的变形来强行弥补管道的安装误差。

（2）在安装过程中应注意防止冲撞造成波纹管部分的损伤，如凹陷、划伤、起弧点以及焊渣飞溅等，安装完成后必须清除波纹间残留的杂物、异物。

（3）在安装前，均对波纹筒进行了合理的预拉、预压缩或冷紧（横向型），以使波纹筒处于最佳工作状态，并可减少波纹筒对固定支架的弹性力。安装结束之后，就应尽快调节安装拉杆上的螺母、拆除运输专用的辅助定位构件及紧固件，并按照设计要求将补偿器限位装置调整到规定的位置；在此过程中，要注意不得随意拆除“非拆卸的拉杆（一般为双头螺栓并做有明显标记）”。

（4）对带有内衬导向管的波纹筒，安装时要注意核对产品上的“介质流向”标记须与管道介质的流向保持一致；对铰链型的波纹补偿器，则要确保铰链转动平面与位移转动平面相一致。

（5）在任意两个相邻的管道主固定支架之间，一般只允许布置一个自由型波纹补偿器；若必须设置一个以上的补偿器，则需用次固定支架分隔开，并各自配置稳定的导向支架，且补偿器应尽量放置在靠近主固定支架或次固定支架的位置。

（6）对于轴向补偿的波纹筒，波纹筒距离第一导向支架的间距至少为管道通径 D 的4倍，第一导向支架距离第二导向支架的间距至少为 $14D$ 左右。

在波纹筒管系中的各类支架未正确安装之前，不得对其或相关的系统进行压力试验；而且其相邻管道的主固定支架、次固定支架和导向支架应具有足够的强度和刚度。

（7）对波纹补偿器进行水压试验时，应对装有补偿器管路端部的次要固定支架进行加固，以确保试验时不会发生管路的移位或转动；对于通过气体介质的补偿器及其连接管路，要注意进行充水试验时需增设临时支架以免管路受损；此外，还应检查水压试验用水或清洗管路用水中的 Cl^- 离子含量不得超过25ppm。

（8）波纹补偿器的所有活动部件不得有被外部设备、设施卡死或限制其活动范围的现象，必须保证各活动部件的自由移动。与补偿器波纹筒接触的保温材料不得含有 Cl^- 离子。

第三篇

高　级　工

第十七章

公 共 知 识

第一节 全面质量管理

1 标准的类别有哪些？

答：标准的类别有：

（1）从管理体制上可分为国家标准、行业标准和企业标准。

（2）从性质上可分为技术标准、管理标准和工作标准。技术标准是企业标准化的主体，目前已比较完整；管理标准是对企业大量的管理业务所规定的工作标准、程序和方法；工作标准是对需要协调一致的工作事项所制定的标准。

（3）按在生产过程中的地位可分为原材料标准、零部件标准、工艺装配标准、设备标准和维修标准等。

（4）按使用范围可分为基础标准、产品标准、方法标准和职业卫生安全标准等。

2 何谓原始记录？

答：原始记录是按照规定的要求，以一定的形式对企业各项生产经营活动所做的最初的直接记载，是反映企业情况的第一手材料。它包括原始的报表、凭证、单据、自动记录、运行报表、运行日志及维修记录等。原始记录是建立各种统计台账、编制统计报表和进行统计分析的依据，是企业进行全面管理的重要条件，也是企业基层车间、班组进行日常生产管理的工具。

3 何谓统计工作？

答：统计工作是指从原始记录取得资料以后，进行分类、汇总和综合分析，从中发现企业生产技术经济活动的规律性和事物之间的内在联系，以指导企业生产技术经济活动正常进行的过程。它比原始记录进了一步，是按生产经营活动及上级管理机关的需要，对原始记录资料进行综合分析、分类、汇总及计算，获得比较完整、系统的资料依据，以反映生产经营动态，并从中发现问题，预测发展趋势。

原始记录是统计工作的基础，统计工作则是原始记录的加工和提高。

对原始记录和统计工作的基本要求是全面、及时、准确、系统。

4 竣工验收的基本原则是什么？

答：验收是保证检修质量的一项重要工作。验收人员必须坚持原则，深入现场进行质量监督，并本着高度负责的态度做好验收工作。

竣工验收要把好“四关”：

（1）项目关。做到不漏项、不甩项，修一台保一台。

（2）质量验收关。做到检修质量不合格不验收，零部件不全不验收，设备不清洁不验收，以及无验收卡不验收。

（3）工艺关。做到按规程技术措施及工艺卡开展工作，保证工艺质量。

（4）检修资料和设备台账关。做到各项记录、表、卡和台账齐全，技术资料齐全，能正确反映检修过程的实际情况。

5 生产工人的质量责任是什么？

答：生产工人的质量责任是：

（1）熟悉质量标准、操作工艺规程，严格遵守工艺纪律。

（2）严格遵守“三按”生产，做好“三自”和“一控”。“三按”是指按图纸、按工艺、按标准完成生产任务；“三自”是指工人对自己完成的工作（或工序）进行自我检查，自己区分合格与不合格，自己做好责任人、日期、质量状况等标记；“一控”是指控制自我检查的正确率。

（3）认真做好原始记录。

（4）努力完成质量考核指标。

（5）努力学习全面质量管理基本知识，掌握 TQC 基本方法，积极参加 QC 小组活动。

第二节　设备大修的验收质量标准

1 编制检修作业指导卡的意义是什么？

答：检修作业指导技术文件是生产活动所依据的准绳，也是企业班组安排生产、进行生产调度、技术检查、劳动组织、材料备品备件供应及提供产品数量等的主要技术依据。检修作业指导技术文件的核心内容就是《发电厂检修规程》和各单位、各个专业的检修工艺标准。检修作业指导技术文件的编制，是工艺管理中的一个关键环节，是确保生产任务完成的科学依据。

2 检修作业指导文件的主要内容有哪些？

答：检修作业指导技术文件规定了各级检修或施工安装过程中生产任务的完成程序、方法及控制的技术参数，所用设备、工具、检测仪器等的使用要点，以及安全注意事项等。概括起来大致如下：

（1）工艺过程。它规定了整个发供电设备在检修施工过程中，质量保证体系所要求的各个质量控制点。质量验收过程中，应严格检验质量控制点，注意工艺过程的质量管理。

（2）作业技术规范、图纸资料文件。主要指为实现每一个 A～C 级修或更新改造工程项目应达到的生产管理技术目标所需的各种设备图纸、加工草图、网络管理等各项要求和数据。

（3）各种特殊检修、运行、安装及试运行项目的技术措施、工艺技术评定等。

（4）特殊设备、仪器、工具等的使用说明，特别是安全使用说明。

（5）检测质量、技术指标、检测方法，以及仪器仪表的使用管理制度、操作方法等。

（6）安全技术、环境保护注意事项。

（7）生产环境的技术参量。

（8）属于班组作业过程中需跨班组、跨车间（工区）的技术措施，以及相互配合的联系单、协作卡片等。

（9）班组的检修作业指导技术文件，经班组全体成员讨论通过并报送上级批准后，一般不应再任意更改。

3 设备检修开工及验收要把好哪几关？

答：在实际工作中，检修班组长应严格按照电力生产的《安全作业规程》和《检修工艺规程》的要求组织施工，严格要求、认真把关，保证质量和工期；若遇到疑难、重大问题，应及时汇报上级部门和领导，并做好预防性工作和原始记录。同时，还应注意做好以下的监督工作：

（1）安全关。监督工作负责人严格执行《电业安全工作规程》中的有关规定，办好工作票，认真履行开工许可手续，做好设备停电工作及设备与运行系统隔离措施，确保检修、安全措施已认真执行。在检修施工过程中，要注意确保人身和设备安全，并做好消防工作。

（2）质量关。严格执行检修工艺规程、检修质量标准和检修作业指导书，保证检修质量。

（3）工期关。严格按照施工进度进行管理，及时掌握、平衡检修进度，加强组织协调工作，保证按计划进度完工。

4 如何评价A级检修的验收质量？

答：主要设备A级检修的验收质量评价分成优、良、合格、不合格四个等级；整体A级检修的质量评价分为初优、全优、不合格三个等级。

（1）初优。A级检修后连续安全运行30天无事故、无临修。

（2）全优。A级检修后连续安全运行100天无事故，等效可用系数达到全优标准要求。

（3）不合格。A级检修后7天内因抢修而造成临修或事故。

5 A级检修后汽轮机的验收质量指标是什么？

答：A级检修后汽轮机的验收质量指标是：

（1）出力达到额定或上一级主管公司核定出力。

（2）各轴承座振动值达到合格值或有所改善，机组的振动值应符合要求。

（3）真空度和端差应达到设计值或有较大改善。

（4）真空严密性低于0.4kPa/min。

（5）油中含水量达到控制值。

（6）高压加热器投入率达100%。

（7）凝汽器端差小于8℃或达设计值。

(8) 调速器的特性合格。
(9) 给水、凝结水溶氧合格,不超过规定值。
(10) 胶球装置必须投入运行,收球率高于90%。
(11) 渗漏率小于0.03%。

第三节 金属监督与振动监督

1 金属技术监督的任务是什么?

答:金属技术监督的任务是:

(1) 做好监督范围内各种金属部件在制造、安装和检修中的材料质量和焊接质量的监督及金属试验工作。

(2) 检查和掌握受监部件服役过程中金属组织变化、性能变化和缺陷发展情况,发现问题后应及时采取防爆、防断及防裂措施。对调峰运行机组的重要部件要加强监督。

(3) 参加受监金属部件事故的调查和原因分析,总结经验,提出处理对策并督促实施。

(4) 依靠科技进步,推广应用成熟的、行之有效的技术监督新技术和诊断新技术,以便及时和准确地掌握及判断受监金属部件寿命损耗程度和损伤状况。

(5) 建立和健全金属技术监督档案,积累资料,掌握变化规律。

2 金属技术监督的范围是什么?

答:金属技术监督的范围是:

(1) 工作温度高于450℃的高温金属部件,如主蒸汽管道、高温再热蒸汽管道、导汽管(包括工作温度为435℃及以上者)、过热汽管、再热汽管、集汽联箱、汽缸(包括工作温度为435℃及以上者)、阀门、三通及螺栓(包括工作温度为400℃及以上者)等。

(2) 工作压力大于6MPa的承压管道和部件,如水冷壁管、省煤器管、联箱及给水管道等;工作压力大于3.9MPa的锅筒;100MW以上机组的低温再热蒸汽管道。

(3) 汽轮机叶片、叶轮、大轴及发电机大轴、护环等。

(4) 焊接监督。例如,高温高压大口径蒸汽管道要进行100%的无损探伤检查。

3 设置主蒸汽管道监督段的目的和要求是什么?

答:设置主蒸汽管道监督段的目的是更好地保证主蒸汽管道的安全运行。

主蒸汽管道监督段应满足下列条件要求:

(1) 监督段所处的区域应当是该主蒸汽管道上温度最高处。

(2) 选作监督段的钢管应当是该主蒸汽管道上管壁最薄的地方。

(3) 监督段的钢号、钢管规格尺寸应当与主蒸汽管道其他部分钢管的钢号、规格尺寸一致,并具有钢管化学成分、金属组织、力学性能、钢管耐热性能试验结果和探伤结果的证明文件。

(4) 在选取监督段的过程中还应注意,所选监督段钢管的组织性能应当和该主蒸汽管道中其他管段一致或稍差,以便在钢管材料组织变化上具有代表性。

4 如何做好金属技术监督工作?

答：做好金属技术监督工作的要求是：

（1）基层单位应设专职（兼职）金属技术监督人员，并应注意保持人员的相对稳定性。

（2）金属监督人员应掌握受监督设备钢材的技术规范，并建立技术档案。

（3）金属监督专业管理人员应督促有关人员认真执行金属技术监督规程，抓重大缺陷的处理及监督措施的贯彻执行。

（4）运行人员要保证运行参数稳定，防止超温超压。

（5）检修人员要了解所管设备、管道原设计使用的钢材规范。更换零部件时，要检查零部件有无质量合格证书，证书上所列各项数据是否符合要求等。

（6）更换合金钢材时，要对钢材进行光谱检验。如需变更钢号，则要经金属监督主管人员同意并报总工程师批准。

（7）工作温度大于等于435℃以上的紧固件，每次检修拆下后必须送金属室进行检验，并注意不得混淆使用。

（8）每次检修过热器、再热器时，都应进行外观检查。检查是否有过热现象，以及计算的蠕变速度和相对蠕变量是否在允许范围以内。

（9）认真做好受监督设备的防爆检查工作。

5 汽轮机A/B级检修时应做的监督工作有哪些?

答：汽轮机A/B级检修时应做的监督工作有：

（1）对汽轮机转子部分来说，应进行轴颈探伤、末级和次末级叶片表面探伤，并视次末级叶片腐蚀情况，在条件允许的情况下进行防腐处理。

（2）对于汽缸部分，应对汽缸内壁和结合面进行宏观检查，必要时进行表面探伤。

（3）对于汽缸结合面上的直径大于M32的高温合金钢大螺栓，应进行超声波探伤及光谱、硬度检验。

（4）对于汽水系统管道，首先应对主蒸汽及高温再热蒸汽监视段的蠕胀进行测量，然后对主蒸汽、高温再热蒸汽、低温再热蒸汽及主给水系统管道应各抽查检验两道焊缝，最后还应仔细检查主、再热蒸汽和给水管道的保温、支吊架是否完好。

（5）对于压力容器部分，应检查各扩容器、连排内部的腐蚀情况，并选取冲刷较大的部位进行测厚；检查除氧器内部的腐蚀情况并测厚；对设备安全性能检验过程中发现的一些超标缺陷，还应进行重点检查。

6 如何完成对给水管道的监督?

答：对于工作压力超过10MPa的主给水管道，在其投运5×10^4h之后应进行如下检查：

（1）对管道中的三通、阀门进行宏观检查。

（2）对管道中的弯头进行宏观检查和厚度检测。

（3）对焊缝和应力集中部位进行宏观检查和无损探伤检测。

（4）对阀门后的管段进行壁厚检查，并将以后的检查周期缩短为3×10^4～5×10^4h。

（5）对于200MW及以上的机组，其给水管道运行10^5h后，应对管系和支吊架的情况进行全面的检查和调整。

7 金属监督的内容包括哪些？

答：按照有关技术规程的规定，金属监督的内容包括有：

（1）通过对受监范围内各种金属部件的检测和诊断，及时了解和掌握这些部件在制造、安装和检修中的材料质量、焊接质量等情况，杜绝不合格的金属构件投入运行。

（2）检查和掌握金属构件在服役过程中金属组织变化、性能变化及缺陷萌生发展情况，通过科学分析，使之在失效前及时更换或修补恢复。

（3）参加对受监测部件事故的调查和原因分析，总结经验，提出对策，并监督实施。

8 简述国外火电厂金属监督的发展历程。

答：1940 年左右，美国制定了电站金属材料的石墨化与球化级别标准。

1943 年，美国一电站主蒸汽管道（管道材料 0.5Mo）运行 6 年后突然破裂，此后，美国制定了 Mo 钢的石墨化评级标准。

1952 年，全苏热工研究院制定了钼钢（15Mo）6 级球化级别标准。

1955 年，全苏电站部制定了主蒸汽管道材料监督规程（组织与蠕变）。

1961 年，全苏电站部制定了主蒸汽管道与过热器管金属监督规程。

1967 年，罗马尼亚劳动局制定了高温运行蒸汽锅炉管道和高温部件变形与蠕变监督规程。

20 世纪 80 年代以来，世界工业发达国家在火电厂金属监督的技术检测方面开展了大量的研究，研制了一系列的检测设备和仪器，例如：日本三菱公司研制的大轴中心孔检测设备可进行复型金相、涡流探伤；美国西屋公司研制了大轴多通道中心孔超声波探伤装置；美国 CSI、Entek 等公司研制了压力容器和管道泄漏监测仪，超声波测量高温过热器管和再热器管内壁氧化层厚度技术等。日本发布了火力发电厂剩余寿命诊断和提高可靠性措施。

20 世纪 90 年代以来，在几十年监督技术发展的基础上，对火电机组开展了状态诊断、状态评估与状态检修，使火电机组的检修由过去的计划（或周期）检验变为状态检修。

9 简述我国火电厂金属监督工作第一阶段的发展历程。

答：我国火电厂金属技术监督工作第一阶段是指 20 世纪 50 年代～60 年代末。我国在这一起步阶段主要是针对水冷壁管、过热器管的爆破和叶片、螺栓的断裂开展失效分析研究。当时有西固热电厂、青山热电厂和包头一电厂三个重点厂。

1955 年，举办第一期电厂金属人员培训班，主要培训金相、无损、能谱分析和焊接人才。

1956 年，电力部成立技术改进局。

1961 年，电力部在西安召开了金属、仪表、化学和绝缘 4 项监督工作会议。

1963 年，电力科学研究院制订了 12Cr1MoV 钢 5 级球化级别草案。

1967 年，针对当时内蒙古一电厂主蒸汽管螺栓断裂 12 条事故，电力部召开了第一次螺栓工作会议，会议上提出了 25Cr1MoV 和 25Cr2MoV 螺栓钢监督措施。

10 简述我国火电厂金属监督工作第二阶段的发展历程。

答：我国火电厂金属监督工作第二阶段是指20世纪70年代～80年代初。针对超期服役机组的主蒸汽管道开展金属监督与延寿工作，同时开展汽包和汽轮机大轴的普查。当时选西固、青山、吴泾、北京二热和富拉尔基电厂作为主蒸汽管道的监督和延寿工作点。

1971年，开展主蒸汽管道的恢复热处理研究。

1974年，华东电力局制订了20号、15CrMo钢6级球化标准草案。

1975年，召开主蒸汽管道行业会议和管道材质鉴定会议。

1978年，武汉水利大学设置电厂金属专业。

1979年，召开主蒸汽管道蠕变监督会议。

1981年，召开全国高温高压主蒸汽管道会议，制订出暂行规定。

1982年，电力部生产司下达汽包的检验技术规定，开展对汽包的普查。

1983年，碳钢石墨化金相评级标准（庐山会议），提出中温中压主蒸汽管道石墨化处理规定，正式颁发《火电厂金属技术监督规程》。

11 简述我国火电厂金属监督工作第三阶段的发展历程。

答：我国火电厂金属监督工作第三阶段是指20世纪80年代中后期至今。这一阶段，我国火电厂金属技术监督飞速发展，各网局、电力试验研究所制定了相应的金属监督具体规程。在火电机组主蒸汽管道、汽包、汽轮机大轴、护环、叶轮、叶片、管系支吊架、螺栓等部件的监督与寿命评估方面开展了广泛深入的研究。

引进和开发了许多新的测试仪器和诊断技术，例如：扫面电子显微镜，大型金相显微镜，图像仪，红外热像仪，大轴中心孔探伤装置，电液伺服系统，疲劳、蠕变交互试验机。

进行金属监督的同时，对主蒸汽管道、汽包、汽轮机大轴、护环、联箱、除氧器等关键部件开展了蠕变、疲劳寿命研究和断裂力学的安全性评估。

1991年，电力部正式颁发新的DL 438—1991《火力发电厂金属技术监督规程》，同时颁布实施的还有关于汽包、螺栓、主蒸汽管道蠕变测量三个规程。

12 主蒸汽管道、再热蒸汽管道和高温联箱金属监督的主要工作是什么？

答：由于主蒸汽管道、再热蒸汽管道和高温联箱的运行温度通常在500℃以上，超超临界机组蒸汽管道的运行温度可达600℃以上，因此其主要损伤为蠕变损伤。而焊缝、弯头、疏水管孔，压力、温度表管孔和联箱筒体环焊缝、排管管座角焊缝均为管道和联箱的薄弱环节，故对这些部位应加强金属监督。

对蒸汽管道和高温联箱的焊缝、弯头、疏水管孔，压力、温度表管孔等危险部位，不仅要进行无损探伤、金相组织、硬度及外观检查，同时对管道进行蠕胀测量，注意管系支吊架的状态检查。

对于高合金钢管（如F11、F12和P91、P92等）主蒸汽管道、高温再热蒸汽管道，应加强安装焊口的焊接工艺及热处理工艺监督，焊缝热处理的硬度最好控制在180HB～260HB范围内。15Cr1MoV钢制主蒸汽管道的焊接以采用R317焊条为宜，用R337焊条容易导致焊缝裂纹的产生。对于运行时间达2×10^5h的主蒸汽管道、高温再热蒸汽管道，通常情况下要进行管道的材质鉴定和寿命估算。

13 用于检测部件缺陷的无损检测新设备、新技术有哪些？

答：当前无损检测技术正朝着自动化（更快）、图像化（更直观）和高可靠性（更可靠）的方向迅猛发展，新的无损检测技术不断出现并趋于成熟，例如电磁涡流、TOFD（time of flight diffraction）技术、超声波相控阵技术、超声波成像技术、数字化X射线实时成像技术、非接触超声波检测、涡流阵列检测技术、导波（低频兰姆波）长距离检测技术、高频超声微损伤检测技术、激光和红外检测技术等。

14 用于检测部件微观损伤的无损新设备、新技术有哪些？

答：国内外研究者一直致力用无损的方法诊断金属材料的微观损伤，特别是对电力、石化行业在高温下运行的金属部件。例如用磁记忆检测技术检测部件的应力集中，通过对应力集中部位状态和几何形状（焊缝、弯头、变截面处等）的分析，进而确定其损伤类型（裂纹、应力集中、缺陷等）。锅炉管内壁氧化层测量技术则通过无损方法检测高温过热器、高温再热器管内壁向火侧的氧化层厚度，依据测量结果和锅炉的运行时间估算锅炉管的金属温度，进而依据锅炉管材料的高温长期强度（持久强度、蠕变强度）和锅炉的运行时间估算锅炉管的剩余寿命，为锅炉管的监督运行、检修更换提供技术依据。利用金属材料相与相之间热电势差的变化研究出的热电势法（Thermoelectric Power Method）可测量金属部件的蠕变损伤，目前该法已在核电站双相不锈钢的蠕变损伤检测中获得了成功运用。SPICA（Speckle Image Correlation Anslysis）技术用于测量主蒸汽管道弯头、焊缝及变截面部位的双向蠕变应变，可对蒸汽管道进行在线监测。

15 超临界、超超临界机组新型用钢的金属监督工作有哪些？

答：随着超临界、超超临界机组的迅猛发展，在更高温度、更高压力运行的新型马氏耐热钢相继投运，对这类钢的金属监督涉及焊接工艺、焊缝质量的评价和未来运行中的金属监督。目前，国内对P91钢的性能、焊接及焊接接头的评价已进行大量深入的研究，获得了较为成熟的经验。对P92钢的性能、焊接及焊接接头的评价正在开展深入的研究。但是，对此类钢在运行中微观组织、硬度和力学性能变化的研究监督，仍是摆在电力行业金属研究人员面前的一项艰巨任务。

1000MW超临界锅炉，出口蒸汽温度达到600℃，压力为26.25MPa，因此，必须采用一系列新材料以满足要求。鉴于这种情况，东方锅炉材料研究所和工艺处就受热面管材和大口径集箱管材进行了一系列试验。

通过对SA-213T23小口径管以及SA-334P23大口径管进行焊接工艺试验、接头力学性能试验、接头高温持久试验，掌握了该材料的加工性能、焊接工艺性能和热处理规范，以及其焊接材料的匹配。目前SA-213T23小口径管已经使用在锅炉过热器产品上。对Super304H同种钢、Super304H、SA-213T347H和SA-213T91异种钢进行焊接试验，通过试验确定较为合理的焊接规范，并对焊接接头的热处理规范进行了研究，取得了阶段性成果。对T122/P22进行焊接工艺性能试验、接头力学性能和接头高温持久试验，掌握了该材料的加工性能、焊接工艺性能和热处理规范，以及其焊接材料的匹配。

16 振动技术监督的任务是什么？

答：振动技术监督的任务是查找设备振动的原因和变化规律，采取相应的对策和措施来消除振动或控制设备的振动水平，防止发生设备损坏事故，确保设备安全、稳定地运行，提高设备运行的可靠性。

常用的振动技术监督的考核指标主要有当月缺陷发生率和当月缺陷消除率。

17 如何做好振动技术监督工作？

答：为了尽快、准确地找到振动的原因，应先对可能引起振动的诸多因素进行分析，根据分析的情况再进行试验，最终查出振动的真正原因。其基本程序如下：

（1）做好机组或设备在运行、停机及解体等状态下的各项检查工作。

（2）查找机组或设备是由于水力振动（包括水力冲击、压力脉动和汽蚀等）或机械振动（包括回转部件不平衡、中心不正、联轴器部件加工准确度不够、动静部件摩擦、转轴接近临界转速、油膜振荡、平衡装置设计或加工不当、基础和轴承座不良、原动机传递的振动等）的原因造成振动的依据。

（3）根据原始记录和各项检查工作的结果来进行分析、比较。

（4）按照振动的确切原因来制定相应的措施。

18 振动标准有哪些？

答：振动标准有国际标准、国家标准、行业标准和企业标准。国际标准有两种：一种是国际标准化组织 ISO 制定的标准；另一种是由国际电工委员会 IEC 制定的标准。评价陆地安装的汽轮机和发电机振动水平采用轴承座振动标准和轴振动标准，我国制定的标准与 ISO 标准接轨，最新的轴承座振动标准 GB/T 6075.2—2012 等同于 ISO10816.2—2009；轴振动标准 GB/T 11348.2—2012 等同于 ISO7919.2—2009。

19 振动标准制定的依据是什么？

答：标准依据机组设计制造水平，振动测量特点，在故障定量分析、统计数据和长期运行经验基础上，确保机组安全前提下考虑经济性而制定。

由于机组振动故障有时十分复杂，涉及设计、制造、安装及运行等诸多因素。汽轮机振动与其刚度、强度、阻尼直接相关，依据机组寿命损耗等设计判据很难确认实际构件损坏的准确时刻，现有的技术水平，给出振动值与故障间的定量关系尚属困难，所以现今制定振动标准主要依据长期运行、检修累积经验和统计规律。

现代汽轮机设计和制造、装配工艺水平已能做到转子弯曲值不超过 0.03mm，在过渡工况（包括转子通过临界转速时）和稳定工况下，转子的相对轴振动在 0.05mm 以内，最大不超过 0.07mm。为确保机组安全运行，应使轴承和轴振动均处于优良范围以内，振动值超过优良范围应及时设法消除。但在保证机组安全前提下，无须追求过小的振动限值，限制过小，相应增加了制造、安装及检修工作量，提高了运营成本，从经济性考虑是不合算的。因此，既可以保证机组安全，又使制造、安装及检修成本最低，是整个振动标准的核心。

20 轴承座振动标准（GB/T 6074.2）的适用范围是什么？

答：该标准规定了陆地安装的汽轮发电机组轴承座径向宽带振动的现场测量方法及评价准则，适用范围如下：

（1）适用于额定功率大于50MW，额定工作转速范围为1500、1800、3000、3600r/min的陆地安装的大型汽轮发电机组。

（2）适用于正常稳态运行工况、瞬态运行工况（包括升速、降速、超速、通过共振转速等）以及在正常稳态运行期间产生的振动变化进行振动测量和评价。

（3）适用于所有轴承径向和推力轴承轴向振动测量与评价。

（4）适用于包括直接与燃气轮机连接的汽轮机和发电机（例如联合循环时），在这种情况下，本标准的准则仅适用于汽轮机和发电机。

（5）适用于在汽轮机轴承和发电机轴承上测量和评价由不同振源激起的振动，但不适用于评价由电磁振动激起的2倍频（即2倍于机组工作转速的频率）振动，因该振动由发电机定子线圈激起并传给轴承。

（6）适用于宽带测量频率，然而随着技术进步，窄带测量或频谱分析的使用也越来越普遍。

21 轴振动标准（GB/T 11348.2）的适用范围是什么？

答：该标准规定了陆地安装汽轮机和发电机位于或靠近轴承处的转轴径向振动的测量方法及评定标准，适用范围如下：

（1）适用于额定功率大于50MW，额定工作转速范围为1500、1800、3000、3600r/min的陆地安装的大型汽轮发电机组。

（2）适用于正常稳态运行工况、瞬态运行工况（包括升速、降速、超速、通过共振转速等）以及在正常稳态运行期间产生的振动变化进行振动测量和评价。

（3）适用于包括直接与燃气轮机连接的汽轮机和发电机（例如联合循环时），在这种情况下，本标准的准则仅适用于汽轮机和发电机。

（4）适用于位于或靠近轴承处的转轴径向振动测量和评价。

（5）适用于宽带测量频率，然而随着技术进步，窄带测量或频谱分析的使用也越来越普遍。

22 轴振能替代轴承座振动吗？

答：在正常情况下，轴振比轴承座振动大得多，它们之间没有固定的比值关系。如果故障源出现在转子上（热不平衡、不对中、动静摩擦及热弯曲等），轴振比较大，轴振通过油膜传递给轴承座，轴承座振动也应有所反映。但是，如果故障源出现在轴承座上（如膨胀不畅，台板基础不牢固，二次灌浆不良等引起的轴承座刚度降低或轴承座共振等），这时轴承座振动反映比较大，而轴振的变化往往不明显，过大的轴承座振动会引起轴承座疲劳损坏，只测轴振不足以反映出轴承座振动状况。实际运行中，经常出现的是轴振大于轴承座振动，轴承座振动大而轴振变化不大的情况也时而发生。因此说轴振动与轴承座振动同等重要，互相不能替代。

第四节 化 学 监 督

1 电厂化学技术监督的任务是什么？

答：电厂化学技术监督的任务是：

(1) 对水、汽质量及油质和燃料等进行化学监督，防止对热力设备和发电设备产生腐蚀、结垢和沉积物，防止油质劣化，以及提供指导锅炉燃烧的有关数据。

(2) 监督设备供给的是质量合格、数量足够和成本较低的锅炉补给水，并根据规定对给水、锅水、凝结水、冷却水和废水等进行必要的处理时提出指导意见。

(3) 参加热力设备、发电设备和用油设备的基建安装及检修时的有关检查和验收工作。针对存在的问题，配合设备所属单位采取相应的措施。

(4) 在保证安全和质量的前提下，尽量降低水处理和运行油等的消耗指标。

2 化学技术监督的范围是什么？

答：化学技术监督的范围是：

(1) 根据部颁《火力发电厂汽水监督规程》的规定，对锅炉蒸汽、锅水、给水、汽轮机凝结水、蒸发器、蒸汽发生器、热网补给水、水内冷发电机的冷却水、混合减温水、化学水处理水，生产回水、疏水及密闭系统循环的水、汽等质量控制指标进行监督。

(2) 新建或扩建机组时，要做好未安装设备的防腐、清洗、碱煮及酸洗工作，做好试运行阶段的调试及水、汽质量监督。

(3) 热力设备启动前，应对设备、热力系统、管道和水箱等的清洁度进行监督。可以采用冲洗的方法，当冲洗出来的水达到无色透明时为合格。

(4) 热力设备检修解体后，首先由化学监督人员会同设备所属单位负责人检查结垢、沉积物和腐蚀情况，并进行分析判断，提出改进措施。

(5) 热力设备停运时，必须协助做好保护工作，并定期进行检查与监督。

(6) 搞好燃煤监督。对原煤、煤粉、飞灰及炉渣等应及时采样、化验，指导锅炉燃烧。

(7) 搞好燃油监督。对燃油及时采样、化验，指导锅炉燃烧。

(8) 对新进厂及运行中的润滑油和变压器油、SF_6气体等进行定期化验，发现问题后应及时处理。

3 如何做好化学技术监督工作？

答：做好化学技术监督工作的要点为：

(1) 制定化学监督的有关规程、制度和细则。

(2) 做到取样标准化，保证各项化验质量，正确、及时处理影响热力系统的水、汽质量问题。

(3) 做好新油和运行中汽轮机油、绝缘油的质量监督。指导各种充油设备管辖单位，开展油的防劣化和再生工作。

(4) 及时反映热力设备、热力系统及水、汽、油方面的状况，对超指标和违章作业等要及时制止，并与有关单位联系纠正。

（5）对热力设备进行调整试验，并制定监督控制标准，拟订设备清洗和防腐方案。

（6）参加设备 A/B 级检修的检查、验收及设备评级工作。

（7）推广先进经验，改进监督手段，提高监督水平。

（8）参加有关化学方面的事故原因分析，根据发现的问题制定对策并贯彻执行。

（9）总结年度化学监督工作的成绩与不足，推广成功经验。

4 炉水监督指标对汽轮机安全经济运行有何影响？

答：炉水监督指标，直接影响蒸汽品质，蒸汽中携带的炉水杂质导致汽轮机通流部分及叶片等部位积盐、结垢、腐蚀，不仅影响汽轮机的安全运行，而且还影响汽轮机的出力，降低其经济性。

5 汽轮机本体在检修时的重点检查内容及取样部位的要求是什么？

答：汽轮机本体在检修时重点检查的内容及采样部位要求是：目视汽轮机各级叶片的积盐情况，定性检验有无镀铜；调速级、中压缸第一级有无机械损伤或麻点；中压缸一、二级围带氧化铁积聚程度；检查各级叶片及隔板表面有无腐蚀；检验其 pH 值（有无酸性腐蚀），取沉积量最大的 1～3 片整叶片沉积物，计算其单位面积的积盐量，对沉积物作成分分析等。

6 电厂对循环冷却水水源的要求是什么？

答：循环冷却水是电厂中用水量最大，而对水质要求相对较低的一种用水。其水量约占电厂用水的 70%～80%，水源多采用地表水。而现在按国家环保要求，要采用工业及生活污水经处理后的中水作为循环冷却水源。

电厂的循环冷却水通过凝汽器使蒸汽得以冷却。循环水质及其处理方法、工艺，对防止凝汽器管结垢与腐蚀，维持汽轮机高真空运行，具有十分重要的意义。

电厂中循环冷却水的供水一般分为直流式和循环式两种。

正因为循环冷却水在电厂中用量特别大，故如何增加循环冷却水浓缩倍率，减少补充水量，又能保证其冷却效果，具有十分重要的意义。原部颁《化学监督制度》提出：做好水的预处理及循环冷却水处理，根据不同情况选择处理方式，控制循环冷却水的各项指标（包括浓缩倍率），并使排水符合环保要求。

7 直流锅炉给水的水质标准是什么？

答：直流锅炉给水水质的监督控制指标更多，更严格。它比压力最高的汽包炉（15.7～18.3MPa）的水质要求还要高一些。

直流锅炉对给水含钠量作了严格的限制，而汽包炉没有。标准规定直流炉给水中含钠量要小于等于 10μg/L，应力争达到更低的水平；直流炉给水含铁量应小于等于 10μg/L，它低于各种汽包炉给水中允许的含铁量，以防止铁的氧化物在热力设备中沉积下来；直流炉还对给水中二氧化碳含量作了严格限制，要求其含量应近乎为零。这一切都表明直流炉的给水水质要求更高，对它们监督也更严格，保证给水水质的难度也越大。

8 蒸汽中的杂质有哪些?

答：蒸汽中的杂质有气体及非气体两类。气体杂质主要是 O_2、NH_3、CO_2 等；它们均可能导致或加剧金属的腐蚀或结垢；非气体杂质，如钠、二氧化硅、铁、铜等，它们一般以盐类形式存在于蒸汽中，故将它们称为蒸汽溶盐。溶盐量多少则以电导率来表示。

9 过热器内积盐与哪些因素有关?

答：过热器内积盐与下列因素有关：

(1) 给水水质。给水水质差，减温水的水质就差，喷水减温所用减温水流量一般为给水流量的3%～5%，在过热器中，减温水被蒸干，盐类就析出，这类盐主要是钠盐。通常规定给水的水质与蒸汽品质相当，主要是防止减温水影响蒸汽质量。

(2) 机械携带。汽包汽水分离效果差，会产生机械携带，引起过热器积盐。为此汽包内要进行汽水分离（一、二级分离）、波纹板分离器（三级分离）。如果汽水分离装置不正常，机械携带就会增加。

(3) 溶解携带。蒸汽中钠盐以机械携带为主，SiO_2 机械携带与溶解携带都有，随压力升高溶解携带增大。锅炉高负荷运行时比低负荷运行时溶解携带更加严重。

10 保证过热蒸汽不发生积盐现象的措施有哪些?

答：过热蒸汽不发生积盐现象的措施有：

(1) 保证给水质量。给水水质差，减温水的水质就差，喷水减温所用减温水流量一般应与蒸汽品质相当。

(2) 使锅炉处于最佳运行状况，减少杂质的机械携带。最佳运行状况是指合适的汽包水位，合理的炉水含盐量及排污量，锅炉始终处于最高允许负荷以下运行。

(3) 适当的锅炉排污量。通过排污，减少炉水中盐类的浓度，减少蒸汽的含盐量。高压及以上机组普遍采用二级除盐水作补充水，凝汽器无泄漏或凝结水精处理正常时，锅炉排污率非常小，约0.3%。若没做过热化学试验，排污率可控制在1%～2%。

(4) 根据锅炉运行特性和给水水质选用合理的炉水处理方式。锅炉在相同的运行工况下，不同的炉水处理方式对蒸汽品质影响很大。如果炉水采用磷酸盐处理，蒸汽中总是要按炉水中磷酸根的浓度以一定比例携带，蒸汽中都可以检出磷酸根离子，汽水分离效果差的锅炉，汽轮机往往会析出磷酸盐。在凝汽器无泄漏时，应采用低磷处理。

11 凝结水污染的原因有哪些?

答：由汽轮机做功后的蒸汽凝结而成的凝结水通常比较干净，但是锅炉补给水、疏水、生产返回水以及热电厂返回凝结水也汇集到凝汽器中。当其中的一种水被污染，就会使凝结水水质不合格。这些水质被污染的原因有：

(1) 凝汽器水侧系统泄漏。凝汽器泄漏的方式有多种多样，如凝汽器管因腐蚀穿孔、因振动出现裂纹、因振动磨损、因胀口不严、因机械损伤、因空气抽出管腐蚀等都会成为泄漏的原因。无论冷却水采用地表水还是地下水，只要凝汽器有微量的泄漏，凝结水水质就会严重恶化。所以应及时发现，及时处理。

(2) 凝汽器负压系统漏入空气。对于高度真空的凝汽器，负压系统很容易漏入空气，凝汽器真空度低，凝结水溶解氧含量高。由于空气中含有二氧化碳等腐蚀性的气体和杂质，不但影响水质，而且还会加速凝汽器铜管的氨腐蚀，并对碳钢系统造成氧腐蚀，使凝结水水质恶化。

(3) 补给水水质差。补给水水质差的原因有很多，如制水过程中终点控制不当，制好的除盐水储存不当，运行人员误操作等。当把较差水质的补给水补入凝汽器后，即使水量很小，也会影响整个凝结水的质量。

(4) 金属腐蚀产物污染。在汇集到凝汽器的各种水中，通常疏水中的含铁量最高，这是因为蒸汽在流动、被冷却的过程中，湿蒸汽容易对钢铁产生流动加速腐蚀。其次是蒸汽对铜管的氨腐蚀和冲刷腐蚀使凝结水的含铜量增高。

(5) 对于用热用户的生产返回水，往往含铁量较高，有时还含有油脂成分。如果该水进入凝汽器中会影响凝结水的质量。

12 简述发电机内冷水标准中 pH 值上、下限（6.8～8.85）的确定依据。

答：铜的最佳耐腐蚀的 pH 值范围是 8.8～9.1。超过此范围，腐蚀速率均会增加。如果按 DL/T 801—2002《大型发电机内冷却水质及系统技术要求》的要求，电导率不应超过 2μS/cm，分别采用 NaOH 或氨水调节 pH 值，理论上可分别达到 8.89 和 8.85。这是规定 pH 值上限的依据。

实际上内冷却水中还含有其他离子，如 Cu^{2+}、Cu^{+}（来自铜的腐蚀）和 HCO_3^-（来自空气中的 CO_2）等，它们均会影响电导率。在保证电导率不超标的前提下，pH 值远远达不到标准所规定的 9.0。因此，其他 3 个有关发电机内冷却水的标准均没有规定 pH 值的上限。与水汽系统相比，由于内冷却水系统的总容积小，用氨水或其他药剂调节 pH 值时所需的药量少，pH 值的控制困难，所以很多电厂都不加药调整，并直接采用除盐水或凝结水作为补充水。因此，DL/T 801—2002 规定 pH 值大于 7.0(25℃)，其他 3 个有关内冷却水的标准均规定 pH 值大于 6.8（25℃）。这是规定 pH 值下限的依据。

这里需要说明的是，虽然 DL/T 801—2002 规定的 pH 值比其他 3 个标准提高了 0.2，但是具体执行时，必须采用弱碱性混床处理或加药的方式，否则不能保证出值大于 7.0(25 ℃)的要求。也就是说，DL/T 801—2002 是最严格的发电机内冷却水标准。另外，为了减少铜的腐蚀，在电导率不超标的情况下应尽量提高 pH 值。

第十八章

汽轮机本体检修

第一节　转子弯曲校正

1 轴弯曲的分类有哪些？

答：轴的弯曲可分为弹性弯曲和塑性弯曲两种。

（1）弹性弯曲。因转子本身存在的温差，引起热弯曲，温度均匀后可自行消除，故又称暂态弯曲。

（2）塑性弯曲。从弹性弯曲开始，材料的组织发生塑性变形，温度均匀之后，弯曲的凸面居于原来弹性弯曲凸面的相对一侧，形成永久性弯曲。

2 用内应力松弛法直轴前应如何准备加热及测温装置？

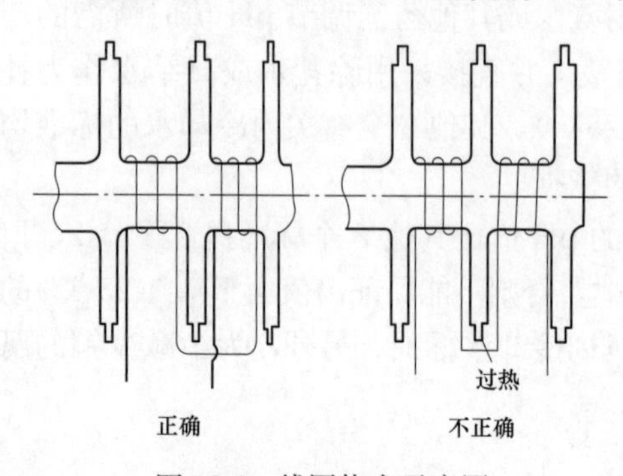

图 18-1　线圈绕向示意图

答：松弛法直轴是利用交流电通过绕在转子上的线圈，使轴受感应作用产生磁涡流而加热（工频加热）的。如图 18-1 所示的高压转子直轴时，主线圈设置在复速级与第一压力级之间，布置了 30 匝；辅助线圈Ⅰ敷射在复速级前汽封段，布置了 30 匝；辅助线圈Ⅱ缠绕在第 1、3 压力级间的两个空档内，设 18×2 共 36 匝。当辅助线圈Ⅱ跨越第二压力级叶轮时，必须注意导线不得在叶轮两侧形成半圈的回路，否则将引起叶片和叶轮的局部过热。线圈绕向示意，如图 18-1 所示。

以上导线外面均用玻璃丝带，半叠包两层作绝缘。各线圈在转子上的缠绕方向相同，以保证磁场方向的一致。

温度测量采用 EU-2 型 1、5 镍铬-镍硅热电偶，用 CDⅡ型电解电容 81 只（每只 4700μF，25V，每 3 只串联成一组，27 组并联），总输出 75V，42 300μF 的放电电流，将热电偶点焊在转子表面上。6 个截面共 24 点用两个温度测量记录仪和一台 40 点温度巡测仪监测各点温度。

3 直轴前的退火准备工作有哪些？

答：直轴前，为了缓解弯曲的塑性变形、内应力等现象，防止直轴时产生裂纹，须先进行退火处理。丝带半叠包两层，再敷设 20mm 硅酸铝毯包一层，再用 2mm 厚的电解石棉布包一层，最后仍用玻璃丝带半叠包两层并扎紧。导线层与层之间圆周均布瓷套管，以便通风散热。

加热电源装置的主线圈由两台 BX：—1000 交流焊机串联供电。辅助线圈Ⅰ用 X3-300-2 型交流焊机 4 台两串两并，辅助线圈Ⅱ的供电同辅助线圈Ⅰ。

4 直轴前的退火工艺怎样进行?

答：以 10℃/h 的速度升温，在整个直轴过程中，除加压时间外，要求往复盘动转子。当温度达到 670℃时，进行退火处理，恒温 5～6h，再继续保持 670℃，盘动转子消除温差，然后进行热态测量。

5 加压直轴的工序是什么?

答：如图 18-2 所示，准备好直轴台架。在加力前，根据退火后测得的弯曲值，先计算出预定松弛量。做法是保持转子退火后的温度，用斜垫铁使左端转子顶离滚动支撑点，转子凸面置于上方，拧紧 M100 的螺母，把转子和上下横梁拉紧。操纵油压千斤顶升压到 11.79MPa，恒压 40min；再把压力升到 12.71MPa，恒压 100min。撤压后将转子左端落到滚动支撑上，盘动转子，减小温差。去压 3h 后，开始热态测量弯曲，经间断的多次测量，最大弯曲减小到 0.05mm 并位于第一压力级后，则转子矫直就基本达到要求。

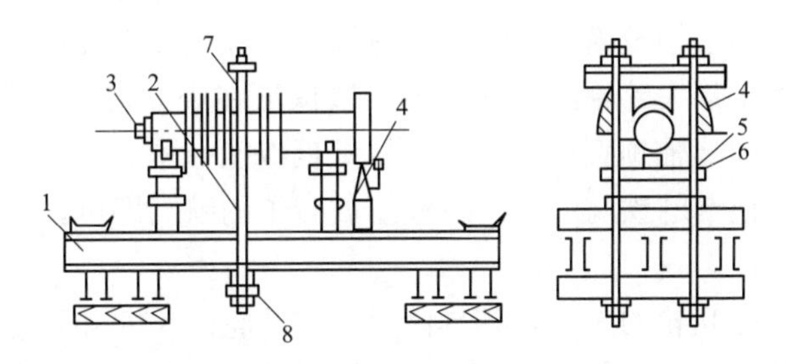

图 18-2　直轴台架结构示意图

1—底架；2—螺杆；3—滚动轴承；4—千斤顶；5—黄铜板；6—铜螺栓；7—上横梁；8—下横梁

6 直轴的稳定回火处理与效果工艺是什么?

答：为了消除残余应力，防止运行中转子在高温蒸汽作用下重新弯曲，直轴后须进行稳定回火处理。加压直轴后，维持加热段的温度为 660～670℃恒温 4h，然后以 35℃/h 左右的速度降温。当温度降至 100℃时，停止盘动转子，再次测量轴弯曲度符合要求，拆除加热线圈、保温层等，然后清理转子表面，待冷却至室温后，测转子的最终弯曲值及放在汽缸内测量弯曲值是否符合要求。

第二节　叶 片 更 换

1 拆装叶轮时，如何选择转子放置方式?

答：拆装叶轮时，转子放置方式有三种：转子竖立放置、转子竖立吊置及转子横放。在条件允许的情况下，宜采用转子竖立放置的方法拆装叶轮。

2 叶轮拆卸前的测量工作有哪些？

答：叶轮拆卸前要进行下列各项测量工作：

(1) 在轴承内测量联轴器的瓢偏度、晃度和要拆叶轮的瓢偏度。

(2) 测量危急遮断器小轴的晃度，然后拆下小轴（当竖立转子需要拆卸时或拆卸前几级叶轮时）。

(3) 用测深尺测量联轴器端面与轴端，叶轮轮毂端面与相邻轴肩之间的距离；用塞尺测量轴封套之间及两相邻叶轮之间对称四点间隙。

(4) 做锥形套装联轴器的定位样板。

3 叶轮拆卸的准备工作有哪些？

答：叶轮拆卸的准备工作有：

(1) 准备一稳固的钢架台竖立转子。

(2) 备一竖立吊转子的吊环。如在拆卸端轴头有固定吊环的四个螺栓孔，则准备一个吊环，具体尺寸及螺栓直径按轴头配制。如拆卸端无联轴器，则做一夹环，具体尺寸要经过强度计算选取，其内孔直径应等于轴颈直径，垫一铜皮夹紧。装夹环的位置应视轴头结构而选取，因单靠夹紧力没把握承受转子质量，故应借轴肩或套装部件承受力量。

(3) 备一竖立转子的横担及横梁抱卡，具体尺寸要经过强度计算选取。横担与上横梁抱卡吊耳之间的距离要大于最大叶轮的叶顶直径，以保证在竖立转子过程中钢丝绳不碰叶片。抱卡直径应稍大于不拆卸端轴颈直径，衬一石棉纸板应能卡紧。

(4) 准备放置横梁抱卡的铁马一对。一般用放转子的铁马即可，其高度应大于不拆卸端轴颈到轴头的距离。

(5) 备一翻无平衡孔叶轮的工具，其具体尺寸按叶轮的尺寸和质量配制，由一对组成。

(6) 准备拆卸叶轮工具，包括 3～4 个 M30 拉紧螺栓，具体数量按平衡孔的位置尽量均布，长度按实际需要选取；一个加力圆盘，用 25～40mm 厚的铁板制作，其直径及螺栓孔的位置按叶轮选配；一台 50t 油压千斤顶，其工作行程最好能大于轮毂宽度。无平衡孔的叶轮在轮毂上设有凹槽，用卡环卡在轮毂的凹槽内拉出叶轮。

(7) 准备加热工具。图 18-3 所示为某电厂自制的加热工具。一个柴油烤把可以代替三个大号烤把。它的加热速度快，既便于叶轮的拆装，又改善加热工人的劳动条件。柴油烤把在点火前要预热把头，柴油罐内装入多半罐柴油并向罐内通入 0.6MPa 的压缩空气。

如无条件制作上述加热工具，为了改善加热人员的工作条件，可以用黄铜管将大号烤把从中间接长到 1m。

4 简述竖立转子的工序和具体要求。

答：如图 18-4 所示，竖立转子时将吊环挂在大钩上，横梁抱卡卡在另一端轴颈上，长横梁抱卡在上面，用钢丝绳挂在横担上（钢丝绳的长度应使横担在竖起转子后位于上部叶轮之上），横担挂在小钩上。

首先水平起吊，当吊起高度能使转子竖立起来时，缓慢落下小钩，使横担不要碰着轴和

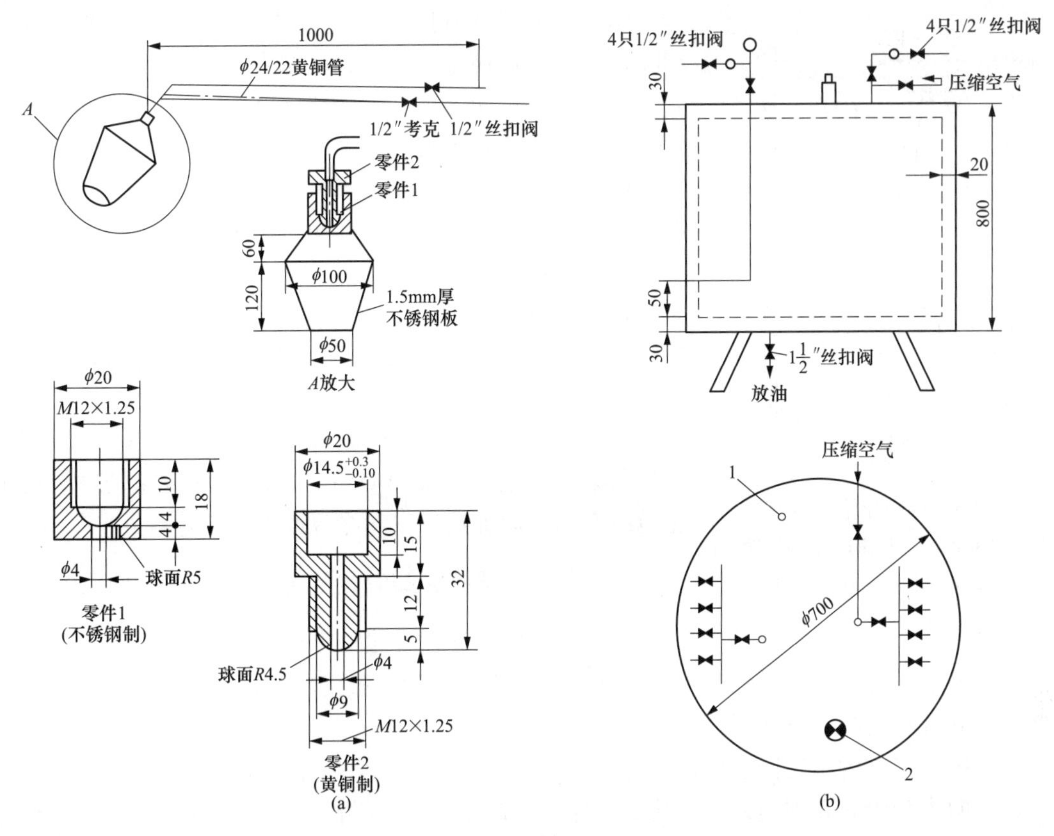

图 18-3 加热工具

(a) 喷火烤枪；(b) 柴油罐

1—安全阀；2—2″加油管

叶轮。放松小钩竖直转子，将转子吊到两铁马之间，分解横梁抱卡，放下横担，注意不要碰伤叶片。在下端轴头装上疏水装置及定位盘，将插入地坑内的轴段涂油防腐。将转子下端插入地坑内，用斜铁将转子找正，使叶轮处于水平位置。用压板把最下面的叶轮压紧。在转子周围搭脚手架，分上下两层，以便于工作。竖立转子，应视转子结构具体考虑，做到安全可靠。

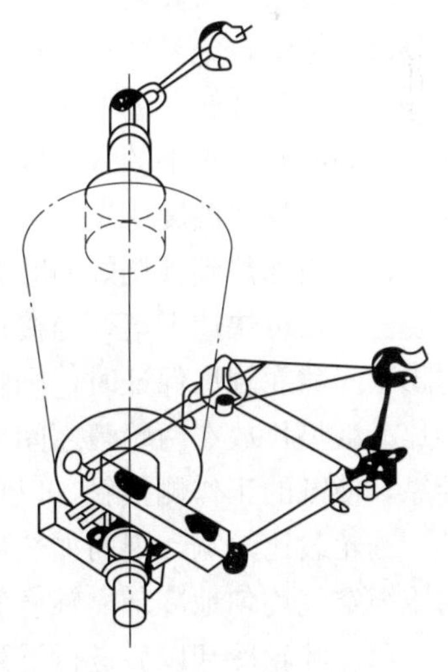

图 18-4 竖立转子起吊示意图

5 简述叶轮的拆卸工序和工艺。

答：叶轮的拆卸工序和工艺为：

(1) 先将叶轮与轴头之间的套装部件拆掉。

(2) 装好拆卸叶轮的工具，如图 18-5 所示。千斤顶要用压圈固定在加力圆盘上。加力圆盘、千斤顶与大轴要同心。各拉紧螺栓受力要均匀，加力圆盘与叶轮平行。千斤顶顶紧力 30～50kN，用千斤顶活塞下压力控制。吊钩中心与转子中心对正，吊钩稍受力。如叶轮与轴头之间的距离较大，最好用竖吊转子拆卸叶轮的方法。

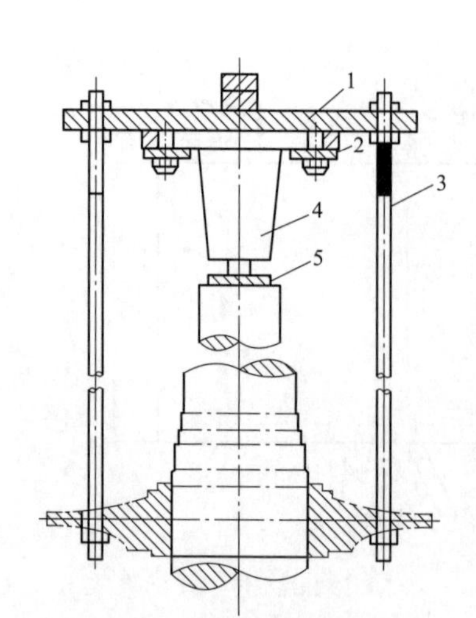

图 18-5　拆卸叶轮用的工具
1—加力圆盘；2—压圈；3—拉紧螺栓；4—50t 油压千斤顶；5—垫

（3）用绝热材料把叶片包好以免烧伤，并把相邻轴段和叶轮用绝热材料盖上，以免被加热。

（4）将叶轮两面分别沿圆周分成 4～6 个扇形区，用 8～12 个大号烤把加热，每个区由一个人负责。如用柴油烤把加热，每个人加热半个圆周，同时沿径向分成三个环形区，便于加热人员步调一致均匀加热。

（5）加热前向大轴中心孔内填满冰块，最好是通入二氧化碳气体冷却大轴。在加热过程中持续冷却，直到拆下叶轮为止。当加热速度较快，且只拆一个叶轮时，也可以不用冷却大轴。

（6）根据轮毂宽度及叶轮直径用 8～12 个大号烤把或 4 个自制柴油烤把分别加热专责区。从两侧将叶轮均匀而迅速地沿圆周方向加热，自轮缘逐渐内移到轮毂处。

6　转子横放拆卸叶轮的方法和要点是什么?

答：转子横放拆卸叶轮的方法和要点是：

（1）转子不拆卸端放在铁马上，拆卸端不放铁马，用一根钢轨架在两个铁马上，钢轨支在两不拆卸叶轮之间，将转子调平。

（2）拆卸工具的组装同上题，装好拆卸工具，加上预紧力后用吊车吊住。

（3）向大轴中心孔内通入二氧化碳气体或冷却水，同上题的方法进行加热和拆卸。将叶轮从套装位置拆下后用吊车吊出，水平放置保温缓冷。

7　转子竖放套装叶轮的工序和注意事项是什么?

答：转子竖放套装叶轮的工序和注意事项是：

（1）把键按记号放在键槽内，在轴的套装面上涂抹黄油。

（2）吊起叶轮，调好水平，套到轴上接近套装段。根据轮毂四周与套装段端头的距离，进一步调整叶轮与轴的垂直度，然后吊到转子旁边用保温材料包好叶片，按拆卸时加热方法进行加热。加热温度决定于套装过盈及套装孔的直径。

（3）当加热到预调好的叶轮内孔标尺能通过轮孔时，即迅速吊起叶轮与轴找好中心进行套装。开始可快速下落，当接近套装段时，要用手把住叶轮对准键槽缓慢下落。当叶轮之间的膨胀间隙靠轴肩保证时，则将叶轮直接落靠到轴肩上，否则要用与膨胀间隙值等厚度的铜垫片或纸垫片放在两轮毂之间对称四点，待叶轮冷却后抽出垫片。当叶轮落靠后沿旋转方向推靠，使键的工作侧接触，以免叶轮在运行中过盈消失时对键产生冲击力。

当轮毂比较宽，因而加热后膨胀较大时，待冷却后容易脱离轴肩。为防止脱离轴肩，应用压缩空气均匀地冷却靠轴肩的轮毂。

（4）叶轮冷却以后进行下列检查：

1）轮毂端面与相邻轴肩的距离。

2）用塞尺测量两相邻叶轮之间对称四点的间隙，应基本符合拆前数值，一般是 0.1～0.3mm，间隙最大差值不应超过 0.10～0.15mm。

3）测量叶轮轮缘的瓢偏度，在圆周上分成4～8等份，将特制的千分表架用手压在叶轮前的轴上靠紧轮毂端面进行测量，瓢偏度应在允许范围内。如果发现倾斜以及因此而引起的叶轮瓢偏度超过了允许数值，则必须将叶轮拆下，查明原因，进行重装。

8 转子插入叶轮的套装工序和注意事项是什么？

答：转子插入叶轮的套装工序和注意事项是：

（1）将叶轮水平架在两铁马上，铁马的高度应大于套装位置与轴头的距离。在每个铁马与叶轮之间放两个螺旋千斤顶，用水平仪把叶轮调到水平位置。

（2）使套装端向下竖立吊起转子，把键按记号放入键槽内，在轴的套装面上涂抹黄油。把转子吊到叶轮上找正并插入叶轮内，使套装段接近轮毂，根据四周间隙进一步调好中心，并根据轮毂四周与套装段端头的距离，进一步调整叶轮与轴的垂直度、对正键槽，然后把转子吊起等待插入。

（3）用保温材料包好叶片，按拆卸时的加热方法进行加热。当预调好的内孔标尺能通过轮孔时即插入转子。当接近套装段时，在轮毂上放好铜垫片（需要时）慢慢插入转子。当刚落靠时，沿旋转方向推靠叶轮，之后再落下一点将叶轮压紧，冷却以后抽出垫片。

9 转子横放套装叶轮的工序和注意事项是什么？

答：转子横放套装叶轮的工序和注意事项是：

（1）转子的放置方法同拆卸时一样。将键槽置于上方，按记号把键放在键槽内，把铜垫片用干黄油黏在相邻轮毂端面上（需要时）。

（2）使键槽向上吊起叶轮，吊到轴端找好中心套到轴上接近套装段。根据四周间隙进一步调好中心，并根据轮毂四周与套装段端头的距离，进一步调整叶轮与轴的垂直度，然后把叶轮吊出到轴端。

（3）用石棉布包好叶片，按拆卸时加热方法进行加热，当预调好的内孔标尺能通过轮孔时即套到轴上。当接近套装段时，使键槽对正键缓慢套入，从两侧用方木顶靠叶轮，直到紧密接合为止；或可根据轴头结构的形状做一顶紧叶轮的装置，这样可以防止叶轮歪斜或脱离轴肩，待冷却以后抽出垫片。

在套装过程中，如果发生卡涩，则应停止套装，立即将叶轮退出，查明原因并消除缺陷后再重新加热套装。

第三节　整级叶片的更换

1 应从哪些方面分析汽轮机叶片损坏和折断原因？

答：检查叶片损坏表象，分析叶片损坏断面，分析运行及检修技术资料，测定叶片振动频率特性，对叶片材质进行检验分析及强度校核，并与同类别机组进行对比分析。

2 整级更换叶片时如何分组？对叶根厚度不同的叶片怎样配置？

答：对于350mm以上的长叶片，应逐个称重和在圆周上对称配置。

对于叉形叶根的叶片，应把不同叶根厚度的叶片合理配对，以保持叶片节距符合要求。

叶片装入叶轮的叶根槽后，按图纸要求顺时针方向将叶片分组、编号，把相同质量的叶片组配置在圆周对称的位置上，对称叶片组的质量差不得大于5g，以免破坏转子的平衡。

3 个别叶片发生裂纹又不便于更换，可怎样处理？

答：可沿裂纹截断叶片，将断口打磨光滑，并在断叶片的对称方向调整平衡质量，也可以分别在转子两端平衡槽内装平衡重块。对于叶片的局部短裂纹，也可在不影响叶片断面强度情况下，采取局部切除办法处理。

4 在何种情况下应对转子叶轮进行整级叶片重装或更换？

答：在下列情况下应对转子叶轮进行整级叶片重装或更换：

（1）因材料缺陷、设计不当或加工制造工艺不良，造成一级内有多只叶片断裂时，应将整级叶片更换。

（2）整级叶片因受水击、机械损伤、严重腐蚀或水蚀，威胁安全运行时应整级叶片更换。

（3）因装配工艺质量差造成多只叶片断裂时，可进行部分更换和整级重装。

5 更换叶片所需的专用工具有哪些？

答：更换叶片所需的专用工具有：

（1）顶冲冲子。用于锤击冲出叶根铆钉。

（2）顶棒。用以装卸T型叶根叶片。

（3）楔子。用以沿圆周方向楔紧叶片。

（4）捻铆冲子。用以铆叶片铆钉头。

（5）冲头。用以借助千斤顶顶出叶根铆钉。

（6）专用铜棒。装复环使用。

（7）锥形销钉。组装叉型叶根叶片用。

6 更换叶片所需的一般器具有哪些？

答：更换叶片所需的一般器具有：

（1）小千斤顶。用以压出、压入叶根铆钉。

（2）特制50t油压千斤顶。用以压出、装配铆钉。

（3）悬臂电钻。用以钻出叶轮的叶根铆钉。

（4）冲床。用以冲复环铆钉孔。

（5）扩孔器。用以扩叉型叶根铆钉孔。

7 更换叶片所需的样板有哪些？

答：更换叶片所需的样板有：

（1）辐向样板。用以检查叶片辐向安装的正确性。

（2）直尺。用以检查叶片轴向安装的正确性。

（3）轴向样板。用以检查反动式汽轮机叶片轴向安装的正确性。

（4）扇形板。用以保证反动式汽轮机叶片轴向安装的正确性。

（5）叶根锥度样板。用以检查平面叶根的锥度。

（6）拉筋孔样板。用以检查拉筋孔直径及其位置。

8 拆卸T型叶根叶片的工序和注意事项是什么？

答：拆卸T型叶根叶片的工序和注意事项是：

（1）先拆锁叶或锁金。用手锤和铜棒把复环从一端逐渐打下来。用锯或扁铲把拉筋切断，把锁金上的拉筋铲掉。

（2）自出汽侧将锁叶根部铆钉头铲除，找准铆钉中心的位置，打好冲眼，用比铆钉直径小2～3mm的钻头钻铆钉，钻掉长度的2/3。可用锤击冲子把铆钉冲出，如冲压不动，可钻深一点再冲压，直至能冲压出。

（3）用一根直径12～16mm的铁筋围成∏形插在锁叶上，用电焊焊在内弧和背弧上，挂好钢丝绳，用吊车向上拔。当吊车吃上力以后停止起吊，用大锤通过长铜棒振动叶根，即可拔出。

（4）对于带销钉的锁金，首先拔出销钉，方法同拆锁叶铆钉一样。取出锁叶或锁金之后，清扫叶轮锁口，然后用顶棒将这组叶片分别打到锁口处取出。

（5）拆出锁叶组叶片后，清扫轮槽，把新叶片装上并检查与轮槽的配合情况。确信新叶片可用后，再拆掉其余各组叶片的复环并切断拉筋，分别把2～3个叶片一起向外打出。每拆下一组叶片，要仔细检查清扫轮槽。拆下的叶片准备再用时，应在露出轮槽的一侧叶根处打上编号并妥善保管起来。

9 拆卸、组装叉型叶根叶片的工序和注意事项是什么？

答：拆卸叉型叶根叶片时，拆铆钉拔叶片的方法同前。钻端部叶轮的叶根铆钉，待叶片的铆钉拆出后，留五片不拆，定位用。把拉筋切断，在报废的叶片上焊上铁筋吊环，先拔出一片后，整级叶片的切向紧力即消失，其余叶片即容易拔出。

组装叶片之前，应仔细地清除轮槽内的毛刺，修理伤痕，然后用细砂布除锈擦亮，用白布擦净轮槽，往槽内擦二硫化钼粉或黑铅粉，然后用压缩空气把粉末吹净。

10 装叶片的一般注意事项是什么？

答：装叶片的一般注意事项是：

（1）叶轮上无论是有一个锁口或两个锁口，通常都是向锁口两侧同时组装叶片。

（2）如有一个锁口而锁口用锁叶封闭时，若整级叶片数（包括锁叶）为偶数，组装的第一个叶片中心线应与锁口中心线相对称（相隔180°）；若为奇数，头两个叶片的接触面应与锁口中心线相对称。

（3）如有一个锁口而锁口用锁金封闭时，叶片为偶数的，头两个叶片的接触面应与锁口中心线相对称；叶片为奇数的，第一个叶片的中心线应与锁口中心线相对称。

（4）对于有一个锁口的叶轮，装入新叶片前的定位方法，如图18-6所示。定位块可利用旧叶根制作；也可以留下1～2组旧叶片先不拆除，作为装新叶片定位用。

11 装叶片的工艺方法是什么？

答：装叶片的工艺方法是：待定位块装好后，往轮槽内抹上润滑材料，即可装入新叶片。用300～400g的手锤轻轻敲打钢顶棒，通过垫块将叶片装到位。原设计在叶根底部放置垫隙条或平垫片的，应按设计要求随着叶片的组装放入垫隙条或平垫片。原设计无垫者，若新叶片的叶根肩部与轮槽接合很松，叶片就不易装正和装紧。为了保证叶片安装正确，应加装垫片。垫片采用10号钢，厚度1～2mm，宽度为叶根宽度减去倒角值；长度根据叶根厚度及组装难易情况具体选择。最好每只叶片装一片，也可以4～5只或一组装一片。垫片的两端做出坡口便于安装，安装时先把垫片放入槽内，然后装叶片。

钢垫片的厚度选定之后，为保持叶根与垫片之间有±0.01mm的配合，用研锉叶根底部的方法保证不要太紧，否则影响叶根切向贴合的紧密性。每装好一组叶片后，用楔形铜棒楔紧，用辐向、轴向样板检查辐向及轴向的位置，用0.03mm塞尺检查叶根相互贴合情况，在叶顶测量叶片节距。

当发现叶根相互贴合不紧及辐向偏差大时，要首先检查叶片出汽边下部与相邻叶根搭接处是否顶住，如图18-7所示。出汽侧叶根肩部应倒棱，保证相互搭接处不要接触。其次检查是否因垫隙条或垫片较厚而卡起毛刺，影响叶片的切向贴合；贴合表面有无毛刺或铜屑，在排除了上述因素后仍不合要求，那就是接触不好、锥度不对，应照样板并在轮槽内进行研合。

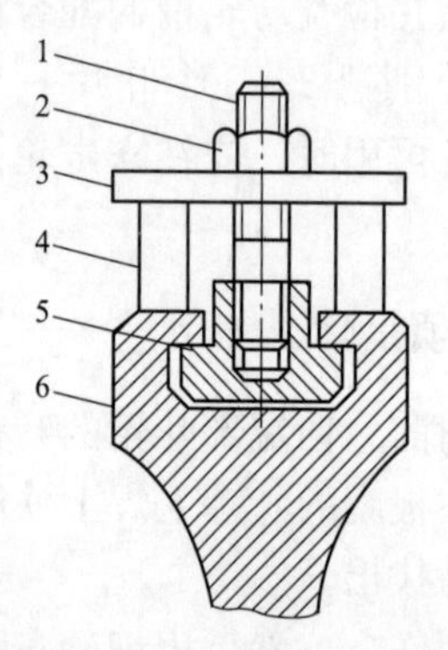

图18-6　装叶片的定位方法

1—拉紧螺栓；2—螺母；3—压板；4—垫块；5—定位块；6—叶轮

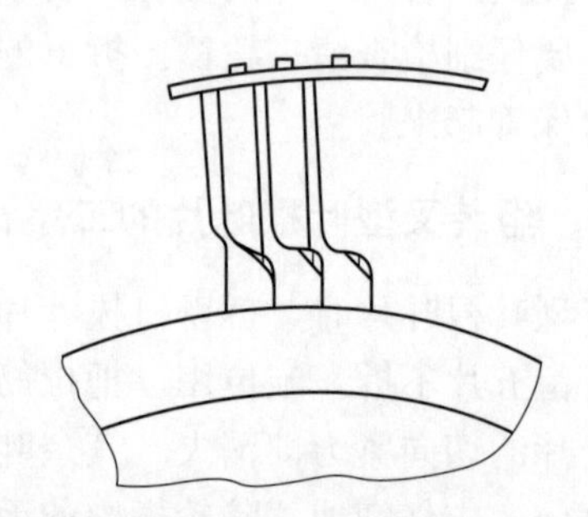

图18-7　出汽侧叶根肩部倒棱示意图

12　装叶片有偏差时应怎样处理？

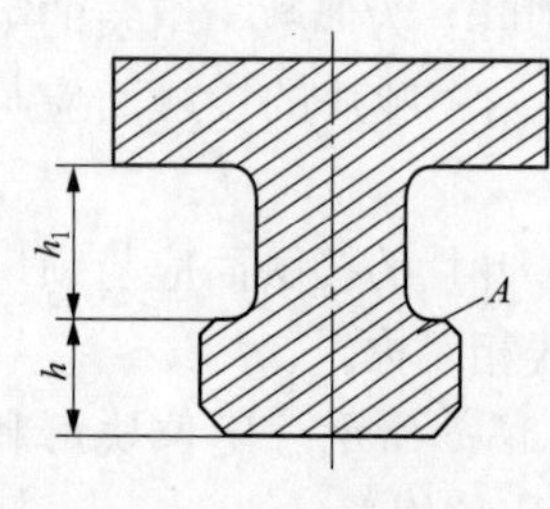

图18-8　叶根贴合面

答：轴向有偏差时先用铜棒沿轴向进行敲打，以检查是否因叶根两侧肩部没有同时与轮槽接触所致，如校正不过来，检查叶根有无别劲处而影响两肩同时接触，否则就是h和h_1互不相等，如图18-8所示。此时应研刮较高的一侧肩部A来纠正。当超过允许偏差值不多时，可以锉叶片边缘，但锉后应修圆。

节距偏大时，把较厚的叶片研薄；节距偏小时，调换加厚叶片研刮到要求节距。当无厚叶片可调换时，可在叶根背弧侧镀铬或加不锈钢垫片调整，但垫片厚度一般应在0.20mm以上且厚度均匀。

13 组装叶片后程时的注意事项是什么？

答：当组装到距锁口尚有10～15个叶片的距离时，拆除定位块，再从另一侧装入叶片。在组装过程中要经常往槽内抹润滑材料。

若轮槽上有两个锁口，则先向一个锁口的两侧分别装入一组叶片，然后在锁口内装一个楔子。该楔子的厚度应比叶片薄1～2mm，锥度和叶根一样。然后将两侧叶片向楔子挤紧，接着从另一锁口分别向两侧装叶片。

当装到距锁口每侧尚有10～15个叶片的距离时，停止继续组装，分别测量出装设叶片一段轮槽到锁口的弧长。然后把叶片放在平板上排好，测量其根部弧长，如图18-9所示。以便在组装最后这一部分叶片时，在保证节距的同时还应调整到当叶片都装好之后，使锁口两侧叶片的叶根均伸入锁口内约2～3mm。

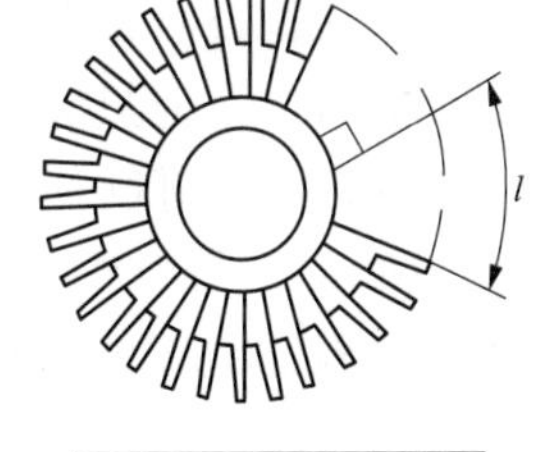

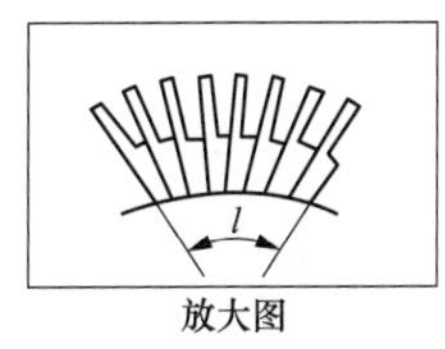

放大图

图18-9　测量轮槽及叶根弧长示意图

14 如何检查叶片是否装紧及研配锁叶或锁金？

答：全部叶片装完之后，在锁口两侧叶根处装上钢垫块将楔子逐步打紧。有两个锁口时，将开始装入的楔子拔出，也在锁口两侧叶根处装上钢垫块楔紧。用铜棒贴在叶片进汽侧滑一圈听音，如全部叶片的声音都很清脆，则说明整级叶片都相互紧密贴合了。如果拉筋尚未穿入，这时还可以测定单只叶片的频率，以求出分散率，对不合格的叶片进行调整。

检查完叶片组装的正确性以后，从两侧测量锁口内两叶根之间的距离（因为有时前后两侧的距离不一样），用该尺寸加0.10～0.20mm研配锁叶或锁金。锁叶或锁金处节距误差不得超过1mm，否则应磨薄相邻加厚叶片或在相邻叶片之间加垫进行调整。

15 简述装叶片的同时分组穿入拉筋的工艺方法。

答：装叶片的同时穿拉筋的方法有两种：

（1）在装叶片的同时分组穿入拉筋。

（2）待全部叶片装好后再将拉筋穿入。

装叶片的同时分组穿入拉筋的工艺方法比较方便，一般对于刚性较大的叶片和柔性较小的拉筋用这种方法为好。

当装好2～3个叶片组之后，用楔形铜棒楔紧。用直径2～3mm的铁丝沿拉筋孔的中心穿入一组叶片内，以确定拉筋应有的长度和弧形。对于叶片较短且间距又不大的，拉筋之间的间隙留1～2mm；对于叶片较长且间距较大的，叶片组两端的拉筋端头长度不应大于叶片间距的0.20～0.25倍。当拉筋端头太长时，运行中由于离心力作用，易发生弯曲，并可能造成事故。按照测取的铁丝长度切割一段拉筋，并按铁丝围成弧形，将其穿入叶片组内修整弧形及长度作为拉筋样板，然后按此样板切取其余拉筋。对于锁叶组的拉筋长度，要待叶片全部装上，用楔子楔住，单独量取。

将已装入的所有拉筋互相靠紧，再将楔子取出并拆下几个叶片，将拉筋穿入锁叶组并穿到邻组内去。然后将拆出的叶片装回原处并打入锁叶，把拉筋再穿回来，各回各组。如果所有拉筋互相靠紧后，得不到足够的空隙容纳锁叶组穿过来的部分拉筋，因而无法装入锁叶，则将穿出锁叶组的拉筋端头掰向叶片的出汽边。在把取出的叶片及锁筋装好后，用手敲打拉筋端头，使其回到应有的位置。

16 简述全部叶片装好后再将拉筋穿入的工序和工艺。

答：这种方法在穿入拉筋前能测定单个叶片的频率分散率，对换装叶片的质量有一个综合检查的机会。但只适于穿柔性较大的细拉筋，拉筋长度一般在 2m 以下为好。

在轮缘上标好叶片分组标记，初步估计一下不同叶片组所需的拉筋长度，拔出楔子拆出 1～2 组叶片。用细纱布把拉筋打磨光滑，围成所需要的弧形即可穿入。由于叶片装入轮槽后各拉筋孔的中心位置不可能绝对一致，因此可采用夹具穿拉筋，如图 18-10 所示。

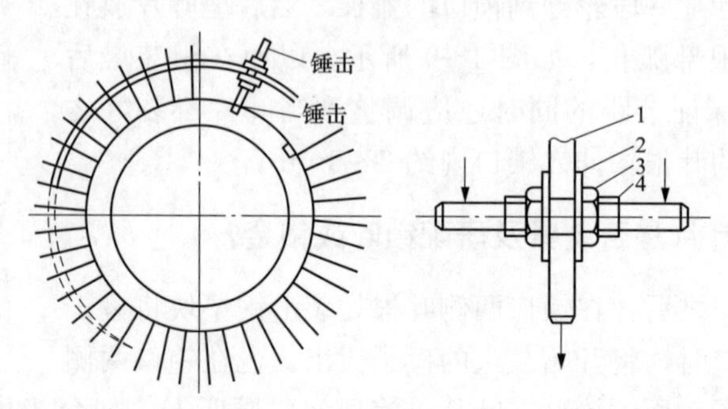

图 18-10　穿拉筋的夹具
1—拉筋；2—垫圈；3—夹紧螺母；4—螺杆

将拉筋穿入螺栓杆中间的孔中，用螺母通过紫铜垫圈把拉筋夹紧。用铅锤轻轻敲击螺丝杆的两端即可把拉筋穿入。随着拉筋穿入，夹具接近叶片，此时应把夹具向后移动一段继续穿，这样周而复始地逐渐穿入。待第一根全部穿入后，应检查其长度是否符合分组要求，将不足一组的多余部分割掉，接着穿第二根。

当拉筋穿到最后一组到二组时，将已穿好的拉筋按分组位置锯断，调好各组拉筋之间的间隙并将端头锉成坡口。然后把各组拉筋都穿靠，按前述方法穿入最后一至二组叶片的拉筋，拉筋装在叶片组内不要别劲。

由于叶片节距较小而不能使用锯弓子时，可用专用工具锯拉筋，如图 18-11 所示。在锯拉筋时，注意不要损伤叶片。

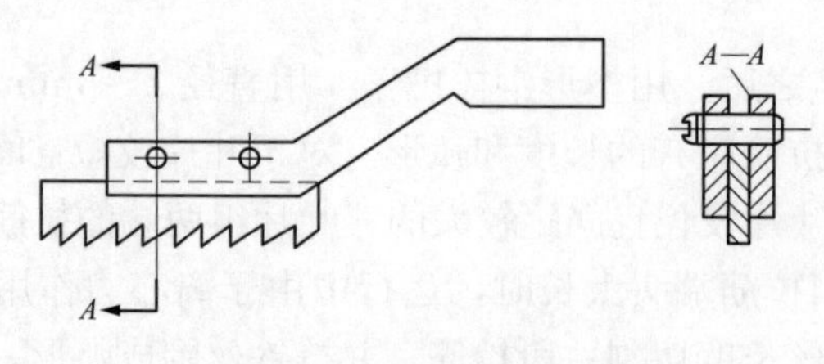

图 18-11　锯拉筋专用工具

17 简述装锁叶（锁金）的工序及工艺要求。

答：锁叶及整块锁金在穿最后一组拉筋之前，按测得的尺寸加 0.10～0.20mm 与相邻叶片研配好，以保证叶片在圆周方向有适当的紧力。锁叶及锁金与轮槽轴向应有 0.02～

0.05mm 间隙，锁叶研配合适后，将根部倒棱，然后轮流（如有两个锁口的话）拔出楔子取出垫块。检查锁口及相邻叶根表面，确认光洁无毛刺后，在接触面上涂以润滑剂，与穿入锁叶组拉筋同时打入，用手动棘轮扳子铰孔，检查铰孔质量，要求达到表面粗糙度 $Ra3.2$，椭圆度及锥度小于 0.01mm。

铆钉直径应比铰刀直径大 0.005～0.01mm。在铆钉上涂以润滑油由进汽侧穿入，要求能用手装入约 1/3 长度，然后用 400～500g 的手锤轻轻打入；用专用工具进行铆接和翻边。

对由三块组成的锁金的装配方法：首先将两侧锁金块与相邻叶根研合，然后研配中间锁金块。其厚度应比中间间隙大 0.05mm，其高度应较两侧锁金块的高度低 2～3mm。配置好锁金块后，检查清扫锁口及两侧锁金块无毛刺后，在接触面上涂一层润滑油打入锁口内，使锁金块与轮槽底部相接触。用 0.03mm 塞尺检查三块锁金块之间及全部叶根之间结合情况；若塞不进，则可把两侧锁金块上端略微加热后翻边。检查翻边有无裂纹，若有裂纹，应重新配置锁金块；否则，锁金块在运行中容易甩出造成事故。

18 装复环前的准备工作有哪些?

答：在装复环之前，为了保证复环与叶肩严密贴合，应用半径样板检查叶片肩部，当有间隙时应进行锉削。在锉削时，要保持铆头根部的圆角，局部允许有不大于 0.10mm 的间隙。

叶片铆头的形状随着叶型各不相同，有圆形、方形、矩形及菱形等。铆头的高度比复环高出 2～2.5mm。

挑选符合叶片组要求的有足够数量的复环毛坯。在其一面刷上紫色，画一纵向中心线，打上叶片组的编号。

如果叶片进出汽边高度相等，其复环是平的；如果进汽边与出汽边高度不等，其复环是斜的。对两种复环进行划线，划线之后将复环平直，先试冲一个尺寸相同的碳钢复环进行试装。待调整好冲床，试装合适后再正式冲孔。冲孔时复环切勿倒置，以免搞错孔的位置。另外，冲头应抹干黄油润滑，以免孔内产生裂纹及擦伤。

冲孔之后要沿孔的四周从两侧锉出坡口，与叶肩接触的坡口做成 $1.5r\times45^\circ$（r 是铆头根部圆角半径），外侧坡口做成 $1.0r\times45^\circ$。没有坡口的复环不能装，否则在运行中铆头会被切伤。

19 简述装复环的工序和工艺要求。

答：锉好坡口后，将复环再按叶肩半径围成弧形，按编号和划线时的方向装到叶片上。用手锤通过专用铜棒将复环轻轻打入。孔不合适时可做少许修锉，局部间隙不大于 0.4mm，不得硬行打入，以免叶片别劲。若误差太大，应查明原因，找出偏差值，重新划线冲孔。

复环端头应布置在两叶片的中间，复环之间的膨胀间隙按图纸要求或按原有数据留。一般此间隙对调节级为 0.2～0.4mm，对压力级为 0.5～1.0mm。对于叶轮直径和叶片节距大的轮级，为了降低复环端部对两端叶片造成的弯应力，可以适当缩短复环端部长度，放大膨胀间隙。考虑铆好之后复环会延展出一部分，所以在做间隙时，其数值要比要求值大 0.5～1.0mm。

当一组复环覆盖相邻一组叶片时，应将被覆盖叶片的肩部锉低，使复环与被覆盖的叶片之间保持 0.5～0.75mm 的间隙，以免叶片将复环顶起，并防止在运行中和振动试验时叶片组的振动互相影响。

如果叶片上没有拉筋，即可进行铆头的捻铆工作。如有拉筋，铆头的捻铆工作在拉筋焊完以后方可进行。在焊拉筋前不捻铆铆头，这是为了使叶片在焊拉筋时受热能自由膨胀，否则会使叶片弯曲。

20 焊拉筋的工序和注意事项是什么？

答：应先用干净布蘸酒精清洗焊接处的油污。焊接顺序是：如果一级上有几排拉筋，先从内圈焊起，而在一排内首先焊各组的第一个叶片，然后焊各组的第二个叶片，依次到各组的最后一个叶片，以免拉筋温度过高而伸长，冷却以后收缩回来。这样将使拉筋产生热应力并会把叶片拉弯，以致运行中银焊脱落，拉筋断裂。不要在一组内连续施焊。

21 捻铆叶片铆头的工序和注意事项是什么？

答：捻铆叶片铆头的工序和注意事项是：一般用 2 磅重的手锤垫打 1 磅手锤进行捻铆。在一组内先初步铆住两端叶片，然后由中间向两端铆，这样能保证复环在铆接过程中自由伸展。

22 车复环的工序和注意事项是什么？

答：将转子吊入汽缸内车复环。将车刀架固定在一个斜面架上，斜面架固定在汽缸结合面上。复环的进出汽边按其与前后隔板的间隙要求车准，然后把进汽边按图纸要求车出坡口。

23 叉型叶根叶片的预组合的工序和注意事项是什么？

答：清扫净叶轮梳齿上的锈垢，修理好伤痕，清除梳齿上铆钉孔内的毛刺。测量叶轮上装叶片的每个槽的宽度及每个梳齿的厚度，除最后 5 片外，将叶片按编号顺序装在叶轮上。叶根与轮槽的配合公差应符合设计要求。预组合完毕，将 1 号叶片与叶轮相对位置做好记号，然后拆下全部叶片按编号顺序放好。

24 用锥形销钉组装叶片的详细工序和注意事项是什么？

答：此法只适用于叶根预制铆钉孔的叶片。

按编号顺序挨着旧叶片组装一组（7～8 只）叶片，同时把下一组的第一片也装上，用锥形销钉插入外圈铆孔中将叶片楔紧，如图 18-12 所示。这时中间两片（图中第一组的 4、5 号叶片）应留 0.5mm 不装靠，用 0.04mm 塞尺检查根部，应互相贴合严密，从而保证当最后将每组中间两片打靠后，在圆周方向造成必要的紧力。然后用二磅手锤垫铜棒打叶根肩部，将中间 2 片打靠，用锥形销钉楔紧。用辐向和轴向样板检查整组叶片安装的正确性，从叶顶测量叶片节距，用 0.04mm 塞尺检查叶根贴合严密性。当组装合格后，用划针从叶轮两侧按叶轮铆钉孔往叶根上划线。先画内圈，然后用销钉楔紧内圈，打掉外圈销钉再划外圈。划线后拆下叶片进行扩孔，比划线小 0.2～0.3mm；1、2、7、8、9 号叶片之间的孔按同心圆扩，其余的孔将裕量都留在下边，上边扩到划线。这样做是为了把叶片装在叶轮上时，用销钉将其向下楔紧，使叶根之间紧密贴合。

把扩好孔的叶片装复原位，1、2、7、8、9 号叶片之间的孔粗铰到与叶轮上的孔相等

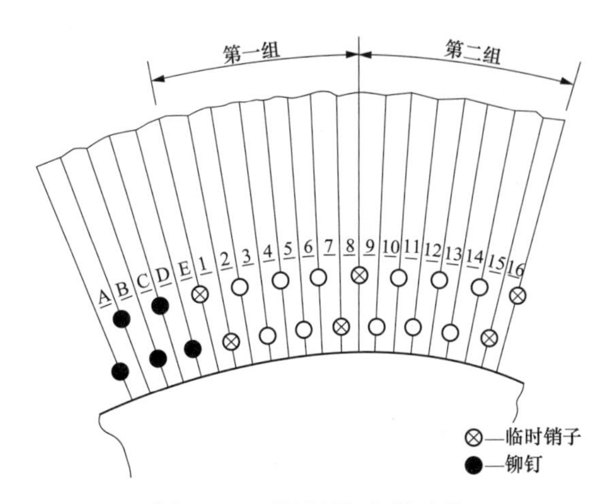

图 18-12　锥形销钉组装叶片

后，装上临时定位销子；其余叶片装好后在外圈孔内打入锥形销钉。然后测量单个叶片频率，当一组叶片的单片频率及分散率合格后，按上述步骤组装其余叶片。扩孔工作也可以不拆下叶片，在叶轮上进行，进刀量要小，要特别小心，以免损伤叶轮上的孔。

分组焊接拉筋及半剖式交错组装的拉筋，随着叶片组的安装接着穿入。半剖式拉筋要用专用胎具围好弧，在平板上检查平整度，使两半拉筋贴合良好。半剖式拉筋并成整圆装入，先不错开；最后一两组叶片的拉筋预先穿好，随叶片一同装上。对半剖式拉筋，为了避免拉筋扭曲，也可以先把各组拉筋穿好，使拉筋接头处内外圈能装入 2 只叶片，留 3～4 片最后组装。叶片组装后，首先把两端叶片的临时销打进去，定好叶片组的位置，然后在其余叶片外圈铆钉内打入锥形销钉，边用手锤垫打铜棒沿辐向打紧叶根，边楔紧销钉。最后拆掉旧叶片，把全部叶片都装好后，全面复查一遍。组装合格后，先铰内圈铆钉孔并配装好铆钉，再铰外圈铆钉孔并配装好铆钉。然后把临时销子也按内外圈轮流打出，进行精绞并配装永久铆钉。待全部铆钉都装好后，再进行铆接。

铆钉都铆好后进行拉筋的焊接。对半剖式拉筋，首先把两半拉筋按要求错开，并使拉筋之间的间隙相等，然后将所有拉筋端头沿轴向围弯。因整级叶片拉筋孔的中心很难在一个同心圆上，故调整拉筋的位置比较困难，可用工具进行调整，如图 18-13 所示。最后要求两半圆拉筋接合面严格处于辐向位置，不得倾斜扭曲，以免影响拉筋的正常工作。

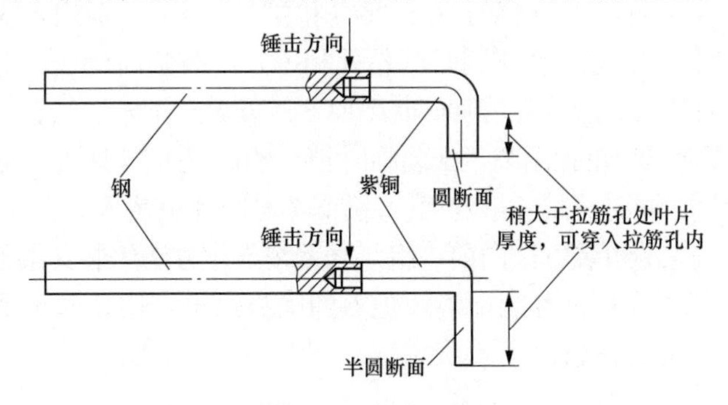

图 18-13　调整半剖式松拉筋位置的工具

25 用卡具组装叶片的工序和注意事项是什么？

答：如图 18-14 所示，一组叶片（为便于定位，下一组的第一片即 9 号叶片同时装入）的首端紧靠未拆的旧叶片，末端装两只旧叶片，打入临时销子。在末端叶片与旧叶片之间用一较厚的旧叶根锲紧。把两只旧叶根焊在一起，在其上焊一螺栓杆作为卡具的拉紧装置，用临时销子固定在两端。在叶片顶部装一段厚 10mm、与叶片等宽的铁板，两端用螺栓拉住，在正对叶顶部位装上顶丝，垫上铝板顶紧叶片。在叶顶倾斜的长叶片上套一平头铁皮套，以便铝板能放平，顶得正。

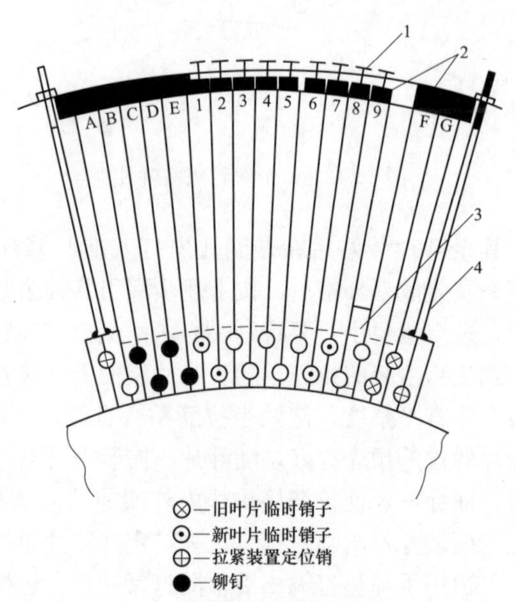

图 18-14 用卡具组装叶片

1—顶丝；2—铝板；3—旧叶根（作楔子用）；4—卡具的拉紧装置

当一组叶片装好后顶丝不要顶上，在端部用旧叶根打紧。当打紧到一组叶片被挤成弧形，且弧顶离两端连线距离约为 2.5～3mm 时即可。然后边打紧叶片，边拧紧顶丝。当全部打紧后，用塞尺检查叶根之间的贴合情况，以 0.04mm 塞尺塞不进为合格；用辐向和轴向样板检查合格后，对于叶根预制铆钉孔的叶片，则逐个打入锥形销钉，然后松开顶丝，测量单个叶片频率及分散率。当组装合格后，进行铆钉孔的划线和扩孔工作，都按同心圆扩孔，比画线小 0.10mm。将两端叶片扩孔后进行粗铰到与叶轮孔相等，配装临时销子。对于叶根不预制铆钉孔的叶片，在叶轮孔内装入合适的套管（套管壁厚 2～3mm）作导向钻孔、扩孔到比叶轮孔小 0.10mm，再进行粗铰到与叶轮孔相等，配装临时销。然后松开卡具进行测频，频率分散率合格后接着装下一组叶片，同时将第三组的第一片即 17 号叶片也装入。在 5、6 号叶片的位置装上拉紧装置的一端，另一端组装方法同前一组。之后按上述方法组装其余各组叶片。

穿拉筋方法同上。当叶片全部装上后，把整圈围板放上，用顶丝顶紧，轮流对称地打紧全部叶片，然后铰孔和配装铆钉。

26 更换叶片后还必须做的工作有哪些？

答：更换叶片后还必须做的工作有：

(1) 振动特性的测定。由于换装叶片的质量对振动特性有直接影响。因此，通过测定叶片振动特性可以鉴定叶片的换装质量。为此，对未改进的叶片级，只测定叶片切向 A_0型振动（整个叶片除叶根无不振的地方，这种振动叫 A_0型振动）频率即可鉴定换装叶片的质量；对改进了叶型、改变了叶片的连接方式或复环和拉筋的尺寸后，则需测取叶片和叶轮的固有振动频率的全部波带。当振动特性不合格时，必须进行调整。

(2) 测量通流部分间隙。将转子吊入汽缸内压靠推力瓦工作瓦块，使 1 号危急遮断器向上及顺旋转方向转 90°，分别按通流部分间隙记录表格要求测量更换级前后各部位间隙值。若超出质量标准要求时，应进行必要的调整工作。

(3) 转子找平衡。汽轮机转子更换新叶片后，由于拆除了旧叶片，原有的平衡就破坏了。虽然在换新叶片过程中采取了一系列措施尽量减少不平衡的影响，但毕竟无法做到与原来的一致。为避免换新叶片后产生的不平衡使汽轮发电机组在运行中发生振动，对转子应进行低速动平衡。

第四节 汽缸的检修

1 汽轮机运行时，汽缸承受的主要负荷有哪些？

答：汽缸承受的主要负荷有：

(1) 高压缸承受的蒸汽压力和低压缸因处于不同的真空状态而承受的大气压力。

(2) 汽缸、转子、隔板及隔板套等部件质量引起的静载荷。

(3) 由于转子振动引起的交变动载荷。

(4) 蒸汽流动产生的轴向推力和反推力。

(5) 汽缸、法兰、螺栓等部件因温差而引起的热应力。

(6) 主蒸汽、抽汽管道对汽缸产生的作用力。

2 汽缸法兰为什么会发生变形？

答：汽缸法兰发生变形的原因为：

(1) 汽缸在铸造后因回火不充分、时效不足，使残存内应力值很大，造成汽缸变形。

(2) 汽轮机在启停或运行中操作不当时，会使汽缸和法兰厚度变化大的部位产生较大的温差应力，当应力超过材料的屈服极限时，将使汽缸法兰产生塑性变形。此外，汽缸机加工残余应力；运行中各部件膨胀间隙过小造成的摩擦力；汽轮机基础不均匀下沉作用力等也可能使汽缸法兰发生变形。

3 简述冷焊工艺方法与热焊工艺方法的区别。

答：冷焊工艺方法与热焊工艺方法的区别为：

(1) 焊前的汽缸裂纹检查、铲掉裂纹、开坡口、测量汽缸变形等项工作跟热焊方法相同，实际上冷焊与热焊的区别就在于冷焊省去工频感应加热、锤击和跟踪回火。

(2) 焊条采用奥氏体不锈钢焊条，如奥 507、奥 407 焊条。这些焊条材料的塑性好，焊接应力低。

(3) 焊接敷焊层。施焊前将待焊的槽道局部预热到120～170℃，预热时用烤把即可。施焊可用ϕ3.2mm的焊条将需焊的汽缸金属嵌面敷焊一层4mm左右。焊接要连续进行，尽量保持预热温度，敷焊层焊完以后立即用保温材料保温，使其缓慢冷却到室温，然后清理药皮，做裂纹检查，进行下一步焊接。

(4) 敷焊层以后的所有焊接都在室温下进行，可以采取间断焊接，以保证母材金属不高于70℃。施焊方法与热焊相类似，焊肉不必高出汽缸许多，但须平整，圆滑过渡，不能咬边。

(5) 焊口的各项检查工作与热焊方法相同。

经过补焊的汽缸在以后的每次大修中都必须对焊补区进行裂纹检查，特别是经过冷焊的汽缸。因为冷焊采用的是奥氏体钢焊条（焊肉），其线膨胀系数远比珠光体钢（汽缸母材）焊条大，在高温下运行将会产生较大的温度应力，机组启停、负荷增减等所引起的汽温变化，将使焊缝产生交变应力，长期运行后可能出现疲劳裂纹。

4 汽缸裂纹检查的重点部位有哪些？

答：多年的检修经验证明，裂纹的分布是比较集中的。一般把下列部位作为主要检查对象：

(1) 下汽缸各抽汽、疏水口附近区域。

(2) 汽缸的水平结合面，热工测点、孔洞的内外侧缸壁。

(3) 上、下缸的喷嘴弧段附近，以及导向环和各汽封槽等部位。

(4) 上、下缸的外侧圆角过渡区。

(5) 上、下缸制造厂原焊补区。

(6) 其他温度变化剧烈、断面尺寸突变、曲率大的部分。

5 裂纹的检查方法和步骤是什么？

答：对已经发现的裂纹要进行全面检查，以便确定裂纹产生的原因、性质、尺寸等，为确定处理方案提供依据。检查的方法和步骤是：

(1) 在裂纹周围100mm范围内打磨光滑，表面粗糙度Ra至少在12.5以下，用超声波探伤法确定裂纹的边界；裂纹深度的检查可以采用钻孔法，或使用裂纹测深仪。

(2) 用20%～30%硝酸酒精溶液进行酸浸检查，主要检查裂纹有无扩展和确定制造厂原焊补区的范围；使用超声波探伤仪检查裂纹附近有无砂眼、疏松、夹层等隐蔽缺陷。

(3) 对原焊补区进行光谱定性分析。

(4) 对裂纹尖端进行金相检验（实物观察或作胶膜金相），以确定裂纹的性质（穿晶或沿晶）。

(5) 对原焊补区、热影响区、裂纹附近5mm以及汽缸母材进行硬度测量。

6 裂纹产生的原因有哪几种？

答：裂纹产生的原因是非常复杂的，但归纳起来无非是以下两种：一是存在易于产生裂纹缺陷的薄弱环节，如铸造缺陷、脆性大的区域等；二是应力较大部位，包括铸造应力、热应力、机械应力等。

7 铸造工艺方面裂纹产生的原因和裂纹特点是什么？

答：由于汽缸的形状比较复杂，厚薄不均，冷却速度不同，产生相变收缩应力及热应力，使金属在强度较弱的部位先拉裂。另外，在铸造过程中造成的夹渣、气孔、疏松等宏观缺陷和微观金相方面缺陷，都成为机组投入运行后产生裂纹的原因。

由于铸造原因引起的裂纹特点是：裂纹的长度、深度及表面宽度较大，往往呈不连续几段，裂纹内部有较深的脱碳层和晶体长大现象。较宽的裂纹中大多数有黑褐色的夹杂物。

8 补焊工艺方面使汽缸产生裂纹的原因和裂纹特点是什么？

答：由于补焊工艺不当而产生裂纹的原因：首先是焊条使用不当。经验证明，补焊的铬钼钒铸钢件必须严格选择焊条；其次是焊工焊接水平对补焊区的质量有着巨大的影响。焊缝未焊透、夹渣和气孔，都是造成裂纹的根源。再就是补焊前后热处理温度过低，或只进行局部热处理，使补焊区造成过大的焊接应力及热应变。

在补焊区产生的裂纹特点是：

（1）裂纹横断补焊区或沿熔合线和热影响区。

（2）裂纹表面很细，不打磨难以发现。

（3）裂纹深度较大，大多和补焊区深度相当。

（4）补焊区硬度高，金相组织多为索氏体或网状铁素体加索氏体。

9 运行方面使汽缸产生裂纹的原因是什么？

答：汽轮机在运行过程中，汽缸除了承受内压力作用，在机组启动、停机、负荷变化、参数波动时，还要承受因温差引起的较大热应力。这种热应力一般不会导致汽缸产生裂纹，多数只会造成汽缸变形。若汽缸内部本身存在缺陷，造成高度应力集中或削弱了材料的机械性能，这时运行中产生的热应力就会成为裂纹产生的触发因素，或促使已产生的裂纹继续发展。另外，若机组投运时间较长，启停频繁，由于热疲劳引起裂纹的可能性还是有的。

10 汽缸补焊采用热焊工艺的主要工序有哪些？

答：采用热焊工艺的主要工序有：焊前开坡口；焊前汽缸变形测量；装设温度测点；铺设保温层和缠绕感应线圈；导线通电试验和升温；施焊工艺；锤击和跟踪回火工艺等。

此外，为防止汽缸材质铬钼钒钢发生金属组织变化，母材表面温度不允许超过770℃，一般应控制在700℃左右。

第五节　汽缸结合面的研磨

1 简述汽缸结合面的检查方法。

答：在大修中，通常用如下方法检查结合面：

（1）揭大盖后，立刻检查结合面涂料冲刷情况，记录下漏汽的冲刷痕迹及有红色锈斑的地方。特别注意穿透性的冲刷痕迹，以便分析漏泄情况。

（2）汽缸内部各部件一经拆卸出，即将各抽汽口、疏水孔全部封堵好。把汽缸结合面及螺栓清扫和修理好后，空缸扣上大盖，装上定位销，将汽缸结合面螺栓隔一个紧一个，即拧紧螺栓数量的一半。螺栓的紧力与汽缸正式扣盖时的冷紧力相同。然后用 0.05mm 的塞尺检查汽缸结合面间隙，以塞尺塞不进，或有个别部位塞进的深度不超过结合面密封面宽度的 1/3 为合格。如果间隙在 0.05mm 以上，则参考揭大盖时汽缸结合面涂料被冲刷的情况和以往大修的记录，以及在运行中是否有漏汽的情况，来判断测量的可靠性，在汽缸上做好间隙大小和长短的详细记录。

2 汽缸结合面发生漏泄的主要原因有哪些？

答：汽缸结合面发生漏泄的主要原因有：

（1）涂料质量不好，内有坚硬杂物。

（2）汽缸螺栓紧力不足或螺栓紧固顺序不正确。

（3）汽缸变形导致结合面产生间隙。

3 涂料造成结合面发生漏泄的原因是什么？

答：对于这种漏泄，在配制涂料时应精心筛选，保证涂料质量。目前大型汽轮机的高压缸结合面上不抹涂料而只抹上一层干黑铅粉。这样做的理由是：高压缸的参数很高，其结合面的严密性不能依靠涂料来保证，而是依靠结合面的严密接触及螺栓施加的紧力实现，而且机组启停及变工况运行时产生的热应力和高温造成的螺栓应力松弛，将使螺栓预紧力逐渐减小。结合面上的涂料在失去足够正压力的状态下，它的强度难以抵御高温、高压蒸汽的冲刷，涂料的存在反而会给蒸汽留下更大的向外漏泄通道。

4 汽缸变形导致结合面产生间隙的原因是什么？

答：汽缸变形导致结合面产生间隙的原因是：

（1）汽缸一般都是铸件，大型铸件通常要经过时效处理。如果时效时间短，汽缸在铸造过程中产生的内应力并未全部消除，则已加工好的汽缸在运行中还会继续变形。

（2）汽缸在机械加工的过程中或经修整补焊后所产生的应力，没有充分进行回火处理加以消除，致使汽缸尚存较大的残余应力，在运行中产生永久变形。

（3）在安装或检修过程中，汽缸隔板、隔板套及汽封套的膨胀间隙不合适，运行后产生强大膨胀力使汽缸变形。

（4）由于负荷增减过快、暖缸方式不正确、法兰加热装置使用不当、停机检修时打开保温层过早等原因造成的温度应力，都会导致汽缸变形。

在启动过程中，若汽缸温升过快，首先是汽缸内壁受热较快，而外壁温升较慢，汽缸内外壁将产生过大的温差。内壁受热金属的膨胀受到外壁和法兰的约束，内壁产生压应力，外壁产生拉应力。因为汽缸法兰部分不易变形，所以只有在较薄的汽缸壁的内径部分才引起变形。于是汽缸横截面的垂直轴线缩短，水平轴线增长，即汽缸结合面出现外张口。反之，当汽缸内部被急速冷却时，如停机时温降过快，汽缸内壁受冷收缩承受拉应力，外缸受压应力。

汽轮机在运行中由于汽缸法兰变形出现的水平热翘曲，往往会影响整个汽缸横截面的变形。加热或冷却时，汽缸沿轴向不同部位各横截面的变形是不同的。

由于法兰的温差过大，使法兰内外产生热应力，当热应力超过金属的屈服极限时，即产生永久变形，导致汽缸结合面漏汽。停机检修时，结合面处可测出间隙。

5 汽缸结合面变形较小时导致漏泄的处理方法有哪些?

答：汽缸结合面变形较小时导致漏泄的处理方法有：

（1）由于蒸汽冲刷而在结合面上产生的沟痕，可用补焊法，即用普通碳钢焊条，采取冷焊将沟痕补平。补焊时应注意焊沟不要太多，焊后修平。

（2）汽缸变形产生的结合面间隙长度方向不大于400mm、且间隙又在0.30mm以内时，可以采用涂镀或喷涂。前者质量较高，涂镀后也容易修整；后者硬度较高，不易修整。如时间紧迫，也可以采取临时措施，即将80～100目的铜网经热处理使其硬度降低，然后剪成适当形状，铺在结合面的漏汽处。

（3）如果汽缸结合面变形较小且很均匀，可在有间隙处更换新的汽缸螺栓，适当加大螺栓的预紧力。

6 汽缸结合面变形较大时导致漏泄的处理方法有哪些?

答：汽缸变形较大时目前常使用的处理方法是研刮结合面。

首先用长平尺和塞尺检查汽缸大盖结合面的变形情况，若变形在0.1mm范围内，可以大盖为基准研刮下缸结合面。大盖变形超过0.1mm，应先用平尺将大盖研平，再以大盖为基准研刮下缸结合面。

下汽缸结合面的研刮方法有两种：一种方法是不紧结合面螺栓，稍微推动上缸，根据研磨着色来修刮下缸结合面。这种方法只适用于刚性结构。另一种方法是紧结合面螺栓，根据塞尺检查结合面严密性测出的间隙值及压出的印痕修刮结合面。这种方法可排除汽缸垂弧对间隙产生的影响，因此目前采用较多。

7 简述汽缸结合面的研刮工艺。

答：汽缸结合面的研刮工艺为：

（1）在清理干净的大盖结合面上涂上一层红丹，空缸扣大盖，紧1/2螺栓消除汽缸垂弧后，用塞尺测量法兰结合面内外间隙，记在专用记录纸上。

（2）根据测量结果与在下缸结合面上压出的痕迹来分析，决定下缸结合面应刮磨的地方及研刮支点的金属厚度。在结合面上画出应刮磨地方的轮廓，并刮修出深度标点。标点面积约20mm×20mm，标点深度使用专门的工具来测量。为减少研刮工作，使用圆滑过渡法消除最大间隙。

（3）如刮点的金属厚度大于0.20mm，可用抛光机磨，从刮点量最大的地方开始，逐渐向四周扩大。每次磨削量尽量小，每打磨一次应用300～400mm长的平尺在结合面纵向及横向来回研，着色检查接触情况。按深度标点剩余0.05～0.1mm的修刮量时，改用刮刀平尺研刮法继续加工，直至标点底部平面接触红丹为止。

（4）再空缸扣大盖检查结合面间隙。若间隙不大于0.1mm，即可进行精刮。此时应注意不要残留修刮刀痕。可使用细砂布或油石磨光，直至用0.05mm塞尺检查通不过去为止。

8 简述喷涂法修补结合面的工艺过程。

答：喷涂是利用专门的喷枪，借高速、高温气体将金属或非金属逐渐熔解并吹成微细的雾点，喷涂在经毛糙处理的工件表面。这种工艺的主要优点是被喷工件温度很低（70～80℃）时，不会发生变形，不受材料的焊接性能限制，喷涂层具有一定的孔隙度，其密度为材料本身密度的85%～90%。它与工件表面为机械结合，结合强度依工艺及材料不同，约为5～50MPa。

喷涂的工件表面，必须保证清除油脂和氧化物，并且必须具有一定的毛糙程度。表面状态是提高喷涂层结合强度的另一个关键条件。对于汽缸结合面，在喷涂前，通常对表面做如下处理：使用手提砂轮稍微打磨需喷涂的局部表面，磨去氧化层，使表面露出金属光泽，然后进行电火花拉毛。电火花拉毛是以普通交流电焊机供电，电流80～100A，采用镍丝或镍板作电极在工件上来回移动而产生电火花，将工件表面打出麻点来达到粗糙化的目的。经电火花拉毛后，用细钢丝刷刷净表面的炭黑便可以进行喷涂。

经过喷涂的汽缸法兰表面必须进行修刮，可选用长平尺和中、细锉刀研锉喷涂面，最后用刮刀细致研刮。由于喷涂层非常脆，不许敲击和使用扁铲加工。在修刮喷涂区的边缘过渡区时，刮刀应从喷涂区由内向外刮削，吃刀量也不应过大。在法兰边缘的喷涂层应锉圆角，以防止喷涂层脱落。若喷涂层厚度不够，必须重新清扫、拉毛；喷涂再研刮，直至合格为止。

第六节　轴瓦补焊和浇铸

1 简述汽轮机主轴瓦的解体过程。

答：首先确认轴承盖上的所有附件和连接件均已拆除，之后拆结合面螺栓，吊开轴承盖，拆除瓦枕和轴瓦结合面螺栓，吊开上瓦枕和上瓦。待转子吊出后，松开顶轴油管，即可吊出下瓦和下瓦枕；这时应立即堵好轴瓦来油孔，以防异物进入。

对于三油楔轴承，需将轴瓦旋转35°，使其对口与轴承座的对口对齐，然后再拆螺栓，逐步解体上下轴瓦。若遇到转子不动时，可用铁马微吊转子，用吊车翻转轴瓦并将上瓦吊开，并用同样方法翻转下瓦并吊出。

2 推力轴承通常有哪几种构造形式？

答：推力轴承通常有两种构造形式：

（1）装有活动瓦块的密切尔式。

（2）无活动瓦块的固定式。

密切尔式又分为单独推力瓦、推力与承力一体的综合式推力瓦两种。大型汽轮机组采用综合式推力瓦，而机组的主油泵推力瓦则采用固定式推力瓦。

3 推力瓦块长期承受冲击性负荷会产生怎样的后果？

答：因轴承钨金抗疲劳性能差，疲劳强度低，推力瓦块钨金面厚度较薄（一般1.3mm），在机组发生振动或推力盘瓢偏严重时，使推力瓦块受到冲击负荷，其结果会使推力瓦块钨金脆化，发生裂纹甚至剥落。

4 如何测量推力瓦块的磨损量？

答：将瓦块钨金面朝上平放在平板上，使瓦块背部支撑面紧密贴合平板，再将千分表磁座固定在平板上，表杆对准瓦块钨金面。缓慢移动瓦块，记录千分表读数和对应的推力瓦钨金面测点位置。读数最大值与最小值之差即为瓦块最大厚度差，即最大磨损量。

5 汽轮机主轴瓦在哪些情况下应当进行更换?

答：汽轮机主轴瓦在下列情况下应当进行更换：

(1) 轴瓦间隙过大，超过质量标准又无妥善处理办法时，应换新瓦。

(2) 轴瓦钨金脱胎严重，熔化或裂纹、碎裂等无法采取补焊修复时，应换新瓦。

(3) 轴瓦瓦胎损坏、裂纹、变形等不能继续使用时，应换新瓦。

(4) 发现轴瓦钨金材质不合格时，应换新瓦。

6 简述轴瓦局部钨金磨损的补焊工艺。

答：轴瓦局部钨金磨损的补焊工艺为：

(1) 先用一段角钢作为模具，将钨金熔化铸成条状，以便补焊时操作。

(2) 用刮刀把磨损后需补焊的瓦面均匀地刮掉薄薄一层，并清除油脂、污垢。

(3) 为了防止钨金温度升高过快，可将轴瓦放在水中，将需要补焊的部位露出水面。

(4) 用碳化焰加热磨薄了的瓦面，同时不断用钨金条去擦加热处。待瓦面熔化，即添加钨金，边加钨金边向前移动。移动速度要快，避免钨金过热，只要添加的钨金跟母材钨金能熔为一体即可。若看到有凹陷的熔化，就说明温度偏高，可立即停止此处补焊，重新在温度低的另一处进行补焊。

(5) 把补焊区分成若干小块，补焊时一块一块进行，不可在一处一直堆焊下去，若焊一遍的厚度不够，可再焊一遍，不宜一遍焊得过厚，否则将使钨金过热、变脆、易裂、易脱落。

(6) 焊完经检验合格后，进行切削加工。

7 简述轴瓦钨金局部脱落的补焊工艺。

答：轴瓦钨金局部脱落的补焊工艺为：

(1) 用木棒轻轻敲击钨金，根据声音判断脱胎部位，然后用錾子把脱胎的钨金彻底清除。

(2) 准备好氯化锌、锡条、钨金等，也可将轴瓦放在水池中。

(3) 用热碱水刷洗，再用清水清洗，然后用钢丝刷将瓦胎刷干净。

(4) 用氧化焰把脱锡的瓦胎面烧一遍，以清除残留在针孔内的石墨和油垢；然后用中性焰或轻微碳火焰加热瓦面到300℃左右，将氯化锌涂在瓦胎面上，用锡条摩擦加热面，锡条熔化后薄薄地覆盖于瓦面，直到全部瓦面挂均匀为止。挂上的锡应呈暗银色，如果是淡黄色或黑色，则表明温度过高，应重新挂锡。

(5) 挂锡后接着补焊钨金，不可放置时间过长，以免氧化。若脱落面积较大，应分成若干小块，一块一块地补焊后连成整体。补焊时，先用火把加热挂锡后的瓦胎面，并用钨金条摩擦，钨金熔化并能与锡熔在一起时即可添加钨金，同时向前移动。第一遍不宜太厚，以后用同样方法堆焊，直到厚度符合要求。堆焊过程中一定要控制温度，切忌过热。

(6) 焊后用木棒全面敲击检查一遍，以便发现补焊中是否有脱胎现象，合格后即可进行切削加工。

有气孔、夹渣等小缺陷时，应用小尖铲将气孔剔开，剔出夹入的杂物，并使其露出新的轴承合金面。若深度较大，应将四周铲成斜坡形，以增加新旧合金的接合面积，然后进行堆焊。经焊补的钨金面，如果补焊面积较小，可以用手工修刮；用刀形样板尺检查，最后放在汽缸内，放下转子，在轴颈位置刮研合格。如果是大面积补焊，则应该进行车削加工，再按换瓦工作中的方法研刮钨金面。

对于轴瓦钨金面严重损坏，不宜采用补焊修复时应将整个轴瓦的钨金全部重新进行浇铸。

8 轴瓦重新浇铸钨金时如何清理轴瓦胎？

答：轴瓦重新浇铸钨金时清理轴瓦胎的方法为：

(1) 将轴瓦沿着轴向立放，用气焊嘴均匀地加热轴瓦胎外侧，直到原有的轴承合金熔化脱离为止。清除的旧轴承合金可留作浇铸其他较次要的轴瓦之用。

(2) 用钢丝刷将轴瓦的凹面清理干净，露出金属光泽。

(3) 将轴瓦胎放入80～90℃、含10%(质量) 苛性钠的溶液内煮15～20min，并用钢丝刷清除瓦胎上的油质。取出后再用70～90℃的热凝结水冲洗，洗净残余碱水，最后用白布把轴瓦胎擦干。

9 轴瓦重新浇铸钨金时对挂锡有何要求？

答：轴瓦重新浇铸时挂锡的目的是要增加轴承合金对瓦胎的附着力，使其紧密地结合在一起。锡料可用纯锡，也可用含锡30%、含铅70%或含锡和铅各50%的焊锡。焊锡流动性较好，容易挂在轴瓦胎上，因此通常采用它。在挂锡前，先在瓦胎表面涂上一层盐酸，数分钟后，再用清水把酸液冲洗掉并擦干净。

均匀地将瓦胎加热至250～270℃。加热时瓦胎要保持清洁，最好使用电炉加热，也可使用多个气焊嘴加热。在加热过程中可用1～2mm厚的薄锡条在瓦胎上轻轻地摩擦，锡条熔化即表示达到所要求的温度。在加热后的轴瓦胎面上均匀地涂抹一层氯化锌溶液($ZnCl_2$)，然后撒上一层氯化铵(NH_4Cl)粉末，随后即用细钢丝刷把粉末刷匀，铺成薄薄的一层。

氯化锌溶液的配制，可用干净的锌皮，放入一份盐酸、三份清水配成的稀盐酸中，直到盐酸中不再产生气泡，即为氯化锌溶液。

将锡条用锉刀锉成粉末，均匀地撒在处理好的瓦胎面上，焊锡即融化在瓦胎表面上。接着用干净的湿白布把熔化的锡珠涂抹均匀，瓦胎上就能挂一层很薄而且均匀的锡层。挂好锡的瓦胎表面呈现发亮的暗银色；如果出现淡黄色或黑色的斑点，则说明挂锡工作质量不合格，必须将挂上的锡熔化掉，重新再挂。

10 怎样做好轴瓦重浇钨金时的准备工作？

答：挂了锡的轴瓦胎要经过预热以后才能浇铸轴承合金。预热前，先在轴瓦胎内装好浇铸模型。大型轴瓦通常多采用铁板卷制而成的立式铁芯，平板上铺软纸，如图18-15所示。轴承合金从铸模中央的浇口1浇入，经底部上升到模内，铸模内的空气则由模顶的气孔又排出，这样熔渣和杂质由于密度小而残留在浇口附近，可以防止熔渣和杂质进入模内，较好地保证浇铸质量。

对瓦胎上所有的油孔，都要用石棉绳和石棉泥严密封堵。铁芯四周的缝隙也都要用含铅土65%、食盐17%和水18%所混合成的泥料将缝隙堵掉。泥料挂好，在预热以前要晒干。预热温度以刚刚能熔化焊锡为宜。

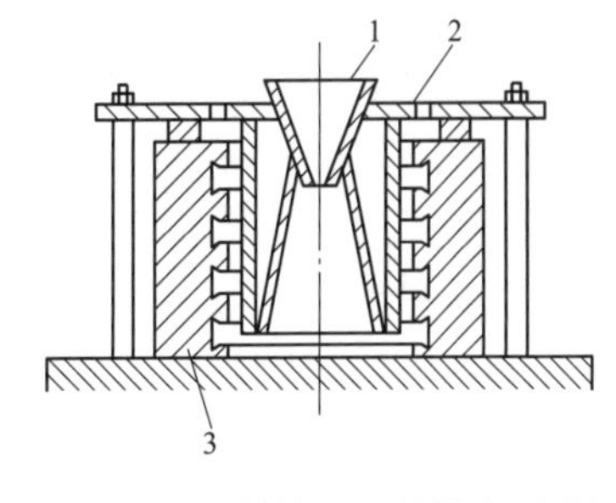

图 18-15 浇铸轴承用的铁芯示意图
1—浇口；2—气孔；3—轴承胎

11 轴瓦重新浇铸钨金时对合金及浇铸有何要求？

答：目前大型汽轮机的轴瓦都采用 ChSnSb11-6 锡基轴承合金，不许将用过的轴承合金重新浇铸轴瓦。

（1）将轴承合金熔化后在表面撒上 20～30mm 厚的一层粗木炭粒，使轴承合金与空气隔开，以免氧化，对于 ChSnSb11-6 锡基轴承合金浇注温度应为 390～400℃，且加热时使温度缓慢上升。

（2）注入轴承合金。准备注入轴承合金前，应先将预热好的铸模再检查一次，重新紧固铁芯的螺栓。确认无漏泄处，才可注入轴承合金。轴承合金加热到浇铸温度，用干净木棒搅均匀，然后拨开浮在液面上的木炭，将其注入铸模内。浇铸时，应该小心连续地在 1.5～3min 内一次浇完。考虑到合金冷却收缩，应向浇口内多浇一些轴承合金。浇注完毕，在铸模上部堆置一些木炭或用气焊嘴加热，使整个铸体自下而上地逐渐冷却下来。一些杂质的砂眼均可位于最后硬化的浇口部分内。此外，用铁棒在上部气口及浇口处将轴承合金形成的表面层拨破，也有利于气体的排除。轴承合金凝固后（即温度已低于 236℃后），至少还要在空气中静置 8h。

（3）浇铸后的质量检查和加工。浇铸质量的检查工作必须认真执行，其方法如下：轴承合金冷却到 60℃以下就可打开铸模。用手锯锯下浇口、气孔等部分多余的轴承合金，并仔细清理轴瓦的水平结合面。在车床上将轴承合金内圆少许车去一层取下，用 6～10 倍放大镜仔细地检查轴承合金表面有无断裂、细纹、气泡、砂眼等缺陷。然后用半磅小手锤轻敲轴承合金表面各处，静听发出的声音，若发音清脆，则证明轴承合金与瓦胎结合良好；发音浊哑，证明接合不良，应重新浇铸。检查轴承合金的质量，也可将浇口的轴承合金用手锤打断，以观察其断口。正常的断口应该具有近似银色的光泽表面，在整个断面上具有完全相似的细粒组织。若表面上呈现蓝色或暗灰色或土色，均是浇铸时有过热现象的征象。结晶粗大是表示凝结时冷却过慢，或是轴承合金和铸模过热所造成。若断口颗粒的颜色及数值不同，也说明因轴承合金中个别组成部分燃烧，在合金内曾产生偏析现象。

12 轴瓦重新浇铸钨金后对加工有何要求？

答：两半轴瓦结合面互相研合好后，可以进行切削加工，对于圆筒形轴瓦，常常根据轴颈的直径来车旋轴瓦的轴承合金面，待更换时用研刮方法刮出两侧间隙及上部间隙。如果为了减少更换轴瓦时的研刮工作量，可以按轴颈直径加上部间隙值来加工，但为了预留研刮下瓦接触的裕量，应在结合面加一厚度等于 1/2 上部间隙的垫片，并在车床上按上半瓦的结合面为中分面进行找正，使预留的研刮裕量全部留在下瓦上，使上半轴瓦基本上不需研刮。

在车旋椭圆形轴瓦时，应在轴瓦水平结合面上放入薄钢片，垫片的厚度 h 为轴瓦两侧面间隙 b 之和减去顶部间隙 a，即 $h=2b-a$。

车旋的轴瓦内圆直径 D_1 应为轴颈的直径 D_0 加上两侧的间隙。

加工时，轴瓦若有完好的加工面即可作为在车床上找正的基准面，也可以按照轴瓦垫铁外表面来找正。但应在浇铸合金前预先检查垫铁和瓦胎内圆的中心偏差，以免车旋后各部分轴承合金层厚度相差过大。在进行轴承合金表面车旋时，应该使用圆头车刀，其圆弧半径为4mm左右，车刀的刀口不应有毛口。在走最后一刀时，车下去的合金层厚度不应大于0.5mm，进刀速度为每转0.1mm，转速为30～40r/min(圆筒形轴瓦要求可低些)。

第七节　汽轮机振动的处理

1 引起汽轮机振动的原因有哪些？

答：引起汽轮机振动的主要原因有不平衡、叶片或旋转部件脱落、联轴器瓢偏和同心度不良、轴系对中不良、轴初始弯曲、轴热弯曲、轴承座松动、高次谐波共振、径向摩擦、横向转子裂纹、电磁激振、参数激振、油膜涡动、油膜振荡、汽流激振、随机振动等。

2 转子不平衡引起的振动特点和原因是什么？

答：因转子不平衡而产生的激振力是造成机组振动最普遍和最常见的故障，其振动响应与激振力大小成正比，与轴系刚度成反比，与阻尼成反比。不平衡激振力与转速平方成正比，其振动频率为1X分量，即与转速同步的振动，过转子临界转速时响应灵敏。

产生不平衡振动的主要原因有：平衡不良；轴系连接后不平衡；叶片脱落，它表现出振动随时间成阶跃式变化。

3 联轴器不精确的原因和引起振动的特点是什么？

答：联轴器不精确反映在转子振动方面的内容包括两方面：其一是联轴器端面存在瓢偏，拧紧连接螺栓后使轴产生变形。这时轴颈存在较大的晃度，有时由于联轴器圆周方向连接螺栓紧力存在差别，它也会引起像联轴器端面瓢偏一样的情况，在旋转时便因附加的强迫力而产生强迫振动。其二是连接螺栓节圆不同心，当两联轴器连接在一起后会产生偏心。

联轴器不精确，在旋转状态所引起的激振力的频率是与转速相符，并伴有倍频分量。由于瓢偏也会产生弯曲，从而改变轴承荷载而引起轴系失稳。

4 轴系对中不良引起的振动特点和原因是什么？

答：轴系对中问题，实际上反映轴承座标高和左右位置的偏移，它指相邻两轴安装于轴承后两轴线的倾斜和偏移程度。轴系对中不良引起的振动的机理为：由于轴承座标高和左右位置的变化，会引起轴承载荷变化而影响振动和轴承的稳定性，也由于标高变化而引起动静间隙变化，严重时会引起动静径向摩擦振动，它还会使转轴和联轴器承受附加的预载荷。

国内对机组找中心的要求是以冷态为准。而当机组带负荷后，由于热胀、真空、冷凝器灌水等影响，热态下轴承标高与冷态下有很大不同，因此国内外经常采用冷态下预留对中的偏差量，以保证机组在热态下运行会有合理的标高。

5 摩擦引起振动的原因和分类是什么?

答：汽轮发电机组的摩擦故障是一类常见的故障。摩擦有轴向摩擦和径向摩擦，出现较多的是轴向摩擦故障，其产生的原因为由于轴向位移、胀差控制不好，或制造、安装质量不好，使机组在启动或带负荷阶段产生叶轮和隔板间的轴向摩擦；还有由于隔板材质问题，使运行中的隔板或叶轮产生变形而引起叶轮和隔板的轴向摩擦。轴向摩擦后会使叶轮或隔板损坏，有时严重至需更换隔板或转子，需停机揭缸及更换设备，因而经济损失很大。诊断此故障一般采用直接监测轴向位移和胀差的办法来识别轴向摩擦，该办法直接且反应速度快、效果好。

为了提高效率，一般要求尽可能减小转子和定子之间的间隙。这样当转子不对中、间隙不足（由于设计或热膨胀引起）、缸体的弓形弯曲和变形、有大的轴振都会引起转子和定子间的径向摩擦。通常转子的径向摩擦多发生在汽轮机隔板、叶片围带、轴端汽封、油挡与转轴以及轴瓦部件处。

转子的径向摩擦有两种情况：一种是“全周摩擦”，即转子与定子在其旋转全周期内保持接触；另一种为“部分摩擦”，即转子与定子在其旋转全周期内的一部分时间保持接触。

6 转轴与静止部件直接摩擦引起的振动特点是什么?

答：当转轴与静止部件发生摩擦时，包含有冲击、摩擦和系统刚度变化三种物理现象。冲击发生以后，转子的响应中有瞬态的横向振动和扭转振动，其中横向振动也即为横向自由振动，它的频率等于转子固有频率中的一个或它们的组合，它们会叠加到1X的强迫振动上去。摩擦发生后，在转轴接触表面产生摩擦力，其方向与转子旋转方向相反，使转轴中心受到一与旋转方向相反的力矩，它会降低系统的阻尼，当摩擦很严重时，使其阻尼等于系统外阻尼时，在外界小干扰力作用下会发生自激振动，它为反向涡动，涡动频率为转子一阶临界转速。在部分摩擦情况下，使轴局部受热产生热弯曲而使振动增大；当转速小于一阶临界转速时，部分摩擦会愈演愈烈，对机组威胁最大；当转速大于一阶临界，它会使摩擦逐渐变小。

摩擦发生时第三个物理现象为使系统刚度发生变化。对于整周摩擦，相当于使转子增加一个支撑，改变转子的刚度而提高转子一阶自振频率。对于部分摩擦，当转子与定子接触时转子刚度提高，而转轴与定子脱离接触时系统刚度保持不变，从而使转轴的刚度发生周期性变化，从而诱发2X（振动频率为转子工作频率的2倍）振动分量，在升、降速中出现临界转速。由径向摩擦引起的系统刚度变化的严重程度与转子系统固有的刚度、摩擦的轴向位置有直接关系，转轴的刚性越低，摩擦位置远离轴承处则系统刚度变化越大。在大型汽轮发电机组中，由于转轴及支撑系统刚度很大，且摩擦又经常发生在靠近轴承的油挡或端部轴封处，它们都很靠近轴承支撑位置，因而摩擦引起的刚度变化并不很明显。

7 静止部件与叶片等部件摩擦引起的振动特点是什么?

答：当静止部件不是直接与转轴摩擦，而是与转轴上的围带、叶片或铆钉头之类的转动部件摩擦时，它不可能造成转轴的热弯曲，引起系统的刚度变化也很小，起主要作用的是叶片、围带等部件受到摩擦力，它使转轴受到一与旋转方向相反的力矩，从而降低系统的阻尼，可能引起反向涡动的自激振动，其频率为转子一阶临界转速。

8 油膜涡动和油膜振荡引起的振动特性是什么？

答：油膜振荡是使用滑动轴承的高速旋转机械上出现的一种剧烈振动现象。油膜振荡出现以前振动的幅值并不很大，振动的频率主要与工作转速同步。当油膜振荡出现时迅速增大至某一最大值，且保持不变；所达到的最大振幅与出现时的转速、转子的不平衡量以及轴承的型式有关。这个最大振幅是以油膜振荡的极限圆为限，油膜振荡出现时振动的频率从工频为主迅速改变为接近转子的一阶临界转速。

9 提高轴系稳定性的措施有哪些？

答：为了提高轴系稳定性，抑制油膜涡动或油膜振荡，最重要的是选择、设计稳定性好的轴承，在轴系和轴承型式已定的情况下，可通过改变轴承的参数、严格地保证制造和安装质量来保证和提高稳定性。

（1）采用稳定性好的轴承。在新型机组设计阶段，应采用稳定性好的轴瓦。在设计阶段，一般要求轴承失稳转速大于125%的工作转速。

（2）改变轴承参数提高稳定性。

1）减小油的黏度。通过改变润滑油的种类和提高进油温度来改变油的黏度，减小油的黏度可提高系统稳定性。

2）增大比压。在现场增大比压的方法有：①减小长径比。通过减小轴瓦两端钨金长度和在下瓦承压部位开沟槽，减少承载面积，从而提高比压，这是在现场经常采用的、也是最有效的办法。②增加轴承的静载荷。由于现场轴承的结构已经确定，转子质量不能够改变，仅能通过改变轴承标高或轴系对轮连接中心的办法来改变各轴承的载荷，从而改变轴承的失稳转速，但一般变化不太大。以上两种增大比压的方法是现场经常用来提高系统稳定性的有效而又易实现的方法，但应注意增大轴承比压易使钨金温度和油温升高。因此提高比压时，应注意运行中钨金的温度和油温是否正常。

（3）增大轴瓦的半径间隙。在现场通过刮大轴瓦两侧间隙，从而增大轴瓦的半径间隙，也使轴承的椭圆度有所增加，从而提高系统稳定性。

（4）增加偏心率。通过减小顶部间隙以增加椭圆度，并可使上瓦也形成油楔，增加偏心率，提高系统稳定性。此时也应注意回油温度和钨金温度是否正常。

10 汽流激振引起振动的表现特点是什么？

答：汽流激振类振动的特点是：

（1）汽轮发电机组的负荷超过某一负荷点，轴振动立即急剧增加；如果降负荷低于此负荷点，振动立即迅速减小。

（2）使系统产生不稳定振动的负荷点常与调节阀中某一个阀门开度有关，有时改变阀门开启顺序可以消除此不稳定振动。

（3）强烈振动的频率约等于或稍低于高压转子一阶临界转速。

（4）汽流激振一般为正向涡动。

（5）发生汽流激振的部位一般在高压转子或再热中压转子段。

除了由于部分进汽引起的汽流激振外，汽流激振一般发生在高参数、大容量（如200MW以上）的机组，对超临界的汽轮机较一般机组更易发生汽流激振。

11 防范汽流激振的措施有哪些？

答：根据汽流激振产生机理分析可知，要消除汽流激振，一般应从增大系统阻尼和减小汽流激振力着手。

增大系统阻尼的措施是换用稳定性好的轴承，改变轴承参数提高轴承稳定性或改变对中连接和标高，提高轴承载荷。

减小汽流激振力的措施为：

（1）增大轴封或叶顶间隙，但它会降低热效率。

（2）使轴封段初、终齿径向间隙变化呈发散型，产生负的汽流力。

（3）改变调节阀门的开启顺序。

12 简述低速动平衡的方法及其优缺点。

答：在平衡台上找动平衡的方法很多，有在两侧轴承同时松开的情况下在转子两个侧面上同时加重平衡法，或是在两侧轴承一侧紧、一侧松的情况下在转子端面上分别加重平衡法。至于确定平衡质量大小和位置的方法，简单的有两点法、三点法等，比较繁杂的则有试加质量周移法。这些方法各有其优缺点，试加质量周移法手续较繁杂花费时间长，但平衡准确度较高；两点法等手续比较简便，但因采取的计量依据数据少，平衡准确性就较差。实践中最好是将两点法和试加质量周移法结合起来用，即开始平衡时用两点法先将大振幅降下，然后再用试加质量周移法。这样做不仅省时间，而且平衡质量也能达到要求。

13 为什么要进行高速动平衡？

答：广义地说，刚性转子平衡时，不管其平衡时转速数值的高低，因都在第一临界转速以下所以称为低速平衡；而柔性转子平衡时，因平衡转速通过或超过临界转速，故叫高速平衡。但实际上，习惯把在自身轴承上进行平衡叫高速平衡，而用其他放大不平衡力的装置（如平衡台）进行平衡，叫低速平衡。从刚性转子的定义出发，转子在低速下和在高速下进行找平衡工作，并无原则性差别。但有些刚性转子的部件，在低速和高速下因离心力大小不同，使部件处的径向位置会有变化，虽然低速下是平衡的，但在高速下仍有失去平衡的可能。如有些发电机转子端部线圈的位置就和转速有关，对这些转子即使是刚性转子，也应在高速下进行平衡，才能保证转子工作的平稳。

目前对发电机转子，以及不揭汽缸盖就可加重的汽轮机转子，找平衡工作大多都在高速下进行，并广泛采用测相找平衡方法。

14 利用测相法求转子不平衡质量的原理是什么？

答：在转速和阻尼不变的条件下，振动（位移）和引起振动的干扰力方向之间的夹角（滞后角）是保持不变的。对于失去平衡的转子来说，引起振动的干扰力就是不平衡重物产生的离心力。根据这一特点，若我们通过在转子上试加重物引起扰动力的位置变化后，能测出相应的振动的相位（即方向）变化，就完全可能由此找出不平衡重物的位置。

第十九章

DEH 调 速 系 统

1 DEH调节系统的主要功能有哪些？

答：DEH调节系统主要有以下功能：

（1）对汽轮机基本控制。DEH调节系统的转速控制回路和负荷控制回路能根据电网要求参与一次调频和二次调频。机组启动时，系统控制调汽门维持转速为给定值。系统能适应汽轮机定压运行和滑压运行方式。根据锅炉、汽轮机状态，系统能实现锅炉跟踪、汽轮机跟踪、机炉协调控制等运行方式，并具有自动同期的接口，实现自动并网。系统还能按照调度中心的负荷指令，自动地控制汽轮发电机组的输出功率。

（2）系统的超速保护功能。当机组满负荷运行时，如果发电机跳闸，系统将快速关闭调节汽门，防止高温、高压蒸汽进入汽轮机而引起超速。经过迟延一段时间后，再开启调节汽门，维持汽轮机空转并准备并网。超速保护动作情况为：转速达103%超速保护动作时，关闭高、中压调节汽门；转速达110%超速保护动作时，关闭主蒸汽门和全部调节汽门，汽轮发电机组停机。

（3）系统的自动汽轮机控制功能（ATC）。大功率汽轮机的启动过程是一个极其复杂的过程，需要进行多项操作。ATC可简化操作，减少误操作的可能性。当汽轮机具备启动条件后，操作人员只要按动一个专用按钮，就能够使汽轮机从盘车转速升到同步转速；同时尽可能地降低启动过程的热应力，使启动过程和机组升负荷所需时间最短，从而降低启动费用，提高经济效益。

（4）汽轮机启停和运行中的监视功能。DEH操作员站可显示机组的运行状态及主蒸汽参数、轴承振动值、瓦温、趋势图、发电机及辅机的重要参数，提供操作指导。

（5）追忆打印功能。正常运行时可连续记录机组运行工况的主要参数（如转速、功率、主蒸汽压力、调节级压力、真空等）。当机组出现故障时可将故障前后的记录数据曲线全部打印出来，供分析事故使用。

总之，DEH调节系统不仅可以实现汽轮机的转速调节、功率调节，还能按不同工况，根据汽轮机应力及其他辅机条件在盘车的基础上实现自动升速、并网、增减负荷，以及对汽轮机组的参数进行巡测、监视、报警、记录和追忆等。

2 简述DEH调节系统中的关键术语。

答：DEH调节系统中的关键术语有：DEH—汽轮机数字电液控制系统；TBC—机炉协

调控制系统；MEH—汽轮机给水泵控制系统；ETS—电气危急遮断控制系统；EH—液压控制系统；TPC—主蒸汽压力控制；DCS—分散控制系统；LVDT—线性位移传感器（油动机）；DPU—分散处理单元；ATC—汽轮机自启动控制；BPC—旁路系统；OPC—超速保护；AST—危急遮断控制系统；Bitbus—位总线。

3 简述 DEH 的工作原理。

答：汽轮机数字电液控制系统 DEH(Digital Electric-Hydraulic Control System）是当今汽轮机特别是大型汽轮机必不可少的控制系统，是电厂自动化系统最重要的组成部分之一。它集计算机控制技术与液压控制技术于一体，充分体现了计算机控制的精确与便利及液压控制系统的快速响应，安全、驱动力强。

DEH 主要由计算机控制部分（习惯上称 DEH）与液压控制部分（EH）组成。DEH 部分完成控制逻辑、算法及人机接口。根据对汽轮发电机各种参数的数据采集，通过一定的控制策略，最终输出到阀门的控制指令通过 EH 系统驱动阀门，完成对机组的控制。人机接口是操作人员或系统工程师与 DEH 系统的人机界面。操作员通过操作员站对 DEH 进行操作，给出汽轮机的运行方式及控制目标值进行实验，进行回路投切等。由于 DEH 的重要性，一般均配一个硬件手操盘，以便在 DEH 故障时可通过手操盘操作，维持机组运行。系统工程师通过工程师站对系统进行维护及控制策略组态。

各种 DEH 的主要控制回路基本相同，阀门控制站的配置与系统所配的调节油动机相适应，即一个油动机对应一块阀门控制卡（VCC 卡）。各种阀门之间的相互协调动作及控制切换，如高压缸启动、中压缸启动、顺序阀控制、单阀控制等方式，是由 DEH 基本控制 DPU 内的阀门管理程序实现的。MEH 及 BPC 系统中的 VCC 卡配置也是与调节型阀门相对应的。对于开关型的阀门执行机构，如一些汽轮机中的主蒸汽门，不使用 VCC 卡，而是用开关量控制。

4 目前国产纯电调汽轮机控制系统的特点是什么？

答：国产纯电调汽轮机控制系统（以上海新华控制公司的 DEH-IIIA 系统为例）的主要特点为：

（1）新华 DEH-IIIA 系统是采用高压抗燃油的纯电液调节系统，其计算机部分采用分散型控制系统 DEH-IIIA，液压部分采用高压抗燃油电液伺服控制系统 EH。

（2）DEH-IIIA 可以扩展，构成电站汽轮机岛控制系统。功能覆盖汽轮机控制系统 DEH，给水泵汽轮机控制系统 MEH，旁路阀门控制系统 BPC，汽轮机紧急停机系统 ETS，汽轮机辅机控制系统 SCS，汽轮机及给水泵汽轮机监视仪表 TSI。

（3）DEH-IIIA 测速六通道，其中三块测速卡，三选二基本控制；三块高速采样测速卡，三选二用于 OPC。

（4）DEH-IIIA 超速控制及保护（OPC），包括 103%OPC 超速控制及 110%OPC 超速保护、110%ETS 超速保护。OPC 与基本控制分开，是一套独立的硬件及软件，OPC 的测速通道是独立的三选二，此外还有 110%ETS 超速保护。

（5）基本冗余 DPU，包括转速控制、功率控制、汽压控制。

（6）ATC 及应力控制冗余 DPU。

(7) 阀门伺服执行机构的位置反馈信号（LVDT）双通道配置，消除了由于 LVDT 单通道配置故障时引起调节阀门全开的安全隐患。

(8) 智能阀门伺服驱动卡，阀门伺服执行机构及阀门一对一构成计算机伺服控制回路。

(9) 汽轮机阀门试验同时具有全行程试验及点动试验两种方式。

(10) DEH-IIIA 设计了一种新的运行方式：甩负荷动态过程中，高低压旁路都可以打开，待再热器压力下降到一定值时，转速接近 3000r/min，旁路关闭，满足稳定的要求，这种方式甩负荷可使主蒸汽安全门不启座。

(11) DEH-IIIA 具有带旁路、高中压联合启动方式，或者不带旁路、10%负荷后自动转到带旁路方式，甩负荷时中调门参与控制。

(12) DEH-IIIA 能满足电网边缘地区机组的 CIV 快关控制的要求。

(13) EH 伺服执行机构油动机的缓冲技术，在阀门快速关闭时，避免阀门与阀座的撞击。

(14) EH 系统配置独立的滤油系统，在线油循环，控制油质。

(15) 设备齐全的 EH 系统电液联动试验室及汽轮机、锅炉、电网仿真器，全功能闭环仿真运行考核。

5 DEH 系统中调门阀位如何调整？

答：阀门阀位调整的基本步骤为：

(1) 机械零位调整。将差动变压器拉杆零刻度标记与差动变压器外壳端部对准，固定其外壳，此时阀位为机械零位。

(2) 电器零位调整。从端子排上将伺服阀线圈控制线解开，使伺服系统开环，在伺服线圈上加上−1.5V 左右电压，使油动机关到底。调整 LVDT 电位器，使 LVDT 变送器输出为 0.002V。

(3) 增益调整。在伺服线圈上加+1.5V 左右电压使油动机开到最大，测量油动机最大开度 L_{max}，计算 LVDT 变送器应有的最大电压 V_0（$V_0=4\times L_{max}/L_h$，L_h为阀门额定开度），调整 LVDT 增益电位器使其输出电压为 V_0，零位与增益要反复调整几次，使其值不变化为止。

(4) 使伺服系统闭锁，由 VCC 卡直接向伺服线圈送电，强制阀门指令，使其 $A=2$V 左右，伺服系统停在中间位置，调整 OFFSET 电位器，使 $A-P=0.02\sim0.04$V，这样能保证启动前伺服阀处于负偏置，阀门能有效关闭。

6 全液压调速器的优点有哪些？

答：全液压式调速器具有下列优点：结构简单，对制造工艺要求低。由于液压调速器与主轴直接连接，不需要减速机构，提高了调节系统可靠性。由于没有杠杆连接，绞链和机械摩擦部件，调节系统灵敏度高。由于这种调速器以油压变化为输出信号，可以用油管来连接，各调节部套，使调节系统的布置与安排更为方便和合理。

7 调速系统中为什么要设置同步器？

答：根据调速系统的静态特性知道，汽轮机的每一负荷值对应着一定的转速，于是对孤立运行的机组，它的转速随负荷变化而变化，则发电频率也随之发生变化，使供电质量不能保证。同样对于并列运行的机组，由于汽轮机的转速取决于电网频率，可以认为是近似不变的，因此并列运行的机组就只能带与该转速下相对应的固定负荷，不能随用户的需要而变化，这样的调速系统是不能满足电网要求的，为了解决这一问题，汽轮机的调速系统中都设置了专门的调节装置，即同步器。以便在不同的情况下来满足转速和负荷变化的需要。

第二十章

汽轮机调速保安系统

第一节　汽轮机调速保安系统的检修与调试

1 何谓调速汽门的重叠度？

答：对于喷嘴调节的机组，大多采用几个调速汽门依次开启来控制蒸汽流量。为了得到较好的流量特性，在安排各调速汽门开启的先后关系时，前一个汽门尚未全开，后一个汽门便提前开启，这一提前开启量称为调速汽门的重叠度。一般重叠度约为10%，即当前面一个阀门前、后压力比为0.85～0.90时，下一个阀门开始开启。

2 调速汽门重叠度太小或太大对调速系统有何影响？

答：调速汽门重叠度的大小直接影响着配汽机构的静态特性。调速汽门重叠度选择不当，将会造成静态特性曲线局部不合理。若是重叠度太小，使配汽机构特性曲线过于曲折，造成调节系统调整负荷时的负荷变化不均匀，使油动机升程变大，调速系统速度变动率增加，引起过分的动态超速。若重叠度太大，不但会使节流损失增加，而且会使局部速度变动率变小，使静态特性曲线的斜率变小或出现平段，造成负荷摆动或滑坡，这是不允许的。

3 汽轮机调节系统对调速汽门有何要求？

答：汽轮机调节系统对调速汽门的要求为：

（1）汽门及其操纵机构要满足油动机行程和汽门通流截面变化间的关系特性。

（2）汽门全开后的阻力要小。

（3）作用于汽门上的蒸汽力应加以限制，因为作用力增加会使油动机功率加大。

（4）必须能保证切断汽轮机的进汽。

4 调速系统检修前需要进行的试验有哪些？

答：检修前的试验应根据日常的运行情况而定。在机组正常运行中，调速系统出现了问题、缺陷，是难以立即确定原因的。这就需要在检修前进行静止试验和静态特性试验，初步地分析原因，以便制定在大修中解决的措施。

5 通过调节系统静止试验可对调节部件进行哪些整定？

答：调节系统静止试验可对调节部件进行的整定有：

（1）定位。调节系统各部件经过大修后，不可能完全按照拆卸前的尺寸回装。为了保证各部件之间的正确关系，修后必须进行重新定位。不同机组制造厂有不同的规定，试验时应根据各机组的具体要求进行整定工作。整定应在额定的油温和油压下进行。

（2）测取各部件之间的关系曲线。此试验是在调节系统各部件定位后进行的。其目的是便于发现各部件的定位是否正确，或有无卡涩及其他异常现象。将经试验测得的曲线与制造厂设计曲线进行比较，如偏差较大，则应分析、查找原因并进行纠正。

在更换调节系统部件后，进行此项试验更有必要。如以前曾测过这些曲线，而且在大修中也没有更换零件，此时可不必测取各部件之间的关系曲线，只进行定位即可。

6 调速系统静态特性试验如何进行？

答：调速系统静态特性试验的方法为：

（1）试验准备工作。空负荷试验是在汽轮机空转无励磁运行工况下进行的，应做好下列工作：

1）试验前的准备工作。

2）启动前应装好表计及标尺，如测量启动阀行程、同步器行程、滑环行程、油动机行程、调节汽门行程的千分表或标尺；测量压力油和脉动油压的压力表的精确度要求高一些，特别是测量脉动油压的压力表，最好使用 1.35 级的标准表。

3）准备好记录表格，组织好试验人员并分工明确。

4）准备好手提式转速表和 0.5 级功率表。对精确度要求较高的表计，在试验前要经过校验，并有校验报告，以便修正仪表指示误差。

（2）空负荷试验前的试验。主要有：

1）自动主蒸汽门及调节汽门严密性试验。

2）手动危急保安器试验。

3）超速试验。

4）同步器范围试验。主要检查汽轮机能否维持空转，以及能否在较低的频率下并入电网或与电网解列，并通过试验检查同步器是否灵敏。具体方法是先将同步器放在低限位置，开始发第一次信号，然后操作同步器增加转速。依次每隔 25～30r/min 发一次信号，直至上限为止。

同步器范围试验只进行上升试验即可。记录项目为同步器行程、汽轮机转速。对非弹簧式同步器和调节系统，要记录滑环行程；对液压调节系统，记录主油泵出口油压和脉动油压。

（3）进行空负荷试验。空负荷试验的目的是测取同步器不同位置时的调节器特性曲线的传动机构特性曲线。试验时，将同步器分别放在上限、中限和下限位置。此项试验和负荷试验结合起来，即可求出调节系统静态特性及速度变动率、迟缓率。记录项目为汽轮机转速、调速器行程（油压调节中的脉动油压）、油动机行程、同步器行程、主油泵油压及冷油器前润滑油压等。

7 机组进行甩负荷试验前必须具备的条件是什么？

答：机组进行甩负荷试验前必须具备的条件如下：

（1）静态特性应符合要求。

（2）主蒸汽门严密性试验合格。

（3）调速汽门严密性试验合格。当主蒸汽门全开时，调节系统能维持空负荷运行。

（4）危急保安器应在动态试验前当场校验合格（手动试验良好，超速试验动作转速符合规定）。

（5）抽汽止回阀动作正确，关闭严密。

8 在调速系统大修后进行开机前静止试验的目的是什么？

答：开机前静止试验是在汽轮机静止状态下开启启动油泵进行的。其目的是测量各部件的行程界限和传动关系，调整有关部件的起始位置及动作时间等。如果厂家提供有静止试验的关系曲线，也要通过该试验检查调速系统各元件的关系是否符合厂家要求，工作是否正常。

9 调速系统空负荷试验的目的是什么？

答：调速系统空负荷试验的目的是：

（1）测取转速感受机构的特性曲线。

（2）测取传动放大机构的特性曲线。

（3）结合负荷试验，测求调速系统的静态特性曲线及速度变动率、迟缓率。

（4）测取调速器和油动机两侧的富裕行程。

（5）测定同步器的调速范围。

10 甩负荷试验的目的是什么？

答：甩负荷试验的目的有两个：一是通过试验求得转速的变化过程，以评价机组调速系统的调节品质及动态特性的好坏；二是对一些动态性能不良的机组，通过试验测取转速变化及调节系统主要部件相互间的动作关系曲线，以分析缺陷原因并作为改进依据。

11 简述空负荷试验的方法和步骤。

答：空负荷试验的方法和步骤为：

（1）首先将同步器放在下限位置（1%～5%）$\times n_0$(r/min)，由发令人发出第一次信号，记录人同时记好第一点记录。

（2）由有经验的司机操作，缓慢关闭电动主闸门的旁路门使转速下降，待转速到第二点时，由发令人发出第二次记录信号。

（3）依次继续测试其余各点，至油动机全开，转速每隔 25～30r/min 记录一次，测点数应不少于 8 个，降速试验完毕后，缓慢开启电动主闸门的旁路门作升速试验，在升速或降速过程中要保持转速向一个方向变化，中间不得有升有降，直至原来的转速为止。

（4）同步器中限位置试验。同步器将转速提到 3000r/min，然后重复上述试验。

（5）同步器上限位置试验。用同步器将转速提至（1＋3＋0.5％）处或（105％～107％），重复上述试验。

12 空负荷试验应注意的事项有哪些？

答：空负荷试验的注意事项有：

(1) 空负荷试验是在无励磁情况下进行。

(2) 升速或降速试验时和转速变化速度小于100r/min。

(3) 在降速过程中不允许有转速上升的情况发生，在升速过程中不允许有降速情况发生。

(4) 记录人员要按发令人发出的信号同时记录，如有一次未能记录下来，要记下它的次序，将其空出。

13 甩负荷试验前应具备什么条件?

答：甩负荷试验前应具备的条件为：

(1) 静态特性合乎要求。

(2) 主蒸汽门严密性试验合格。

(3) 调速汽门严密性试验合格，当自动主蒸汽门全开时，调速系统能维持空负荷运行。

(4) 危急保安器当场试验合格，手动试验良好，超速试验动作转速符合规定。

(5) 抽汽止回门动作正确，关闭严密。

(6) 电气、锅炉、汽轮机分场均应做出相应的安全措施。

14 甩负荷试验前应装哪些测点?

答：为了测取调速系统的动态特性及其主要部件间的相互动态关系，必须装设的测点有：发电机负荷、调速器滑环行程、油动机开度、主要调节汽门开度、自动主蒸汽门开度、抽汽止回门开度、调速油压、加速装置动作信号以及时间坐标等。

15 调速系统大修后应进行哪些静止试验?

答：静止试验项目随机组不同而异，大体有以下几项：

(1) 测取同步器行程和油动机开度关系，以及自动主蒸汽门和油动机的开启时间是否正确。

(2) 测取各调速汽门开启顺序，以及调速汽门的重叠度。

(3) 测取同步器的全行程。

(4) 按厂家要求调整各错油门的启始位置。

(5) 按厂家给定的静止试验关系曲线进行校核。

(6) 检查传动机构的迟缓率。

16 如何进行汽轮机主蒸汽门和调速汽门的严密性试验?

答：汽轮机主蒸汽门和调速汽门的严密性试验有两种方法：

(1) 新蒸汽在额定压力且真空正常，汽轮机在空负荷、额定转速的情况下进行。在自动主蒸汽门（或调速汽门）单独全关而调速汽门（或自动主蒸汽门）全开的情况下，中压汽轮机的最大漏汽量不影响转子的静止，汽压为8.82MPa及以上的汽轮机的最大漏汽量不影响转速降至1000r/min以下。如无条件在额定参数下试验，则转速迅速下降值 n 可用式（20-1）计算

$$n=1000\times(\text{试验汽压}\div\text{额定汽压}) \tag{20-1}$$

试验时新蒸汽压力不能低于额定压力的50%。

（2）在汽轮机处于连续盘车中并做好冲转前的一切准备工作的情况下进行，此时自动主蒸汽门前蒸汽为额定压力。全关自动主蒸汽门，全开调速汽门，若汽轮机未退出盘车运转，即认为主蒸汽门严密；全关调速汽门，全开自动主蒸汽门，若汽轮机虽退出盘车运转，但转速在400～600r/min以下，则认为调速汽门严密。

17 汽轮机调速系统的基本要求有哪些？

答：汽轮机调速系统的基本要求为：

（1）调速系统的不等率一般为3%～6%，局部不等率大于2.5%，其迟缓率一般应不大于0.5%。在任何情况下，迟缓率不得大于不等率的10%。

（2）在初、终参数为正常值且主蒸汽门全开时，调速系统能维持空负荷运行。

（3）机组甩全负荷时，其最大飞升转速不应超过额定转速的8%～9%，以保证不引起危急保安器动作。

（4）调速系统应能够在电网频率比额定频率降低3%～5%时，保证能把负荷减至零；在电网频率比额定频率高1%～2%时，机组能够带额定负荷运行。此外，调速滑环和油动机在调速汽门全开侧和关闭侧留有一定富余行程。

（5）自动主蒸汽门和调速汽门的严密性试验应合格。

18 现代汽轮机的保安系统一般具有哪些保护功能？其各自作用是什么？

答：现代汽轮机一般具有以下保护功能：

（1）超速保护。其作用是当汽轮机转速超过一定范围时，超速保安器动作，通过液压传递关闭主蒸汽门，停机。

（2）低油压保护。当轴承润滑油压低于不同整定值时，先后启动交直流润滑油泵直至停机。

（3）轴向位移和胀差保护。当汽轮机的轴向位移和胀差达到一定数值时，发出警报信号；当继续增大到一定数值时，使汽轮机停止运行。

（4）低真空保护。当凝汽器内真空低于某一数值时，发出报警信号；若真空继续降低到另一整定值时，停止汽轮机运行。

（5）振动保护。当汽轮机振动超过安全范围时，使汽轮机停运。

（6）热应力保护。当汽轮机转子或汽缸的热应力超过安全范围时，限制汽轮机功率或转速的变化速度。

（7）低汽压保护。当主蒸汽压力低于某一限制时，开始减少汽轮机功率；主蒸汽压力进一步下降到某一限度时，汽轮机停运。

（8）防火保护。在发生火灾被迫停机时，安全油失压，防火保护动作，切断去油动机的压力油，并将排油放回油箱，防止火灾事故的扩大。

19 为什么说主蒸汽门是保护系统的执行元件？

答：自动主蒸汽门在正常运行时处于全开状态，不参加蒸汽流量的调节，当机组任何一个遮断保护装置动作时，主蒸汽门便迅速关闭，隔绝蒸汽来源，紧急停机。所以，主蒸汽门是保护系统的执行元件。

20 调速系统为什么要设超速保护装置?

答：汽轮机是高速转动的设备，转动部件的离心力与转速的平方成正比，当汽轮机转速超过额定转速的20%时，离心应力接近额定转速下应力的1.5倍，此时转动部件将发生松动，同时离心力将超过材料所允许的强度极限使部件损坏。为此，汽轮机均设置超速保护装置，它能在汽轮机转速超过额定转速的10%～12%时动作，迅速切断汽轮机进汽而停机。

21 手动危急遮断器的用途是什么?

答：手动危急遮断器的用途有：在运行中某项参数或监视指标超过规定的数值而必须紧急停机时，可手打危急遮断器。在机组发生故障危及设备和人身安全时，可手打危急遮断器紧急停机。正常停机当负荷减到零，发电机与电网解列后，手打危急遮断器停机。

第二节　汽轮机调节保安系统故障分析及处理方法

1 离心式危急保安器超速试验不正常的主要原因是什么?

答：造成超速试验不正常的原因可能有以下几点：

（1）危急保安器锈蚀犯卡。

（2）撞击子（或导向杆）间隙太大，撞击子（或导向杆）偏斜。

（3）弹簧预紧力太大。

2 如何调整危急保安器的动作转速?

答：危急保安器大修后在开机前必须进行超速试验，动作转速应为额定转速的108%～110%，不符合要求时要进行调整。如果动作转速偏高，就要松调整螺母；如果动作转速偏低，就要紧调整螺母。调整螺母的角度要视动作转速与额定调整定值之间的差值，并按照机组生产厂家给定的调整量与转速变化的关系曲线来确定。调整后应进行两次超速试验，实际动作转速与定值之差不得超过0.5%。

3 润滑油压力不合适时应如何处理?

答：机组启动后如发现润滑油压力不合适，应对油系统进行全面的检查，例如：检查系统有无漏油现象，阀门是否全开，系统运行方式是否正确，以及有无系统堵塞等。如未发现异常，油压仍不正常，可通过溢油阀调整螺栓进行调整。油压偏低时，可紧（顺时针）调整螺栓，使弹簧加压；油压偏高时，可松（逆时针）调整螺栓，使弹簧放松。调整时，应随时观察润滑油压力的变化。油泵的联动开关必须投入，如发现异常，应立即停止调整，并将其恢复正常。调整前、后要测量调整螺栓的位置高度，并做好记录。

4 危急遮断器误动作的原因有哪些?

答：危急遮断器产生误动作有以下主要原因：

（1）前轴承箱振动太大。

（2）安装危急保安器的轴晃动度较大。

（3）飞锤（飞环）的弹簧压紧螺母自动松开。

（4）危急遮断器的弹簧损坏或锈蚀，弹性降低。

（5）杠杆搭扣深度不够或啮合角度不对，挂闸后容易脱落。

5 超速保护装置常见的缺陷有哪些？

答：超速保护装置常见的缺陷有：

（1）危急遮断器动作转速不符合要求。

（2）危急遮断器不动作。

（3）危急遮断器动作后，传动装置及危急遮断油门不动作。

（4）危急遮断器误动作。

（5）危急遮断器充油试验不动作。

（6）危急遮断器动作后不复位或保护装置挂不上闸。

6 调速系统油压摆动的原因是什么？

答：调速系统油压摆动的原因是：

（1）主油泵工作性能不稳定。这可能有两方面原因：一是主油泵入口压力不稳；二是油泵叶轮的内壁及其导流部分光洁度差，有严重的汽蚀现象。

（2）注油器工作不正常，喷嘴堵塞或油位太低。

（3）油中有空气，油箱内汽轮机油产生的大量泡沫被吸入系统中。

（4）调速系统装配不符合要求，脉冲油系统密封件跳动。

7 造成油系统进水的主要原因有哪些？

答：造成油系统进水的主要原因有：

（1）由于汽封径向间隙过大，或汽封块各弧段之间膨胀间隙太大，而造成汽封漏汽窜入轴承润滑油内。

（2）汽封信号管通汽截面太小，漏汽不能从信号管畅通排出。

（3）汽动油泵漏汽进入油箱。

（4）轴封抽汽器负压不足或空气管阻塞。

（5）冷油器水压调整不当，水漏入油内。

（6）盘车齿轮或靠背轮转动鼓风的抽吸作用，造成轴承箱内局部负压吸入蒸汽。

（7）油箱负压太高。

（8）汽缸结合面变形漏汽。

8 防止油系统进水的措施主要有哪些？

答：防止油系统进水的主要措施有：

（1）调整好汽封间隙。

（2）加大信号管的通汽截面积。

（3）消除或降低轴承内部负压。

（4）缩小轴承油挡间隙。

（5）改进轴封供汽系统。

（6）轴封抽汽系统合理，轴封抽汽器工作正常。

9 防止油系统着火应采取的措施有哪些？

答：防止油系统着火应采取下列措施：

（1）在制造上应采取有效措施，如将高压油管路放在润滑油回油管内（套装）；采用抗燃油做工作介质的，油箱放在零米或远离热源的地方。

（2）在现有的系统中，高压油管的阀门应采用铸钢门，管道法兰、接头及一次表门应尽量集中，放置在防爆油箱内。靠近热管道的法兰，应制做保护罩。

（3）轴承下部的疏油槽及台板面应经常保持清洁无油垢，大修后应将疏油槽清扫干净，保持疏油通畅。

（4）大修后试运时，应全面检查油系统中各结合面、焊缝处有无渗油现象，油管有无振动，如有应有及时处理。平时运行时发现漏油应及时消除，漏出的油应及时擦净，如不能马上消除应用油槽接好，漏出的油要及时倒到指定的油箱内。

（5）凡靠近油管道的热源均应保温良好，保温表面不应有裂纹，保温层外面要加装铁皮。

（6）防止氢压过高或密封油压过低，其目的是防止氢气漏至油系统内。

（7）排烟机应连续运转，如因故停运时应将油箱盖打开。

10 防止油系统漏油的措施有哪些？

答：防止油系统漏油的措施有：

（1）油管、法兰、阀门不符合要求的要进行更换，按其工作压力、温度等级，提高一级标准选用。

（2）尽量减少使用法兰、阀门、接头等部件，管道布置尽量减少交叉。

（3）平口法兰应内外施焊，焊缝应平整，焊后无变形、不蹩劲；法兰结合面要进行修刮，接触面积要保证在75%以上，接触良好。

（4）对于靠近高温热体的地方，应采用高压带止口的法兰，其外部应加装防护罩。

（5）发现焊口有细微裂纹时应彻底处理，管子表面如有相互接触时，应采取隔离措施，防止油管摩擦、振动。

（6）改善油泵轴的密封、门杆的密封及轴承挡油环的密封。

（7）检修时要严格工艺要求施工，保证质量。

11 调速系统迟缓率产生的主要原因是什么？

答：调速系统迟缓率产生的主要原因是：

（1）调速器、错油门或其他运动部件存在着摩擦力和惯性力，调速器的摩擦力较大，是产生迟缓率的主要因素。

（2）滑阀与套筒之间配合是否得当，以及部件表面光洁度的好坏，都对迟缓率有影响。组装不良及运行中偏心和卡涩，也会产生较大的迟缓率。

（3）调速器的滑阀和传动杠杆间铰链处有松旷和磨损。

（4）滑阀的过封度过大。

（5）油质不良、含有杂质或油中有空气，都会使运动受阻，产生卡涩，使迟缓率增加。

12 油系统中有空气或机械杂质对调速系统有什么影响？

答：油质的好坏对调速系统工作有很大影响。油中有杂质，使调速系统元件产生磨损，使间隙增大，影响调速系统特性；同时，杂质可增加摩擦力，增加迟缓率，造成调速系统摆动，使调速部件卡涩。如调速系统各部件1mm的空气孔和泄油孔堵塞，空气不能排出，由于空气的可压缩性，使调节产生迟缓和摆动。总之，油中如有空气和杂质，对调速系统的工作是十分有害的。

13 简述调速系统电磁阀油压下降的原因及影响。

答：调速系统电磁阀油压下降的原因可能是随动滑阀过封保护处凸肩腐蚀、磨损；主油泵推力瓦钨金磨损，使主油泵带着调速器往发电机侧移动；随动滑阀喷嘴处调速块磨损，使喷嘴间隙增加；过封保护的过封度减小和不严造成漏油，致使电磁阀油压下降，这时调速系统运行是危险的。

影响是如降低到一定程度，会使自动主蒸汽门自动关闭，危急保安器错油门动作，调速汽门全关，负荷到零，挂不上闸，开不了机。

14 主油泵工作失常、油压波动的原因有哪些？

答：主油泵工作不正常、压力波动的主要原因有以下两方面：

（1）注油器工作不正常，出口压力波动。引起注油器工作不正常的原因有注油器喷嘴堵塞，油位太低，油箱泡沫太多，使注油器入口吸进很多泡沫等。

（2）油泵叶轮内壁气蚀和冲刷严重，对油泵出口压力的稳定影响很大。

第二十一章

汽轮机附属水泵检修

第一节　真空泵的工作原理与检修

1 简述机械离心式真空泵的工作原理。

答：机械离心式真空泵由于在电厂中有成熟的运行经验，故在近代100～1000MW的汽轮机上仍然被广泛采用。这种抽气设备的结构与工作原理，如图21-1所示。

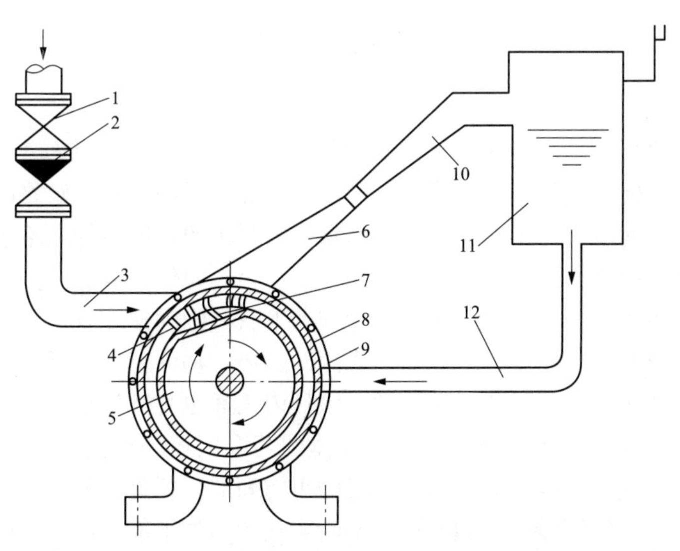

图21-1　机械离心式真空泵结构与工作原理示意

1—闸阀；2—止回阀；3—汽水混合物吸入管；4—叶片；5—吸入室；6—聚水锥筒；7—喷嘴；8—工作轮；9—外壳；10—扩压管；11—水箱；12—吸水管

工作轮安装在与聚水锥筒、汽水混合物吸入管相连接的外壳中，工作水从专用水箱经吸入管进入吸入室，然后经过一个固定喷嘴喷出并进入不停地旋转着的工作轮上的叶片槽道，叶片把水流分成许多断续的小股水柱，这些小股水柱类似一个个小活塞，沿吸入管进入泵中的汽气混合物就夹在这些小活塞之间被带入聚水锥筒，在锥筒内增加流速后进入扩压管，将动能转变为压力能，在压力稍高于大气压力之后排入水箱，经气、水分离后，气体排出，工作水继续参加循环。

2 简述水环式真空泵的工作原理。

答：如图 21-2 所示是水环式真空泵的工作原理图，它的主要部件是叶轮和壳体。叶轮由叶片和轮毂构成，叶片有径向平板式，也有向前（向叶轮旋转方向）弯式。壳体由若干零件组成，不同型式的水环泵，壳体的具体结构可能不同，但其共同的特点就是在壳体内部形成一个圆柱体空间，叶轮偏心地装在这个空间内，同时在壳体的适当位置上开设吸气口和排气口。吸气口和排气口开设在叶轮侧面壳体的气体分配器上，可径向或轴向吸气和排气。

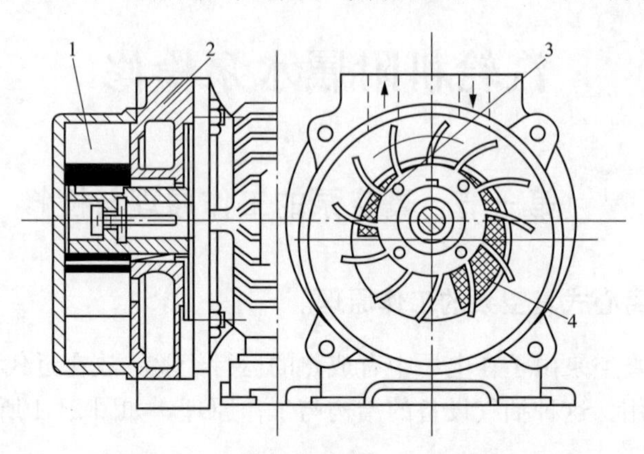

图 21-2　水环式真空泵的工作原理示意图

1—叶轮；2—壳体；3—排气口；4—吸气口

壳体不仅为叶轮提供工作空间，更重要的作用是直接影响泵内工作介质（水）的运动，从而影响泵内能量的转换过程。水环泵工作之前，需要向泵内灌注一定量的水，它起着传递能量的媒介作用，因而被称为工作介质，采用水是因为水的获取容易，不会污染环境，且黏性小可以提高真空泵的效率。

当叶轮在电动机驱动下转动时，水在叶片推动下获得圆周速度，由于离心力的作用，水向外运动，即水有离开叶轮轮毂流向壳体内表面的趋势，从而就在贴近壳体内表面处形成一个运动着的水环。由于叶轮与壳体是偏心的，水环内表面也与叶轮偏心。

由水环内表面、叶片表面、轮毂表面和壳体的两个侧盖表面围成许多互不相通的小空间。由于水环与叶轮偏心，因此处于不同位置的小空间的容积是不相同的。同理，对于某指定的小空间，随着叶轮的旋转，它的容积是不断变化的。如果能在小空间的容积由小变大的过程中使之与吸气口相通，就会不断地吸入气体。当这个空间的容积开始由大变小时使之封闭，这样已经吸入的气体就会随着空间容积的减小而被压缩。气体被压缩到一定程度后，使该空间与排气口相通，即可以排出已经被压缩的气体。

综上所述，水环泵的工作原理可以归纳为：由于叶轮偏心地装在壳体上，随着叶轮的转动，工作液体在壳体内形成运动着的水环，水环内表面也与叶轮偏心，由于在壳体的适当位置上开设有吸气口和排气口，水环泵就完成了吸气、压缩和排气这三个相互连续的过程，从而实现抽送气体的目的。在水环泵的工作过程中，工作介质传递能量的过程为：在吸气区内，工作介质在叶轮推动作用下增加运动速度（获得动能），并从叶轮中流出，同时从吸气口吸入气体；在压缩区内，工作介质速度下降、压力上升，同时向叶轮中心挤压，气体被压缩。由此可见，在水环泵的整个工作过程中，工作介质接受来自叶轮的机械能，并将其转换为自身的动能，然后液体动能再转换为液体的压力能，并对气体进行压缩做功，从而将液体能量转换为气体的能量。

按吸气和排气方式分，水环泵有轴向吸排气和径向吸排气两种。采用轴向吸排气方式时，气体的吸入和排出是通过壳体侧盖上的吸气口和排出口进行的，其优点是结构简单、维修方便；缺点是气体进入和排出叶轮时，气体流动方向与叶轮叶片运动方向相垂直，而且气体不能在整个叶片宽度上均匀地进出叶轮，这就加大了气体进入叶轮和流出叶轮时的水力损失，降低了泵的效率。采用径向吸排气方式，气体进入和排出叶轮，是通过设置在叶轮内圆处（相当于轮毂处）的气体分配器上的吸气口和排气口来实现的，其优点是气体可以在叶片全宽范围内进入和流出叶轮，而且还可以借助吸气口和排出口的形状使气体进入和排出叶轮的方向与叶轮运动方向大体一致，这就降低了水力损失，提高了泵的效率；缺点是气体分配器结构复杂，加工和安装准确度较高。

3 简述 EV250 型水环式真空泵组的工作流程。

答：EV250 型水环式真空泵组是由 EV250 水环式真空泵、低速电动机、汽水分离器、工作水冷却器、气动控制系统、高低水位调节器、泵组内部由关连接管、阀门及电气控制设备等组成。

该泵组的工作流程，如图 21-3 所示。由凝汽器抽吸来的气体经气体吸入口、气动蝶阀、管道进入 EV250 真空泵。该泵由 690r/min 低速电动机通过联轴器驱动，由真空泵排出的气体经管道，进入汽水分离器，分离后的气体经气体排出口排向大气。分离出来的水通过水位调节器的补充水一起进入冷却器。冷却后的工作水，一路经孔板喷入真空泵进口，使即将抽入真空泵气体中的可凝部分凝结，提高了真空泵的抽吸能力；另一路直接进入泵体，维持真空泵的水环和降低水环的温度。冷却器冷却水一般可直接取自凝汽器冷凝水，冷却器冷却水出水接入凝汽器冷却水出水。

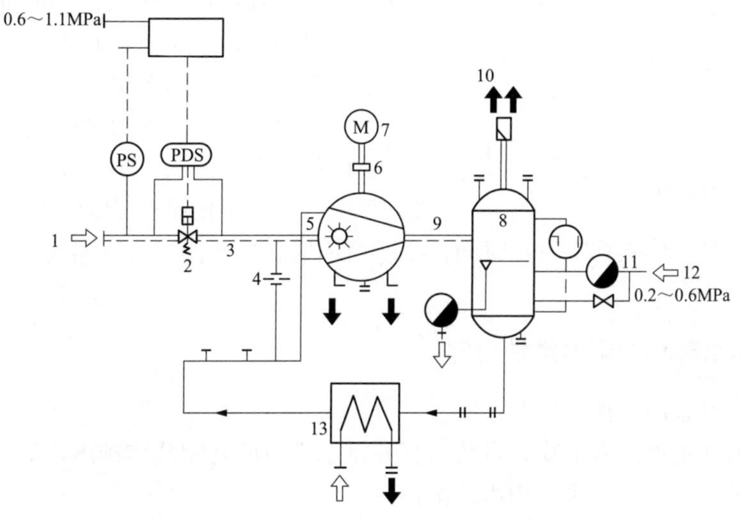

图 21-3 2BW4-353-0BK4 泵组工作流程

1—气体吸入口；2—气动蝶阀；3—管道；4—孔板；5—真空泵；6—联轴器；7—电动机；8—汽水分离器；9—管道；10—气体排出口；11—水位调节器；12—补充水入口；13—冷却器

高级工

4 EV250型真空泵的结构特点是什么？

答：为了使在3.3～101.3kPa整个吸入压力范围内真空泵的容积效率和等温压缩效率得到提高，EV250系列水环式真空泵采用了自动调节式气体排出口和形状合理的排气分配板。由于排气分配板外有一块柔性的聚四氟乙烯板覆盖，当叶轮工作腔内气体压力小于汽体排出口外压力时，聚四氟乙烯板受压差作用覆盖着分配板的排出口。当叶轮继续旋转到叶轮工作腔内的气体压力等于外界压力时，聚四氟乙烯板打开，气体排出。这样被抽吸气体以恒定的压力排出，避免了由于气体过压缩所引起的功率损耗。

该泵还采用了双侧轴向吸排气结构，叶轮与主轴热套装配，叶轮形状为轮毂中部高于两端部，加强了叶片的机械强度。为了防止盘根对轴的磨损，使用了铬钢轴套。轴封装置既可采用内部供水方式，也可采用外部供水方式。EV250型真空泵组采用内部供水方式，即轴封水直接取自真空泵水环，不需任何外管路和控制设备。

另外，EV250型真空泵主要部件如叶轮、泵体、前后分配板、前后侧盖等都采用镍铬合金材料，使真空泵具有抗腐蚀能力。

5 水环式真空泵与喷射式抽气器比较有什么优、缺点？

答：无论是射水抽汽器、射汽抽汽器还是机械真空泵，它们的性能均分为两大部分：启动性能和持续运行性能。

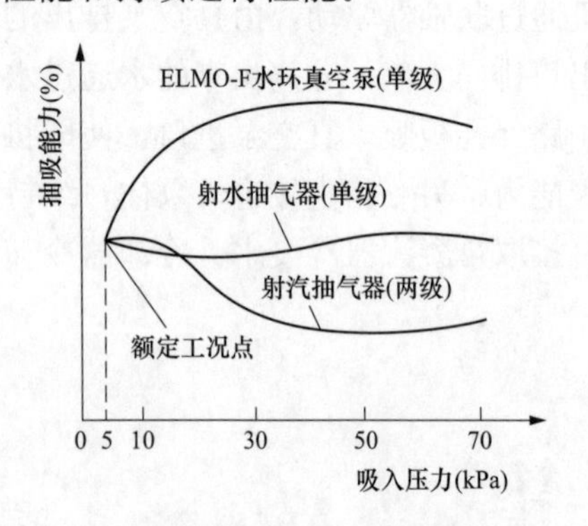

图 21-4 ELMO-F 真空泵射水抽气器和射汽抽气器启动性能比较曲线

凝汽式汽轮机在冲转前，必须在凝汽器内建立一定的真空，而凝汽器真空的建立必须依靠真空泵或抽气器进行抽吸。真空泵或抽气器在启动工况下抽吸能力的大小，直接影响凝汽器建立汽轮机启动真空所需花费的时间。如果真空泵或抽气器在启动工况下，具有较额定工况大得多的抽吸能力，则汽轮机启动时间将大为缩短，如图21-4所示。水环式真空泵、射水抽气器和射汽抽气器在5kPa吸入压力下，均具有100%容量的抽吸能力。真空泵在低真空下的抽吸能力远大于射水抽气器和射汽抽气器在同样吸入压力下的抽吸能力。因此，水环式真空泵在汽轮机启动时，建立真空所需时间远小于使用射水抽气器或射汽抽气器建立同样真空所需时间。

6 简述水环真空泵的维护内容。

答：水环真空泵的维护内容有：

（1）泵内液体中如果有杂物，可暂时打开排水管道使之随液体排出，如果运行在严重积灰的环境下，那么就要在停机后用水冲洗。

（2）定期打开侧盖上的观察孔，检查泵内部情况。

（3）运转期间要随时观察填料的松紧程度。

（4）轴承润滑情况。轴承润滑必须严格遵守如下规定：

1）不同牌号的润滑剂不能混合使用，否则会降低甘油质量。

2）第一次加油应在运行 1000h 后进行，以后每运转 4000h 后进行。加油时要清洗两个加油嘴。

7 简述 EV250 型水环真空泵的解体与装配。

答：EV250 型水环真空泵解体包括拆卸前准备、解体、解体后的检查处理等内容，如图 21-5 所示。

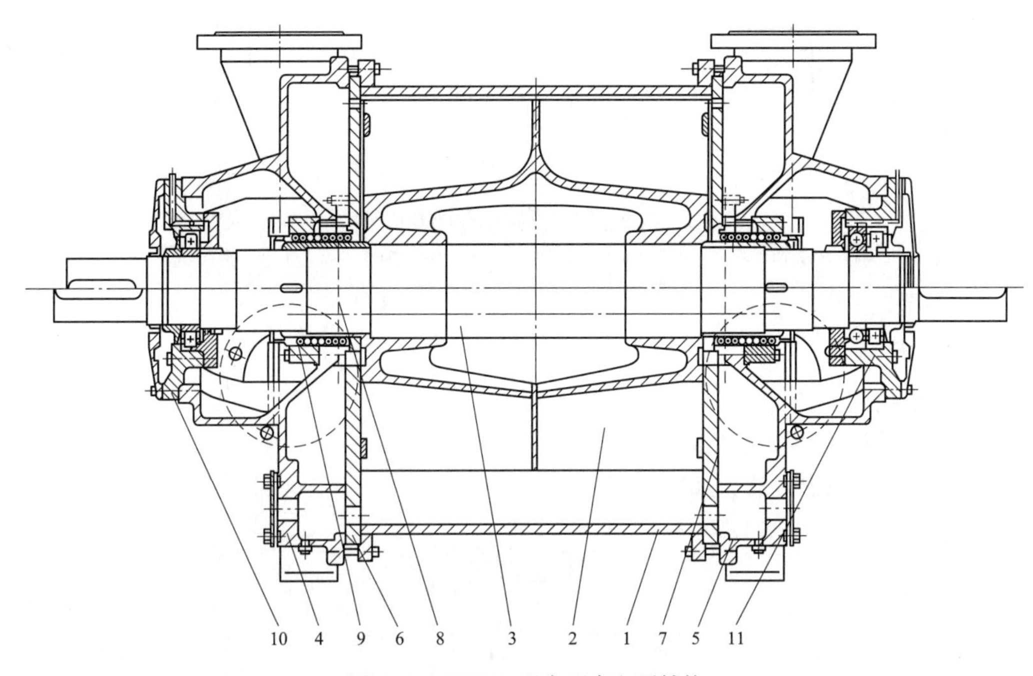

图 21-5　EV250 型水环真空泵结构

1—泵体；2—叶轮；3—泵轴；4—前侧盖；5—后侧盖；6—前分配器；7—后分配器；8—阀板部件；9—轴封部件；10—前轴承部件；11—后轴承部件

（1）拆前准备。为使泵解体工作能顺利进行，维护设备的完整性及安全性，必须做好拆卸前的准备工作。

1）关闭所有与泵有关的电源。

2）备好常用工具：扳手、锤子、管钳等。

3）备好起吊装置、螺纹千斤顶、气割气焊设施、拉马等专用设备及工具。

（2）拆卸。

1）拆除与泵连接的所有管道与阀。

2）卸下电动机。

3）将泵从底座卸下。

4）用拉马拉出泵联轴器。

5）拆下传动侧轴承部件，如图 21-6 所示。

a. 松开螺栓取出外轴承盖。

b. 拆下挡圈。

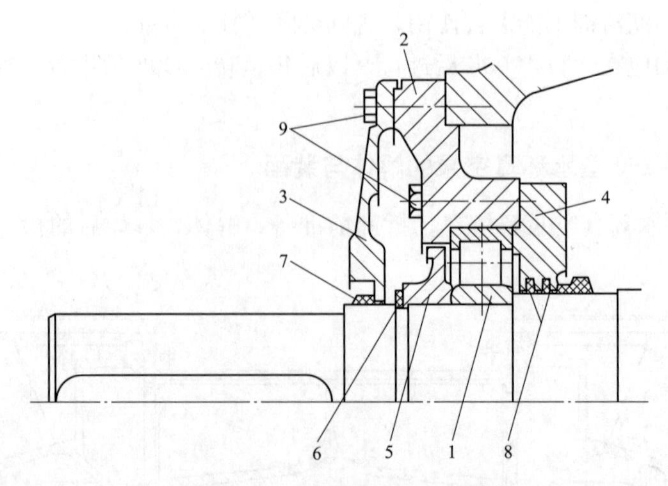

图 21-6　传动侧轴承部件的结构

1—圆柱滚子轴承；2—轴承壳；3—外轴承盖；4—内轴承盖；5—离心盘；6—挡圈；7—轴密封环；8—毛毡圈；9—六角螺栓

c. 取出离心盘。

d. 松开螺栓及内轴承盖。

e. 利用轴承外圈和轴承的滚柱体取出轴承壳。

f. 轴承内圈的取出方法，如图 21-7 所示。

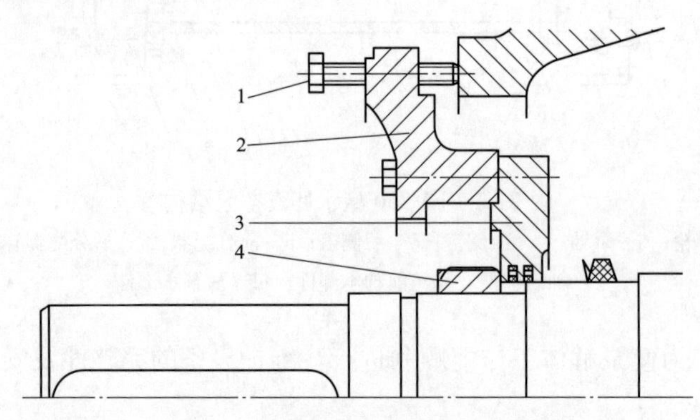

图 21-7　拆除轴承的正确方法示意图

1—螺栓；2—轴承壳；3—内轴承盖；4—轴承内圈

具体步骤如下：

①轴承壳与内轴承盖固定。

②均匀地压紧取盖螺栓即可取出轴承内圈。

6）拆卸非传动侧轴承部件，如图 21-8 所示。

a. 拆下滚柱轴承外圈，方法与第 5）步相同。

b. 借助拆卸环拆下向心球轴承和滚柱轴承内圈，如图 21-9 所示。

具体步骤如下：

①将安装环放入内轴承盖内。

②固定内轴承盖和轴承壳。

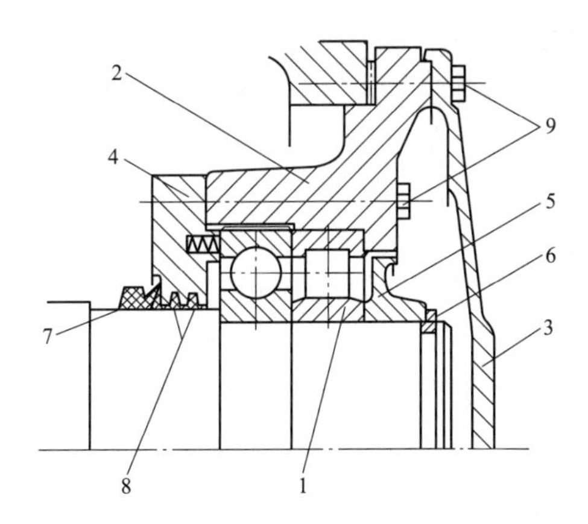

图 21-8　拆卸非传动侧轴承部件示意图

1—圆柱滚子轴承；2—轴承壳；3—外轴承盖；4—内轴承盖；5—离心盘；6—挡圈；7—轴密封环；8—毛毡圈；9—六角螺栓

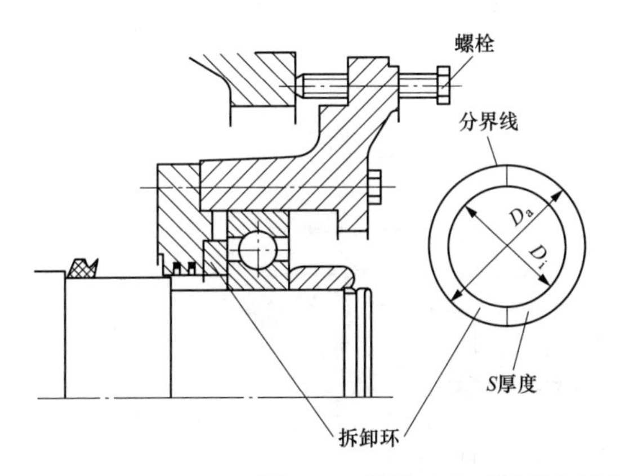

拆卸环尺寸

2BE1	D_1 (mm)	D_a (mm)	S (mm)
30	125	165	10
35	148	191	10
40	168	223	10
50	194	254	10
60	214	284	15
70	245	325	15

图 21-9　拆除向心球轴承和滚柱轴承示意图

③均匀地压紧取盖螺栓即可取出轴承。

7）拆卸两端填料部件。

a. 松开螺栓，从填料套中取出填料压盖。

b. 松开螺栓，取下填料压盖。

c. 标明轴承壳的安装位置，松开螺栓，取出轴承壳。

将泵传动侧朝下，垂直放在螺纹千斤顶上（注意起吊时泵不要被钢丝绳碰伤，钢绳不能打滑）。

8）松开泵体和非传动侧侧盖之间的法兰连接螺栓，将侧盖与分配器一起取下，注意泵体的安装位置，松开泵体与侧盖之间的法兰连接螺栓。

9）取下泵体。

10）取出轴套。

11）分别从侧盖中取出分配器。

12）吊出轴和叶轮。

13）因叶轮和轴为热套，故要用相应的办法分开轴和叶轮。

14）拆卸分配器上的阀板和阀片。

（3）解体后的检查处理。泵解体后，必须对各个零部件进行检查、清洗。根据检查的结果，决定是修复、更换还是继续使用，这是恢复泵原来状态，保持设备原有性能必不可少的重要步骤。检查项目如下：

1）经过长时间运行，轴套上出现泄漏现象，填料压盖难以调整，应该补充填料，但一次最多只允许补充两圈填料，必要时可更换全部填料，并清洗填料函。

2）检查阀板是否有变形现象、裂纹等，如果有则应及时更换。

3）轴承检查。滚动是否灵活、有无噪声；如不灵活、有噪声或表面有锈蚀等缺陷，必须更换。

4）轴套。检查有无擦伤，磨损是否严重。

5）分配器。如果分配器和叶轮侧的正面上出现伤痕，平面应重新车圆。

（4）装配。泵的装配包括装配前的准备、装配和装配后调整等内容，整个步骤与解体时的相反。

（5）泵装配后重新调整轴向间隙和盘车的方法。泵装配结束后，应在水平位置上用千分表确定泵的总间隙，如图 21-10 所示。

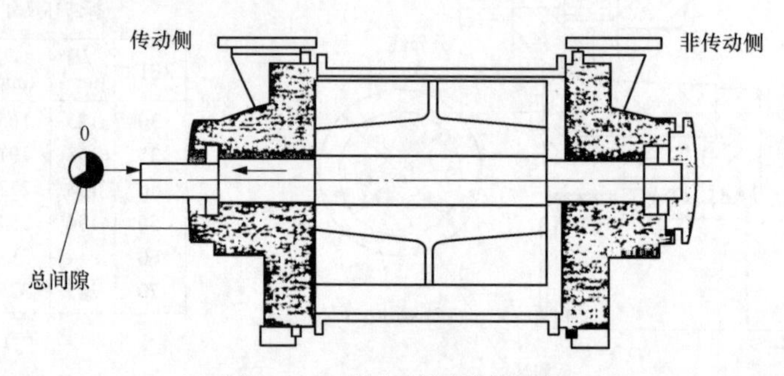

图 21-10　轴向总间隙的测量

千分表装在传动侧，用非传动侧方向中的安装杆把转子推至分配器上的挡板处为止，该位置的千分表应调至零位。传动侧方向也是使用相同的方法，读出千分表上的数值。调整完毕后，不能再动千分表。

转子调至两个分配器的中心位置，即可测出图 21-8 中所示调整垫的厚度，装配此厚度的调整垫，则泵的装配就全部结束了。

第二节　机械密封的基本知识

1　简述机械密封的定义及工作原理。

答：机械密封是一种限制工作流体沿转轴泄漏的无填料的端面密封装置。它主要由静环、动环、弹性（或磁性）元件、传动元件和辅助密封圈组成，如图 21-11 所示。

机械密封是由动环和静环组成密封端面，动环与旋转轴一同旋转，并与静环紧密贴合接触；静环是静止固定在设备壳体上而不做旋转运动的。弹簧是机械密封的主要缓冲元件，机械密封借助弹簧的弹性力使动环始终与静环保持良好的贴合接触。紧固螺钉把弹簧座固定在

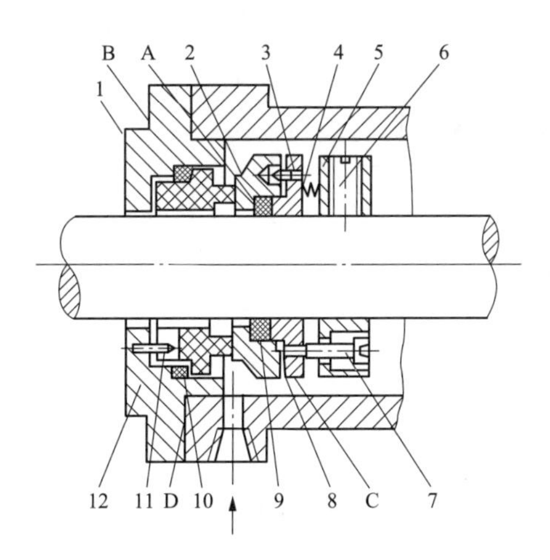

图 21-11　机械密封的基本结构

1—静环；2—动环；3—传动销；4—弹簧；5—弹簧座；6—紧固螺钉；7—传动螺钉；8—推环；9—动环密封圈；10—静环密封圈；11—止动销；12—密封压盖；A—动环与静环接触端面；B—静环与密封压盖之间；C—动环与旋转轴之间；D—密封压盖与壳体接触面

旋转轴上，使之与旋转轴一起回转，并通过传动螺钉与传动销，使推环除了推动动环密封圈使动环和静环很好地贴合接触外，亦随旋转轴一起旋转。止动销则是为防止静环随轴一起转动的。这样当主机启动后，旋转轴通过紧固螺钉带动弹簧座回转；而弹簧座则通过传动螺钉和传动销带动弹簧、推环、动环密封圈和动环一起旋转，从而产生了动环与静环之间的相对回转运动和良好的贴合接触，达到了密封的目的。

2 机械密封辅助密封圈的作用是什么?

答：静环密封圈和动环密封圈通常称为辅助密封圈。静环密封圈主要是为阻止静环和密封压盖之间的泄漏；动环密封圈则主要是为了阻止动环和转轴之间径向间隙的泄漏，动环密封圈随转轴一同回转。

3 简述单端面与双端面机械密封的主要区别。

答：由一对密封端面组成的机械密封称为单端面机械密封；由二对密封端面组成的机械密封称为双端面机械密封。前者结构简单、制造、安装容易，一般用于介质本身润滑性好和允许微量泄漏的条件。当介质有毒、易燃、易爆以及对泄漏量有严格要求时，不宜使用。后者有轴向和径向双端面之分，适用于介质本身润滑性差、有毒、易燃、易爆、易挥发、含磨粒及气体等。工作时需在两对端面之间引入高于介质压力 0.05～0.15MPa 的封液，以改善端面间的润滑及冷却条件，并把介质与外界隔离，有可能实现介质“零泄漏”。如图 21-12 所示。

4 简述平衡式与非平衡式机械密封的主要区别。

答：能使介质作用在密封端面上的压力卸荷的机械密封称为平衡式机械密封；不能卸荷的称为非平衡式机械密封。按卸荷程度不同，前者又分为部分平衡式（部分卸荷）和过平衡式（全部卸荷）。平衡式密封能降低端面上的摩擦和磨损，减小摩擦，热承载能力大，一般

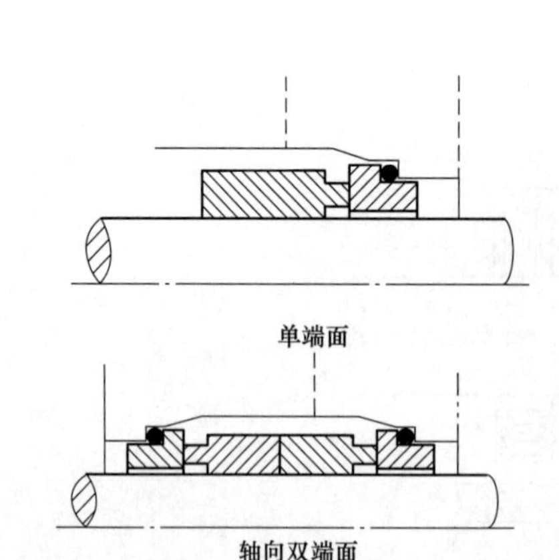

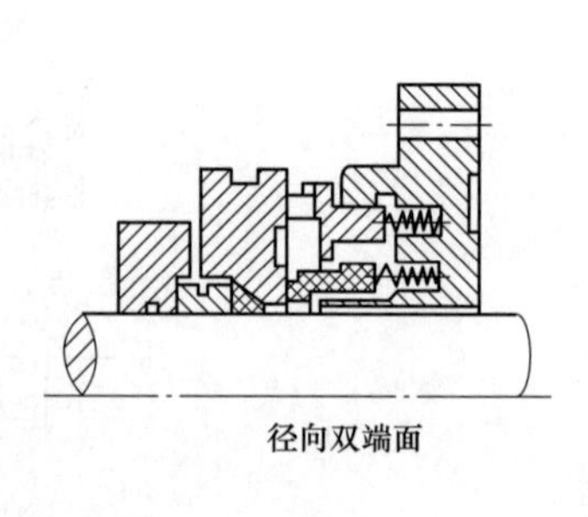

图 21-12　单端面与双端面机械密封的基本结构

需在轴或轴套上加工出台阶，成本较高。后者结构简单，介质压力小于 0.7MPa 时广泛使用，如图 12-13 所示。

5 简述弹簧内置式与弹簧外置式机械密封的主要区别。

答：弹簧置于介质中的机械密封称为弹簧内置式；反之称为弹簧外置式机械密封。前者弹簧与介质接触，易受腐蚀，易被介质中的杂物堵塞，如弹簧随轴旋转，不宜在高黏度介质中使用。在强腐蚀、高黏度和易结晶介质中，应尽量采用后者，如图 21-14 所示。

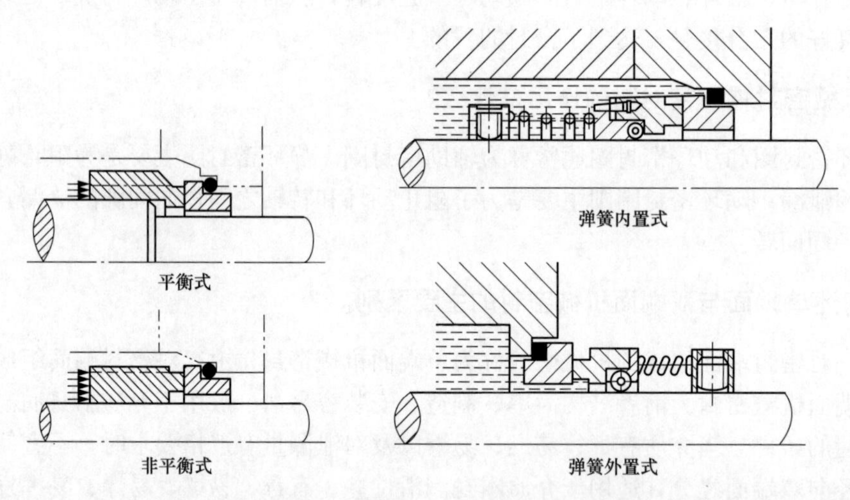

图 21-13　平衡式与非平衡式机械密封的基本结构　图 21-14　弹簧内置式与外置式机械密封的基本结构

6 简述单弹簧式与多弹簧式机械密封的主要区别。

答：在密封补偿环中，只有一个弹簧的称为单弹簧式机械密封；有一组弹簧的称为多弹簧式机械密封。前者簧丝较粗、耐腐蚀、固体颗粒不宜在弹簧处积聚，但端面受力不匀；后者端面受力较均匀，易于用增、减弹簧个数调节弹簧力，轴向长度短，但簧丝较细，耐蚀寿命短，对安装尺寸要求较严，如图 21-15 所示。

7 简述旋转式与静止式机械密封的主要区别。

答：密封补偿环随轴转动的机械密封称为旋转式机械密封；不随轴转动的机械密封称为静止式机械密封。前者结构简单，应用较广。因旋转时离心力对弹簧的作用会影响密封端面的压强，不宜用于高速情况；后者广泛用于高速情况，如图 21-16 所示。

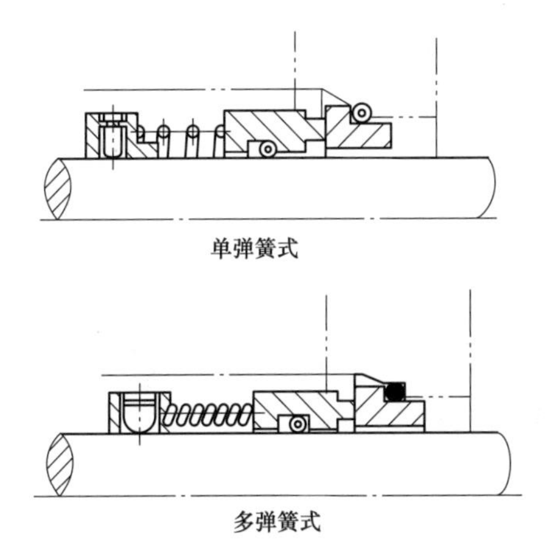

图 21-15 单弹簧式与多弹簧式机械密封的基本结构

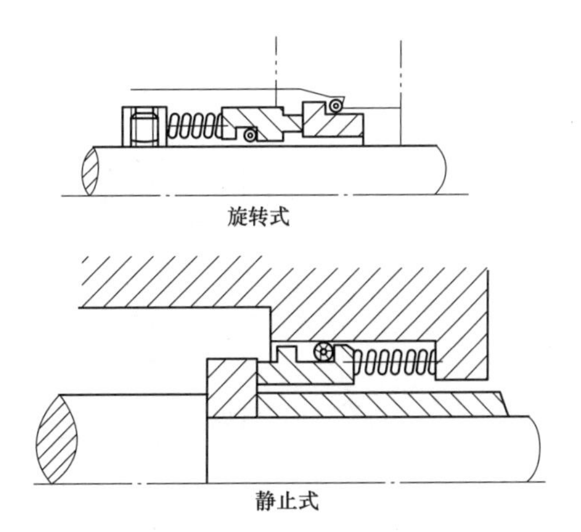

图 21-16 旋转式与静止式机械密封的基本结构

8 简述机械密封的密封端面发生不正常磨损的可能原因及处理方法。

答：机械密封的密封端面发生不正常磨损的可能原因及处理方法为：

（1）端面发生干摩擦。处理方法为：加强润滑，改善端面润滑状况。

（2）端面发生腐蚀。处理方法为：更换端面材料。

（3）端面嵌入固体杂质。处理方法为：加强过滤并清理密封水管路。

（4）安装不当。处理方法为：重新研磨端面或更换新件回装。

当机械密封的密封端面在使用后出现了密封端面有内外缘相通的划痕或沟槽、密封端面有热应力裂纹或腐蚀斑痕情况时，则不再对其进行修复。

9 8B1D/GR171/SC 型机械密封安装前应如何检查?

答：8B1D/GR171/SC 型机械密封安装前的检查为：

（1）检查密封轴套的内径偏差小于±0.05mm，且椭圆度不大于 0.025mm，如图 21-17 所示。

（2）检查密封轴套的内、外表面均无锐边、铁刺。

（3）检查密封轴套内表面的加工准确度在 R_a=0.4～0.6μm。

（4）检查泵轴各台阶处都已加工有倒角（或圆角）。

（5）检查密封尺寸与轴的同心度偏差小于 0.15mm。

（6）检查密封腔的垂直工作面与轴的垂直度偏差小于 0.03mm。

（7）检查密封轴套内侧与轴配合处的密封 O 型圈保持清洁和完好。

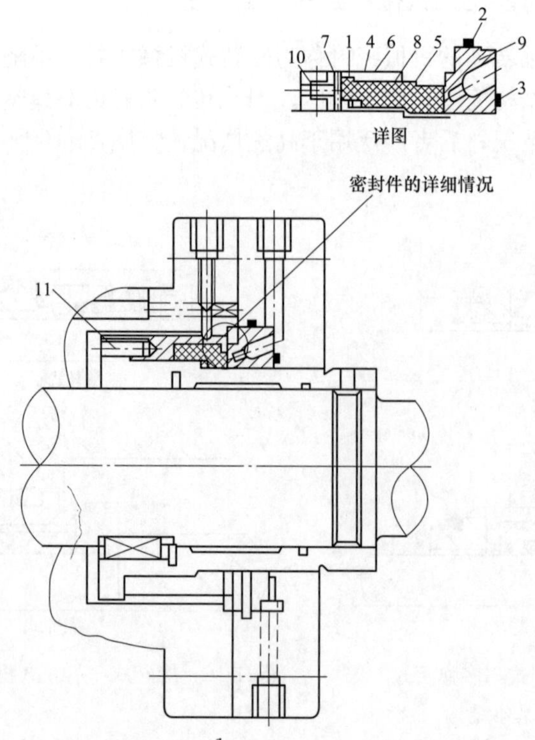

图 21-17　FA1B56 型泵的 $4\frac{1}{4}$″8B1D/GR171/SC 型机械密封结构简图

1、2、3—O 型圈；4—挡圈；5—动环；6—支撑架；7—推力环；8—卡圈；9—静环；10—弹簧；11—保持架

10　8B1D/GR171/SC 型机械密封应怎样安装？

答：在安装和装配机械密封组件时，应注意做到，工作平台及周围环境必须保持十分清洁，以免脏污密封部件；对新的 O 型密封圈的润滑只能用肥皂或硅基脂，不得沾上腐蚀介质和其他油类、溶剂。

（1）装配好动环、弹簧及动环支架。

1）将弹簧定位在密封件的保持器的孔内，如图 21-18（a）所示。

2）将止推环装配在保持器内，小心地将外径上的槽口与保持器内的波痕对齐，如图 21-18（b）所示。

3）将聚四氟乙烯防挤环和氟胶 O 型环装入密封面，然后将动环装在保持器内的止推环上，小心注意动环外圆上的凹槽与定位器内的波痕对齐，如图 21-18（c）所示。

4）使用一块光滑、平面的压板放在动环的表面上，将弹簧轻压并将开口环定位在保持器内壁的凹槽内，使动环各处距保持器的小孔或槽口的距离均等，如图 21-18（d）、（e）所示。

5）轻轻地、均匀缓慢地松开压板弹簧，取掉压板让动环延伸至它的自由长度，并检查已拧入保持器定位用的平头螺钉，不影响密封轴套的穿入，如图 21-18（f）所示。

（2）将密封轴套竖立（其带止动销侧贴近台面）在工作台上，润滑 O 型密封圈和轴套，然后将已装配的动环组件用手轻压至轴套的正确位置，紧固好动环支架上的止动螺钉。

(3) 润滑泵轴和密封轴套内侧的 O 型密封圈，将密封轴套（带动环组件）装入泵轴上的正确位置后，紧固好密封轴套的定位螺钉（对密封轴套用定位键的，应确保轴套与键配合良好、到位）。

(4) 将 O 型密封圈润滑后，在平台上组装好静环、静环支架及密封压盖。

注意：装配静环时可用手轻推，但不能损坏其研磨表面。

(5) 用高挥发性溶剂（如甲基-乙基酮或高纯酒精）和绸布（或用高级卫生纸代替）彻底擦净动、静环的密封端面，然后将静环组件均匀地与动环组件贴合并紧固好。

注意：紧固密封压盖时应先用手指均匀地拧紧所有螺栓，然后再用工具将螺栓对称拧紧，务求压力均匀，以免损伤动静环的严磨端面。

(6) 装上密封调整螺母，紧固好密封轴套，确保密封的弹簧紧力适度。在泵两侧的机械密封装配好以后，应能按转动方向灵活地盘动泵轴。

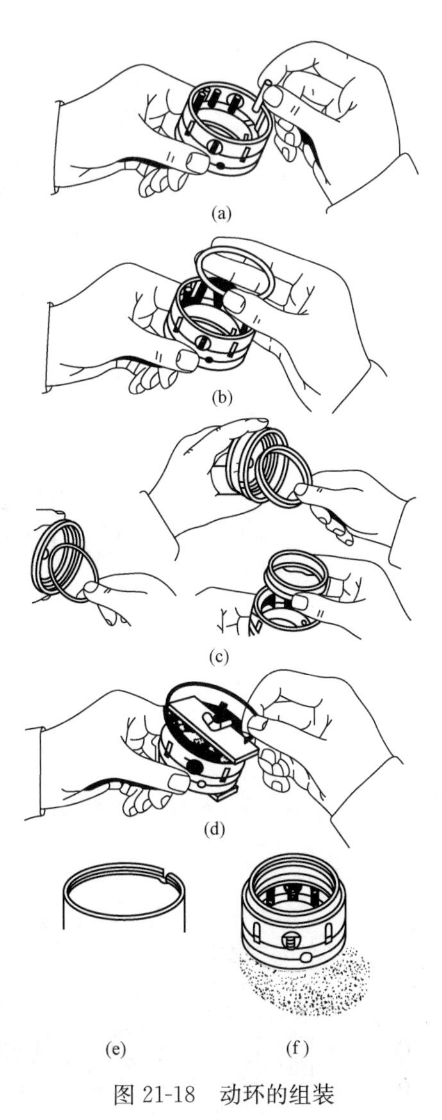

图 21-18　动环的组装

11 270F 型机械密封安装前应做哪些检查、准备工作?

答：270F 型机械密封安装前应做的检查、准备工作有：

(1) 在装配密封部件前，应先用高挥发性溶剂（如甲基-乙基酮或高纯酒精等）和洁净的绸布彻底擦拭干净动、静环，并清洗所有的密封组件。

注意：O 型密封圈只能用皂液清洗和用干净绒布擦拭，不得沾上溶剂。

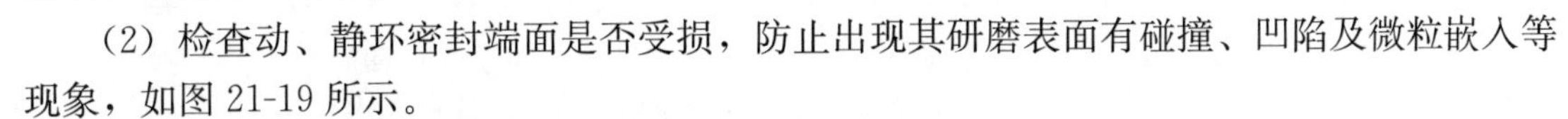

(2) 检查动、静环密封端面是否受损，防止出现其研磨表面有碰撞、凹陷及微粒嵌入等现象，如图 21-19 所示。

12 270F 型机械密封的密封芯是如何组装的?

答：270F 型机械密封芯的组装为：

(1) 如图 21-20 所示，将密封轴套键侧向下置于清洁的工作台上，润滑 O 型密封圈并装在动换支架内。然后将动环支架用手压入密封轴套上的正确位置。

注意：O 型密封圈只能用硅脂润滑，不得使用其他油类。

(2) 用手将动环小心压入动环支架内，压入时应确保动换与密封轴套上的传动销位置对正。

(3) 将密封座置于工作台上（弹簧孔向上），装好弹簧。

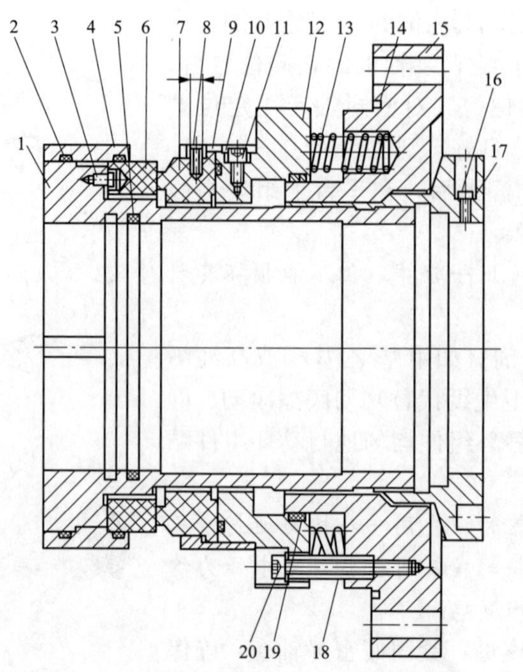

图 21-19　5 $\frac{1}{4}$″270F 型机械密封结构简图

1—轴套；2、5、10、14、19—O 型密封圈；3、11、16、20—螺钉；4—动环座；6—动环；7—静环；8—销；9—静环座；12—推环；13—弹簧；15—弹簧座；17—压盖；18—衬套

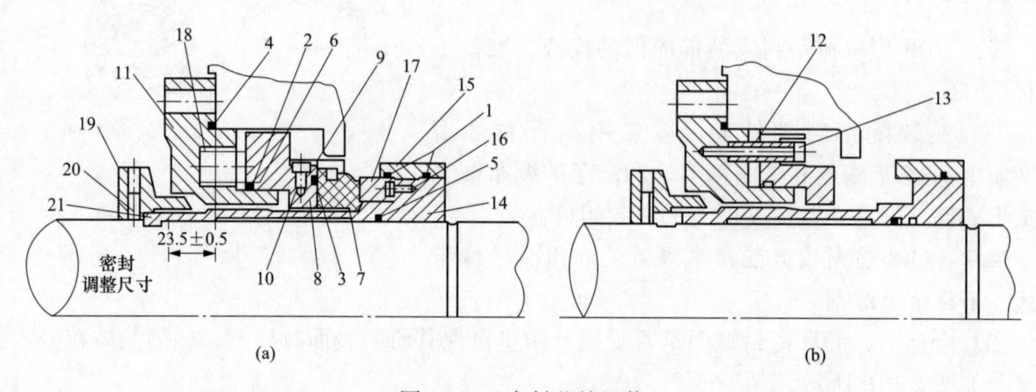

图 21-20　密封芯的组装

1～5—O 型密封圈；6—防挤环；7—静环；8—静环支架；9—静环套圈；10—螺钉；11—密封座；12—传动套管；13—限位螺钉；14—轴套；15—动环支架；16—传动销；17—动环；18—弹簧；19—锁紧螺母；20—平头螺钉；21—开口卡环

（4）将用硅脂润滑过的 O 型密封圈同防挤环一起装在静环支架上。

（5）压缩弹簧，把静环支架压向密封座，对正传动套管位置并均匀地拧紧限位螺钉。

注意：要保证组装后静环支架能在密封座上自由、平正地上下移动。

（6）将用硅脂润滑的 O 型密封圈装在静环支架上，然后插入静环及静环套圈，并把限位螺钉紧固好。

(7) 将静环组件与动环组件小心地滑动装配在一起，使密封端面贴合并拧紧锁紧螺母。

注意：若非即刻安装，应将密封芯包住装入结实、干净的塑料包中保存好。

(8) 用拧紧或放松定位套螺母的方法来调整密封芯的总长度，以保证密封芯满足安装图中的技术要求，如图 21-21 所示。

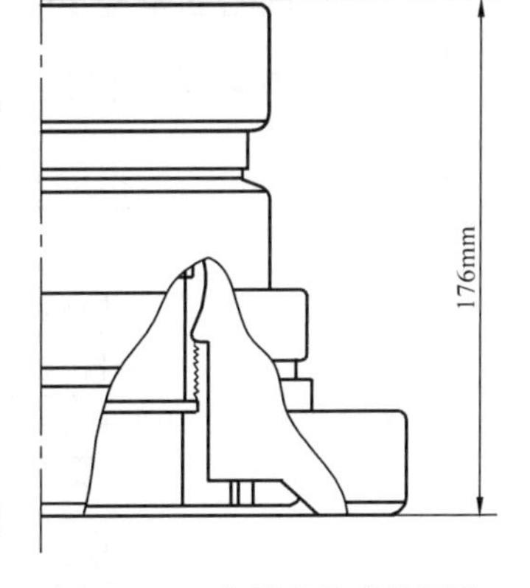

图 21-21 密封芯长度的调整

13 270F 型机械密封是如何安装和拆卸的？

答：270F 型机械密封的安装和拆卸过程为：

(1) 密封的安装（参阅图 21-20）。

1）用硅脂润滑的 O 型密封圈分别装在密封座和密封轴套内。

2）彻底清理并润滑泵轴，将其调整在正常运行时的工作位置。然后，装入驱动端、自由端的开口卡环，按照要求的密封调整尺寸加工好开口环的长度。最后，从轴上取下开口环。

注意：开口卡环端面的加工应用平面研磨的方法，以确保加工的准确度和不至于损伤密封轴套。

3）将密封芯小心地滑移至轴上并正确地插入键槽中定位，然后将密封芯紧固在密封腔体上。

4）拧下锁紧螺母，插入已加工好的开口卡环，然后拧好锁紧螺母并加装好防松螺母。

注意：在拆装锁紧螺母时，一般应用手的力量进行，以免用力过大产生变形或损伤密封端面。

(2) 密封的拆卸。拆卸的基本过程与安装过程相反，主要包括：

1）清理、润滑泵轴。

2）拆下锁紧螺母、取下开口卡环后，重新拧上锁紧螺母。

3）在密封座上拧入顶动螺栓，将密封芯拉出。

4）从轴上滑移取下密封芯送至工作台进行检修。

5）将 O 型密封圈和动、静环舍弃（或送去修复），更换新件以备回装。

14 270F 型机械密封应如何清理、检查？

答：(1) 对金属组件，应在清水或皂液内洗净后用甲基一乙基酮或无水乙醇擦拭干净。检查各元件的连接面上是否有碰撞或嵌入物质，弹簧是否有裂纹及长度是否均匀；若有损坏，则应予以修复或更换。

(2) 对橡胶组件，只能在清水中用手清洗干净。通常拆下的密封芯应全部更换其橡胶元件。

(3) 对动、静环，则只能在清水中用手清洗后，再用甲基一乙基酮擦拭。检查两元件表面是否有凹陷、嵌入物质、裂纹、剥落、腐蚀、划痕及擦伤等，若有上述任一现象，则应予以更换。

注意：在清洗和检查后，若非立即组装密封芯，应将各元件存放在干净结实的塑料袋内。

15 机械密封常见的故障有哪些？产生的原因及处理方法是什么？

答：机械密封常见故障、产生原因及处理方法，见表21-1。

表21-1　机械密封常见故障、产生原因及处理方法

故障类别	产生原因	处理方法
密封压盖端面的泄漏量大	密封压盖垂直度超差，加工不良	重新加工，予以修整
	压盖螺栓紧固不均匀	重新拧紧
	密封垫不良	予以更换
静环密封圈处泄漏	装配不当	重新调整
	密封压盖变形、开裂	修复或更换
	密封胶圈不良	予以更换
密封端面的不正常磨损	端面干摩擦	加强润滑，改善端面摩擦状况
	端面腐蚀	更换端面材料
	端面嵌入固体杂质	加强过滤并清理密封水管路
	安装不当	重新研磨端面或更换新件回装
密封端面泄漏量大	动、静环材料组对、形状及尺寸不合格	予以更换或修复
	弹性缓冲机构工作不良	予以修复
	密封端面研磨准确度不符合要求	重新研磨密封端面
泵轴周围的泄漏量大	泵轴处密封圈的材质、尺寸不合适	予以更换
	泵轴处密封圈在装配时损伤	予以更换
	轴的尺寸公差不合适或加工不良	重新加工
有振动、噪声等异常现象	泵自身缺陷	测定并修正动平衡、轴弯曲及轴套变形等
	泵的安装有不当之处	检查并调整联轴器、轴承及管路的状况
	运行条件变化	改善辅助装置以适应需求

第三节　给水泵的基本知识与检修

1 给水泵为什么要设有滑销系统？

答：这个问题与给水泵的工作温度有关。由于给水的温度较高，给水泵就要和汽轮机一样考虑热胀冷缩的问题。所以，对给水泵滑销的要求是：

（1）不影响泵组的膨胀和收缩。

（2）在膨胀收缩过程中保持泵的中心不变。

给水泵的滑销系统有两个纵销和两个横销。两个纵销布置在进水段和出水段下方，如图21-22所示。纵销保证在泵进行热膨胀和冷收缩的过程中，中心线在横的方向上不发生变动，同时不妨碍泵在轴向和垂直方向上进行自由膨胀和收缩。两个横销布置在进水段支撑爪下面，它与放在进水段下方的纵销形成了水泵的死点。因此水泵受热膨胀时方向是向出水侧

的。为了不影响泵体向出水侧的自由膨胀，出水段支撑爪上的两个紧固螺栓不要紧得过死，应留 0.05mm 左右的间隙。进水段支撑爪上的两个螺栓则要紧死。

给水泵进水段、中段、出水段利用支撑爪落在支座上。支撑爪底面与给水泵的水平直径位于同一平面上，在水泵进行热膨胀时，中心线在垂直方向上不会发生变动。

滑销的装配间隙是：顶部间隙为 1～3mm；两侧间隙总共为 0.03～0.05mm。

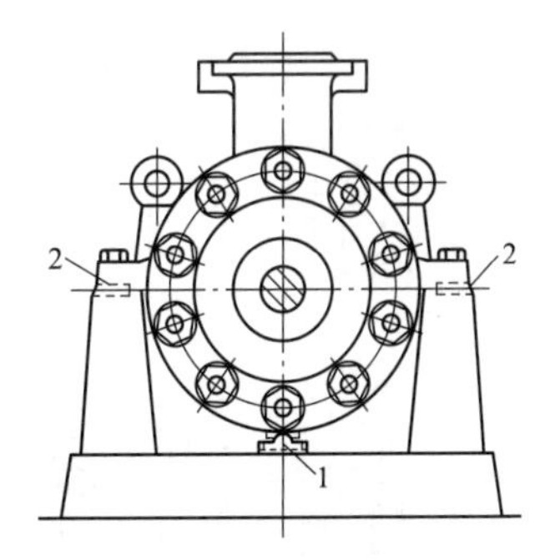

图 21-22　滑销系统

1—纵销；2—横销

2 为什么给水泵要采用平衡鼓?

答：随着机组容量的增大，对给水泵可靠性的要求也越来越高，为了在特殊情况下给水汽化或供水中断，仍不使给水泵受到损坏，所以大容量的高速给水泵大都采用平衡鼓。

平衡鼓前面承受的是给水出口压力，后面承受的是给水入口压力，所以也有一个向后的平衡力。不过平衡鼓不像平衡盘那样有一个轴向间隙，所以在泵轴发生轴向移动时不能自动地调整和平衡轴向推力，因此必须设置推力轴承。平衡鼓的平衡力大小与平衡鼓的设计尺寸有关，设计其尺寸时，一般是让平衡力稍比叶轮轴向推力小一些，避免出现推力反向，常取轴向推力的 90%～95%，而剩余的 5%～10%由推力轴承的瓦块来承受。为什么不让平衡力等于或极接近叶轮轴向推力呢？这是因为两者相等或极接近时，会不可避免地由于工况改变或压力波动等原因而使推力与平衡力出现不平衡，不是推力大于平衡力就是平衡力大于推力，导致泵轴发生剧烈的窜动。

平衡鼓在“干转”情况下，虽然泵内无水，但由于其与泵壳有足够的径向间隙，所以不会发生烧伤。而平衡盘在无水情况下由于推力不足，会发生轴向接触，引起平衡盘与平衡环磨损烧伤。

平衡鼓代替平衡盘，除以上“干转”需要之外，还有另一个考虑，那就是：在大型机组中给水泵很多是由汽轮机拖动，在低速暖机过程中，平衡盘本身的推力不足，易与平衡环发生接触摩擦；而平衡鼓就避免了这种现象。

平衡鼓与平衡盘相比，泄漏量增加了。为了减少泄漏，在平衡鼓和平衡衬套表面上开有反向螺旋槽，这与普通圆柱表面相比较，泄漏量可平均降低 50%。另外，螺旋槽还有一个优点：即水中存有杂物时，能顺着沟槽被水排除，不致咬伤平衡鼓与平衡衬套。

3 500×350KS63 型给水前置泵的结构特点是什么?

答：该泵为卧式、单级、轴向中分泵壳式，如图 21-23 所示。它具有双吸水轮，其进、出水管均位于泵壳的下半部上，故可在不影响进、出水管道和不影响水泵与电动机对中的情况下拆卸水泵的内部部件。

泵的传动端、自由端的轴封均为机械密封，密封冷却水来自外部的清洁水源。

在轴的两端布置有普通径向支持轴承及自由端的双向斜块推力轴承，各轴承的润滑油均来自液力偶合器的供油系统，是液力偶合器供油系统的一部分。

泵由电动机的一个轴端直接驱动，其间用叠片式挠性联轴器来传动。

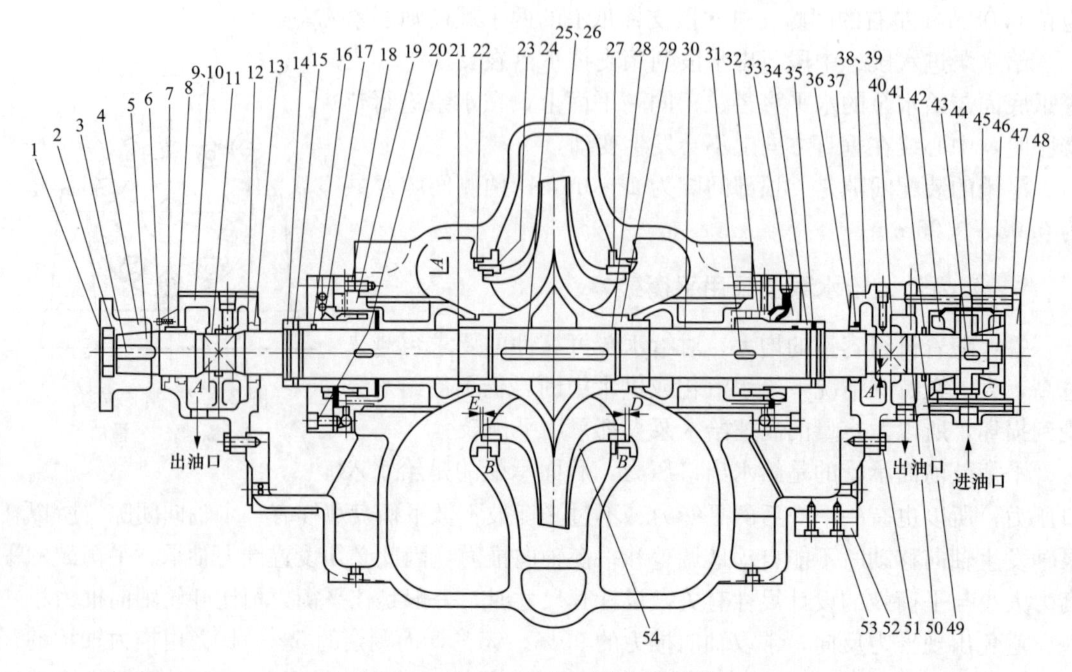

图 21-23　500×350KS63 型给水前置泵结构

1—联轴器螺母；2—平头螺钉 M6×20；3—键；4—联轴器；5—轴；6—盖板；7—螺钉 M5×6；8—挡油环；9、38—轴承座（上半）；10、39—轴承座（下半）；11—径向轴承；12—油挡环；13—定位销；14—机械密封衬套；15—平头螺钉 M8×12；16、47—O 型圈；17—机械密封；18—内六角螺钉 M16×40；19—冷却水套；20—内六角螺钉 M16×65；21—叶轮螺母；22—泵体密封环；23—叶轮密封环；24—键；25—泵盖（上半）；26—泵体（下半）；27—平头螺钉 M16×10；28—垫片；29—叶轮螺母；30—冷却水套；31—密封衬套键；32—机械密封；33—密封盖；34—机械密封衬套；35—平头螺钉 M8×12；36—油挡环；37—定位销 4；40—径向轴承；41—活动油封环；42—推力轴承；43—键；44—推力盘；45—垫；46—推力盘螺母；48—端盖；49—丝堵；50—节流丝堵；51—螺钉 M16×40；52—泵足键；53—内六角螺钉 M12×45；54—叶轮

4　500×350KS63 型给水前置泵的轴承应怎样检查？

答：（1）传动端径向轴承检查应按照以下步骤进行：

1）拆下传动端的联轴器叠片组件及轴承盖。

注意：要避免损坏轴承座两侧的挡油环及油封。

2）拆下径向轴承压盖后，测量轴瓦的间隙和紧力，并做好记录。

3）拆出并检查挡油环、轴承有无腐蚀和损坏，必要时修复或更换。而后，回装好。

注意：将各个部件做好标记或记录，以便回装。

4）复测轴瓦的间隙、紧力符合要求。

5）装好拆下的其余部件及油水管路、仪表等。

（2）自由端推力轴承、径向轴承的检查按以下步骤完成：

1）拆下自由端轴承盖并吊离。

注意：要避免损坏轴承座两侧的挡油环及油封。

2）拆下自由端轴承压盖后，测量轴瓦的间隙和紧力并做好记录。

3）拆出径向轴承、挡油环和润滑油密封环，检查无误后回装，必要时修复或更换。

注意：将各个部件做好标记或记录。

4）装好百分表，测量推力间隙并做好记录。然后，拆下并检查整个推力轴承组件。

注意：①推力轴承的测温探头是插在推力瓦块内并固定在推力轴承支架上的。在将推力轴承支架从轴承座上拆下前，应先将测温探头导线从外端子拆开，穿过密封套将导线送出。

②在正常运行状态下，推力瓦块除轴承合金钝暗面外，不应有其他可观察到的磨损。在轴承合金钝暗面超过合金表面积一半以上时，则应更换新瓦块或修复。

5）复测轴瓦的间隙、紧力合适。装回推力轴承组件，复查转子轴向窜动无误后，装上推力轴承罩。

注意：①推力轴承支架的拼合线与轴承座的水平中分面成90°。

②在安装推力轴承支架时，固定密封套前就应将测温探头安装正确就位，其余的导线部分应穿过下半部轴承座，送回接线端子。

③勿在推力瓦块与推力盘间插入塞尺来检查轴向间隙，这样测量不准且可能损坏轴瓦的合金表面。

④在安装推力轴承罩前，应确保测温探头导线的塞头位于下半部轴承座的槽内。

6）装好拆下的其余部件及油水管路、温度测点等。

5　FA1B56型给水前置泵应怎样检查机械密封？

答：（1）传动端机械密封的检查。

1）拆下整个传动端径向轴承和联轴器。

2）在轴上标好挡油环的位置后，将其取下。

3）拆下并取出机械密封芯子，解体检查，必要时更换新件。而后，组装好密封芯子。

注意：确保密封轴套内孔、键槽及轴径无划痕和毛刺，且键与键槽配合良好。

4）换上新的密封胶圈后，将密封芯子装回轴上。

注意：若认为需更换新的密封胶圈时，才把密封轴套拆下。

5）将挡油环装回原来标定的位置。

6）装好拆下的径向轴承及油水管路等。

注意：要确保轴瓦的间隙和紧力都正确无误。

（2）自由端机械密封的检查。

1）拆下整个自由端推力、径向轴承及推力盘。

2）在轴上标好挡油环的位置后，将其取下。

3）拆下并取出机械密封芯子，解体检查，必要时更换新件。而后，组装好密封芯子。

注意：确保密封轴套内孔、键槽及轴径无划痕和毛刺，且键与键槽配合良好。

4）换上新的密封胶圈后，装回密封芯子。

注意：①若认为需更换新的密封胶圈时，才把密封轴套拆下。

②不得使用石油制成的润滑剂，而只能使用硅基润滑脂。

5）将挡油环装回原来标定的位置。

6）装上拆下的轴承部件、推力盘及油水管路等。

注意：要确保轴瓦的间隙和紧力都正确无误。

6 500×350KS63 型给水前置泵应如何解体？

答：500×350KS63 型给水前置泵的解体步骤为：

（1）拆下传动端的联轴器及叠片组件，注意做好记录。

（2）拆下两端冷却水套的定位螺栓后，将轴两端的轴瓦及机械密封取下。

（3）拆下泵盖的连接螺母及定位销后，将泵盖小心地吊离。

（4）平稳、可靠地将转子吊出泵体，放至检修场所支撑好。

（5）一般只有在需装配备用叶轮或轴时，才从轴上拆下叶轮。拆叶轮之前，需先将锁紧垫片的弯边扳直后，松开叶轮锁紧螺母。

（6）清楚地标记好叶轮在轴上的位置后，从轴上取下叶轮，注意保存好叶轮键。

7 500×350KS63 型给水前置泵解体后应如何进行检查、修理及更换？

答：将所有部件彻底清洗，并检查是否有磨蚀和损伤。所有部件的运动间隙均应测量并与允许值对照，若已达到最大允许间隙或下次大修前可能达到最大允许值时，则必须将该零件予以更换。

（1）叶轮和泵体密封环检查。

1）检查叶轮是否有冲蚀痕迹，特别是在叶片的顶部。另外，检查叶轮内孔是否在拆卸过程中有损坏或产生毛刺，应确保叶轮内孔及流道完整光滑、无任何变形。

2）检查对应的叶轮、泵体密封环间的径向间隙符合要求。

（2）轴与轴套检查。

1）检查轴是否有损伤、弯曲，确保轴弯曲度不大于 0.03mm，轴颈处的径向晃度小于 0.02mm。

2）检查并确保轴套无任何塑性变形和毛刺，与键的配合良好。

（3）机械密封检查。可参照有关要求来检查其零部件，必要时予以修复或更换。

（4）径向、推力轴承检查。

1）彻底清洗并检查径向轴承、推力瓦块有无磨蚀或损坏，必要时应修复或更换。

2）检查推力盘、浮动油封环是否有磨损和损伤，如必要时更换新的。

8 500×350KS63 型给水前置泵装配技术要求是什么？

答：500×350KS63 型给水前置泵装配（配合间隙）技术要求，见表 21-2。

表 21-2　配合间隙数值表　(mm)

运动间隙部位	正常值	最大允许值
传动端径向轴承与轴的径向间隙	0.125～0.150	0.275
自由端径向轴承与轴的径向间隙	0.105～0.130	0.235
叶轮与泵体密封环的径向间隙	0.56～0.72	
推力盘与推力瓦块的轴向间隙	0.30～0.50	
叶轮与泵体密封环的轴向间隙（自由端）	3.0	
叶轮与泵体密封环的轴向间隙（传动端）	2.0	

9 简述 500×350KS63 型给水前置泵的回装过程。

答：在组装泵之前，应清洗所有的部件，并在轴、轴套内孔、叶轮内孔等处涂上胶体石墨或类似物质，待其干燥后打磨光表面。

（1）将泵轴和叶轮、泵体密封环等装好，放在支架上。

（2）将轴两端的冷却水套、机械密封均更换新的密封件后，回装到轴上的正确位置。

（3）将轴两端的挡水环、油挡环等装上后，加热装上传动端的联轴器，并旋紧其锁紧螺母。

（4）加热后装上推力盘，应确保其位置正确、键与键槽配合良好，并将推力盘螺母拧紧。

（5）装上泵座两端的、径向轴承的下半部后，将组装好的转子组件吊至泵座内，确保各部件正确就位，转子盘动灵活。

（6）装好轴两端的径向轴承上半部及自由端的推力轴承，并复测轴瓦间隙、紧力和推力盘的轴向窜动无误。

（7）将泵盖回装好并用螺栓紧固，确保转子能用手盘动自如。

（8）紧固好冷却水套后，调整机械密封至轴上的正确位置并用锁紧垫圈将密封调整螺母定位。

（9）测量联轴器对中良好后，回装叠片组件及防护罩等。

（10）接好拆下的油、水管路及测温、测振等的热工仪表。

10 6×16×18-5stgHDB 型给水泵的结构特点是什么？

答：该泵为 5 级、卧式芯包型结构，主要包括有外筒体及出口端盖、内泵壳、转子组件及轴承组件四大部分，其中的内泵壳为多级分段式结构，基本结构，如图 21-24 所示。

给水泵外筒体的自由端（即端侧，下同）由出口端盖封住，传动端（即腰侧，下同）由进口端盖封住，两端轴封均由机械密封装置来加以密封。每个机械密封由闭式循环水密封，循环密封水由各自的冷却器冷却，冷却器用水来自外部的清洁水源并通过密封保持环使回路保持循环。每个机械密封的密封冲洗回路均设有一个磁性分离器。

转子的轴向推力由平衡鼓和自由端的双向推力轴承共同承担。此外，在自由端和传动端还布置有普通径向支持轴承来承受转子组件的质量，各轴承的润滑油均来自耦合器的润滑油供油系统。在次级叶轮出口处设有一个中间抽头，该抽头的水通过径向孔流至由第二级泵壳与外筒体形成的中间抽头环腔，再由外筒体上的连接管导出。

给水泵由电动机的一个轴端通过可调速的液力耦合器来驱动，其间由叠片式挠性联轴器来连接。

11 检修时应如何拆卸 6×16×18-5stgHDB 型给水泵的出口端盖？

答：拆卸 6×16×18-5stgHDB 型给水泵的出口端盖的步骤为：

（1）拆下联轴器叠片组件。

（2）装上自由端的转子拉紧双头螺栓与传动端的旋转顶紧装置，并用力拧紧螺母以拉紧转子。

（3）拆下进口端盖的拉紧环及嵌入环后，装上抽出芯包专用托架及支撑延长杆。

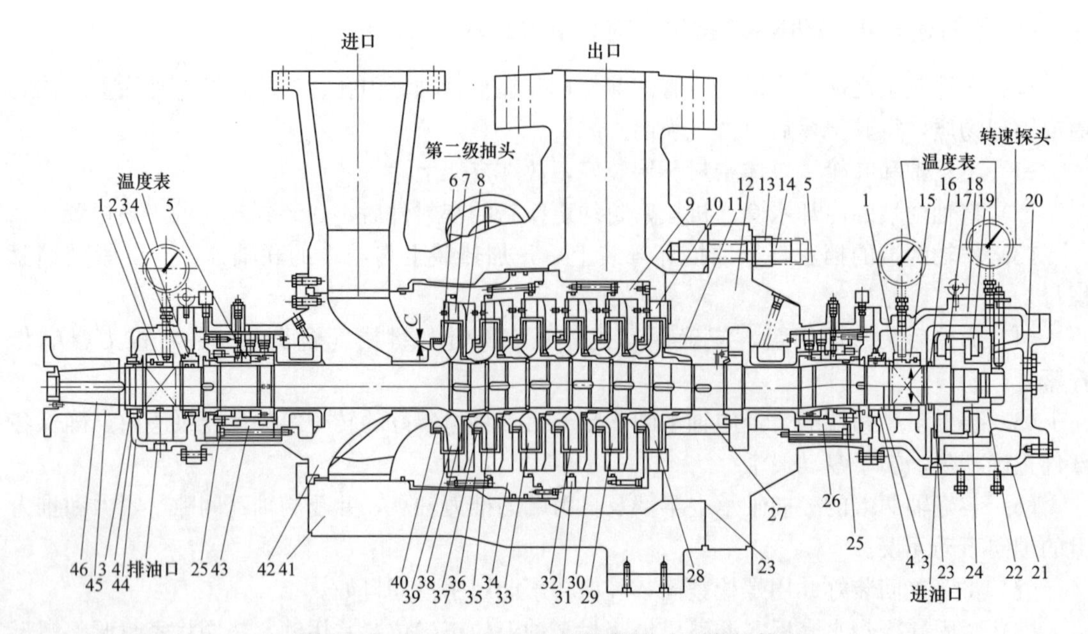

图 21-24　6×16×18-5stgHDB 型给水泵结构简图

（4）用液压千斤装置拆下出口端盖上所有大螺母。

筒体上大端盖处的大螺母须用专用的液紧装置拧紧，其拧紧的工作步骤如下：

（1）将大螺母装到筒体双头螺栓上，用圆钢棒 C 均匀地将螺母拧紧。

（2）按图 21-25 组装液紧装置，并将两液紧装置在两径向对称的螺母（位置标号 1）上，如图 21-25（b）所示；用手拧入液紧组件 B 到双头螺栓上，保证撑紧垫 D 到位固定，用挠性软管 E 连接液紧组件 B 到汇总管 F 的快速接头上。

（3）灌注油到汇总管 F 中，逐步建立压力 68.9MPa，并用圆棒 C 将大螺母拧紧到大端盖上。

（4）用手动泵 G 上的操作阀将油返回到手动泵 G，在液紧组件处断开连接，并将其装到位置标号 2 的双头螺栓上，如图 21-25（b）所示。重复进行上一步骤（3）。

（5）逐次在位置标号 3、4、5、6、7、8、9、10 的双头螺栓上重复进行上一步骤（4）。

（6）将液紧组件装到图 21-25（b）中位置标号 1 的螺母上，建立油压至 137.9MPa，用圆棒 C 将大螺母拧紧到大端盖上。

（7）用手动泵上的操作阀将油返回到泵 G，在液紧组件处断开连接并将其装到位置标号 2 的双头螺栓上，重复进行上一步骤（6）。

（8）逐次在位置标号 3、4、5、6、7、8、9、10 的双头螺栓上重复进行上一步骤（7）。

注意：当泵在进行液压试验时，液紧装置应能建 137.9MPa 的压力。

拆卸步骤与上面的拧紧步骤相似，将液紧装置装到图 21-25（b）所示的位置标号 1 的螺母上后，建立油压至 137.9MPa，拆下这对螺母，将液紧装置依次装到每对螺母上。逐次重复拧下步骤，直到全部拆下为止。

这时，调整好专用托架的高度及精确对中后，在出口端盖上装好顶动螺栓，即可将芯包顶出外筒体并拉出、吊离，送至检修场所了。

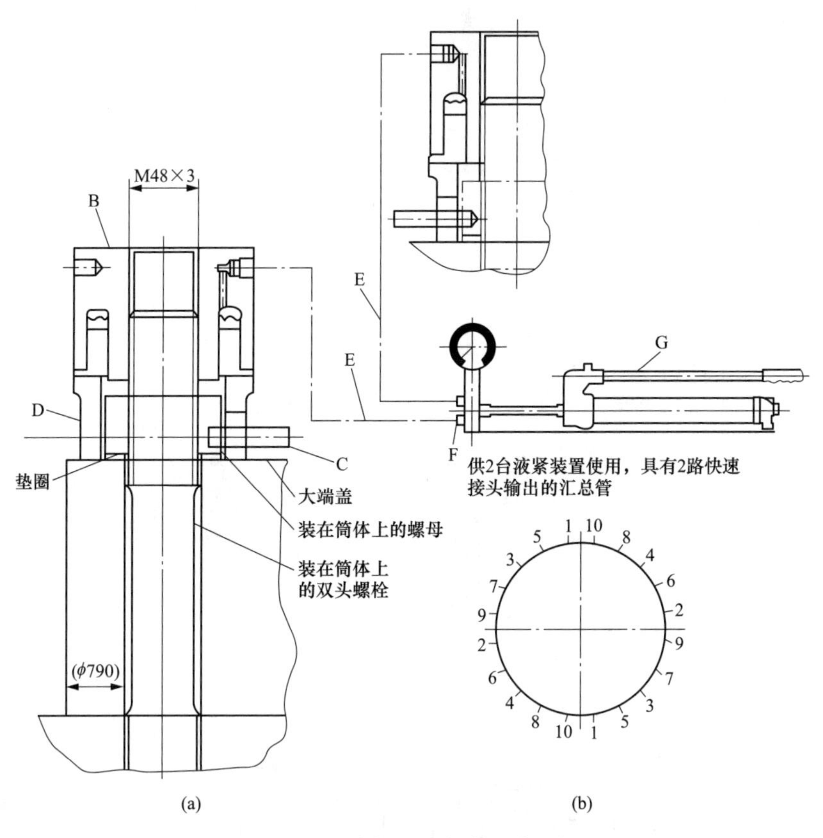

图 21-25　大螺母液紧装置布置图

12　6×16×18-5stgHDB 型给水泵的芯包应如何解体？

答：6×16×18-5stgHDB 型给水泵芯包的解体步骤为：

(1) 将芯包水平支撑好，装上芯包支撑板及拉杆，移开抽芯包专用托架。

注意：芯包的质量无论是在起吊还是检修过程中均不得由轴来支撑。

(2) 拆下传动端、自由端的轴承装置和机械密封。

(3) 将芯包垂直地、自由端向上吊放在专用的拆装支架上，如图 21-26 所示。

(4) 将出口端盖吊出后，用专用工具并经加热后取下平衡鼓。

注意：①防止碰伤泵轴和平衡鼓。

②防止碰伤泵轴和平衡鼓衬套。

(5) 依次拆下各级内泵壳、导叶及叶轮（拆下叶轮时需用专门的工具进行加热），对各部间隙做好测量和记录。最后仅剩下首级叶轮。

注意：①将各个部件做好标记或记录，以便回装。

②各级内泵壳间的连接螺钉由弹簧片锁紧，拆螺钉前需先取出锁紧片。

(6) 将轴从进口端盖上吊出并水平支撑好以后，加热并取下首级叶轮。

13　6×16×18-5stgHDB 型给水泵解体后应怎样检查、清理和测量？

答：所有部件都应彻底清理、检查，若部件的间隙已达到最大允许值或下次大修前可能

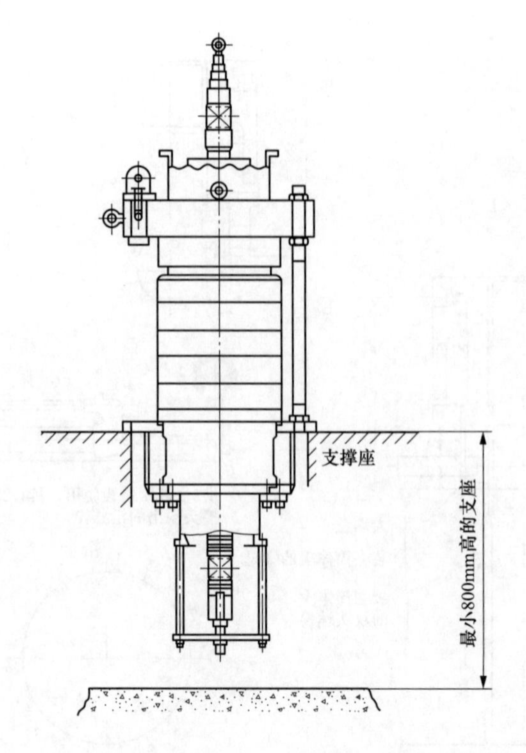

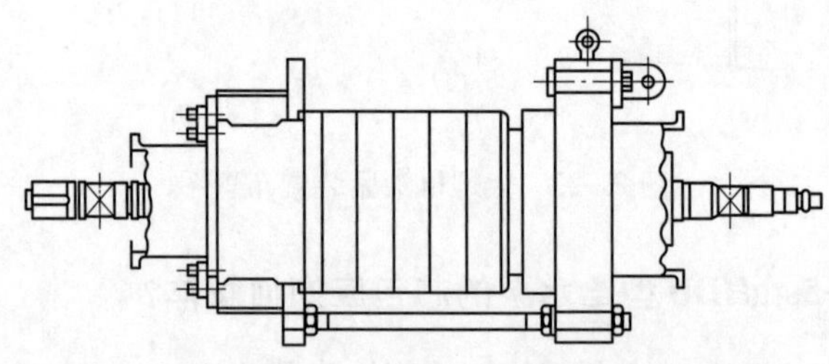

图 21-26　芯包检修时的吊装支架

注：大盘需按垂直位置组装。

达到该值时，则应更换此部件。

(1) 叶轮及密封环。

1) 检查叶轮（尤其是叶顶）有无腐蚀和损伤，应确保叶轮内孔光滑无变形。

2) 测量叶轮密封环的径向晃度和叶轮的端面瓢偏均不大于 0.05mm，叶轮内孔和轴配合的间隙符合要求值。

(2) 轴和轴套。

1) 检查轴有无弯曲和损伤，确保轴颈的椭圆度不大于 0.02mm，轴的弯曲度不大于 0.02mm，轴的径向晃度小于 0.03mm。

2) 检查轴套有无磨损，确保其径向晃度和轴的配合间隙均不大于 0.05m，且其内孔及键槽无划痕、毛刺、键与键槽配合良好。在清理完毕后，应试装一次。

(3) 机械密封。

1) 检查各部件无腐蚀、损坏，必要时更换新的。

2) 弹簧高度应保持一致，对与平均高度相差超过 0.5mm 的予以更换。

3）动环密封面宽度不得小于原有的4/5，凸台高度不得小于3mm。

4）密封端面应用绸子（或高级卫生纸）蘸上纯酒精来清洗油污，不得用手接触密封面。

（4）径向、推力轴承。

1）彻底清洗径向轴承，检查轴瓦有无损伤及合金脱落、剥离现象。

2）彻底清洗，检查推力瓦块。

注意：在正常运行状态下，推力瓦块除轴承合金钝暗面外，不应有其他可观察到的磨损。在轴承合金钝暗面超过合金表面积一半以上时，则应更换新瓦块或修复。

3）检查推力盘有无腐蚀和损坏，必要时修复或更换。

14 6×16×18-5stgHDB型给水泵的芯包应如何组装？

答：进行组装时，所有部件必须保持清洁，拆出的密封件必须全部更换新的。

注意：在组装前，应在轴、叶轮内孔、轴套和平衡鼓内孔涂上胶状石墨或类似物质，待其干燥后打磨光表面。

（1）将轴水平支撑好，装上首级叶轮。

（2）将进口端盖吊放在拆装支撑架上，再将泵轴自由端向上吊起，置于进口端盖上。

（3）装上首级内泵壳后，检查转子轴向窜动应不小于6mm。

（4）依次装上各级叶轮、导叶及内泵壳，复测各部间隙无误。

注意：各级内泵壳间的连接螺钉必须用新的锁紧片固定。

（5）加热后装上平衡鼓，拧紧平衡鼓螺母。

（6）在芯包支撑板上装好拉杆后，将出口端盖吊装上。

（7）用调节螺栓、螺母调整支撑板与出口端盖工作面间的距离为754mm。

（8）将芯包吊至水平位置，放在拆装支架上。

（9）装上机械密封及传动端的轴承、联轴器。

注意：要确保轴瓦的间隙和紧力都正确无误。

（10）装上自由端的轴承及推力盘。

（11）装上转子拉紧双头螺栓（自由端）及旋转顶紧装置（传动端），并用力拧紧。

（12）装上芯包托架并调整芯包位置，将芯包推入外筒体后，使出口端盖套入双头大螺栓。

（13）用液压千斤工具拧紧出口端盖大螺母。

（14）装上传动端的嵌入环及拉紧环。

（15）用手盘动泵侧联轴器，确保灵活自如。

（16）将联轴器对中后，装上其叠片组件。

（17）装上拆下的油、水管路等。

15 6×16×18-5stgHDB型给水泵的装配技术要求是什么？

答：6×16×18-5stgHDB型给水泵的装配（配合间隙）技术要求，见表21-3。

16 500×350KS63型前置泵更换新叶轮后应如何找动平衡？

答：检修中若更换了新的叶轮，尽管该新叶轮在制造期间自身是平衡的。但它组装后就会影响整个转子的动平衡，因此要进行动平衡检查和必要的调整。

表 21-3　配合间隙数值表　（mm）

运动间隙部位	正常值	最大允许值
径向轴承与轴的径向间隙	0.014～0.195	0.335
挡油环与油封的径向间隙	0.30～0.41	0.71
内泵壳衬套与叶轮密封环的径向间隙	0.405～0.476	0.82
导叶衬套与叶轮密封环的径向间隙	0.406～0.476	0.73
平衡鼓与平衡鼓衬套径向间隙	0.385～0.435	0.82
挡油环与油封的轴向间隙	4.0	
末级导叶与出口端盖的轴向间隙	2.75	
推力轴承处总的轴向间隙	0.40	
进口端盖与首级内泵壳轴向间隙	1.0	
取出推力瓦块后转子的轴向总窜动量	8.0	
内泵壳与叶轮的轴向间隙	4.75	
导叶与叶轮的轴向间隙	3.25	

如现场设备条件合适，应按下述方法检查动平衡：

(1) 以轴径的中心线为支撑点，检查转子的动平衡，其值应在 63M/N(g·mm) 以内，其中 M 为转子质量（g）；N 为泵的转速（r/min）。

(2) 要达到动平衡，可从叶轮盘上切削去金属，但切削量应在以下限度以内。

1) 叶轮盘的任何一点厚度的减薄量不允许超 1.6mm。

2) 直径 400mm 以外处，禁止切削去金属。

3) 按扇形计算切削金属量，扇形的弧度不能超过圆周的 10%。

17 给水泵组常见的故障、原因及处理方法有哪些?

答：常见的故障、原因及处理方法，见表 21-4。

表 21-4　给水泵组常见的故障、原因及处理方法

故障类别	故障原因	处理方法
泵组未能启动	启动装置故障	检查并修复
	泵组内部卡住	依次隔离各联轴器，确定出卡住部位，必要时解体大修
	电气或热工原因	联系有关人员配合处理
泵组出力低	泵的转向错误	检查并更正
	前置泵或给水泵内的部件磨损过度	将泵解体修复，必要时大修
	再循环系统故障开启	检查并予以关闭、修复
	给水泵转速低	检查耦合器调速系统的状况
	泵出、入口阀门未全开	检查阀门位置并全部开启
	主电动机或电源故障	通知有关人员处理

续表

故障类别	故障原因	处理方法
轴承过热	润滑油量不足	检查油源，增加供油量
	泵与液力偶合器或驱动电动机的对中不好	检查对中情况并调整
	轴衬磨损或轴瓦不正	检查轴承并修复，恢复对正
	油不符合要求	检查油的规格，更换
泵组在额定工况下耗功过大	泵内部件的密封间隙过大	检查并修复
	泵内动、静部件摩擦	检查泵体，必要时解体大修
	机械密封安装不正确	检查机械密封并调整
水泵过热或卡住	泵内部件摩擦	检查间隙并调整
	供油不足或油的规格不符合要求	检查油源及油规格，必要时换油
	泵在断水状况下工作	检查入口阀是否开启
		检查入口滤网并清理
		检查前置泵出口压力是否太低
	润滑油系统故障	检查该系统并修复
	轴承磨损或对中不好	检查轴承状况并修复
	泵组对中不好	检查对中情况并调整
噪声或振动过大	转子部件动平衡性差	检查故障部位，重做动平衡
	联轴器损坏或对中性差	检查联轴器，重新找正
	轴承磨损	检查并修复
	地脚螺栓松动	检查并重新拧紧
	泵内部件的间隙过大	检查间隙，必要时予以更换
	吸入口失压	检查进水情况
	再循环系统故障	检查并修复
	管道支吊架不良而振动，引起泵共振	检查并调整泵附近的管道支吊架情况

18 给水泵汽轮机的检修要点有哪些？

答：给水泵汽轮机的检修要点有：

（1）给水泵汽轮机台板与垫铁及各层垫铁之间应接触密实，用 0.05mm 塞尺一般应塞不进，局部塞入部分不得大于边长的 1/4，其塞入深度不得超过侧宽的 1/4。

（2）台板与轴承座或滑块、台板与汽缸的接触面应光滑无毛刺并接触严密。每 25mm×25mm 上有 3～5 点的接触面积应占全面积的 75%以上并应均匀分布。用 0.05mm 塞尺检查，在四角处应不能塞入。检查时台板支垫平稳，接近于安装状态。

（3）检查汽缸各垂直、水平结合面，用 0.05mm 塞尺不得塞通，在汽缸法兰同一断面处，从内外两侧塞入长度总和不得超过汽缸法兰宽度的 1/3。

（4）检查汽缸垂直与水平接合面交叉部位挤入涂料的沟槽应畅通清洁。

（5）汽缸水平结合面的紧固螺栓与螺栓孔之间，四周应有不小于 0.50mm 的间隙。

(6) 猫爪横销的承力面和滑动面用涂色法检查，应接触良好。用 0.05mm 塞尺自两端检查，除局部不规则缺陷外，应无间隙。

(7) 检查轴承与轴承盖的水平结合面，紧好螺栓后用 0.05mm 塞尺应塞不进去；通压力油的油孔，四周用涂色法检查，应连续接触、无间断。

(8) 用压铅丝法检查轴瓦顶部及两侧的间隙符合规定的要求，两侧间隙应用塞尺检查阻油边，插入深度以 15～20mm 为准。

(9) 检查推力轴瓦间隙为 0.25～0.50mm，但应保证其最大间隙不得超过所驱动的给水泵的允许轴向窜动值。

(10) 检查转子轴颈、推力盘、联轴器等各部分应无裂纹和其他损伤，并光洁无毛刺。

(11) 检查轴颈椭圆度和圆柱度偏差应不大于 0.02mm，否则应进行修复。

(12) 检查推力盘外缘端面瓢偏应不大于其半径的 1/1000，否则应予以修整。

(13) 检查联轴器法兰端面应光洁无毛刺，法兰端面的瓢偏不大于 0.03mm；检查联轴器法兰外圆（或内圆）的径向晃度应不大于 0.02mm。

(14) 转子在汽缸内找中心应以汽缸的前后汽封及油挡洼窝为准，测量部位应光洁，各次测量应在同一位置。最后应保证转子联轴器的中心允许偏差符合规定的要求。

(15) 检查喷嘴无外观损伤，检查隔板、阻汽片应完整无短缺、卷曲，边缘应尖薄，铸铁隔板应无裂纹、铸砂、汽孔等缺陷。

(16) 检查通汽部分间隙和汽封间隙符合规定的要求，且测量通汽部分间隙时，应组合好上下半推力轴承，转子的位置应参照制造厂的出厂记录，一般应处于推力瓦工作面承力的位置。

(17) 检查组装好的盘车装置，用手操作应能灵活咬合或脱开。在汽轮机转子冲动后，应能立即自动脱开，脱开后操作杆应能固定住，保持汽轮机转子的大齿轮与盘车齿轮之间的距离。

(18) 汽缸水平结合面螺栓冷紧时一般应从汽缸中部开始，按左右对称分几遍进行紧固。冷紧时一般不得用大锤等进行敲击，可用加长扳手或电动、气动工具紧固。

(19) 对调节系统中可调整的螺杆长度、连杆长度、弹簧压缩尺寸、碟阀等主要部件行程及有关间隙等，应在拆卸前测量记录制造厂的原装尺寸，并据此进行组装。

(20) 组装时，对调节系统部件的各孔、道应按图核对，其数量、位置及端面均应正确并畅通。

(21) 组装时，检查调节系统各滑动部分全行程动作应灵活，各连接部分的销轴应不松旷，不卡涩；检查调节系统和油系统各结合面、密封面均应接触良好，无内外边缘相通的沟痕，丝扣接头应严密不漏，垫料和涂料应选用正确。

第四节 液力耦合器的基本知识

1 采用液力耦合器实现给水泵变速调节的优点是什么？

答：液力耦合器是以油压来传递动力的变速传动装置，因油压的大小不受等级的限制，所以又称它为无级变速联轴器，如图 21-27 所示。

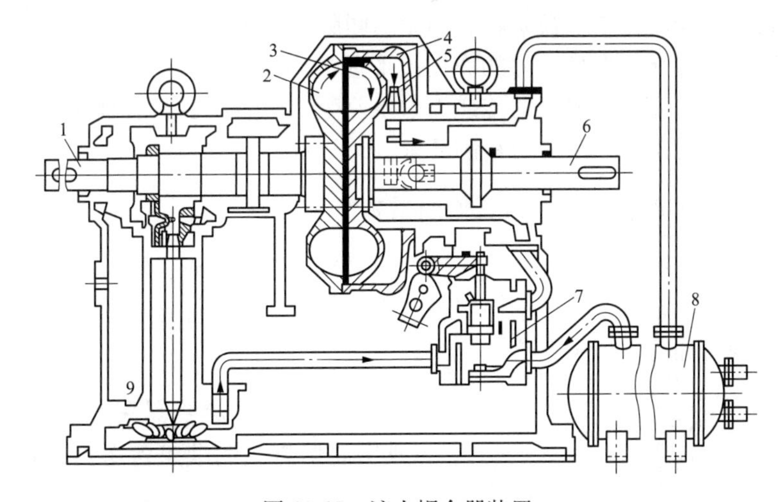

图 21-27 液力耦合器装置

1—主动轴；2—泵轮；3—涡轮；4—转动外壳；5—勺管；6—从动轴；7—进油调节阀；8—冷油器；9—工作油泵

采用液力耦合器来改变给水泵转速，一方面可以大大降低给水泵的电动机配置裕量，使给水泵可在较小的转速比下启动；另一方面不会出现定速电动泵在单元机组启动时需节流降压以适应工况需求的情况，提高了机组的经济性，并避免了高压阀门因节流造成在短时间内即因冲刷、磨损而报废的情况。

2 简述液力耦合器工作油腔内工作油的流动过程。

答：泵轮和涡轮形成的工作油腔内的油自泵轮内侧引入后，在离心力的作用下被甩到油腔外侧形成高速的油流，冲向对面的涡轮叶片，驱动涡轮一同旋转。然后，工作油又沿涡轮叶片流向叶片内侧并逐渐减速，流回到泵轮内侧，构成一个油的循环流动圆，如图 21-28 所示。

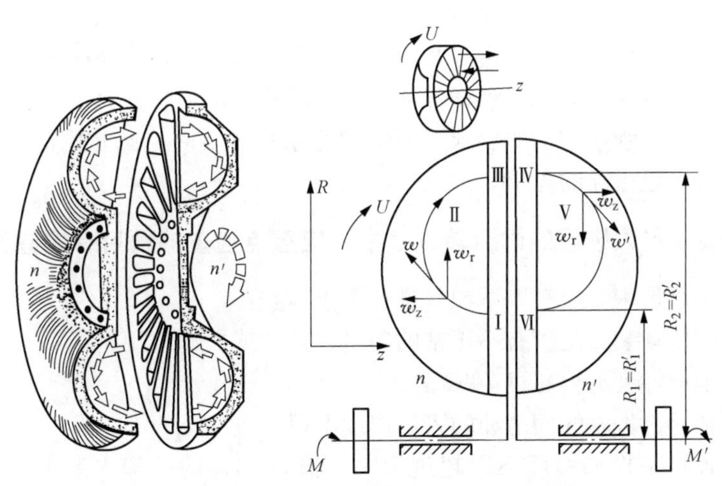

图 21-28 液力耦合器中工作油的环流

在涡轮和转动外壳的腔中，自泵轮和涡轮的间隙（或涡轮上开设的进油孔）流入的工作油随转动外壳和涡轮旋转，在离心力的作用下形成油环。这样，工作油在泵轮内获得能量，又在涡轮里释放能量，完成了能量的传递。如果改变工作油的多少，即可改变传递动力的大小，从而改变涡轮的转速，以适应负荷的要求。

3 怎样才能改变耦合器内的工作油量？

答：工作油的改变可由工作油泵（或辅助油泵）经调节阀或涡轮的输入油孔（也有在涡轮空心轴中输入油的）来改变进油量而实现，亦可由改变转动外壳腔中的勺管行程来改变油环的泄油量而实现，如图 21-29 所示。

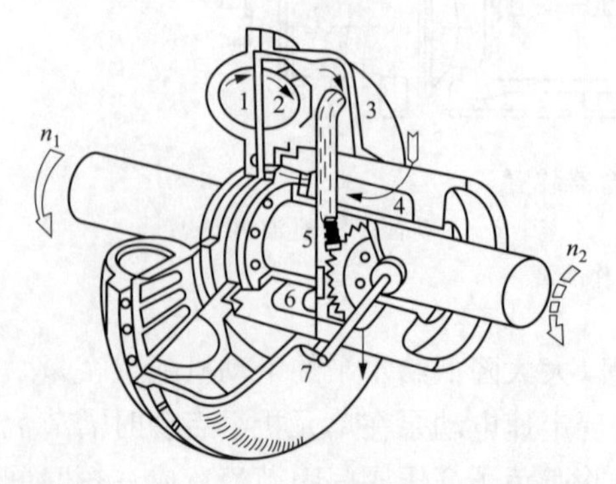

图 21-29　液力耦合器的供排油腔及勺管结构

1—泵轮；2—涡轮；3—转动外壳；4—供油腔；5—勺管；6—排油腔；7—连调速机构

4 液力耦合器采用控制工作油进油量或出油量方式的缺点各是什么？

答：液力耦合器采用控制工作油进油量方式的缺点为：当经过转动外壳上喷嘴的喷油量过小时，限制了单元机组突甩负荷时要求给水泵迅速降速的能力。

液力耦合器采用控制工作油出油量方式的缺点为：当机组迅速增加负荷时要求涡轮迅速增速的状况时，此方式无法满足。

5 简述采用工作油进、出油量两种方式联合调节给水泵转速的过程。

答：如图 21-30 所示为工作油进、出油量调节两种方式联合控制给水泵转速的原理，它是由锅炉给水量的负荷信号操纵油动机，油动机再带动凸轮，改变传动杆及传动齿轮的旋转角，从而改变勺管的径向位移量，以控制泄放油量的多少。同时，传动杆又调节着进油控制阀的开度，改变着液力耦合器的进油量。

当锅炉给水量需增加时，油动机将凸轮向“+”方向转动，传动杆逆时针方向转动，勺管位置下降，泄油量减少。同时传动杆带动其上的凸轮使进油阀开大，增加进油量，提高涡轮转速，适应了锅炉给水量增加的要求。当锅炉给水量减少时，凸轮则向“－”方向转动，进油阀关小，即可满足工况的需求。

6 液力耦合器大修后的试运转过程中，应重点检查的项目有哪些？

答：在试运转过程中，应对以下项目进行重点检查：

（1）听诊齿轮传动装置是否有不正常的撞击、杂音或振动。

（2）检查各轴承温度不得超过 70℃。

（3）检查各轴承、齿轮的润滑油的入口温度不得超过 45～50℃。

（4）检查耦合器工作油温度不得超过 75℃。在冷油器的冷却水温很高且滑差较大时，允许在运行中短时间内的工作油温度达到 110℃。

（5）检查油箱中的油温不得超过 55℃。

(6) 每隔 4h 将耦合器的负载提高额定载荷的 25%，直至液力耦合器满负荷工作后，将驱动电动机电源切断，耦合器停运。检查液力耦合器的齿轮情况并记下齿在长、宽上啮合印记所占的百分比。

(7) 清理油过滤器后，检查沉积在过滤器中的沉淀物性质。

(8) 在试运转完成后，将油箱中的油全部更换为清洁的。

(9) 当发现齿轮传动装置运行异常时，必须找出原因并予以排除。

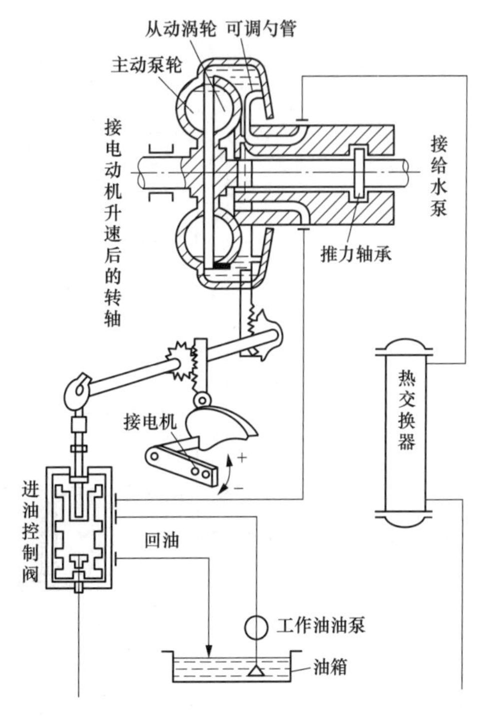

图 21-30　勺管与进油阀联合调节示意图

7 简述 TBH55-0.28 型液力耦合器装置的基本结构。

答：TBH55-0.28 型液力耦合器装置的基本结构，如图 21-31 所示。该型号液力耦合器的结构与我国目前 300MW、500MW 机组中为电动给水泵配备的各类液力耦合器大致相同，只是在传动齿轮为单级或双级上有所差异。

作为具有内装液力耦合器的齿轮增速调速传动装置，该设备可实现无级调速，其输出轴的速度可在 1500～5225r/min 范围内变动。液力耦合器和增速齿轮置于同一箱体内，箱体的下部则作为油箱。它的输出轴的额定功率为 4143kW，最高可达 4920kW。

该设备用于将电动机的扭矩传递到锅炉给水泵上，它与拖动电动机及给水泵之间的动力传递由叠片式挠性联轴器来完成。这种联轴器可保证电动机、液力耦合器与给水泵三者之间的振动、轴向窜动等互不产生影响。输入转速（1485r/min）经二级增速齿轮的放大后传到输出轴，液力耦合器装在齿轮传动装置的两级之间，泵轮和涡轮之间由工作油来传递转矩。电动机的转矩使工作油在泵轮中加速，而后工作油在涡轮中减速并对涡轮产生一个等量的转矩。工作油在泵轮、涡轮间的循环是靠两轮的转差所产生的压差来实现的，而输出轴转速最大时泵轮、涡轮转差率为 2.5%～3%。

输出转速是通过调节泵轮、涡轮间工作腔内的工作油量来实现的，而工作腔的充油量是由勺管的位置控制的。由于转差造成的功率损耗将使工作油温度升高，为消除这些热量，配置有冷油器。

8 简述 YOT51 型液力耦合器装置的基本特点。

答：YOT51 型液力耦合器，是高速的原动机与工作机之间的无级调速装置，是同系列（YOT51 系列）型带增速齿轮的调速型液力耦合器，适用于火力发电厂 200MW 和 300 MW（50%容量）电动调速锅炉给水泵组，如图 21-32 所示。

该系列的液力耦合器是将耦合器的主体部分和一对增速齿轮、工作油与润滑油管路合并在一个箱体中，箱体的下部作为油箱，使得箱体和油箱组成一个紧凑的整体。

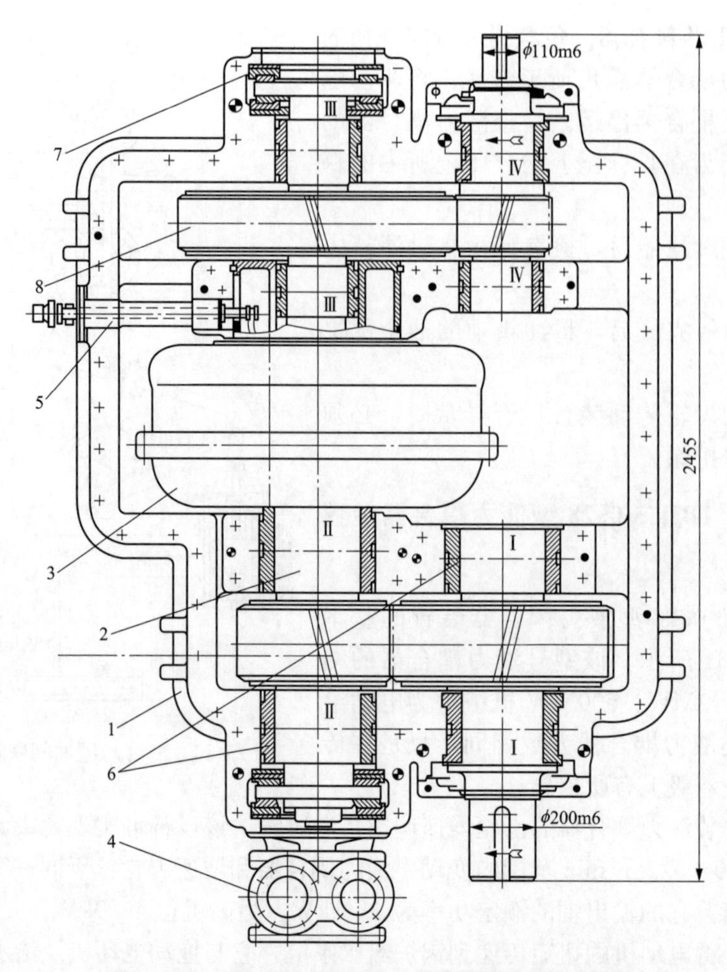

图 21-31　TBH55-0.28 型液力耦合器装置结构简图

1—箱体；2—轴；3—液力耦合器；4—齿轮油泵；5—注油调节器；6—轴承；7—推力轴承；8—传动齿轮

耦合器与电动机以及给水泵之间的动力传递由联轴器来完成，输入转速由一对增速齿轮增速后传到泵轮轴，泵轮和涡轮之间由工作油来传递转矩。

原动机的转矩使工作油在泵轮中加速，然后工作油在涡轮中减速并对涡轮产生一等量的转矩，工作油在泵涡轮间循环是靠两轮间滑差所产生的压差来实现。因此，要传递动力，两轮之间必须存在滑差。故选用耦合器时，应保证在满载全充液的情况下有一定的满载滑差。输出转速可通过调节泵涡轮间工作腔内的工作油充液量来调节，而工作腔的充液量由勺管的位置所决定。

由于滑差造成的功率损耗将使工作油温度升高，为了消除这些热量，设有冷却工作油的冷却装置。

9　简述 YOT51 型液力耦合器的检修步骤。

答：YOT51 型液力耦合器的检修步骤为：

(1) 排空工作液，打开润滑油滤网并检查和清洗，拆下联轴器并检查输入、输出轴的径向跳动；从箱体上拆下执行机构和刻度盘，拆下辅助润滑油泵的电动机和垫块，拆下辅助润

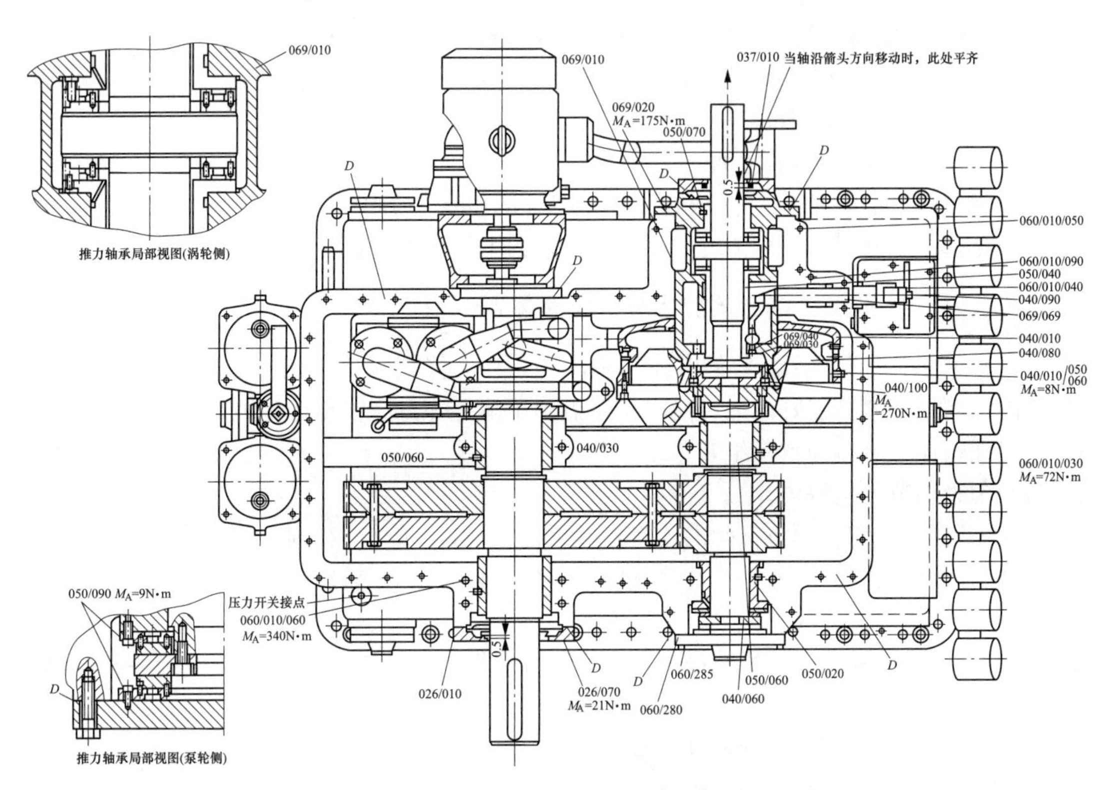

图 21-32　液力耦合器水平剖面图

滑油泵与箱盖的连接螺钉。

（2）拆下并吊开箱盖，根据布置图拆下各轴承温度探头，检查齿轮的啮合线。

（3）拆下转动外壳上的两个易熔塞，转动耦合器使得易熔塞孔位于底部以排净转动外壳内的积油（易熔塞孔应导通）。

（4）拆下并解体输入轴和转子部件，按下列次序清洗和检查（去除旧的密封胶和油污层）。

1）检查工作轮。

2）检查轴承情况，测量轴承间隙。

3）检查勺管机构的磨损情况。

4）检查易熔塞，必要时更换新的。

5）重新安装轴瓦前要修磨轴瓦，必要时研磨承载面。

（5）给各密封面涂上密封胶（耐温性为 130℃）。

（6）重新组装转子部件。

（7）从箱体和箱盖上去除旧的密封胶和油污，彻底冲刷和清洗油箱，给所有的密封面涂上密封胶。

（8）重新将输入轴和转子部件装到箱体上。

（9）装上各温度探头，装上并用螺栓紧固箱盖，装上并紧固辅助润滑油泵与箱盖的连接螺钉，装上辅助润滑油泵的电动机和垫块。

（10）装上执行机构和刻度盘，给油嘴注入油脂并给外露部分涂上油脂。

（11）检查耦合器与主电动机及被驱动机器的对中性（记下数值）。

（12）装上联轴器，给电动机、电动执行机构和仪表接通电源。

（13）如果需要，按制造厂说明书清洗冷油器，清洗后冷油器应进行打压试验（试验压力不能超过最大试验用压力）。

（14）给油箱和冷油器灌注油。

（15）检查辅助润滑油泵、电动执行机构和仪表的功能；检查冷油器的泄漏情况和排气功能，然后进行试运转，观察各项功能和工作平稳性，必要时检查泄漏情况和油位是否正常。

10 YOT51 型液力耦合器应怎样进行解体？

答：参见图 21-32 所示。解体时应特别注意：在大修期间禁止任何污物进入耦合器内。将敞开的油箱用塑料布盖好，如可能将箱盖盖到箱体上并封住轴端。转子部件从箱体中取出后，可以在箱体外解体和重新组装。

（1）勺管调节机构解体。

1）松开执行机构和调节杆间的连接，拆下指针（410/040）和刻度盘（410/060）。

2）松开调节圈（410/080），并将其向调节杆（410/010）靠拢。

（2）拆箱盖。

1）拆下轴中心线以上、影响吊出箱盖的所有部件（如电缆、管道等）。如果装有联轴器保护罩，也应拆去。

2）拆下所有垂直方向的螺钉和圆锥销。

3）拆下所有位于中分面上的螺钉。

4）松开连接辅助润滑油泵与支架用的螺栓后，拆下电动机。检查联轴器，拆下支架及辅助润滑油泵。小心地将箱盖从箱体上吊起，然后置于木板上。

（3）拆耦合器转子。

1）从箱体上拆下控制轴，拆下输入端齿轮润滑油喷油管。

2）拆下所有的温度探头。

3）拆下推力轴承端盖的紧固螺钉，将端盖与外侧推力瓦块一齐拆下（注意：推力瓦块会松开，不能碰伤）。

4）拆下推力盘并取下内侧推力瓦块（注意：各推力瓦块上都标上记号）。

5）在 6 号轴承壳体上的润滑油进油槽内穿入绑紧铁丝（最小直径为 1mm），用铁丝将上、下轴承壳体拧在一起。5 号轴承壳体已由推力轴承护板结合在一起。

6）从转动外壳上拆下易熔塞和密封圈。如果需要清理易熔塞孔内的油垢，应盘动转子，以排空工作腔内的剩油。

7）拆除余下的螺钉，在耦合器转子的泵轮轴端中心螺孔拧一 M24 的吊环。

8）用尼龙绳或带套管的软钢丝绳吊起转子。吊起转子时必须严格保证水平，以免碰伤小齿轮。

9）小心地将转子吊出并将其放到橡胶垫子上。取下绑紧铁丝和轴承壳体。

11 YOT51 型液力耦合器的转子应怎样进行解体？

答：将转子垂直放置并使泵轮轴向上。当泵轮与转动外壳拆开时，转动外壳会向下滑，所以要用三根木块支撑住转动外壳，如图 21-33 所示。

（1）拆下螺钉（040/030），将泵轮和泵轮轴吊开，去除木块将转动外壳慢慢地放在供排油腔上面。

（2）拆下螺钉（040/100）后，拆下涡轮（040/080），在涡轮轴（040/090）的法兰上有两通孔，通过其中的一个孔可拆下开口弹簧挡圈（069/030），并借助一 M8×60 长的螺钉拆下导向销（069/040）。

（3）从勺管腔内拆下勺管套（069/010/030）和勺管（069/050）。此时才能将转动外壳从供排油腔拆下。

（4）将供排油腔置于水平位置，拆下螺钉（069/010/010/030）。拆开供排油腔就可进一步解体 7、8、9 和 10 号径向轴承和推力轴承。

（5）拆下输入轴。拆下剩余螺钉，用绑紧铁丝绑住 1 号和 2 号轴承的壳体（铁丝最小直径为 1mm），如图 21-34 所示。按图所示吊起输入轴。吊离箱体将其放到木块上。

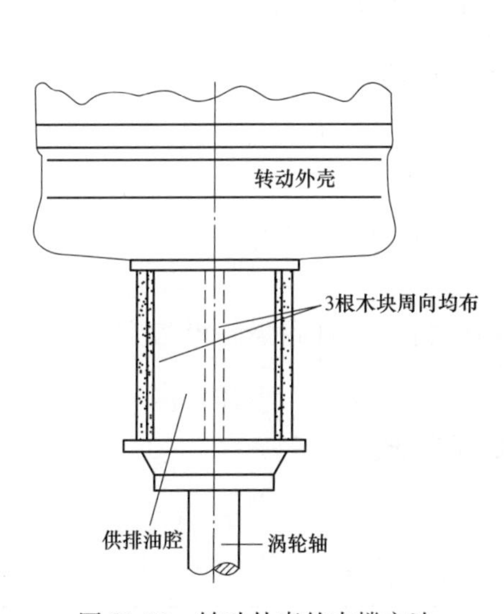

图 21-33　转动外壳的支撑方法

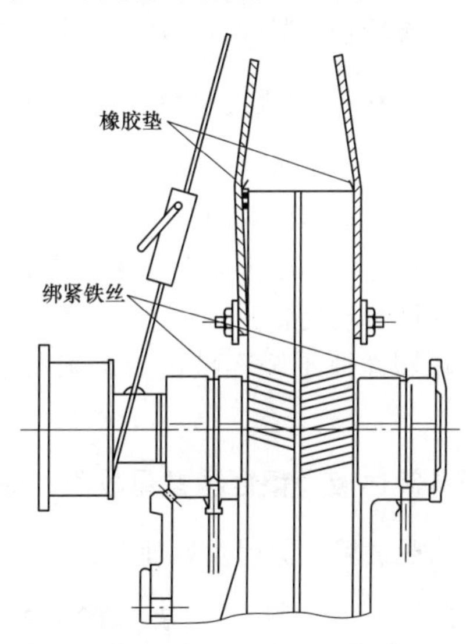

图 21-34　吊出输入轴的正确方法

（6）从输入轴上拆下绑紧铁丝和轴承壳体。

12　YOT51 型液力耦合器解体后应怎样检查耦合器部件？

答：应先清洗已解体的转子部件（去除黏在上面的油污），然后进行如下检查：

（1）检查泵轮和涡轮（叶片进行共振试验）。

（2）检查勺管机构的磨损和机械功能，检查易熔塞并在必要时更换新的，检查轴承情况。

（3）在径向轴承装复以前，修磨轴承面并研磨轴与轴承的滑动接触面。

（4）在各密封面上去除原来的密封胶。

（5）如果油箱内油都被抽出，冲洗油箱以清除剩油和密封胶杂质。

（6）目测检查所有零部件情况。

13 YOT51 型液力耦合器的转子应怎样进行重新组装？

答：将涡轮轴（040/090）套入半联轴节内。在轴承端盖（031/010）上涂以密封胶。组装 8/9 号推力轴承，给推力瓦块的钨金面和其背面涂上防摩擦润滑油脂（黏贴效果），将 8 号推力轴承和轴承壳体（050/040）装到涡轮轴的推力盘上，安装时应正确到位以便接下来的供排油腔安装。将 9 号推力轴承和 10 号轴承一起从下部推向推力盘并定位，同时在涡轮轴上装上半片供排油腔（069/010），装上另半片供排油腔并用螺钉将两半部供排油腔紧固在一起。在轴承端（031/010）上涂上密封胶并装到供排油腔上。在转动外壳上装好易熔塞（040/010/050）与密封圈，将转动外壳放到供排油腔上。

在安装勺管套和勺管时，应注意转动方向是“顺时针”还是“逆时针”（见耦合器的垂直方向中剖图）。在供排油腔上装上勺管套（069/010/030）和勺（069/050）管，将两者准确地对准导向销孔。装上导向销（069/040）和弹簧挡圈（069/030），装上涡轮（040/080）并用螺钉将其紧固到涡轮轴上。提起转动外壳（与解体时方法相同），并用 3 根木块支撑住。放上泵轮和泵轮轴，紧固泵轮和转动外壳的紧固螺钉，将转子放到水平位置。

14 YOT51 型液力耦合器主充油泵的间隙如何调整？

答：将主充油泵按其正确安装位置装到箱体上，拧上紧固螺钉但不要拧紧。按下述步骤调整主充油泵驱动齿轮的间隙：

（1）给齿轮的几个齿面上薄薄地涂上着色剂。

（2）来回盘动齿轮。

（3）用塑性锤子轻轻敲击油泵来调整齿轮啮合情况，直到齿轮沿齿宽方向啮合接触均匀。

15 简述液力耦合器常见故障、原因及处理方法。

答：常见故障、原因及处理方法，见表 21-5。

表 21-5 液力耦合器常见故障、原因及处理方法

故障类别	原因	处理方法
润滑油压力太低	润滑油冷油器内缺水或流动慢	增加冷却水量
	润滑油冷油器中进了空气	排除空气
	润滑油过滤器堵塞	清洗过热器滤网
	润滑油安全阀损坏或安装不当	消除故障，正确安装安全阀
	润滑油泵吸入管堵塞	检查并清理入口管
	润滑油泵内进空气	检查泵吸入管，消除泄漏点
	润滑油系统管道有泄漏	修理或更换损坏部分
耦合器进口油温太高	工作油冷油器内水量不足或流动慢	增加供水量
	工作油中进空气	排除空气
耦合器内油压太高	工作油溢流阀安装不正确	重新安装
	工作油溢流阀有故障	修理或更换弹簧
润滑油压太高	润滑油溢流阀安装不正确	重新安装

续表

故障类别	原因	处理方法
耦合器油压太低	工作油过滤器堵塞	清理过滤器
	工作油溢流阀安装不正确或损坏	排除故障，正确安装
	工作油吸入管堵塞	检查并清理入口管
	工作油泵内吸入空气	检查吸入管密封，消除泄漏
润滑油压力不够规定要求	润滑油系统管路有断裂	检查并接通
	润滑油过滤器太脏	切换过滤筒，清理滤芯
主油泵不工作	传动轴断裂	检查并更换新轴
启动备用泵后无压力	电动机无电压	检查电源并接通
	电动机损坏	予以更换
	电动机接线错误	正确接好
	油泵内堵塞	排除杂物
	吸入管有断裂	检查并接通
油过滤器中的污物太多	油管道脏污	清理滤网
	油泵磨损	清除泵内杂质并检查，修理泵
	油箱中的油污	清理油系统，更换新油
油耗量太高	排油嘴泄漏	检查并拧紧
	油管道泄漏	予以消除
	壳体焊接处泄漏	检查并修复
	轴承压盖连接而泄漏	重新密封
勺管卡涩或不灵活	勺管与其套筒磨损	适当增大套筒间隙
	滑动调节器的凸轮打滑	重新调整凸轮的压紧弹簧
	勺管调节轴的传动小齿轮松脱	重新紧固好小齿轮
	勺管调节轴断裂	修复或予以更换
	油动机传动杠杆打滑	重新拧紧止动螺钉
齿轮装置出现周期性撞击	齿轮损坏	更换损坏部件
	轴瓦磨损	检查并修复、研刮轴瓦
齿轮传动装置振动	齿轮传动装置中心不对	检查并按要求校正
	液力耦合器不平衡	消除不平衡
	基础支撑不牢固、有缝隙	校正基础
	叠片式联轴器不平衡	消除不平衡
	齿轮传动装置地脚螺栓松动	重新拧紧
	液力耦合器转子损坏	修复或予以更换

16 简述液力耦合器的工作原理。

答：液力偶合器主要由主动轴、泵轮、涡轮、旋转内套、勺管和从动轴组成。泵轮和涡轮分别套装在位于同一轴线的主动、被动轴上，泵轮和涡轮的内腔室相对安装，两者相对端面间留有一窄缝，不能进行扭矩的直接传递。泵轮和涡轮的形状相似，尺寸相同，相向布置，合在一起很像汽车的车轮，分开时均为具有 20～40 片径向直叶片的叶轮，涡轮的片数一般比泵轮少 1～4 片，以避免共振。泵轮和涡轮的环形腔室中装有许多径向叶片，将其分隔成许多小腔室；在泵轮的内侧端面设有进油通道，压力油经泵轮上的进油通道进入泵轮的工作腔室。

在主动轴旋转时，泵轮腔室中的工作油在离心力的作用下产生对泵轮的径向流动，在泵轮的出口边缘形成冲向涡轮的高速油流，高速油流在涡轮腔室中撞击在叶片上改变方向，一部分油由涡轮外缘的泄油通道排出，另一部分回流到泵轮的进口。这样在泵轮和涡轮工作腔室中形成油流循环。在油循环中，泵轮将输入的机械能转变为油流的动能和压力势能，涡轮则将油流的动能和压力势能转变为输出的机械能，从而实现主动轴与从动轴之间能量传递的过程。

第二十二章

汽 轮 机 辅 机

第一节　加热器运行工况分析

1 高压加热器出水温度下降的原因有哪些？

答：高压加热器出水温度下降，降低了回热系统效果，增加了能耗，应找出具体原因，予以消除。出水温度下降的原因有：

（1）抽汽阀门未开足或被卡住。

（2）运行中负荷突变引起暂时的给水加热不足。

（3）给水流量突然增加。

（4）水室内的分程隔板泄漏。

（5）高压加热器给水旁路阀门未关严，有一部分给水走了旁路，或保护装置进、出口阀门的旁路阀等未完全关严而内漏。

（6）疏水调节阀失灵，引起水位过高而浸没管子。

（7）汽侧壳内的空气不能及时排除而积聚，影响传热。

（8）经长期运行后堵掉了一些管子，传热面因之减小。

2 加热器运行时为什么要控制水位？

答：加热器运行时的水位对它性能及寿命影响很大，这是因为加热器的性能指标是基于正常水位来保证的。加热器运行时必须是有水位运行，不可以长期处于无水或低于低水位线之下运行，否则除造成疏水温度偏高、热效率差外，还会引起U型管的冲刷损坏。

加热器正常水位即控制水位。当加热器达到运行温度并稳定运行时，一定要保证控制水位，在高压加热器壳体上固定的水位指示计能清楚地表明这一水位。为使加热器正常运行，需要保持一定水位，一般卧式加热器允许水位偏离正常水位±38mm，立式加热器为±50mm。

3 何谓高压加热器低水位？它对运行有什么影响？

答：卧式高压加热器低于正常水位（38mm）即为低水位。水位的进一步降低（一般超过25mm）会使疏水冷却段进口露出水面，而使蒸汽进入该段，这将破坏使疏水流经该段的虹吸作用，并会造成如下的后果：

（1）造成加热器疏水端差的增加。

（2）由于泄漏蒸汽的热量损失，使高压加热器性能恶化。

（3）在加热器疏水冷却段进口处和疏水冷却段内引起蒸汽冲刷，造成加热器管损坏。

4 如何确定高压加热器疏水冷却段已部分进汽？

答：除可以通过高压加热器水位计指示来确定疏水冷却段进汽外，还可以通过比较疏水出口温度与给水进口温度来确定。

在设计工况正常运行时，疏水温度大概高于给水进口温度5～11℃。如疏水温度高于给水进口温度11～28℃，则疏水冷却段就可能已部分进汽。

5 何谓高压加热器水位的高水位？它有什么危害？

答：高压加热器水位高于正常水位（38mm）即为高水位（立式高压加热器为50mm）。

当加热器水位高于该值时，凝结段的部分换热管将浸没在水中。这种满水会减小有效传热面积，导致加热器性能下降（给水出口温度降低）。对于立式加热器，进一步提高水位（约300mm）会使疏水淹入过热段，这将破坏过热段的传热，严重冲蚀管子，并会产生以下危害：

（1）疏水调节阀不正常运行或失常。

（2）加热器之间压差不够。

（3）加热器超载荷。

（4）高压加热器换热管损坏。

6 在运行过程中，如何确定高压加热器是否发生泄漏？

答：在加热器运行过程中，通过测量流量和观察疏水调节阀的运行情况，可以检测加热器管子是否泄漏。如压力信号或阀杆指示器表示阀门是微启着或者比该负荷条件下的通常开启度大，并且负荷是稳定的，这就表明疏水流出流量比加热器负荷要求的大，多出的疏水流量必定来源于加热器管子泄漏。停运时水压试验可以核实泄漏的管子，采取措施堵塞破裂管子，以便尽量降低高压水对邻近管子冲刷损害。

7 如何在停机阶段对高压加热器进行保护？

答：在停机阶段，必须对高压加热器的水侧和汽侧进行保护。运行过程中短期停运时，在汽侧充满蒸汽并适当地调节水侧给水的pH值，可以起到很好的保护作用。

停机时间较长（在高压加热器长期停运或大修而机组停运）时，必须提供更持久性的保护措施：

（1）壳侧和管侧均充氮气。充氮气前，设备需经完全干燥，氮气压力维持0.05MPa（表压）。当压力低于0.02MPa时，应再补充氮气，且氮气纯度应在99.5%以上。

（2）壳侧充氮气（要求同上），管侧充满给水，且联氨浓度提高到200ppm，并调节pH值达10.0。有条件时，可使水通过专设的水泵进行循环，且每两个月更换一次水。

8 如何控制高压加热器的温度变化率？

答：高压加热器冷态启动或其运行工况发生变化时，温度变化率限定在＜55℃/h，必要时可允许变化率小于等于 110℃/h，但不允许再超过此值。在此温度变化率下，可保证高压加热器水室、壳体和管束有足够的时间均匀地吸热或散热，以防止发生热应力损坏。根据实验测得数据证明，当高压加热器温度变化率限制在小于 110℃/h 时，允许进行无限次热循环，且此时的热应力对加热器的损坏在安全范围内，不会降低加热器的设计寿命；但当温度变化率超过 110℃/h 时，加热器使用寿命会受到严重影响。

9 给水旁路系统包括哪些部分？给水旁路主要有哪些型式？

答：因高压加热器的故障率较高，为了不中断锅炉给水以致机组停运，必须在高压加热器上设置给水旁路系统。给水旁路系统包括旁路管道、给水进出口及旁路阀门或两者组成的联成阀，阀门均需要由保护装置的信号联动操作。

给水旁路主要有以下型式：

（1）大旁路。横跨全部高压加热器及其疏水冷却器、蒸汽冷却器等，如图 22-1 所示。大旁路作用时，整组高压加热器停运，给水直接去锅炉。

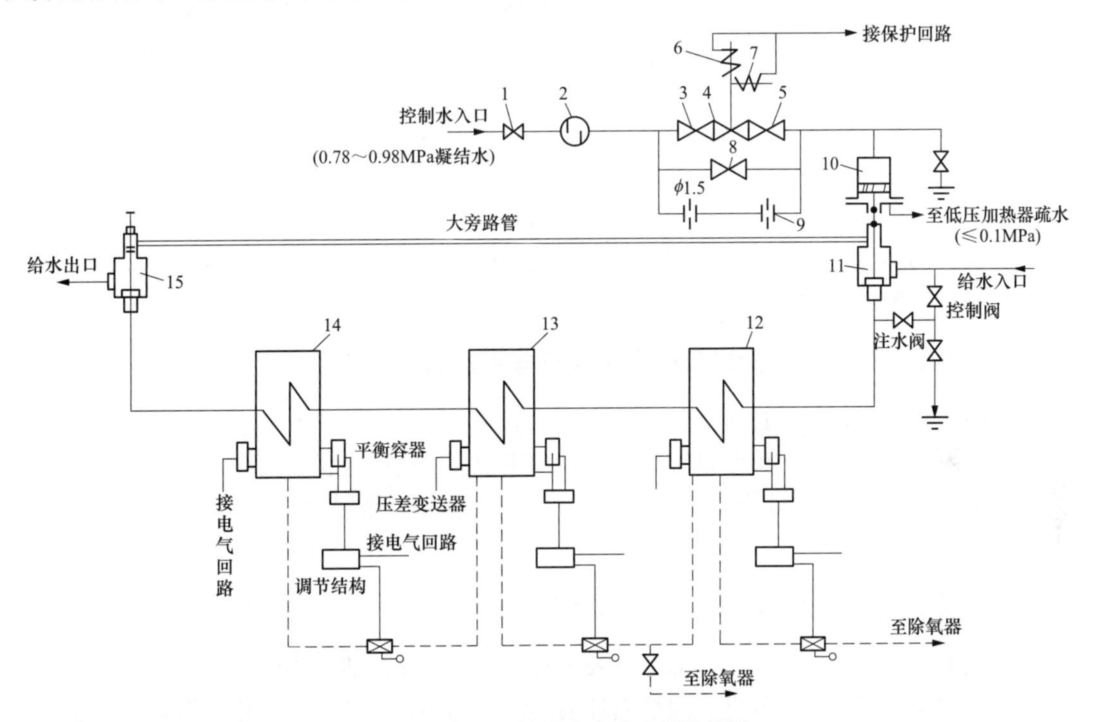

图 22-1 高压加热器大旁路及保护系统

1、3、5—截止阀；2—过滤网；4—快速启闭阀；6—开阀电磁铁；7—关阀电磁铁；8—启闭阀旁通阀；9—节流孔板；10—活塞缸；11—高压加热器入口联成阀；12～14—1～3 号高压加热器；15—高压加热器出口止回阀

（2）小旁路。小旁路作用时，该高压加热器停运，给水经其他高压加热器去锅炉。

（3）双重旁路。两个旁路均横跨全部高压加热器及其疏水冷却器、蒸汽冷却器等。第二个旁路采用电动闸阀进行隔离，在第一个旁路系统的阀门关闭不严时投入使用，确保加热器的隔离和检修工作安全进行。

10 超压保护装置是如何保证加热器安全的？

答：超压保护分为水侧超压保护和汽侧超压保护两种，其作用分别是：

（1）为防止加热器在给水进、出口阀门关闭时，水侧封存的水受热膨胀而超压，或在运行中因水泵或管路阀门工作状态的突然变化而超压，应在水侧给水进口阀和出口阀之间设置一个安全阀或超压报警装置。此外，还要在水侧系统上装设放水阀，并在停运高压加热器时将水放出或打开水侧的排空门。

（2）对汽侧设计压力低于水侧压力的加热器，为防止管子破裂时漏出的给水造成汽侧超压，应在汽侧装设安全阀，确保加热器壳体不破裂。此外，还必须设置事故疏水阀。每级高压加热器都应设有一个由高水位控制的电动阀门，作为事故疏水至锅炉定期排污扩容器之用，以排放高压加热器管系损坏时的泄漏水和疏水，使汽轮机不发生由抽汽管倒流进水的事故。

11 为什么启动时温度变化率过大会造成加热器管系泄漏？

答：发电厂大型机组一般采用表面式高压加热器，内部传热管数量多、管壁薄，而管板很厚，管板两侧温度差值可达300℃左右，所以从加热器结构来说存在较大的隐患。另外，高压加热器工况恶劣，高压加热器承受着给水泵的出口压力，比锅炉汽包承受的压力还高，是发电厂内承压最高的压力容器；高压加热器还承受着过热蒸汽和给水之间的温差，其中又以管板式高压加热器的管子与管板连接处的工作条件最为恶劣。

在高压加热器投运和停运过程中，如果操作不当，管子与管板结合面受到很大的温度冲击，会有很大的热应力叠加在机械应力上。当这种应力过大或多次交变，就会损坏结合面或造成管子端口泄漏。

12 高压加热器进水量过负荷会引起哪些不良后果？

答：高压加热器进水量过负荷将会带来如下后果：

（1）汽侧过负荷，蒸汽流量增加超过设计额定值，引起管束振动而使加热器损坏。

（2）给水流速增加，对管子的冲刷力增加，常导致加热器管系的管口和管子受侵蚀损坏。

13 高压加热器汽侧水位过高会有哪些危害？

答：汽侧水位过高，淹没了一部分有效传热面，给水在加热器中的吸热量会减少，也就降低了给水的温升值，从而降低了回热循环的热效率和热经济性。当加热器因管束泄漏或疏水调节系统故障等原因而造成汽侧水位过高甚至满水时，汽侧的水就有可能通过抽汽管路倒流入汽轮机，引起汽轮机损坏重大事故。对具有内置式蒸汽冷却器的倒置立式加热器，如汽侧水位过高，淹没了过热蒸汽冷却段的上端隔板，会导致该处管束损坏。

14 高压加热器汽侧水位过低会产生哪些危害？

答：如果高压加热器在运行中汽侧水位过低，不能浸没内置式疏水冷却段的疏水入口，蒸汽就会进入疏水冷却段，从而影响疏水冷却段内部的传热效果。对于需要靠虹吸作用维持疏水正常流动的立式加热器和具有疏水冷却段的卧式加热器，一旦疏水水位低于疏水冷却段入口，水封遭到破坏，就失去了疏水冷却段的作用，使疏水所含热量不能得到充分利用，影响热经济性。

各级加热器之间的疏水一般都是逐级串联的。在无水位运行情况下，抽汽压力较高的一级加热器中的蒸汽就会通过疏水管道进入下一级抽汽压力较低的加热器，从而使回热循环的整体热经济性降低。

对有内置式疏水冷却段的加热器，当水位过低而使疏水入口暴露在蒸汽中时，会在入口处形成蒸汽与水的两相流动。疏水冷却段的流通截面是按水量设计的，为防止压损过大，一般规定疏水冷却段内凝结水流速不大于 0.6～1.2m/s。当部分蒸汽进入疏水冷却器时，高速流动的汽水混合物会侵蚀疏水冷却段入口附近的管束、隔板等构件。此外，流速增大还可能导致管束振动损坏。

在水位过低的情况下，疏水冷却段不能正常工作，由加热器排出的疏水过冷却度很小，疏水在流动过程中就很容易因压损而造成疏水在管道内闪蒸。闪蒸后形成高速流动的汽水混合物，对管路中的弯头、阀门等造成严重侵蚀的可能就增加了很多。疏水闪蒸和两相流动过程通常不稳定，也会激发管道的振动。管道长期大幅度振动，会造成管道及有关设备的疲劳损坏。对采用疏水泵的系统，疏水过冷度不足，还会造成疏水泵汽蚀余量不足。

15 为什么会造成高压加热器假水位?

答：造成高压加热器假水位的原因有：

（1）上部平衡管太长，过量的凝结水使通过该管的流量增加，形成压降，使水位计的指示水位高于加热器的实际水位。

（2）加热器汽侧通过上部平衡管开孔处的蒸汽流速太高而使该处静压降低，由于抽吸作用，会降低上部平衡管内的压力，使水位计的指示水位高于加热器的实际水位。

（3）逐级疏水流入倒置立式加热器汽侧上部平衡管接头，会淹没传感器而使指示水位高于加热器的实际水位。

（4）部分沉积物的堵塞或关闭下部平衡管上的阀门，阻碍凝结水流回汽侧，使传感器中的指示水位高于加热器的实际水位。

（5）安装不正确或水位计的阀门关闭，造成指示假水位。

（6）水位计接口开在加热器汽侧内有剧烈流动的不稳定区域，指示水位不稳定。

（7）加热器内部由于汽侧压损而存在压力梯度，从而使水位有坡度，这在卧式加热器上尤其明显。这时只反映了水位计处的水位，而不是加热器内的水位。

（8）浮子式水位计上的污垢使浮子质量改变，从而改变水位的指示值。

16 如何从金属监督角度来分析高压加热器入口管端的损坏?

答：入口管端的侵蚀损坏只发生在碳钢管加热器中，损坏部位一般限制在管束的给水入口端约 200mm 的范围内。入口管端侵蚀是一种侵蚀和腐蚀共同作用的损坏过程。其机理是管壁金属在表面形成的氧化膜被高紊流度的给水破坏而带走，在这种连续不断的过程中，金属材料不断损失，最终导致管子的破损，有时损坏面可以扩大到管端焊缝甚至管板。

影响入口管端侵蚀损坏的主要因素有给水 pH 值、含氧量、温度和紊流度。铁在含水环境中生成铁离子（Fe^{2+}），在含氧量低的条件下与水中的氢氧根离子（OH^-）结合而生成铁的氢氧化物[$Fe(OH)_2$]；当温度高于 150℃时，反应开始向着形成磁性氧化铁的方向转移。

$$Fe(OH)_2 \longrightarrow Fe_3O_2 + H_2O$$

磁性氧化铁与钢有相同的晶格结构，能够和钢材基体建立牢固的联系，在钢材表面形成很薄的氧化膜保护层，把腐蚀介质与金属隔开，起到减轻腐蚀、保护金属材料的作用。

由上述反应过程可知，铁先和氢氧根离子生成 $Fe(OH)_2$，然后再转变成磁性氧化铁。这种反应主要出现在低含氧量的中性和碱性溶液中。在酸性溶液中有较多的氢离子（H^+），会使 Fe_3O_4 游离成铁离子（Fe^{2+}）而被水流带走。试验表明：在流动的水中，pH 值上升，材料损耗速度下降；当 pH 值达 9.6 时，管端侵蚀现象几乎消失。

较高的温度有利于磁性氧化铁的形成。一般认为给水温度低于 200℃左右时，才会出现明显的侵蚀。

水的紊流引起压力波动和对管壁的冲击，是使磁性氧化膜破坏的又一原因。紊流的形成主要来自给水从进水管流入水室时的强大扰动，以及给水进入管束时在端部出现的收缩和脱离。这种紊流的影响一般可深入到管内约 200mm 处。紊流度越大，对氧化膜的破坏就越迅速，因而侵蚀速度也越快。

17 如何从金属监督角度来分析管束振动对加热器造成的损坏？

答：管束振动是管壳式热交换器中普遍存在的一个问题，U 型管高压加热器也不例外。具有一定弹性的管束在汽侧流体扰动力的作用下会产生振动，当激振力频率与管束自然振动频率或其倍数相吻合时，将引起管束共振，使振幅大大增加，就会造成管束的损坏。

管束振动损坏的原因主要有：

（1）由于振动而使管子或管子与管板连接处的应力超过材料的疲劳持久极限，使管子疲劳断裂。

（2）振动的管子在支撑隔板的管孔中与隔板金属发生摩擦，使管壁变薄，最后导致破裂。

（3）当振动幅度较大时，在跨度的中间位置上相邻的管子会互相碰撞、摩擦，使管子磨损或疲劳断裂。所以，当发现管束在支撑隔板的管孔处发生磨损或在跨度中间位置处磨损或断裂时，应考虑到管束振动损坏的可能性。

第二节　凝汽器运行工况分析

1 凝汽器侧疏水扩容器焊缝开裂的原因是什么？如何防范？

答：疏水扩容器焊缝开裂的主要原因是：

（1）运行中热胀差大，造成此处热应力增大，以致焊缝开裂。

（2）管道热应力过大，造成局部焊缝拉裂。

（3）原焊缝存在缺陷。

针对以上原因，可采取在与凝汽器有关的管道上安装管道膨胀补偿器（伸缩节）来解决，同时在管道焊接过程中加强对焊接工艺和热处理工艺的控制。

2 在运行过程中，如何对冷水塔进行维护和监督？

答：冷水塔运行过程中的维护和监督为：

（1）在发现配水管有漏水、溢水现象时，应立即采取措施加以消除。

（2）根据脏污及结垢情况，及时清理喷嘴和填料格栅。为了及时地更换损坏的喷嘴和填料格栅，必须备有一定数量的备品。

（3）所有水塔的进水管道和出水管道上的阀门不应有任何漏水现象。

（4）定期检查金属构件，且每两年涂漆一次。

（5）注意集水池的严密情况。在冷水塔停止运行时，监视池内水位一昼夜的变化；在冷水塔运行中，可根据蒸发损失、风吹损失和补给水量间接地来判断循环水系统漏水情况。如发现水池漏水，应将池水全部放出，仔细检查混凝土池底及池壁情况。如发现水泥壁或支柱有钢筋露出，应在损坏处重浇混凝土；如混凝土经常遭受破坏，则需查明原因并制定防范措施。

（6）保持池水清洁，应定期将淤泥和脏物清除出去。

（7）保持回水井滤水网清洁，脏污时应及时清洗。

（8）冬季不应将水池的水长期放空（包括喷水池）。有特殊需要时，应对水池底部池边采取保温措施，以防冻坏。

（9）冷水塔四周邻近的地区必须保持清洁，不应堆积障碍物。

（10）对冷水塔的运行进行监督，每年至少试验一次。在试验时，应测量循环水和补充水的流量、冷却前后的水温、大气的干湿球温度、风速和风向等，上述数据应每小时记录一次。

3 影响冷水塔冷却效果的常见缺陷有哪些？

答：运行中影响冷水塔冷却效果的缺陷有：

（1）分配水管及喷嘴没有达到水平。

（2）分配水管及喷嘴有很明显的漏水现象。

（3）塔筒有严重的不严密现象及塔筒过低。

（4）由于淋水装置布置不合理，增大了淋水装置的阻力，或者是填料格栅局部倒塌、填料格栅结构不良等。

4 如何对循环水进行化学处理？

答：如果循环水水质不好，会造成凝汽器铜管内部表面有有机黏质的附着物，对汽轮机凝汽器的运行具有很大的影响。这种附着物会使热传导剧烈地恶化，并降低冷却水流量。

当凝汽器铜管壁附有有机污物时，虽经每次清洗后传热效果有所恢复，但时隔不久凝汽器运行仍会迅速恶化。防止有机附着物的根本办法，就是对循环水进行化学（氯）处理。

在进行氯处理时，一般都采用漂白粉；也有在进行氯处理时，直接把液体氯加到循环水中去。

为了保证循环水氯处理取得良好的效果，必须正确地规定氯处理的方式、加药的延续时间和相隔时间，以及汽轮机凝汽器出口水中的余氯量（一般为0.1～0.3mg/L）。

氯处理方式的选择，随冷却水质、有机脏污程度、温度条件及季节而有所不同，故应结合各厂的具体条件来进行。

5 为什么要对循环水进行排污？

答：在冷水塔运行中，必须定期进行循环水系统的排污，以避免凝汽器表面结垢，从而破坏凝汽器的正常运行。排污的经济数值取决于补偿不可回收的水所需要的水量及其价值。如果为了稳定循环水的暂时硬度，而排污水的费用超过循环水化学处理的费用时，则应进行化学水处理。凝汽器铜管结垢时，一方面使换热效果不良；另一方面由于凝汽器管阻力增大，使冷却水流量减少，从而使凝汽器的冷却倍率降低，使汽轮机的真空降低。

为了防止汽轮机凝汽器铜管结垢，所需要的排污水量取决于水的蒸发损失量、排污水的碳酸盐硬度、水温和游离二氧化碳量等。

第三节　除氧器运行工况分析

1 滑压运行时，如何使除氧器喷嘴达到最佳的雾化效果？

答：除氧器喷嘴运行时流量的大小是由水侧压力（凝结水侧压力）与汽侧压力（除氧器工作压力）之间的压差来决定的，即压差大喷嘴的流量大，压差小喷嘴的流量小。因此，在滑压运行时，要求除氧器系统能保证除氧器水、汽侧的压力差与机组所需凝结水量（即喷嘴流量的大小）相匹配，才能使喷嘴达到最佳的雾化效果，从而保证凝结水在喷雾除氧段空间的除氧效果。

2 除氧器接入高中压主蒸汽门杆溢汽时如何保证安全运行？

答：在卧式除氧器喷雾除氧段空间接入有高压和中压主蒸汽门门杆溢汽管时，若除氧器发生断水，则主蒸汽门门杆溢汽得不到降温。此时，门杆漏汽温度多为400℃以上，远远超过除氧器设计壁温350℃，造成了除氧器此时存在着极大的不安全因素。因此，为了保证除氧器的安全运行，要求除氧系统在除氧器断水时，应能立即自动切断门杆漏汽进入除氧器。

3 除氧器水位保护是如何实现？

答：除氧器水位保护是由除氧水箱电极点液位发信器发出信号给自动控制系统来实现以下保护的。

（1）高水位信号分三档，第一高水位要报警；第二高水位应自动打开高水位溢流阀，当水位降至正常水位时，高水位溢流阀能自动关闭；第三高水位（即危险水位），应强行关闭高压加热器进汽门。

（2）正常水位信号一档。

（3）低水位信号分两档，第一低水位要报警，第二低水位是危险水位报警。

4 除氧器如何将不凝结气体排出？

答：除氧器通过排气管将不凝结气体排出。排气管由不同数量的排气管汇集在一根排气总管道上。排气总管内应设有限流孔板，限流孔的直径为6～10mm。正常运行时总保证除氧器有一定排气量，以确保除氧器的除氧效果。

5 在除氧器投运前应进行的检查和试验有哪些？

答：除氧器投运前应进行的检查和试验有：

（1）在除氧器安装完毕投运前或A/B级检修完毕投运前，应进行安全阀开启试验。

（2）在除氧器启动前（安装后投运、A/B级检修或长期停机后投运），应对除氧系统进行冲洗（采用冷冲洗还是热冲洗，应视具体除铁效果而定）。除氧系统冲洗合格指标是含铁量小于等于50μg/L，悬浮物小于等于10μg/L。在凝汽器未投真空前，冲洗用水应用化学除盐补给水箱来水，而不应用凝汽器来水。

6 如何在机组长期停运中对除氧器进行化学保护？

答：在机组长期停运中，应对除氧器进行充氮保护，并维持充氮压力在0.029～0.049MPa，或用其他防腐保护措施，以防除氧器水箱内壁产生锈蚀。

7 除氧器在长期运行情况下，应进行哪些金相监督？

答：除氧器在长期运行情况下，应进行的金相监督有：

（1）所有接入除氧器的接管，对接焊缝应进行X射线探伤检查，检查长度为焊缝总长的100%。如发现缺陷并处理后，接管对接焊缝应进行局部热处理。

（2）凡是与除氧器和除氧水箱上管座对接的除氧系统管道，其公称直径大于等于250mm时，对接焊缝应进行X射线探伤检查，检查长度为焊缝总长的100%。

第二十三章

管 阀 检 修

第一节　电动、气动调节阀的结构特点及检修

1 简述调节阀的作用、组成及分类。

答：调节阀是通过其阀芯的运动来改变阀芯与阀座之间的流通截面积，从而实现对介质压力、流量等参数的调节作用。调节阀由执行机构和阀门两部分组成。其中，执行机构起着控制和改变阀芯行程的作用，而阀门则为调节流量的直接执行部分。

执行机构是将控制信号转换为相应的位移、转角等动作值来控制阀体内截流部件的位置或其他调节机构的装置。其信号或驱动力可以是气动、电动、液动或此三者的任意组合。

阀门是调节阀的调节主体部分，与介质是直接接触的。它在执行机构的推动下改变了阀芯与阀座之间的流通截面积，从而达到调节流量的目的。阀门是由阀体、上阀盖组件、下阀盖及阀内件等组成。上阀盖组件包括有上阀盖和填料函。阀内件是指与流体接触的、可拆出的、起着改变节流面积和截流件导向等作用的零件的总称，例如阀芯、阀杆、套筒及导向套等均属于阀内件。

以压缩空气为动力源的调节阀称为气动调节阀，如图 23-1（a）所示。而以电能为动力源的调节阀则称为电动调节阀，如图 23-1（b）所示。它们是应用最为广泛的两种调节阀。

调节阀按照执行机构的配置可分为气动调节阀、电动调节阀、（电）液动调节阀和智能调节阀；按照气动执行机构的类型又可分为薄膜执行机构式调节阀、活塞执行机构式调节阀、长行程执行机构式调节阀和滚动膜片执行机构式调节阀；按照调节的型式可分为调节型、切断型和调节切断型三种；按照阀芯形状可分为平板型、柱塞型、窗口型、套筒型、多级型、偏转型、蝶型及球型等；按照阀门的流量特性可分为直线型、等百分比型、抛物线型和快开型等。

2 常见调节阀的型号有哪些？

答：我们常见的国产调节阀的主要型号，见表 23-1。

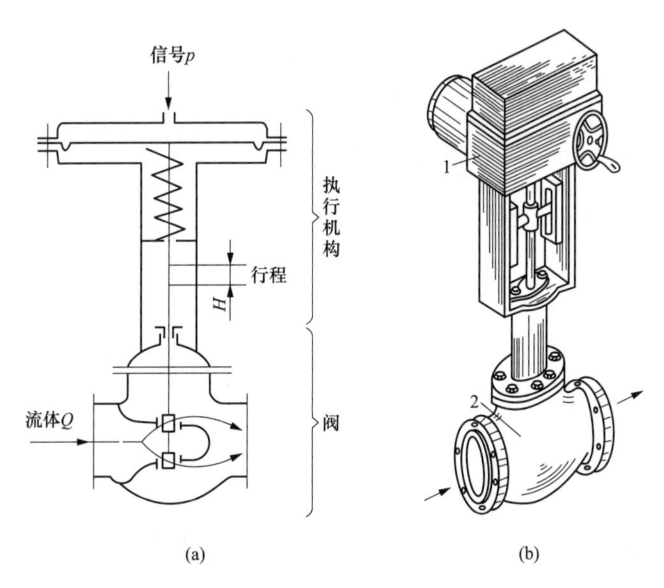

图 23-1　调节阀

（a）气动调节阀；（b）电动调节阀

1—执行机构；2—阀门

表 23-1　　**国产调节阀的主要型号**

型式	代号	型式	代号
单座阀	VP	蝶阀	VW
（精小型）单座阀	JP	球阀	VO、VV
双座阀	VN	隔膜阀	VT
套筒阀	VM	阀体分离阀	VU
（精小型）套筒阀	JM	分流、合流式三通阀	VX、VQ
偏心旋转阀	VZ	高压差阀	VK
角形阀	VS		

3　简述各种气动执行机构的动作特性和结构特点。

答：常见的调节阀气动执行机构主要有薄膜式执行机构、活塞式执行机构、长行程式执行机构和滚动膜片式执行机构四种。其主要的动作特性和结构特点如下：

（1）薄膜式执行机构。这是最为常见的一种机构，如图 23-2 所示。其主要特点是结构简单、动作可靠、维修方便。

气动薄膜式执行机构分为正作用和反作用两种形式。其信号压力为 0.02～0.10MPa，气源压力的最大值为 0.50MPa。当信号压力增加时，推杆向下动作的为正作用执行机构；推杆向上动作的为反作用执行机构。正、反作用执行机构的组成部件基本类同，主要有上膜盖、下膜盖、波纹薄膜、推杆、支架、压缩弹簧、弹簧座、调节件及阀位标尺等。在正作用执行机构中加上一个装有 O 型密封圈的填块，再更换个别的零件，即可变为反作用执行机构。

这种执行机构的输出特性是比例式的，即输出位移与输入的信号气压是成比例的。当信号压力通入薄膜气室时，在薄膜上产生一个推力，使推杆移动并压缩弹簧；当弹簧的反作用

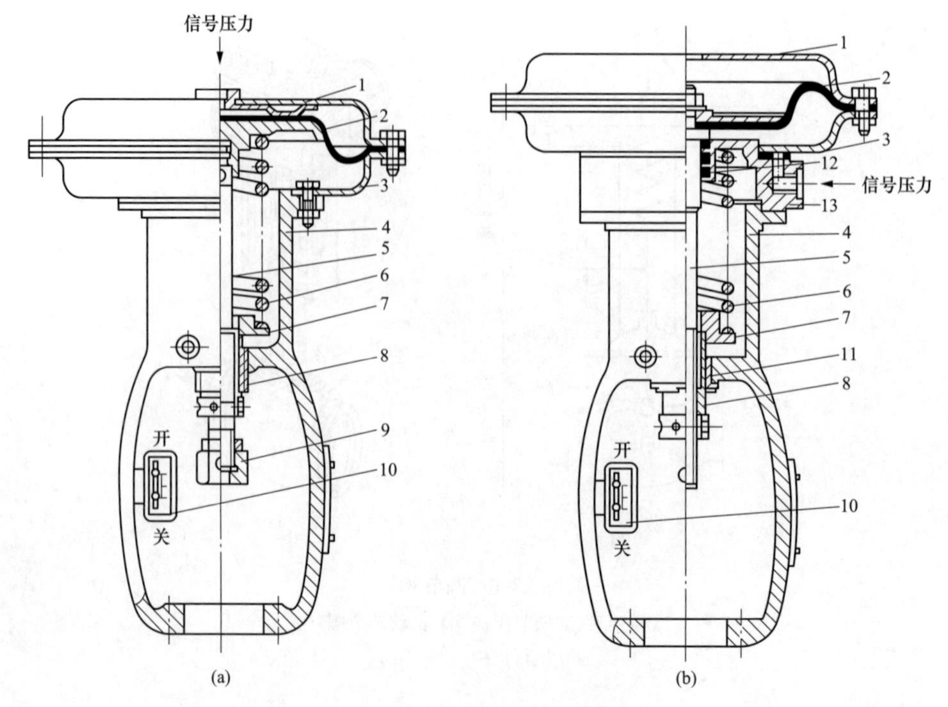

图 23-2　气动薄膜式执行机构

(a) 正作用式（ZMA 型）；(b) 反作用式（ZMB 型）

1—上膜盖；2—波纹薄膜；3—下膜盖；4—支架；5—推杆；6—压缩弹簧；7—弹簧座；8—调节件；9—螺母；10—行程标尺；11—衬套；12—密封环；13—填块

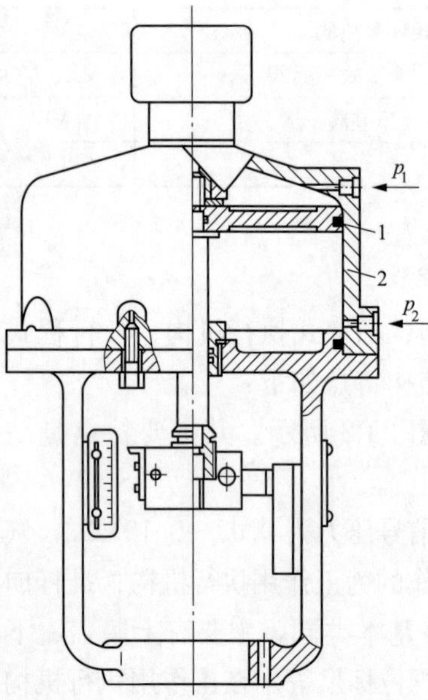

图 23-3　气动活塞式执行机构

1—活塞；2—气缸

力与信号压力在薄膜上产生的推力相平衡时，推杆则稳定在一个新的位置。推杆的位移即为执行机构的直线输出位移，也称为行程。

(2) 气动活塞式执行机构。气动活塞式执行机构，如图 23-3 所示。其内部没有弹簧平衡装置，它的活塞随着汽缸两侧的压差而移动。在气缸两侧可输入一个固定的信号压力和一个变动的信号压力，也可在其两侧均输入变动的信号压力。

气动活塞式执行机构的气缸的最大操作压力可达 0.70MPa。由于没有弹簧的抵消作用，故其有很大的输出推力，特别适宜于高静压、高压差的工况。这种机构的输出特性有比例式、两位式两种。比例式就是指输入的信号压力与推杆的行程成比例关系，这类机构带有阀门定位器；两位式机构则是根据输入活塞两侧的操作力压差来完成的，其活塞是由高压侧推向低压侧，使推杆由一个极端位置推移到另一个极端位置，亦即两位式执行机构主要是用来控制阀门的开关动作。

（3）长行程式执行机构。气动长行程式执行机构，如图 23-4 所示。它主要由杠杆执行组件、反馈组件、波纹管及气缸等组成。它具有行程长（可达 200～400mm）、转动力矩大的特点，适宜于输出力矩或输出一个转角的阀门，如蝶阀、风门等。

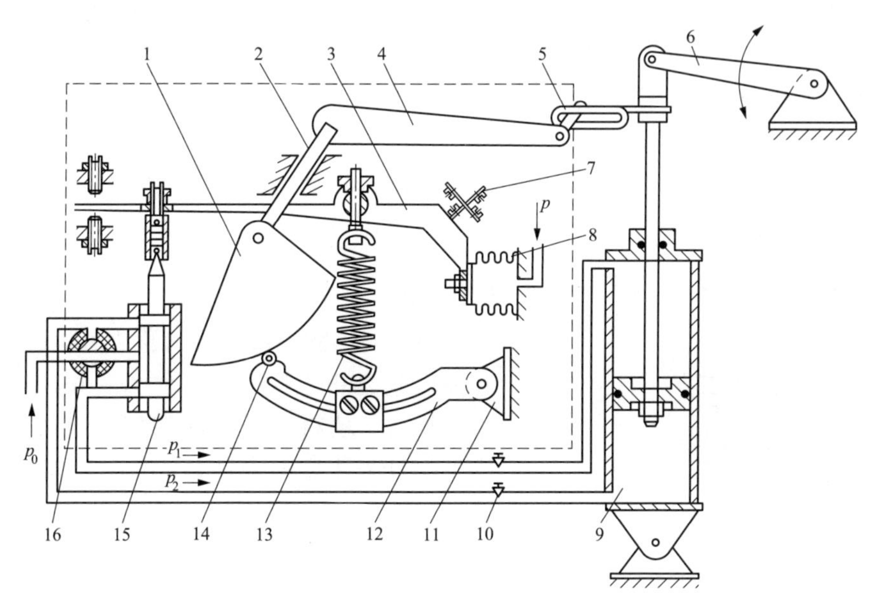

图 23-4　气动长行程式执行机构

1—反馈凸轮；2—转轴；3—杠杆；4—反馈杆；5—导槽；6—输出摇臂；7—杠杆支点；8—波纹管；9—气缸；10—针形阀；11—弧形杠杆支点；12—弧形杠杆；13—反馈弹簧；14—滚轮；15—滑阀；16—平衡阀

（4）滚动膜片式执行机构。滚动膜片式执行机构，如图 23-5 所示。在它的圆筒形缸体内装有滚动膜片和活塞等零件。其中，滚动膜片是一个位移量较大的、用丁腈橡胶制作的杯形膜片；压缩弹簧一端压在缸底，另一端穿过活塞杆顶在活塞顶部；活塞上装有导向环，可保持活塞与气缸的对中性，且活塞杆出口处装有橡胶防尘圈，可防止杂物进入气缸。当执行机构通入信号压力时，滚动膜片就会随着压力的变化而产生位移，使活塞和推杆一同进行往复运动。

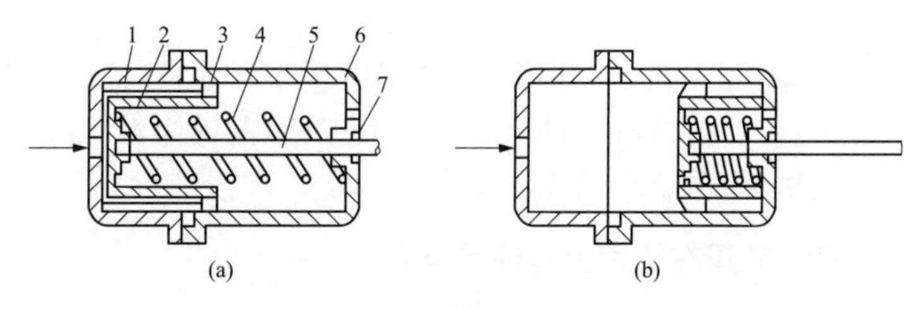

图 23-5　滚动膜片式执行机构

（a）无气状态；（b）有气状态

1—滚动膜片；2—活塞；3—导向环；4—压缩弹簧；5—活塞杆；6—缸体；7—防尘圈

这种执行机构兼有薄膜式执行机构和活塞式执行机构的优点，它在与薄膜式执行机构的膜片有效面积相同的时候会有更大的行程，与活塞式执行机构相比则有摩擦力小、密封性好的优点，但滚动膜片的制作和加工成本要相对困难和增大一些。

4 简述电动执行机构的类型。

答：电动执行机构一般分为直行程、角行程和多转式三种类型。它们都是由电动机带动减速装置，在电信号的作用下产生直线运动和角度旋转运动的。

直行程电动执行机构的输出轴输出的是各种大小不等的直线位移，通常用于推动蝶阀、球阀及偏心旋转阀等转角式调节机构。

角行程电动执行机构的输出轴输出的是角位移（转动角度小于360°），主要用来推动截止阀、闸阀或是在执行电动机带动下旋转的调节机构。

5 直通式单座调节阀在结构上有何特点？

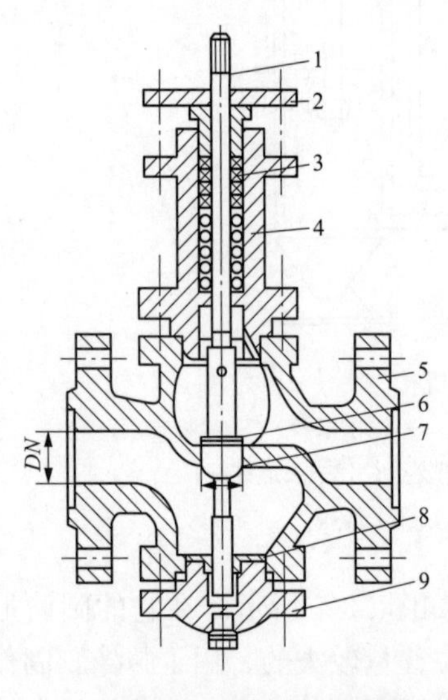

图 23-6 直通式单座调节阀的基本结构

1—阀杆；2—压板；3—填料；4—上阀盖；5—阀体；6—阀芯；7—阀座；8—衬套；9—下阀盖

答：直通式单座调节阀的基本结构，如图23-6所示。它是由上阀盖、下阀盖、阀体、阀座、阀芯、阀杆、填料和压板等零部件组成。其中，阀芯与阀杆采用紧配合销钉或螺纹连接的形式固定在一起；在上、下阀盖的中心部位均装有衬套，为阀芯的移动起导向作用，即上、下阀盖起着双导向的作用；阀盖上的斜孔连通它的密封腔和阀后内腔，使阀芯移动时阀盖密封腔内的介质能通过斜孔流入阀后，而不致影响阀芯的移动。

这种调节阀的阀体内只有一个阀芯和一个阀座。其泄漏量小，易于保证关闭或是完全切断，因此在结构上有调节型和切断型两种。它们的区别在于阀芯形状不同，前者为柱塞形；后者为平板形。这种阀门的另一个特点是介质对阀芯的推力大，即不平衡力大，特别是在高压差、大口径时更为严重。所以，此类阀门一般只能用于低压差场合，否则就应配以推力足够的执行机构或配以阀门定位器。

直通式单座调节阀有正装和反装两种类型。当阀芯向下运动时，阀芯与阀座之间的流通截面积减小的称为正装；反之，则称为反装。图 23-6 所示的即为双导向、正装式调节阀，若把阀杆与阀芯的下端相连，则正装就变为反装了。

6 直通式双座调节阀在结构上有何特点？

答：直通式双座调节阀是以阀体内有两个阀芯和阀座而得名的。其结构如图 23-7 所示，主要由上阀盖、下阀盖、阀体、阀芯、阀座、阀杆、填料及衬套等组成。

这种双座调节阀与同口径的单座调节阀相比，能流过更多的介质，流通能力约增大20%～25%。由于流体作用在其上、下阀芯上的不平衡力可以相互抵消，所以该阀的不平衡力小，允许的压差大；但其上、下阀芯不宜于保证同时关闭，所以泄漏量较大。此外，这种阀门的阀体内流动较复杂，在高压差流体中使用时对阀体的冲刷及汽蚀损坏比较严重，不宜于高黏度介质和含纤维介质的调节。

直通式双座调节阀的阀芯与阀杆是连接在一起的，为了避免阀芯因旋转而脱落，在阀芯与阀杆之间也是使用了圆柱销钉或螺纹来固定；在上、下阀盖的内侧装有衬套，它们对阀芯的移动起着导向的作用，由于上、下导向衬套同时对阀芯起着限定作用，故又将其称为双导向阀芯；在阀盖上设置的斜孔能使渗入阀盖内腔的高压介质顺利地流入阀后而被带走，因此不会造成上、下阀盖处的介质向外泄漏或是形成对阀芯端面的作用力而影响阀芯的移动。

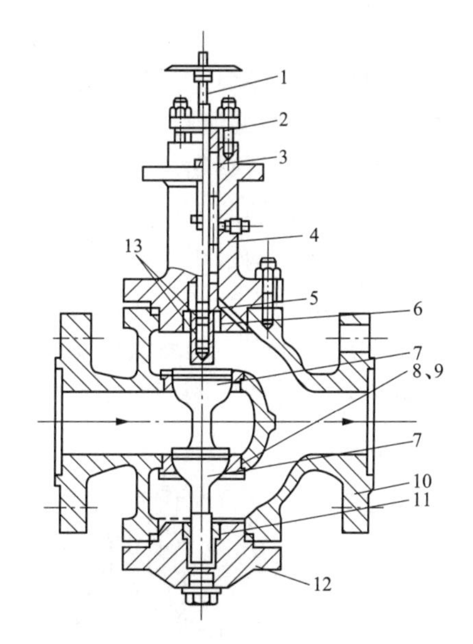

图 23-7　直通式双座调节阀的结构

1—阀杆；2—填料压盖；3—填料；4—上阀盖；5—斜孔；6、11—衬套；7—阀芯；8、9—阀座；10—阀体；12—下阀盖；13—圆柱销钉

直通式双座调节阀也有正装和反装两种形式。在正装时，调节阀阀芯向下移动会使阀芯与阀座之间的流通面积减小；在反装时，调节阀阀芯向下移动则会使阀芯与阀座之间的流通面积增大。由于该阀具有两个阀芯与阀座，且采用双导向结构，因此在需要倒装阀门时只需将上、下阀芯位置互换，并把阀芯倒装，改变阀杆为与阀芯的下端连接，这样就可以把阀门的正装改为倒装形式了。

7　简述直通式调节阀的检修要点。

答：对直通式调节阀阀体、阀芯和阀杆的检修，与一般阀门基本类同，但其检修中的特殊之处有如下几点：

（1）由于上、下阀盖中设置的导向衬套对阀芯起着导向的作用，因此导向衬套内孔应保持光滑，无沟痕、斑点、锈蚀等缺陷，与阀芯凸台的配合间隙应适当，以确保阀芯在衬套内移动自如而没有摆动；否则，就应对衬套进行打磨、加工、修理或更换。

（2）检查阀芯、阀座的密封面不得有腐蚀斑点、划伤、毛刺、沟痕等缺陷，否则就应进行修复、研磨；检查阀芯不得有弯曲变形，以免造成阀芯与阀座密封面的偏心而使得密封性能降低，或是由于产生卡涩而影响阀芯在导向衬套内的正常移动。若发现阀芯有弯曲时，必须进行校直。

（3）检查用于固定阀芯与阀杆连接的圆柱销不得有磨损、裂纹、剪切变形等缺陷，应保证圆柱销钉与阀芯、阀杆的配合紧密、牢固且防松措施得当，否则就应进行修复或更换；检查阀杆与执行机构的连接应牢固、可靠，不能有松脱现象。

（4）检查阀门的 V 型填料不得有磨损泄漏、老化等缺陷，并应定期予以更换。更换或补充填料时，注意不得填压过紧，以免造成阀杆的摩擦力过大而影响阀门的正常操作和调节。

8　套筒式调节阀在结构上有何特点？

答：套筒式调节阀是一种结构特殊的调节阀，也称为笼式阀。其基本结构，如图 23-8

所示。

这种调节阀的阀体与一般的直通单座阀相似，但阀内另设有一个圆柱形套筒（也称为阀笼）。该套筒的窗口根据流通能力的大小要求可分为四个、两个或一个，阀芯则利用套筒的导向作用在套筒中上下移动。由于阀芯的移动改变了阀笼的节流孔面积，从而形成了各种的流量特性来实现流量的调节。

由于套筒式调节阀采用了平衡型的阀芯结构，阀芯靠套筒的侧面导向，因此阀芯的不平衡力小，稳定性好，不易产生振荡，改善了阀芯易于损坏的状况。这种结构允许的压差大，而且有降低噪声的作用。随着套筒节流孔形状的改变，如图 23-9 所示。即可得到所需的流量特性。此外，这种调节阀的阀座不用螺纹连接，维修方便，加工简单，通用性强。

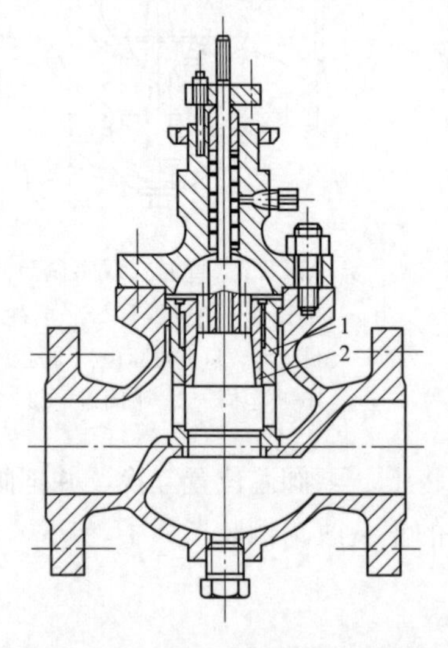

图 23-8　套筒式调节阀的基本结构
1—套筒；2—阀芯

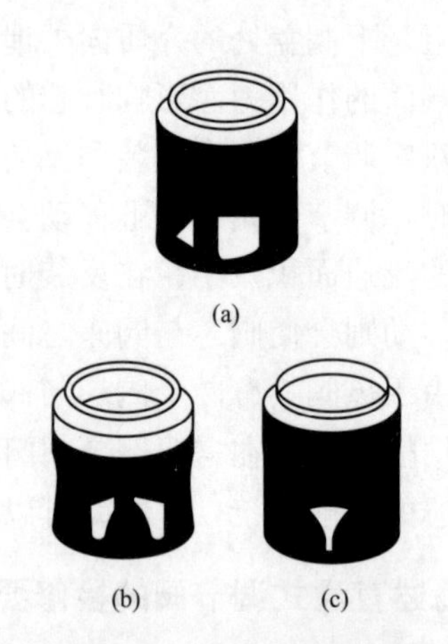

图 23-9　不同形状的套筒
（a）快开；（b）线性；（c）等百分比

9　简述调节阀阀芯型式。

答：根据使用条件的不同，可以设计出各种不同结构型式的调节阀阀芯。常见的主要有属于直行程类的平板型、柱塞型、窗口型、多级型阀芯、套筒型及属于角行程类的蝶型、球型等形式，如图 23-10 和图 23-11 所示。

平板型阀芯的结构，如图 23-10（a）所示。其结构简单，加工、制作便利，具有快开、快关的特性，常用于双位调节。

柱塞型阀芯分为上下双导向和上导向两种，如图 23-10（b）所示。其中左侧的两个为上下双导向式，应用广泛，常见的直通单座、双座式调节阀均采用的是这种结构。其特点是上、下可以倒装，倒装后即可改变调节阀的正反作用；而右侧的两个为上导向式，主要用于高压阀门和角形阀门。对于流量很小的阀门，采用的是球型和针型阀芯，也可在圆柱体上铣出小槽，其样式分别如图 23-10（c）和（d）所示。

窗口型阀芯的结构，如图 23-10（e）所示。它主要是用于三通式调节阀中。图中左边的样式为合流型，右边的样式为分流型。根据窗口形状的不同，阀门特性曲线有直线形、等百分比形和抛物线形三种。

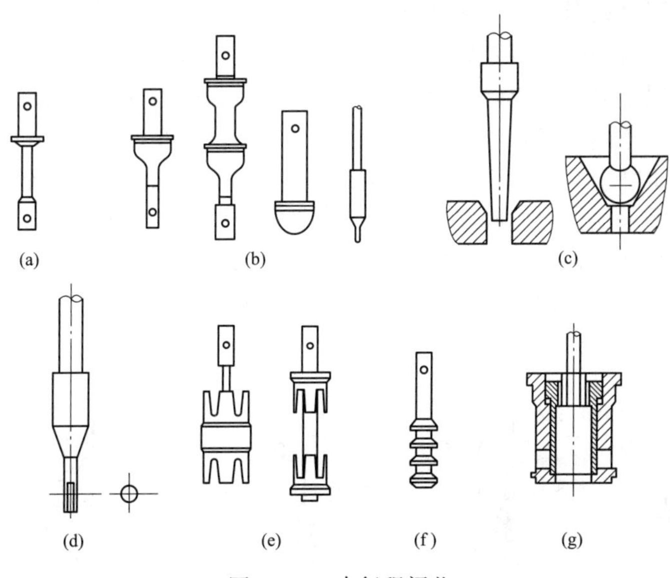

图 23-10　直行程阀芯

多级型阀芯的结构，如图 23-10（f）所示。它是把几个阀芯串接在一起的，以起到逐级降压的目的。多用于高压差阀，可以防止汽蚀和噪声。

套筒型阀芯的结构，如图 23-10（g）所示。它主要用于套筒结构的调节阀中。只要改变套筒的窗口形状，即可改变调节阀的流量特性。

角行程阀芯的结构，如图 23-11 所示。其阀芯是通过旋转运动来改变它与阀座之间的流通面积的。

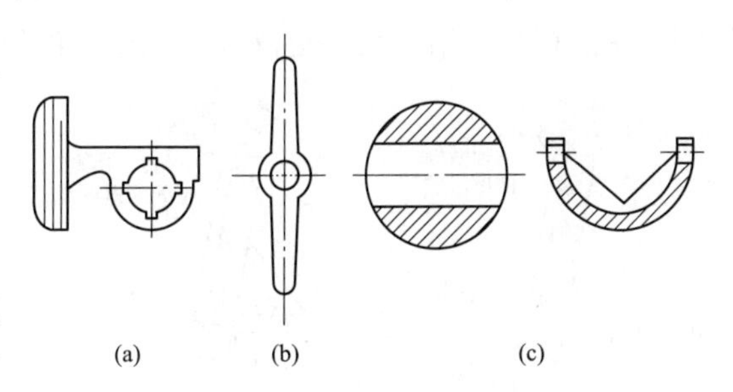

图 23-11　角行程阀芯

偏心旋转阀芯的结构，如图 23-11（a）所示。用于偏心旋转阀；蝶型阀板的结构，如图 23-11（b）所示。有标准扁平阀板、翘曲的阀板和带尾部的阀板三种。球型阀芯的结构，如图 23-11（c）所示。其一是在 O 型阀芯上钻有一个通孔，用于 O 型球阀；其二是在 V 型阀芯的扇形球芯上加工有 V 形口或抛物线形口，其两边支撑在短轴上，用于 V 型球阀。而 V 型球阀的 V 形切口也可改进为 U 形切口，以增大其流通能力。球型调节阀的流量特性为改良的等百分比曲线。其球芯的表面是在不锈钢母体材料上镀硬铬并抛光的，因而十分坚硬耐磨。

10 电动调节型金属硬密封碟阀在结构上有何特点？

答：考虑到施工环境的限制及运行中操作的便利等因素，在许多大直径管道的安装过程中，均采用电动调节型金属密封碟阀而取代了笨重、价高的闸阀、截止阀、球阀及节流阀等来用于管道系统的关断和流量调节。这种新型电动调节型金属密封碟阀的主要特点如下：

（1）密封结构改良。普通碟阀的密封结构主要有 U 型、半 O 型和唇型弹性密封环三种形式，如图 23-12 所示。由于其存在着一些缺点，如密封环为冲压成型、有较严重的应力集中，在高温环境下因材料退火、失去弹性引起阀门的密封环变形而导致产生泄漏；密封环材料热处理时为考虑耐磨损而使得其硬度过高、弹性不佳、脆性较大，当密封环座经常受到蝶板挤压或在低温工况下易于造成阀座疲劳产生脆裂；在制作大直径密封环时需经过冲压、定型、接头焊接等过程才能完成，这种工艺方法使得其接头存在焊接应力变形和焊接处不平整的缺陷，在使用中也会引起泄漏，这些缺陷都会严重影响蝶阀的使用寿命。

新型电动调节型金属密封蝶阀的密封是采用金属片层叠压制做成的，它通过高准确度机械切削加工成型并嵌装在蝶板上与阀座吻合，如图 23-13 所示。这样不论在高温或低温的工况下均不会存在冲压应力、焊接应力、弹性因退火而消退等缘由而引发变形、咬环、脆裂等损坏现象。

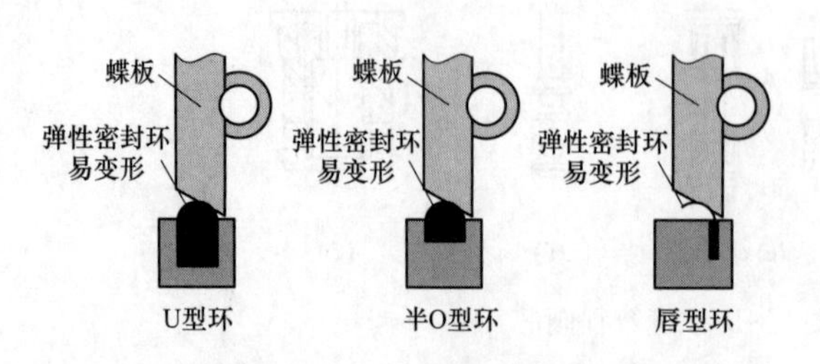

图 23-12　密封结构示意图

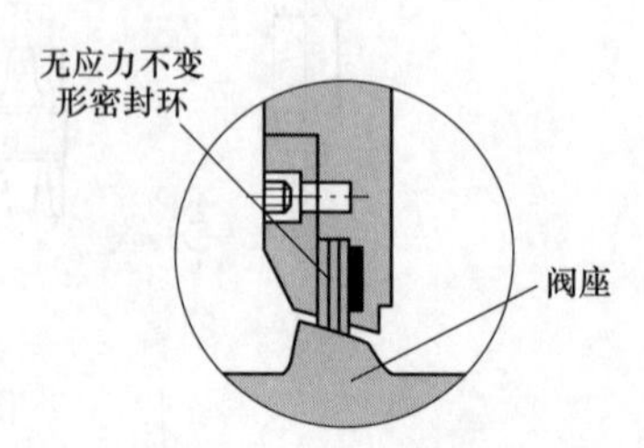

图 23-13　新结构密封示意图

（2）阀板三偏心结构。普通蝶阀采用的双偏心结构是为了蝶板球面形或锥面形的密封面在启、闭时能迅速与阀座分离，以减轻蝶板与阀座密封面之间的摩擦扭矩力。但是蝶板在启闭 0°～10°的过程中与阀座始终未分离，仍然处于滑动摩擦的状态。因此普通蝶阀在启、闭瞬间的摩擦扭矩大增，在靠近阀杆两端附近的密封面擦伤、咬环、泄漏的情况特别严重。

新型电动调节型金属密封蝶阀则是采用了一个双偏心与一个特制斜锥椭圆形密封相结合的密封结构，即靠近阀杆两端附近的密封环直径加工制作时要稍大些；与阀杆相差 90°的密封环位置直径加工制作时要稍小些，如图 23-14 所示。这样它就保证了蝶板在开启瞬间即与密封环分离，当关闭瞬间接触密封环则实现密封的效果，大大减轻了蝶阀启、闭瞬间的摩擦扭矩力，延长了阀门的使用寿命。

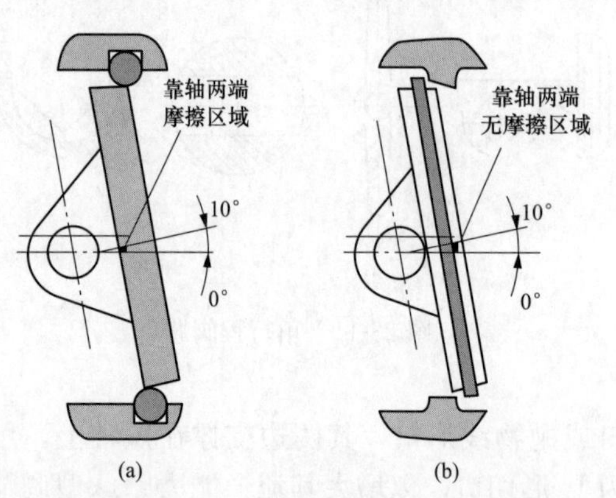

图 23-14　新旧结构启闭时密封示意图

（a）传统蝶阀密封示意；（b）新结构启闭密封无摩擦示意

（3）密封环可调节。普通蝶阀的密封环磨损发生泄漏之后，阀门即告报废，很不经济。而新型电动调节型金属密封蝶阀则是采用了附加的密封调节装置，如图 23-15 所示。经过长时间的使用后若发现密封性能下降，可以适当调节蝶板的密封圈向阀座靠近来恢复原有的密封性能，这样就大大提高了阀门的使用寿命。

11 简述调节阀部件的常用材料。

答：调节阀部件常用的材料一般可分为三类，其一是用于承受压力的零部件材料，如阀体、上下阀盖、法兰、连接螺栓等；其二是用于阀内件的金属材料，如阀芯、阀座、阀套等；还有一类是非金属材料，如橡胶、石墨、塑料、石棉和陶瓷等。

(1) 承受压力的零部件材料。这类零部件的材料选择依据是阀门的工作压力、工作温度、介质腐蚀性、磨损特性等，常用的材料有铸铁HT20-40（耐压而不抗拉，只能用于低压和常温工况）、铸钢（可含有一定量的铬、镍、钼等）、不锈钢、抗低温变化的合金钢（含有镍、铜、铬等元素可具有抗低温能力；含有钼、硅等元素即具有抗高温能力；高分子聚合塑料即适用于强腐蚀性介质）等。

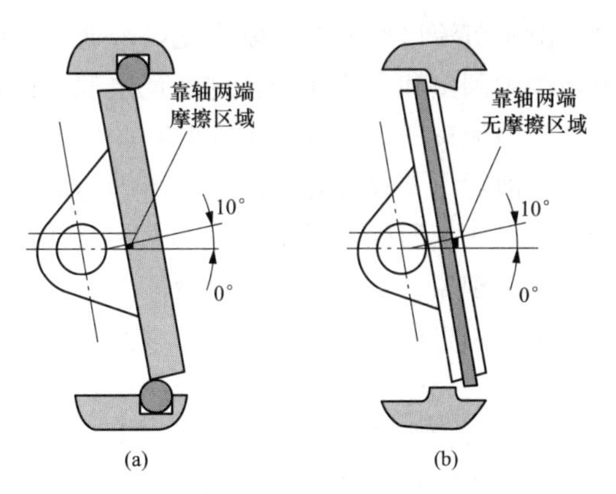

图 23-15 密封调节示意图

(2) 阀内件材料。这类零件的表面不能有任何损伤，如压痕、沉渣、氧化和塑变等，否则调节阀就将无法正确地实现其调节功能。故选择阀内件材料时主要应考虑其耐磨性、耐腐性和耐温性。

磨损一般都是由固体颗粒的研磨、高速流体的冲刷、空化产生的汽蚀等作用下产生的，为了提高耐磨性可增大阀内件的表面硬度，如整体采用硬质合金、在母体材料表面上用特殊方法堆焊或喷涂硬质合金等。在耐磨性能的选择上，必须根据强腐蚀介质的种类、浓度、温度、压力等具体条件而定，且阀内件的腐蚀率应控制在0.10mm/年以内。

在耐温性能的选择上，保证其热硬性十分重要，它可使材料保持高温下的硬度、防止阀座的密封面受损，还能防止塑变；此外，材料还应具有高温抗蚀能力，以防高温时材料表面被分层剥落。在低温条件下工作的材料，主要是保证其冷冲击强度，以防止工作中受冲击而发生断裂。

(3) 非金属材料。这类材料主要用于制作调节阀执行机构的膜片、密封填料、垫片及衬里。常见的密封填料有石墨、石棉、聚四氟乙烯等，用于制作执行机构的膜片、活塞环、阀座环、O型圈等的弹性材料则多选用天然橡胶、合成橡胶和特种聚合橡胶。此外，常见的非金属材料还有塑料、陶瓷、有机玻璃等，主要用于制作耐强酸碱腐蚀的阀体或密封垫。

12 调节阀产生噪声的原因是什么？

答：调节阀产生的噪声有机械噪声、液体动力噪声、气体动力噪声三种。

(1) 机械噪声。机械噪声主要来自阀芯、阀杆和一些可以活动的零件。由于流体压力波动的影响、受到流体的冲击、套筒侧缘与阀体导向装置之间有较大的间隙等原因都会使零部件产生振动，进而导致产生零件之间的摩擦和碰撞；这些撞击均为刚性碰撞，产生的声音是明显的金属响声和敲击声，振动的频率一般小于1500Hz。此外，当相互作用的两个表面（如阀芯与阀座）产生相对运动时，由于一个表面对另一个表面的阻滞、摩擦作用而会产生干摩擦、高频振动噪声。

减小机械噪声的方法主要是改进阀门自身的结构，特别是阀芯、阀座结构和导向装置部分的结构，尽量提高零件的刚度，减少可动构件的质量。

(2) 液体动力噪声。它是由于液体流过调节阀的节流孔而产生的。当液体通过节流孔时，由于节流口面积的急剧变化，流通面积缩小，流速升高，压力下降，因而易于产生阻塞流，产生闪蒸和空化作用，这些现象都会诱发产生噪声。

当节流口的前后压差不大时，此处产生的噪声和流动声极小，不必考虑噪声的问题。在节流口前后压差较大时，流经调节阀的流体开始出现闪蒸（液体流经节流孔后，局部的压力下降至低于其所处工况下的饱和蒸汽压力 p_v时，有部分液体汽化成为气体而形成汽、液两相共存的现象）情况，流动的液体变成有气泡存在的汽、液两相的混合体，两相流体的减速和膨胀作用自然就形成了噪声。继而随着空化作用（发生闪蒸情况的两相流体在离开节流孔后，压力又急剧上升至其所处工况下的饱和蒸汽压力 p_v之上时，汽、液混合体中的气泡发生破裂并转化成液态的过程）的产生，气泡破裂带来的强大能量损失不仅产生了破坏力，而且还会产生噪声，这种噪声的频率最高可达 10 000Hz。

（3）气体动力噪声。它是气体或蒸汽流过节流孔而产生的，是调节阀所产生噪声中最多见的情况。通常当气体流速低于声速时，噪声是由于强烈的扰流而产生的；当气体的流速大于声速时，流体中产生的冲击波会使噪声剧增。对气体或蒸汽等可压缩性流体来说，当其流经调节阀时在节流截面最小处可能达到或超过音速，这样就会形成冲击波、喷射流、漩涡流等混杂的流动，并在节流孔的下游转换成热能，同时产生了气体动力噪声，沿着下游管道传送出去，严重时将会诱发过大的振动而破坏管道系统。

由于喷射流的冲击力和流体流速的平方成正比，因此降低气体动力噪声的主要手段之一就是限制流体的流动速度。根据对各种工况下的测试所得出的调节阀内流体的流速最高限经验数值如下：流体为 6m/s、气体为 200m/s、饱和蒸汽为 50～80m/s、过热蒸汽为 80～120m/s。

13 简述气动调节阀常见的故障、原因及处理方法。

答：气动调节阀的常见故障、原因和处理方法，见表 23-2。

表 23-2　气动调节阀的常见故障、原因和处理方法

序号	故障现象	原因	处理方法
1	阀门未动作	无气源或气源压力不足	检查并处理气源故障
		执行机构故障	修复故障部件
		阀杆或阀轴卡死	修复或更换
		阀内件损坏而卡住	更换新件或修复后重装
		阀芯在阀座内卡死	修复或更换
		流向不对使阀芯受力过大脱落	改回正确的安装方向
		供气管路断裂、变形	更换新管路
		供气接头损坏、泄漏	修复或更换
		调节器无输出信号	修复故障元件
		阀门定位器或电一气切换阀故障	修复或更换
2	阀内件磨损	流体速度过高	增大阀门或阀内件尺寸以降低流速
		流体中有颗粒	增大阀内件材料的硬度
		产生空化和闪蒸作用	改变阀内件结构避免空化

续表

序号	故障现象	原因	处理方法
3	阀体磨损	流体速度太高	增大阀内件尺寸以降低流速
		流体中有颗粒	增大阀体材料的硬度
		产生空化和闪蒸作用	改用低压力恢复阀门避免空化
4	阀芯与阀座间泄漏	阀芯与阀座结合面有磨损或腐蚀	修整结合面
		执行机构作用力太小	检查并调整执行机构
		阀座螺纹受到腐蚀、松动	拧紧或修复、更换阀座
5	阀座环与阀体间泄漏	阀座环未拧紧	加大力矩拧紧
		结合面间有杂物或加工准确度不够	清理干净或重新加工
		结合面间的密封垫选用不合适	修整或更换合适的密封垫
		阀体上有微孔	按规定进行焊补处理
6	填料泄漏	阀杆弯曲	将阀杆校直
		阀杆光洁度不够	将阀杆磨光
		填料压盖未压紧	重新紧固
		填料压盖变形或损坏	修复或更换
		填料类型和尺寸选用不当	重新选取并更换填料
		填料受腐蚀或产生变形	重新选用性能适当的填料
		填料层堆积或填充方法不当	加装填料环并重新装填
7	上下阀盖与阀体间泄漏	结合面缝隙未紧固严密	加大力矩重新紧固
		结合面之间混入杂物或不光洁	清洁、修整结合面和密封垫
		阀盖裂纹或紧固螺栓处泄漏	查找泄漏点并消除
8	气缸活塞密封处泄漏	活塞环安装不到位、未密封好	重新正确安装
		密封环的选用类型不当	按照要求重新选取
		密封环材料的使用温度偏低	根据使用温度重新选择
		气缸光洁度差或内径偏差大	研磨气缸、修复内径
		使用周期短、密封件损坏	更换新的密封件
9	阀杆连接脱开或折断	连接处受力过大	改用阀芯阀杆整体件
		连接处的销子未固定好	重新固定牢固
		阀门振动或状态不稳定	查找原因并消除
10	阀门有振动现象	阀门流向在安装时装反	重新改换方向
		支撑不牢固或有振动源	重新支撑牢固并消除振源
		密封填料太黏失去润滑作用	松开压盖调整并润滑填料
		旁路未调整在正确的位置	重新调整旁路
		定位器损坏	修复或更换
		选用的定位器增益太高	调整其增益或改用低增益型
11	阀门动作迟缓或不到位	气源压力太低或容量不足	调整并增大气源压力和容量
		执行机构的动作力矩偏小	更换合适的执行机构

续表

序号	故障现象	原因	处理方法
11	阀门动作迟缓或不到位	执行机构弹簧的额定值偏小	更换符合要求的弹簧
		活塞、传动轴承的摩擦力太大	清洗研磨活塞或更换轴承
		填料变质、规格或充填不当而摩擦过大	更换填料并重新调整
		阀杆、阀轴弯曲或阀套卡涩	修复或更换
		活塞环密封不严密或磨损	修复或更换活塞环
		执行机构或附件有泄漏点	查找漏点并消除
		阀内件损坏或结合面不干净	修复或更换阀内件并清理干净
		阀门行程调整不当	重新按要求进行调整
		阀门的流动方向不正确	按照要求重新调整
		定位器或手操机构定位块未校准	重新调整并校准
12	阀门流量特性差	阀门卡涩、动作迟缓或不到位	参照上述11中的方法进行修整
		阀门有振动现象	参照上述10中的方法进行修整
		阀门安装方向装反	调换方向并重新调整
		活塞环损坏	修复或更换活塞环
		套筒阀的套筒损坏	修复或更换新套筒
		阀内件受腐蚀或产生变形	修复或更换
		阀门的流量特性选择不当	按照要求重新选取
		阀轴变形而影响指示的正确性	更换阀轴并重新校准
13	旋转式阀门不转动	阀门卡涩、动作迟缓或不到位	参照上述11中的方法进行修整
		配合面间隙太小而使摩擦过大	松开结合面螺栓重新调整
		承受的压力和压差太大使动作力矩不足	更换力矩足够的执行机构
		连接管道拧得过紧使摩擦力过大	松开管道螺栓进行调整
		限位块装错位置而约束了传动机构	重新调整限位块位置
		阀轴断裂或传动件损坏	修复或更换
		超过行程范围使零部件受到损伤	重新调整行程并更换损坏零件
		配合面受到腐蚀或有杂物卡涩	更换损坏零件并清洁配合面

14 简述调节阀主要故障的维修方法。

答：调节阀的常见故障主要发生在膜片、气缸、活塞、传动齿轮和蜗轮、阀芯与阀座等处，对它们的维修可按照如下的基本方法来进行。

（1）气缸的维修。对于气动或液动执行机构的缸体来说，在其使用时间较长或有装配不当的缺陷时就会产生磨损，使缸体的内表面出现椭圆度、圆锥度、拉伤、划痕、结瘤等问题，严重时将影响活塞环和缸体内表面的密封。这时必须进行修整，若损伤严重时则应予以更换。对于一些较小的缺陷或磨损，即可按照如下的方法进行修复：

1）手工研磨。在缸体有轻微的划痕、擦伤时，可先用煤油清洗干净，再用半圆形油石沿着圆周方向进行打磨，然后再用细砂纸沾上柴油在周围仔细研磨，直至用肉眼再也看不出有任何缺陷后为止。研磨工作完成以后，须仔细地清洗气缸。

2）机械研磨。在内表面损伤比较严重时，应直接使用机械的方法来进行磨削加工，使其恢复到原有的光洁度和准确度。

3）涂镀处理。缸体磨损后，通过涂镀可以恢复其原有尺寸时，即可采用镀铬或其他材料的方法来进行修复。在涂镀之前，应先把缸体表面原有的缺陷消除并清理干净原有的镀层，涂镀工作完成之后还应进行研磨和抛光等精加工工序。

4）镶套处理。若气缸的内表面损坏严重，一般的修补方法无法解决时，在缸体的厚度允许的条件下还可以采用镶套的方法来处理，即加工一个薄壁套镶入缸体中。为防止镶入的缸套在压配之后有变形，应对镶装后的内孔进行必要的加工，有的还要进行耐压试验。

（2）膜片的维修。膜片一般选用耐油、耐酸碱、耐温度变化的橡胶材料制作，国产的膜片主要是用丁腈-26 橡胶，中间为锦纶-6 丝织物夹层的结构。若膜片有损伤、破裂、磨损、老化等缺陷时，都应予以更换；若在应急的情况下使用了平膜片的话，必须尽快地用波纹膜片予以取代。在装配膜片室上（下）盖时，一定要注意均匀地拧紧固定螺栓，既要防止泄漏，又要防止压坏膜片。

当调节阀被隔离而不再受到压力时，要尽可能地将主弹簧的各种压缩件松开。对正作用执行机构的阀门来说，打开膜片室上盖即可取出膜片并更换新膜片；对反作用的气动执行机构，必须把膜片头部组件拆开之后才能更换膜片。

（3）活塞的维修。活塞和缸体内表面在工作条件不佳（如润滑不良、活塞杆弯曲、有沙尘颗粒等）时就会产生磨损，甚至在外力的作用下还会使活塞局部产生断裂，其处理方法如下：

1）局部修理。对局部断裂的部分，可以采用焊接修补、黏接加螺钉加固后进行精加工的方法来恢复原有的尺寸。

2）表面喷涂。在活塞磨损后外径变小或缸体内表面因磨损增大，使活塞与缸体之间的配合间隙偏大的情况下，若不能更换活塞时即可采用二氧化硫一环氧树脂成膜剂进行喷涂，以恢复或增大活塞的外径尺寸。喷涂时应逐层加工，涂层越薄结合得越牢靠，且涂层厚度不要超过 0.8mm。喷涂结束并经过加温烘烤后，需使用磨床将活塞研磨到标准要求的尺寸。

3）镶套处理。当活塞与气缸之间的间隙过大或活塞断裂时，可采用在活塞外圆局部镶套或整体镶套的方法来解决。

（4）齿轮和蜗轮的维修。齿轮和蜗轮在执行机构中得到了广泛的应用，这些零件经常由于长期使用或使用不当而发生断裂或磨损，其修理的方法如下：

1）翻面使用法。在齿轮和蜗轮是单面磨损且结构对称时，只需将齿轮和蜗轮翻个面，把未磨损面当作主工作面即可。

2）换位使用法。由于角行程阀门（蝶阀、球阀）的开关角度大多为 90°，在传动过程中蜗轮（或齿轮）齿只有 1/4～1/2 的范围磨损较大，因而修理时可将蜗轮（或齿轮）掉转 90°～180°的位置，使未磨损的轮齿参与啮合即可。若是蜗杆的长度较长，在结构允许的条件下也可适当调整其位置，使磨损严重的齿面退出啮合部位。

3）断齿修复法。由于制作材料的质量、热处理、加工工艺和外力作用等原因，使个别轮齿易于断裂或脱落。在损坏的齿数不多的情况下，可采用黏齿法、焊齿法、栽桩堆焊法等修复方法来将断裂或脱落的轮齿补上。在修复过程中要注意防止损坏其他轮齿，防止齿轮受热退火，在修复新齿之后要加工成与原齿一样的齿形。

4）磨损齿面修复法。当齿面磨损严重或有点状侵蚀时，可采用堆焊法进行修复，即把磨损面清理干净，除去氧化层和渗碳层之后，根据齿形用单边堆焊法从根部到顶部不间断地在齿面焊2～4层，在齿顶焊1层；在堆焊的过程中要防止齿轮局部受热而产生变形，焊接完成后还应依次进行退火处理，按准确度要求进行机械加工。

5）轮齿更换法。当齿轮、蜗轮的磨损极其严重或断齿较多而无法修复时，可将整个轮齿部分（轮缘）进行更换。对齿轮来说，可将旧齿全部车掉，预留下一定厚度的轮缘，把新加工好的轮缘圈与原有的轮毂用黏接、焊接等方法连接好之后，再铣制加工出新的轮齿。对于蜗轮来说，也可采用类似的方法更换新的轮缘之后，再用机械方法加工出顶圆、端面和轮齿。在条件允许的情况下，也可将无法修复的齿轮、蜗轮旧件整体拆除，用一对新的备件予以更换。

（5）阀芯和阀座的维修。阀芯和阀座是调节阀中最关键的部件，但它由于不断地受到介质的冲刷、腐蚀、流动力的反复作用，也是最容易受到损伤和发生故障的零部件，它们的密封面是决定着调节阀性能好坏的核心部位。

用螺纹拧入阀体的阀座环在修理过程中要比处理阀芯更加困难，因此对其是否更换应慎重对待。若是较轻微的磨损或表面锈斑，只要用研磨的方法即可解决时，就不必拆卸下阀座环；若阀座表面已有较严重的腐蚀、磨损、划痕等损伤，或是需要更新阀内件，改变阀门的容量时，就应将阀座环予以更换。

金属阀芯和阀座之间允许有少量的、不超过规定量的泄漏，若是泄漏量过大时就应采用研磨或机械加工的方法来改善阀芯与阀座表面之间的接触情况。最后，阀芯和阀座需经过手工研磨以保证达到标准要求的精密配合程度。

第二节　汽轮机旁路系统的特点与检修

1　汽轮机旁路系统的作用是什么?

答：由于大容量中间再热式机组的热力系统均采用单元制，不论锅炉或汽轮机中哪个发生故障，都必须同时停止锅炉和汽轮机的运行。因此，为了便于机组启停、事故处理以及适应某些特殊工况和运行方式，绝大多数的再热式汽轮机组都设置了旁路系统。

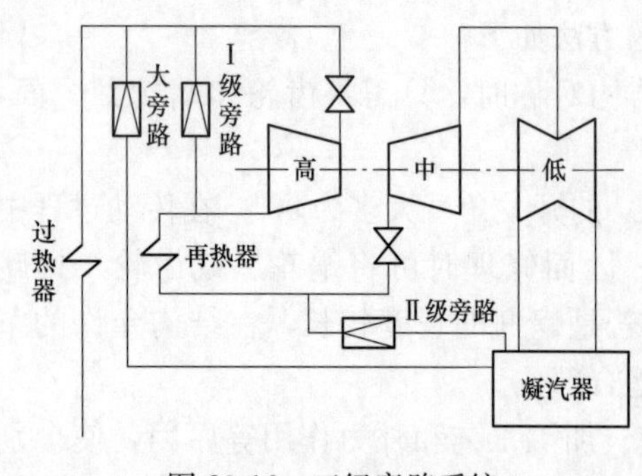

图 23-16　三级旁路系统

汽轮机的旁路系统是指高参数的蒸汽不通过汽轮机的通流部分做功而直接进入与汽轮机相并联的减温减压装置，将降温降压后的蒸汽送入低一级参数的蒸汽管道或凝汽器的连接系统，如图23-16所示。其中，主蒸汽不经过汽轮机高压缸而经减温减压器进入再热器冷段的系统称为高压旁路或Ⅰ级旁路；再热后的蒸汽不经过汽轮机中低压缸而经减温减压器直接排入凝汽器的系统称为低压旁路或Ⅱ级旁路；主蒸汽不经过汽轮机而经减温减压器直接排入凝汽器的系统则称为大旁路。

通常大型汽轮机组是采用上述三种形式的一种，或由其中的两种形式组合而成的。

汽轮机旁路系统是机组热力系统中的一个重要组成部分，它能调节机组在冷态、温态和热态工况下的启动时间，协调机组在各种负荷下的可靠运行，减少由于锅炉和汽轮机容量供需变化而产生的偏差，并能有效地保护再热器免受过热损坏；在容量配置合适时，可实现停机不停炉工况、带厂用电工况；在电网故障时或汽轮机突然跳闸时，汽轮机旁路系统能在2～3s内全程开启，保护机组安全，延长主机寿命。当机组配置100%容量汽轮机旁路系统时，该系统就成为具有安全功能的复合系统。

2　简述常见汽轮机旁路系统的布置方式。

答：目前，大型中间再热式汽轮机组一般采用的旁路系统有三种形式：其一是大旁路与Ⅰ、Ⅱ级旁路组合的三级旁路系统；其二是Ⅰ、Ⅱ级旁路串联的两级旁路系统；其三是只有一级大旁路的单级旁路系统。

三级旁路系统能兼顾机组的各种工况要求且可以回收凝结水、保护再热器，如图23-16所示。但是这种方式的系统复杂，设备投资费用高且运行维护困难较多，故一般在国产机组中较少使用。

两级串联旁路系统既能保护再热器，又能满足热态启动时蒸汽温度与汽轮机汽缸壁温相配合的要求，还可适应多种不同的工况，如图23-17所示。所以，在国内外的大型机组上得到了普遍的采用。

单级旁路则只能应用在再热器不需要保护的机组上，如图23-18所示。它具有投资小、运行操作简便的优点。

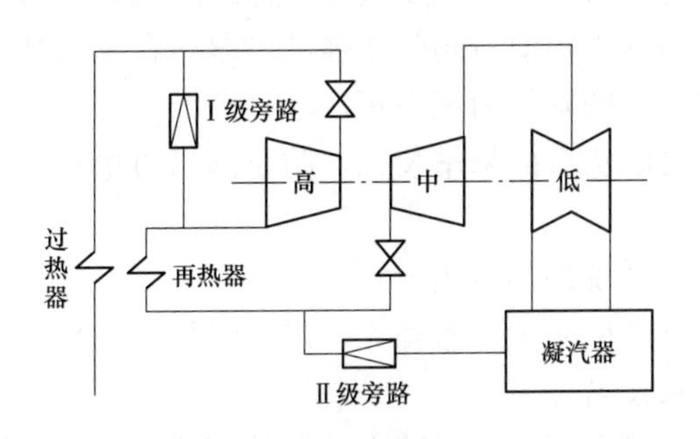

图23-17　两级串联旁路系统

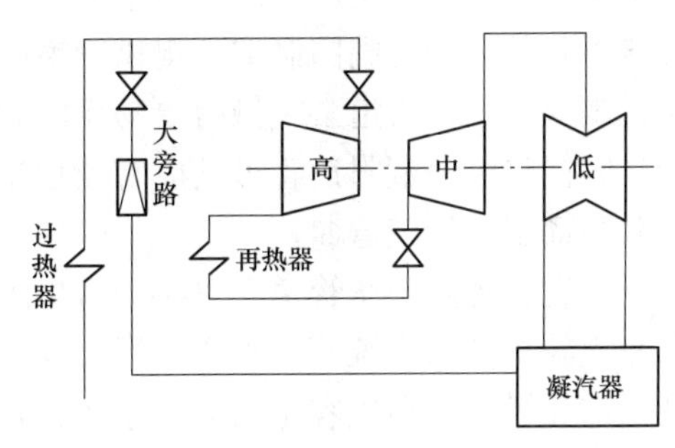

图23-18　一级大旁路系统

目前，大型中间再热式汽轮机组普遍采用的是瑞士Sulzer公司发明生产的或是仿照其形式制造的两级旁路形式。

Sulzer汽轮机旁路系统的型式中采用最多的就是高、低压两级串联布置方式，如图23-19所示。该旁路系统主要由电子控制装置、液压执行机构和阀门三部分组成。我们常见的600MW机组30%～40%容量的高压旁路系统阀门一般包括一个减温减压阀（BP）、一个喷水压力调节阀（BD）和一个喷水流量调节阀（BPE）；低压旁路系统阀门一般包括一个减压阀（LBP）、一个减温器（LPC）和一个喷水流量调节阀（LBPE）。

为了保证汽轮机旁路系统安全，延长阀门寿，旁路系统能可靠使用和经济效益的最大限度发挥，阀门安装的工作质量是至关重要的。

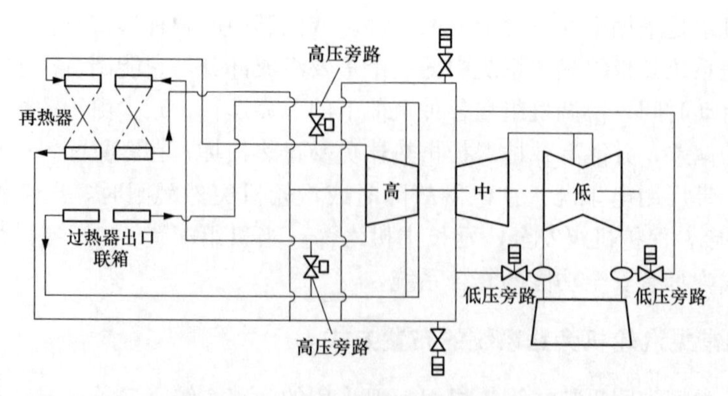

图 23-19　带三用阀苏尔士旁路系统

3 汽轮机旁路系统管道的布置有何要求？

答：汽轮机旁路系统除了必须满足电厂的现场管道布置情况和安装规范外，还应考虑到汽轮机旁路系统管道布置的合理性和特殊性，尽量减少直至消除由于管道布置不合理而引发的隐患和弊病，使汽轮机旁路系统投入运行后能充分发挥其功能，极大地方便维修和最大限度地延长其使用寿命。其中，主要应注意的几点有：

（1）整个旁路系统必须悬挂布置，并且保持管道轴线的直线度。管道上应设置能吸收热膨胀的设施，使管道在空间能自由伸缩。

（2）阀门两侧连接管道的抗弯截面模量应分别小于阀门进出口端的抗弯截面模量，这样可避免由于管道热膨胀所产生的管道轴向力或力矩对阀门的强度造成破坏或影响阀门的正常工作。若不相符，需向阀门制造厂提供管道的力和力矩值对阀门作强度校核。在校核结果超出适用范围时，则该管道必须做得更易于吸收管道的附加力和力矩。

（3）阀门进出口端附近管道处应有能承受足够负载的悬吊装置，防止阀门质量对管道产生局部载荷而引起管道弯曲。

（4）汽轮机旁路系统管道布置必须考虑整个系统的热备用。

（5）汽轮机旁路系统蒸汽管道不得出现上下迂回布置，若确无法避免时则应在易于形成积水死区的管道区域布置容量足够的永久性疏水设备。

（6）汽轮机旁路系统中蒸汽温度测点不能安排在有可能与疏水接触的部位，减温减压阀温度测点应尽可能远离阀门出口端，最小距离为 4m 且最好选在阀门出口端第一个弯头后的直管段上。此外，若可能应在阀门与测点之间布置一个或更多弯头。为了保证当阀门关闭时测点处的温度低于再热器冷段温度（设定值），测点不可太靠近阀门出口管道与再热器冷段管道之间的接头。

4 汽轮机旁路系统阀门冲管装置的作用是什么？

答：锅炉蒸汽管道冲管过程是确保机组安全的一道重要工序，蒸汽管道经过冲管可将管道中的污物、焊渣及遗留在管道内的废金属件清除出管道。一般电厂在锅炉大修结束后进行冲管时，均采用借道于汽轮机旁路阀门的方式，因而保护好旁路阀门是十分重要的。尤其对减温减压阀（BP）来说，在冲管过程中因管道内随着气流作高速运动的硬物在通过阀门时，硬物会对阀门密封件产生冲撞使其密封面严重损伤，从而影响到阀门的密封性能。再则，管道内的杂质也极有可能堵塞阀门内的节流部件或对活动部件产生卡阻，这样也会影响阀门的正常使用。因此，为了保护阀门在蒸汽吹管时不被破坏，阀门冲管装置的设置是十分必要的。

5 简述高压旁路蒸汽控制阀的基本结构。

答：高压旁路阀型式为C4型，压力和流量控制由钻孔式阀芯1完成，减温水喷枪2伸入钻孔笼式阀芯的内腔3。当提升笼式阀芯时，蒸汽通流孔4和减温水喷孔6将同时按所需特性曲线打开。

蒸汽A通过蒸汽通流孔后发展为辐射聚集形式的自由喷射。相互冲击使喷射分解会在笼式阀芯内产生强的轴向振动，这将促使混合充分。通过喷枪上的喷孔进入笼式阀芯内部腔室的减温水滴瞬间蒸发，经过减压和几乎充分减温的蒸汽离开笼式阀芯B。未钻孔的笼式阀芯延伸部分将打开节流圆筒的通流孔。经过第二减压调节后，蒸汽将达到最终状态C。

6 高压旁路阀的检修步骤是什么？

答：高压旁路阀的检修步骤是：

（1）高压旁路阀的解体。

1）办理热力机械票，断开电动执行机构电源，确认主蒸汽及给水系统，已无汽水压力。

2）使用电动葫芦固定电动执行机构，拆除减速机连杆与阀体阀杆连接压板螺栓后，并做好原始开关记号。

3）拆除执行机构门架下端与阀体连接的螺栓，并在门架上做好原始记号，将执行机构整体吊起旋出并放置地面。

4）松开盘根压盖螺栓，并将盘根套筒取出，并将压盖螺栓旋出，使用专用工具将盘根扣除。

5）松开自密封环拉紧螺栓后，用专用圆盘将自密封拉紧环慢慢用螺栓背出（拧紧螺栓时一定均匀，且一边拧紧螺栓，另一边用铜棒敲打阀体）

6）取出自密封拉紧环，若四开环尚未露出，应用铜棒敲打阀杆上端，使阀体下沉露出四开环；然后用螺丝刀伸到阀体的小孔中把四开环捅出环槽。

7）在均压圈上部旋入吊耳，使用合适的吊带将其均匀拉出后，拆除石墨密封圈。

8）取出四开环后用倒链拉紧阀杆，然后用上述专用圆盘将阀体慢慢背出（拧紧螺栓时一定要均匀，且一边拧紧螺栓，一边用铜棒敲打阀体），在背出的同时慢慢拉紧倒链，在背出螺栓拧到底后用倒链将阀芯提出。

（2）高压旁路阀的检查及清理。

1）清理检查轴承应完整无损，检查有无磨损、裂纹，滚道无麻点、腐蚀、剥皮。轴承压盖松紧适当，转动无异音。

2）清理检查变速齿轮箱，检查有无磨损、啮合不良及断裂现象。

3）检查传动轴应平直，表面光滑无锈蚀，各部衬套间隙不应过大。

4）检查清理阀芯、阀座密封面应无裂纹、锈蚀和划痕等缺陷，轻微锈蚀和划痕应进行研磨，阀芯粗糙度达到Ra0.1以上。裂纹或严重划痕，应补焊后车削再进行研磨。

5）检查清理阀芯减压孔锈蚀、氧化皮和裂纹等缺陷。

6）清理门杆并检查弯曲度（一般不超过0.10～0.15mm/m），椭圆度（一般不超过0.02～0.05mm），表面锈蚀和磨损程度不超过0.10～0.20mm，门杆螺纹完好，表面光滑，阀杆与填料接触部位无损伤、锈蚀、裂纹，门杆螺纹配合良好且转动灵活。

7）清理检查盘根压盖、盘根室，并检查配合间隙是否适当，一般应为0.10～0.20mm。

8）清理检查各螺栓、螺母，螺纹应完好，清理干净，擦铅粉油，且配合适当。

9）清理疏通阀体预暖管道，并对焊缝进行无损检测。

10）对高压旁路入口、出口管道焊缝进行超声波、磁粉无损检测。

11）检查清理阀盖支撑环，表面无锈蚀、氧化皮、裂纹等缺陷。

12）检查阀芯密封环有无破损、断裂、凸出密封槽等缺陷。

13）检查阀芯预紧蝶簧是否松动、破损、缺失等缺陷。

（3）高压旁路阀整体组装。

1）检查确认密封件尺寸及数量正确。

2）将阀座套件及密封件按解体时相反顺序组装完毕。

3）将阀杆、锥形板、内六角螺钉、阀芯及碟簧等按照图纸装配完毕。

4）将阀芯套、阀盖及紧固螺钉组装完毕。

5）将节流减压套安装至阀体凹凸槽内后，再将阀芯组件、阀盖垂直安装至阀体内。

6）依次将柔性石墨垫片、均压圈、四合环装入阀盖腔室，保证上述零部件相互水平。

7）将柔性石墨垫片安装到阀盖处后，再将吊盖垂直装入阀盖，用螺栓固定阀盖。

8）按照图纸装入填料及垫圈，将压兰装入填料室后，紧固填料螺栓，同时注意四周间隙是否均匀，以防紧偏。

9）用吊车将电动执行机构吊至阀体上部，使用螺栓将其紧固。

10）按原始标记，将减速机连杆与阀体、阀杆连接压板螺栓紧固好。

11）手动开关阀门，测量阀门开关机械行程并记录行程尺寸。

12）联系热工接线并调试行程，检查确认机械行程和热工行程一致。

7 低压旁路阀的结构特点是什么？

答：压力和流量控制由钻孔笼式阀芯完成。当进一步提升笼式阀芯时，阀芯上的孔将同时按所需特性曲线打开。低压区域内的附件节流部件（节流圆筒、节流盘）确保压力和噪声等级降低，阀门出口的延长端可将蒸汽速度合理降低。减温水通过喷管在阀门出口处利用机械雾化原理进行喷射，此种简单但是经济实用的原理可用于多种排汽场合。

8 低旁阀的检修步骤是什么？

答：低旁阀的检修步骤是：

（1）低旁阀的解体。

1）办理热力机械票，断开电动执行机构电源，确认主蒸汽及给水系统，已无汽水压力。

2）松开填料压盖螺母。

3）电动执行机构上挂好手拉葫芦，拆除减速机连杆与阀体阀杆连接压板螺栓后，并做好原始开关记号。

4）手动将阀门开启2～3圈，松开传动机构与门体框架的连接螺母。

5）将电动头及门体框架放置检修现场。

6）解体阀门结合面螺栓，锤把上不可有油污，抡大锤时，周围不得有人，不得单手抡大锤，严禁戴手套抡大锤。

7）从阀体内取出阀芯及阀盖，使用手拉葫芦时工作负荷不准超过铭牌规定，禁止长时间悬吊重物。

8）取出导向护笼、密封垫片和节流减压笼。

9）松开盘根压盖螺栓，取出阀芯阀杆组件。

（2）低压旁路阀的检查及清理。

1）阀体应无裂纹、砂眼、严重冲刷等缺陷，阀体出入口管道畅通，无杂物。

2）螺纹无断扣、咬扣现象，手旋可将螺母旋至螺栓螺纹底部，组装时应涂抹咬合剂。

3）检查阀芯导向护笼的表面及阀芯孔，应无锈垢，磨损不应大于 0.5mm，否则应更换新的导向护笼，阀杆与其不应有卡涩。

4）宏观检查。检查阀杆弯曲度，阀杆螺纹完好，表面光洁，无腐蚀划痕，阀杆弯曲度不应超过 1/1000。

5）清理填料室内密封填料，检查其内部填料挡圈是否完好，其内孔与阀杆间隙应符合要求，外圈与填料箱内壁间隙。

6）检查填料压盖内径与阀杆、压盖与填料箱内壁间隙。

7）检查阀体与阀盖结合面。

8）阀芯与阀座密封面轻微划痕，进行研磨处理，冲刷腐蚀严重超过 0.8mm 以上更换。

9）清理疏通阀体预暖管道，并对焊缝进行无损检测。

10）对低压旁路入口、出口管道焊缝进行超声波、磁粉无损检测。

11）密封面无纵向沟槽及麻点，检查阀芯与阀座密封面红丹粉接触部分应清晰可见，细细一圈无断线现象。

12）检查阀芯密封环有无破损、断裂、凸出密封槽等缺陷。

13）检查阀芯预紧蝶簧是否松动、破损、缺失等缺陷。

（3）低压旁路阀的整体组装。

1）检查确认密封件尺寸及数量正确。

2）将阀芯导向护笼及护笼座圈依次平稳的放置在阀体内。

3）组装阀芯组件。装入阀芯导向护笼。

4）在阀盖及阀体内放入密封石墨缠绕垫片。

5）从阀盖下部穿入阀杆，依次回装阀门填料石墨环、填料压盖、填料压盖及阀杆锁紧螺母，填料螺栓暂不紧固。

6）阀盖与阀体连接螺栓紧固。阀盖与阀体的连接螺栓涂抹抗咬合剂，用敲击扳手及大锤紧固，紧固螺栓、螺母，应对称旋紧，且紧力均匀，阀盖与阀体无间隙。

7）阀体框架组装及填料紧固。旋紧填料压兰螺栓，压盖内径与门杆周围间隙一致。

8）装入传动机构内，用梅花扳手旋紧螺栓。恢复安装调节门的传动机构，旋紧传动机构与框架的连接螺栓。手动开关阀门应轻松，无卡涩现象，检查无问题后，将阀门摇为全关状态。

9）联系热工接线并调试行程，检查确认机械行程和热工行程一致。

9 汽轮机旁路系统阀门调试前应准备的工作有哪些？

答：逐个对每一阀门的所有紧固件进行检查，使其达到设计规定的力矩值。同时，确保阀杆填料函中的填料压紧力度适中，并且压紧填料的每个螺栓受力均匀。

由于喷水压力调节阀（BD）阀体与阀盖的密封形式采用了自密封结构，为了达到理想的自密封效果，故应对密封结构中的预紧螺栓施加适当的预紧力，以确保阀盖工作位置的到位。

检查确认执行机构传动杆与阀杆连接紧固，还应检查连接块上的连杆与位置变送器上的摇杆连接是否紧固。

在行程调整工作结束后，应清洁阀门表面并清除全部调整工具及其他杂物。

10 汽轮机旁路系统阀门的试验方法是什么？

答：在汽轮机旁路系统阀门调试工作结束，就地操作电动执行机构使阀杆上、下全行程活动 3～5 次，阀门应无滞后、冲击或卡涩等异常情况出现，且应达到动作平稳、各阀门全行程开启和关闭的时间、零位及全开时的行程数值均符合规定的要求。

阀门在电调控制系统允许的情况下投入自动，再将各阀门正常全行程开启、关闭各 3～5 次，其中的减温减压阀（BP）、减压阀（LBP）要快速开启、关闭各 3 次，每个阀门均应工作正常。

在机组首次启动、联合调试试验时，汽轮机旁路系统的阀门可根据实际工况的要求和运行指令进入热备用或投入运行，以检验其应具有的协调不同工况下汽轮机与锅炉的配合运行，起到省时节能和安全等作用。

11 简述汽轮机旁路系统阀门的维护保养。

答：减温减压阀（BP）在例行维护保养时，应着重对下阀座、喷水座和笼罩的内、外表面进行冲刷和裂纹探伤检查，根据实际检查情况采用相应的措施。

（1）检查每个阀门的阀座与阀杆之间的密封面有无冲蚀、磨损以及密封面的圆整度和啮合程度，如果确诊不能修复或不够维持一个检修周期时则必须予以更换。

（2）检查每个阀门填料函中的填料有无破损或弹性失效，必要时全部予以拆换。对于自密封结构中的密封圈也应进行同样的检查和处理。

注意在阀门维护保养工作结束后进行阀门回装时，所有零部件应保持清洁，不得有任何杂质侵入阀体，且各紧固件的螺纹啮合面应涂抹适量二硫化钼润滑剂，紧固件的预紧力矩应达到规定数值。

（3）先用手动方式摇紧阀门，确证每个阀门在关闭状态时，位置变送器的指针准确指向零位。而后，利用执行机构的推力再次检验每个阀门开启或关闭时的阀位正确无误。

（4）阀门经过维护保养后，必须先检查每个阀门阀位变送器的摇杆与连杆安装是否良好，清除遗留在阀门现场的工具、杂物以及阀门上的污垢。

（5）阀门经过维护保养合格后，在投入运行初期必须再次复查一遍阀杆填料和自密封的松紧程度，若发现有泄漏时应再均匀地适当拧紧紧固件直至消除泄漏，同时应保证不致因填料紧固程度过重而造成阀杆的卡涩。

第三节　典型阀门的检修和质量标准

1 简述高压加热器联成阀的结构、作用和工作原理。

答：高压加热器联成阀主要由阀体、阀杆、阀碟、上阀座、下阀座、自密封圈、门架、填料组件、开度指示等部件构成，如图 23-20 所示。

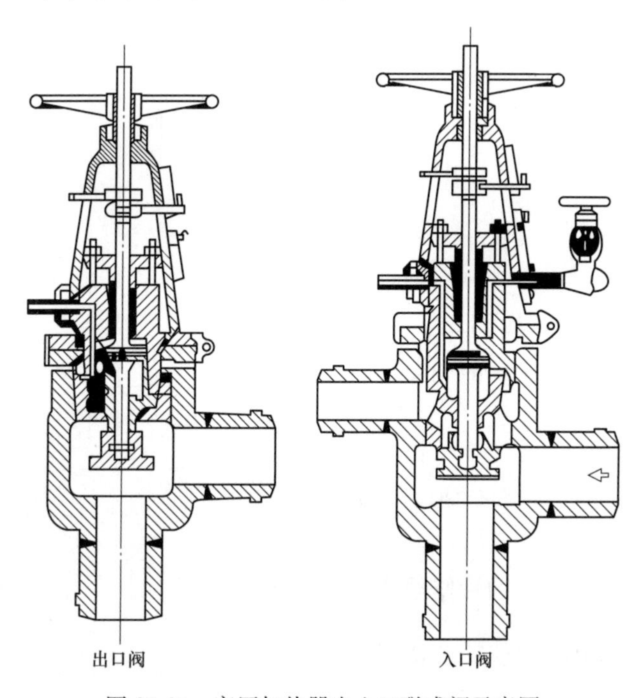

图 23-20　高压加热器出入口联成阀示意图

高压加热器联成阀的作用是当高压加热器管束发生故障时，能够在很短的时间内切除加热器，切断给水泵的来水和锅炉的倒流水，同时使给水经过旁路直接送到锅炉。高压加热器联成阀使加热器给水被快速地切断和旁通，一来避免了设计压力较低的加热器外壳的损坏，又能保证锅炉给水的供给，同时还防止了由抽汽管道反向流动、造成汽轮机进水的恶性事故。

高压加热器联成阀的加热器的保护控制示意图，如图 23-21 所示。在正常运行中，给水压力均匀地作用在高压加热器联成阀的入口，旁路管道中的水压由于压损的存在而略低一些，这一压差以及平衡阀的共同作用使得高压加热器联成阀的阀碟维持在开启的位置，并隔断流向旁路的通道。若加热器发生故障时，水位控制装置就会向电磁阀发出脉冲信号，使控制阀开启，将液压缸“A”腔室泄压；由小通道来的给水全压作用在液压缸的“B”腔室，使得阀碟向着关闭方向移动，这样就使加热器退出了运行，给水经旁路流过。

在加热器内的给水压力降低到给水泵压力的 90%以下而不再升高时，即使电磁控制阀未动作，高压加热器联成阀也将保持在关闭的位置。在检修后启动时，只有加热器内已充水且压力与系统的压力达到平衡后，高压加热器联成阀才会自动开启。

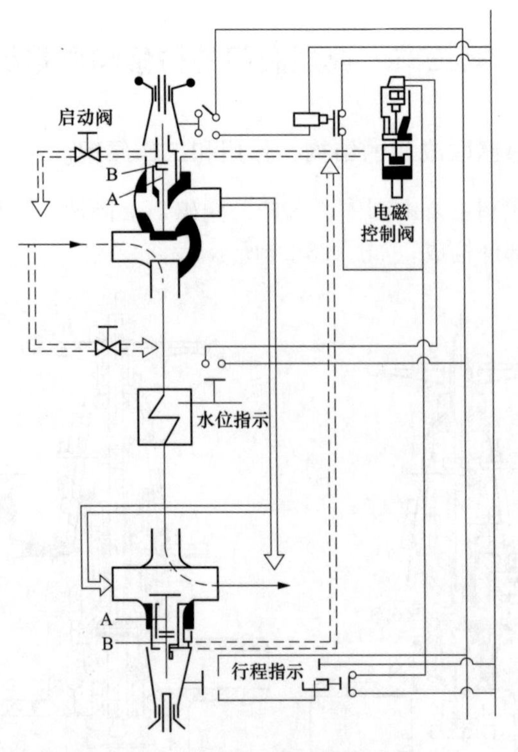

图 23-21　加热器保护控制示意图

2 高压加热器联成阀的检修要点是什么?

答：高压加热器联成阀的检修要点是：

(1) 解体过程。

1) 操纵传动装置手轮使阀门处于开启位置，然后卸下传动装置和行程指示器。

2) 松开压兰螺栓，将压兰套从压兰室中取出。

3) 松开拉紧法兰螺栓，将拉紧法兰从阀盖上取下。

4) 依次取出定位环、自密封压块固定环，并将自密封压块打出。

5) 吊住阀杆轻轻摇动，将阀杆、上阀座、自密封垫、自密封压环和阀碟等一并吊出。

6) 将阀杆从阀盖上退出后，拧开阀碟固定环，取下阀碟。

7) 拆下紧固螺栓后，将导向套从阀盖上取出。

(2) 清理及检查过程。

1) 将各个部件用煤油清洗干净并打磨，去掉其表面的油污、锈垢等杂质。

2) 检查阀杆应无弯曲、磨损、冲蚀、裂纹、划痕等缺陷，与填料密封处应光滑、无沟痕；检查阀杆上的螺纹应无损伤，与阀套的配合良好、转动自如。否则就应予以修复。

3) 检查阀碟及上、下阀座的密封面，应光滑，无冲蚀、沟痕、麻点等缺陷。否则应进行研磨处理。

4) 检查阀杆导向套筒和填料底环应无磨损、冲蚀、划伤等缺陷，与阀杆的配合间隙为0.15～0.20mm。

5）对填料室、自密封垫填料处、O型密封圈等密封面进行清理和检查，应无沟痕、划伤、麻点、砂眼等缺陷。否则应予以修复或研磨处理。

（3）回装过程。对各个部件均进行了清理、检查、打磨或修复之后，即可进行回装工作了。回装时的步骤与解体时相反，还需注意以下几点：

1）对于O型密封圈、自密封垫、压兰填料等一般应予以更换。若自密封圈为金属密封垫且没有任何缺陷时，才能继续使用。

2）安装自密封垫时应有一定的预紧力，当阀门投入运行初期还应对自密封螺栓再紧固一次。

3　简述高压自动主蒸汽门的工作性能。

答：高压主汽阀主要用于在汽轮机紧急时，切断汽流和在机组启动时用于预暖高压阀组腔室。某300WM机组共有2个高压主汽阀，分别与1个高压调节阀和1个高压补汽阀焊接在一起，组成2个相互独立的高压阀组。某300MW机组高压主蒸汽门的结构组成，如图23-22所示。

为防止固体异物被蒸汽带入汽轮机对叶片造成损害，蒸汽要通过一个环绕主汽阀的网眼直径为2.0mm的圆柱整流网。新建机组应特别注意防止蒸汽从管道中带出的焊渣、渣滓等对叶片造成的危害。即便很小的颗粒也能对叶片造成严重损害，因此在机组试运行前对所有管系进行吹管就显得非常必要。

汽轮机正常运行时，主汽阀全开；汽轮机停机时，主汽阀关闭。主汽阀的主要功能有两点：一是当汽轮机需要紧急停机时，主汽阀应当能够快速关闭，切断汽源。二是在启动过程中控制进入汽缸的蒸汽流量。主汽阀的关闭速度主要由其控制系统的性能所决定。对于600MW等级的汽轮机组，要求主汽阀完成关闭动作的时间小于0.2s。某机组主汽门关闭时间小于0.15s，延迟时间小于0.1s。

主汽阀在工作中承受高温、高压。为了在高温、高压条件下可靠的工作，其构件必须采用热强钢，阀壳也做得比较厚。为了避免产生太大的热应力，阀壳各处厚度应均匀，阀壳外壁面必须予以良好的保温，阀腔内应采取良好的疏水措施，并在运行时注意疏水通道的畅通。

在启动、负荷变化或停机过程中，应注意主汽阀部件金属表面避免发生热冲击，以免金属表面产生热应力疲劳裂纹。

急剧的温度变化，对主汽阀上螺栓的危害是很严重的。这些螺栓在高温环境中承受着极大的拉伸应力，会产生缓慢的蠕变，其材料随之逐渐硬化、韧性降低；温度急剧变化所产生的热交变应力，将会使其产生热疲劳裂纹。螺栓工作的时间越长，蠕变就越大，材料就越脆，就越容易在热交变应力的作用下螺栓产生裂纹，甚至断裂。温度的急剧变化，将使阀盖与阀壳之间产生明显的膨胀差，致使螺栓的受力面倾斜，螺栓发生弯曲，从而在已承受极大拉伸应力的螺栓上又增加了弯应力。温度的急剧变化，还造成阀盖内外表面很大温差，阀盖产生凹凸变化，又增加了螺栓的弯应力。这种交变的热应力和弯应力，将导致螺栓很快产生裂纹甚至折断。因此，对螺栓应当有计划地进行检查。

阀杆在工作过程中，将承受很大的冲击力，阀杆应选用冲击韧性良好的热强钢，而且其截面尺寸的选取应保证能承受这种冲击力，应避免阀杆截面尺寸的突变，尽量避免应力集中。由于密封的要求，阀杆与阀套之间的间隙比较小，因此要求阀杆、套筒配合表面平直，并予以硬化处理或涂、敷耐磨金属层，还要注意防腐，以保证其光滑耐磨。

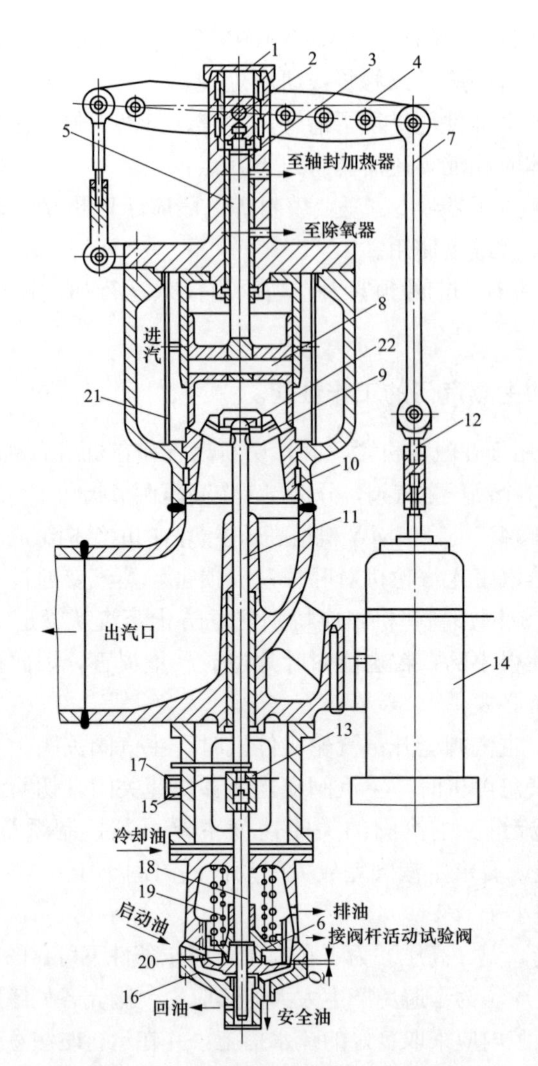

图 23-22　某 300MW 机组高压自动主蒸汽门

1—油动机弹簧；2—错油门滑阀；3—缓冲器；4—开度指示器；5—行程开关；6—阀盖；7—止动圈；8—压紧环；9—密封环；10—阀杆套筒；11—阀壳；12—滤网；13—蝶阀；14—预启阀；15—扩散器；16—支架；17—汽封垫圈；18—挡热板；19—阀杆接合器；20—油动机活塞

4 简述高压自动主蒸汽门的结构特点。

答：高压主汽阀位于汽轮机调节阀前的主蒸汽管道上，每个高压主汽阀有一个进汽口和一个连接到调节阀腔室的出汽口。图 23-23 为高压主汽门内部结构示意图。

高压主汽阀为立式结构，主要包括阀壳、阀座、阀碟（其中 1 号高压主汽阀阀碟内装有预启阀）、阀杆、阀杆套筒、阀盖、蒸汽滤网等部件。阀门各部结构特点如下：

该主汽阀为单座球形阀，1 号高压主汽阀阀碟上钻有通孔，阀杆端部从孔中穿过。预启阀置于阀杆的端部，并采用螺纹、定位销与阀杆连成一体。预启阀与主阀碟的密封面呈圆锥型，并经过淬硬处理，主阀碟与阀座的密封面也经过硬化处理。

（1）主阀碟开启时，由阀杆上的凸肩推动向上移动，关闭时由预启阀向下压紧。为了防止阀碟的转动，在阀碟的内孔两侧开有导向槽，而一个横穿阀杆的销子两端则嵌入该槽内。

（2）阀碟与阀盖之间有一定的自由度，这样既为阀碟之间的上下移动起导向作用，又能使阀碟在阀座上找中。

（3）主阀碟下游的阀座成扩展形状，作为主阀碟下游的扩压段，以便使流过阀座蒸汽的流速转化为压力能，提高蒸汽的做功能力。

（4）不带预启阀的阀碟则通过阀杆的凸尖与阀杆端部的螺母（另加定位销）直接紧密地连成一体。主汽阀开启时用油动机推动，关闭时由弹簧压下。

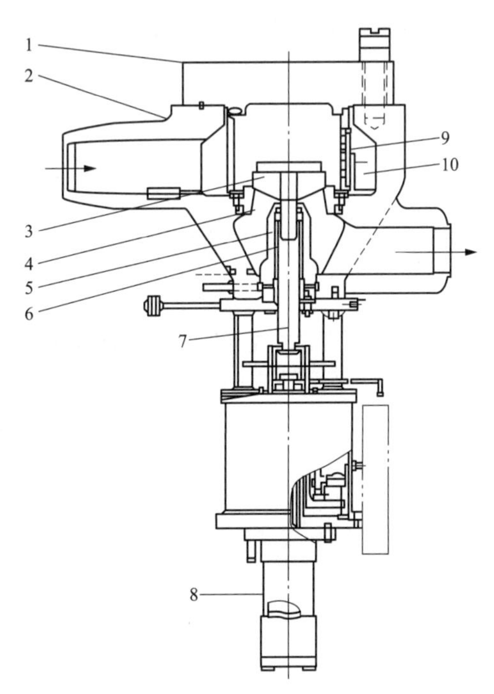

图 23-23　高压主汽门内部结构示意图

1—阀盖；2—阀壳；3—阀碟；4—阀座；5—套筒；6—密封；7—阀杆；8—执行机构；9—滤网；10—阀腔

在汽轮机的主蒸汽管道上，高压主汽调节阀前平行安装了两个液压控制的球型主汽阀。主汽阀的首要功能是在调节系统失控状态下保护汽轮机不致超速。每个主汽阀有全开全闭两种位置。每一主汽阀由一个单独作用的弹簧关闭的油动机操纵，其开启动力为 11MPa(g) 的抗燃油。主汽阀首先由危急遮断阀控制，再是由安装于主汽阀油动机上的盘式卸载阀控制。同时因为本机组 4 只高压调节阀共用一个蒸汽室，而且与高压主汽阀焊接在一起，每只高压主汽阀座前后都有疏水，所以根据高压主汽阀与高压调节阀布置结构特点，1 号高压主汽阀预启阀开启时，进入的少量蒸汽可以对高压调节阀阀壳及高压导汽管进行预热，2 号高压主汽阀阀座后疏水同时开启，可以暖到 2 号高压主汽阀阀碟下游，以减少启动时的热应力，也可以减小 2 号高压主汽阀前后的压差，便于 2 号高压主汽阀的开启，预启阀对 2 号高压主汽阀同时有效，所以 2 号高压主汽阀就不设预启阀了，以简化结构。在蒸汽室均装有温度测点，以确定暖阀的情况。

5 简述中压联合汽门的结构。

答：中压联合汽阀简称中联阀，它由中压主汽阀和中压调节汽阀组成。虽然它们利用一个共同的阀壳，但这两个阀所提供的功能是不同的；各自有独立的操作控制装置。中压调节阀的基本功能是调节中压进汽量，可是它也具有驱使危急遮断系统遮断的功能。中压主汽阀只提供危急遮断功能。中联阀为立式结构，上部为中压调节汽阀，下部为中压主汽阀，二阀合用同一壳体和同一腔室、同一阀座，而且两者的阀碟呈上下串联布置，这样布置的好处是结构紧凑、布置方便和减少蒸汽流动损失。

中压联合汽阀壳的材料牌号为改良型 ZG15Cr1Mo1V，抗拉强度大于等于 $551N/mm^2$，屈服强度大于等于 $344N/mm^2$，持久强度大于等于 $105N/mm^2$。

两个阀各自配有执行机构，一个位于中联阀侧面的油动机和弹簧操纵座通过杠杆控制调节阀的开启和关闭；而位于中联阀下部的另一个油动机和弹簧操纵座控制主汽阀的开启和关闭。两只中压联合汽阀布置在中压缸两侧，从再热热段来的蒸汽，进入每个阀进口，依次经过中压调节汽阀和中压主汽阀经中压导汽管进入中压缸，如图 23-24 所示。

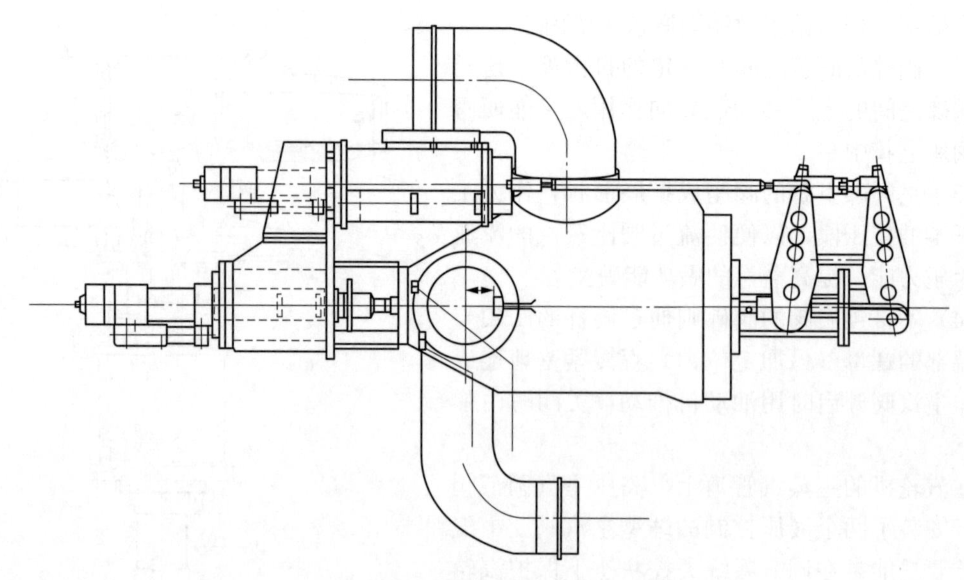

图 23-24　中压联合汽阀结构示意

6 调速汽门检修中应进行的检查和测量工作有哪些？

答：应进行以下检查和测量工作：

（1）用直观和放大镜检查蒸汽室的内壁有无裂纹。

（2）检查阀座与蒸汽室的装配有无松动。

（3）测量门杆与门杆套之间的间隙，应符合规定。

（4）检查门杆的弯曲度，清理表面污垢及氧化皮并打磨光滑。

（5）有减压阀的调速汽门应检查减压阀的行程、门杆空行程、密封面的接触情况以及销钉的磨损程度。

（6）检查门杆套密封环与槽的磨损情况，回装时注意对正泄气口。

（7）检查门盖结合面的密封情况及有无氧化皮。

7 高压主蒸汽门的检修要点有哪些？

答：高压主蒸汽门的检修要点有：

（1）主汽阀油动机拆除工艺。

1）联系热工，拆除有关信号。

2）汽轮机停盘车后，拆除主汽门端盖的保温层，保温层拆至阀壳法兰面，并搭设合适的脚手架。

3）拆卸主汽阀油动机压力油、回油及安全油接头，并用白色丝绸布及塑料布可靠封堵。

4）将连接轴法兰（螺母 M68×3）、调整环及油动机侧法兰（螺母 M80×3）三处同时做好标记。

5）拆卸连接轴法兰螺栓，并将螺栓和螺母配套。

6）使用行车吊住油动机，并采用倒链将其调至水平位置。

7）拆卸油动机支架法兰螺栓（双头螺栓 M48×130），并做好相应的记号。

8）使用行车将油动机及操纵座整体吊至检修区域。

9）检查操纵座螺孔与原固定螺栓是否匹配，不匹配时需对操纵座螺孔进行扩孔。

注意事项：

①工作过程中，不准随意改变脚手架的结构。必要时，必须经过脚手架的技术负责人同意，并再次验收合格后方可使用；脚手架上不准乱拉电线；必须安装临时照明线路时，金属脚手架应另设木横担。

②不准在脚手架和脚手板上聚集人员或放置超过计算荷重的材料；脚手架上的堆置物应摆放整齐和牢固，不准超高摆放；脚手架上的大物件应分散堆放，不得集中堆放；脚手架上的废弃物应及时清理，并用绳子系牢后溜放到地面；工器具必须使用防坠绳；工器具和零部件应用绳拴在牢固的构件上，不准随便乱放；工器具和零部件不准上下抛掷。

（2）主汽阀拆除工艺。

1）拆除隔热板Ⅰ和隔热板Ⅱ。

2）在焊工容易施工的位置对门杆漏汽管道（漏至轴封母管）切割。

3）在阀盖与阀体法兰结合面对应打好钢印字头。

4）用塞尺检查门盖四周的间隙，画图记录测量数据至验收卡。

5）拆卸锁紧环上部 8 只紧固六角头螺栓 M42×180。

6）用螺栓加热工具对其烘烤，拧松并拆下高温罩螺母（最好保留两只对称螺栓不卸），并对高温双头螺栓及高温罩螺母进行硬度检测。

7）用角磨机割除方头螺栓 $R1/2$ 处点焊后，用开口扳手将其拧松拆卸。

8）挂好钢丝绳及手拉葫芦，并稍微吃力，并将其调整水平状态，松开最后保留的两只螺栓，缓慢开动行车后，将其吊至检修区域，取下金属缠绕垫片。

9）用铜棒对阀体进行敲击，使上部止动环振松后，将其止动环吊装工具用内六角圆柱头螺钉 M10×20 紧固（用六角扳手 8），用吊车将其吊至检修区域，依次类推将其拆除。

10）依次拆卸压紧环、密封环。

11）用行车将高压主汽阀阀芯起吊设备伸入阀体内部，使用特制螺栓 $\phi65$ 将起吊设备与销紧套紧固，并保证两者结合面平行。

12）用行车及倒链将阀芯起吊设备调整水平位置，将销紧套、衬套、下衬套、阀碟衬套、内套筒、阀碟和滤网部件整体从阀体抽出。

13）及时将进汽管道及阀座进行封堵。

（3）主汽阀部件检查工艺。

1）测量预启阀行程为 $4.5^{+1}_{-0.5}$mm，阀碟行程为（88±3）mm，阀杆行程为（97.5±3）mm。

2）检查壳体、阀座、阀碟等部件无裂纹、磨损、氧化皮。

3）测量阀杆弯曲度及阀杆与衬套配合间隙。

4）对阀杆、阀碟进行无损探伤。

5）测量密封环与阀体的配合间隙。

6）套筒内径检查。采用试验棒，试验棒尺寸为 $\phi69.299+0.0130$mm，表面粗糙度为 1.6，同心度为 0.025mm；当试验棒无法通过时，在内径的公差范围内研磨相应位置。

7）用铅笔粉检查阀碟与阀座密封情况，应保证密封线均匀，无断线。

8）打磨各部件表面的氧化物，直至露出金属光泽。操作人员必须正确佩戴防护面罩、防护眼镜；禁止手提电动工具的导线或转动部分；使用前检查角磨机钢丝轮完好无缺损；更换钢丝轮前必须切断电源。

9）阀杆与衬套应光滑，无裂纹、无卡涩、无磨偏等现象。

10）门盖结合面、各疏水法兰结合面应平整光滑，无麻点、凹坑、毛刺等现象。

11）各销轴光滑无磨损、裂纹、毛刺，无弯曲、变形。

12）滤网应无吹蚀、变形、裂纹，网孔无堵塞。

13）各连接部分应活动灵活，无反抗、卡涩现象。

14）由金属监督部门对阀杆、阀头探伤等检查。工作前做好安全区隔离、悬挂“当心辐射”标示牌；提出风险预警通知告知全体人员，并指定专人现场监护，防止非工作人员误入。

15）对阀盖双头螺栓、螺母硬度进行检测。

（4）临时滤网更换工艺。

1）将滤网与销紧套连接销进行拆除后，销规格为 3－ϕ20＋0.0130mm，使滤网与销紧套分离。

2）用角磨机将铆钉端部切割，铆钉数量为 44 个。

3）依次将滤网 5 目、14 目进行拆除，滤网材质为 2Cr13。

4）将滤网主体表面的锈蚀、氧化皮打磨干净。

5）将新的滤网 14 目、5 目依次贴合在滤网主体表面，并将新铆钉插入销孔，保证滤网铁丝远离铆钉，以免损伤滤网，最后采用 P92 焊丝将铆钉焊牢，保证焊缝高度大于 3mm。

6）滤网搭接位置采用压板焊牢，焊缝高度大于 10mm。

（5）主汽阀回装就位。

1）主汽阀各零部件的洁净度符合 JB/T 4058—2017。

2）测量各配合位置间隙值，见表 23-3。

表 23-3　主汽阀各零部件配合位置间隙表　(mm)

位置	尺寸	配合值	位置	尺寸	配合值
D1	孔 ϕ69.4＋0.020	间隙 0.4～0.45	D2	孔 ϕ69.5＋0.020	间隙 0.5～0.55
	轴 ϕ690－0.03			轴 ϕ690－0.03	
D3	孔 ϕ123.2＋0.030	过盈 0.025～0.076	D4	孔 ϕ125.2＋0.030	过盈 0.025～0.076
	轴 ϕ123.2＋0.076＋0.055			轴 ϕ125.2＋0.076＋0.055	
D5	孔 ϕ126.7＋0.030	过盈 0.025～0.076	D6	孔 ϕ123＋0.10	间隙 0.8～1.0
	轴 ϕ126.7＋0.076＋0.055			轴 ϕ122.5－0.3－0.4	
D7	孔 ϕ204＋0.0460	间隙 0.015～0.107	D8	孔 ϕ206＋0.0460	间隙 0.015～0.107
	轴 ϕ204－0.015－0.061			轴 ϕ206－0.015－0.061	
D9	孔 ϕ198.2＋0.0460	间隙 1.2～1.275	D10	孔 ϕ233＋0.0460	过盈 0.004～0.079
	轴 ϕ1970－0.029			轴 ϕ233＋0.079＋0.050	
D11	孔 ϕ517＋0.2＋0.1	间隙 0.36～0.57	D12	孔 ϕ532＋0.110	间隙 0.07～0.23
	轴 ϕ517－0.26－0.37			轴 ϕ532－0.07－0.12	
D13	孔 ϕ596＋0.050	间隙 0.145～0.265	D14	孔 ϕ594＋0.050	间隙 0.076～0.2
	轴 ϕ596－0.145－0.215			轴 ϕ596－0.076－0.15	

3）将销紧套、衬套、下衬套、阀碟衬套组装完成，上述部件为过盈配合，装配时需进行充分加热。

4）将销紧套整体吊装至滤网内，再保证滤网外径边缘与销紧套间隙为2mm后，将销钉配打进入滤网与销紧套销孔内（装配前检查销钉与销孔是否有合适的过盈量）。

5）阀碟垂直固定后，将阀杆垂直安装至阀碟内部（采取合理的措施将阀杆固定），再将阀碟进行充分均匀加热（温度为200～250℃，时间为10～15min），随后将内套筒安装至阀碟内部，内套筒的安装位置保证预启阀的开启行程为$4.5^{+1}_{-0.5}$mm。

6）使用1000号金相砂纸对阀杆、衬套内表面进行充分打磨后，在配合表面涂抹润滑油，将阀碟、销紧套装配完成。

7）用行车将主汽阀阀芯起吊，设备法兰面与销紧套法兰面平行，使用特制螺栓ϕ65将起吊设备与销紧套紧固，螺母安装在法兰外侧面。

8）用行车和手拉葫芦将阀芯调整水平位置，将阀蝶推至阀座结合面，测量销紧套端面至阀盖端面距离，用六角杆扳手6将内六角圆柱螺钉M8×30紧固，使密封环贴合销紧套端面。

9）将压紧环安装至密封环上端面，用六角杆扳手14将内六角圆柱螺钉M16×50紧固，使压紧环贴合密封环端面。

10）用六角圆柱螺钉M10×20（使用六角扳手）将起吊工具装焊工具与止动环Ⅰ紧固在一起，用行车将其安装在阀体右上部，用六角头螺栓M12×240穿过阀体将止动环固定，依次将止动环Ⅱ、止动环Ⅲ、止动环Ⅳ在阀体固定。

11）将金属缠绕垫片安装在阀盖止口槽内。

12）挂好吊带及手拉葫芦，将阀盖调整水平位置后，缓慢开动行车将阀盖凸台安装至阀体止口槽中，再将高温罩螺母进行紧固，紧固顺序按照装配图所示，紧固力矩为1300N·m，分两次进行拧紧。

13）测量阀盖与阀体的间隙，并画图进行记录，其偏差不大于0.05mm。

14）用六角头螺栓M42×180将锁紧环紧固在阀体上部，保证密封环达到设计压缩量来保证密封效果，同时满足阀杆行程为（88±3）mm，紧固力矩为450～500N·m，分两次进行拧紧后，用六角螺母M42将其位置进行锁定。

15）在高压焊工对门杆漏汽管道（漏至轴封母管）进行焊接后，进行X射线无损探伤。

16）安装隔热板Ⅰ和隔热板Ⅱ。

17）拆除止动环固定螺栓后，将方头螺塞R1/2旋入阀体后，再点焊3点进行固定。

（6）主汽阀油动机安装工艺

1）操纵座预装，确认止口配合合适。

2）使用行车吊住油动机，并采用倒链将其调至水平位置。

3）紧固油动机支架法兰螺栓（双头螺栓M48×130），并做好配合间隙测量。

4）将连接轴法兰（螺母M68×3）、调整环及油动机侧法兰（螺母M80×3）三处用连接轴螺栓将其紧固在一起，保证螺母M68×3上端面与上部法兰间距为10mm。

5）安装主汽阀油动机压力油、回油及安全油接头。

6）联系热工，连接有关信号。

7）阀门行程测量，主阀行程为88mm，预启阀行程为4.5mm，阀杆全行程为97.5mm

8 中压主蒸汽门的检修要点有哪些?

答：中压主蒸汽门的检修要点有：

(1) 拆除中压主汽门联轴器固定螺栓，记录中压主汽门油动机和弹簧的富余行程。

(2) 拆出中压主汽门联轴器及挡水盘。

(3) 测量并记录中压主汽门行程。

(4) 拆除中压主汽门密封头固定螺栓。

(5) 吊出中压主汽门门芯。

(6) 用红印油检查中压主汽门阀座和阀蝶的接触情况。

(7) 中联门阀体盖好临时盖板，并用封条封好。

(8) 测量并记录中压主汽门预启阀行程。

(9) 取去中压主汽门预启阀固定销子。

(10) 松开预启阀。

(11) 拆下中压主汽门门芯，取去销子。

(12) 向下从中压主汽门封头中拆出中压主汽门阀杆。

9 简述高压调节汽门的检修工艺。

答：高压调节汽门的检修工艺为：

(1) 调节汽阀油动机拆除。

1) 联系热工，拆除有关信号。

2) 汽轮机停止盘车后，拆除调节汽门端盖的保温层，保温层拆至阀壳法兰面，并搭设合适的脚手架。

3) 拆卸调节汽阀油动机压力油、回油及安全油接头，并用白色丝绸布及塑料布可靠封堵。

4) 将连接轴法兰（螺母 M68×3）、调整环及油动机侧法兰（螺母 M80×3）三处同时做好标记。

5) 拆卸连接轴法兰螺栓，并将螺栓和螺母配套。

6) 使用行车吊住油动机，并采用倒链将其调至水平位置。

7) 拆卸油动机支架法兰螺栓（双头螺栓 M48×130），并做好相应的记号。

8) 使用行车将油动机及操纵座整体吊至检修区域。

9) 检查操纵座螺孔与原固定螺栓是否匹配，不匹配时需对操纵座螺孔进行扩孔。

注意事项：

①工作过程中，不准随意改变脚手架的结构。必要时，必须经过脚手架的技术负责人同意，并再次验收合格后方可使用；脚手架上不准乱拉电线；必须安装临时照明线路时，金属脚手架应另设木横担。

②不准在脚手架和脚手板上聚集人员或放置超过计算荷重的材料；脚手架上的堆置物应摆放整齐和牢固，不准超高摆放脚；手架上的大物件应分散堆放；不得集中堆放，脚手架上的废弃物应及时清理，并用绳子系牢后溜放到地面；工器具必须使用防坠绳；工器具和零部件应用绳拴在牢固的构件上，不准随便乱放；工器具和零部件不准上下抛掷。

（2）调节阀拆除工艺。

1）拆除隔热板（拆卸六角头螺栓 M12×10 和外舌止动垫圈 12）。

2）在焊工容易施工的位置对门杆二段、三段漏汽管道（漏至四段抽汽和轴封母管）切割。

3）在阀盖与阀体法兰结合面对应打好钢印字头。

4）用塞尺检查门盖四周的间隙，画图记录测量数据至验收卡。

5）拆卸锁紧环上部 8 只紧固六角头螺栓 M42×180。

6）用螺栓加热工具对其烘烤，拧松并拆下高温罩螺母 M42×3（最好保留两只对称螺栓不卸），并对高温双头螺栓 M42×3×180 及高温罩螺母进行硬度检测。

7）用角磨机割除方头螺栓 R1/2 处点焊后，用开口扳手将其拧松拆卸。

8）挂好钢丝绳及手拉葫芦，并稍微吃力，并将其调整水平状态，松开最后保留的两只螺栓，缓慢开动行车后，将其吊至检修区域，取下金属缠绕垫片。

9）用铜棒对阀体进行敲击，使上部止动环振松后，将其止动环吊装工具用内六角圆柱头螺钉 M10×20 紧固（用六角扳手 8），用吊车将其吊至检修区域，依次类推将其拆除。

10）依次拆卸压紧环、密封环。

11）用行车将高压调节阀阀芯起吊设备伸入阀体内部，使用特制螺栓 Φ40(M24×1300) 将起吊设备与销紧套紧固，并保证两者结合面平行。

12）用行车及倒链将阀芯起吊设备调整水平位置，将销紧套、上衬套、下衬套、衬套Ⅰ、衬套Ⅱ、预启阀座、调节阀阀碟和滤网部件整体从阀体抽出。

13）及时将进汽管道及阀座进行封堵。

（3）调节汽阀部件检查工艺。

1）测量预启阀行程为 $13.5^{+1}_{-0.5}$mm，主阀碟行程为（72.8±3)mm。

2）检查壳体、阀座、阀碟等部件无裂纹、磨损、氧化皮。

3）测量阀杆弯曲度及阀杆与衬套配合间隙。

4）对阀杆、阀碟进行无损探伤。

5）测量密封环与阀体的配合间隙。

6）套筒内径检查采用试验棒，试验棒尺寸为 Φ74.099＋0.0130mm，表面粗糙度为 1.6，同心度为 0.025mm；当试验棒无法通过时，在内径的公差范围内研磨相应位置。

7）用铅笔粉检查阀碟与阀座密封情况，应保证密封线良好连续，无贯穿、麻点，密封接触面 100%为合格。

8）打磨各部件表面的氧化物，直至露出金属光泽。操作人员必须正确佩戴防护面罩、防护眼镜；禁止手提电动工具的导线或转动部分；使用前检查角磨机钢丝轮完好无缺损；更换钢丝轮前必须切断电源。

9）阀杆与衬套应光滑，无裂纹、无卡涩、无磨偏等现象。

10）门盖结合面、各疏水法兰结合面应平整光滑，无麻点、凹坑、毛刺等现象。

11）各销轴光滑无磨损、裂纹、毛刺，无弯曲、变形。

12）滤网应无吹蚀、变形、裂纹，网孔无堵塞。

13）各连接部分应活动灵活，无反抗、卡涩现象。

14）由金属监督部门对阀杆、阀头探伤等检查。工作前做好安全区隔离、悬挂“当心辐射”标示牌；提出风险预警通知告知全员，并指定专人现场监护，防止非工作人员误入。

15）对阀盖双头螺栓、招螺母硬度进行检测。

16）主阀阀座、预启阀阀座无开焊、卷边、裂纹、损伤。

（4）临时滤网更换工艺。

1）将滤网与销紧套连接销进行拆除后，销规格为 3－ϕ16＋0.0130mm，使滤网与销紧套分离。

2）用角磨机将铆钉端部切割，铆钉数量为 44 个。

3）依次将滤网 5 目、14 目进行拆除，滤网材质为 2Cr13。

4）将滤网主体表面的锈蚀、氧化皮打磨干净。

5）将新的滤网 14 目、5 目依次贴合在滤网主体表面，并将新铆钉插入销孔，保证滤网铁丝远离铆钉，以免损伤滤网，最后采用 P92 焊丝将铆钉焊牢，保证焊缝高度大于 3mm。

6）滤网搭接位置采用压板焊牢，焊缝高度大于 10mm。

（5）调节阀回装就位。

1）调节阀各零部件的洁净度符合 JB/T 4058—2017。

2）测量各配合位置间隙值，见表 23-4。

表 23-4　调节阀各零部件配合位置间隙表　(mm)

位置	尺寸	配合值	位置	尺寸	配合值
D1	孔 ϕ74.30－0.05	间隙 0.45～0.53	D2	孔 ϕ132.2＋0.030	过盈 0.025～0.076
	轴 ϕ73.80－0.03			轴 ϕ132.2＋0.076＋0.059	
D3	孔 ϕ133.2＋0.030	过盈 0.025～0.076	D4	孔 ϕ134.2＋0.030	过盈 0.025～0.076
	轴 ϕ133.2＋0.076＋0.055			轴 ϕ134.2＋0.076＋0.055	
D5	孔 ϕ135.2＋0.030	过盈 0.025～0.076	D6	孔 ϕ212＋0.0720	间隙 0.015～0.133
	轴 ϕ135.2＋0.076＋0.055			轴 ϕ212.5－0.05－0.061	
D7	孔 ϕ213＋0.0720	间隙 0.015～0.133	D8	孔 ϕ214＋0.0720	间隙 0.015～0.133
	轴 ϕ213－0.015－0.061			轴 ϕ214－0.015－0.061	
D9	孔 ϕ435＋0.0970	间隙 0.043～0.167	D10	孔 ϕ436＋0.2＋0.1	过盈 0.33～0.527
	轴 ϕ435－0.043－0.07			轴 ϕ436＋0.230＋0.327	
D11	孔 ϕ74.30－0.05	间隙 0.45～0.53	D12	孔 ϕ503＋0.050	间隙 0.26～0.42
	轴 ϕ73.80－0.03			轴 ϕ503－0.26－0.37	
D13	孔 ϕ130＋0.10	间隙 0.8～1	D14	孔 ϕ117.6＋0.020	间隙 0.8～0.85
	轴 ϕ129.5－0.3－0.4			轴 ϕ117－0.2－0.23	

3）将销紧套、上衬套、下衬套、衬套Ⅰ、衬套Ⅱ组装完成，上述部件为过盈配合，装配时需进行充分加热。

4）将销紧套整体吊装至滤网内，再保证滤网外径边缘与销紧套间隙为 2mm 后，将销钉配打进入滤网与销紧套销孔内（装配前检查销钉与销孔是否有合适的过盈量）。

5）将阀杆穿过主阀阀碟后，将两者倒置垂直固定，再将主阀阀碟进行充分均匀加热（温度为 200～250℃，时间为 10～15min），随后将预启阀阀座安装至阀碟内部，预期阀阀座的安装位置保证预启阀的开启行程为 13.5＋1－0.5mm。

6）使用1000号金相砂纸对阀杆、衬套内表面进行充分打磨后，在配合表面涂抹润滑油，将阀碟、销紧套装配完成。

7）用行车将调节阀阀芯起吊设备法兰面与销紧套法兰面平行，使用特制螺栓 ϕ50 将起吊设备与销紧套紧固，螺母安装在法兰外侧面。

8）用行车和手拉葫芦将阀芯调整水平位置，将阀碟推至阀座结合面，测量销紧套端面至阀盖端面距离，用六角杆扳手5将内六角圆柱螺钉M6×45紧固，使密封环贴合销紧套端面。

9）将压紧环安装至密封环上端面，用六角杆扳手14将内六角圆柱螺钉M16×70、大垫圈16紧固，使压紧环贴合密封环端面。

10）用六角圆柱螺钉M10×20(使用六角扳手8）将起吊工具装焊工具与止动环Ⅰ紧固在一起，用行车将其安装在阀体右上部，用六角头螺栓M12×240穿过阀体将止动环固定，依次将止动环Ⅱ、止动环Ⅲ、止动环Ⅳ在阀体固定。

11）将金属缠绕垫片安装在阀盖止口槽内。

12）挂好吊带及手拉葫芦，将阀盖调整水平位置后，缓慢开动行车将阀盖凸台安装至阀体止口槽中，再高温罩螺母进行紧固，紧固顺序按照装配图所示，紧固力矩为1500～1600N·m，分两次进行拧紧。

13）测量阀盖与阀体的间隙，并画图进行记录，其偏差不大于0.05mm。

14）用六角头螺栓M42×180将锁紧环紧固在阀体上部，保证密封环达到设计压缩量来保证密封效果，同时满足阀杆行程为（72.8±3)mm，紧固力矩为450～500N·m，分两次进行拧紧后，用六角螺母M42将其位置进行锁定。

15）在高压焊工对门杆漏汽管道（漏至四抽、轴封母管）进行焊接后，进行X射线无损探伤。

16）安装隔热板。

17）拆除止动环固定螺栓后，将方头螺塞R1/2旋入阀体后，再点焊3点进行固定。

（6）调节阀油动机安装工艺。

1）操纵座预装，确认止口配合合适。

2）使用行车吊住油动机，并采用倒链将其调至水平位置。

3）紧固油动机支架法兰螺栓（双头螺栓M48×130），并做好配合间隙测量。

4）将连接轴法兰（螺母M68×3）、调整环及油动机侧法兰（螺母M80×3）三处用连接轴螺栓将其紧固在一起，保证螺母M68×3上端面与上部法兰间距为10mm。

5）安装主汽阀油动机压力油、回油及安全油接头。

6）联系热工，连接有关信号。

7）阀门行程测量，主阀行程为72.8mm，预启阀行程为13.5mm。

10　中压调节汽门的检修要点有哪些？

答：中压调节汽门的检修要点有：

（1）办理工作票，工作负责人与工作许可人共同检查安全措施均已执行。

（2）拆除门体上部保温（注意保温材料扬尘）。

（3）切割阀门门杆漏汽管道（材质为P91，管道规格 ϕ48.3×5.08)，并封好管道。

（4）用塞尺检查门盖四周的间隙，并做好记录。

（5）松开中压调节阀连杆销子的固定螺母及销子。

（6）拆出连杆。

（7）拆出转轴销子固定螺母及销子。

（8）吊出转轴。

（9）取出中压调节门十字头固定销。

（10）松开十字头。

（11）采用加热棒，卸掉上部阀盖与壳体连接螺栓，吊起中压调节门门盖，拆出中压调节门杆。

（12）测量并记录中压调节门预启阀行程 30.6±0.1，松开中压调节门预启阀阀盖固定螺栓。

11 如何处理高温汽门的氧化层？

答：超高压大功率汽轮机有许多部件均处于高温条件下长期运行，对于这些高温部件，至今国内外尚未找到完全能抗高温氧化的金属材料。从大量检修实例中测量得知，运行 3 年左右的高温部件，其氧化层厚度均在 0.10mm 以上。同时，由于氧化层与母材的结合为疏松状态。因此带来了主蒸汽门、调节汽门阀杆表面粗糙、外径胀粗，阀套内孔表面粗糙、孔径缩小，使阀杆与阀套的配合间隙变小；加上氧化层剥落后落在阀杆与阀套等部件的间隙内，使原先滑动配合的部件发生卡涩。为此，应采取下列措施来加以避免卡涩现象的出现：

（1）增加阀杆与阀套等配合间隙，一般应将间隙在原有基础上放大 0.10～0.20mm，以抵消因产生氧化层而缩小的间隙。

（2）按照相关工艺方法彻底清除氧化层。对于零件外圆表面的氧化层，可以使用磨床将氧化层磨去，当零件形状复杂时，无法用磨床磨去，可用砂轮碎片由手工打磨，然后用细砂纸磨光；对于零件内孔表面，可用芯棒加研磨砂研磨除去氧化层。

（3）对主蒸汽门和调节汽门的配汽机构，应定期解体清理氧化层，一般以一年解体一次为好，最长不得超过 2 年。

（4）对于因产生氧化层而膨胀、卡涩的零件或设备，应设法尽早予以解体。在不得已的情况下，即使损坏零件也应解体，切不可因解体困难而不做，这样会使问题越来越严重，甚至会因胀死严重而造成阀杆无法拆出，最后只能破坏性拆除、报废，被迫换用新的备品。

（5）装配主蒸汽门和调节汽门时，阀杆、阀套等零件一定要涂擦二硫化钼粉，要涂均匀、涂足，避免漏涂，以防止活动部分将来咬死。

（6）尽量选择抗氧化性能好的材料来加工制作阀杆，以延长阀杆的使用寿命。例如，使用 25Cr2WMoV 合金钢加工的阀杆，在相同的工作环境条件下，可以使氧化层的厚度约减少一半。

（7）采用将门杆表面渗铬进行处理的工艺方法，就可以有效地提高门杆的抗氧化性，降低氧化层的产生趋势。

12 主蒸汽阀门在运行中产生振动的原因及预防措施有哪些？

答：主蒸汽阀门在运行中产生振动的原因及预防措施有：

(1) 由于介质压力波动、流体冲刷阀体、驱动装置的运动等原因所引起的阀门机械振动一般较小，但是若激发出其自振频率下的共振则会导致很高的应力，将造成设备或相连系统的严重破坏。对于此类缺陷，应采取改进阀体结构设计不足之处的方法以减少阀门的机械振动。

1) 保证主要零件的刚度充足，将阀杆与导向套的配合间隙调整适当，并采用耐磨、耐热的材料防止其间隙扩大。

2) 采用压力平衡的结构，来减少不平衡力。

3) 利用弹性密封圈进行密封并采取减振等措施，就可以达到减轻或彻底消除阀门可能产生的自振现象。

(2) 由于阀门内高速气流通过时的冲刷、收缩和扩张而引起气流产生冲击波或湍流运动，造成了气流的动力噪声。对于此类问题，应采取改进阀门流道的截面设计结构，以降低气体的流速，减轻可能产生湍流的范围；此外，对噪声过大且改进设计结构比较困难的情形，还可以考虑用加装消音器的方法来消除噪声的影响。

(3) 由于阀门突然启闭而引发汽水冲击，并进而产生振动和噪声，严重的情况下就会导致泄漏或阀门意外的损坏。对于此类缺陷，只有改变运行操作方式、控制阀门启闭时间的手段，才能杜绝发生汽水冲击的现象。

(4) 由于流道设计不合理或其他原因造成的阀门内流体产生汽蚀现象，也会引起阀门的机械振动。对于此类问题，应采取在阀门入口加装增压设备、在不影响流量的情况下适当减小管道的通径，在阀门进气端增设缩口或大小头，改进管路的流动方向等措施来降低或避免阀体内部产生汽蚀的可能。